橡胶循环利用技术丛书

丛书主编：纪奎江 程源

现代轮胎翻修技术与装备

高孝恒 辛振祥 刘彦昌 编著

化学工业出版社

·北京·

该书是《橡胶循环利用技术丛书》的一个分册，全书共20章，主要对轮胎基础知识、轮胎翻新技术、轮胎修补技术，以及相关的法律、法规、标准等进行介绍。具体包括轮胎的分类和结构、轮胎的滚动力学、翻新轮胎的使用与保养、原材料的选择与使用、翻新轮胎胶料的性能要求与配方、胶料加工、胎体选择、清洁、干燥与检验、旧胎体打磨、胶浆制备与喷涂、预硫化胎面翻胎贴合与成型、预硫化胎面翻新硫化、模型法翻新轮胎的成型与贴合、模型法翻新轮胎硫化、胎面刻花无模硫化、修补轮胎、硫化水胎、内胎（加重内胎）、胶囊制备及内模设计、轮胎翻新标准及质量控制等。

该书内容全面、具体，实用性强，可供从事橡胶综合利用、轮胎翻新、轮胎修补的技术人员参考。

图书在版编目（CIP）数据

现代轮胎翻修技术与装备/高孝恒，辛振祥，刘彦昌编著．—北京：化学工业出版社，2014.10
（橡胶循环利用技术丛书）
ISBN 978-7-122-21699-1

Ⅰ．①现…　Ⅱ．①高…②辛…③刘…　Ⅲ．①翻胎
Ⅳ．①TQ336.1

中国版本图书馆CIP数据核字（2014）第203365号

责任编辑：赵卫娟　宋向雁　　　装帧设计：关　飞
责任校对：宋　玮　王　静

出版发行：化学工业出版社（北京市东城区青年湖南街13号　邮政编码100011）
印　　装：大厂聚鑫印刷有限责任公司
710mm×1000mm　1/16　印张33¾　字数666千字　2015年1月北京第1版第1次印刷

购书咨询：010-64518888（传真：010-64519686）　售后服务：010-64518899
网　　址：http：//www.cip.com.cn
凡购买本书，如有缺损质量问题，本社销售中心负责调换。

定　　价：128.00元

《橡胶循环利用技术丛书》编委会

本书编写人员名单

主编	高孝恒
副主编	辛振祥　刘彦昌
前言	高孝恒
第 1 章　概论	高孝恒
第 2 章　轮胎的分类与结构	邓涛　辛振祥　高孝恒
第 3 章　轮胎的滚动力学	辛振祥　邓涛
第 4 章　翻新轮胎的使用与保养	宋汀　高孝恒
第 5 章　原材料的选择与使用	高孝恒
第 6 章　翻新轮胎胶料性能要求与配方	高孝恒　辛振祥
第 7 章　胶料加工	吴明生
第 8 章　胎体选择、清洁、干燥与检验	宋汀　王孔茂　兰宁　高孝恒　刘彦昌
第 9 章　旧胎体打磨	高孝恒　朱世兴　刘彦昌
第 10 章　胶浆制备与喷涂	高孝恒　刘彦昌
第 11 章　预硫化胎面翻胎贴合与成型	高孝恒　宋汀　朱世兴　高明龙　刘彦昌
第 12 章　预硫化胎面翻新硫化	高孝恒　高明龙　朱世兴　刘彦昌
第 13 章　模型法翻新轮胎的成型与贴合	高孝恒　刘彦昌
第 14 章　模型法翻新轮胎硫化	高孝恒　刘彦昌
第 15 章　胎面刻花无模硫化	王竹青　高孝恒
第 16 章　其它轮胎翻新方法	高孝恒
第 17 章　修补轮胎	高孝恒　周洪游　胡中明　刘志沂
第 18 章　硫化水胎、内胎（加重内胎）、胶囊制备及内模设计	高孝恒　叶文钦
第 19 章　国内外轮胎翻新标准	高孝恒
第 20 章　翻新轮胎质量控制	高孝恒
附录	高孝恒

丛书序

中国正处于21世纪前20年的重要战略机遇期，由于人口众多，资源人均占有率低，环境容量已不容乐观。由于粗放型的经济增长模式尚未发生根本性转变，发展循环经济、建设生态文明已成为历史的必然趋势。循环经济本质上是一种生态经济，要求遵循生态学规律，合理利用自然资源和环境容量，在物质不断循环利用的基础上发展经济，使经济系统和谐地纳入到自然生态系统的物质循环过程中，实现经济生活的生态化。它倡导的是一种与环境和谐的经济发展模式，遵循“减量化、再利用、资源化”原则，使“资源—产品—废弃物”的线性增长模式，转变为“资源—产品—废弃物—再生资源”的闭环反馈式循环过程，最终实现可持续健康发展之目的。今后的中国再不能以牺牲环境和对能源过度消费为代价来取得经济高速增长。

橡胶是具有高弹性的高分子材料，我国现已成为橡胶工业大国，2012年的原料橡胶消耗量高达730万吨，约占世界橡胶消耗量的20%，轮胎生产量达4.56亿条，均居世界第一位。很显然废橡胶（轮胎）的产生量也将是世界上最多的国家之一，其中废旧轮胎约有3亿多条。经过60余年的发展过程，我国的废旧橡胶（制品）循环利用产业现已发展成四大门类：旧轮胎翻修再制造；硫化橡胶粉；再生橡胶；废橡胶热裂解。国家发改委发布的《“十二五”资源综合利用指导意见》中指出：“规范废旧轮胎回收利用，加速推进废旧轮胎综合利用技术研发和产业升级，提高旧轮胎翻新率，鼓励胶粉生产改性沥青等直接应用，推广环保型再生橡胶等清洁生产工艺，提升无害化利用水平。”这将进一步促进我国废旧橡胶资源再利用企业的发展。

本丛书以“建设资源节约型和环境友好型”的循环经济社会指导思想为基础，并按我国已形成的四个产业部门编写。全面地介绍当前废旧橡胶循环利用现状、利用技术、回收方法、工艺装备、标准和检测手段等内容，是建国以来该领域第一套出版的系列科技类图书。其目的是为我国从事橡胶循环利用产业的部门和相关人士提供完整的可供学习参考的适用书籍，让我们共同走一条最有效利用资源和保护环境的循环经济之路。

该套丛书由该领域的众多专家教授参与，历时四年多，在中国轮胎翻修与循环利用协会的领导下，由青岛科技大学高分子材料与工程学院具体实施并完成的系列科技著作。希望能对橡胶循环利用产业发展有所帮助。

需要特别提出的是：青岛软控股份有限公司、赛轮股份有限公司、中胶橡胶资源再生有限公司和青岛海力威股份有限公司的鼎力支持，及中国化学工业桂林工程有限公司、肇庆骏鸿实业有限公司、东莞市鸿运轮胎有限公司、江苏逸盛投资集团有限公司、河北瑞威科技有限公司、上海裕浩轮胎有限公司、青岛海佳助剂有限公司、济南世纪华泰科技有限公司、滨州丰华橡胶粉制造有限公司、江西亚中橡塑有限公司、焦作市艾卡橡胶工业有限公司、四川乐山亚联机械有限公司、青岛新天地静脉产业园、青岛万方循环利用环保科技有限公司、山东金山橡塑装备科技有限公司、唐山兴宇橡塑工业有限公司对丛书出版给予了大力支持，丛书编写工作还得到了青岛科技大学的热情周到安排，特此致谢。

尽管编著者全力以赴，不足之处在所难免，恳请广大读者批评指正。

丛书编委会
2014 年 8 月

序

由我国著名橡胶工程专家、青岛科技大学纪奎江教授倡导并组织编写的《橡胶循环利用技术丛书》，在业内专家、学者的共同努力下，历时四年终于面世了。本套丛书作为我国轮胎翻新与循环利用行业的第一部系列科技、教育丛书，是长期工作在生产、教学、科研第一线的专家和学者向本行业的广大科技工作者和从业员工及大专院校师生献上的一份厚礼。在此，我谨代表中国轮胎翻修与循环利用协会，对本书的问世表示热烈祝贺，对几年来辛苦撰写丛书的诸位专家、学者表示衷心地感谢！

近年来，随着我国国民经济快速增长、产业结构的调整，橡胶资源的供需矛盾越来越突出，而以节能环保和资源循环再利用为显著特征的轮胎翻新与循环利用行业，备受世人瞩目。在国家产业政策的支持和业内广大会员单位的努力下，轮胎翻新与循环利用行业呈现出了发展良好的态势和可喜的局面：生产规模不断扩大，产品品种不断增加，生产技术水平不断提升，产业结构日趋合理，废旧轮胎综合利用水平不断提高，人们的环保意识不断增强，并已经形成了旧轮胎翻新、废橡胶（轮胎）生产橡胶粉、再生橡胶和废橡胶热解的完整产业链，大大缓解了我国橡胶资源严重不足的局面。然而，在整体产业发展欣欣向荣的背后，也存在诸多的问题，比如，相关法律亟须进一步规范完善，管理制度亟待进一步建立健全等。其中，科技人才匮乏、生产装备和工艺流程缺少统一规范、相关技术标准缺失和不完善等，制约着整个行业向产业化、规模化、集约化发展。因此，在这样的产业背景下，《橡胶循环利用技术丛书》的出版堪称行业之幸事。

《橡胶循环利用技术丛书》从轮胎翻新、硫化橡胶粉、再生橡胶、废橡胶热裂解和热能利用及废橡胶循环利用设备五个方面入手，集技术性、权威性和学术性于一体。丛书在内容上力求技术水平先进、数据资料翔实，在体现科学性、先进性和系统性的基础上，努力突出实用性、全面性、简明性等特点，以反映行业的最新进展。在选材上，丛书力求吸纳成熟、可靠、稳定、先进的技术，对于轮胎翻新与循环利用行业的生产、工艺、设备、制造与发展具有较强的指导作用，对于促进我国轮胎翻新与循环利用事业的进一步提升具有重大的现实意义和深远的历史意义。

在本书付梓之际，我们应感谢各位专家的辛勤耕耘，为丛书提供集理论性、实践性、前瞻性于一体的高质量文稿；特别是担任丛书主编的纪奎江教授与程源教授及各分册的主编高孝恒教授级高级工程师、袁仲雪研究员、朱信明教授、杜爱华教授，为使丛书呈现较高质量水平而付出不懈努力；同时要感谢青岛科技大学、青岛软控股份有限公司为编纂本书而付出的辛勤劳动和帮助，以及部分企业的资助和化学工业出版社的大力合作。正是由于社会各界的鼎力支持，才有《橡胶循环利用技术丛书》的出版。当然，囿于时间、精力，丛书中或有诸多不尽如人意之处，尚祈各位专家和读者不吝指正。

朱军

前 言

循环经济发展、提高资源利用效率、保护和改善环境、实现可持续发展是我国经济发展的基本国策。2008 年 8 月 29 日国家公布了《中华人民共和国循环经济促进法》。

进入 21 世纪我国橡胶工业飞速发展，但天然橡胶等资源非常短缺，产品使用及产生的废品对环境也构成了较大的负面影响。提高橡胶资源利用效率，保护和改善环境任重道远。近年国内外对提高橡胶资源利用开发了不少新的技术和方法，但国内尚无一套较全面推介这些新技术、要求和方法的书籍。

轮胎资源综合利用的重大意义是将轮胎进行翻新再利用。我国有关部门也有规划要将轮胎翻新量的比率大幅提高。

近年我国翻胎业取得了长足进步，轮胎翻新量 10 年内提高了一倍多，翻胎新技术正在进入应用和推广阶段。特别是翻胎装备有很大的提高，达到国际相近水平，由进口变为出口。国际上对翻新轮胎的安全、质量提出了新要求。

然而我国近二十余年来较全面介绍翻修轮胎的书未见出版，本书主要介绍国内外翻胎新技术与装备及安全质量要求，以求填补这一空缺。

本书力求实用、新颖，对引入的某些理论及新的资料多用实例加以佐证。为增加读者视野及开发思路引入了一些国内外翻胎业现仍在研发的技术，且本书编者也提出一些设想和建议以供读者参考。

本书共 20 章，书中纳入了近年国内外出台的诸多涉及翻胎的规范、法规。对翻胎业有影响的技术和装备等内容。

本书是在青岛科技大学大力组织、参与、支持、指导下完成的，特在此表示感谢！

由于编著者水平及经验的局限性，不足之处难免，敬请广大读者批评指正。

编著者

2014 年 8 月

目 录

第1章 概论 /1

第2章 轮胎的分类与结构 /6

第3章 轮胎的滚动力学 /28

第4章 翻新轮胎的使用与保养 /39

第5章　原材料的选择与使用　/66

第6章　翻新轮胎胶料性能要求与配方　/105

第7章 胶料加工 / 144

第8章 胎体选择、清洁、干燥与检验 /183

第9章 旧胎体打磨 /220

第10章 胶浆制备与喷涂 /251

第11章　预硫化胎面翻胎贴合与成型　/260

第12章　预硫化胎面翻新硫化　/301

第13章　模型法翻新轮胎的成型与贴合　/340

第14章　模型法翻新轮胎硫化　/355

第15章 胎面刻花无模硫化 /378

第16章 其它轮胎翻新方法 /385

第17章 修补轮胎 /399

第18章　硫化水胎、内胎（加重内胎）、胶囊制备及内模设计　/452

第19章 国内外轮胎翻新标准 /473

第20章 翻新轮胎质量控制 /484

附录 /511

第1章

概　论

1.1　翻新轮胎市场情况

1.1.1　国际翻新轮胎市场情况

2012年国际新胎产量约为13.3亿条，销售的翻新轮胎约6000万套（6年前翻新胎量尚有约8000万套，进入21世纪轿车翻新胎快速退出市场导致翻新量急剧下降）。翻新轮胎主要销售国家和地区见图1-1。

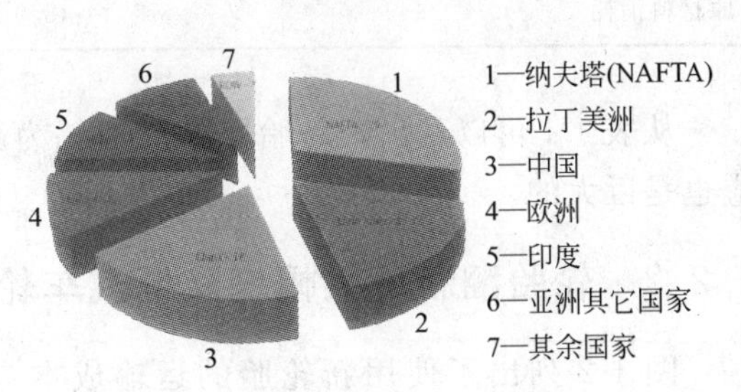

图1-1　国际翻新轮胎市场销售统计

1.1.2　中国翻新轮胎市场情况

2011年我国汽车轮胎总产量约为3.04亿条，除去出口1.29亿条，国内销售约1.7亿条，其中轻载胎4057万条，载重胎7068万条，工程胎80万条。据报道，我国每年替换胎数量约为1.2亿条（汽车保有量约为1.35亿，其中轿车近1.0亿辆，替换胎也近1.0亿条）。据称2011年翻新了1800万条，按国内销售的替换胎计算，翻新率约15%。

1.2　轮胎翻新为经济可持续发展提供支持

我国防止和治理自然环境污染任务十分繁重：据报道2000年二氧化碳排放量不过34.7亿吨，到2009年猛增至71.8亿吨，居世界前列。

按我国经济可持续发展的国策要求：产品产出要节能减排，要降低原材料消耗，要防止或减少对环境污染。

我国消耗的天然橡胶 2011 年为 282 万吨（国产 72 万吨，进口 210 万吨），自给率只有 25%，合成橡胶进口量为 114.5 万吨。由于合成橡胶及炭黑需用石油或天然气等为原料，我国自给率也只有 60%，为实现经济可持续发展节约这些资源显得非常重要。

1.2.1 轮胎翻新可大量节约短缺资源和降低石油或天然气能耗

用预硫化胎面翻新法翻新一条 9.00R20 轮胎所需要的原材料与生产一条同规格的新轮胎（其间使用的里程基本是相同的）做一对比，见表 1-1。

表 1-1 生产新胎和翻新一条 9.00R20 轮胎所需要的原材料对比 单位：kg

原材料消耗	生产新胎	翻新轮胎
生胶	23	7.0
混炼胶(加化工原料)	38.6	13.4
钢丝帘布	7.0	—
钢丝包布	1.6	—
胎圈钢丝	1.9	—
汽油(制胶浆)	1.1	0.8
原材料消耗	48.9	14.2

从表 1-1 可以看出，新胎原材料消耗为翻新胎的 3.44 倍，其节能、减排的效应也是巨大的。

1.2.2 轮胎翻新可大幅度降低汽车轮胎的运输成本

图 1-2 列出了使用新轮胎的运输成本与使用新胎加两次翻新的轮胎的运输成本。按国外保守的数据对比，可使轮胎运输成本降低 36%（国内可达 50% 以上）。

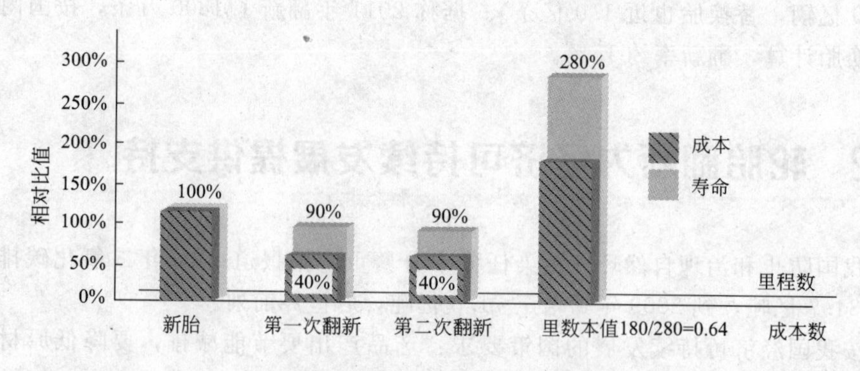

图 1-2 使用新轮胎与加用翻新轮胎的运输成本对比

1.3 我国轮胎翻新发展情况和存在的问题

1.3.1 我国轮胎翻新业的发展情况

2001～2008 年我国轮胎翻新业取得了重大发展，轮胎翻新量每年递增 100 余万条，由 20 世纪 90 年代末期的约 500 万条猛增到 2011 年的约 1800 万条。

随着条形预硫化胎面翻新装备国产化，生产企业迅速推广了条形预硫化胎面翻新体系，由 20 世纪 90 年代中期翻胎占比不足 5%猛增到 70%以上。然而这种超常的发展难免鱼龙混杂，一些不具备建厂条件的人纷纷办起作坊式的、冒牌工厂。假冒伪劣产品大量进入市场，造成可翻新轮胎严重短缺，一些正规的翻新轮胎企业大为减产并与这些作坊式的、冒牌的企业打价格战，跌入低价竞争的泥潭。

2007 年后我国的轮胎翻新装备水平在多方努力下有了重大进步。图 1-3 是我国青岛某翻胎工厂的冷翻车间，该生产线装备已出口到美国和加拿大。

图 1-3　冷翻车间

2011 年轮胎翻新装备进入数控、机、电、光一体化的领域，2012 年其配置已全面接近国际上同一水平。无论是翻新轮胎用的无损检测设备还是生产设备，不仅无需进口，由于价格低，还出口到一些经济发展甚至发达国家。不过由于国内轮胎翻新市场目前还陷入低价竞争的泥潭，企业经济效应低下，大多无力进行技术改造和购买先进的装备。

翻新轮胎中，载重轮胎中的斜交轮胎将进一步减少，按国家工信部有关轮胎产业政策公告中要求到 2015 年斜交轮胎只占 10%，发展子午线轮胎有利提高轮胎的翻新价值；工程斜交轮胎行业规划将下降为 50%，这一产业政策应成为轮胎翻新业发展的依据。

据有关人员测算，到 2015 年年中，小规格的工程轮胎产量约为 600 万条，维修胎按70%计；巨型工程轮胎产量为3.0万条，因车辆是进口，国内市场全部是维修胎，这些都为轮胎翻新业提供了发展空间。

按轮胎翻新行业“十二五”发展规划，到2015年轮胎翻新量将达3000万条，按工信部《废旧轮胎综合利用指导意见》载重轮胎翻新率要达到维修轮胎的25%。

1.3.2 我国轮胎翻新业存在的问题

2008年后由于国家工商、质量监督部门的查处，假冒伪劣产品有所减少，作坊式的、冒牌的工厂有的倒闭、有的转产。但轮胎翻新业较深层次的问题远未能解决，需要在市场发展和政策引导下逐步解决这些问题。

(1) 轮胎翻新企业过多，小型作坊式的和达不到《轮胎翻新行业准入条件》的企业占90%，这些企业大多生产设备不全、不合格，产品无质量控制机构和手段，不按国家标准生产，为逃避监管送检样品弄虚作假，甚至不在工商部门登记，产品安全性无保证，质量低下。

(2) 大多数轮胎翻新企业还陷入低价竞争的泥潭，阻碍了轮胎翻新业的进步与发展，企业无力进行技术改造，尽管国内无论是轮胎翻新设备还是生产设备已有很大的提高，但少有人问津。

(3) 可翻新的旧胎奇缺，主要是大量的“一次性”的新胎充斥市场，这些无标或不三包胎使用后大多不能翻新或翻新后早期损坏。运输业特别是货运业由于恶性竞争，运价与成本倒挂，不超载上路就会亏损，无法赢利，因此难以杜绝，轮胎使用又不规范，这些轮胎使用后同样大多也不能翻新或翻新后早期损坏，进口旧轮胎受严格限制。

(4) 可翻新的旧胎经营资质散落在一些个体经营户手中，相当多的资质卖给了作坊式的、冒牌的工厂或移作他用（如相当多的从报废车上卸下的轮胎被倒卖）。

(5) 国家一些有利轮胎翻新的政策难以落实。

(6) 轮胎翻新质量亟待提高，2013年广西质监局对该区内的翻新载重轮胎进行专项抽查14批次，合格的为6批次，不合格的为8批次，合格率只有43%。

1.4 轮胎行业“十二五”发展对轮胎翻新发展的影响

相关行业“十二五”发展对轮胎翻新业的发展是至关重要的。除使用翻新轮胎量外，其产业政策及市场预测与轮胎翻新业关系十分重大。

轮胎行业中最大的问题是：市场轮胎过剩，不符合质量要求的轮胎（割标胎）泛滥，这些轮胎多不能翻新，是造成资源极大浪费及我国轮胎翻新率很低的主要原因之一。

2012年国家质量监督检验检疫局发布的《机动车运行安全技术条件》规定：

公路客车、旅游客车和校车的所有车轮及其它机动车的转向轮不得装用翻新的轮胎。此项规定不分翻新轮胎的优劣，统统禁用，这将会对轮胎翻新行业的发展有一定影响。

1.5 展望

2008年国家加大了对循环经济促进的力度，出台了《中华人民共和国循环经济促进法》，为翻新轮胎回收利用提供了法律依据。对轮胎翻新业加大了支持力度。为达到轮胎资源更好的综合利用，2012年7月工信部出台了《轮胎翻新行业准入条件》。

这些法规如能落实，就可缓解轮胎翻新发展中遇到的严重障碍；加上理顺轮胎市场，禁止低质量轮胎和翻新轮胎进入市场，规范汽车运输营运市场，严控汽车超载，运输部门对轮胎使用加强管理，修改《机动车运行安全技术条件》对翻新轮胎的规定，轮胎翻新业就有广阔的发展空间，就会使轮胎翻新业大为发展。

(1) 希望国家实质性地支持轮胎翻新的技术和装备改造，目前企业经济效益差，很难推广应用。

(2) 2007年国家发改委发布的《"十一五"资源综合利用指导意见》已将废旧轮胎等再生资源的产业化工程列为六大资源综合利用重点工程之一。希望有具体的扶助政策出台。

(3) 轮胎翻新业经济效益近年逐年下降，相当多的企业已难以维持，胎体奇缺，急需调整进口及税收政策。

(4) 希望修订GB 7258—2012《机动车运行安全技术条件》中对轮胎翻新的某些不合理的规定。

参考文献

[1] David Wilson. The Effect of Technological and Legislative Developments in The Field of Retreading. Retreading Business，2013（2）：5-8.

[2] 黄积中．《轮胎》//中国橡胶工业年鉴2011～2012年．北京：中国商业出版社，2012.

[3] 裘实．国内替换胎市场有待整合 谁主沉浮未可知．中国轮胎，2013（4）：10-13.

[4] 新华社．《我国私家车十年来增长13倍》//桂林晚报 2013/12/2.

[5] 程源．《翻新轮胎》//中国橡胶工业年鉴2011～2012年．北京：中国商业出版社，2012.

[6] 孙娟．《天然橡胶》//中国橡胶工业年鉴2011～2012年．北京：中国商业出版社，2012.

[7] 张爱民．《合成橡胶》//中国橡胶工业年鉴2011～2012年．北京：中国商业出版社，2012.

[8] 张雪峰等．翻新轮胎在寒冷地区的应用及其效益．翻新轮胎工业，2000（2）：13-15.

[9] 张爱民．论翻新轮胎在客货运输行业的应用．中国轮胎资源综合利用，2013（7）.

[10] 严肃．江西警方侦破销售伪劣轮胎大案 应报废轮胎流入销售网络．中国轮胎，2013（17）.

第2章

轮胎的分类与结构

2.1 轮胎结构简介

目前广泛使用的轮胎按骨架结构排列形式划分为：子午线轮胎和斜交轮胎两类。而包含骨架的橡胶外形大体是相似的，斜交轮胎的各部位胶和骨架名称见图2-1。子午线载重轮胎的各部位胶和骨架名称见图2-2。

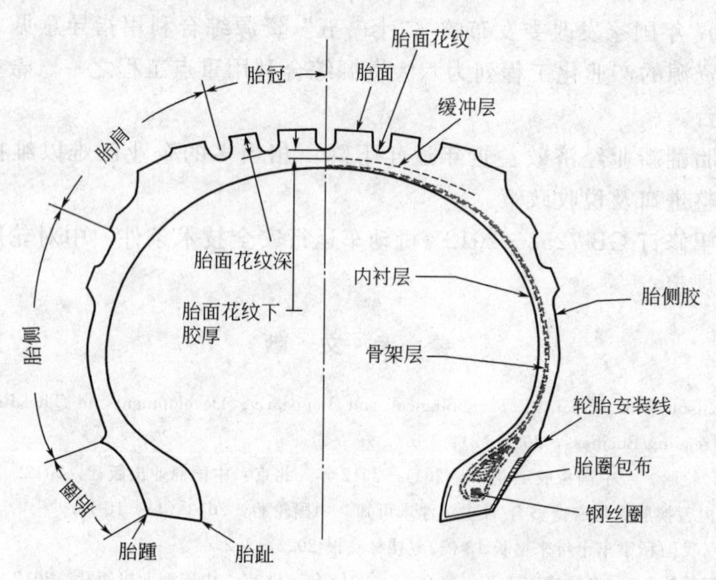

图2-1 斜交轮胎的各部位胶和骨架名称

2.1.1 外胎骨架的排列方式

外胎骨架的排列方式十分重要，它直接影响外胎的充气形状、各部位受力状态以及使用性能。外胎骨架的排列方式是用胎冠角（β_k 或 α_k）表示，胎冠角

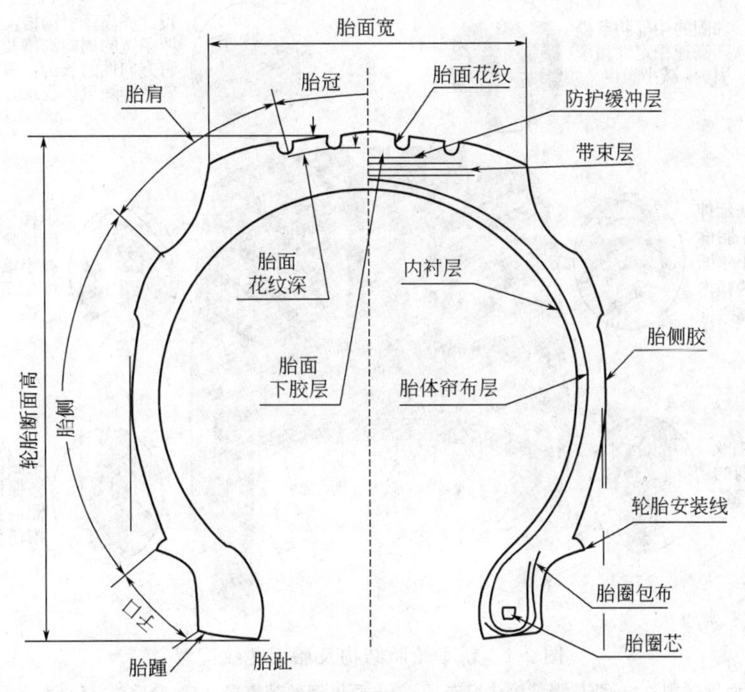

图 2-2　子午线载重轮胎的各部位胶和骨架名称

(β_k）是指轮胎胎体帘线与胎冠中心线的垂线之间的夹角；胎冠角（α_k）一般指轮胎胎体帘线与胎冠中心线之间的夹角，子午线轮胎用这种表示方法。胎冠角的位置见图 2-3。

2.1.2　子午线轮胎的结构

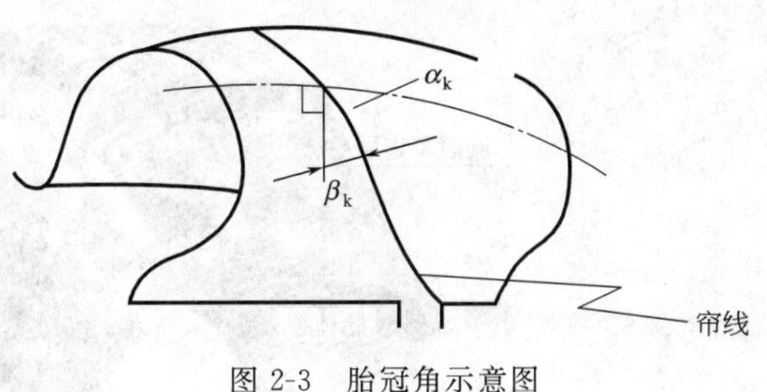

图 2-3　胎冠角示意图

随着轮胎工业的发展，在 20 世纪 30～40 年代，出现了骨架结构类似于地球子午线结构的轮胎，我们叫它子午线轮胎。该种轮胎的骨架排列特点是胎体帘布层帘线与胎冠中心呈 90°或接近 90°角排列，即 α_k 为 90°，并以带束层箍紧胎体，国际代号为 R。胎体帘线排列像地球的子午线的形式，胎冠角 α_k 为 90°（β_k＝0°～15°）。而带束层帘线接近于周向排列，其胎冠角 α_k＝15°～24°（β_k＝66°～75°），它像刚性环带一样，紧紧箍在呈子午线排列的胎体上，胎体帘线平行排列，胎体帘布层数为奇数、偶数均可，带束层帘线交叉排列，接近圆周方向，帘布密度由内向外渐稀。图 2-4 是轿车轮胎结构及胎面花纹配置情况。

子午线轮胎根据骨架材料的不同又可分为有内胎全钢丝子午线轮胎、无内胎全钢丝子午线轮胎、半钢丝子午线轮胎。载重轮胎断面结构见图 2-5。

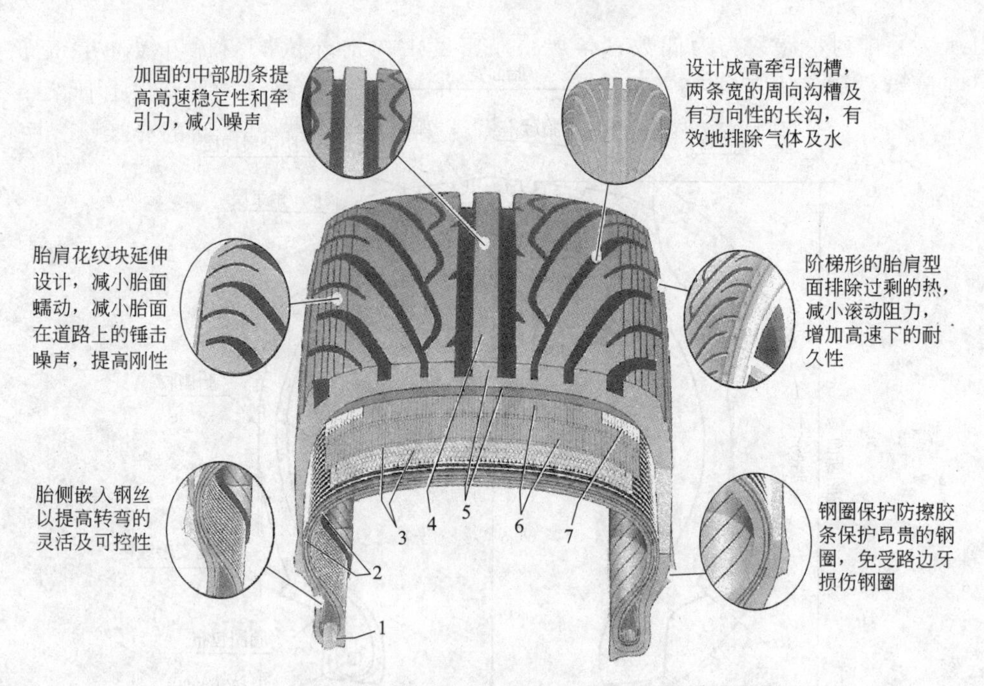

图 2-4 轿车轮胎结构及胎面花纹配置

1—圆断面钢丝圈；2—两层聚酯胎体帘布层；3—两层钢丝带束层；4—胎面胶；5—胎冠和基部胶；6—两层无接头尼龙保护层；7—两层无接头尼龙带边保护层

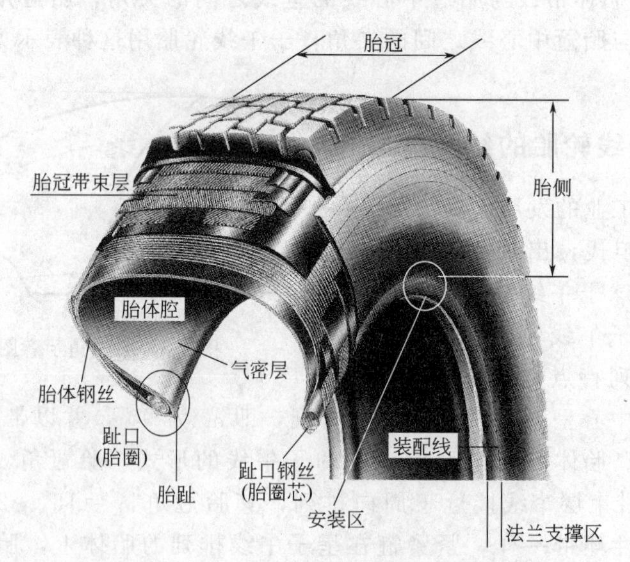

图 2-5 全钢丝子午线载重轮胎断面结构图

2.1.3 斜交轮胎的结构

此类轮胎的胎冠角（β_k）一般在 48°～56°，并且胎体帘布层帘线按这一角度相互交叉排列，层数均为偶数，各层帘布密度由内向外依次变稀，缓冲层帘布密度最稀，角度大于或等于胎体层 β_k，结构视轮胎规格而定，具有以上骨架结构特点的外胎，就是斜交结构轮胎，简称斜交轮胎。其工程轮胎的骨架结构见图 2-6。

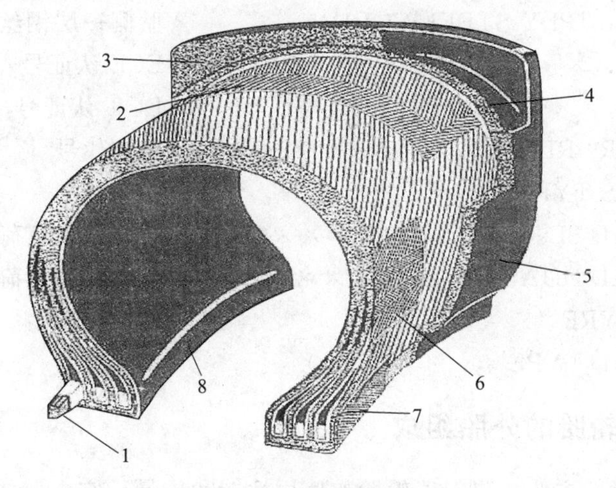

图 2-6　斜交工程轮胎骨架结构

1—胎圈；2—缓冲层；3—胎冠；4—胎面基部胶；5—胎侧胶；6—胎体帘布层；7—胎圈包布；8—内层密封胶

2.2　充气轮胎的分类和英文代号

2.2.1　充气轮胎的分类和识别标志

按《中国轮胎轮辋气门嘴标准年鉴》，将国产的充气汽车轮胎分为 6 类：轿车轮胎；轻型载重轮胎；载重轮胎；工程机械轮胎；农业轮胎；工业车辆充气轮胎。

在一些专用轮胎胎侧上有大写的英文字母识别标志，其含义如下：T 为临时使用的备胎；LT 为轻型载重汽车轮胎；ULT 为微型载重汽车轮胎；ST 为公路型挂车特种专用轮胎；MH 为房屋汽车轮胎；AG 为农业轮胎；AT 为全地形车辆轮胎；LS 为林业用轮胎；NHS 为非公路用轮胎；TG 为非公路型牵引式平地机轮胎；IND 为工业车辆轮胎；M+S 为雪泥花纹轮胎（亦可用 M、S、M/S、M-S 表示）；REGROOVABLE 为可供再刻花的载重汽车轮胎；REINFORCED 为负荷和气压均高于标准型的轿车增强型轮胎。

2.2.2　轮胎标识和组成

胎侧主要文字中英文对照如下。

ALL STEEL RADIAL	全钢丝子午线轮胎
REGROVABLE	花纹可再刻轮胎（可翻新）
STANDARD RIM	标准轮辋
TREAD 5PLIES STEEL CORD	胎面五层钢丝
SIDEWALL 1PLY STEEL CORD	胎侧一层钢丝
E××××××	ECE 认证号
DOT××××××	DOT 认证号
RR100（RR9 RLB1×××）	花纹代号
TUBELESS TYPE	无内胎
MAX LOAD SINGLE×××AT×××COLD	单胎最大负荷及相应气压
MAX LOAD DUAL×××AT×××COLD	双胎最大负荷及相应气压
TUBED TYRE	有内胎轮胎
DIAGONAL TYPE	斜交轮胎

2.2.3 汽车轮胎的外胎组成

外胎是轮胎的主体，决定着轮胎的使用性能和质量。它由胎体、胎面和胎圈 3 个主要部分组成。以斜交轮胎为例。

(1) 胎体 使外胎具有强度、柔软性和弹性的挂胶帘布主体称为胎体。胎体需要有充分的强度和弹性，以便承受强烈的震动和冲击，承受轮胎在行驶中作用于外胎上的径向、侧向、周向力所引起的多次变形。胎体由一层或多层挂胶帘布组成，这些帘布能使胎体以及整个外胎具有必要的强度。

帘布层是胎体的基本骨架。帘布层和胎面胶之间的结构称为缓冲层。缓冲层用来预防胎体受到振荡和冲击，减少作用于胎体的牵引力和制动力，增强胎面胶和胎体间的附着力。子午线轮胎的缓冲层由于其作用不同，一般称为带束层。

外胎内产生的最大应力集中于缓冲层，而且缓冲层的温度最高。缓冲层的材料及结构一般因外胎的规格和结构以及胎体材料等不同而异。

(2) 胎面 外胎最外面与路面接触的橡胶层称为胎面（通常把外胎胎冠、胎肩、胎侧、加强区部位最外层的橡胶统称为胎面胶）。胎面用来防止胎体受机械损伤和早期磨损，向路面传递汽车的牵引力和制动力，增加外胎与路面（土壤）的抓着力，以及吸收轮胎在运行时的震荡。

轮胎在正常行驶时直接与路面接触的那一部分胎面称为行驶面。行驶面由不同形状的花纹块、花纹沟构成，凸出部分为花纹块，花纹块的表面可增大外胎和路面（土壤）的抓着力并保证车辆有必要的抗侧滑力。花纹沟下层称为胎面基部，用来缓冲震荡和冲击。

(3) 胎圈 用来使外胎固定在轮辋上而又不易伸张的刚性部分称为胎圈。胎圈能使外胎牢固地固定在轮辋上，并在车辆运行时抵抗使外胎脱离轮辋的作用力。胎圈朝向胎内腔的一边称为胎趾，与轮辋边缘相接触的一边称为胎踵。胎圈由钢圈、包圈胎体帘布及胎圈包布等组成。钢圈则由钢丝圈、三角胶及钢圈包布组成。钢丝圈使钢圈具有刚性和强度。

2.2.4 轮胎规格和标志

2.2.4.1 汽车轮胎规格标志

这里所称的汽车轮胎规格包括轿车轮胎、轻型载重轮胎和载重轮胎三类，轿车轮胎目前很少翻新。轻型载重轮胎：按《轮胎轮辋气门嘴年鉴》(CAS-2010) 有12种规格；载重轮胎：按《轮胎轮辋气门嘴年鉴》(CAS-2010) 有12种规格。

汽车轮胎规格标志方法有传统沿用和国际标准两种。传统沿用的方法是以用半字线连接的两组数字来标记轮胎，第一组数字表明轮胎断面宽度，第二组数字表明轮辋直径（单位均为英寸)。有的还加上帘布层级，以符号PR表示。例如：载重轮胎9.00-20-14PR，轿车轮胎6.95-14-6PR，斜交轮胎断面宽度的名义尺寸一般稍小于实际尺寸，而轮辋的名义直径与实际着合直径，对载重轮胎来说是一致的；对轿车轮胎来说，实际着合直径比名义直径大0.032in。深式轮辋用的斜交载重轮胎规格表示方法与普通轮辋斜交载重轮胎的区别在于：名义断面宽在英寸的小数点后面不带零，且与实际尺寸相近。例如：深式轮辋载重轮胎12.5-24.5-16PR，23.5-25-20PR，如果是子午线轮胎结构，连接两组数字的半字线通常以R字母代替之。此外，有些国家或公司还采用公制或英制混合标记法，如260-508，两组数字的单位均为毫米，俄罗斯等国就是采用这种表示方法；185R15，前组数字的单位为毫米，后者为英寸，西欧国家就是这种表示法。

由于轮胎断面轮廓不断演变和发展，原来的传统标记已经不能适应新的要求，所以国际标准做出明确的规定，采用新的轮胎规格标记法。除保留规格仍用原标记外，新的国际标准以轮胎断面宽度（mm)、轮胎扁平率（%)、轮胎结构代号（如R代表子午线结构）和轮辋直径代号（in）四项表示。不同类型的轮胎，其规格标志各异，现分述如下。

(1) 按国际标准所规定的轮胎规格标志（ISO国际标准)

① 子午线结构标记　子午线结构通常以R标记，但有的国家并没有这种标记，而是用其它的标记，俄罗斯等国是用“P”表示子午线结构，例如，260-580P；用“PC”表示活胎面子午线结构，如220-508PC。法国米西林公司以“X”表示子午线结构，如9.00-20X。意大利公司以“BS”表示活胎面，如BS-3。另外，还有许多厂牌轮胎，包括我国已有子午线结构标记，有的直接标出“Radial”、“子午线轮胎”等字样。无内胎轮胎一般是第一组数字表示断面宽度，第二组数字为22.5，以R连接，这是指轮辋为22.5in的载重轮胎，并在胎侧上标有“Tubeless”或“TL”等字样，我国标有“无内胎”字样。

② 轮胎负荷能力标记　轮胎负荷能力一直沿用层数（后来用层级）表示，在

新型帘线不断应用的情况下，这种表示方法被“负荷指数”所取代。国际标准将轮胎全部预计到的负荷量从小到大依次划分为280个等级负荷指数：每个指数数字代表一级“轮胎载荷能力”，其指数差级约3%；最低负荷指数为0，相应负荷为0.44kN；最高一级为279，相应负荷为1334kN。每种规格轮胎可分为3个指数级别，即同一规格轮胎的负荷标准高低之差为10%左右。

③ 速度级别标记　速度级别的标记见表2-1。表中列出的S到H级速度，对目前轿车轮胎来说实际意义不大，因为除了特殊用途的赛车等之外，一般的轿车轮胎难以达到这么高的速度。对于载重轮胎来说，A1和A8级速度也没有实用价值，因为当前各国载重轮胎都规定有“基准速度”，这种基准速度随着负荷及其内压的增减可减少或提高，没有最高速度的概念。

表 2-1　常用轮胎速度标志符号对照表

速度标志	实际速度/(km/h)	速度标志	实际速度/(km/h)
A1	5	L	120
A8	40	M	130
B	50	N	140
C	60	P	150
D	65	O	160
E	70	R	170
F	80	S	180
G	90	T	190
J	100	U	200
K	110	H	210

我国载重轮胎基准速度及其负荷增减系数列于表2-2中。载重轮胎基准速度定为80～100km/h。表中最高速度，重型载重汽车轮胎为70km/h，中型载重汽车轮胎为90km/h，轻型载重汽车轮胎为100km/h，城市公交车可视其实际载重量、行驶地区参照表2-2考虑加减速度。

表 2-2　国产载重汽车轮胎使用速度与负荷增减对应表

最高速度/(km/h)	负荷增减/%		
	重型载重胎	中型载重胎	轻型载重胎
40	+5	+10	+12.5
50	+2.5	+7.5	+10
60	+0	+5	+7.5
70	+0	+2.5	+5
80		+0	+2.5
90		+0	+0
100			+0

(2) 我国载重汽车和公共汽车轮胎规格标志　通常指轮辋名义直径为18～24in，断面宽为7.5～14in的中型和重型载重、公共汽车轮胎。主要用于公路行驶，如9.00-20和11.00-20轮胎等。在我国，大客车和公交车中无内胎轮胎的使

用越来越多，它代表了钢丝子午线轮胎的发展方向。

无内胎轮胎就是将内胎（胎里气密层）和胎体做成了一体，气嘴固定在轮辋上。轻型载重汽车无内胎轮胎装于倾斜15°的深槽式轮辋，其轮辋名义直径比同级有内胎所装配轮辋大1.5in；其断面宽除6.50in以外，比同级有内胎轮胎大1in。并且断面宽尺寸后的小数位不补零。

(3) 国外载重汽车和公共汽车轮胎规格标志　见图2-7。

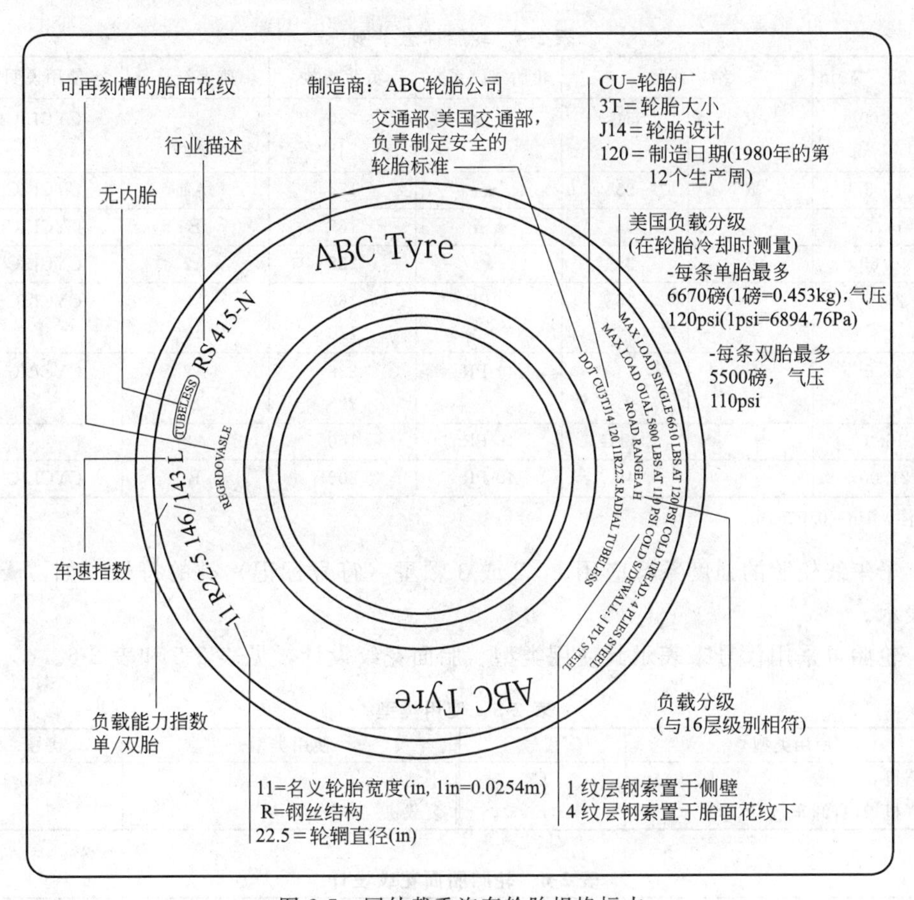

图2-7　国外载重汽车轮胎规格标志

2.2.4.2　工程机械轮胎规格标志和尺寸

(1) 工程机械轮胎规格　工程机械轮胎按《轮胎轮辋气门嘴年鉴》（CAS-2010）有12种规格，斜交工程机械轮胎规格名称举例见图2-6。

(2) 工程机械轮胎标志和尺寸　工程机械轮胎的标志与汽车轮胎多有不同，按ISO4250-1标准做一些介绍。

① 速度符号表示如表2-3所示。速度符号还表示所设计的轮胎的使用条件。

② 轮胎标志举例　轮胎标志举例见表2-4，表中“CYCLIC”表示轮胎不能在

负荷指数对应的负荷和速度符号下连续使用，是在某种周期下使用的。

表 2-3　速度符号、使用条件和参考速度对应表

速度符号	参考速度/(km/h)	使用条件
A2	10	低速下使用(装载型)，适用于装载机、推土机、工业用途装备等
A8	40	适用于平地机
B	50	适用于工程机械设备(运输用)、运输车、自卸车、铲运车

表 2-4　轮胎标志举例

名义断面宽/in	结构代号		轮胎强度系数	负荷指数	速度符号	使用说明
30.00	R	51	★★	230 248	B A2	CYCLIC
17.5	R	25	★	176	A2	CYCLIC
17.5		25	★★	167	B	CYCLIC
40/65	R	39	★	228	A2	CYCLIC
20.5	—	25	20PR	160 170	A8 B	CYCLIC
37.5	—	51	44 PR	238 223	A2 B	CYCLIC
16.0	—	24TG	16 PR	160	A8	
21.00	—	49	40 PR	206	B	CYCLIC

注：1in＝0.0254m。

子午线轮胎的强度系数应用 1，2 或 3 颗星（符号标记）类的符号（如“★”）来表示。

轮胎可采用代号来表示其使用类型、胎面花纹设计，见表 2-5 和表 2-6。

表 2-5　使用类型

使用类型	代号	使用类型	代号
筑路机	C	平地车	G
工程机械(自卸车，铲运车)	E	装载机	L

表 2-6　轮胎胎面花纹设计

胎面花纹类型	代号	胎面花纹类型	代号
标准光面花纹	C-1	条形花纹	G-1
沟槽花纹	C-2	牵引花纹	G-2
条形花纹	E-1	块状花纹	G-3
牵引型花纹	E-2	牵引花纹	L-2
块状花纹	E-3	块状花纹	L-3
块状花纹(深花纹)	E-4	块状花纹(深花纹)	L-4
越野花纹	E-7	块状花纹(超深花纹)	L-5

注：1. 当在“L”系列中使用光面花纹设计时，应加上后缀“S”。
2. 代号 1、2、3 的是普通花纹深度。

2.2.5 轮胎制造厂的其它标志和几点说明

(1) 轮胎制造厂的标志　轮胎制造厂除了在不同规格的硫化模具上刻上厂名、商标、轮胎规格、标准气压、层级、轮胎结构代号外，还应硫化出胎号，不同厂家的胎号是不同的。轮胎的胎号一般标明帘线品种、层数、年月份、生产顺序编号等。

例如，“珠江”牌轮胎胎号：2N687085429。字首“2”为生产班次；“N”为尼龙帘线胎体；“6”为胎体帘线的实际层数；8708为生产日期，即1987年8月份生产；“5429”为生产顺序编号。

又如，“双钱”牌轮胎胎号：2N9511-6-1326。字首“2”为双模定型硫化机生产的；“N”为尼龙帘线胎体；“9511”为生产日期，即1995年11月份生产；“6”代表9.00-20规格；1326为生产顺序编号。

再如“回力”牌轮胎胎号：1尼090510552。字首“1”为生产班次；“尼”为尼龙帘线胎体；0905为生产日期，即2009年5月份生产；10552为生产顺序编号。

(2) 几点说明　轮胎层级是目前国际统一标志。层级多少并不代表轮胎内部的帘布实际层数，而是作为某种规格轮胎最大允许负荷和相应气压的级别。例如：900-20-12PR双胎其最大负荷为20.1kN，相应气压为590kPa；单胎最大负荷为22.95kN，相应气压为690kPa。为此，选择轮胎时，首先应根据汽车本身的自重和载重量，按照规定的轮胎最大允许负荷和气压选用相应的“层级”。至于在轮胎制造厂中确定某一种规格轮胎的“层级”时，究竟应采用几层帘线，则应根据选用帘线的品种及其结构性能而决定。例如以上所述的900-20-12PR的轮胎可以有下面几种实际层数：用1260dtex/2尼龙帘线时，实际层数为8层；而用1680dtex/2时，则实际层数为6层；如采用钢丝帘线的子午线结构，仅需要1层。

轮胎的“负荷”和“气压”是相对应的，是轮胎厂设计人员根据轮胎的类别、结构、断面宽、骨架材料、轮辋类型等因素计算确定的。某种规格轮胎最大允许负荷和相应气压是互相依存的，气压改变负荷也随之变更。

2.2.6 轮胎各主要部件的特性

(1) 趾口　用来使外胎固定在轮辋上而又不易伸张的刚性部分称为趾口，趾口能使外胎牢固地固定在轮辋上，并在车辆运行时抵抗使外胎脱离轮辋的作用力。为了使趾口能够稳定成型，并形成胎圈向胎侧的刚性过渡，用来填充的三角胶具有较大的硬度，是不可再硫化的，因此趾口是不可修补的。

在行驶、安装中轮胎趾口受热或用大锤打击，都对趾口产生影响，出现裂痕；趾口与轮辋的大小必须匹配，安装时要足够润滑以保证与轮辋角度一致；趾口由钢丝圈、包圈胎体帘布及胎圈包布等组成，因此在安装轮胎时使用肥皂水、黄油等用品，会使趾口内的钢丝生锈，对趾口造成损坏。

（2）胎侧　贴在胎体侧壁部位，用来防止胎体受机械损伤和其它外界作用（如泥、水等）的橡胶覆盖层称为胎侧。胎侧与胎面的不同是不承受大的应力，不与地面接触，因而不受磨损，胎侧主要是在屈挠状态下工作，因此胎侧的厚度可以稍薄。但它必须承受较大的机械变形，同时在臭氧作用下很容易产生龟裂。所以，胎侧应具有较低的定伸应力和优良的耐疲劳、耐臭氧性能。

（3）胎肩　胎肩位于胎冠与胎侧之间，是轮胎构造中最厚的一部分，也是车辆行驶中轮胎温度最高的部分，易造成橡胶开裂。这样的伤口应及时检查修补，以免渗水造成内部钢丝生锈。

（4）胎冠　轮胎的胎冠要直接和路面接触。因此，它的耐磨性要好，滚动阻力和噪声要小，同时还要具备极好的耐热性和耐刺扎性能。此外，胎冠的承受负荷也很大，特别是在较差的路面上更为明显，所以还要具有良好的弹性、耐疲劳性和较高的耐老化性能。

2.2.7　斜交轮胎的缓冲层和子午胎的带束层作用

斜交胎的缓冲层在胎体帘线层和胎面之间，由2～4层稀帘布组成，其作用是缓和与部分吸收轮胎从外部受到的冲击力，防止胎面产生缺口及外伤直接伤及胎体帘布层，避免胎面与帘布层发生剥离。

子午胎的带束层也在胎面和胎体帘布层之间，由多层、大角度、高强力的钢丝帘线组成。它所起的作用远大于“缓冲”作用，是一个“增强层”。

轮胎可分为无内胎轮胎和有内胎轮胎。无内胎轮胎不使用内胎，空气直接充入外胎内腔。轮胎的密封性是由外胎紧密着合在专门结构的轮辋上而达到的。为了防止空气透过胎壁扩散，轮胎的内表面贴有专门的气密层，这样在穿刺时空气只能从穿孔跑出。但是，穿孔受轮胎材料的弹性作用而被压缩，空气只能从轮胎中徐徐漏出，所以轮胎中的内压是逐渐下降的。如果刺入无内胎轮胎的物体（钉子等）保留在轮胎内，物体就会被厚厚的胶层包紧，实际上轮胎中的空气在长时间内不会跑出。

有内胎轮胎是由外胎、内胎和垫带组成。外胎使内胎免受机械损坏，使充气内胎保持规定的尺寸，承受汽车的牵引力和制动力，并保证轮胎与路面的抓着力。内胎是一个环形橡胶筒，置于外胎内，其中充入压缩空气。在内胎和轮辋之间有一条垫带（在深式轮辋上使用的轮胎则不用垫带），垫带是具有一定断面形状的环形胶带，保护内胎不受磨损。

2.3　充气轮胎的设计简介

2.3.1　轮胎负荷与强度计算依据

轮胎充气压力的确定考虑了多方面的因素，它影响轮胎负荷、轮胎下沉量、接地性能、胎体强度等，必须综合考虑来确定相应的轮胎充气压力。标准产品会有相应的额定气压规定，在此气压下会有相应的轮胎负荷能力，该负荷称为标准负荷。

2.3.2 子午线轮胎设计依据和要求

(1) 子午胎胎体帘线强度计算 子午线轮胎的胎体帘线呈90°（径向）排列，故其承受由内压引起的应力比斜交轮胎小一些，这是子午线轮胎胎体帘布层数减少的主要原因。

与斜交轮胎一样，设计子午线轮胎要以汽车类型、路面条件的要求、轮胎强度和经济方面的要求以及舒适性和行驶安全性要求等为依据。设计轮胎时首先要依据汽车类型确定汽车轮胎的规格，再根据国家标准确定轮胎充气后的尺寸和容许负荷。容许负荷和充气压力有关，因此还必须确定轮胎的层级。层级表示轮胎在规定载重下的强度，即某一充气压力下的负荷能力。在确定上述条件之后，就需要考虑制造轮胎用的骨架材料。

子午线轮胎按其采用的骨架材料，有全纤维子午线轮胎、半钢丝子午线轮胎（即胎体为纤维帘线、带束层为钢丝帘线）和全钢丝子午线轮胎三种。全纤维子午线轮胎主要为轻型轿车轮胎和拖拉机轮胎，半钢丝子午丝轮胎主要为高速轿车轮胎和轻型载重轮胎，而全钢丝子午线轮胎主要适用于重型载重轮胎和工程轮胎。

(2) 胎圈间距的选取 胎圈间距（C）一般选用与轮辋宽度相等或者也可小于轮辋间距，但不超过15～25mm，C值小于轮辋宽度可提高轮胎的耐磨性能和侧向刚性。C与B之比，一般而言，轿车子午线轮胎为0.7～0.8，载重子午线轮胎为0.7～0.75。

(3) 断面高与断面宽之比 对子午线轮胎，H/B之比可不必直接选取，这是由于子午线轮胎外直径变化很小，断面高也就成了定值。断面宽主要受胎体帘线性能的影响，由B'/B的膨胀比来确定。另外，轿车子午线轮胎和宽轮辋载重子午线轮胎都有相应的系列，其H/B之比大体上成为定值。据介绍载重子午线轮胎H/B为0.96～1.05，轿车子午线轮胎为0.80～0.85。但对宽轮辋低断面载重子午线轮胎和轿车子午线轮胎来说，都有相应的系列分类，H/B比值的选取可由其系列分类而定。

(4) 子午线轮胎的轮廓设计 目前，子午线轮胎轮廓设计的常用方法有由内轮廓向外轮廓设计和由外轮廓向内轮廓设计，不同的厂家采取不同的方法，设计完成后，结合相应的轮胎使用模拟分析系统，对轮胎的使用性能进行分析和优化。

2.4 外胎花纹设计的基本要求

2.4.1 载重轮胎（新胎）胎面花纹设计要求

① 轮胎与路面纵向和侧向均具有良好的抓着性能。

② 胎面耐磨而且滚动阻力小。

③ 使用时生热小、散热快、自洁性能好，而且不裂口、不掉块。

④ 花纹美观、低噪声，而且便于模具加工。上述要求因相互间存在不同程度的矛盾难以全部满足。胎面花纹设计必须根据轮胎类型结构和使用条件、主次要求，兼顾平衡来确定。

2.4.1.1 花纹的类型

胎面花纹是按照轮胎的类型、结构特征、使用条件和要求而进行设计的。一般把轮胎花纹归纳为普通花纹、混合花纹和越野花纹三种，见图 2-8。

(a) 普通花纹 (b) 混合花纹 (c) 越野花纹

图 2-8 三种分类花纹

(1) 普通花纹 亦称公路型花纹，适用于较好的水泥路面、柏油路面以及较好的泥土、碎石等硬基路面。载重轮胎普通花纹有横向（如烟斗花纹）和纵向（如锯齿形或波纹形花纹）或纵横组合型三种。横向花纹的主要缺点是胶块较大而硬，散热性差，噪声大，防侧滑性较差，设计不当易造成肩空、肩裂等缺陷。当轮胎换位不及时时肩部花纹块容易磨成高低不平锯齿状。但这类花纹在车速较低、路面较差的条件下使用还是适宜的。

纵向花纹的主要优点是滚动阻力小，防侧滑性能好，噪声小，散热性能也较好。其缺点是牵引力较差，由于花纹柔软，移动性较大，在普通斜交轮胎上表现为耐磨性不如横向花纹。载重轮胎普通花纹，其花纹块所占面积一般为行驶面的70%～80%，试验证明，以 78%左右的耐磨性能比较好。

轿车轮胎一般多为纵向花纹和纵横组合型花纹，以适应高速、好路面的使用条件，并且在纵向花纹结构的基础上，普遍应用“细缝花纹”。这种花纹在与地面接触时，产生剪切作用，增大花纹与路面的摩擦系数，提高对路面的抓着力，同时也便于散热和排水。“细缝花纹”的宽度一般为 0.4～0.6mm，深度为 5～8mm，为了防止裂口的扩散和硫化后容易脱模，多设计为波浪形或斜线形，普通花纹形式见图 2-9。

(a) 横向花纹 (b) 纵向花纹 (c) 横纵花纹

图 2-9 载重轮胎普通花纹

(a) 无向花纹 (b) 有向花纹

图 2-10 工程、轻卡轮胎越野花纹

(2) 越野花纹　亦称高行驶性能花纹，如图 2-10 所示。适用于崎岖不平的山路、高低不平的矿山、建筑工地以及松土路、雪泥路、潮湿易滑的泥泞、沼泽地区等，军用越野汽车及工程车上用的轮胎均采用这种花纹。越野花纹所占面积为行驶面的 40%～60%，一般多选择在 50%左右。越野花纹又分无向花纹（如马牙形花纹）和有向花纹（如人字形花纹）两种。其共同点是与路面的抓着性能好，可充分发挥汽车在较差道路以及泥泞路面上的牵引性能和通过性能。两种花纹相比，无向花纹的自洁性能差，有向花纹的自洁性能较好，但有向花纹在安装使用时须保持正确的方向性。如装在驱动轮上时按花纹方向正装（按花纹引驶的箭头方向），装在从动轮上时则按花纹方向反装，如此可以减少有向花纹的滚动阻力。越野花纹轮胎不宜在良好的道路条件下高速长距离连续行驶，否则会严重降低轮胎的使用寿命。

(3) 混合花纹　它属于普通花纹与越野花纹之间的过渡型花纹，适用于城市和乡村之间的碎石、软土及山区等路面。该花纹一般在行驶面中部具有不同方向或纵向分布的窄沟槽，在接近肩部的两边则有宽沟槽。混合花纹的抓着性能优于普通花纹，次于越野花纹，其主要缺点是耐磨性能差，胎肩花纹磨损容易产生不均现象。混合花纹块所占面积一般为行驶面的 60%～70%，见图 2-11。

图 2-11　混合花纹

2.4.1.2　胎冠部花纹设计

(1) 花纹沟深度的确定　花纹沟的深度与轮胎的使用性能要求有很大的关系，应根据车辆的行驶速度（高速、中速、低速）和用途来确定究竟选取普通深度花纹、加深花纹还是超深花纹，同时，还应根据轮胎规格、花纹类型、胎体强度、经济合理性以及有关参数（花纹沟宽度、花纹面积、花纹节数、胎面胶厚度等）的比例关系等进行综合考虑。高速轮胎的花纹深度不宜过深，以免造成运行时生热过高。

通常以胎面磨耗程度衡量轮胎的使用寿命，试验测得胎面胶料的磨耗值，换算出轮胎每行驶 1000km，胎面的磨耗深度，一般胎面每 1000km 磨耗量为 0.15～0.16mm。通过经验公式，用轮胎标准行驶里程 S 和轮胎千公里磨耗量计算花纹沟深度 L，计算公式如下：

$$L=S\times\frac{\text{磨耗深度}}{1000} \tag{2-1}$$

因此增加花纹沟深度，可提高轮胎的行驶里程，近年来花纹沟已趋向加深方向发展，但应注意花纹沟深度增加后带来的弊病。加深花纹会增大花纹胶块的柔软性，随之增大胶块移动性和滚动阻力，生热性能也提高，从而导致胎面磨耗不均匀、耐磨性能降低及花纹沟底裂口，反而使轮胎使用寿命降低。因此确定花纹沟深度不能单从行驶里程方面考虑，应控制在一个合理的范围内。

通过多年的经验总结，TRA 中归纳出一系列轮胎的花纹深度，供轮胎设计者参考，表 2-7 为 TRA 归纳的载重轮胎的花纹深度。

表 2-7　载重轮胎花纹深度　　单位：mm

斜交轮胎				子午线轮胎				
轮胎规格	花纹设计深度			轮胎规格	花纹设计深度			
	普通花纹	加深花纹	牵引花纹		普通花纹	加深花纹	牵引花纹	超深牵引花纹
6.00	10.0		16.0	6.00R	10.0		14.5	
6.50	10.5		16.5	6.50R	10.5		15.0	
7.00	11.0		17.0	7.00R	11.0		15.5	17.0
7.50	11.5		18.0	7.50R	11.5		16.0	18.0
8.25	12.0	15.0	19.0	8.25R	12.0	14.0	16.5	19.0
9.00	12.5	17.0	20.0	9.00R	12.5	14.5	17.0	20.0
10.00	13.0	18.5	20.5	10.00R	13.0	15.0	17.5	20.5
11.00	13.5	19.5	21.0	11.00R	13.5	15.5	18.0	21.0
12.00	14.0		22.0	12.00R	14.0		18.5	22.0
13.00	14.5		24.0	13.00R	14.5		19.0	24.0
14.00	15.5		25.5	14.00R	15.5		20.0	25.5
				16.00R	16.0		20.5	28.5

表 2-8 为轿车轮胎花纹深度。

表 2-8　轿车轮胎胎面花纹深度　　单位：mm

轮胎规格	普通花纹	越野花纹	轮胎规格	普通花纹	越野花纹
4.00～5.00	5.5～7.0	9.0～13.0	7.00～8.00	8.5～9.0	12.0～15.5
5.00～6.00	7.0～8.0	11.0～14.0	8.00～9.00	9.0～9.5	12.0～15.5
6.00～7.00	8.0～8.5	11.0～14.5			

因此，花纹深度的确定可依据胎面胶的耐磨特性估算出在要求行驶里程范围内花纹的深度；还可以参照相应的标准进行选取确定。值得注意的是花纹的深度并不能与行驶里程呈线性关系，应根据具体情况确定。

另外，工程机械轮胎由于工作的地面环境较差，花纹深度应随规格增大而加深。12.00～16.00 的工程轮胎普通花纹深度为 22～28.5mm，加深花纹为 33.5～51mm，超加深花纹为 59～71mm；24.00～36.00 工程轮胎普通花纹深度为 38～55mm，加深花纹为 57～82mm，超加深花纹为 95～117mm。

拖拉机驱动轮胎和工程机械轮胎的花纹深度比较大，拖拉机驱动轮胎花纹深度为 25～40mm，又如水田拖拉机轮胎由于在水田环境中作业，要求具有良好的浮力和牵引力，以及自洁性能要好，其花纹饱和度只有 15%～20%，花纹沟深度比一般拖拉机轮胎增加一倍左右，中国南方水田拖拉机花纹沟深度一般为 70～90mm。

(2) 花纹沟宽度的确定 胎冠花纹沟宽直接影响轮胎与地面的抓着性和胎面的耐磨性。花纹沟较宽，在相同的饱和度下，花纹块柔软度较好，与地面的抓着性较好，但会造成胎面耐磨性变差，并易发生掉快现象，因此，普通载重轮胎花纹沟不宜过宽，一般在 7～20mm 之间，并且，要求花纹块的宽度尽量大于花纹沟深度的 2 倍，花纹块的宽度尽量大于花纹够宽度的 2 倍。但农用轮胎、工程机械轮胎花纹沟的宽度均较宽，花纹块宽度有时小于沟宽。另外，花纹沟宽度在胎面分布尽量均匀，宽窄沟之间的宽度差应在 25%～50%以内。同时还要考虑胎面整体的饱和度一定要达到不同用途花纹的要求。

(3) 花纹排列角度及花纹沟断面形状 为保证有足够大的牵引力和附着力，花纹沟在胎面上的排列角度，应根据相应轮胎的使用路况条件等因素确定，一般与胎冠中心线呈 30°～60°角，也可以为 0°～90°角，但一般不要与胎体帘线的排列角度重合，应相差 3°以上，避免应力集中在帘布层之间，早期脱层损坏。

花纹断面形状决定轮胎的牵引力、自洁性和花纹沟是否容易裂口损坏等。花纹沟断面形状影响外开放，并且尽可能保证沟宽大于等于花纹沟的深度，若不能保证，可采取阶梯形设计，常见花纹断面形状见图 2-12。花纹沟底断面半径，载重轮胎一般在 3～5mm；横向花纹倾斜角度在 15°～20°，纵向花纹在 8°～10°。规格较大的拖拉机、工程机械轮胎沟底半径较大，倾斜角度在 20°～30°。

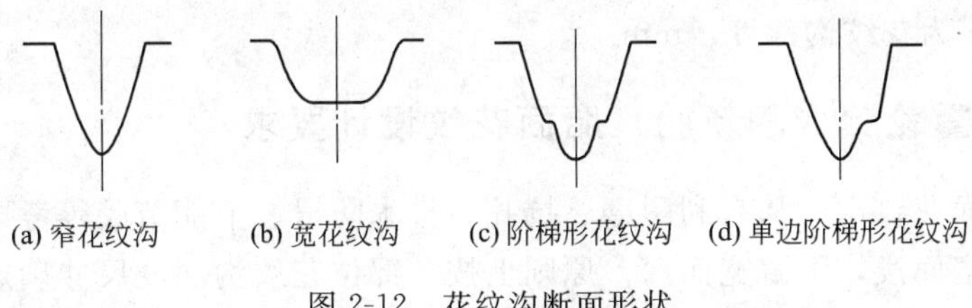

(a) 窄花纹沟　(b) 宽花纹沟　(c) 阶梯形花纹沟　(d) 单边阶梯形花纹沟

图 2-12　花纹沟断面形状

(4) 花纹沟基部胶厚度 花纹沟下面与骨架材料之间有一层胶料，该层胶料保护骨架免受机械等的损伤，缓冲车辆在牵引和制动时与路面间的剪切应力。其厚度的确定要考虑轮胎在实际使用过程中的使用条件，达到保护胎体骨架材料的目的，防止花纹沟底发生裂口等现象；同时，不应过厚，造成胎体生热过高而早期破坏。根据不同的花纹类型，基部胶的厚度一般是花纹深度的 20%～50%，如纵向普通花纹，由于沟底易裂口，基部胶厚度较花纹深度厚；而横向普通花纹，基部胶厚度较花纹深度薄。常用的基部胶厚度与花纹深度的关系见表 2-9。

表 2-9　载重轮胎花纹基部胶厚度与花纹沟深度比例关系

花纹类型	普通花纹		混合花纹		越野花纹	
	横向	纵向	块状	条状	窄向	宽向
基部胶厚度占花纹沟深度的比例/%	20～25	30～40	25～30	30～35	30～35	40 左右

(5) 花纹节距、周节数的确定　花纹节距是指组成轮胎圆周整体花纹，具有相同结构、形状分布的单元花纹在圆周方向的宽度，周节数是指这样的重复单元的个数。花纹节距、周节数要根据花纹类型、花纹形状及花纹饱和度等因素确定。花纹节距分为均等和不均等两种。一般低速载重轮胎多采用均等花纹，而速度较快的载重、轿车轮胎采用不均等的变节距花纹，这样可防止产生谐振噪声，一般花纹最大节距与最小节距之差不宜小于20%～25%。花纹节距越大，花纹等分数越少。花纹等分数又称为花纹周节数，应取偶数值，便于花纹平分。花纹节距计算公式为：

$$t_c=\frac{\pi D}{n} \tag{2-2}$$

式中，D 为外胎外直径，mm；n 为花纹周节数；t_c 为花纹节距值，mm。

2.4.1.3　胎肩及上胎侧花纹

轮胎胎肩、上胎侧花纹的主要作用在于尽快散出轮胎在高速行驶时胎面的生热，对于某些轮胎还影响胎体的支撑性能及缓冲层和带束层端点的受力及性能变化情况，影响肩空、肩裂等质量问题的发生。

胎肩花纹的排列一般呈放射状，胎肩部位花纹间距可用式(2-3)计算：

$$t'_c=\frac{\pi(D-2h)}{n} \tag{2-3}$$

式中，h 为花纹沟深度，mm。

2.4.2　载重轮胎（翻新胎）胎面花纹设计要求

(1) 胎面花纹沟　从有利耐磨、抗扎、排水防滑、节能节胶等考虑，参照河床原理：上游窄而浅，下游宽而深。原则上按各部位花纹沟深度尺寸确定该处花纹沟宽度；也可以只在花纹测量点（模口至胎肩1/2处）按上述要求，将末端窄胎肩改宽些，以增加功能效果。对于抗严重超载的设计，提高胎面弧高后，胎面花纹沟深度齐平，甚至花纹末端比胎肩深，但花纹沟宽度依然不变，或参照上述后者设计。绘制花纹展开图和花纹沟剖面图时，至少胎面要标出3处，肩翻肩下要标出2处花纹沟宽度和深度：花纹末端、测量点、胎肩、肩翻肩角与花纹足之间及花纹足，从花纹末端开始至花纹足，横过花纹标识线头部用拉丁字母顺序编码，以便与花纹沟剖面图对照。

(2) 胎面花纹块节数　胎面花纹块节数（圆周分数），以及花纹形式和走向角度应因地而异，或因品种适用性而定，处理好耐磨性、安全性和舒适性三者之间的关系，以求矛盾的统一。

(3) 胎冠花纹距模口　这个距离与胎面磨面的牵引力大小和花纹抓着力大小有关，设计纵向花纹要解决启模和使用中花纹沟开裂和冲冠磨损等技术问题。纵向花纹部位编号1～3系数可减少0.02，它涉及翻胎内轮廓形状问题，必须与工艺技术配合造就出竖蛋形或圆球形胎冠内腔，充气使用能抑制胎冠伸张并挺伸胎肩。

(4) 胎冠花纹走向角度　从改善耐磨、噪声和节能，还有抗湿滑和防侧滑角度考虑，必须加大外曲斜度，改善接地过渡性，减小噪声和防止节段锯齿形磨损。胶要用到磨耗上，冠内磨面要比肩部大些，除花纹沟宽窄因素外，花纹走向角度更能改变磨面宽窄，因此花纹外曲夹角大内曲夹角小，除节胶外还可减少翻胎使用后期胎肩花纹块残余胶。斜交胎纵向花纹模口的磨面要大些。在花纹设计中，所有花纹曲折点都要避免出现锐角，特殊情况例外。

(5) 测量点花纹深　测量点在模口至胎肩 1/2 处，以测量点为界，往冠部花纹末端逐渐减少 0.5～1mm，往肩部逐渐增加 0.5～1mm 或保持不变。基本以 9.00-20 为界线，9.00-20 花纹深度为 12～13mm。纵向花纹深度则取小值，需要增加花纹沟下基部胶厚度以防花纹沟基部开裂。美国轮胎轮辋协会提倡 9.00-20 新胎测量点花纹深度为 11mm，我国多用 17mm，有人认为翻胎要 15mm，实际表明 13mm 已足够，包括大胎在内都取这个值。追加的花纹深度与胶耗和价格相关，也容易引发质量问题，应考虑技术实力和胎体质量，避免留下的花纹深度给质量理赔带来争议。

根据新的国家标准规定，翻胎也要有磨耗极限标识，在花纹测量点圆周 4 等距或者 6 等距附近胎冠模口至胎肩 1/2 处的花纹沟条上，都要刻挖凹槽，轻型载重胎深度 1.6mm，中型、重型载重胎深度 2.0mm。并在该处胎肩下或胎侧线上模刻上“△”标志，以便查找。

(6) 肩角花纹深度　肩角花纹过深则肩部花纹块体积加大，耗胶多，散热差。肩翻胎冠与肩角的花纹深度比不要超过 1∶1.3。肩角花纹沟下基部胶控制在 3mm 左右，旧胎大磨要磨到花纹沟以下，肩下花纹磨到花纹沟为止，胎面胶料肩部要薄一些，肩下花纹筋条细一些，肩下副花纹可延伸到肩角，甚至穿出胎面。副花和主花深度可相同，肩下花纹深度尽可能浅些，不使之露锉印。顶翻肩部比冠部要多 1mm，甚至与冠部等同，以保障胎肩有一定厚度基部胶，防止胎肩花纹块被扒开。

(7) 胎肩花纹节数　横向花纹无论轮胎规格大小以 50 节为宜，如车速不高或小胎可以减少 2～4 节，车速较高或大胎可以增加 2～4 节。前者较耐磨，后者散热性和雨天排水好。纵向花纹胎肩以 60 节为宜，可以根据车速快慢增减 4 节。节数少、曲度大，相对车速慢，其抓着力大。节数多、曲度小，相对车速快，由于磨面大、牵引力大、耐磨性也好。以上在节胶和能耗上均有利弊。

(8) 胎面花纹沟宽　胎面花纹沟宽度横花原则上按该部位花纹沟深度取值，或刻意在胎肩处加宽以减少胶耗，改善胎肩散热，花纹末端宽度刻意减少以提高耐磨。纵花宽度按花纹沟深度 70%左右取值，内道要比外道小，纵向花纹轮胎内道花纹因充气后花纹扩宽量较大，故要从耐磨和防刺扎来考虑。

(9) 肩角花纹沟宽　横向花纹肩角外曲角度大又无过渡角时需要宽些，混合花纹也需要宽些，肩角花纹沟加宽不仅节省胶料，且肩部散热性好，抓着力大。

(10) 花纹足深和宽　花纹足深度即金属材料厚度：内模钉花法工艺从牢固考虑需要一定厚度和刚度，但太深节胶和散热不利。肩下花纹足通常比肩角稍宽些。也可以从副花纹设计形状变化的需要，采取上下相等或上大下小。

(11) 肩下支撑筋宽　主花纹和副花纹的宽窄决定了肩下支撑筋条的粗细，除部分越野花纹外一般都有副花纹，采取错位法布局的副花纹与对应面主花纹足成一线。副花纹粗度影响到胎肩缓冲和散热效果，副花纹也可以延伸到胎面上，其深度可以与主花纹看齐，有副花纹可以提高该部位压力，增强黏合效果，同时也节省胶料。

(12) 花纹沟壁斜度　胎面花纹沟斜度大有利自洁，不夹石，也不易出现花纹沟基部开裂。横向花纹沟宽度大其斜度可大，纵向花纹由于花纹沟宽度小其斜度就小。通常花纹沟斜度（夹角）：肩角大、冠内中、肩下小。

(13) 花纹沟底半径　横向花纹沟宽度大沟底反弧半径相应也大，纵向花纹由于花纹沟宽度小沟底反弧半径也小，后者只适用好路面。为防止侧滑花纹沟开裂掀起花纹条块，挨肩的曲折点花纹沟要分布拱形筋，弧高 4mm 左右。

(14) 横花底线半径　确定花纹沟各部位深度后，冠部圆弧半径圆心在模口线，肩下圆弧半径圆心在水平轴线，连接冠部与肩下圆弧半径的肩角圆弧半径要小，以保证该处有一定厚度的基部胶，肩角圆弧半径的圆心取点以冠部与肩下平顺过渡为准。如何确定肩下花纹沟底线起点和终点部位的花纹深度？以肩下花纹斜切线为基准，起点花纹足深度可取 2mm，终点在肩下花纹斜切线高度 2/3 处，花纹深度以该规格轮胎断面宽为依据，如 9.00 就是 9mm。肩下轮廓采取反弧的，实际花纹深度应扣除该点，反弧深度相应减小。肩下花纹深度的测量以该点测量最小值为准。

(15) 排气孔钻直径　孔径≤2mm。太细加工难度大，加长钻头易断，钻头太粗跑胶过多。

(16) 排气孔设置点　为避免因排气不畅在胎肩和肩下出现圆角、明疤气泡，每个花纹块肩部挨近横向花纹沟处和主花纹足下胎侧线中部都要开排气孔，纵向花纹两道之间胎面也要开排气孔，模壁过厚可改在内道花纹条紧挨胎面内轮廓处开孔，孔径 1.5mm 以内，让拦阻的空气通过花纹条从模口排出去。

(17) 模口压面宽度　内模模口冠部平台有一个台阶，靠胎冠的高台根据轮胎大小而设定宽度，胎小平台也小，胎大平台也大，控制在 20～30mm。这个平台高出外模模口 1mm，减小了模口接触面积，提高了单位压强，可以减小成品胎冠模口流失胶边的厚度。

(18) 内轮廓光洁度　内模内轮廓和花纹的光洁度要求高一些，不仅外观好，对抗模垢黏附也会好一些。与外模配合面的内模外轮廓则要求粗糙一些，对内模导热和散热都会快一些，有利工艺质量，也提高生产效率。

(19) 花纹块节距　绘制花纹展开图要标出花纹节距尺寸，分别有胎冠顶、胎肩角和胎侧线下沿，按各部位直径求周长、求节距（按肩花纹节数求圆周分数）。为精确起见保留小数四位。尺寸前注明花纹节数或圆周分数。

(20) 花纹展开弧长　花纹展开图分段标出弧长：冠顶至肩角的弧长；肩角至胎侧线上沿的弧长；胎侧线斜面的宽度。简便方法是经 100mm 标准线上调校精确 5mm 的跨距，在轮廓线内走动，累计出各个节段的长度，即弧长。

2.5 其它结构轮胎

随着汽车工业与高速公路的飞速发展，轮胎的产量越来越大，轮胎技术水平越来越高。20 世纪 90 年代以来，国外大型轮胎公司竞相开发节能、无污染、高速、安全、耐用等综合性能优异的高性能轮胎，其中最典型的轮胎为绿色轮胎。这类高性能轮胎的最大特点是同时具有低滚动阻力、高抗湿滑性能和高耐磨性能，因此对轮胎材料提出了更高的要求。

国外 PU 轮胎研究工作起步较早。起初 PU 弹性体仅用来制造实心轮胎，如美国大卫兄弟公司利用 PU 弹性体开发直接装在电动车车轮上的新型 Durotane 轮胎，在苛刻条件下运输货物时显示出很好的耐磨性能，英国邓禄普公司开发 PU 实心轮胎以用来运输质量特别大的货物。

20 世纪 70～80 年代，LIM 公司进行 PU 浇注轮胎的研究并取得了重大突破。该公司采用液体两次注射法成型，以端羟基聚丁二烯（HTPB）和甲苯二异氰酸酯（TDI）为主要材料，以二胺类为扩链剂并配合催化剂和颜料等助剂生产 PU 轮胎。即首先把两个钢丝圈装在模具的胎圈部位上，注射高定伸应力的 PU 弹性体，开模后绕上带束层，再装胎面模具，注射低定伸应力的 PU 弹性体，最后成型制得轮胎（见图 2-13）。LIM 公司生产并测试了上万条客车、载重车、拖拉机和越野车 PU 轮胎，其中 Polynair Mk. 12 轮胎与美国大陆轮胎公司的 TS771 全钢子午线轮胎在同等状态下运行 1 万公里后的对比结果表明：Polynair Mk. 12 轮胎比 TS771 轮胎节油 9.95%；胎面磨耗量降低 51%，胎面使用寿命延长；质量减小 22%；内生热降低 54%；可操纵性能和道路行驶性能相当。

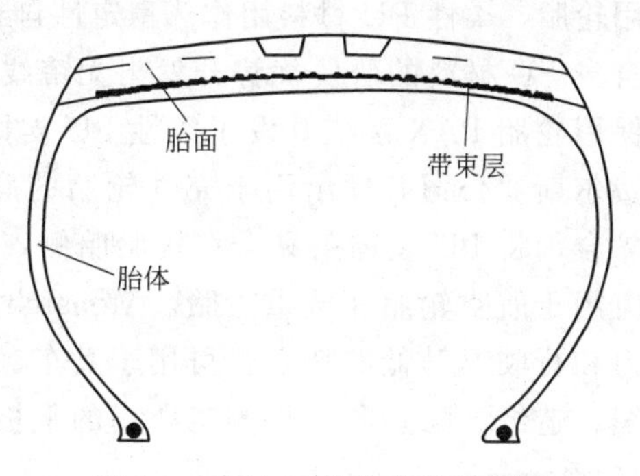

图 2-13　聚氨酯浇注轮胎示意图

LIM 公司相继获得了有关这种 PU 浇注轮胎的弹性体制备、轮胎制造工艺、活络模具等多项美国专利。

美国固特异轮胎橡胶公司在20世纪70年代开始了PU轮胎的研究。固特异公司首先将工作重点放在PU实心轮胎上，即将PU轮胎材料粘接在轮辋上，将轮辋直接安装在车轴上使用。该PU轮胎的配方和工艺均已获得美国专利。固特异的研究工作不仅仅局限于全PU轮胎，而且涉及PU/橡胶复合轮胎，并且针对PU与硫化胶极性的差异，重点研究了两者的黏合工艺和方法，通过在硫化胶表面多次涂覆甲基丙烯酸甲酯-NR接枝共聚物、酚醛树脂等涂层对硫化胶进行表面改性，获得能够满足苛刻使用条件的界面黏合强度，使PU胎面、胎体、胎侧镶嵌条在橡胶轮胎上的应用成为可能。进入21世纪，固特异与艾美莱泰公司共同开发可以替代橡胶轮胎的新型PU轮胎，目前已研制出由多元醇、二苯甲烷二异氰酸酯和四种添加剂组成的特殊PU材料，用这种材料制造的PU轮胎均匀性更好，不会出现胎面剥离现象，安全性能和使用性能可以达到甚至超过橡胶轮胎。但固特异称要真正实现PU轮胎的产业化可能还需要几年的努力。

位于英国西北部普雷斯顿市的PU专业生产厂家Compounding Ingredients Ltd开发出载重轮胎的PU翻胎方案，并声称采用该方案翻新的轮胎使用寿命是传统橡胶翻新轮胎的2倍。该翻胎方案采用一种浇注型PU胎面和一种能够确保PU胎面与橡胶胎体黏合牢固的特殊单组分PU黏合剂，非常适用于轻型和重型载重轮胎或工程机械轮胎的翻新。

尤尼罗伊尔公司研发出浇注型PU工业实心轮胎，并通过添加适当的液态惰性二甲基硅氧烷进一步改善了PU弹性体的耐磨性能。德国Phoenix公司曾经研发PU充气摩托车轮胎等。加拿大Arnco公司研发了高弹性PU材料用于填充跑气保用轮胎、柔性PU材料用作热稳定性自封式跑气保用轮胎内衬垫带。杜邦公司利用自身PU材料的研发优势开发出无帘线PU充气轮胎。Dow公司为米其林的跑气保用轮胎PAX系统开发了柔性PU支撑环，其配方和制造工艺获得了美国专利。费尔斯通公司开发出用于充气轮胎的彩色PU胎侧装饰条，通过配制适当的PU黏合剂将PU装饰条黏合在轮胎胎侧，具有比传统橡胶胎侧易于清洁的特点，可应用于航空轮胎和载重轮胎。Monarch公司推出的新型蓝色PU轮胎具有滚动阻力和行驶温升低的特点，可用于叉车、工程载重车以及诸如食品加工与销售、纺织、造纸、酿造和冶炼等工业用的平板车，可使轮胎消耗量减小一半，受到用户好评。

法国米其林轮胎集团最近开发成功由PU和塑料材料制成的Tweel概念轮胎，见图2-14和图2-15。Tweel概念轮胎不需要充气，其橡胶胎面通过可弯曲的辐条连接到轮辋上，装配和拆卸操作简单。

这种创新设计使灵活的轮辐与可变形的轮辋融合在一起，具有非常明显的减震功效，且与传统充气轮胎具有同样的承载能力、舒适性和安全性。Tweel概念轮胎具有不需保养、抗刺扎和耐磨性能良好、路面压力分布均匀、制造过程简化、基座可再用等优点。

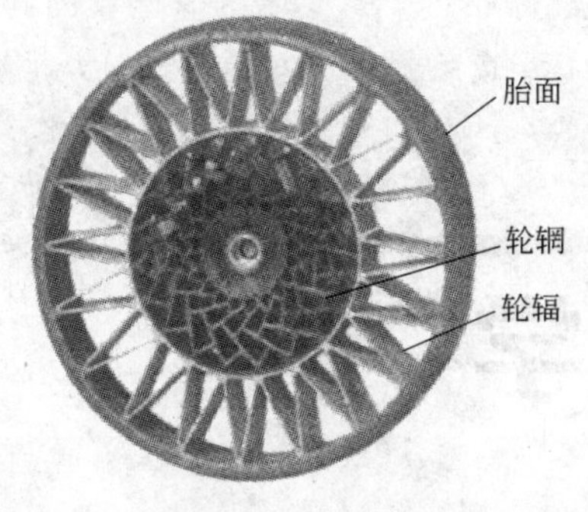

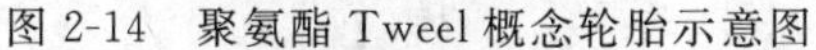

图 2-14　聚氨酯 Tweel 概念轮胎示意图　　　　图 2-15　聚氨酯 Arcus^{TM} PU 样胎

当然，聚氨酯轮胎也存在一些使用和生产的问题，国内外在 PU 轮胎开发中，大部分都是走全 PU 材料制造轮胎的技术途径，很少采用 PU 胎面/橡胶胎体复合结构的技术途径。制造全 PU 斜交或子午线轮胎在技术上存在多方面的难题，样胎的试制虽然相对容易，但在成熟工艺生产线上批量生产出性能满足要求、质量合格的轮胎产品难度很大。PU 弹性体虽具有耐磨性能好、负荷高等橡胶无法比拟的性能，但是 PU 弹性体本身存在内生热大、耐热性欠佳、高动态负载下耐疲劳性能和耐屈挠性能欠佳等问题，因此高速度级别 PU 轮胎的开发停滞不前。PU 轮胎的研发耗资巨大，市场培育期相对较长，再加上材料成本等方面的原因，使得有些公司被迫放弃了这方面的努力。

参　考　文　献

[1]　辛振祥，邓涛，王伟．现代轮胎结构设计．北京：化学工业出版社，2011.

[2]　俞淇，周锋，丁剑平．充气轮胎的性能与结构．广州：华南理工大学出版社，1998.

[3]　林礼贵．轮胎生产工艺．北京：化学工业出版社，2008.

[4]　董诚春．废轮胎回收加工利用．北京：化学工业出版社，2008.

[5]　俞淇，丁剑平，张安强．子午线轮胎结构设计与制造技术．北京：化学工业出版社，2006.

[6]　翁国文．轮胎加工技术．北京：化学工业出版社，2006.

[7]　庄继德．现代汽车轮胎技术．北京：北京理工大学出版社，2001.

[8]　林礼贵，胡福浩．轮胎使用和保养．北京：化学工业出版社，2000.

[9]　郑正仁．子午线轮胎技术与应用．合肥：中国科学技术大学出版社，1994.

[10]　林礼贵，林剑莲．轮胎翻修生产工艺学．北京：化学工业出版社，1994.

第3章

轮胎的滚动力学

3.1 充气轮胎的滚动力学

3.1.1 轮胎充气的作用

一般认为轮胎的垂直负荷由两部分来承担：一是轮胎胎体本身接受负荷；另一部分由压缩空气来承担。通常在轮胎使用时，规定的负荷对应规定的压力，若减少负荷可相应降低气压（在法向变形不变时），就会增加轮胎本身受载的部分。另外，充气轮胎还可以大大降低轮胎胎体的重量，与实心轮胎相比可以降低轮胎的滚动阻力。

3.1.2 轮胎充气后的应力-应变

轮胎在侧向和周向的变形和作用力对轮胎的很多使用性能有较为直接的影响。譬如较为合理的侧向力可以使车辆在转弯的过程中较为安全，减少打滑的情况，而较大的侧向变形又会使轮胎胎肩和胎圈部位的弯曲剪应力增大，从而降低轮胎的使用寿命；周向变形直接影响轮胎在各状态下的半径、滚动阻力，而纵向力直接与轮胎的牵引力有关系，下面将进行介绍和分析。

3.1.2.1 轮胎的侧向力与侧向变形

轮胎的侧向力是指路面作用在轮胎上的沿侧向的分力，使轮胎产生侧偏现象，见图 3-1。其中，轮胎在侧向力 F_y 的作用下，在侧向会偏离原断面中线产生一定的侧偏距离 a，这时轮胎接地印痕长轴与车轮中分面在地面上的投影不重合，偏出一定的距离，使车轮的行驶方向与车轮的滚动方向不一致，两者之间的夹角称侧偏角 α。轮胎能够承受的侧向力的大小直接影响车辆操纵的稳定性。在进行轮胎设计工作时，应考虑轮胎能够承受较大的侧向力，同时由于侧向力而产生的侧向变形应尽量小，若无法保证很小的侧向变形，应尽量平衡断面内的弯曲应力的分布，减少应力集中，以提高轮胎的使用寿命。

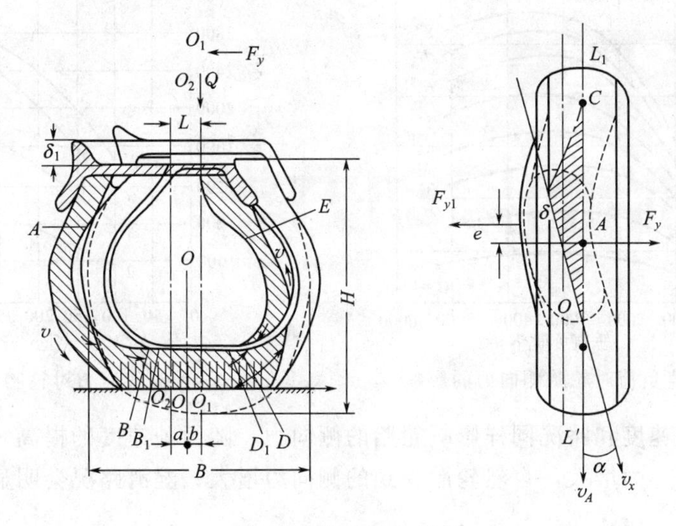

图 3-1　轮胎侧向变形

(1) 轮胎的骨架排布结构对侧向力影响较大，子午线轮胎由于胎冠部位排列有接近周向的带束层，致使该部位接地压力分布较均匀，与地面间切向作用较小，相同条件下胎面抓地力较缓冲层结构的斜交轮胎大得多，因此，在相同的侧偏角下，子午线轮胎的侧向力大于斜交轮胎，见图 3-2。

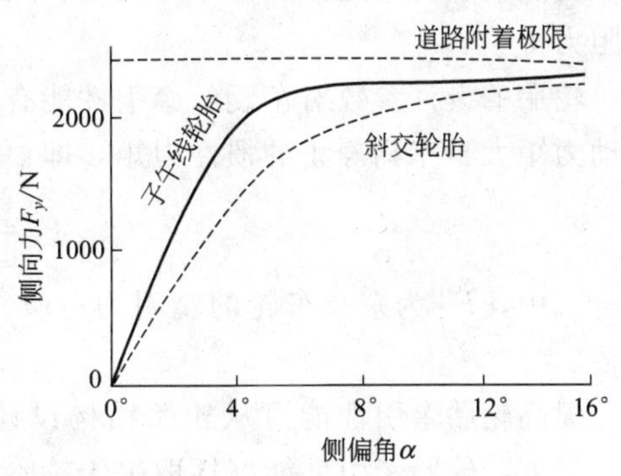

图 3-2　不同结构轮胎侧向力对比

(2) 轮胎侧偏特性与其结构设计参数有较大的关系，其中轮胎的扁平率对轮胎侧向刚度影响较大，扁平率较小的轮胎侧向变形较小，侧向刚度较大；轮辋宽度增加，轮胎着合宽度增大，侧向变形较小；胎冠弧度半径增大，接地压力分布较均匀，承受的侧向力增大；纵向花纹沟的使用也会进一步提高轮胎承受侧向力的能力；合理地选取轮胎断面水平轴的位置，也是提高轮胎侧向力的有效手段。

(3) 轮胎受到的法向负荷及充气压力都对侧向力及变形有一定的影响，在侧偏程度固定时，轮胎受到的侧向力随法向负荷的增加而增大，但并不是线性关系，法向负荷过大时侧向力反而有所下降。在相同的法向负荷下，侧向力随侧偏程度的增大而增加，如图 3-3 所示。轮胎充气压力对侧向力和侧向变形的影响是：随着充气压力的提高，侧向力有所增加，侧向变形有所减少；当气压进一步增加时，侧向力不再增加，反而略有降低，见图 3-4。

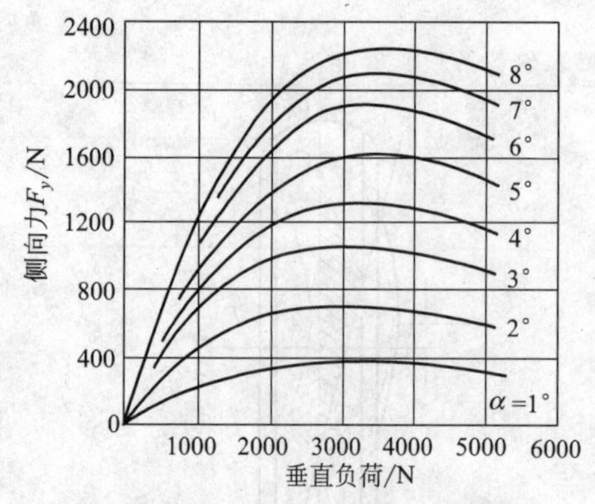

图 3-3　垂直负荷对轮胎侧向力的影响

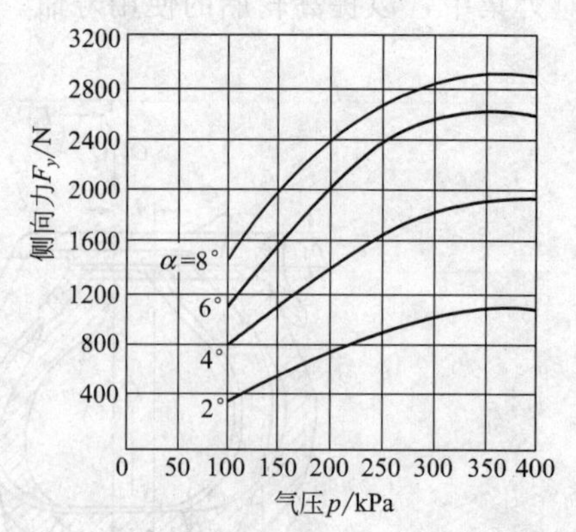

图 3-4　充气压力对轮胎侧向力影响

(4) 行驶速度和路况同样影响轮胎的侧向力，随行驶速度的提高，方向改变时轮胎受到的离心力增大，自然轮胎受到的侧向力增大；湿滑路况会明显降低轮胎的侧向力。

3.1.2.2　轮胎纵向力与滚动变形

轮胎的纵向力是指其滚动方向与路面之间的作用力，包括驱动力、制动力、滚动阻力等。

轮胎的设计参数对车辆的牵引性能有一定的影响，汽车在启动的瞬间必须满足启动力矩大于车辆静止的惯性力矩，即：

$$F_{\mathrm{x}}=\frac{M_{\mathrm{t}}}{R_{\mathrm{s}}} \tag{3-1}$$

式中，F_{x} 为来自车轮的牵引力；M_{t} 为车轮上的反力矩；R_{s} 为轮胎的静负荷半径。

提高轮胎牵引性能可从轮胎结构设计参数、类型、胎面花纹、气压等因素考虑。另外，轮胎牵引性能好坏取决于轮胎滚动阻力及其附着性能。滚动阻力小、附着性能好，才能提高轮胎的牵引性能。轮胎设计时考虑不同的下沉量，会对应不同的静负荷半径，该半径会影响牵引力的大小；轮胎的牵引特性还取决于胎面的宽度、接地印痕面积及在印痕中的压力分布均匀情况。

轮胎与路面的附着性能越好，在相同条件下其牵引性能、制动性能越优越。轮胎的附着力是指轮胎与路面之间切向反作用力的极限，其值略大于轮胎完全静止时与路面之间的摩擦力，它包括侧向附着力和周向附着力。附着系数是指附着力与法向负荷的比值。轮胎与道路的附着性能是汽车安全行驶的决定因素。统计证明，有5%～10%的公路运输事故是附着力不够造成的，在湿滑路面上事故率更高，可达安全事故的25%～40%。因此，国际公路协会规定了在不同道路条件下的最低附着系数在0.4～0.6范围内。

附着系数的高低取决于轮胎结构参数、使用条件、负荷、内压，以及行驶速度和路面。不同路面的附着系数如表 3-1 所示。

表 3-1　不同路面轮胎的附着系数

路面状况	干柏油路	湿柏油路	干土路	湿土路	冰雪路	
					0～－5℃	－5℃以下
附着系数	0.6～1.0	0.3～0.5	0.5～0.7	0.1～0.3	0.05～0.10	0.1～0.2

3.1.3　轮胎负荷下滚动性能

轮胎在负荷、气压作用下，发生法向变形的同时也会发生圆周方向的变形，不同的法向变形会引起相应的周向变形。轮胎在不同情况下的半径可表示其变形情况，轮胎承受法向负荷作用产生断面变形，断面高减小，端面宽增大，这种轮胎断面高的变化称为径向变形。

一般采用压缩系数衡量轮胎的径向变形，压缩系数大，轮胎的径向变形大，意味着其胎体柔软，在滚动过程中超越障碍物或对不平坦路面的冲击、振动有良好的吸收缓和作用，这种性能称为轮胎的缓冲性能，可用单位径向变形所需负荷量表示，单位为 N/cm。轮胎径向变形因径向载荷而变化，称为轮胎的载荷性能，因此其缓冲性能可称为轮胎载荷性能中的一种特性性能，对乘坐舒适性、车辆运输安全性，对节约燃料及车辆的使用极为有利。不同类型的轮胎在标准气压和负荷下的变形程度应控制在一定范围内，见表 3-2，用压缩系数表示。过大的径向变形，会造成胎侧部过分弯曲伸张，胎冠部压缩，导致帘线受应力过大而疲劳脱层，早期损坏。

表 3-2　常用规格轮胎的变形范围

轮胎类型	轿车轮胎		载重汽车轮胎			拱形轮胎
	轮辋直径 406mm	轮辋直径 355mm 和 380mm	小规格轮胎	硬路面	软路面	
压缩系数/%	12～14	14～18	14～16	10～12	15～18	25～30

影响轮胎径向变形的因素很多。在轮胎结构参数方面，断面高度大，扁平率大，子午线结构，帘布层数少和帘线角度小等都能增加轮胎的径向变形。轮胎使用条件方面，负荷增大或内压降低时，径向变形将增大。

轮胎周向变形与径向变形同时产生，发生在轮胎的接地部位。轮胎在滚动时，滚动部位的前方被压缩，而后方被拉伸，如图 3-5 所示。当轮胎在动态时，R_s 发生变化，轮轴中心至路面间距 R_s 变为 R_m，R_m 称为动半径，低速时 R_m 与 R_s 值相差不大，当轮胎高速滚动时，轮胎的离心力促使 R_m 略大于 R_s。由于半径改变，轮胎每转一周经过的路程也改变，若动半径减小，周向变形则增大，轮胎与路面间产生的滑移摩擦也随之增大，造成胎面严重磨损。因此，轮胎的动半径是可变的，

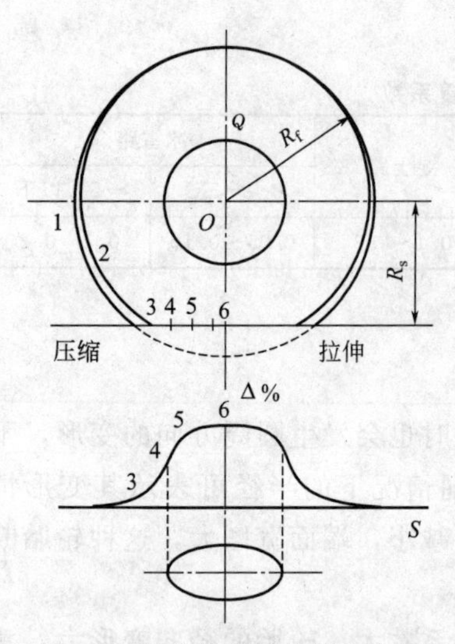

图 3-5 轮胎滚动时的周向变形

变化越小则周向变形越小，有利于胎面的耐磨。

滚动半径 R_r 可通过式(3-2) 计算，它可反映轮胎的周向变形，R_r 值越小则周向变形越大。

$$R_r = \frac{S}{2\pi n} \tag{3-2}$$

式中，S 为轮胎滚动路程；R_r 为轮胎滚动半径；n 为轮胎滚动的转数。

从式(3-2) 中不难看出，滚动半径是指轮胎在滚动过程单位弧度所通过的距离，该值越大，轮胎滚动一周通过的距离就越远，这也是提高燃油利用率、达到“绿色”轮胎的手段之一，在轮胎结构设计时应充分考虑如何加大滚动半径。滚动半径主要与轮胎的骨架结构有较大的关系，子午线结构的轮胎，由于胎冠部位有周向或接近周向排列的带束层，与地面接触滚动过程中胎面的“蠕动”程度较斜交轮胎小，故其滚动的位移要长，这也是子午线轮胎节油的原因之一。

当轮胎滚动时，轮胎和路面都发生变形，由于轮胎和路面是非理想的弹性体，所以在它们变形时产生能量消耗。能量消耗在轮胎材料和路面的内摩擦，以及轮胎对路面的摩擦滑移中，这些现象的总效应通常称为轮胎的滚动阻力。

影响轮胎变形的因素有：轮胎的结构、构造（帘布层数、胎面胶厚度、花纹形式等)、空气压力、作用在轮胎上的负荷和传递力矩、路面的平坦度等。影响路面变形的因素有：路面或路基的材料和厚度、路面所能承受的最大单位压力和路面的硬度等。轮胎变形所引起的能量损失有下述两个方面。一是轮胎在路面上滑移传递力矩（驱动轮）时产生的周向变形，使胎面与路面即将接触的区段被压缩，而胎面与路面即将分离的区段被拉伸，这时在接地面边部的胎面对路面产生滑移，滑移随着所传递力矩的增大而相应增加；从动轮和制动轮同样有和驱动轮相似的同向变形，因而也引起轮胎在路面上的滑移和能量损失。二是轮胎内部材料的摩擦。由于轮胎是非理想弹性体，轮胎变形时消耗的能量中，有部分消耗在克服橡胶和帘线材料因弹性迟滞所引起的内摩擦上（摩阻损失），这部分能量损失变成热能，使轮胎发热，其大小与轮胎的变形成正比，可用一次压缩时的滞后环来测定。

轮胎内部摩阻损失随外胎的结构、构造和材料的性质、制造技术而变。轮胎中气压的降低对轮胎内部摩阻损失起着很大的作用，气压降低使轮胎变形增大，因而轮胎内部的摩阻损失就急剧增加。

滚动阻力一般用滚动阻力系数（f）或轮胎每转一周需克服滚动阻力的功来表示。

$$f=\frac{N}{Qv} \tag{3-3}$$

式中，f 为滚动阻力系数；N 为轮胎滚动所消耗的能量，N·m/s；Q 为轮胎的法向负荷，N；v 为轮胎滚动速度，m/s。

轮胎滚动阻力系数的大小取决于路面状况，柏油路为 0.014～0.015，软土道路为 0.3～0.4。在平坦的路面上，克服路面变形和轮胎与路面的摩擦所耗用的能量仅占全部的 10%～15%。不同道路的滚动阻力系数见表 3-3。

表 3-3　不同路面条件对应的滚动阻力系数

路面状况	滚动阻力系数	路面状况	滚动阻力系数
柏油路		沙质路	
最佳路面	0.015～0.018	干沙路	0.100～0.450
一般路面	0.018～0.020	湿沙路	0.060～0.150
良好砾石路	0.020～0.025	荒土地	
碎石路		干荒地	0.040～0.060
良好路面	0.025～0.030	塑性地	0.100～0.200
一般路面	0.035～0.050	流动地	0.200～0.300
软土路		冰地	0.015～0.030
干燥路面	0.025～0.035	雪地	0.030～0.050
雨后路面	0.050～0.150		

当轮胎载荷和车轮扭矩增大时，轮胎径向和周向变形加大，滚动阻力也增加，特别是周向变形影响更大，如子午线轮胎虽径向变形大，但周向刚性大，故比斜交轮胎滚动损失小。轮胎在低速时对滚动阻力影响较小，但高速时，滚动阻力明显增加，当滚动速度高于轮胎径向变形在圆周上的分布速度时，胎面的接地部分产生驻波，经受冲击负荷，胎体升温过高，胎面与帘布层间的附着力急剧下降，致使轮胎脱层爆破。

轮胎行驶到产生驻波时，称为临界速度，以式(3-4) 表示。

$$v=\sqrt{\frac{P(R_{\mathrm{k}}^{2}-r_{0}^{2})}{2R_{\mathrm{k}}q}\tan\beta} \tag{3-4}$$

式中，v 为临界速度，km/h；P 为轮胎气压，MPa；R_{k} 为胎里半径，mm；r_0 为零点半径（轮胎水平轴与回转轴之间的距离），mm；q 为胎面单位面积受力，N/mm^2。

由式中可知，胎面重力越低，内压越高，帘线角越大，轮胎的临界速度也越高。影响轮胎滚动阻力的主要是轮胎类型、结构、胎面和扁平率等。子午线轮胎滚动阻力明显低于斜交轮胎。在松软的道路上，可采用调压轮胎，以降低滚动阻力。在松软道路提高内压会加大滚动阻力，相反在硬路面上能减小滚动阻力。不同速度等级的轮胎适于不同速度使用，否则，高速轮胎在低速时使用，滚动损失反而高于低速轮胎。当然低速轮胎在高速下行驶，滚动损失也会显著增大。

3.1.4 轮胎滚动阻力、湿滑与磨耗

轮胎滚动阻力，湿滑与磨耗三者并不一定是“魔三角”，以轿车轮胎使用的S-SBR为例，在S-SBR双键上加入—COOH官能团就可使S-SBR胶的滚动阻力下降，抗湿滑性提高并可改善磨耗。

轮胎生热也是影响轮胎使用寿命的重要因素。一方面，由于橡胶复合材料的黏弹性滞后性能使疲劳过程中伴随着生热，另一方面热的积累又加速疲劳破坏。研究表明：斜交轮胎保证整个轮胎有足够耐久性的最高温度为121℃，子午线轮胎不能在此范围内工作，必须限制在93℃，或者更低。这个温度是指胎内的局部过热点而言，或者说是肩部最厚的中部。

在负荷增大的状况下（最大的额定条件），温度开始上升很快，然后达到平衡，进行散热，这是临界平衡。在最高温度的状况下，运行速度越快，温度的上升也越快。轮胎变形是轮胎温度升高率和最大值的决定性因素。当内压不足，会使变形增加。因此，必须选择相应的载荷和气压，从而为轮胎的工作创造有利的条件。

了解和研究轮胎在滚动过程胎体断面内的温度分布情况，可以进一步改进设计，提高轮胎的使用寿命。轮胎沿外胎胎冠厚度的温度分布情况表明，轮胎最高温度位于距内表面等于轮胎总厚度的地方。在不同的滚动速度下都是如此，分布情况可见图3-6，子午线轮胎的温度比斜交轮胎的低，但温度分布特征相似。随着滚动速度的增加，轮胎最高温度区内的温度上升最多。

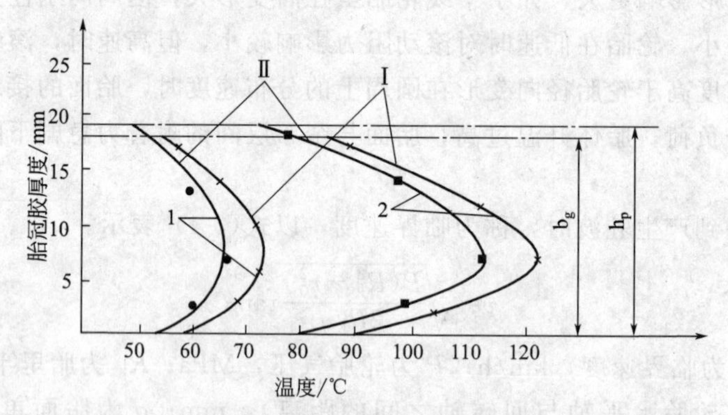

图3-6 温度沿斜交轮胎（Ⅰ）和子午线（Ⅱ）轮胎胎冠厚度方向的分布

1—速度40km/h；2—速度120km/h

斜交轮胎的最高温度在胎肩处，而子午线轮胎的最高温度则在断面中心，见图3-7。随着滚动速度由40km/h增加到120km/h，斜交轮胎胎肩温度由75℃增到130℃，在120km/h速度时，子午线轮胎断面中心温度是112℃，而胎肩是107℃。这种情况是由于斜交轮胎和子午线轮胎用同一模型。斜交轮胎因胎肩较厚，生热

大，散热慢，故胎肩温度较胎冠的高。子午线轮胎虽然胎肩也较厚，但因胎冠中心比压强大于胎肩，故速度较快时，胎冠中心最高温度比胎肩处的高。

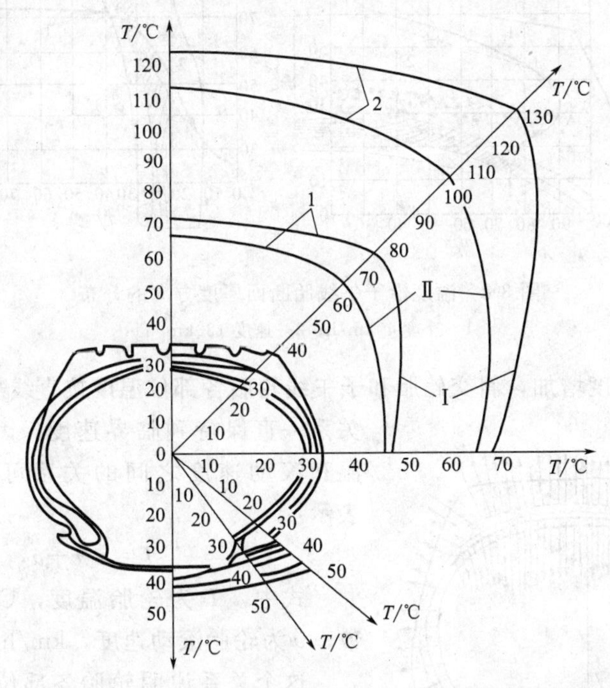

图 3-7　温度沿斜交轮胎（Ⅰ）和子午线（Ⅱ）轮胎断面厚度方向的分布

1—速度 40km/h；2—速度 120km/h

当速度和负荷变化时，轮胎的温度分布如表 3-4 所示。从表中可以看出，轿车轮胎滚动时的温度分布是：胎肩＞胎腔内空气＞胎侧。

表 3-4　不同负荷、速度下的各部位温度

负荷/N		6141			7209			7921			8651		
速度/(km/h)		48	81	105	48	81	105	48	81	105	48	81	105
温度/℃	内压空气	70.3	80.0	82.0	77.2	91.1	101.1	82.2	96.1	114.5	87.0	110.2	128.0
	胎肩	85.0	98.0	102.0	92.0	110.0	122.0	96.5	117.0	135.0	101.0	128.5	151.0
	胎侧	58.7	61.1	64.0	63.2	69.0	71.7	66.1	72.2	80.4	69.4	78.9	89.4

载重子午线轮胎滚动时的温度分布也有相似的地方，轮胎滚动时温度沿厚度方向的分布见图 3-8。子午线轮胎中的热流方向总图见图 3-9，轮胎行驶面缓冲层和胎肩中温度最高，热量由此向内外传导。一部分散失在大气中，另一部分传入胎腔内空气，使内腔空气温度升高。由于轮胎滚动时胎侧、胎圈升温较低，因此，内腔空气的热量就传给胎侧、胎圈和轮辋，并由此散入大气中，使行驶面和胎肩产生的热量在胎肩和行驶面缓冲层温度达到一定值时，便与散失到大气中的热量平衡。这时当轮胎工作条件和周围介质状态不变时轮胎各部分温度保持相对稳定的状态。

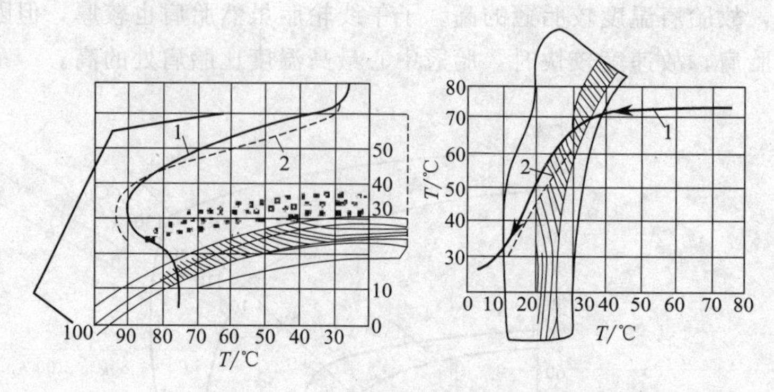

图 3-8 温度沿子午线胎断面厚度方向的分布

1—速度 40km/h；2—速度 120km/h

随着滚动速度增加，斜交轮胎和子午线轮胎各部位温度按直线规律增长，这个关系一直保持到临界速度。因此，轮胎的升温和滚动速度之间的关系可近似地用下式表示：

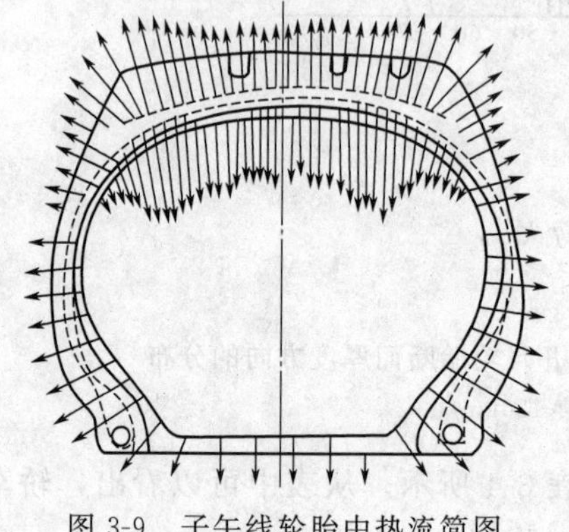

图 3-9 子午线轮胎中热流简图

$$T=a_1v+a_2 \tag{3-5}$$

式中，T 为轮胎温度，℃；a_1，a_2 为系数；v 为轮胎滚动速度，km/h。

这个关系说明轮胎各部位的温度升高与轮胎的变形频率呈线性关系。

轮胎表面和周围环境温度之间的温度差 ΔT 如下：

$$\Delta T=\frac{\pi k_{\omega}}{c\alpha F_{x}}Qv \tag{3-6}$$

式中，k_{ω} 为橡胶材料的阻尼；c 为系数；α 为热导率；F_{x} 为冷却面积；Q 为轮胎负荷；v 为轮胎滚动速度。

轮胎的升温是轮胎材料内摩擦、部件间以及轮胎与路面间摩擦的结果，因此，滚动损失也可表明轮胎的热状态，斜交轮胎和子午线轮胎的滚动损失与速度的关系见图 3-10。从图中可以看出，变形频率增加，滞后损失增加，因而滚动损失也随速度的增加而呈比例地增加。由于斜交轮胎胎冠、胎肩部位变形比子午线轮胎的大，其滚动时的滞后损失绝对值在行驶速度为 40km/h 时比子午线轮胎大 7%，这个差值随滚动速度的增加而增大；在行驶速度达 120km/h，斜交轮胎的滚动损失比子午线轮胎的大 30%。随着滚动速度的增加，轮胎中的生热也呈直线增大，见图 3-11。

滚动损失包括空气阻力等其它损失，测得的温度与周围介质状态和测定点的轮胎几何形状有关，因此，滚动损失、生热和温度随滚动速度而变化的斜率不同。

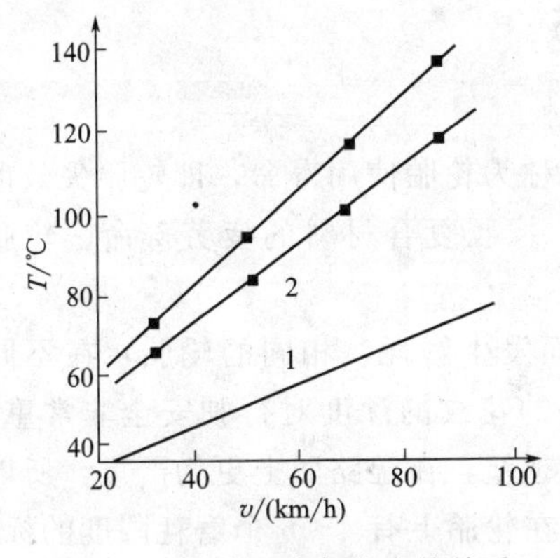

图 3-10　轮胎温度与速度的关系

1—子午胎；2—斜交胎

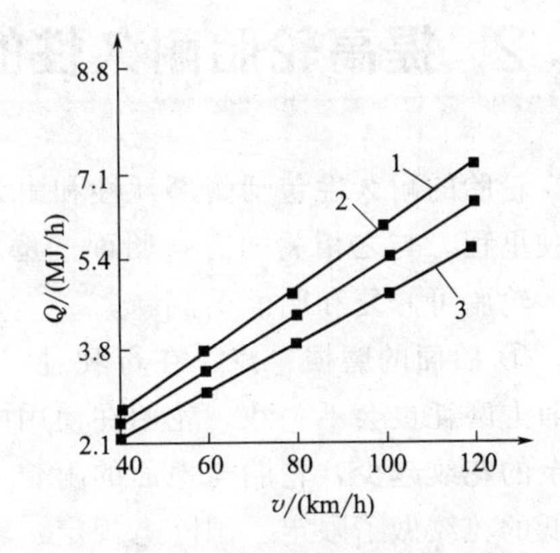

图 3-11　轮胎滚动速度与生热的关系

1—0.14MPa；2—0.17MPa；3—0.21MPa

轮胎法向负荷增加，使变形增加，轮胎温度升高，特别是斜交轮胎，温度增高得更多。因此，超负荷时斜交轮胎比子午线轮胎更易损坏。轮胎温度与负荷的关系可近似地表达为线性函数。

$$T=a_3Q+a_4 \tag{3-7}$$

式中，T 为一定负荷下的温度，℃；Q 为轮胎负荷，N；a_3、a_4 为系数。

随着法向负荷的增加，轿车子午线轮胎和斜交轮胎的滚动损失都增加。当负荷增大时，子午线轮胎温度的升高速度比斜交轮胎的大，不过，在任一负荷条件下斜交轮胎的温度都比子午线轮胎的高，在正常负荷时约高 10℃。

法向负荷和速度一定时，内压改变，轮胎变形值也改变，温度与内压呈非线性减函数关系。低速时，温度上升较小，速度越高，温度上升越大。轿车子午线轮胎当内压由 0.21MPa 降到 0.17MPa 时（负荷 3234N，速度 120km/h），胎冠最高温度由 108℃上升到 113℃。当内压继续下降到 0.14MPa 时，胎冠温度上升到 119℃。

3.1.5　载重轮胎滚动阻力分布

当轮胎的滚动阻力消耗达到汽车总能耗的 16%左右时，轮胎的节能才有重要意义。一般轮胎的滚动阻力下降 20%，汽车能耗就可减少 3%。

为达到节能目的必须了解轮胎滚动阻力主要来自何处，为此应了解载重轮胎各部件滚动阻力分布情况。表 3-5 列出了载重轮胎滚动阻力分布情况。

表 3-5　载重轮胎滚动阻力分布情况

轮胎部件	分担的滚动阻力/%	轮胎部件	分担的滚动阻力/%
胎面	30～45	带束层	10～20
胎体	20～30	胎圈	10～20
胎侧	5～10	气密层	1～5

3.2 提高轮胎耐久性的措施

轮胎的耐久性包括耐磨耗性和耐久性，也称为轮胎使用寿命，即轮胎失效前的行驶里程。与之相关的有：胎面的磨损寿命、橡胶复合材料的疲劳寿命、轮胎生热、轮胎可修复和胎面的翻新。

① 胎面的磨损　汽车在行驶过程中，胎面发生磨耗，相同的轮胎，在不同的路面上磨耗也会不一致。轮胎在使用中所剩余的花纹的深度对行驶安全非常重要，剩余的花纹越少，轮胎与地面的附着力会越来越差，在湿路面上更为严重，所以对最低的花纹做了限定。国际上规定：轮胎厂家在轮胎上有4～6个磨耗限度的标志。当轮胎磨损到露出这个标志，这条胎不能使用，需要翻新或更换。

② 疲劳损坏　当材料或结构受到多次重复变化的载荷作用后，应力值虽然没有超过材料的强度极限，甚至比弹性极限还低，但也可能发生破坏，这种现象为疲劳损坏。轮胎的疲劳是影响使用寿命的关键因素。轮胎在行驶过程中各部位产生很大的应力-应变，这些应力-应变以高达每秒数十次的频率交替地改变着，导致轮胎疲劳。整个轮胎的疲劳取决于某一组件产生的损坏、这种损坏的发展情况，直到形成帘线与橡胶间的黏着失效。

3.3 提高轮胎高速性能的措施

(1) 胎冠行驶部分质量　行驶部分质量增加严重降低临界速度。因此，可采用减薄胎面胶厚度的措施来提高轮胎的临界速度，但要求采用高耐磨、高强度、耐撕裂胶料。

(2) 帘线角度　增大帘线角度可以明显增大临界速度，但同时也会增加帘线层之间的剪切应力，因此必须增大胶料的黏合强度。

(3) 胶料的弹性模量　提高轮胎的刚性是提高临界速度的有力措施。另外，对于斜交轮胎，减小 H/B 和增加轮辋的宽度均能有效地提高临界速度。

对于子午线轮胎，增大气压和减小 H/B 都能提高临界速度；但与斜交轮胎不同，增宽轮辋宽度和减轻胎面质量一般不能提高临界速度，增大带束层宽度、提高胎圈部位的硬度和提高其高度是提高临界速度的有效措施。

参 考 文 献

[1] 俞淇，周锋，丁剑平. 充气轮胎的性能与结构. 广州：华南理工大学出版社，1998.
[2] 俞淇等. 子午线轮胎结构设计与制造技术. 北京：化学工业出版社，2006.
[3] 辛振祥等. 现代轮胎结构设计. 北京：化学工业出版社，2011.
[4] 文兴. 用于降低滚动阻力的特制炭黑. 现代橡胶技术，2013 (4)：23-25.

第4章

翻新轮胎的使用与保养

4.1 翻新轮胎的安装、拆装、使用与保养

翻新轮胎的正确安装、使用与保养和贮存虽大体上与新轮胎相似，但因翻新轮胎按我国相关法规规定“机动车转向轮不得装用翻新轮胎”，另翻新轮胎有一次翻新，二次翻新，多次翻新及多种翻新方法等，因此在配装、拆装、使用、保养上与新胎有些差异。

4.1.1 轮胎装配

新轮胎装用时要求与原车上的轮胎在8个方面相同，即规格、结构、层级（或负荷指数）、材质、花纹、品牌、气压、负荷（翻新轮胎难以全部实现，但至少应做到负荷能力相同，外直径相差小于表4-1的规定，轮胎双胎并装外直径相差也应符合表4-1的规定）。

表4-1 轮胎双胎并装外直径允许差值范围

轮胎名义断面宽度/in	外直径差/mm	轮胎名义断面宽度/in	外直径差/mm
≤8.25	≤6	16.00～18.00	≤22
9.00～14.00	≤13	≥21.00	≤24

① 规格相同　规格不同的轮胎充气外直径和断面宽度不同，其负荷分布也不一样，因此同一轴上的轮胎规格必须相同。在没有特别要求时前后轴的轮胎规格也应相同。

② 结构相同　子午线轮胎和斜交轮胎因周向变形不同，混装时负荷及磨耗不同，同转一圈的行驶距离及刹车滑行距离也不同，因此不能混装。

③ 材质相同　指轮胎骨架材料如钢丝与纤维性能差异大，不能匹配，同一轴上的轮胎材质必须相同。

④ 层级（或负荷指数）相同　负荷能力不同的轮胎，充气压力及变形不同而

影响汽车使用，同一轴上的轮胎层级必须相同以保证各轮胎负荷一致。

⑤ 花纹相同　轮胎花纹不同不仅导致磨耗不同，对地面附着力也不同，影响车辆行驶的平顺性，急刹车可能导致甩尾。

⑥ 品牌相同　不同品牌轮胎其尺寸、胎面花纹不同，难以与其它轮胎一致。

⑦ 气压相同　轮胎的标准气压是由层级决定的，安装同层级的轮胎气压要保持一致。

⑧ 负荷相同　装用的轮胎和翻新的轮胎能承受的负荷应是一致的，以延长轮胎的使用寿命。

⑨ 检查车辆底盘的技术状况　有无承重钢板错位、挡泥板变形或支架松脱，以免刮伤轮胎。

⑩ 翻新轮胎多为双胎并装，要防止其间隙过小、轮辋有缺陷、前胎轮辐页瓣挡住后胎气门嘴导致无法充气。

轮胎装配时除应注意以上问题外，还应做到以下几点。

① 更换轮胎时，若胎边未到位，充气压力则不可超过 300kPa；胎边完全到位以后，压力也不可超过胎侧所标识的最大气压。

② 安装有压边的轮胎时，应将胎圈朝向墙壁或无人的方向。

③ 不要在同轴上混装不同规格和不同结构的轮胎。

④ 及时清除卡在胎面的碎石等杂物，以免损伤胎面。

⑤ 要使用与轮胎和轮圈配套的气门嘴，并保持气门嘴帽经常盖着，以免泥沙进入。使用气门嘴的一般性原则是：新轮胎必须用新气门嘴；橡胶气门嘴用于铁轮圈的轮胎；金属气门嘴用于铝合金轮辋。

4.1.2　轮胎拆装应按规定进行

4.1.2.1　拆装有内胎轮胎

拆装有内胎轮胎应使用专用工具或器械，内胎装入外胎时，应在轮胎内腔及内胎外表面涂滑石粉，以便内胎在充气时伸展。内胎气门嘴应放在轮辋气门嘴孔内。

图 4-1　TR27 型轮胎拆装机

4.1.2.2　拆装无内胎轮胎

① 拆装无内胎轮胎应使用胎圈脱卸器或轮胎拆装机（见图 4-1），不得损坏胎圈及密封层。

图 4-1 为 TR27 型轮胎拆装机，主要技术参数如下：

操作气压　　130～150bar（1bar＝0.1MPa）

最大车轮直径	1280mm
最大车轮宽度	700mm
轮辋直径	13～26in
液压电机	1.5kW
齿轮箱电机	1.8kW
净重	584kg
外形尺寸	1550mm×1540mm×1040mm

② 装胎前应检查轮辋有无变形、裂纹，如有应更换，并清理胎圈底座、轮辋表面及O形圈沟槽部分的铁锈和其它杂物。

③ 拆装有O形圈轮辋的无内胎轮胎时，需换上新的、无缺陷的O形圈，并涂上润滑剂（可使用中性肥皂）。

④ 无内胎工程机械轮胎外圈装有钢带时，应先将轮胎装于轮辋上充以约150kPa的气压后才可将钢带割断除下。

4.1.3 轮胎的使用要求

4.1.3.1 翻新轮胎和轮胎的某些规定

GB 7258—2012《机动车运行安全技术条件》中的第9条对翻新轮胎和轮胎有如下规定。

(1) 公路客车、旅游客车和校车的所有车轮及其它机动车的转向轮不得装用翻新轮胎；其它车轮如使用翻新轮胎，应符合相关标准的规定。

(2) 同一轴上的轮胎规格和花纹应相同，轮胎规格应符合整车制造厂的出厂规定。

(3) 乘用车用轮胎应有胎面磨耗标识。

(4) 专用校车和卧铺客车应装用无内胎子午线轮胎，危险货物运输车及车长大于9m的其它客车应装用子午线轮胎。

(5) 乘用车、摩托车和挂车轮胎胎冠上花纹深度应≥1.6mm，其它机动车的转向轮胎冠上花纹深度应≥3.2mm；其余轮胎胎冠上花纹深度应≥1.6mm。

(6) 轮胎胎面不得因局部磨损而暴露出轮胎帘布层。轮胎不得有影响使用的缺损、异常磨损和变形。

(7) 轮胎胎面和胎壁（侧）上不得有长度超过25mm或深度足以暴露出轮胎帘布层的破裂和割伤。

(8) 轮胎负荷不得大于该轮胎的额定负荷，轮胎气压应符合该轮胎承受负荷时规定的压力。具有轮胎气压自动充气装置的汽车，其自动充气装置应能确保轮胎气压符合出厂规定。

(9) 双式车轮的轮胎安装应便于轮胎充气，双式车轮的轮胎之间应无夹杂物。

4.1.3.2 保持额定的气压

轮胎的气压与负荷能力与充气压力是相互对应的，汽车出厂时也对汽车负荷、使用的轮胎结构、充气压力作了明确的规定。但实际使用时负荷多有变化，用户应按轮胎标准中有关规定调整。但不得为了超载，使轮胎充入气压超过允许范围。每日出车前应检查轮胎气压是否正常。空气是轮胎的生命，空气压力过高或不足都会使轮胎失去正常的变形，从而大大降低轮胎的寿命。有些驾驶员认为空气压力高能够增加轮胎的承载能力，对轮胎有好处，其实不然。因为气压过高，帘布层经常保持紧张，这时轮胎极容易受到外伤。当气压过高的轮胎冲击路面的石子或经过凸凹不平的路面时，就会因为应力的瞬间集中被刺破爆裂。其次，气压过高会引起轮胎的中央磨损，从而缩短轮胎的寿命。

轮胎的气压不足，除了胎侧外凸和离地更近从而极易受伤以外，还会因轮胎的变形剧烈，内部温度迅速升高，致使胎冠剥离。帘线的屈挠，致使胎侧升温，帘布剥离，帘布破裂。气压不足除了发生上述损伤以外，还会使胎肩发生磨损，缩短轮胎的使用寿命。

轮胎气压不足也是发生“驻波”的最主要原因，所以一定要做到经常检查气压，每月最少一次，并做到每次在长途行车前都要检查气压。测量轮胎气压时应注意以下两点。

① 检查气压应在汽车行驶之前而不能在汽车行驶后，这是因为汽车行驶以后，轮胎的空气会因为热而发生膨胀，使气压上升 10%～20%，所以这时测定的气压是不准确的。

② 热胎不能马上充气或放气。热胎的空气温度很高，胎内部的热量是均匀地逐渐升高的，这时如果往胎里充气（凉的），就会使胎内部的某个部位温度突然降低，因而会损坏轮胎内部结构的性能，这就好比一根烧红的铁棍，一端用凉水浇凉，一端让它自己变凉，这时，这根铁棍的性能就不一样了。热胎放气，也会使轮胎因为突然收缩等因素而破坏轮胎的性能，所以，不要在热胎时充气或放气。

4.1.3.3 按规定载重量装载

前面已经介绍过，每一条轮胎上都有它的最大载重量，这个载重指标是轮胎厂家严格按照有关规定设定的，因此，在使用轮胎时，首先要明白它的最大载重量是多少，然后严格按照规定的载重量使用。轮胎一旦超载，同样也会发生与空气压力不足时相同的损伤。装载货物时，应使车辆所有的轮胎承受均匀的重量，否则，各个轮胎磨损不均衡，承载较重的轮胎加速磨损，从而缩短轮胎的使用寿命。装车货物分布是否符合要求见图 4-2。

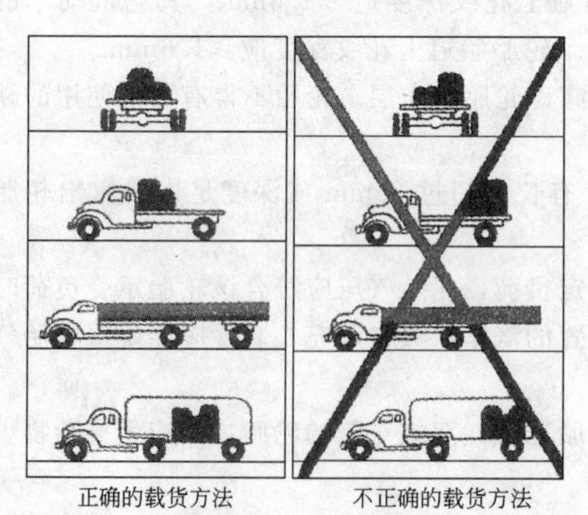

图 4-2 装车货物分布要求

汽车的总负荷（包括静负荷和动负荷）通过轮胎传递到地面。静负荷为车辆所载重物对轮胎施加的负荷；动负荷为车辆载重行驶时所受的冲击力和惯性力对轮胎施加的负荷。

轮胎的负荷能力与轮胎的类别、断面宽度、结构、帘线材料、层级、气压、轮辋直径、宽度和使用条件等因素有关。每种轮胎都规定了最大额定负荷和相应的气压，使用时不应随意改变。超载时，轮胎接地面积增大，胎面磨耗剧增，生热量大，帘线疲劳和帘布脱层加速，甚至断裂，轮胎过热爆裂。

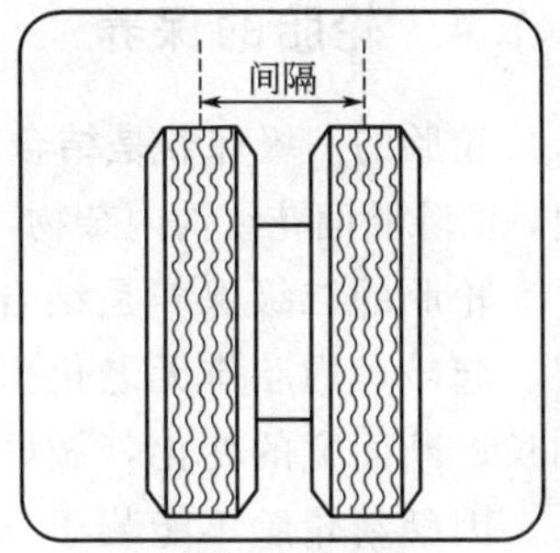

图 4-3 双胎间隔距离

4.1.3.4 双胎间隔距离

保持适当的双胎间隔距离（见图 4-3）是防止轮胎间夹石子及磨坏胎侧的重要措施，建议双胎间隔距离见表 4-2。

表 4-2 建议双胎间隔距离

轮胎规格	间距/mm	轮胎规格	间距/mm
7.50-20	250	10R22.5	290
8.25-20	270	11R22.5	320
9.00-20	295	255/70R22.5	285
10.00-10	320	275/70R22.5	310
11.00-20	330	295/80R22.5	335

4.1.3.5 根据道路及环境、轮胎情况谨慎驾驶，调整车速

汽车高速行驶时轮胎的动负荷增大，胎体屈挠变形增大，轮胎温度快速升高，强度下降，这对加有较大修补衬垫的翻新轮胎或经两次或以上翻新轮胎非常不利，极易引发衬垫脱落及爆胎。在路面条件较差，气温过高，雨、雾天均不宜高速行驶，对未铺装的路面更应缓慢通过以免损坏轮胎。

汽车行驶时尽量避免急刹车、猛起步、急转弯，如果反复进行急加速、紧急制动等不正常的行驶，会引起胎冠的不均衡磨损，从而减短轮胎的使用寿命。同时，这也是造成胎冠剥离、纵向沟纹撕裂、轮胎爆裂的主要原因。转向时速度过快，不仅会造成轮胎的急剧变形，使内部温度上升、帘布疲劳，轮胎处于容易爆裂的危险状态，而且还会发生打滑，引起交通事故。避开撞击异物，如有难以控制车辆感，应及时停车检查，子午线轮胎如遇扎伤应及时修补，以免泥水侵入胎体钢丝锈蚀。

如遇出现爆胎应双手紧握驾驶盘，不能猛踩刹车，以免引起侧滑。

在高速公路上高速行驶时，要双手紧握驾驶盘，雨天更要注意，以免突然失控。

4.1.3.6 不使用生锈、变形或焊接过的轮辋

生锈的钢圈会使该部分的气密性变差，造成漏气。变形或焊接过的钢辋会导致动平衡被破坏，形成轮胎的额外负担，造成不正常的胎冠磨损和帘线的早期断裂。

因此，尽量不使用生锈、变形或焊接过的轮辋。

4.1.4 轮胎的保养

轮胎的一级保养是结合车辆一级保养同时进行。主要检查轮胎气压、胎面磨耗情况，清除胎面花纹沟内杂物，检查轮胎装配有无不当，轮辋、挡圈、锁圈是否正常。

轮胎的二级保养是结合车辆二级保养同时进行：主要检查轮胎有无内伤、脱层、起鼓，内胎有无老化损伤情况，垫带有无开裂等。测量轮胎胎面花纹磨损，外周长、断面宽的变化，做好记录。

因翻新轮胎不能装于驾驶轴（第1轴），三轴车翻新轮胎的第2，3轴可按图4-4(a)，拖车按图4-4(b)换位。工程轮胎双胎并用时，外直径差值达到10～18mm时，应按图4-4(b)所示将外侧的轮胎换至内侧。定期更换轮胎的安装位置，是为了使每一条轮胎都能均衡地磨损，从而达到延长轮胎使用寿命的目的。

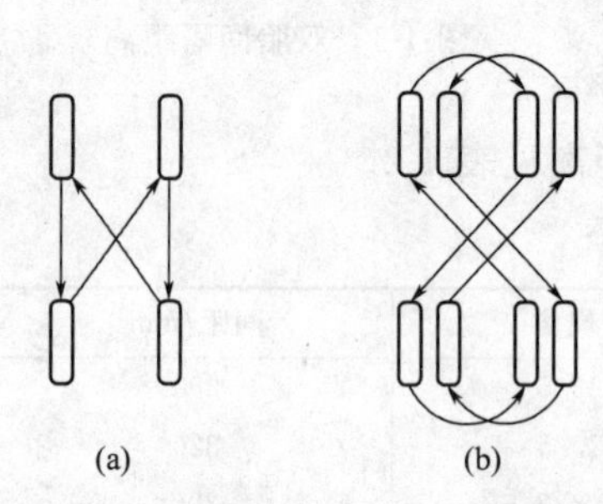

图4-4 翻新轮胎第2，3轴换位图

轮胎的磨损条件与轮胎的安装位置有直接关系。一般情况下，前胎胎肩的磨损要快于胎中心，这是因为前轮经常要转动以改变汽车的行驶方向，所以胎肩更容易磨损。而对于后胎，胎中心的磨损则要大于胎肩。此外，前轮驱动的车种，其前轮轮胎的磨损几乎是后轮轮胎的2倍。而后轮驱动的车种，其后轮的磨损也比前轮要快很多。

为了将不规则、不均衡的磨损现象改变，使每个轮胎都能均衡地磨损，以延长轮胎的使用寿命，没有比更换轮胎的安装位置更好的方法，因此建议，当汽车行驶到5000～10000km（二保）时，要进行一次轮胎换位。轮胎安装位置的更换受轮胎花纹及驱动种类的限制。翻新轮胎的换位见图4-4。

4.1.5 轮胎的储运

我国轮胎企业给出的保质期为两年，在欧盟及美国有关标准中规定载重轮胎从生产到可翻新期为6年，因此进库的轮胎应按进库期排列，尽快按序出库。对贮存的轮胎必须立放（大胎为一层，载重胎可为两层），在轮胎运送过程中禁止用绳索、吊钩、货叉穿轮胎中孔（可用宽带或货叉托运）直接吊运轮胎。

4.2 载重汽车轮胎安装、使用、保养不当引发的缺陷与损伤

新胎和翻新的载重轮胎在使用时损伤原因是多方面的：原胎体留下的隐患（包

括胎体老化)、翻新加工缺陷等。洞悉轮胎的损坏原因对于汽车司机、轮胎管理员、轮胎翻新者是十分重要的。在轮胎使用过程中能及时发现并纠正非正常破损的原因，并采取有效措施，对提高轮胎的安全性和行驶里程，降低行车成本是有现实意义的。对于翻胎厂的验胎人员来说，找出非正常破损的原因并积累经验，能更有效地提高验胎质量和效率，同时也便于分析轮胎翻修后出现的质量问题，从而提高翻修轮胎的质量。轮胎损伤和快速磨损的情况和原因（按影响大、中、小、空白四级划分）列于表 4-3。

表 4-3　轮胎损伤和快速磨损的情况和原因分析

损伤和快速磨耗项目	胎体											
	胎侧						胎体骨架层				胎圈	
	层间脱空	内部周向断裂	外部橡胶脱空	外部割伤	外部龟裂	折断	内层脱空	边缘帘线脱空	单层帘线破坏	X、T、L 型破坏	周向损伤	局部损伤
超负荷	大	大	大	小	小	大	大	大	大	中	中	中
负荷分布不均	中		小			小	中	小	小	中	小	小
气压不足	大	大	大		小	大	大	中	大		中	大
气压过高			小	小	大	小				中	小	中
安装不正确	中	小		小		小	小	小	小	小	中	大
规格或类型不当		中	小	小	大	大	大		中	中	大	大
换位错乱					小	小						
轮胎配对错误	大	小	中	中	中	中	中	小	大			大
驾驶犯规	小				小		小					
贮存方法不对	中		中		大	大	中	小	小		小	
油或润滑脂损坏					大						小	大
外界物体刺穿						中		小				中
修补或翻新不好	中		中		中	中	中	小				小
安装不成一直线				中	小			小				
刹车过猛或失当	小					小	小	小	小		中	
轮辋损坏、过窄、不当	中	小	小		小	小	小	小	小		大	大
静态和动态不平衡						小		小				
温度、臭氧、气候影响	大	小	大		中	中	大	大	大			大
路面不好或未铺						小	小	小				
路面弯道、起伏多	小		中	小		小	小	大	中			中
平均速度高	大	小	大	大	小	中	大	小	大			小
负荷重心高	小		小		小	小	小		小		小	大

续表

损伤和快速磨耗项目	胎体											
	胎侧							胎体骨架层			胎圈	
	层间脱空	内部周向断裂	外部橡胶脱空	外部割伤	外部龟裂	折断	内层脱空	边缘帘线脱空	单层帘线破坏	X、T、L型破坏	周向损伤	局部损伤
在0℃以下长期停车	小	小	小		小	小						小
慢漏气	大		小			中	大		小		小	小
严重撞击轮胎整体破坏			小	大		大	小		中	大		大

4.2.1 载重汽车轮胎使用寿命的评估

理解一条轮胎的使用寿命是极为重要的，轮胎的寿命在很大程度上取决于新轮胎制造商的意图（如是否希望翻新）及技术与装备水平；另外就是安装、使用、保养、翻新是否到位。要控制翻新轮胎的安全性及使用寿命就要了解在正常情况下新轮胎使用后哪些性能会下降，通过翻新或再制造或改变安装、使用、保养以减少损伤，延长使用寿命。2007年贝尔格莱德大学对贝尔格莱德城市公交车使用无内胎子午胎情况进行了长期跟踪调查，其中对1078条29.5R22.5轮胎从新胎到三翻胎的使用全过程进行统计。结果表明，新胎在使用中爆胎率为6%，1次翻新胎为16.6%，2次翻新胎为23%，3次翻新胎高达36.6%。可见经使用后钢丝帘线的强度及柔韧性能下降较多，其它损坏情况也作了一些对比。

现将贝尔格莱德城市公交车新胎、翻新轮胎（包括1次，2次，3次翻新的轮胎）报废情况做一对比（见表4-4，表4-5）以说明轮胎经使用后其性能有较大幅度的下降，新胎与翻新胎使用应有所区别。

表4-4 贝尔格莱德城市公交车295R22.5轮胎的新胎、翻新胎机损报废的情况

单位：条

损坏类型	新胎		第1次翻新		第2次翻新		第3次翻新	
	报废量	总量	报废量	总量	报废量	总量	报废量	总量
胎圈分离	28	1078	58	511	15	191	7	41
轮辋切割	32		1		1		0	
爆破	20		45		29		11	
胎侧损坏	63		38		21		11	
机械损坏	68		36		20		2	
帘布层小块脱落	16		1		2		0	
割口和刺穿	11		1		1		0	
机械破坏总量	238	1078	180	511	89	191	31	41

表 4-5 贝尔格莱德城市公交车 295R22.5 轮胎的新胎、翻新胎热机械报废的情况

单位：条

损坏类型	新胎		第 1 次翻新		第 2 次翻新		第 3 次翻新	
	报废量	总量	报废量	总量	报废量	总量	报废量	总量
胎圈烧焦	19	1078	38	511	23	191	3	41
爆破	42		34		14		4	
胎面分离	3		4		3		1	
刹车造成过热	0		0		0		0	
爆破(过热)	2		6		1		0	
部分橡胶烧焦	8		2		2		1	
热机械破坏报废总量	74(占 6.9%)	1078	84(占 16.4%)	511	43(占 22.5%)	191	9(占 22%)	41

从表 4-4 可以看出，爆破及胎侧损坏两项就显示出了骨架材料性能变劣的情况，新胎只占 8%，1 次翻新胎为 16%，2 次翻新胎为 25%，3 次翻新胎为 50%。

从表 4-5 可以看出，热机械报废中爆破是显示骨架材料性能变劣的证明，新胎只占 6.9%，1 次翻新胎已达 16.4%，2，3 次翻新胎达 22.5%。

此外一些国家的法规对轮胎的使用期（从生产期到可翻新期）、可翻新次数也作了限制：如欧盟翻胎标准 ECE-108 中规定生产期到可翻新期为 6 年；美国北达科他州 2009 年的法规中规定：生产期到可翻新期为 6 年，可翻新次数为 3 次，且对第 3 次翻新的轮胎在使用方面作了限制，只能用于低速车。

4.2.2 轮胎气压不当造成非正常破损的一般原因

轮胎工作时，在标准气压范围内轮胎各部位的变形较均匀，接地面的压强分布也较均匀，可保持正常的工作状态。气压不足很易出车祸和增加燃油消耗，美国国家交通安全管理局估计：每年由于轮胎气压不足出车祸导致 600 人死亡和增加燃油消耗 10 亿加仑以上。轮胎缺气 25%及以上其肇事的可能性是适量充气的 3 倍。但有 62%的人不知道找到正确的充气压力的办法。

若没有定期检查气压、气压表读数偏高或钉刺漏气后未及时发现，均会造成轮胎实际充气压力偏低。

(1) 轮胎气压略低时，胎体的变形增大，变形的部位转移到胎肩（因胎冠受路面的限制），花纹接地面中部压强减小，而肩部压强增大。气压过低时，胎体变形严重，变形的部位转移到胎侧甚至延伸至胎圈，胎体各帘布层因变形严重而受到压缩或拉伸作用，当变形超过正常限度时，热量增大，温度升高，胶料的物理性能下降，轮胎受到损坏。轮胎长时间在低气压状态下工作，胎肩部位的花纹磨损较严重，胎里呈现整圈暗色或者有皱纹的环状，逐渐发展为脱空、爆破。若轮胎在气压

过低状态下工作，损坏更大，可能在很短的时间内导致胎侧爆破，爆破口沿轮胎周向呈弧状，两端的胎里帘线松散遍及整个胎圈。

(2) 轮胎充气不用气压表监测或气压表读数偏低都有可能出现轮胎气压过高现象。轮胎气压过高时，帘线的拉伸应力增大，容易“疲劳”，胎体弹性降低，负荷后变形小，接地面积小，压力集中在胎冠中部，压强相应增大，胎冠中部花纹磨耗加快，甚至磨损帘线层，而胎肩仍保留较深花纹，花纹基部胶容易开裂，遇路面硬物冲击，胎体易被刺穿而造成爆破。爆破口多在冠部，爆破幅度较大，破口的胎面没有明显的碰擦痕迹。

4.2.3 轮胎使用不当造成非正常破损的一般情况

4.2.3.1 胎面花纹沟槽开裂

胎面花纹沟槽开裂的主要原因是轮胎超负荷或气压高。超载和高气压使轮胎胎面花纹沟槽处于绷紧状态滚动，轮胎每滚动一周受到两次伸张和一次压缩的应力变形，致使胎面花纹沟槽开裂。轮胎气压偏低，胎面花纹搓揉过甚，花纹沟槽底发生皱纹，日久之后也会引起花纹沟槽开裂。

4.2.3.2 爆破

(1) 胎冠爆破　汽车高速行驶时胎体变形发热，胎体温度升高，轮胎内压也相应增大，夏季时更为明显，轮胎在负荷下弯曲变形更大，轮胎处于不停的伸张和压缩状态，胎温升高，帘线的强力下降，当轮胎碰到障碍物时，胎体受到超过胎体本身强度的强力，产生胎冠爆破，破口呈“X”，“Y”和“/”等形状，破口大小受下列因素影响：①碰到的障碍物大，破口大，反之则小；②汽车行驶速度高，破口大，反之则小；③胎温高，破口大，反之则小。

(2) 胎侧爆破　胎侧爆破一般是汽车超载、轮胎气压过高造成的。汽车急转弯产生的甩力过大或者由于汽车下陡坡，车身重心前移，轮胎超载严重，造成胎侧折叠而引起爆破。

(3) 胎里辗线和跳线　轮胎在负荷下，充气压力过低时，断面轮廓变形，致使胎侧和行驶面的变形增大，从而增大轮胎内部材料所受的应力，致使胶料与帘线、帘布层与帘布层之间互相摩擦，胎体生热、升温，胶料强力下降，失去彼此之间的约束力，最后扯断，产生帘布的环状折损，在外胎的内壁上呈暗色环圈，也就是翻胎业所称的辗线，严重者帘线跳离，称为跳线。这是轮胎开始破坏的标志。在此过渡期间产生的变形和生热能加速，胎体老化、帘线强力下降，变形过大甚至会造成局部胎体松散。

(4) 钢丝圈断裂　钢丝圈断裂的主要原因是装用变形或不符合规定的轮辋；轮胎充气压力低，使胎圈与轮辋着合不紧，可在其表面上转动，对胎趾加强部和胎圈圈口的磨损加大，轮胎屈挠点下降，轮辋生锈变形或刹车鼓温度过高。

（5）胎面磨耗不均　造成胎面磨耗不均的原因很多，本文仅介绍胎面上呈波浪形或起伏状态磨耗不均的原因。

① 前轮行驶摆动是前轮外轴承螺丝松动；立人轴及铜套等松紧不一致，方向盘自由行程太大，行驶时轮胎发抖。

② 装用变形轮辋或者轮胎定位不准，使用中轮胎左右摇摆。

③ 高度越野花纹的轮胎（特别是汽车前轮）定位如果不准确，会给轮胎带来不良后果。具体如下：a. 前束安装不对，会造成胎面平齐，磨耗加快；b. 转向主销内倾角不正确，会使胎面磨耗不均且呈波浪形；c. 前轮外倾角太大，会引起胎面偏磨；d. 转向主销后倾角太大，会使胎面磨锉粗糙及一段不均衡；e. 主销松动，会使胎肩花纹磨成波浪形；f. 前轮机太松，会使胎肩花纹磨成小波浪形；g. 前束、转向主销的内倾角和转向主销的后倾角三者配合不好，胎面会产生粗磨现象。

急刹车时轮胎停止转动，而车辆因惯性还需前进，造成胎面拖曳，致使胎面发生异常磨耗，甚至缓冲层或胎体帘布层也会局部被磨去。轮胎一边磨得多，一边磨得少，其原因是没有定期换位或换位不当、外倾角不合适、前工字梁下弯或大梁前端歪扭。轮胎只磨中间不磨胎肩是由于装用过窄轮辋或轮胎充气压力过高；轮胎只磨胎肩是由于装用过宽轮辋或轮胎充气压力过低；胎面弧形和胎肩切线棱角被磨掉是由于轮胎陷在冰窟泥沼中打滑空转。

（6）胎体脱层、肩空

① 胎面顶部脱层的主要原因是轮胎充气压力过高，使轮胎接地面积减小，产生轮胎早期磨损，由于轮胎不断滚动，胎温升高，帘布层间的黏合力下降，加上胎面离心力大，使胎面顶部脱层。汽车超载时，轮胎负荷大，胎体变形也大，帘线受到过大的伸张应力而松散，胎面胶与帘布层产生剥离，引起胎面与缓冲层脱开，或者胎体分层，大片脱空。汽车急刹车使胎面与胎体产生剪切应力，会造成胎体与胎体间脱空。汽车长时间高速行驶，尤其是夏天，胎内温度高达 135℃以上，胶料和帘线受到很大的破坏而引起脱层，可能导致胎体爆破。

② 轮胎超负荷时产生肩空，其性质与轮胎充气压力低一样，即胎面接地面积加大，胎肩磨耗加快，胎温升高，生热不能及时散发出去，形成胎肩积热，从而引起胎肩脱空，甚至胎体帘线松散，形成“/”形爆破，爆破口有分层或发黏现象。轮胎陷入泥沼或在泥泞路面上打滑，胎面产生大量热量，造成胎体帘布层或胎肩下的胶料因高温老化而变质，失去部分物理性能，使胶料与帘布层的黏合力急剧下降，产生脱空。

③ 胎圈上部脱层的原因是使用变形轮辋，轮胎行驶中变形不规则，发生摩擦使胎圈产生高温引起脱层；若轮辋过大或过小，胎踵不平，受力不均，屈挠点下降也会脱层；刹车鼓温度过高会引起脱空。

（7）钢丝圈损坏　钢丝折断主要是由于装用轮辋边缘不符合规定，胎圈受力不均，充气后钢丝圈在有空隙处移动，从而造成轮胎损坏。当轮胎滚动时，胎圈与轮辋发生摩擦而产生热量，钢丝受高热而变脆、折断。

使用撬胎棒撬胎易把轮胎钢丝圈撬弯，轮胎滚动时不断变形也会使钢丝折断。轮胎装用口径大的轮辋，会造成装卸不便，也易撬伤胎圈包布。钢丝圈生锈形成氧化铁，胶料与氧化铁接触，磨损加剧而老化，使胎圈变硬而龟裂。轮胎装用口径小的轮辋，产生胎圈歪斜接触轮辋，与轮辋突缘强烈摩擦，包布被磨，钢丝松散或刺出。

(8) 起灰包　灰包一般产生于胎肩，其现象是胎面实心凸出。产生原因是轮胎受力不当，先从内部脱层，或外物刺伤，如竹木屑、钉子和石子刺入胎面，使胶料内一点或一块失去彼此联系，轮胎在滚动时，胶料和帘布层互相摩擦而生热，胶料变软，摩擦脱落成粉末；帘布层受潮，在高温时水分蒸发，致使胶料与帘线间损失黏合力，产生摩擦呈黑灰色；轮胎超载使轮胎接地面积增大，从而引起胎肩起灰包。

(9) 胎侧磨损　胎侧磨损一般是由于双胎并装间隙太小；双胎的内侧局部损坏，多为双胎间嵌入石块所致；胎侧或胎面割裂或损坏，常为挡泥板触及轮胎所致。

(10) 超负荷　车辆超载或货物装载不平衡，会使全车轮胎或部分轮胎超负荷。并装双胎外径不一致或其中一条轮胎缺气，造成其中一条轮胎超负荷。轮胎超负荷工作，胎体变形增大，这与轮胎充气压力过低相似，但其帘线受到的拉伸应力更大，作用于接地面的压强也更大，帘布层发热，温升更高，花纹磨耗加快，当与路面硬物碰撞时，容易发生“X”，“/”和“Y”形的胎冠爆破。轮胎超载严重，容易在胎侧爆破，爆破口较为整齐，呈切断状，帘线断口有分离脱开现象。

轮胎通过不良路面时不减速，路面的大石块与轮胎碰撞，当碰撞的冲击力超过胎体强度时会造成爆破。爆破口呈“X”，“Y”和“/”等形状，伤口处表面有明显的碰撞痕迹或洞穿状，帘线断裂处呈白色毛头。

(11) 驾驶操作不当　汽车在前进中，司机使用紧急刹车或拖印刹车，胎面在路上急剧滑移摩擦会产生高温，轮胎出现斑点或花纹，严重磨蚀，有时还会磨到帘布层，磨蚀处呈椭圆形。同时，胎面与缓冲层、帘布层之间产生极大的剪切应力，造成脱空。在松软泥泞的路面上行驶的汽车，若在轮胎打滑情况下强行驶出，胎面磨耗必然增大，如果泥土中有尖锐的石块和杂物等，会将胎面整圈割开，甚至割伤帘布层。高速行车、转弯时，轮胎动负荷增大，变形大而急速，接触地面的各部分滑动量增大，因此，胎面磨损迅速，胎体容易疲劳，路面对胎体的冲击倍增，引起脱空或爆破。

(12) 胎侧割伤　在中国市场进行的调查中，取样122条报废轮胎，胎侧割伤所占的比例为31%，远远大于正常磨耗的25.9%。由此可以看出，胎侧割伤使轮胎报废而给带来的经济损失太大了，应当引起广大驾驶员的充分重视。

轮胎上的侧伤是轮胎受到猛烈撞击或擦伤所致，这种情况多发生在当轮胎和马路牙的角度不对时，强行上马路牙的情况。此外，直接威胁胎侧的还有锋利的砖角、固定路障用的角铁和螺丝。

(13) 胎侧起泡　轮胎胎侧起泡一般有两种现象。一种现象是起泡处有很明显的碰撞或擦伤痕迹，胎侧受到了外力的作用，使内部线层断裂而起泡。另一种现象是起泡处的外观并没有碰撞或擦伤的痕迹，这种现象有两种可能：一种是胎侧帘布层的衔接处没有衔接好，留下了“接缝”，所以起泡，这属于先天性的，是轮胎的质量问题；另一种是虽然起泡处的外观没有碰撞和擦伤的痕迹，但起泡的原因仍属于后天的，即使用造成的，起泡的外观处虽没有碰撞和擦伤的痕迹，但通过充低压人工手检，便可发现里面的线是断裂的。

第一种现象多是由马路牙等路障造成猛烈的冲击、碰撞、擦、挤等，使轮胎侧部的帘线断裂而引起起泡。

第二种现象则较为复杂，也不容易使用户接受。造成的原因一般有下列几种。

① 胎冠与胎侧交界处的恶性撞击引起胎侧起泡　胎冠与胎侧交界处的恶性撞击引起的帘线断裂而起泡，是指汽车在高速行驶时，轮胎撞在路障上所造成的。

胎冠和胎侧交界处所受到的冲击力通过相对比较硬的钢丝层传到胎侧，使胎肩处受到的力由胎侧吸收，造成胎侧帘线断裂，从而起泡。

② 由于路障，例如轮胎掉入大坑中，造成内圈破裂，从而起泡　轮胎掉入大坑中以后，在轮胎与钢圈结合处，由于钢圈的挤压，使轮胎内圈破裂，从而导致起泡。

③ 由于强行超越障碍物或冲击较高的马路牙所致。这种原因和第②种原因类似，也就是说，当车辆强行跨越凸起的路障时，由于路障的高度高于轮胎的半径高度，所以，虽然速度很快，但因轮胎与路障的受力点低于路障的高度，所以，造成轮圈与轮胎内层的撞击，使轮胎内层断裂。这种情况更多发生在冲击马路牙上。如果留意一下，一定能发现这样的情况：一辆汽车直对着马路牙快速冲闯，这时，如果路牙的高度低于轮胎的半径，这辆车就能上去，如果路牙的高度高于轮胎的半径，那么冲闯的结果则是钢圈撞击轮胎的内层，引起轮胎的内层帘线断裂，从而导致起泡。

④ 当轮胎使用一段时间以后，内层帘线也会自然出现裂纹，这种裂纹不断扩大，严重时内层全裂开，造成起泡。

⑤ 趾口被割伤后引起胎侧起泡　现在使用的子午线轮胎部分为无内胎轮胎，因此在使用时无需加内胎，而无内胎轮胎主要是靠轮胎趾口和轮辋之间的严密咬合，才能充气使用，所以轮胎趾口的完好无缺是十分重要的。轮胎趾口一旦被割伤，有时被割伤的趾口便不能再和轮圈严密咬合而报废，有时则从被割伤的胎口处串气到胎侧，引起胎侧起泡。

趾口被割伤一般有两种情况。一种是在安装轮胎时，不慎被机械所伤，这种情况较少，但如果在使用机械上胎时不在趾口处抹润滑物，也容易被割伤；原始的大锤加撬棍方法上胎时，极容易撬坏趾口，所以，使用无内胎轮胎时最好到有机械的地方安装，避免使用大锤加撬棍的方法。另一种情况是所使用的轮圈生锈或损坏，从而破坏轮胎的趾口，应当避免使用生锈和损坏的轮辋。此外，如果车辆高速冲击路障时，往往会使轮胎帘线断裂，从而造成起泡。其原因也是胎冠传力至胎侧，造成胎侧帘线断裂。

(14) 低压行驶引起胎侧帘线断裂　轮胎的充气压力不足，除了容易受外伤以外，还会发生帘布断裂、胎冠剥离、帘布剥离、早期磨损和偏磨损等情况，使轮胎的寿命大大缩短。

帘线和胶之间容易产生分子间的障碍摩擦，所以容易生热，导致断裂。一般气压不足不会马上导致帘线断裂，远距离行驶时，往往因速度快导致帘线屈挠的频率加快，热量迅速上升而使帘线断裂。这种情况在高速行驶时还往往发生前面讲过的"驻波"现象，所以是十分危险的。如果是高速行驶或远距离行驶，不但要使轮胎的气压正常，还要使轮胎气压提高0.02～0.03MPa。

造成低压行驶、帘线断裂的另一主要原因是汽车在行驶途中被钉子等硬物刺破而导致空气泄漏，造成气压不足。

(15) 胎圈割裂　轮胎在向轮辋上安装的时候，是它面临的第一次危险，因为轮胎的口径和轮辋的胎口径一样，只有这样，轮胎才能和轮辋严密地咬合。造成趾口破裂最多的原因是原始的安装方法——撬棍和大锤，这种原始的安装方法往往使趾口受到不同程度的伤害。如果轮辋锈蚀很严重的话，就会使趾口受到伤害。这也是经常发生的情况，所以，不要使用生锈的轮辋，以减少趾口的损害。

(16) 胎冠割伤和胎冠剥离　造成胎冠割伤的主要原因是路上的障碍物，这在已铺设的路面较好些，但也经常有铁钉、玻璃片等，时时威胁着轮胎的安全。

一条轮胎如果胎冠应受力部分全部受力，那么它接触地面的面积是最大的，当胎冠以最大的面积接触地面时，胎冠受到的摩擦力是最小的，磨损是最慢的，胎的寿命才会最长。

(17) 轮胎的"平点"　尼龙的热稳定性较差，冬天气温太低时，尼龙会失去柔软性，长时间在低温环境里停车就会使轮胎的骨架——尼龙帘线的接地部分变形，形成"平点"。

还有一种情况也会造成"平点"，那就是在长距离高速行驶的情况下停车，当轮胎的温度下降时，轮胎和地面的接触部分变平。

轮胎发生"平点"以后，极容易产生偏磨损现象，因此，应当尽量避免。有的车如果长时间不用，最好使轮胎离开地面，以免发生"平点"现象。

4.2.4　子午线轮胎与斜交轮胎的使用比较

子午线轮胎与斜交轮胎比较有如下显著特点。

(1) 可以高速行驶　在行驶过程中，轮胎与地面的接触部分因为荷重而使周边产生弯曲，旋转离开地面时，弯曲部分随着胎内压力恢复原状，但如果胎压不足或速度太快，弯曲部分来不及恢复原状，这时轮胎就会产生波状变形，表现在轮胎与接地部位的后半圆附近，俗称“驻波”。驻波”发生时，轮胎的滚动阻力急剧上升，轮胎在短时间内吸收驻波能量，致使温度急剧上升。此时，如果继续高速行驶，即会发生前面讲的路面胶被甩掉，进而引起轮胎爆裂。

从以上分析可以看出，“速度—驻波—升温—脱胶—爆裂”是连在一起的一条线。而子午线轮胎胎体内因为有强有力的钢丝材料，即使在高速回转时，也不容易发生“驻波”现象。所以子午线轮胎可以高速行驶。但是，任何事物都有它的极限，特别是轮胎，因为它起着综合作用，所以在设计生产轮胎的时候，就已规定了它的临界速度（当然这种构造的轮胎速度要比斜交胎高很多），如果行驶速度超过了轮胎的临界速度，同样会发生上述情况。所以，每个驾驶员都应了解自己车上使用的轮胎的速度级别，并严格按照规定级别行驶，尽可能避免爆胎翻车事故的发生。

(2) 不易被刺破　子午线轮胎多用钢丝材料，抗硬伤功能强，爆胎率低。实验证明，要打入轮胎直径2mm的钉子，斜交轮胎只需196N的力就能贯穿，而子午线钢丝胎，则需要980N的力才能贯穿。也就是说，钢丝子午线轮胎和斜交轮胎比较，两者打入同样的钉子，打入轮胎的力量，钢丝子午线轮胎是斜交轮胎的5倍。

(3) 使用寿命长　胎温升高，胎面磨耗增加（各测试数据有较大差距，一般每升高1℃增加磨耗量0.5%～12%）。气压高出正常气压25%时，磨耗增加12%；气压低于正常气压20%时，磨耗增加30%；气压低于正常气压40%时，磨耗增加67%。子午线轮胎因胎侧薄，且与胎冠彼此独立，所以在行驶时生热慢，散热快。在一般情况下，子午线轮胎以110km/h的速度连续行驶，其温度为100℃，而斜交轮胎，以69km/h速度连续行驶，其温度可高达120℃。因此，子午线轮胎比斜交轮胎使用寿命长。

(4) 安全性强　子午线轮胎的胎面一般都比较宽，所以它的抓着力强，制动性能好，操纵稳定性能好。子午线轮胎不但不易被刺破，而且无内胎，即使被刺破也可以保持长时间不漏气或缓慢降压。所以子午线轮胎可以安全、高速地在高速公路上行驶。此外，子午线轮胎还具有胎壁柔软、吸震好、乘坐舒适、噪声低等显著特点。

试验证明，子午线轮胎与斜交轮胎相比，耐磨性可提高50%～100%，滚动阻力低30%左右，轮胎节省燃料8%～10%，牵引力提高10%～20%，侧向力提高50%～70%，抗刺破性能是斜交轮胎的5倍。

但是，子午线轮胎因为胎侧较薄，所以它不如斜交轮胎的胎侧耐抗击，不论是马路牙还是路面碎石都很容易割伤胎侧，使轮胎受到致命的伤害而报废。此外，子午线轮胎的生产工艺复杂，生产技术要求严格，必须有先进的设备和昂贵的各种原材料，所以子午线轮胎的生产效率也不如斜交轮胎高，价格较贵。

4.3 轮胎磨损和损伤原因分析和图例

轮胎磨损有正常磨损、使用不当引发的快速磨损及轮胎损伤。异常磨损不仅缩短轮胎使用寿命，而且还影响到轮胎的可操纵性和安全性。快速磨损及损伤的主要原因是安装、使用、贮存不当。轮胎使用寿命很大程度上取决于使用时的温度，对能引起胎体升温的任何因素都应尽量避免。轮胎使用前必须首先检查其规格、结构及胎面花纹是否符合车辆的用途。

充气压力不当是引起快速磨损的主要原因，并导致轮胎变形加大、帘线疲劳、轮胎损坏。特别是当压力不足，轮胎变形加大、生热加大，并在橡胶较厚处积累如胎肩部，引发肩空。

4.3.1 轮胎磨损影响因素

轮胎正常使用的磨损会影响到轮胎的使用寿命，但轮胎的磨损与多种因素有关，现就磨损过程、磨损机理和磨损的影响因素作一介绍。

4.3.1.1 轮胎磨损过程

轮胎磨损过程一般分为以下三个过程。

(1) 表面间相互作用　摩擦表面间的相互作用可分机械作用和分子间作用两种：机械作用轮胎与路面间两体磨损，或轮胎与路面中间有沙石杂物形成三体磨损。分子作用包括两表面的相互吸引和黏附。

(2) 表层材料变化　在摩擦过程中受表面变形、界面温度和环境条件等影响，表面材料将发生物理和化学变化，如胎面胶在长期交变下产生疲劳、热降解。

(3) 表层材料的破坏　当外界作用力大于材料本身的黏附力和分子间作用力时，材料表面就会脱落、撕裂，疲劳磨损。

4.3.1.2 磨损机理

(1) 黏附磨损　轮胎对路面产生运动时，由于黏附效应所形成的黏附结点发生剪切断裂，使胎面表层材料转移到路面的机械磨损现象称黏附磨损，是胎面胶分子对路面的黏附，受地面温度、胎面及路面材料物理机械性能、表面粗糙度和环境条件等的影响。黏附磨损主要表现为轻微磨损、涂抹和擦伤。

(2) 疲劳磨损　轮胎在路面行驶时，胎面胶在往复变形的应力作用下疲劳而产生剥落的现象称为表面疲劳磨损。

(3) 磨粒磨损　磨粒（如沙，石）或路面凸出物（包括微观和宏观纹理）在与轮胎表面摩擦过程中引起表面材料脱落，称为磨粒磨损，是轮胎最常见的磨损现象。一般表现为微观切削现象。凸起物冲击角很大时产生切削，冲击角很小时产生犁沟。硬胎面胶、湿路面和尖锐粗糙的凸起物是产生切削的条件。

(4) 降解磨损 轮胎在使用时生热使胎面胶热化学降解及热氧化降解，降解后的颗粒随后脱落。

(5) 卷曲磨损（摩擦磨损） 是轮胎正常磨损的主要因素，对轮胎耐磨性影响很大。

4.3.1.3 轮胎磨损的影响因素

(1) 胎体结构、胎面结构、花纹和高宽比等均是轮胎磨损的影响因素：与子午线轮胎相比，斜交轮胎承载运行时发生屈挠，层间位移摩擦生热和滚动阻力大，因此轮胎胎面耐磨性下降。子午线轮胎因带束层硬度高，胎面硬度、定伸应力较斜交轮胎高，变形小，大大提高了胎面的耐磨性。低断面轮胎因胎面接地面积大，压力分布较均匀，耐磨性也较高。

(2) 胎面原材料的配比、胎面胶的物理机械性能、弹性模量、抗氧化性能、抗切割性能等对胎面胶的耐磨性均有重要的影响。

4.3.2 轮胎异常磨损原因分析

(1) 行驶条件

① 在摩擦系数较高的路面上连续高速行驶。

② 急转弯多，陡坡多的崎岖路面上行驶（这种路面磨耗要比一般路面成倍增加）。

③ 夏季使用轮胎磨耗高（如温度在 4℃时磨耗量为 100g，当温度升到 30℃时磨耗量达到 300g）。

④ 驾驶不当，如经常急刹车、急转弯、猛起步等。

(2) 路面类型与胎面寿命关系见表 4-6。

表 4-6 路面类型与胎面寿命关系

路面类型	胎面寿命/%	路面类型	胎面寿命/%
光滑的沥青路面	100	非常粗糙的沥青路面	60
粗糙的沥青路面	90	养护不好的沥青路面	55
水泥路面	70	乡村道路	50
石砌路面	65	毁坏的积水路	20

(3) 载重轮胎在不同车速下的胎面寿命见表 4-7。

表 4-7 载重轮胎在不同车速下的胎面寿命

行车速度	胎面寿命/%	行车速度	胎面寿命/%
20km/h	＋30	80km/h	－40
40km/h	＋20	100km/h	－50
60km/h	正常寿命		

4.3.3 预硫化胎面翻新轮胎异常磨损、损伤原因分析及图例

4.3.3.1 胎冠部位异常磨损

(1) 胎面花纹坡形磨损　轮胎倾角过大，严重超载，气压不足就会在胎面产生花纹坡形磨损，见图 4-5。

图 4-5　花纹坡形磨损

图 4-6　胎面锯齿形磨耗

(2) 胎面锯齿形磨耗　胎面齿形磨损通常出现在大块花纹的胎面上，特别易出现在自由旋转的轮胎，在低速、充气压力不合要求的拖车轮胎上，见图 4-6。

(3) 胎面斑点式磨耗　这是机械缺陷引起方向性的窜动造成的，也是在弧度大的路面上双胎并装，内侧胎超载所致，见图 4-7。

(4) 不规则的周向磨耗　不规则的周向磨耗常见光滑的直行、充气过高，非驱动及驾驶的轮胎上，见图 4-8。

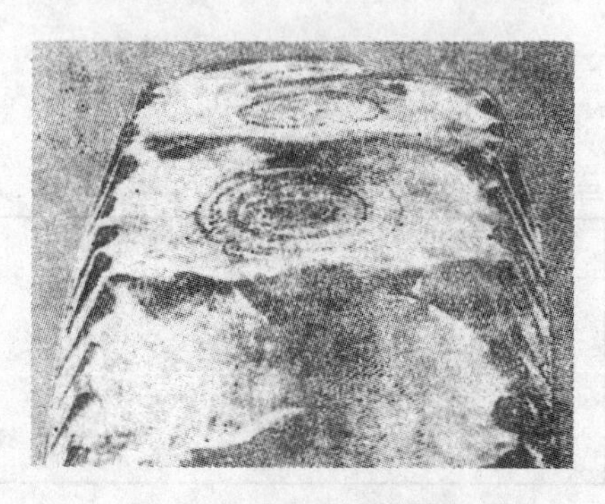

图 4-7　胎面斑点式磨耗

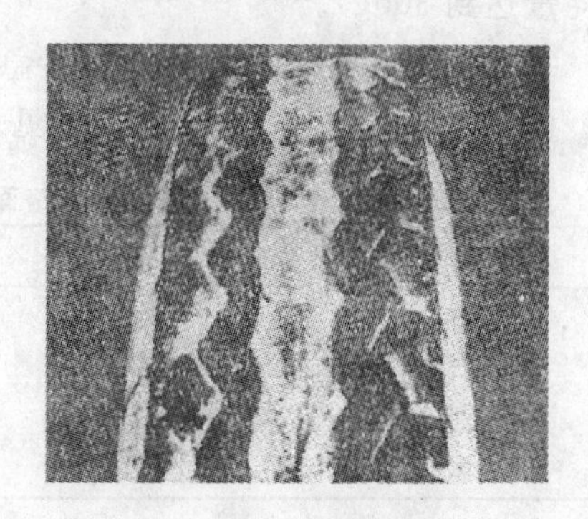

图 4-8　不规则的周向磨耗

(5) 胎面局部过度磨耗　由于急刹车，抱死制动，制动鼓失灵或制动鼓有毛病而造成的，见图 4-9。

(6) 胎面偏心式磨耗　胎面圆周正好相反的两个部位胎面磨耗由最小逐渐增加到最大。这是因轮胎没有同心地落到轮辋上或轮毂上造成的，见图 4-10。

(7) 鱼鳞状磨损　鱼鳞状磨损主要表现为胎面花纹边缘沿周向呈鱼鳞状磨损，

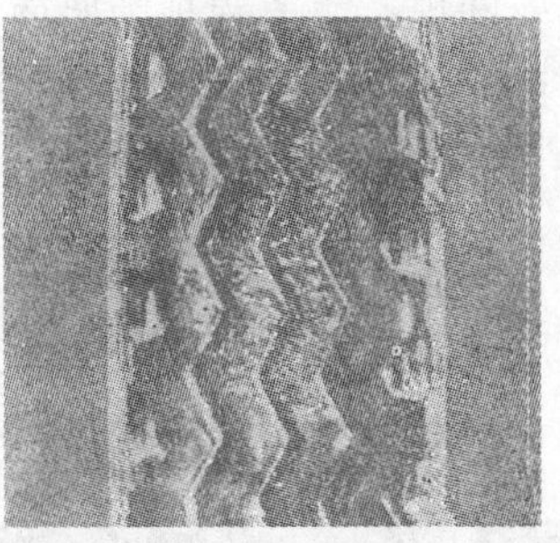

图 4-9　胎面局部过度磨耗

其产生的主要原因是车辆频繁启动、停车，大转矩驱动频繁紧急制动条件下使用，轮胎充气压力不当，悬挂弹簧或减震器强度不足，见图 4-11。

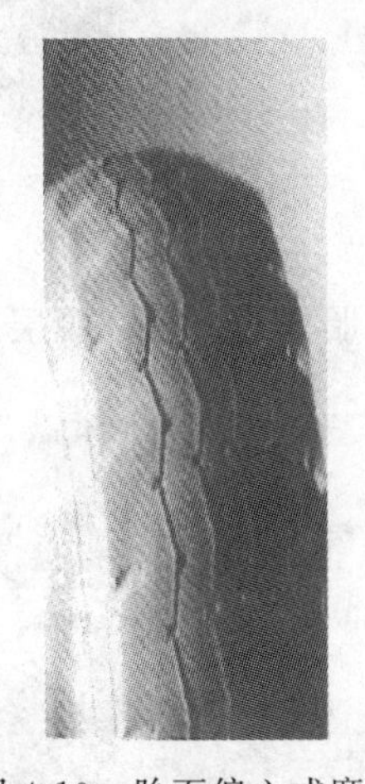

图 4-10　胎面偏心式磨耗

图 4-11　鱼鳞状磨损

(8) 坡形磨损　坡形磨损主要表现为胎面呈光滑的坡形磨损，通常在胎肩边缘特别严重。其原因是车辆或路拱造成轮胎倾角过大，轮胎气压不足，见图 4-12。

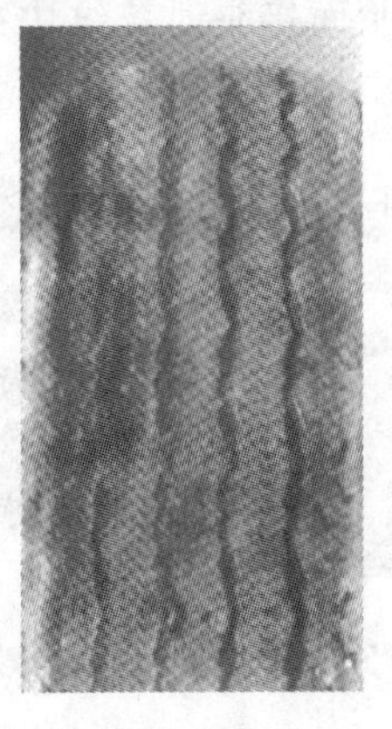

图 4-12　坡形磨损

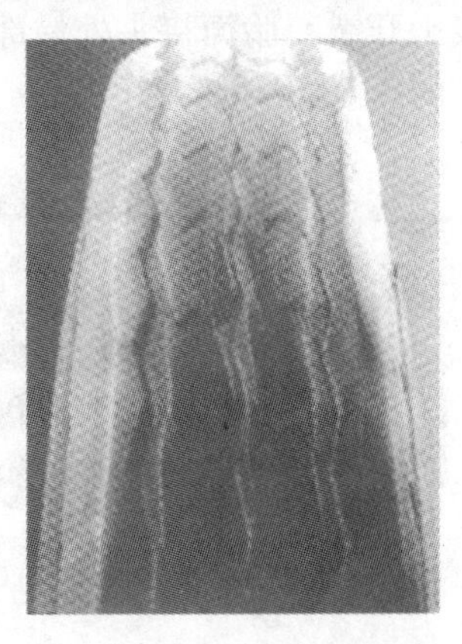

图 4-13　电车轨磨损

(9) 电车轨磨损　主要表现为胎面花纹沟槽周向边缘磨损。有时只出现在部分胎面并逐渐扩展，这是一种典型的在平滑直路面缓慢的磨损，一般不影响行驶里程，见图 4-13。

4.3.3.2 预硫化胎面翻新常见的早期损坏原因分析及图例

(1) 胎面胶起层和胎边缘开裂　胎冠部胶分层脱落，有胶末出现。主要是生产过程中胶浆未干，胶料中有杂质及油污等，见图 4-14。

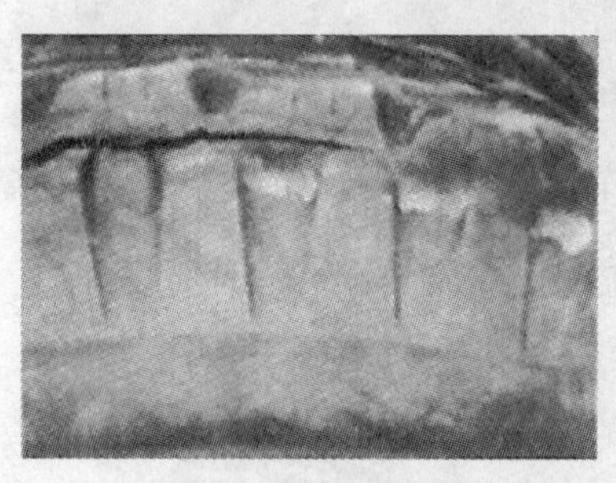
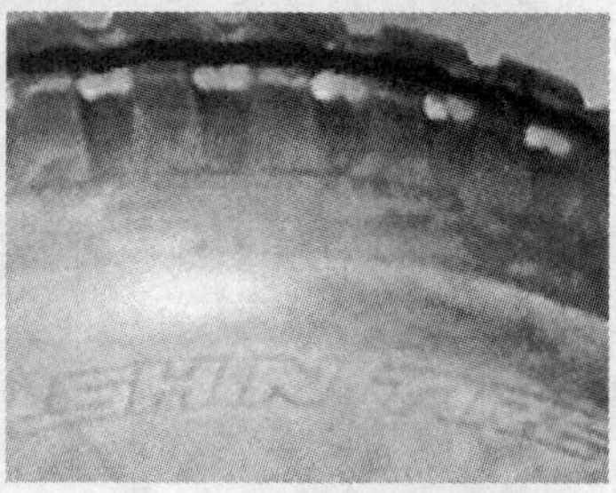

图 4-14　胎冠部胶分层脱落

(2) 胎冠刺穿　行驶时胎冠被尖锐物刺穿，引起胎体局部松散脱层，见图 4-15。

图 4-15　行驶时胎冠被尖锐物刺穿

(3) 接头开裂　胎面接头处局部或整条开裂是胎面接头时花纹块错位或接头工艺缺陷造成的，见图 4-16。

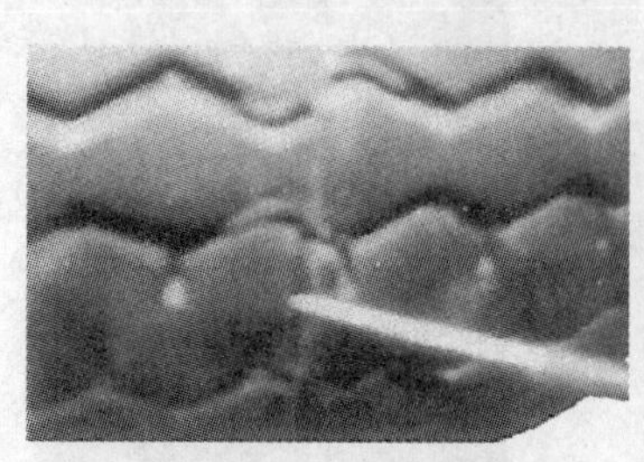
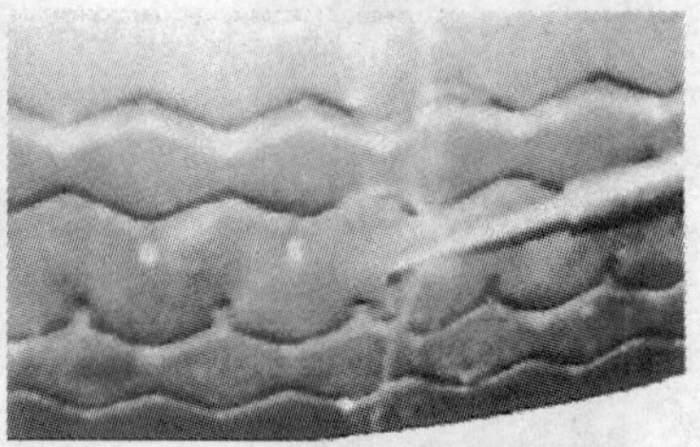

图 4-16　胎面接头处局部或整条开裂

(4) 胎面边部局部撕开　胎面边部（一个花纹块）局部撕开，撕开面光滑，无磨纹且带束层端头裂开并锈蚀，是轮胎在翻新过程中，带束层端头裂空未处理好，也未打磨好，或其它工艺问题引发的。见图 4-17。

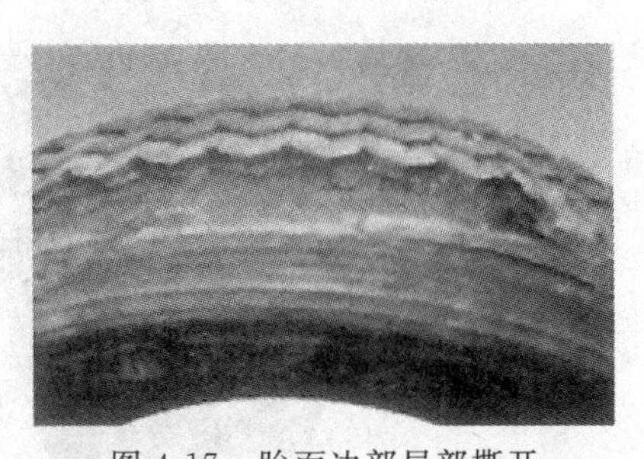

图 4-17　胎面边部局部撕开

(5) 胎面撕开　胎面整体或局部撕开，撕开面呈新鲜鱼鳞状，是轮胎在较高速行驶中遇障碍物爆破后，从爆破处引起胎面撕开，见图 4-18。

(6) 胎面撕开　胎面粘着缓冲层局部或整圈撕开（宽度 1～2 个花纹块），撕开面呈新鲜剥离状，无摩擦产生的胶末。

图 4-18　胎面整体或局部撕开

轮胎在较高速行驶中被尖锐物割伤后引起胎面局部或整圈撕开，见图 4-19。

图 4-19　胎面粘着缓冲层局部或整圈撕开

(7) 胎冠爆　图 4-20(a)：胎体扎伤后继续行驶致胎冠爆后行驶了一段距离。图 4-20(b)：胎冠爆位于补强衬垫处，说明补强衬垫强度不足，按现行业理赔规定应可理赔。

4.3.3.3　轮胎其它部位（含模型法翻新轮胎）**损伤原因分析及图例**

(1) 胎面与帘布层脱层　一般由于轮胎内过热引起，过热原因包括：充气压力不足、行驶速度过高、长途行驶、超负荷，在坏路面上长期行驶也会脱空，见图 4-21。

(a) 胎体扎伤、胎冠爆

(b) 胎冠爆位于补强衬垫处

图 4-20　胎冠爆

图 4-21　胎面与帘布层脱层

图 4-22　胎肩严重磨损

(2) 胎肩部位损伤

① 胎肩严重磨损　轮胎在充气压力不足的情况下长期运行易产生胎肩严重磨损，特别是挂车非驱动轮的轮胎，这种情况特别明显，见图 4-22。

② 胎侧胶爆　钢丝子午线轮胎肩部呈 U 形破裂，钢丝未断裂：是由于原胎体贴合不牢，经长期屈挠生热及应力集中而破坏，见图 4-23。

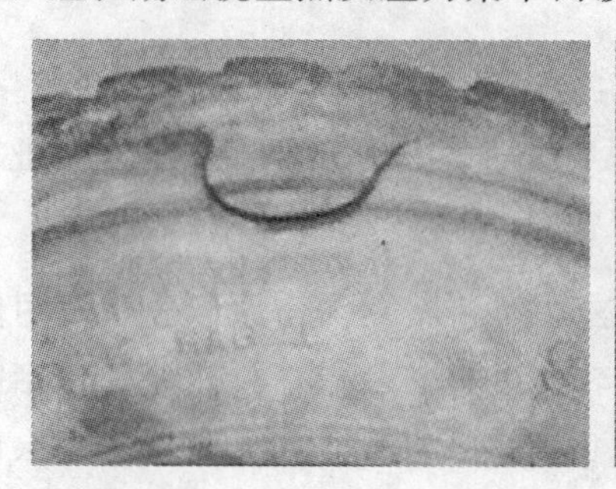

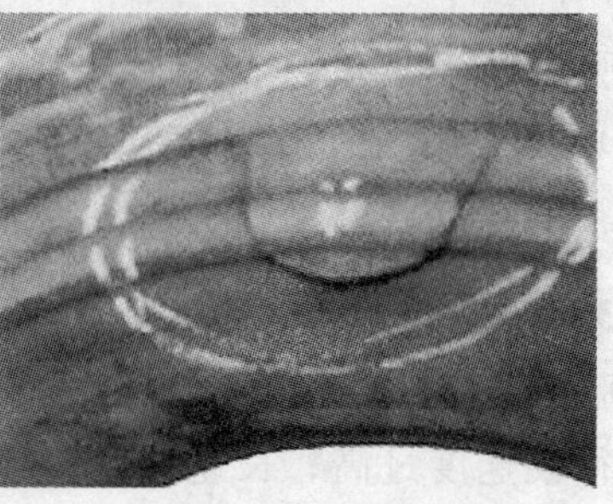

图 4-23　钢丝子午线轮胎肩部呈 U 形破裂

③ 轮胎冲击断裂　一般轮胎在较高速行驶时受到路面障碍物碰撞时易发生，有时从轮胎外面不易察觉，见图 4-24。

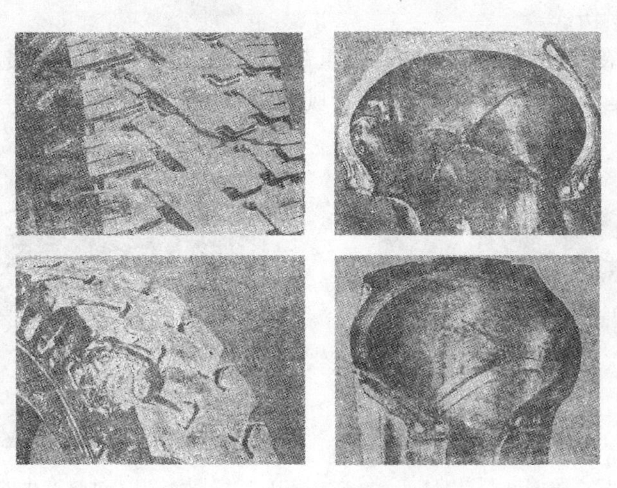

图 4-24　胎面与帘布层脱层

(3) 胎侧损伤

① 并装的双胎胎侧损伤　一般由于轮胎间距太小易夹入石头，另一情况是超载缺气行驶时轮胎相互摩擦，帘线受损，两条轮胎提前报废，见图 4-25。

图 4-25　并装的双胎胎侧损伤

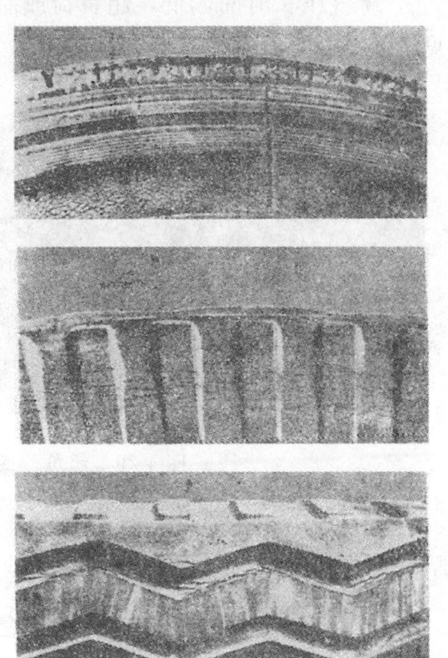

图 4-26　胎侧胶或花纹沟周向开裂

② 胎侧胶或花纹沟周向开裂　一般有下列情况：橡胶老化，在阳光下暴晒受

紫外线影响，臭氧作用，轮胎充压过高（特别是斜交轮胎）并在胎圈附近产生龟裂，见图 4-26。

(4) 胎圈损伤

① 胎圈断裂　轮胎在行驶时因严重超载，气压甚高，轮辋损坏引发胎圈的周围断裂，特别是斜交轮胎在超负荷下行驶，见图 4-27。

图 4-27　胎圈断裂

图 4-28　过热产生的胎圈损伤

② 过热产生的胎圈损伤　制动系统出现拖刹车，产生的过多热量会通过轮辋传递到轮胎上并造成胎圈损坏，见图 4-28。

(5) 胎体损伤

① 气压长时间偏低，超负荷或胎体过度屈挠会造成胎侧帘线疲劳松散、断裂，见图 4-29。

图 4-29　超负荷或胎体过度屈挠导致胎圈损伤

② 胎体断裂　轮胎在压瘪下或严重缺气下行驶时，胎体会因过度屈挠而产生大量的热。这些热使帘线脱空，胎体结构断裂，见图 4-30。

③ 轮胎反复屈挠爆裂　轮胎反复屈挠使碰撞产生的裂纹逐渐加大，直到突然爆破。胎侧受到碰撞时，胎体帘线会在障碍物和轮辋凸缘间受到挤压，这会使碰撞产生的断裂增加，见图 4-31。

④ 胎体碾坏　钢丝子午胎或无内胎轮胎胎面及胎肩全部被撕掉，胎体钢丝碾

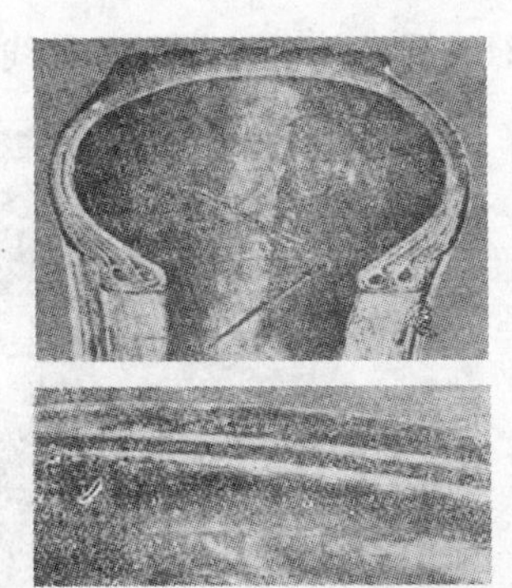

图 4-30　胎体过热断裂

图 4-31　轮胎反复屈挠爆裂

裂，是由于轮胎撞击后胎冠爆（通常车速较快）仍继续行驶而将钢丝层碾坏，见图 4-32 和图 4-33。

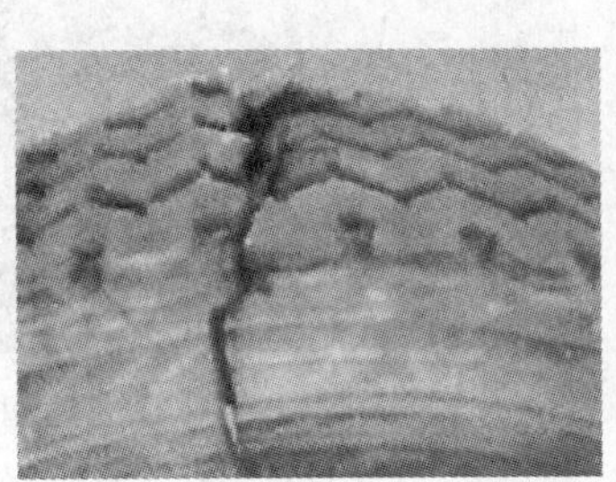

图 4-32　胎体断裂

图 4-33　钢丝子午线轮胎胎体钢丝碾裂

(6) 全钢丝子午线轮胎损坏图例　图 4-34～图 4-39 为全钢丝子午线轮胎损坏图例。

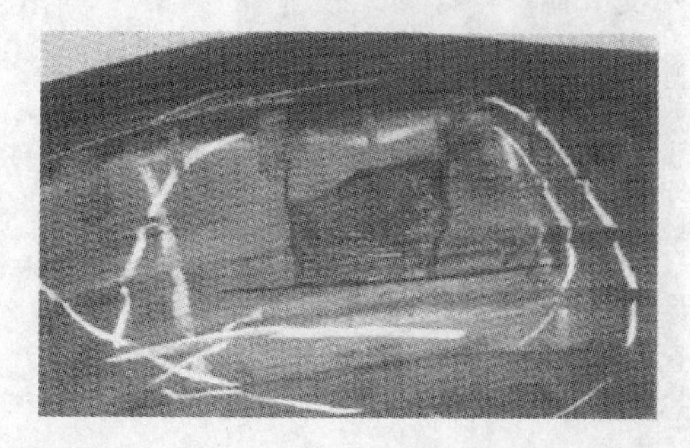

图 4-34　带束层端点部位脱层

图 4-35　缺气行驶碾坏胎体

图 4-36　轮辋辐板损坏导致轮胎损坏

图 4-37　胎圈局部受力钢丝抽出

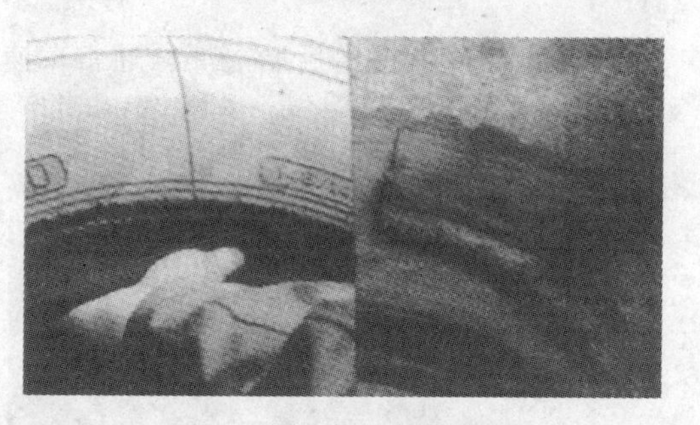

图 4-38　非标准轮辋致损

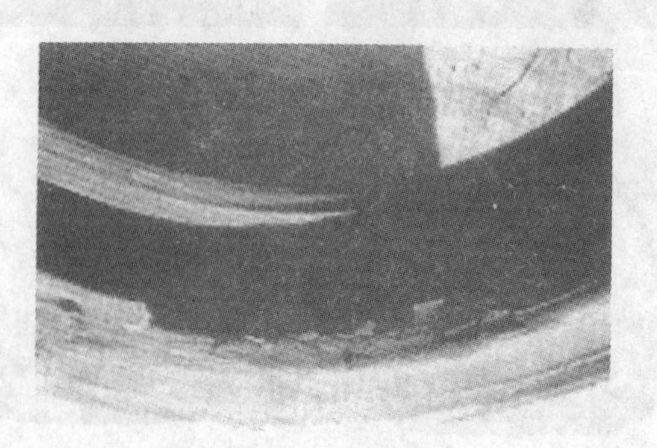

图 4-39　撬坏胎圈

参 考 文 献

[1] GB/T9768—2000 轮胎使用与保养规程.

[2] 马良清.汽车轮胎使用及案例分析.第二版.北京：中国商业出版社，2008.

[3] 张帆等.轮胎磨损影响因素.轮胎工业，2012（6）：619-624.

第5章

原材料的选择与使用

5.1 橡胶

橡胶是轮胎翻修最重要的原材料但又是世界性的紧缺物资，我国由于受自然资源的制约，天然橡胶自给率约有25%，而合成橡胶大多属高能耗的产品，价格年年上涨，翻胎业如何用好橡胶这一资源就显得非常重要。少用橡胶，发展合成“天然橡胶”，适应国际国内经济发展潮流使用低能耗、低污染的合成橡胶成为我们追求的目标。

5.1.1 天然橡胶

天然橡胶按加工方式不同分三种：烟片胶（含绉片胶）、标准胶、胶清胶。

自然界中天然橡胶主要有：顺式异戊二烯橡胶（三叶橡胶）、反式异戊二烯橡胶（杜仲胶）及科尤腊（Guayule）橡胶（又名银菊胶），但主要是前两种。近年我国人工大量合成及使用顺式异戊二烯橡胶及反式异戊二烯橡胶（掺用可大幅降低轮胎的滚动阻力），这些橡胶被称为“合成天然橡胶”。

顺式异戊二烯橡胶几乎用在轮胎翻修的各种胶料中，天然橡胶主要从橡胶树上割取的胶乳中提取，其主要成分为顺式异戊二烯，从杜仲等植物中提取的天然橡胶主要成分为反式异戊二烯，这两种橡胶在分子结构和性能上有较大差异。

5.1.1.1 烟片胶（含绉片胶）

由三叶橡胶树流出来的白色乳浆经凝固、压片而成的胶片用烟熏干即为烟片胶，用空气干燥的叫绉片胶。其产品质量按我国标准划分见表5-1。

5.1.1.2 标准胶（颗粒胶）

乳浆经凝固、造粒、热风干燥而成，其质量较烟片胶稳定，易塑炼，焦烧时间长，制成炭黑胶后机械强度好于烟片胶，宜推广应用。天然橡胶在国际上以泰国、马来西亚、印度尼西亚为主，我国以云南省、广东省、海南省为主，国际上其质量标准和商品牌号见表 5-2。

表 5-1　产品质量按我国标准划分的级别

质量等级	烟片胶	白绉片胶	黄绉片胶	杂绉片胶
A		特一级		
B	一级	一级	特一级	
C	二级		一级	
D	三级		二级	
E	四级		三级	
F	五级			
G				杂绉片胶

表 5-2　国际上质量标准和商品牌号

杂质(灰分)含量/%	中国 CSR	马来西亚 SMR	印度尼西亚 SIR	泰国 TTR	新加坡 SSR	美国 ASTM	英国 BS
0.02(0.6)	CV(恒黏胶)						2L
0.03(0.5) 0.03(0.5)	L(浅色胶)	L WF					
0.05(0.5～0.6) 0.05(0.5～0.6)	5		5L 5	5L 5		5	5L 5
0.1(0.75) 0.1(0.75)	10	GP 10	10	10	10	10	10
0.2(1.0)	20	20	20	20	20	20	20
0.5(1.5)	50	50	50	50	50	50	50

5.1.1.3　胶清胶

胶清胶是用离心法浓缩胶乳生产时分离出来的胶清（含小橡胶粒子 3%～7%），经凝固、压片或造粒后干燥而成，胶中含蛋白质及杂质较多，制成胶粒橡胶烃含量为 80%，一般橡胶含 94%，因此性能较差，含蛋白质较多，高温下蛋白质易分解，因此耐老化性能也较差。在配方中只起填充剂作用。

5.1.2　合成橡胶

5.1.2.1　异戊橡胶（代号 IR）

异戊橡胶具有与天然橡胶相似的化学组成、结构和物理性能，可替代或部分替代天然橡胶。价格低于天然橡胶，翻胎业应用于胎面是有很大潜力的。

现将茂名鲁华化工有限公司生产的牌号为 IR LHIR-70 的异戊橡胶与马来西亚产的天然橡胶（NR SMR 20）的物理机械性能做一对比，见表 5-3。表中配方编号

1# 为 IR 100/NR 0；2# 为 IR 50/NR 50；3# 为 IR 30/NR70；4# 为 IR 0/NR100。

表 5-3 异戊橡胶与天然橡胶不同掺比的胎面胶物理机械性能对比

项目	1#	2#	3#	4#
门尼焦烧时间(125℃)/min	37.42	30.57	27.72	24.3
硫化仪数据(145℃×60min)				
M_L/dN·m	10.57	10.01	9.82	10.27
M_H/dN·m	35.88	40.42	42.37	46.57
t_{10}/min	9.65	6.45	6.00	6.68
t_{90}/min	19.78	16.30	13.92	13.52
邵尔 A 型硬度	58	62	65	65
300%定伸应力/MPa	8.5	12.2	13.1	13.3
拉伸强度/MPa	19.5	21.6	22.1	23.1
拉断伸长率/%	573	524	485	480

注：硫化条件 148℃×40min。

5.1.2.2 反式异戊二烯橡胶（合成天然橡胶）（代号 TPI）

在青岛新建设的产能 3.0 万吨/年的反式异戊二烯橡胶厂已于 2011 年产出中试产品，这种橡胶与其它橡胶并用掺入胎面胶可大幅度降低胎面胶的滚动阻力，可用于高速、节能轮胎，翻新胎面胶。

5.1.2.3 钕系顺丁胶（代号 NdBR9001）

目前翻胎业广泛使用普通顺丁橡胶。但原由锦州石化公司产的 BR9000（NiBR）是以镍作催化剂合成的，其生胶强度低，自黏性差，使用性能如抗湿滑性较差，制成轮胎升热高，难以在帘布胶中使用。现锦州石化公司新产的 BR9001 使用稀土钕作催化剂，NdBR 与 NiBR 比：顺式-1,4 结构含量高，分子量高，分布广，支化度和凝胶低，因此性能大有提高。制成对比胎，用 NdBR 的轮胎黏合强度比用 NiBR 的轮胎提高 28.75%，耐久性提高 28.57%，高速性提高 22.3%。钕系顺丁橡胶 NdBR9001-53 与普通镍系顺丁橡胶 NiBR9000 物理机械性能对比情况见表 5-4。

表 5-4 NdBR9001-53 与 NiBR9000 物理机械性能对比情况

项目	NiBR9000	NdBR9001-53
145℃硫化时间/min	35	35
邵尔 A 型硬度	61	61
拉伸强度/MPa	15.9	18.6
拉断伸长率/%	456	489
300%定伸应力/MPa	8.2	8.4
永久变形/%	16	16
回弹值/%	49	51

续表

项　　目	NiBR	Nd BR-53
滞后损失/%	12.4	11.3
撕裂强度/(kN/m)	51.3	51.6
阿克隆磨耗(1.61km)/cm^3	0.022	0.015
疲劳性能		
升温/℃	34.7	32.6
永久变形/%	3.0	2.4
抗刺强度/(kN/m)	33	36
抗湿滑性(湿路面)		
摩擦系数/%	22.3	25.5
相对系数/%	100	114
滚动距离/cm	660	721

5.1.2.4　充油合成橡胶

(1) 充油顺丁橡胶　目前国内生产的有 BR9073 及 BR9053 两个牌号，BR9073 胶内掺有 37.5 份芳烃油（可采用经处理后的芳烃油）。BR9073 胶掺有 37.5 份环烷油，经试用 BR9073 代替不充油的 BR9000 胶料制成胎面胶工艺无变化，耐磨性提高 7%～8%，抗湿滑性改善（对地面摩擦相对系数高出 17%），且成本下降。BR9053 是非污染型胶。充油与不充油顺丁橡胶在同样的配合、同样硫化条件下进行性能对比，见表 5-5。

表 5-5　充油顺丁橡胶和不充油顺丁橡胶性能比较

项　　目	BR9073	BR9053	BR9000
邵尔 A 型硬度	66	63	60
拉伸强度/MPa	18.06	13.53	12.89
拉断伸长率/%	439	310	346
300%定伸应力/MPa	11.83	13.16	10.47
拉断永久变形/%	7	2	2
阿克隆磨耗(1.61km)/cm^3	0.04	0.02	0.01
裂口增长(1.5 万转)/mm	17.3	19.6	16.5
生热(4.45mm,1MPa,55℃)			
升温/℃	42.6	35.7	43.2
永久变形/%	4.1	3.7	4.9
损耗因子 $\tan\delta$			
75℃	0.106	0.075	0.092
0℃	0.137	0.116	0.111

(2) 充油丁苯橡胶　目前国内翻胎企业大多使用不充油的普通丁苯橡胶，如

SBR1500、SBR1502、SBR1507、SBR1516。使用充油丁苯橡胶可降低胶料成本，提高抗湿滑性，适用于轿车、轻卡翻新胎面，胎侧抗老化、耐磨性均有提高。充油丁苯橡胶的成分、性能对比见表5-6，在同样的配合及硫化条件下，充油丁苯橡胶SBR1721与未充油丁苯橡胶SBR1502性能对比见表5-7。

表5-6 充油丁苯橡胶的成分、性能对比

牌号	结合苯乙烯含量/%	填充油量/份	油品	PCA含量/%	欧盟REACH	性能	用途
SBR1712E	23.5	37.5	普通芳烃油	15～20	不	加工性好，综合性能佳	轮胎等
SBR1723	23.5	37.5	低稠环芳烃油	<3	可		
SBR1721	40	37.5	普通芳烃油	15～20	不	强伸性能和湿滑性能优良	安全，抗湿滑轮胎
SBR1739	40	37.5	低稠环芳烃油	<3	可		

表5-7 充油丁苯橡胶与未充油丁苯橡胶性能对比情况

项目	SBR1502	SBR1516	SBR1721
邵尔A型硬度	68	74	67
拉伸强度/MPa	28.04	26.97	22.29
拉断伸长率/%	463.2	464	529.6
拉断永久变形/%		15	30
阿克隆磨耗(1.61km)/cm^3	1.145	1.175	0.054
压缩升温/℃	39.6	42.9	35.8
滚动阻力(60℃)$\tan\delta$	0.140	0.191	0.226
湿滑性(0℃)$\tan\delta$	0.181	0.539	0.478

5.1.2.5 丁基橡胶及其改性产品

丁基橡胶在翻胎业中用于硫化内胎、水胎、风胎、胶囊、包封套、密封条等。近年也有使用氯化丁基橡胶或溴化丁基橡胶（统称卤化丁基橡胶）作水胎外层胶的。

(1) 丁基橡胶（代号IIR） 丁基橡胶是以异丁烯为主体，与少量异戊二烯首尾结合的线型无凝胶高分子聚合物。其特点是不饱和度低（约为天然胶的1/50），耐热氧老化，耐酸碱和化学腐蚀，有极低的气体透过性及良好的电绝缘性。因此广泛用于翻胎业的硫化内胎、水胎、风胎、胶囊、包封套和密封体系。丁基橡胶的衍生物如氯化丁基橡胶（CIIR）及溴化丁基橡胶（BIIR）也在翻胎业的硫化内胎等方面得到应用。

现将丁基橡胶和天然橡胶按标准对比配方制成试验胶样，进行物理机械性能对比，结果见表5-8。

表 5-8 丁基橡胶和天然橡胶胶样的物理机械性能对比

项　目	天然橡胶	丁基橡胶
相对密度	0.92	0.91～0.93
硬度 JIS	10～100	20～90
拉伸强度/MPa	30～300	50～150
最高使用温度/℃	120	150
脆化温度/℃	－50～－70	－30～－50
电阻率/Ω·cm	10^{10}～10^{15}	10^{16}～10^{18}
热老化系数(100℃×72h)		
拉伸强度保持率/%		70～80
伸长率保持率/%		60～80

注：热老化系数（100℃×72h），即拉伸强度保持率、伸长率保持率均是指硫黄硫化的标准配方，用于汽车内胎尚可。用于包封套、胶囊等热老化系数（150℃×72h），即拉伸强度保持率、伸长率保持率均应在0.5以上，需采用树脂作硫化剂。

目前国内已生产的丁基橡胶，牌号为IIR1751，价格较进口牌号IIR268或IIR301低。与国外产品比较：硫黄硫化的内胎胶相差不大，但挥发分偏高，门尼黏度不够稳定。笔者用溴化树脂高温硫化，用于同一包封套胶，物理机械性能对比见表5-9。

表 5-9 用溴化树脂高温硫化的不同丁基橡胶物理机械性能对比

项　目	IIR301(德国产)	IIR1751(国产)
邵尔A型硬度	42	42
300%定伸应力/MPa	3.4	3.8
拉伸强度/MPa	9.3	7.4
拉断伸长率/%	644	628
撕裂强度/(kN/m)	44	40.0
拉断永久变形/%	8	12.0
硫化仪数据(190℃)		
t_{10}	0.8min	0.97min
t_{50}	5min08s	5.08min
t_{90}	55.5min	55.96min
门尼焦烧时间(144℃)/min		
t_3	7.02	9.55
t_5	7.09	11.43
150℃×72h老化后		
邵尔A型硬度	52	55
300%定伸应力/MPa	5.0	6.8
拉伸强度/MPa	9.1	7.0
拉断伸长率/%	532	446
撕裂强度/(kN/m)		
拉断永久变形/%	10	12
老化系数	0.808	0.67

注：硫化条件185℃×45min。

(2) 卤化丁基橡胶（代号XIIR） 卤化丁基橡胶能提高丁基橡胶的活性，在保持丁基橡胶基本特性的条件下提高与其它橡胶的共容性、自黏性和互黏性，提高硫化速率。

翻胎业主要用氯化丁基橡胶制水胎、风胎外层胶等。目前，在我国市场上卤化丁基橡胶以美国埃克森美孚化工公司 CIIR1068，及俄罗斯产的 CIIR 150 为主。两者经使用对比，性能相近（CIIR1500 稍差），但价格相差甚大。溴化丁基橡胶可与 IIR、NR、SBR 并用于胎侧、内胎，在翻胎业未见有使用报道。

5.1.2.6 三元乙丙橡胶（代号 EPDM）

三元乙丙橡胶是乙烯、丙烯和少量的非共轭二烯烃为第三单体的共聚物。具有耐臭氧、耐热、耐候，化学稳定的优点。

吉林石化公司生产的牌号为 EPDM J2070，3062 等，在翻胎业用于制造内（水）胎胶并掺入丁基橡胶以改善胶料的加工性能，降低成本。也可掺入不饱和的橡胶中（如天然橡胶）以改善耐候性和化学稳定性。

5.1.2.7 再生橡胶和胶粉

翻新轮胎在一些胶料中可掺用少量高品位的再生橡胶或细粒子胶粉（60 目以上）部分替代生胶并可改善磨耗等物理机械性能和加工性能。加入胶粉或再生橡胶对胶料质量和加工性能的影响如下。

① 加入胶粉会使胶料黏度加大，使混炼、压延、压出较困难，需较高的加工温度，耗费较多的动力。而再生橡胶不需要高的剪切作用及分散度，因再生橡胶中的配合剂已均匀分布。

② 加入再生橡胶和胶粉的胶料的焦烧时间 t_2 及达到 t_{90} 的时间都缩短了，原因是胶粉中原残留的促进剂在掺入胶料后在硫化时起了作用，因此使用再生橡胶和胶粉时应加入防焦剂或调整促进剂。

③ 加入再生橡胶和胶粉的胶料拉伸强度、伸长率都降低了，原因是：均质的胶料中不含大的分散物，而加入再生橡胶和胶粉使胶料有了大的分散物，当加有外部应力时应变在大的分散物与胶面就会发生应力集中而断裂使胶料基质破坏，随着粒径变小这一影响也会缩小。

④ 加入再生橡胶和胶粉对胶料的硬度没有影响，密度稍有增大。

⑤ 加入再生橡胶和胶粉（60 目）的载重胎面耐磨性无大的影响，对轿车胎面则提高了耐磨性，尤其是加入胶粉（60 目）后。

5.2 配合剂

由于橡胶工业使用的配合剂品种数以千计，而翻胎业使用的配合剂品种较少，本节仅介绍翻胎业常用的一部分配合剂。由于部分原材料对环境有污染，特别是对人体有危害的应避免或减少使用，本书配方中也尽量避免列入并提出新的替代产品。力求介绍一些新的替代产品，列出新品与老产品的使用质量、经济效果的对比，以供用户选择。

5.2.1 硫化剂

5.2.1.1 不溶性硫黄

硫黄在翻胎中使用极为普遍，随着预硫化胶胎面翻胎使用黏合胶及子午钢丝胎修补业的发展，不溶性硫黄也大量进入翻胎业。

不溶性硫黄是由八角形（环形结构）的普通硫黄经高温加热融化后，通入含有稳定剂的介质中急冷，形成大分子的硫黄。属线型高聚物，可与橡胶以任意比例混合，不存在溶解度的问题。不溶性硫黄分为充油型和不充油型两类。外观为淡黄色粉末，属无定形结构。不溶性硫黄按不溶硫的含量分高品位（含量占90%以上）和中品位（含量占60%左右）。不溶性硫黄不结团、易分散、不喷霜，可减少焦烧危险，最大的优点是可改善钢丝与橡胶的黏合性能，提高半成品的黏性。使用时炼胶温度不得超过105℃，否则会变成普通硫黄。贮存温度不能超过40℃。

5.2.1.2 硫黄给予体

用普通硫黄、促进剂硫化的缺点是因硫化胶的结构多为多硫键，特别是低温硫化时，产品耐老化性能差，而用“低硫高促”配方时产品的耐疲劳性又较差。如果用硫黄给予体替代部分硫黄则有兼备之效。过去翻胎业使用的DTDM（4,4′-二硫代二吗啉）硫黄给予体，TMTD（二硫化四甲基秋兰姆）加热100℃以上会放出硫，因此用作硫黄给予体效果尚可，但最大的问题是产品释放亚硝胺致癌物。

国外新生产出以仲胺为基础的硫黄给予体HTS（六亚甲基-双-硫代硫酸盐）及Perkalink900［1,3-(柠糠马来酰亚胺甲基）苯］硫黄给予体替代TMTD。

台湾元庆国际贸易有限公司产的Mixland+TBP 75GA及TBZTD均不产生亚硝胺，可替代TMTD，DTDM硫黄给予体。

(1) Mixland+TBP 75GA　Mixland+TBP 75GA是由聚叔丁酚二硫化物组成新一代不形成亚硝胺的载硫体型促进剂+硫化剂，以取代TMTD硫化剂，具有较多优势。约等量（TMTD1.9份：TBP 75GA 2.0份）用于三元乙丙（EPDM）橡胶，硫化曲线相近，但老化性能TBP 75GA较好，硫化胶的物理机械性能较好，见表5-10。

表5-10 EPDM硫化胶的物理性能对比

胶料	拉伸强度/MPa	拉断伸长率/%	300%定伸应力/MPa	邵尔A型硬度		撕裂强度/(kN/m)	压缩变形(25%，72h×100℃)/%
				起点	15s		
TMTD	7.2	579	4.01	63	65	24.8	50
TBP 75GA	7.7	643	4.0	63.6	66	27	54

(2) 硫化剂DTDC　硫化剂DTDC是DTDM硫黄给予体的等用量替代品，具有优良的耐热性、抗压缩性，不喷霜，焦烧安全，硫化速率快。

5.2.1.3　树脂型硫化剂

翻胎业使用树脂型硫化剂主要用于丁基橡胶、乙丙橡胶做包封套及模型法翻胎硫化胶囊，以硫化树脂202（叔辛基苯酚甲醛）和含溴的HY-2055（溴化对叔辛酚醛）为主，一般用量12份以下。HY-2056（高浓）（溴化对叔辛酚醛），一般用量12～15份。

(1) 硫化树脂202用于丁基橡胶硫化胶囊替代老的硫化树脂2402（对叔基苯酚甲醛）有较大的优势，据某厂对比，用于生产的丁基橡胶硫化胶囊使用寿命提高了一倍（硫化树脂2402为107次，硫化树脂202为218次），配方中均为10份。

(2) 含溴的HY-2055（溴化对叔辛酚醛）树脂，笔者用于包封套配方试验，用量12份，耐老化性能较佳。

5.2.2 促进剂

目前翻新轮胎用的胶料所使用的促进剂包含5个类型，约20多个品种。以次磺酰胺类、秋兰姆类、噻唑类为主，低温预硫化缓冲胶用二硫代氨基甲酸盐类、胍类。当一种促进剂不能满足要求时可采取2种，3种并用，并注意利用其加和效应，以使硫化特性曲线较为理想，提高硫化胶的性能。

目前促进剂虽多是大量生产的品种，但有些品种在橡胶加工或翻新轮胎使用期间会产生致癌的亚硝胺，如次磺酰胺类原使用量最大的NOBS，秋兰姆类的TMTD、TMTM，二硫代氨基甲酸盐类的ZDC、PZ（用于低温缓冲胶和低温修补胶，低温填补胶），因此需寻求可替代或新的促进剂。下面列举的一些有致癌作用的促进剂应尽量避免使用。

① TMTD（二硫化四甲基秋兰姆）。

② TETD（一硫化四甲基秋兰姆）。

③ ZDC（二丁基二硫代氨基甲酸锌）。

④ 二硫代氨基甲酸锌盐类PZ、PX。

⑤ NOBS（*N*-氧联二亚乙基-2-苯并噻唑次磺酰胺）。

5.2.2.1　次磺酰胺类促进剂

次磺酰胺类促进剂是轮胎翻新中使用最广泛的促进剂，包括NS、CZ、DZ、DIBS等。需寻找可替代的促进剂，用伯胺类次磺酰胺与非胺类化合物可复合成不含亚硝胺的替代品。

(1) XT-580促进剂　可替代NOBS。也可用次磺酰胺NS（*N*-叔丁基-2-苯并噻唑次磺酰胺）等量替代NOBS，或再加0.1份CPI（防焦剂），但效果均不及XT-580。胎面胶配方中用XT-580、NS等量替代NOBS后物理机械性能对比见表5-11。

表 5-11　XT-580、NS 等量替代 NOBS 试验性能对比情况表

项　　目	NOBS 配方		NS 配方		XT-580 配方	
硫化仪数据						
M_L/N·m	0.45		0.5		0.53	
M_H/N·m	1.27		1.38		1.35	
t_{10}/min	11∶50		11∶05		12∶10	
t_{90}/min	27∶30		24∶35		28∶15	
硫化胶性能						
硫化时间(143℃)/min	40	60	40	60	40	60
拉伸强度/MPa	16.5	18.1	17.6	18.5	16.8	18.6
拉断伸长率/%	570	560	555	560	540	563
300%定伸应力/MPa	6.9	7.6	7.6	8.0	7.5	8.2
邵尔 A 型硬度	61	62	62	63	62	63
拉断永久变形/%	17	18	15	18	16	17
撕裂强度/(kN/m)	115	110	111	116	108	118
屈挠寿命(10 万次)	完好		完好		完好	
110℃×24h 老化后						
拉伸强度/MPa	13.6	14.1	14.4	15.1	15.2	15.0
拉断伸长率/%	475	470	450	455	455	450
300%定伸应力/MPa	10.0	10.5	11.2	11.3	11.0	11.2
邵尔 A 型硬度	64	65	65	67	66	67
拉断永久变形/%	13	12	11	12	12	12
撕裂强度/(kN/m)	95	98	98	99	97	102
阿克隆磨耗量(1.61km)/cm^3 (轮胎解剖)	0.092				0.085	

从表 5-11 可以看出，用 XT-580 完全可取代 NOBS 且价格较低。类似 XT-580 的产品有大连天宝化学工业有限公司产的 TBS-800 N-（脂肪基代）苯并噻唑次磺酰胺。

在胎面胶中替代 NOBS 也有使用促进剂 NS＋防焦剂 CTP 的办法，NOBS 与 NS＋防焦剂 CTP 物理机械性能对比见表 5-12。

表 5-12　NOBS 与 NS＋防焦剂 CTP 物理机械性能对比

项　　目	NOBS 配方	NS＋CTP 配方
拉伸强度/MPa	24.2	23.3
拉断伸长率/%	578	598
300%定伸应力/MPa	9.5	9.2
邵尔 A 型硬度	63	62
拉断永久变形/%	17	15
阿克隆磨耗量(1.61km)/cm^3	0.114	0.126
耐久性能试验/h	110	105

续表

项　目	NOBS 配方	NS+CTP 配方
高速试验		
通过速度/(km/h)	110	100
累计时间/h	13.5	12.5
轮胎里程试验结果		
平均行驶里程/km	69785	63546
平均磨耗/km	5571	5683

(2) TBSI 促进剂　次磺酰胺类促进剂 TBSI 是富莱克斯公司新研发的用于巨型工程轮胎胎面等厚制品的后效性促进剂。

胶料的硫化速率慢，模量高，生热低，贮存稳定性较好。使用量与次磺酰胺类促进剂 NS、CZ 相同。TBSI 与次磺酰胺类促进剂 CBS、TBBS、MBS、DCBS 硫化后物理机械性能对比见表 5-13。

表 5-13　TBSI 与次磺酰胺类促进剂硫化后物理机械性能对比（151℃×120min）

项　目	CBS	TBBS	MBS	DCBS	TBSI
100%定伸应力/MPa	2.06	2.12	2.18	1.82	2.19
300%定伸应力/MPa	10.44	10.99	10.57	8.55	11.72
拉伸强度/MPa	20.81	21.78	21.76	18.10	22.21
拉断伸长率/%	508	504	518	509	502
邵尔 A 型硬度	68	68	68	66	68
阿克隆磨耗量(1.61km)/cm^3	0.521	0.566	0.619	0.530	0.509
压缩生热/℃	49.93	48.27	53.10	63.40	47.77
100℃×72h 老化后					
100%定伸应力/MPa	3.35	3.64	3.59	2.98	3.76
300%定伸应力/MPa	14.62	15.78	14.95	12.98	16.32
拉伸强度/MPa	17.32	18.69	17.48	14.93	20.43
拉断伸长率/%	366	352	364	350	347
压缩生热/℃	49.77	48.15	55.57	59.97	46.57

配方（质量份）：天然橡胶 100，氧化锌 5，硬脂酸 2，防老剂 3，硫黄（200 目）1.8，炭黑 53，偶联剂 3，其它助剂 3。

5.2.2.2　秋兰姆类

翻胎业使用的秋兰姆类促进剂主要有：TMTM（一硫化四甲基秋兰姆）、TMTD（二硫化四甲基秋兰姆），主要作为辅促进剂，用以加快硫化起步速率，但用量很少。不常用作硫黄给予体。TBzTD（二硫化四苄基秋兰姆）不含亚硝胺，可替代 TMTD。

(1) TMTD（二硫化四甲基秋兰姆）　属超促进剂且加热 100℃以上会放出硫黄，故也是硫化剂，在翻胎用胶中广泛使用。但因其含亚硝胺，有致癌的可能，可选用替代的促进剂。

(2) TBzTD促进剂（二硫化四苄基秋兰姆） TBzTD促进剂属环保型促进剂，不会产生亚硝胺。促进剂TMTD与TBzTD性能对比见表5-14。

表5-14 促进剂TMTD与TBzTD性能对比

项　目	TMTD	TBzTD
门尼焦烧时间 t_{s1}(143℃)/min	3min10s	5min52s
硫化仪数据(143℃)		
M_L/dN·m	0.853	1.01
M_H/dN·m	13.3	13.2
t_{10}/s	193	357
t_{90}/s	760	1281
t_{90}-t_{10}/s	567	924
t_{90}-t_{s1}/s	570	929
硫化时间(160℃)/min	20	20
邵尔A型硬度	61	62
100%定伸应力/MPa	2.1	2.1
300%定伸应力/MPa	7.0	6.9
拉伸强度/MPa	9.3	7.3
拉断伸长率/%	357	316
拉断永久变形/%	37	39
撕裂强度/(kN/m)	26.8	27.7
DIN磨耗/mm^3	0.21	0.2
回弹性/%	57	53
100℃×72h老化		
拉伸强度变化率/%	−30	−16
拉断伸长率变化率/%	−53	−43
撕裂强度/(kN/m)	62	56
100%定伸应力变化率/%	81	57

5.2.2.3 噻唑类促进剂

翻胎业使用的噻唑类促进剂主要有M、DM、MZ，属一般性的主促进剂，在专业手册中很易找，故本书省略。

5.2.2.4 二硫代氨基甲酸盐类促进剂

近年，由于低温硫化预硫化胎面翻胎的发展，缓冲胶和修补胶主要使用二硫代氨基甲酸盐类促进剂中的ZDC（二乙基二硫代氨基甲酸锌）、PX（乙基苯基二硫代氨基甲酸锌）、PZ（二甲基二硫代氨基甲酸锌）等几种。这类促进剂也同样含亚硝胺，目前可用不含亚硝胺的超促进剂TBzTD替代。

5.2.2.5 胍类促进剂

二苯胍促进剂D亦名DPC，在翻胎胶料中往往与促进剂M等并用作中速主促进剂，用量 1.0～2.0 份，作辅促进剂用量 0.1～0.5 份。

5.2.3 硫化活性剂

硫化活性剂主要有三种类型：①金属氧化物，如氧化锌、氧化镁、氧化铅、氧化钙；②有机化合物，如硬脂酸、二硫化二苯并噻唑-氧化锌-氯化镉络合物（活性剂 NH-1)、三乙醇胺；③氧化锌的有机化合物，如 SL-273 有机锌皂，甲基丙烯酸锌等。翻胎业使用的主要是氧化锌，氧化锌中的锌属重金属，对人类的健康及环境造成诸多不良的影响。解决办法是将氧化锌微粒纳米化以减少用量，或制成有机锌化合物以提高氧化锌的活性，从而减少氧化锌的用量。

5.2.3.1 氧化锌

氧化锌能极大地改善硫黄硫化体系的效率，与硬脂酸作用形成的硬脂酸锌是很强的活性剂。

目前市场上供应的有普通氧化锌、活性氧化锌、纳米氧化锌。普通氧化锌和活性氧化锌是较老的产品，一般普通氧化锌用量为 5 份时活性氧化锌可减为 3 份。使用活性氧化锌，胶料耐老化等性能比普通氧化锌更好。

纳米氧化锌是近年推广应用的产品。目前，将氧化锌微粒纳米化的办法是将含锌的金属物用硫酸浸泡制成硫酸锌液，除去杂质再加入碳酸钠形成碳酸锌沉淀物，水洗后在 100℃左右的温度下干燥，再以 400℃进行煅烧而得。按要求纳米氧化锌的平均粒径应≤50nm（$1nm=10^{-9}m$），比表面积在 $45m^2/g$，而普通氧化锌平均粒径在 500nm 左右，比表面积在 $1\sim5m^2/g$。

氧化锌纳米化后的微粒要防止通过皮肤或呼吸进入人体。将氧化锌纳米化后因活化性提高可降低用量，如由普通氧化锌的 5 份减为 3 份且性能更好，重金属铜、镉杂质含量更低，有利于耐老化性能的提高。

5.2.3.2 有机锌

为进一步降低锌的用量就要提高锌化合物的活性并超过硬脂酸锌。近年国内外在研发“环保有机锌”，提出用甲基丙烯酸锌（ZMMA Sartomer SR709）替代氧化锌，在硫黄硫化的配方中可使锌用量减少 50%～80%。在天然橡胶胎面胶配方中，除活性氧化锌（T1 配方中用 3.0 份）和有机氧化锌（T2 配方中用 3.0 份）不同外，配方中其它配合剂及加工工艺相同，物理机械性能对比见表 5-15。

表 5-15 活性氧化锌（T1）配方和有机氧化锌（T2）配方物理机械性能对比（硫化条件 145℃×45min）

项目	T1	T2
t_{s2}/min	8.67	9.22
t_{10}/min	7.95	8.32
t_{90}/min	20.00	21.57

续表

项　　目	T1	T2
M_L/dN·m	2.53	2.53
M_H/dN·m	16.67	16.70
t_{s5}(120℃)/min	37.18	38.08
t_{30}(120℃)/min	42.77	43.98
密度/(mg/m³)	1.103	1.098
邵尔A型硬度	60.5	62.3
拉伸强度/MPa	27.7	27.8
拉断伸长率/%	629	636
300%定伸应力/MPa	8.9	8.8
撕裂强度(裤形)/(kN/m)	16.6	17.3
老化性能(100℃×24h)		
硬度变化	6	6
拉伸强度变化率/%	−18.4	−4.1
拉断伸长率变化率/%	−27.5	−19.8

有机锌皂类，Z-系列300与高效活性剂组合，可生成多硫化硫醇锌皂络合物，通过活性剂活化作用，增强了它对硫八元环的活化作用，抑制了硫交联键的降解及分子重排。并在橡胶分子上形成硫环结构，改善了返原现象，提高了定伸应力，改善了动态性能，降低了生热。有利防止胎面肩空、肩裂，厚制品表层过硫。为改善操作环境，使用高分子活性剂制成Z-311、Z-312，用量2.0份，化学名为1,3-双(柠糠酰亚胺甲基)苯。

5.2.3.3　三乙醇胺

翻胎胶中用于低温硫化的缓冲胶中，加入超促进剂的同时开炼机内加入三乙醇胺，开炼机的辊筒及胶温不高于55℃，用量0.1～0.5份，可使缓冲胶的硫化条件降至80℃×40min，轮胎硫化温度在100℃，时间在3h之内，但会急剧降低耐老化性能。因此，如何解决耐老化问题是关键。

5.2.4　防护剂

翻胎业使用的防老剂多为胺类（如喹啉类RD，二苯胺类4010NA，4020）、酚类（如抗氧剂1010），亚磷酸酯类。

橡胶老化影响因素很多，如物理因素：热、光、机械应力、超声波、高能辐射；化学因素：氧、臭氧、变价金属离子、酸、碱、油、盐等。由于老化情况的复杂性，用一种防老剂无法满足要求时可采取2，3种并用，并注意利用其加和效应以达到防老化要求。

翻胎业常使用的防老剂如下。

① 萘胺类：防老剂 A，防老剂 D。

② 喹啉类：RD、AW、TMQ、FR。

③ 二苯胺类：BLE、CX-40。

④ 对苯二胺类：4010、4010NA、4020、H。

⑤ 酚类：抗氧剂 1010 四［3-(3,5-二叔丁基-4-羟基苯基）丙酸］季戊四醇。

⑥ 杂环类：MB。

⑦ 亚磷酸酯类：TNP（三壬基苯基）亚磷酸酯。

⑧ 防护蜡：微晶石蜡。

⑨ 硫脲类。

⑩ 胺类：AW。

胺类防老剂 D、防老剂 A，因会产生亚硝胺，多已停用，这里介绍可代用的新品。二苯胺类：二芳基对苯二胺及 *N*,*N*-二苯基对苯二胺因会产生亚硝胺及其它问题，国外多已停用。

翻胎胎面胶使用最广的防老剂是 4020＋RD，而对缓冲胶、修补胶、填充胶一般多为两种防老剂并用以起到互补作用。

上面列举的翻胎用胶料中的防老剂存在以下几个问题。

(1) 防老剂 A、防老剂 D 是最早发现有致癌作用的助剂，取代防老剂 A 的为防老剂 FHD-60，防老剂 RDZ 替代防老剂 D。

(2) 对苯二胺类中，4010、4010NA 在胶表面易喷出污染，4020 性能虽好但价格较贵。

(3) 预硫化翻胎发展低温硫化需解决胶料不耐热氧老化的问题。

(4) 用模型法翻新大型、巨型工程轮胎，胎面胶由于高温长时间硫化，硫化返原现象严重，需使用新的抗返原剂加以解决。

上面列出的翻胎胶料用的各种防老剂，各种技术参数在各种相关图书原材料手册中很易查得，故此从略。

下面针对上面 4 个问题介绍一些对翻胎业来说不经常用的抗硫化返原剂及新型防老剂，以方便读者选用。

5.2.4.1 抗硫化返原剂

(1) 抗硫化返原剂 WK901　化学名称为［1,3-双（柠糠酰亚胺甲基）苯］。在硫化载重汽车特别是大、巨型工程翻新轮胎中天然橡胶或掺有顺丁橡胶的胎面胶由于需高温长时间硫化，表层很易产生降解，耐磨性急剧下降，这种现象称“硫化返原”现象。为阻止硫化返原加入抗硫化返原剂，国外用 Perkalink 900 或 DZ-5，我国武汉径河化工厂生产了抗硫化返原剂 WK901，经在飞机轮胎及大型工程轮胎胎面胶使用，效果与 DZ-5、Perkalink 900 相近。用于航空轮胎胎面补强层胶中的返原率对比见表 5-16。

表 5-16　在 145℃ 硫化延时下 DZ-5，WK901 返原率对比情况

项　　目	空白	DZ-5(2 份)	WK901(0.8 份)
180min 返原率/%	32.6	13.9	7.3
90min 返原率/%	22	6.3	7.0

(2) 抗硫化返原剂 Z500　当 Z500 用量为 1 份时其抗硫化返原率优于进口的 PK900 用量 0.5 份时的指标。

(3) 多功能抗硫化返原剂 DL-268　具有良好的抗硫化返原性和耐热性。SL-272、SL-273 可用于厚制品、胎面、胎肩，是优化结构的锌皂混合物，价格低。

(4) 抗硫化返原剂 SR534　抗硫化返原剂 SR534 是一种多官能团丙烯酸酯类抗硫化返原剂，硫化返原剂开始通过自由基与烯进行加成反应，形成一种新的交联键，补偿、修复多硫键热降解的损失，从而保持交联密度及物理机械性能不变。主要用于厚制品，如工程轮胎及翻新胶料中。SR534 最佳用量为 1.0～1.5 份。

(5) Perkalink 900 是一种交联降解补偿剂，当返原发生时 Perkalink 900 产生 C—C 键，以补偿断裂的多硫键，且与 7 个原子大的硫—硫键长度相等，因此稳定性及柔顺性均佳，从而提高胶料的动态性能。如未发生交联降解时则不起作用，因此不影响胶料的安全性及硫化速率。Perkalink 900 用量 0.4～0.8 份。

5.2.4.2　防老剂 DF-989

对苯二胺类促进剂 4010NA 对胶料表面喷出污染，使翻新胎面暗红，外观差，且对皮肤有刺激性，故可用防老剂 DF-989 1.2 份代替 4010Na1.5 份，对胶料质量无影响。放置变色对比情况见表 5-17。

表 5-17　放置变色对比情况

项　　目	1# 配方	2# 配方	3# 配方
防老剂用量/份			
防老剂 RD	1.5	1.5	1.5
防老剂 4010NA	0	0.8	1.5
防老剂 DF-989	1.5	0.7	0
颜色变化情况			
7d	无变化	无变化	开始轻微变色
15d	无变化	开始轻微变色	有少量浅褐色喷出物
30d	无明显变色	有少量浅色喷出物	有少量浅色喷出物

新型防老剂 3C18（4010NA 改性物）对皮肤刺激性大大降低且基本无喷出污染，用量 1～4 份。

5.2.4.3　防老剂 FHD-60

① 防老剂 FHD-60　是二苯胺、丙酮、苯乙烯和辛酮反应缩合物，属二芳基仲

胺类防老剂。

用防老剂FHD-60替代防老剂A过去也进行了大量对比试验研究。我国安徽阜阳化工厂生产的防老剂FHD-60经与防老剂A对比试用，认为FHD-60具有良好的抗热氧化性、耐天候性及较好的抗屈挠龟裂性。可等量替代防老剂A。

② 防老剂800A　属对苯二胺类防老剂，由烟台新特耐助剂厂生产，可部分替代较贵的防老剂4020以降低胶料成本。其效果见表5-18。

表5-18　防老剂800A与防老剂4020物理机械性能比较

项　目	A配方	B配方
防老剂用量/份		
4020	1.2	2.0
800A	1	—
硫化时间(143℃×30min)		
拉伸强度/MPa	18.5	18.7
拉断伸长率/%	498	487
300%定伸应力/MPa	9.3	8.9
邵尔A型硬度	63	63
拉断永久变形/%	14	14
撕裂强度/(kN/m)	65	63
屈挠龟裂等级(50万次)	1,1,1	1,1,1
100℃×24h老化后		
拉伸强度保持率/%	90	90
拉断伸长率保持率/%	91	91
撕裂强度/(kN/m)	59	57
屈挠龟裂等级(50万次)	1,1,1	1,2,1

5.2.4.4　防老剂RDZ

防老剂RDZ化学名称为4,4-二苯异丙基二苯胺。替代防老剂D，具有非污染、不喷霜特性，一般用量2～3份。

5.2.4.5　防老剂800A

防老剂4020是目前较好的综合性防老剂，但价格昂贵，用量较大。从对比试验看用防老剂800A替代约50%的防老剂4020，可降低胶料成本且物理机械性能有所提高，特别是屈挠性能更好。防老剂800A属对苯二胺类防老剂。

5.2.4.6　防老剂FR

防老剂FR是防老剂RD的改进性产品，可改进RD易喷霜的缺点，虽同属二氢化喹啉类防老剂，但因FR中二，三聚体质量远高于RD（95%：40%），而

RD中的小分子物质及单体易喷出，喷霜会大大降低胶料的黏性。防老剂 FR 用量为 1～2 份。

5.2.4.7 防老剂 DH

防老剂 DH 与 4020 并用的胶料性能，比防老剂 RD 或 BLE 并用的耐热空气老化效果及耐天候性能要好，且因可减量使用故可降低胶料成本。

防老剂 DH 属新型对苯二胺类防老剂，化学名称：4,4′-二异丙苯基-4″-二异丙苯基二苯胺。

5.2.4.8 防老剂 TMQ

防老剂 TMQ，化学名称为 2,2,4-三甲基-1,2-二氢化喹啉，与 RD 同属二氢化喹啉。但因二氢化喹啉聚体高出 RD 一倍以上，因此抗热氧化、耐热、屈挠老化均优于 RD。用量 0.3～3.0 份以上也不会喷霜。

5.2.4.9 防老剂 CX-40

防老剂 CX-40 为烯烃与二苯胺经催化反应而生成的黏稠液体，耐天候及臭氧性优于 RD，而价格低于 RD，其胎面胶配方中用 2 份 CX-40 替代 2 份防老剂 RD，物理机械性能对比见表 5-19。

表 5-19 用 2 份 CX-40 替代 2 份防老剂 RD 物理机械性能对比

项　目	RD	CX-40
硫化仪数据(143℃)		
t_{s2}/min	5.33	5.27
t_{90}/min	12.37	12.18
M_L/dN·m	2.71	3.15
M_H/dN·m	10.50	11.53
硫化时间(143℃)/min	12	12
密度/(g/cm³)	1.103	1.098
邵尔 A 型硬度	67	68
拉伸强度/MPa	12.3	12.4
撕裂强度/(kN/m)	55	54
拉断伸长率/%	432	453
300%定伸应力/MPa	7.2	7.0
拉断永久变形/%	32	36
阿克隆磨耗量(1.61km)/cm³	0.55	0.57
屈挠次数/$\times10^{-4}$(6 级裂纹)	2.3	4.3
70℃×48h 热空气老化后		
拉伸强度/MPa	11.9	11.6
拉断伸长率/%	358	356
30d 天候老化后①		

续表

项　目	RD	CX-40
拉伸强度/MPa	6.8	10.4
拉断伸长率/%	265	337
龟裂等级②	C5	C3
臭氧老化后性能③		
龟裂等级②	C3	A2

① 试样拉伸 20%后在阳光下直射。

② 根据 JISK 6259—1993 龟裂等级 A1 低于 C3。

③ 臭氧浓度 25×10^{-6}，老化时间 16h，温度 40℃，试样拉伸 20%。

5.2.4.10 防老剂的种类与效果对比

上面介绍了一些防老剂的品种，其防护特征见表 5-20。

表 5-20 一些防老剂的特征

防老剂类别和商品名		化学名称	耐热性	耐屈挠性	耐臭氧性	抗有害金属
二苯胺类	ODA	辛基化二苯胺	优	良		
	KY-405	4-4-(α,α-二甲基苄基)二苯胺	优	良		
	BLE	丙酮与高温二苯胺缩合物	优	优		
喹啉类	RD	2,2,4-三甲基-1,2-二氢化喹啉	优	良	良	可
	TMQ	2,2,4-三甲基-1,2-二氢化喹啉二,三,四聚体	优	优	良	优
	AW	6-乙氧基 2,2,4-三甲基-1,2-二氢化喹啉				
对苯二胺类	4010NA	*N*-异丙基-*N*-对苯二胺	良	优	优	良
	4020	*N*-(1,3 二甲基丁基)-*N*-苯基对苯二胺	良	优	优	良
	288	*N*-(1-甲基庚基)-*N*-苯基对苯二胺	良	优	优	良
	H	*N*,*N*-二苯基对苯二胺	良	优	优	良
酚类	1010	四[3-(3,5 二叔丁基-4-羟基苯基)丙酸]季戊四醇	优	良		
	736	4,4-硫代双(2-甲基-叔丁基苯酚)	优	良		
其它	MBI	2-巯基苯并咪唑	良			

5.2.4.11 防老剂的选择原则

(1) 耐热性　老化是由自由基引起的氧化老化，胺类或酚类自由基阻聚剂对这种老化防护效果较好。对要求有高度耐热的制品可选择二苯胺类防老剂如 RD 之类的耐热防老剂，此外将这些自由基阻聚剂与防老剂 MBI 等过氧化物分解剂并用可得到更优异的耐热性。

(2) 耐屈挠龟裂性　屈挠龟裂是自由基反应使制品表面产生氧化老化的结果，

为防止这种形式的老化可选胺类或酚类抗臭氧剂（自由基抑制剂）；微晶蜡表面迁移性大，效果好。

(3) 耐臭氧性　抗臭氧剂有对苯二胺类、RD类、硫脲类和防护蜡等。一般采用对苯二胺、硫脲类和防护蜡三者并用，效果显著。

(4) 抗有害金属老化性　抗有害金属老化剂有金属离子封闭剂和金属表面惰性剂。金属离子封闭剂有对苯二胺类和双酚类化合物。金属表面惰性剂有硫醇类化合物（如MB防老剂）。为取得良好的效果一般可与耐热防老剂并用。

(5) 石蜡的选择　由于石蜡喷出于橡胶表面形成胶面保护膜可防臭氧龟裂，使用的石蜡品种依橡胶配方、使用温度而定：一般低温条件下使用低分子量（低熔点）石蜡，高温条件下使用高分子量（高熔点）石蜡。对极性橡胶使用低分子量的石蜡。国内商品名为防护蜡，按企业标准有3个品种：RP-3型、D型、P型，凝固点44～69℃五个级别供选用。如果使用地区夏热冬冷可高、低分子量的石蜡两种并用。

5.2.5　补强剂

补强剂包括炭黑（含低滚动阻力炭黑）、白炭黑，短纤维等。翻胎胶料用的补强剂绝大多数为炭黑，本书将对补强剂的某些特性及使用选择进行介绍。

5.2.5.1　炭黑

炭黑按其平均粒径大小可划分成多个系列，又按比表面积大小、结构性差异(炭黑粒子聚集成链枝状的一次结构和聚集体附聚在一起形成的二次结构)、化学组成及其表面性质、炭黑粒子表面粗糙度、炭黑粒子的微观结构、光学性质、导电性、密度而派生出多种炭黑品种来适应各种使用要求。

对炭黑性能影响最大的是粒径、比表面积和微观结构。炭黑按粒径大小分级见表5-21。表面积、结构性对加工性能及物理机械性能的影响见表5-22。

表5-21　炭黑按粒径大小分级

炭黑系列	标准粒径/nm	炭黑品种的英文缩写	中文名称
N100	11～19	SAF	超耐磨炉黑
N200	20～25	ISAF	中超耐磨炉黑
N300	26～30	HAF,EPC,MPC	高耐磨炉黑
N400	31～39	FF	细粒子炉黑
N500	40～48	FEF	快压出炉黑
N600	49～60	HMF,GPF	高定伸炉黑
N700	61～100	SRF	半补强炉黑
N800	101～200	FT	细粒子热裂炭黑
N900	201～500	MT	中粒子热裂炭黑

表 5-22 炭黑比表面积、微观结构对加工性能及物理机械性能的影响

项目	炭黑比表面积增大	炭黑结构增高
未硫化胶		
混炼时间	增长	变长
分散性	变差	变好
脱辊性	增加	增加
口型膨胀	增大	变小
黏度	增大	增加
焦烧时间	变短	变短
压出性能	变差	变好
硫化胶		
硬度	增大	增大
300%定伸应力	有最大值	增大
拉伸强度	增大	—
伸长率	有最小值	减小
撕裂强度	增高	变低
耐磨性	增高	增高
回弹性	变低	—
生热性	增高	稍有增高
导电性	增高	增高

翻胎业因受市场及炼胶条件的影响，翻新载重胎面主要使用中超高结构耐磨炉黑，如N234；高耐磨N300系列则多用于工程轮胎胎面、轻型载重轮胎胎面，或与N234等并用。翻胎用的硫化内胎及包封套等用少量的N500、N700，其它补强剂很少使用。但汽车运输现追求的一是速度、二是节能、三是安全，按此三条要求翻胎业使用的炭黑及补强剂有提高的空间，为此介绍一些新的炭黑及其它补强剂。

(1) 常规炭黑的选择 翻新轮胎使用常规炭黑最多的是载重轮胎的胎面胶和工程轮胎胎面胶。载重轮胎胎面胶首先要求的是耐磨，工程轮胎胎面胶除耐磨外更重要的是抗撕裂、抗崩花掉块、耐切割，因此选用的炭黑不同。

① 翻新载重轮胎的胎冠胶 主要使用三种炭黑：N115、N134和N234。现对这三种炭黑的基本性质、结构特性、加工性能、物理机械性能、耐磨性作一比较，以作为按需要选择炭黑品种的参考依据。

首先对炭黑的基本性能（炭黑厂可提供）做一对比，见表5-23。

表 5-23 N115、N134和N234炭黑的基本性能

项目	N115	N134	N234
外表面积(STSA法)/($\times10^{-3}$/$m^2\cdot kg^{-1}$)	123	134	111
CTAB吸附比表面积/($\times10^{-3}$/$m^2\cdot kg^{-1}$)	127	139	115
氮吸附比表面积/($\times10^{-3}$/$m^2\cdot kg^{-1}$)	137	145	115
表面粗糙度①	1.08	1.04	1.00
碘吸附值/(g/kg)	160	142	120

续表

项　　目	N115	N134	N234
DBP 吸收值/($\times10^{-3}$/m^2·kg^{-1})			
压缩前	113	127	125
压缩后	99	102	103

① 表面粗糙度是指炭黑总表面积与外表面积的比值，即氮吸附比表面积与 CTAB 吸附比表面积之比。

将表 5-22 与表 5-23 对照，就能大致知道其性能的差异，为进一步显示其性能差异，用试验对比最关心的三种炭黑的生热及耐磨性，见表 5-24。

表 5-24　三种炭黑的生热及耐磨性对比

项　　目	N115	N134	N234
老化前疲劳升温/℃	42	45	43
100℃×48h 老化后升温/℃	45.2	48	47.5
VMI 磨耗量/(mg/km)			
第 1 次	2598.9	1818.8	2009.3
等级	0.773	1.105	1.0
VMI 磨耗量/(mg/km)			
第 2 次	425.3	346.7	372.5
等级	0.876	1.074	1.0

注：1. VMI 磨耗：LAT-100 型磨耗试验机（试样可变速及对磨轮变角度，变负荷载、里程）。

2. 第 1 次的试验条件为：速度 25km/h，角度 16°，里程 500m，负荷 75N。

3. 第 2 次的试验条件为：速度 25km/h，角度 9°，里程 500m，负荷 75N。

物理机械性能对比试验结果见表 5-25。

表 5-25　三种炭黑的物理机械性能对比

项　　目	N115	N134	N234
拉伸强度/MPa	26.6	28.7	28.5
拉断伸长率/%	576	558	541
300%定伸应力/MPa	11.2	13.8	14.5
邵尔 A 型硬度	69	73	73
拉断永久变形/%	17	19	18
撕裂强度/(kN/m)	143	112	104
回弹/%	42	40	40
炭黑分散度			
X 值	5.7	5.9	6.5
Y 值	9.4	9.6	9.7
100℃×48h 老化后			
邵尔 A 型硬度	71	74	73
拉伸强度/MPa	19	20	18.7
拉断伸长率/%	485	419	404
撕裂强度/(kN/m)	83	41	39
回弹/%	45	42	42

从以上的试验结果可知：

a. 掺用炭黑 N134 和 N234 的硫化胶比 N115 炭黑硫化胶的定伸应力和拉伸强度大，而撕裂强度和回弹值较小。老化前疲劳升温高，而磨耗减量小；

b. 在路面条件差的情况下要提高胶料的耐磨性采用高结构的炭黑比采用增大炭黑比表面更有效；

c. N134 适用于急刹车转弯的车辆胎面，N115 硫化胶撕裂强度高，耐切割，适用矿山车胎，N234 炭黑价格较 N134 低很多，而耐磨性相近，可替代 N134 使用。

② 工程轮胎胎面胶炭黑　工程轮胎胎面胶除耐磨外更重要的是抗撕裂、抗崩花掉块，耐切割，一般可中超和高耐磨炭黑并用。用于自卸车的工程轮胎胎面用 50 份天然橡胶、20 份丁苯橡胶、30 份顺丁橡胶，炭黑（55 份）分别选用 N231、N220、N234 和 N231（30）＋N234（20）。N231、N220、N234 理化参数见表5-26，四种配方胶料的物理机械性能见表 5-27。

表 5-26　N231、N220、N234 的理化参数

项　　目	N231	N220	N234
外表面积(STSA 法)/($\times10^{-3}$/$m^2\cdot kg^{-1}$)	123	134	111
CTAB 吸附比表面积/($\times10^{-3}$/$m^2\cdot kg^{-1}$)	108	139	115
氮吸附比表面积/($\times10^{3}$/$m^2\cdot kg^{-1}$)	109	113	120
碘吸附值/(g/kg)	122	121	119

表 5-27　四种配方炭黑胶料的物理机械性能

项　　目	N231	N220	N234	N231＋N234
炭黑用量/份	55	55	55	30＋25
拉伸强度/MPa	26.7	26	26.2	26.8
拉断伸长率/%	473	465	455	468
300%定伸应力/MPa	15.5	16.7	17.9	16.8
邵尔 A 型硬度	72	75	77	74
拉断永久变形/%	16.4	17.2	16.0	16.6
撕裂强度/(kN/m)	119.5	98.9	104.0	112.6
回弹/%	55	51	48	54
屈挠龟裂等级(50 万次)	0	2	1	0
抗崩花性能	优	差	良	优
耐磨性	良	良	优	优
胶料损耗因子($\tan\delta$)				
0℃	0.198	0.182	0.189	0.194
60℃	0.156	0.168	0.170	0.161
炭黑分散等级	8.2	7.9	7.8	8.0

从表 5-27 可以看出，使用 N231 炭黑制造的翻新工程轮胎的胎面较理想，国外

也大量使用，不过目前国内似未生产。

(2) 改性（低滚动阻力）炭黑　经研究，增加炭黑粒子表面粗糙度、减少炭黑粒子表面微孔，可降低滚动阻力和提高耐磨性。

① 国产的低滞后炭黑有 DZ-11、DZ-13、DZ-14 及新品种 RP-3A、RP2A-1、BS-3A 等。DZ-13 与 N234 炭黑对比，滚动阻力（tanδ，60℃）可下降 30%，轮胎高速试验提高一个速度级别（由 110km/h 提高到 120km/h），但耐磨性略有下降。同样为 SBR80，BR20 胶料配方，使用 60 份 DZ-11、DZ-13 与 N234，物理机械性能和成品试验对比分别见表 5-28 和表 5-29。

表 5-28　DZ-11、DZ-13 与 N234 炭黑物理机械性能对比

项　目	N234	DZ-11	DZ-13
150℃×30min 硫化胶性能			
拉伸强度/MPa	20.8	20.1	18.7
拉断伸长率/%	392	305	336
300%定伸应力/MPa	13.8	18.4	16.4
邵尔 A 型硬度	72	72	70
拉断永久变形/%	8	5	6
撕裂强度/(kN/m)	56.4	56.1	56.1
压缩疲劳(1MPa,55℃,4.45mm)			
永久变形/%	7.8	6.6	6.8
升温/℃	39.5	37.8	33.5
100℃×48h 老化后			
撕裂强度/(kN/m)	53.5	54.9	52.1
阿克隆磨耗量(1.61km)/cm^3			
(轮胎解剖)	0.101	0.108	0.120

表 5-29　成品试验情况

项　目	DZ-13	N234
高速性能试验		
通过速度/(km/h)	110	100
最高速度/(km/h)	120	110
累计行驶时间/h	14.9	12.54
轮胎损坏情况	肩空	胎面脱层
耐久性试验		
累计行驶时间/h	100	100
轮胎损坏情况	完好	完好

从对比结果看用低滞后炭黑对提高轮胎的高速性有一定的效果，但价格较高。

② 新品种低滚动阻力炭黑 RP-3A、RP2A-1、BS-3A 与普通炭黑 N234 在胶料中掺 50 份的 tanδ（60℃）值对比情况如下。

1# 配方为炭黑 N234，2# 配方为低滚动阻力炭黑 RP-3A，3# 配方为低滚动阻力炭黑 RP2A-1，4# 配方低滚动阻力炭黑 BS-3A（加有硅烷偶联剂 X-50S，5 份）。

tanδ（60℃）值：1# 配方为 0.249；2# 配方为 0.188；3# 配方为 0.216；4# 配方为 0.188。

5.2.5.2 白炭黑

翻胎用胶料中，除使用黏合体系（间甲白体系）外，由于受价格、炼胶设备、耐磨性及炭黑等因素的影响，很少使用白炭黑。现在矿山业对翻新轮胎的要求已提升为高耐磨、高耐撕裂、低生热、节能、环保。白炭黑也历经多年发展能提供多项质量优势，在炭黑中掺用部分白炭黑可得到符合上述要求的胎面胶，应引起翻胎业重视。

(1) 白炭黑 175GR　由青岛罗地亚白炭黑有限公司供应，具有高补强、高耐磨特性。在 40 份炭黑中掺用 10 份白炭黑 175GR，与总用量为 53 份炭黑胶料及成品试验对比：用 40 份炭黑加掺用 10 份白炭黑 175GR 的胶料的耐磨性、黏合性及成品的高速性均比全用 53 份炭黑效果好。

(2) 炭黑/白炭黑双向填料（CSDPF）及 7000GR 炭黑对滞后损失、耐磨性的影响　炭黑/白炭黑双向填料（CSDPF）由上海卡博特化工有限公司供应，其优势是滞后损失较小，耐磨性明显提高，见表 5-30。

表 5-30　炭黑、CSDPF、白炭黑胶料物理机械性能对比

项　　目	炭黑 N115	CSDPF	白炭黑
同配方补强剂用量/份	40	40	55
拉伸强度/MPa	25.3	25.9	24.7
拉断伸长率/%	561	441	414
300%定伸应力/MPa	12.2	17.7	18.1
邵尔 A 型硬度	71	75	80
拉断永久变形/%	28	22	28
撕裂强度/(kN/m)	116	106	86
回弹值/%	40.6	47.2	51.1
阿克隆磨耗量(1.61km)/cm^3	0.26	0.14	0.28
100℃×48h 老化后			
拉伸强度/MPa	23.3	22.8	21.1
拉断伸长率/%	459	342	307
300%定伸应力/MPa	15.7	20.9	20.5
邵尔 A 型硬度	74	79	85
拉断永久变形/%	24	20	16
撕裂强度/(kN/m)	94	54	52
回弹值/%	44	49	52
阿克隆磨耗量(1.61km)/cm^3	0.29	0.29	0.60

(3) 胎面配方中白炭黑用量对物理机械性能及滚动阻力的影响 表5-31为SBRS配方中炭黑、白炭黑加入量对滚动阻力及磨耗的影响。

表5-31 轿车胎面胶中白炭黑、炭黑用量对滚动阻力的影响

物理性能	白炭黑(7000GR) 0/炭黑(N234)70	白炭黑(7000GR) 10/炭黑(N234)60	白炭黑(7000GR) 30/炭黑(N234)40	白炭黑(7000GR) 50/炭黑(N234)20	白炭黑(7000GR) 70/炭黑(N234)0
门尼黏度[ML(1+4)100℃]	74	76	75	81	90
tanδ(60℃)	0.250	0.223	0.195	0.155	0.123
tanδ(0℃)	0.54	0.578	0.599	0.593	0.610
侧力系数	0.83	0.86	0.92	0.95	1.00
磨耗/(g/km)	0.489	0.504	0.621	0.717	0.754

表5-32为轿车胎面滚动阻力等级与配方中胶种及白炭黑的关系。

表5-32 轿车胎面滚动阻力与胶种及白炭黑的关系

轮胎规格	P235/70R16	P205/R16	P195/55R16	P215/55R17	245/40R18
SBR/份	80/NR20	100	100	100	100
白炭黑/份	52	50	57	53	50
炭黑/份	7.5	12	12	9	25
其它/份	26.7	23.6	28.1	25.7	23.2
合计/份	186.2	185.6	197.1	187.7	198.2
含胶率/%	53.69	53.89	50.73	53.27	50.45
tanδ(0℃)	0.29	0.34	0.34	0.26	0.46
tanδ(60℃)	0.15	0.11	0.15	0.10	0.21
邵尔A型硬度	63	63	68	66	73
300%定伸应力/MPa	11.3	—	14.8	—	20.3
拉伸强度/MPa	20.9	—	20.6	—	21.2
拉断伸长率/%	490	—	400	—	310
密度/(g/cm³)	1.171	1.199	1.223	1.196	1.235
滚动阻力/N	57	32	39	39	58
滚动阻力系数	8.04	7.06	9.29	7.72	11.39
滚动阻力等级	C	B	E	C-B	F

5.2.5.3 短纤维

(1) 芳纶短纤维 芳纶短纤维是轮胎领域使用较多的短纤维。Sulfron 3001芳纶短纤维是用硫黄处理的对位芳纶，含有聚对苯二甲酰对苯二胺（<30%）、硬脂酸盐（<48%）、蜡（30%）等，可产生较明显的佩恩效应（使胶料和炭黑间互相作用变易，降低配合剂间分子引力），从而降低轮胎的滚动阻力且具有更高的牵引

力。Sulfron 3001 芳纶短纤维对硫化胶动态性能的影响见表 5-33。

表 5-33　Sulfron 3001 芳纶短纤维对硫化胶动态性能的影响

加入量/份 性能	未加纤维	S_2 S-3001 1 份	S_3 S-3001 2 份	S_4 S-3001 3 份	S_5 S-3001 5 份
温度/℃	60	60	60	60	60
频率/Hz	10	10	10	10	10
应变/%	2	2	2	2	2
储能模量 E'/MPa	5.74	5.33	5.34	5.44	5.57
耗能模量 E''/MPa	1.03	0.72	0.65	0.70	0.70
$\tan\delta$	0.18	0.134	0.122	0.128	0.126

胎面胶中加入 1%的芳纶短纤维，可具有较低的滚动阻力和更高的牵引力。

使用 2 份预分散芳纶短纤维 AFP-40/EPDM（德国莱茵化学公司产品）可较明显提高胎面胶的抗刺扎性（见图 5-1），其配方及胶料混炼加工工艺如下。

配方：NR 100 份，炭黑 N115 40 份，白炭黑 15 份，防老剂 4020/RD 和微晶石蜡 5 份，硫黄 1 份，促进剂 NS 1 份，其它 8 份，预分散芳纶短纤维 2～3 份。

(a) 加3份预分散芳纶短纤维

(b) 未加预分散芳纶短纤维

图 5-1　抗刺扎性对比

混炼采取三段法：第 1 段将预分散芳纶短纤维以 10%的含量与 NR 制成母胶；第 2 段与胶及配合剂制成混炼胶；第 3 段加硫黄及促进剂。

(2) 麻短纤维　麻短纤维是一种天然木质素纤维，采用硅烷偶联剂处理后用于 NR 胶料中，可降低 $\tan\delta$（滚动阻力）值。

(3) 木质素短纤维　木质素短纤维的长度一般控制在 3～5mm，长/径比为 100～200，直径为 20～30μm。采用孟山都产的 SantowebDX 短纤维进行试验，在胎面胶中用 2.9 份，基部胶中用 1.3 份，可明显提高其耐割口增长性（见表 5-34）；在人字形障碍轮胎道路试验，花纹沟撕裂和崩花掉块情况见表 5-35。

表 5-34 木质纤维素短纤维耐割口增长性对比

项目	载重胎面		全天候载重胎面		胎面基部	
SantowebDX 短纤维用量	0	1.5	0	2.9	0	1.3
门尼黏度[ML(1+4)100℃]	47	49	60	69	31.5	35
C 型撕裂强度(室温)/(N/mm)	1517	1842	1246	1081	970	905
F1 裤型撕裂强度(室温)/(N/mm)	16.9	20.9	42.3	40.0	3.6	3.6
70℃环状屈挠试验/h						
(2 倍初始裂口长度)	28	24	19	19	15	16
德墨西亚屈挠试验穿破刺直角/h(5 倍初始龟裂长度)	7	7	4	6	52	27

表 5-35 在人字形障碍轮胎道路试验花纹沟撕裂和崩花掉块情况 (3218km)

项目	A	B	C	D	E
胎面/基部胶短纤维用量/份	0/0	0.75/0	0.75/0.75	0/0	1.5/0
花纹沟撕裂长度/mm	1447.8	965.2	1244.6	711.2	431.8
细花纹沟撕裂长度/mm	1092.2	889.0	939.8	939.8	533.4
总撕裂长度/mm	2540	1854.2	2184.4	1651.0	965.2
崩花位置					
花纹沟加强胶	261.2	218.4	188	210.8	167.6
细花纹	208.3	185.4	182.9	190.5	160.0
花纹沟底	147.3	116.8	116.8	116.8	91.4
总崩花	467.4	391.2	348	383.5	294.6
总掉块	642.6	546.1	469.9	520.7	421.6

5.2.6 填充剂

轮胎翻新时，往往因旧胎体的花纹为到胎肩的深花纹沟，需填平，特别是大型、巨型工程轮胎填胶量巨大。预硫化胎面翻新大型、巨型工程轮胎，为了磨去旧胎面往往要将旧胎体磨面打磨成弧形，但预硫化胎面是矩形胎面，是平的也无法弯曲，需将胎体冠部磨成平的，再填平花纹沟，用胶量巨大。这些填充胶物理机械性能要求不高，价格应较低，但有些特性又要满足。再生橡胶或胶粉因生热高，传热差不能用，这就为新型填充剂提供了发展空间。

5.2.6.1 硅铝（CF）炭黑

由煤矸石精磨筛选而成，可用于增容。细粒子硅铝（CF）炭黑如 SAC-3 有一定的补强性（与半补强炭黑近似），与 N330 炭黑按 1∶1 并用可替代软质炭黑使用。在新胎胎体胶配方中用 50 份硅铝（CF）炭黑代替 50 份 N330 炭黑，耐磨性、胎体黏合强度、回弹性和耐老化性等指标均好于用 50 份 N330 炭黑，且因价格低可大幅度降低成本。

5.2.6.2 纳米碳酸钙

碳酸钙经加工使粒径在 40～50nm 之间，表面经改性剂处理以增加其与橡胶表面的湿润亲和性，使之成为可在橡胶中分散和起补强作用的纳米碳酸钙。纳米碳酸钙的补强作用类似白炭黑，在填充胶中加入15～20份替代炭黑，胶料的性能不减。纳米碳酸钙难以分散，可在混炼时加入增塑分散剂先制成母胶。

5.2.7 偶联剂

为提高白炭黑与橡胶的相容性及与胶料的结合，需使用偶联剂。现多使用TESPT（三乙氧基甲硅烷丙基四硫化物）和TESPD（三乙氧基甲硅烷丙基二硫化物），但由于这些偶联剂炼胶时的多硫结构会放出硫，使胶料黏度升高及易发生焦烧，故需采取多段混炼办法，但耗电多且降低了效率、增加了成本。又因为炼胶工艺温度控制较严，一般为140～160℃，使翻胎企业难以应用，且炼胶时又会放出乙醇。

新的偶联剂三乙氧基甲硅烷丙基辛酸硫脂——NXT因引入了新的官能团，它是一种严格的单硫结构，不会放出硫，因此不会发生焦烧，且炼胶温度可提高到180℃（取决于胶的稳定性），可减少混炼次数，在使用时基本上不放出乙醇。

5.3 加工助剂

在橡胶配合剂中发展最快的当属加工助剂，为便于使用可分为改善操作性助剂和功能性助剂（有些加工助剂两者兼备则按其主要属性而定）。

改善操作性助剂一般分为六类：增塑剂、分散剂、均匀剂、增黏剂、脱模剂、防焦剂。

5.3.1 分散剂

5.3.1.1 超细滑石粉

纳米级超细滑石粉是一种天然片状矿物（两片二氧化硅夹一层氢氧化镁），能被橡胶等优先浸润，迅速与橡胶胶料结合，与炭黑有协同效应，具有补强性。如在胎面胶中加5份可减少混炼时间20%，物理机械性能不降低。

5.3.1.2 分散剂FS-97

用分散剂FS-97替代胶易素T-78可降低成本，用量1.5份。在胎面胶中两种分散剂均为1.5份时的物理机械性能对比见表5-36。

表5-36 两种分散剂用量均为1.5份时的物理机械性能对比（143℃×40min）

项　　目	FS-97	胶易素T-78
拉伸强度/MPa	23.5	23.8
拉断伸长率/%	562	552

续表

项　目	FS-97	胶易素 T-78
300%定伸应力/MPa	11.7	11.6
邵尔 A 型硬度	67	68
拉断永久变形/%	22	24
撕裂强度/(kN/m)	115	118
阿克隆磨耗量(1.61km)/cm^3	0.116	0.119
疲劳生热/℃	31.5	32
100℃×24h 老化后		
撕裂强度/(kN/m)	72	68
阿克隆磨耗量(1.61km)/cm^3	0.199	0.222

5.3.2 增塑剂

5.3.2.1 增塑剂 RF50

增塑剂 RF50 的主要成分为不饱和脂肪酸锌，是一种锌皂，可改善胶料的加工性能，降低能耗（混炼节电 8.8%）。一般用量为 2 份，产品性能与进口的增塑剂 A50P 经测试对比相似。

5.3.2.2 石油系列芳烃油（代号 DAE）

芳烃油是翻胎业胶料中使用最多的石油系软化剂，对轮胎的磨耗、滚动阻力、胶料加工质量、成本等均有较大影响。与同属的环烷油、石蜡油相比，芳烃油加工性能和产品性能指标最好。按欧盟指令 005/69/EC，用于轮胎的操作油如果有超过 1μg/g 的苯并芘或 8 种所列的多环芳烃（PAH）的总量超过 10μg/g 就不能在市场上销售。国外采取的对策是芳烃油精馏尽量减少多环芳烃的含量（由 15%～20% 减少到 3%），得到“精制芳香基橡胶油”（TDAE）。

5.3.2.3 石油系环烷油

(1) 用石油系中不含多环芳烃的环烷油（环烷基润滑油，代号 NAP）　近年我国新疆克拉玛依大量生产精馏的环烷油，称“NAP10 及 NAP1004 环保轮胎橡胶油”，国内已有多家轮胎厂在试用。环烷油与 DAE、TDAE 三者对比见表 5-37。加入环烷油的胶料可以比 TDAE 降低胶料的损耗因子 15%（即可减少轮胎的滚动阻力而节油），而抗湿滑性相似。

某厂对国产的 NAP、DAE 和进口的 TDAE 用于胎面胶进行性能对比，见表 5-37。加入 NAP 的胶料耐磨性最好、滚动阻力最小。

(2) 国产的环烷油　国产的环烷油和进口的环烷油相比，性能相近，且符合欧盟 2005/69/EC 指令要求，价格低。

表 5-37 加入 DAE、NAP、TDAE 增塑剂后物理机械性能对比

项　目	DAE	NAP	TDAE
拉伸强度/MPa	16	16.3	15.7
拉断伸长率/%	378	343	335
300%定伸应力/MPa	12.6	14.2	13.1
邵尔 A 型硬度	71	71	70
拉断永久变形/%	10	8	7
撕裂强度/(kN/m)	39	36	35
回弹值/%	28	31	30
压缩生热/℃	58.3	56.4	56.8
阿克隆磨耗量(1.61km)/cm^3	0.183	0.174	0.183
损耗因子 $\tan\delta$			
0℃	0.191	0.182	0.185
60℃	0.158	0.151	0.149

5.3.2.4 使用不同增塑剂，轮胎耐磨性、挤出性能、滚动阻力和制动性能对比

图 5-2 为不同增塑剂制得的轮胎的耐磨性和胎面挤出产量对比。图 5-3 显示了几种增塑剂制得的轮胎滚动阻力和制动性能的对比。

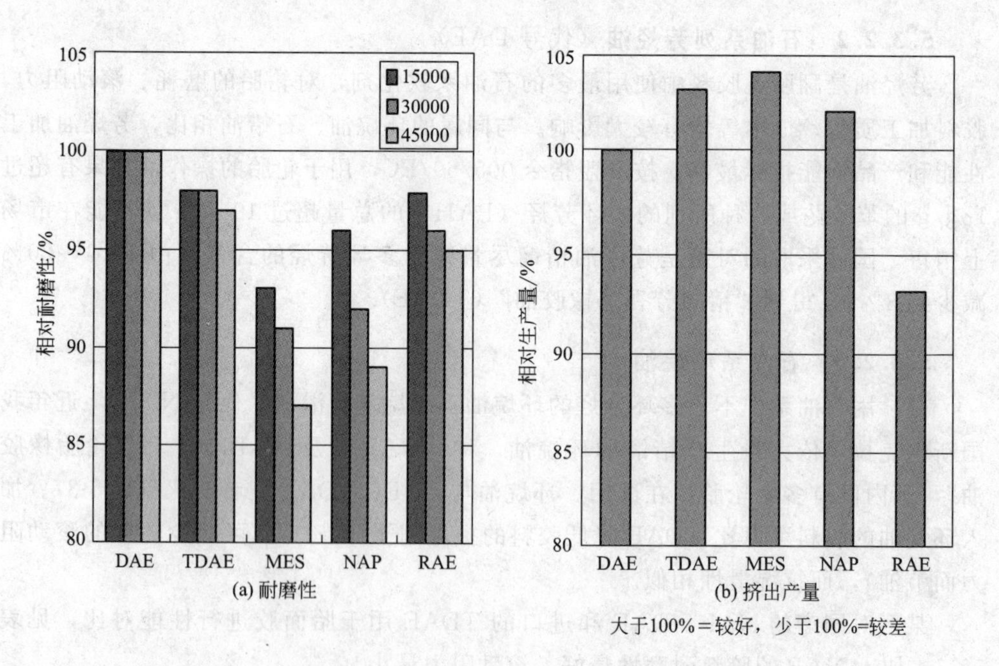

图 5-2 几种增塑剂制得的轮胎的耐磨性及挤出机产量对比

MES—轻度萃取的石蜡油；RAE—残余芳烃油；NAP—环烷油；DAE—芳烃油；

TDAE—精制芳香精基橡胶油

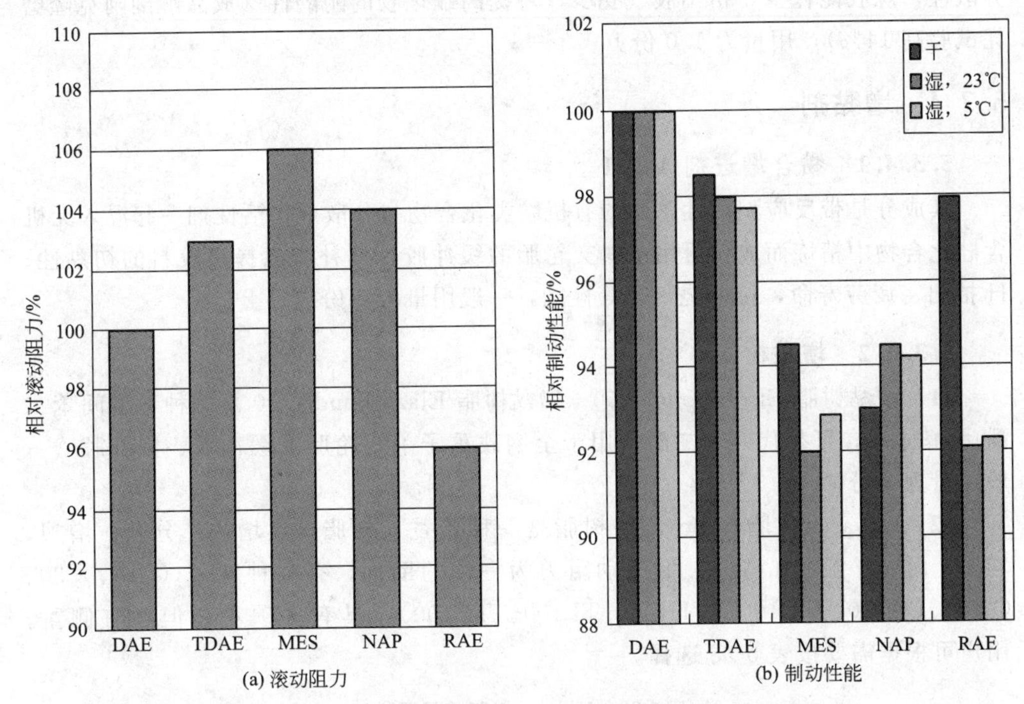

图 5-3 几种增塑剂制得的轮胎的滚动阻力和制动性能对比

从目前情况看 NAP、TDAE 性能与 DAE 相近，但价格高出约 30%。

5.3.2.5 环保油（代号 HJ-1）

由青岛海佳助剂有限公司生产，每千克油中多环芳烃（PAHs）总含量低于 10mg（可满足欧盟 2005/69/EC 标准要求），并添加有环戊二烯和异戊二烯低聚物改性剂。与进口的环保油比成本大幅度下降，室内显示试验耐磨性较高（高约 14%）。

5.3.3 均匀剂

5.3.3.1 均匀剂 UB40000

均匀剂主要是解决不同极性、不同黏度聚合物的共混问题，由不同极性的低分子树脂混合而成（包括脂肪烃树脂、环烷烃树脂等），因此对各种橡胶均有良好的相容性，能充分渗透到不同极性、不同黏度的橡胶分子中改善胶料的分散性、光滑性，提高炼胶效能、降低能耗及提高压出质量。过去多用均匀剂 40MSF、MS、NS，因这些均匀剂有一定的污染性，难以满足欧盟 REACH 的要求。近年由美国 Performance additives 公司生产的均匀剂 UB40000 可取代 40MSF、MS、NS 均匀剂。

5.3.3.2 均匀剂 40MSF

均匀剂 40MSF 可降低胶料的门尼黏度，提高胶料的流动性，改善炭黑胶料的分散性，炼胶能耗少，挤出胶气孔少，可提高硫化胶的耐磨性（成品解剖阿克隆磨耗试验高 14%），用量为 1.0 份。

5.3.4 增黏剂

5.3.4.1 黏合增进剂 AIR-1

其成分是带反应型活性基团的有机胺类化合物与分散剂，活性剂一起混入无机含硅化合物中精炼而成，可用于斜交轮胎的缓冲胶、修补胶以提高胶料的初黏性、H 抽出、疲劳寿命，抗屈挠龟裂等性能，一般用量为 5 份或以上。

5.3.4.2 增黏树脂

（1）增黏树脂 ElaztobondA250　增黏树脂 ElaztobondA250 是一种新型间苯二酚-甲醛体系，可替代间苯二酚。用于全钢载重子午线轮胎的缓冲胶、修补胶，一般用量为 2 份。

（2）Novares 树脂　Novares 树脂是一种芳香族树脂，集增黏、分散、增塑、均质、耐磨、湿地抓着力、低滚动阻力为一体的助剂。有 8 种牌号（C10、C30、C100、CA100、TD100、TK100、TL100、TT100），具有多项功能但各有侧重。用户可根据需要按表 5-38 选择。

表 5-38　Novares 树脂牌号及性能

性能	Novares 树脂						
	C10	C30	C100	CA100	TD100	TK100	TT100
生胶黏性	优	优	无	无	无	良	优
分散性	优	优	优	优	优	优	优
增塑性	良	优	优	优	优	优	优
均质性	优	优	良	优	优	优	无
耐磨性	良		优				优
湿地抓着力	优		良			优	优
滚动阻力	良		优		优	无	无

注：C100、CA100、TD100 不适用于天然橡胶，C100 不适用于丁二烯橡胶。

为测试 Novares 树脂的效果，制成胶料进行了一系列的测试，现将各种牌号树脂在增黏性、耐磨性、降低滚动阻力方面的对比列于图 5-4 和图 5-5。

图 5-4 是将含各种牌号树脂的两试片放置 7d 和 35d 后，用 50N 的压力贴合后测试撕开的强度（N）。

图 5-5 是含各种牌号的树脂的胶料的耐磨性（用 DIN 磨耗试验机测磨耗减量）。一般用量为 8 份。

5.3.4.3 古马隆树脂

翻胎业使用的古马隆树脂属煤焦油的分馏物，由于翻胎业使用的合成橡胶量加

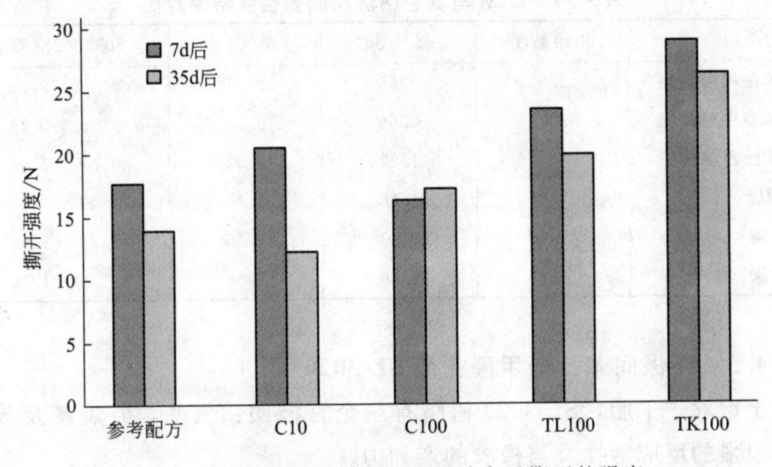

图 5-4　含各种牌号树脂的胶料贴合后撕开的强度

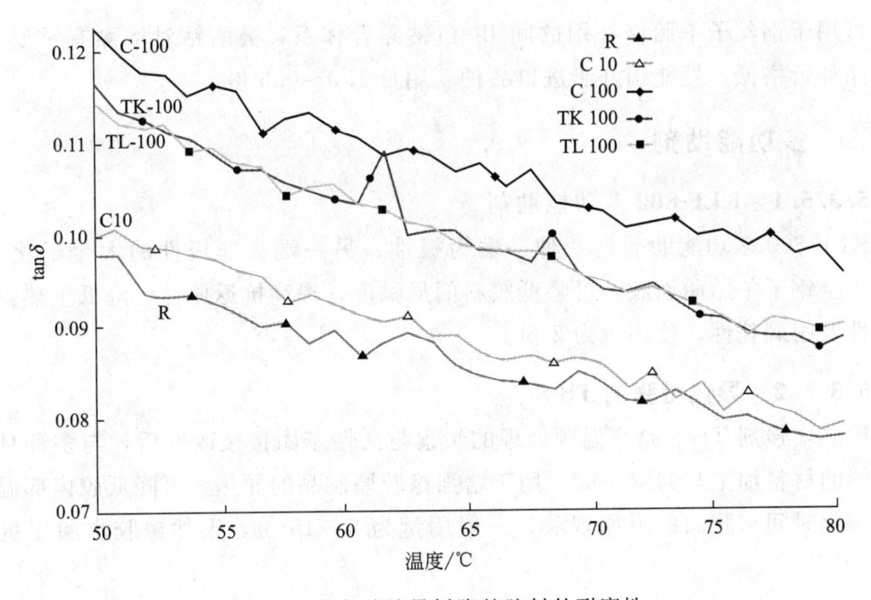

图 5-5　含各种牌号树脂的胶料的耐磨性

大，增黏剂的品种及用量将会增加，另在翻修全钢子午胎时需添加一些特种增黏剂。为此介绍几种轮胎业常用的增黏剂供选用参考。

5.3.4.4　橡胶用增黏剂

橡胶用增黏剂用量增加是由于使用黏性较差的合成橡胶或掺用合成橡胶较多。现在用的多为石油和烷基苯酚甲醛树脂型，如 C5、C9 树脂。目前在市场热销的为改性烷基酚树脂 TKM 系列，具有增黏和增塑软化效果，优于一般的橡胶用增黏剂，其对比情况见表 5-39。

表 5-39 TKM 与其它酚醛树脂黏性保持率对比　　单位：9.8N

增黏剂	初始黏性	暴气 3d	暴气 7d	80℃×2h(湿度 90%)
对叔丁基苯酚甲醛树脂	2.9	0.55	0.31	0.38
对叔辛基苯酚甲醛树脂	3.2	0.66	0.53	0.78
对叔丁基苯酚乙炔树脂	4.0	1.27	0.92	1.46
TKM-M 树脂	4.0	1.68	1.70	1.82
TKM-T 树脂	4.0	1.53	1.55	2.42
TKM-O 树脂	3.9	1.40	1.48	1.36

5.3.4.5 环保间苯二酚甲醛树脂 SL-3020

可用于钢丝子午胎，SL-3020 树脂有三个官能团：氢基，芳烷基及苯乙烯基，因此具有很强的反应活性及与橡胶的亲和力。

5.3.4.6 癸酸钴

可用于钢丝子午胎修补用的间-甲-白钴黏合体系，癸酸钴对增黏有重要作用。国产品种价格低，性能稍好于进口品种。用量 1.0～0.5 份。

5.3.5 多功能助剂

5.3.5.1 KLF-800 多功能助剂

KLF-800 多功能助剂是一种一端为极性、另一端为非极性的大分子化合物。多用于全钢子午胎胎面胶，可降低胶料门尼黏度，提高抗返原性，降低生热，提高耐磨性及耐刺扎性。使用量为 2 份。

5.3.5.2 导热增强剂 TB-S

导热增强剂 TB-S 是高温预处理的炭素与活性基团接枝改性后，与多种具有导热功能的材料加工与共混而成。用于增强橡胶厚制品的导热，可降低胶内部温度并减少硫化时间和胶面的返原现象，一般用量为 3～10 份，天然橡胶水胎用量可达 15 份。

5.3.5.3 热稳定剂 HS-80

热稳定剂 HS-80 属有机络合物，在活性剂的协同作用下可抑制多硫键的断裂并促使多硫键转变成单硫键和双硫键，减小胶料的动态生热，从而提高厚制品如工程轮胎的使用寿命。推荐用量 1.5～2.5 份。

5.3.5.4 1,3-双（柠康酰亚胺甲基苯）

可用于用树脂硫化的丁基橡胶囊、水胎。能形成稳定的碳—碳交联键，保持交联密度不变，并可提高胶料的耐热性、屈挠性、拉伸强度、抗返原和龟裂。减少永久变形、生热，延长使用寿命。

5.3.6 模量增强剂 HMZ

翻新轮胎用的缓冲胶、填充胶希望有较高的定伸应力和硬度，但不希望用炭黑引发生热高、成本高。可考虑使用模量增强剂 HMZ，一般用量 2 份，可使胎面胶的邵尔 A 硬度提高 6，缓冲胶邵尔 A 硬度提高 9（与使用的炭黑品种有关）。

5.3.7 防焦剂

防焦剂 CTP，学名 *N*-环已基硫代邻苯二甲酰亚胺。亦名防焦剂 PVI。广泛用于硫黄硫化的弹性体，与促进剂并用有良好的效果，一般用量为 0.1～0.4 份。

5.3.8 脱模剂

脱模剂亦称硫化隔离剂。水乳化有机硅脱模剂是由水溶性有机硅油与软化水在乳化剂存在下按 1∶30 乳化而成。可用于硫化温度在 100℃以上的硫化模，使用前模型必须清除锈迹及杂物。

5.4 功能性助剂

5.4.1 抗疲劳剂 PL-600

抗疲劳剂 PL-600 是由甲基柠糠酰亚胺、活化型酚醛树脂、间-甲-白黏合体系组成的络合物，能提高胶料与帘线的黏合力，并能在高温下保持交联键结合力的稳定性。这对翻新轮胎用于预硫化翻胎的缓冲胶或模型法翻新的缓冲胶均有利。一般用量 3～4 份。

5.4.2 塑解剂

5.4.2.1 化学塑解剂 SJ-103

五氯硫酚是优秀的塑解剂，但因塑炼时会有少量氯气排出，国外多用无毒、无污染的塑解剂代替。武汉径河化工有限公司生产的塑解剂是 2,2′-二苯甲酰胺二苯基二硫化物（DBD）、活性剂和蜡的混合物，适用于在开炼机及密炼机上加入，可缩短塑炼时间 1/3 左右（一般塑解剂 DBD 用量为 0.3 份，NR 的门尼黏度可下降 31.6%）。塑炼温度应在 140℃以上，防老剂 4020、RD 有抑制塑解作用。

5.4.2.2 环保型塑解剂 A-86

塑解剂 A-86 主要成分为 2,2-二苯酰氨基二苯基二硫化物（DBD），并以惰性物为载体，通过活性剂及分散剂使 DBD 很好地与惰性物结合并分散于其中。无毒、无污染、不喷霜。塑炼时塑解剂 A-86 受热、氧作用而产生的自由基能有效地引发和促进橡胶大分子链断裂，同时封闭和保护橡胶大分子链断裂所产生的自由基使其失去活性，不再重新聚合成大分子，因而加速塑炼过程，降低能耗及减小弹性回复，提高橡胶塑性的稳定性。

5.5 慎用的原材料

国际市场对轮胎质量、节能、湿滑、环保、噪声要求不断提升。REACH 法规中轮胎包括翻新轮胎使用的原材料中相当多的橡胶配合剂列入高度关注的化学助剂，需取得 REACH 注册证明，无证明的不能在欧盟市场上销售，有被禁止进口的风险。表 5-40 为部分已列入受法律法规限制高度关注的化学助剂。

表 5-40 部分已列入受法律法规限制的配合剂

原材料名称	有害物	可替代的原材料化学名称
芳烃油(代号 DAE)	含多环芳烃致癌物	精制芳烃油 TDAE,环烷油(环保橡胶油)
促进剂 DZ、NA-22、M	不符合化学物品审查法	
氨基甲酸盐类促进剂类:PX,ZDC	产生亚硝氨致癌物	促进剂 TBzTD(二硫化四苄基秋兰姆)
次磺酰仲胺类:NOBS、DIBS	含吗啉基团(产生亚硝胺致癌物)	促进剂 NS、XT-508、*N*-叔丁基苯基-苯并噻唑次磺酰胺
秋兰姆类:TMTD、TMTM	产生亚硝胺致癌物	TBzTD
硫黄给予体 DTDM	产生亚硝胺致癌物	HTS、DTDC、六亚甲基-双-硫代硫酸盐
防老剂 A	生成甲萘胺致癌物	D-50 等
防老剂 D	生成二萘胺致癌物	复合三号
五氯硫酚	炼胶时有氯气排出	HDBD,2,2-二苯甲酰氨基二苯基二硫化物,P-22、A-86、AT-S(新)
充油丁苯橡胶 1721	充未处理的芳烃油会含多环芳烃致癌物	采用加精制橡胶油,环烷油的 1739 充油丁苯橡胶
充油顺丁橡胶 1721	充未处理的芳烃油会含多环芳烃致癌物	采用加精制橡胶油,环烷油的 9073 充油顺丁橡胶
间苯二酚	炼胶时有有害气体排出	新间苯二酚-甲醛树脂 间苯二酚的给予体
氧化锌	重金属,污染水下生物源	减量用:纳米氧化锌或有机氧化锌。使用替代:莱茵散 Aflux43
促进剂 H、NA-22、CZ、BBS,苯胍 DPG 盐等	不符合化学物品管理法(DPG 有刺激性)	可用 ZBOP/S 等代替
促进剂 TMTD、TETD、H 等	不符合劳动安全卫生法	

5.6 我国有关橡胶及使用的原材料的环境安全的国家标准

我国对橡胶制品及其使用的原材料对环境安全的影响建立了国家标准法规，对测定橡胶、橡胶制品和炭黑中危险物质标准方法加以规范管理。到 2013 年 12 月 1 日已实施的推荐性的国家标准如下。

GB/T 29607—2013　橡胶制品 镉含量的测定 原子吸收光谱法

GB/T 29608—2013　橡胶制品 邻苯二甲酸酯类的测定

GB/T 29609—2013　橡胶 苯酚和双酚 A 的测定

GB/T 29610—2013　橡胶制品　多酚联苯和多溴二苯醚的测定　气相色谱-质谱法

GB/T 29612—2013　炭黑中镉、铅、汞含量的测定

GB/T 29614—2013　硫化橡胶中多环芳烃含量的测定

GB/T 29616—2013　热塑性弹性体 多环芳烃含量的测定　气相色谱-质谱法

参 考 文 献

[1] 于清溪．橡胶原材料手册．北京：化学工业出版社，1996.

[2] 于信伟等．异戊橡胶在载重斜交轮胎胎面胶中的应用．轮胎工业，2011 (11)：681-683.

[3] 杜爱华等．反式异戊二烯橡胶及其改性材料的应用．第三届胶行业技贸交流会论文集，2006.

[4] 杨树田等．钕系 BR 的基本性能与实用性能研究．轮胎工业，2001 (12)：713-179.

[5] 马维德等．充油顺丁胶 BR9073 在轮胎胎面胶中的应用．全国橡胶技术研讨会论文集，1999.

[6] 李迎等．合成橡胶新产品的性能特点及应用．中国橡胶，24 (15)：35-39

[7] 朱江涛等．SBR1739 与 SBR1721 的性能比较．轮胎工业，2009 (10)：612-614.

[8] 张建勋等．国产 IIR1751 在内胎中的应用．轮胎工业，2007 (2)：486-490.

[9] [荷兰] Masstricht.（荷兰）．再生橡胶和精细胶粉在胎面胶中应用比较研究．tire technology INTERNATIONAL，2004.

[10] 崔小明．不溶性硫黄的生产技术进展．橡胶科技市场，2011 (5)：11-15.

[11] 元庆国际贸易有限公司．MIXLAND＋TBP75G 新一代不形成亚硝胺硫化剂．产品说明，2011.

[12] 赵冬梅．轮胎生产中的环保性原材料．轮胎工业，2009 (8)：455-459.

[13] 程振华．绿色环保型促进剂 XT-580 在载重血交胎配方中的应用．中国橡胶，2010 (21)：37-39.

[14] 宋风朝等．环保型促进剂 TBZTD 的应用及环保性研究．中国橡胶，2011 (4)：32-34.

[15] 马洪海等．纳米级活性氧化锌在摩托车外胎胎面胶中的应用．轮胎工业，2011 (6)：364-367.

[16] 刘元顺．用 ZMMA 实现锌减量．世界橡胶工业，2010 (5)：17-24

[17] 李文东．抗硫化返原剂在载重子午线轮胎中的应用研究．轮胎工业，2007 (5)：296-300.

[18] 石超等．高效防老剂 FR 在全钢子午线轮胎胎体粘合胶中的应用．轮胎工业，2012 (2)：89-92.

[19] 李可萌等．防老剂 DH 在轮胎胶中的应用．第十一届全国轮胎技术研讨会，2000.

[20] 赵永康．防老剂 CX-40 在自行车轮胎胎面胶中的应用．橡胶科技市场，2012 (9)：20-23.

[21] 李丙炎．炭黑生产与应用．北京：化学工业出版社，2000.

[22] 张勋民．炭黑 N326 在矿山用轮胎胎面胶中的应用．轮胎工业，2010 (10)：619-621.

[23] 孙学红等．低滞后炭黑 DZ-13 对胎面胶物理性能及疲劳破坏行为的影响．橡胶工业，2012（8）：453-458.
[24] 裴成玉．低滞后炭黑对胎面胶性能的影响．橡胶科技市场，2011（12）：27-31.
[25] 朱永康编译．白炭黑-硅烷反应的动力学．橡胶参考资料，2012（5）：28-37.
[26] 吴淑华译．芳纶短纤维增强胎面胶．轮胎工业，2010（8）：488-493.
[27] 高孝恒译．提高载重轮胎的燃油经济性和使用寿命．现代橡胶工程，2010（4）：21-28.
[28] 黄义钢等．预分散芳纶纤维在全钢载重子午线轮胎胎面胶中的应用．轮胎工业，2012（9）：545-551.
[29] 王筱捷．木质素的研究进一步展和在橡胶工业中的应用．第三届橡胶行业技贸交流会论文集，2006.
[30] 李森．纳米碳酸钙在载重斜交轮胎内层帘布胶中的应用．轮胎工业，2010（2）：99-101.
[31] 王玉海线．国产环烷油在环保轮胎配方中的应用．轮胎工业，2012（2）：93-97.
[32] 杨树田．环保油 HJ-1 在全钢载重子午线轮胎中的应用．轮胎工业，2012（1）：38-41.
[33] 惠炳国．均匀剂 BU4000 在全钢载重子午线轮胎气密层胶中的应用．轮胎工业，2010（11）：680-682.
[34] 张必辉等．均匀剂 40MSF 在胎面胶中的应用．轮胎工业，2004（5）：278-280.
[35] 吕特格．德国 RUTGERS NOVARES 公司样本．NOVARES 在橡胶中的应用，2011.
[36] 徐广涛．国产癸酸钴在全钢载重子午线轮胎中的应用．轮胎工业，2012（1）：34-37.
[37] 李成民．模量增强剂 HMZ 在胎面胶和缓冲胶中的应用．橡塑标准与信息，2001（4）：535-538.
[38] 靳政．抗疲劳剂 PL-600 在斜交轮胎缓冲层配方中的应用．第二届橡胶行业技贸交流会论文集，2004.
[39] 莫业志等．化学塑解剂 DBD 对 NR 塑炼效果的影响．广东橡胶，2012（11）：8-12.
[40] 王伟等．国产环保塑解剂 A86 在天然橡胶中的应用．轮胎工业，2012（6）：357-361.
[41] 谢之涛．七项有关橡胶和炭黑环境安全的国家标准即将实施．橡胶资源利用，2013（5）：24.

第6章 翻新轮胎胶料性能要求与配方

6.1 翻新轮胎胶料组成

目前，对翻新轮胎胶料的要求已不仅仅局限于使用性能（如胎面胶耐磨性好），还要求节能、环保（无或低污染，低噪声）、安全（包括防湿滑）。本章介绍的配方力求达到耐用、节能、环保和安全。

翻新轮胎使用的胶料按翻新轮胎的结构和使用情况可分为：胎面胶（含基部胶）、缓冲胶、填充胶、修补胶及配件胶（包封套，硫化内胎，水胎，胶囊等）五大类别，现分别介绍。

(1) 胎面胶　翻新轮胎最重要的和使用量最大的首推胎面胶。

汽车使用的胎面胶因车种复杂、使用条件差异极大，无法笼统提出一个要求，但可按车型及使命条件粗略地分成几个类型，提出对胎面胶的基本要求。

① 轿车翻新轮胎胎面胶　首先应考虑有良好的操纵安全性、高速性，要考虑低滚动阻力（节油、升温低）和耐磨性，因此胶料要抗湿滑性好（如用天然橡胶、溶聚丁苯橡胶、充油丁苯橡胶，补强用较低结构的炭黑或加白炭黑等）。

② 载重汽车翻新轮胎胎面胶

a. 以车型、路面情况和使命条件为依据来设计胎面。如在高速公路上行驶的客车（翻新轮胎只能装于后双轮）主要考虑耐磨性、低滚动阻力（耐磨性、节油、升温低、散热好），如胶料中掺用钕系顺丁橡胶可克服顺丁橡胶的湿滑性不好，升热高并可取得更好的耐磨性和更低的滚动阻力。补强用低滚阻炭黑或并用中高结构的炭黑。

b. 在普通路面行驶的翻新轮胎因行驶速度较低，用户直观翻新轮胎的优劣往往是耐磨性，因此胎面胶多使用高结构的炭黑如 N234，为降低胶的成本掺用充油丁苯橡胶或充油顺丁橡胶，耐磨性优于不充油的合成橡胶，价格又较低。

(2) 缓冲胶　缓冲胶有两种类型：一种用于模型法翻新轮胎，另一种用于预硫化胎面翻胎，但其功能有相似的一面，主要承担胎面与胎体间黏合、结构过渡及防止产生应力集中，同时可降低地面的障碍物等对胎体骨架的冲击。另一方面，用于预硫化胎面翻胎的缓冲胶主要是承担预硫化胎面和打磨后的胎体间的黏合。正规名称为"预硫化缓冲胶"。黏合性、耐老化性要高，硫化温度要低。因此这两种缓冲胶料又有重大差异。

(3) 填充胶　轮胎在翻新过程中往往对一些旧胎体的残留花纹沟进行填平，特别是顶翻胎及用预硫化胎面翻胎时，胎体打磨弧度与平的胎面间如胎肩部的间隙也要填平。大、巨型工程轮胎修补洞的都属填充胶，一般填充胶要求低生热，有较好的导热性，定伸应力与硬度与周边胶相适应，物理机械性能要求不太高。

(4) 补洞胶　轮胎由于机械原因伤及骨架层，其修补胶要与损失的骨架材料直接接触（如纤维或钢丝），因此这些修补胶中应含有可与骨架材料黏合的黏合剂。不过，这些骨架材料当其表面的增黏层被破坏后，如镀铜钢丝变成了氧化了的钢丝，目前用的黏合剂效果并不理想，纤维的情况和结果也类似，应尽量保持骨架上的增黏层。这层胶不必很厚，其余用数层填充胶填满。补洞胶的一般性能要求：能随轮胎变形而变形，具有压缩变形小、定伸应力大、生热低、硬度小、弹性和韧性好及黏合性好等。

(5) 包封套胶、硫化内胎胶、水胎胶　翻新轮胎硫化时为了实现对轮胎加压和加热，或避免水气进入贴合面及排出贴合面间的空气（包封套），都要使用硫化内胎、水胎、胶囊等。

这些配件胶因要求耐热、耐水汽大多用丁基橡胶制成，并用树脂作为硫化剂高温硫化。

6.2 胶料配方原则和配方设计方法

6.2.1 配方设计程序

配方设计是橡胶工业中的首要技术问题，对提高产品质量具有重要作用，是橡胶制品获得所需性能的主要途径。合理的配方，要求保证橡胶制品性能优良、胶料工艺性能良好、获得最佳技术经济效益，配方设计应被橡胶企业和技术人员所重视。配方组分与混炼胶和硫化胶之间存在着相关关系；配方组分与材料品种、类型和用量对混炼胶及硫化胶具有决定性的影响；硫化胶性能与材料之间存在相关关系；硫化胶性能与加工条件（开炼、密炼、挤出、压延、硫化、模压、注压）存在相关关系。上述五项相关性研究，即构成橡胶配方的基本内容。图 6-1 为配方设计程序示意图。

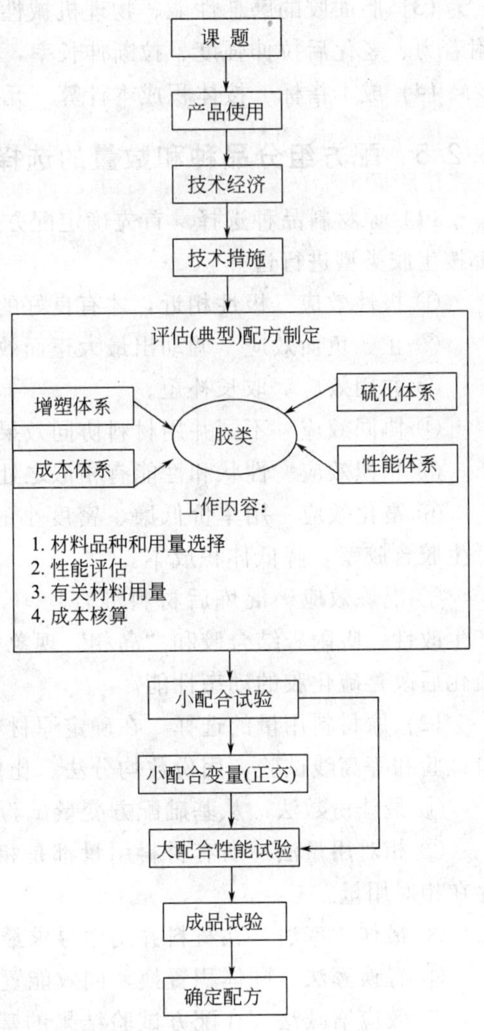

图 6-1　配方设计程序示意图

6.2.2　配方设计依据

(1) 产品使用条件　气温范围，路面条件，如柏油、水泥路、土路、碎石路、平原、山区，负荷、车速，一次性行驶里程，往返连续性行驶里程。

(2) 翻新轮胎寿命　翻新轮胎寿命必须满足用户最低要求。

(3) 翻新轮胎应符合安全、低原材料消耗及低成本、节能、环保、低噪声的要求。

6.2.3　轮胎胶料整体配方设计

轮胎是复合厚制品，是由多种不同性能的胶料和骨架材料组成的。由于胶料加工过程、硫化受热过程不同，以及提高胶与胶、胶与骨架材料持久性黏合，降低轮胎生热和提高胶料耐热老化性能等要求，在整体配方设计时，需考虑以下性能的匹配和要求。

① 门尼焦烧时间安全。

② 层间 t_{90} 硫化时间匹配。

③ 300%定伸应力、硬度应力求匹配合理。

④ 各项力学性能指标均应大于有关标准要求。

⑤ 应具有低原材料消耗及低成本，节能、环保。

6.2.4　制定胶料技术经济指标

制定内控指标时要考虑小配合、大配合、半成品和成品胶料性能的变化规律。

(1) 混炼胶工艺性能指标项目　门尼黏度、门尼焦烧、硫化仪数据、炭黑分散数、密度等。混炼胶具有良好的加工性、黏着性，无喷霜等。

(2) 硫化胶物理机械性能项目　硫化曲线（t_{10}、t_{35}、t_{90}、t_{100}，最大扭矩）、返原性、拉伸强度、拉断伸长率、300%定伸应力，拉断永久变形、硬度、密度。

(3) 胎面胶的磨耗性能、物理机械性能，弹性、压缩生热、损耗因子、撕裂、附着力、老化后拉伸强度、拉断伸长率，胎面胶日光老化。

(4) 成本指标　按体积成本计算（元/L）。

6.2.5　配方组分品种和数量的选择

(1) 原材料品种选择　首先确定配方主体材料生胶的类型，其它体系的原材料都按生胶类型进行选择。

① 极性效应　极性相近，才有良好的共混性和共硫化性，质量均一。

② 正、负面效应　调动出最大正面效应，克制或平衡负面效应。

③ 并用效应　取长补短。

④ 协同效应　不同并用材料协同效果。

⑤ 相似效应　性状和性能有相似之处。

⑥ 富化效应　用单价低廉、密度小的材料，充油、充炭黑、增加填充剂，降低生胶含胶率，降低体积成本。

⑦ 混炼效应　混炼后材料混合均匀，分子重排，在物理变化和化学反应中，产生改性、吸附、结合胶和“岛相”现象等不同表面形态和多相络合物或复合物，硫化后改善硫化胶的动态性能。

(2) 原材料用量的选择　在确定原材料品种后，从已有的数据库，基础配方变量试验和等高线试验，用份数均分法、比例组合法，算出评估性能或最佳用量。

① 最佳份数法　从基础配方变量试验中找出最佳性能的用量。

② 相对用量法　所有材料用量都是相对而言，同系统材料和不同系统材料都存在相对用量。

③ 最佳比率法　在材料并用中寻求最佳配比。

④ 置换算法　同体积置换，同效能置换。

⑤ 效应增减法　在配方试验结果的基础上，调整某项性能，将有关材料用量或增或减。

⑥ 比例组合法　按比例计算评估性能，选出最佳方案，明确用量。

(3) 配方设计与性能评估

① 配方设计　根据胶料的使用和整体配方的要求，制定出技术经济指标。配方设计人员依靠专业知识的积累和经验积累，确定配方最佳技术措施，按照配方制定顺序：胶种选择、性能体系选择、增塑体系选择、硫化体系选择和新型助剂使用，进行配方整理，制定混炼条件。

② 性能评估　材料品种和用量选择按照品种 7 项效应，用量 6 项方法。从数据库中选择有使用价值的数据，按均分法计算性能，并对性能进行修正；实际材料性能、数据库性能，并对负面性能及相关材料用量进行修正，用比例组合法计算最终结果。

不同方式的配方可使用相同基础配方数据进行计算，有可比性，从中选择技术经济指标最佳方案进行论证，必要时调整配方，到合格为止。

6.2.6 配方试验程序

配方试验程序见图6-2。

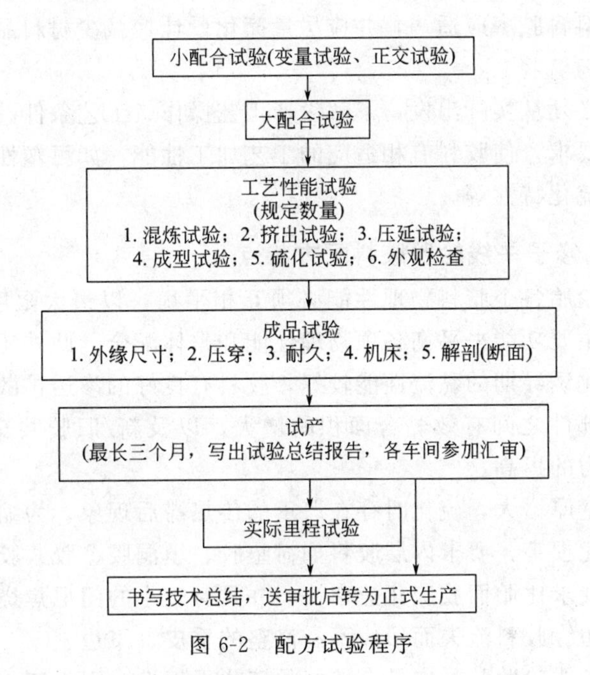

图6-2 配方试验程序

6.2.7 橡胶配方表示形式和设计

(1) 将生胶（单用或并用）的质量作为100份，橡胶助剂用相对的质量份数来表示，一般称为基本配方。

(2) 胶料中的所有材料，均以质量分数表示。

(3) 根据炼胶机容量而计算出直接称量配合的生产配方。

表6-1是三种橡胶配方表示方法示例。

表6-1 橡胶配方表示方法

配合剂名称	基本配方/份	质量分数/%	生产配方/kg
生胶	100.00	63.49	20.00
硫黄	2.75	1.74	0.55
促进剂	0.75	0.48	0.15
氧化锌	5.00	3.17	1.00
硬脂酸	3.00	1.91	0.60
防老剂	1.00	0.63	0.20
炭黑	45.00	28.58	9.00
合计	157.50	100.00	31.50

通常需在配方表上阐明：胶料名称，用途，代号，各种橡胶原材料的品种、规格、产地，生胶含量、密度、胶料物理性能等。

设计配方时，应处理好技术性与经济性之间的矛盾。从技术角度出发，要求胶料具有很好的物理机械性能。根据翻修子午线轮胎的特点，确定适当的物理性能指标，避免材料的浪费。在提高和保证轮胎质量或不降低质量的原则下，尽量采用价廉的原材料，胶料含胶率应适当，并应尽量简化设计，减少材料品种，提高劳动生产率。

配方设计还必须从实际出发，了解生产工艺操作、工艺条件、设备条件等对配方设计所提出的要求，使胶料有相适应的工艺加工性能，如可塑性、黏着性、压出性、耐焦烧性、硫化特性等。

6.2.7.1 翻修子午线轮胎胶料配方特点

翻修子午线轮胎各个胶料物理性能必须互相平衡，以最大限度满足使用要求。根据各个部分的主要功能来平衡各项物理性能和整体配合。此外还应注意如下几个方面。胶料在硫化诱导期的黏流性能较好，胶料有良好的渗透扩散能力，有助于翻修子午线轮胎各部件之间有效黏合面积的增大，以及新/旧胶共交联密度的增大，从而有助于附着力的提高。

由于修补段壁厚增大，硫化时存在严重的传热滞后现象。为缩短硫化周期及避免旧胎体受重硫化损害，要求内层胶料如衬垫胶、填洞胶、胶浆胶等，具有较快的硫化速率。补胎要求比胎面胶硫化速率快，并具有较小的门尼焦烧值。如硫化起点太慢时，沿洞疤边缘胶料流失而形成不易修整的重皮、飞边。

(1) 翻修子午线轮胎胶料应具有较好的硫化平坦性。因为硫化时间较长，尤其修补段胎壁厚，硫化时间大部分消耗于传热过程，为了使新胶层获得均一的硫化程度，胶料的硫化平坦线应较长。

(2) 翻修子午线轮胎胶料的配合应保证新/旧胶层间与新/旧胎体帘布层间的黏合质量，并要求有高的耐补强和老化特性。

(3) 填洞胶与衬垫胶等要求有合理的定伸应力的匹配。

6.2.7.2 翻修子午线轮胎胶料的性能要求

子午线轮胎以其新颖的结构特点使轮胎具有耐磨耗、耐刺扎、滚动阻力小且省油等一系列优点。它改变了胎体帘线相互交叉排列的结构，使胎体钢丝帘线与胎冠中心线呈近90°角，而胎体的这种结构决定了轮胎及其各部件的关系和变形。为了适应轮胎各部件的应力、应变，胶料的性能配合应与轮胎的结构相适应。以下是翻修子午线轮胎各部件胶料性能要求。

(1) 胎面胶　翻新胎面胶与新胎的胎面胶要求相似，应具有良好的弹性、强度、耐撕裂性、优异的耐磨性。还应具有低的生热性，耐裂口、耐热老化和高的动态强度等。同时胎面胶要求保护缓冲层并与缓冲层具有良好的黏合，防止使用后期出现胎面掉快崩花及缓冲层钢丝露出现象。

(2) 胎侧胶　由于子午线轮胎的胎侧变形约比斜交轮胎大两倍，使它承受较大的机械疲劳作用，承受着胎体内压力和外界负荷所引起的周向力。所以要求胎侧胶应具有最佳的耐屈挠龟裂与抗臭氧、大气老化性能，同时应耐撕裂、耐机械刺伤及耐裂口扩大，无污染喷出性能。

(3) 缓冲胶（模型法翻新）　缓冲胶是贴于翻新胎胶面与胎面磨糙面之间的过渡胶层。应具有良好的黏合性和抗剪切变形的韧性。一般要求有较高的定伸应力和弹性，良好的抗剪切撕裂性，生热低，耐热、耐老化性能好。

(4) 缓冲胶（预硫化胎面法）　缓冲胶是贴于已硫化的胎面，经磨糙面与胎体磨面之间的黏合过渡的胶层，一般要求有良好的黏合性，低门尼黏度，好的流动性，较低的（100℃或以下）硫化温度，生热低，耐热、耐老化性能好。

(5) 修补钢丝胶（胶浆胶）　修补钢丝胶用于子午线钢丝轮胎的裸露钢丝帘线的部位，定伸应力接近钢丝轮胎帘布胶的相应值，还应具有良好的耐屈挠疲劳性，耐老化性，应与钢丝帘线黏合牢固。

(6) 填洞胶　用来填充旧胎体上的凹坑或贴于磨糙面上帘线的部分，以及作为洞底缓冲胶使用。它要求有高弹性、低生热、良好的耐热、耐老化性、高的导热性，与胎体良好黏合以及良好的抗撕裂性能。

(7) 衬垫胶　衬垫胶是贴于补强衬垫与旧胎里之间的隔离胶层，因该胶层所处的部分是修补段剪切应力集中，生热与积热最高的区域，为保证体系的附着力，要求该胶层具有高的定伸应力、低的生热、高的耐热、耐老化性、良好的黏合性、良好的耐屈挠疲劳性和高的抗剪切撕裂性等。

6.2.8　翻修子午线轮胎胶料配方的整体设计

6.2.8.1　胶料定伸应力的合理调配

定伸应力是胶料韧性与硬度的标志，一般来说，定伸应力高则硬度也高。定伸应力又能体现胶料应力-应变的关系，在同一应力作用下，高定伸应力胶料变形较小。

为使轮胎在动态下构成一个缓冲整体，使负荷均布而不是集中在某一部分或某一部位上。各部位所使用的胶料，应有一个合理的硬度与定伸应力的匹配。若匹配不恰当，就会导致脱胶和分层等现象的出现。如果衬垫定伸应力太低，易造成衬垫脱空。填洞胶定伸应力不合适，则又易引起洞疤脱胶。这两种胶料的定伸应力值的合理确定是很重要的。

整个轮胎是在负荷条件下使用的。在一定负荷下，刚性大的修补段，其缓冲性较差，层间剪切应力增大。补强衬垫是承受损伤部位负荷的重要部件，所以修补段内应力将首先集中在衬垫与胎体之间的衬垫胶层上。在定负荷条件下，提高衬垫胶定伸应力，可提高多次剪切和弯曲变形下的动态疲劳强度，又可降低生热，因而能增大体系动态黏合强度。定伸应力大，相对变形小，也有助于克服多次剪切引起的疲劳裂口。

填洞胶可以在一定变形条件下使用，在洞伤部分，可改变负荷作用下的变形集中。在一定变形条件下，低定伸应力胶料的弹性好、生热低，其抗冲击、抗机械损伤，以及在冲击作用下变形的适应性均较高定伸应力胶料优，但定伸应力太低也不利。

6.2.8.2 胶料硫化速率的配合

各种翻胎胶料在不同温度下进行硫化，为使硫化程度均一，同时达到正硫化，就需要在设计配方时，搞好胶料硫化速率的配合。一般来说，邻近热源的胶料其硫化速率应慢，远离热源的胶料硫化速率应快，这些胶料都要求有优良的硫化平坦性。为缩短翻胎硫化周期，就应加快衬垫胶与胶浆胶的硫化速率。

胶料硫化速率的配合，要密切地与硫化工艺条件结合起来。例如：胎面胶如采用先修补，后翻新工艺流程，其正硫化可为 142℃×(20～30)min。当采用单面加热，翻、修一次硫化工艺时其正硫化可为 147℃×(50～60)min。如果采用两面加热翻修，一次硫化工艺时，正硫化可为 142℃×40min。总之根据工厂自己的硫化工艺条件适当地确定正硫化时间。

6.3 橡胶和配合剂并用技术

由于橡胶制成的各种成品要求各异，使用条件及环境复杂，特别是对轮胎类产品的节能、环保、高效、节约资源等要求越来越高，现生产的单种橡胶和配合剂难以满足要求，这就需采用并用技术，利用两种或多种橡胶或配合剂相互的加成作用来提高其效能。下面介绍一些橡胶和配合剂并用实例供参考。

6.3.1 橡胶并用

通过各种橡胶并用来取得优异的性能是常用的手段，但许多橡胶难以并用，以下四个因素对这些橡胶能否并用起关键作用。

(1) 黏度不同导致不匹配（在天然橡胶与顺丁橡胶或丁苯橡胶混炼前应测其门尼黏度，一般不宜差 3 以上） 黏度低的会包裹住黏度高的胶，而且会阻止或阻滞混炼均匀性。可采取较高黏度的胶补充塑炼或加配合剂混炼使其黏度相同。

(2) 热力学不相容性，阻止了分子间混合 这与橡胶的混合能不同有关。对非极性的橡胶来说只有其溶解度参数非常接近时才能混合。表 6-2 列出了一些橡胶的溶解度参数，可以看出 EPDM 很难与 NR 并用，而 NR 与 BR，SBR 就较易混合。

表 6-2　一些橡胶的溶解度参数

橡　胶	溶解度参数 $\delta/[(J/cm^3)^{1/2}]$
顺式-1,4 顺丁橡胶	17.14
BR	16.99
NR	16.73
EPDM	15.95
SBR(40%苯乙烯)	17.87
SBR(23%苯乙烯)	17.46

(3) 硫化速率不同导致不相容　由于各种橡胶的不饱和度不一，硫化剂在不饱和度低的胶料中溶解度也较低，造成硫化速率也低，共硫化时就会欠硫。解决办法：先将不饱和度低的胶料加入硫化剂、促进剂及其它配合剂混炼热处理即预硫化一段时间，再将不饱和度高的塑炼胶加入共混（用此办法解决 EPDM 与 NR 硫化速率不同导致不相容较为有效）。

(4) 补强填料分散不均匀　填料分散与相的形态，以及交联剂和填料在各相间的分布、分散都对并用胶物理机械性能起到决定性的作用。补强依靠的是填料粒子与橡胶之间的相互作用，有的形成共价键、有的只是物理吸附（如炭黑和白炭黑），为此白炭黑需加偶联剂才能使其与橡胶间形成化学键结合，各种橡胶与炭黑间亲和力的顺序：BR＞SBR＞聚异戊二烯＞NR＞EPDM＞IIR。另填料自身及与其它填料之间也有相互作用（Payne 效应），如白炭黑粒子极性较强，为使填料分散就要减小其间的相互作用，如加入分散剂。

翻胎业的胎面胶，普遍采用天然橡胶与 BR9000 顺丁橡胶和天然橡胶与丁苯橡胶 SBR1500 并用。天然橡胶与这两种合成橡胶并用可提高胶料的耐磨性及降低成本。但也存在一些缺陷如天然橡胶与 BR9000 顺丁橡胶并用湿滑性差，雨天高速行驶易出现险情。如将天然橡胶与钕系（NdBR9100）顺丁橡胶并用则可免除湿滑之虑并可进一步提高耐磨性。

6.3.1.1　丁苯橡胶（SBR）与反式聚异戊二烯橡胶（TPI）并用

丁苯橡胶的缺点是生热高，制成轮胎滚动阻力大，耗能多，如果与反式聚异戊二烯并用这些缺点就可大为下降。某一胎面胶配方中用 20 份 TPI 替代 NR 的测试结果见表 6-3。

表 6-3　SBR 与 TPI 并用配方及物理机械性能对比

配方及物理机械性能	未用 TPI	20 份 TPI 替代 NR
配方		
NR/份	70	50
SBR/份	30	30
TPI/份	0	20
炭黑 N234/份	25	25
炭黑 N339/份	25	25

续表

配方及物理机械性能	未用 TPI	20 份 TPI 替代 NR
物理机械性能(22℃)		
拉伸强度/MPa	26.7	24.0
300%定伸应力/MPa	11.4	13.0
拉断伸长率/%	571	481
拉断永久变形/%	21	12
邓录普旋转功率损耗		
滚动损失(相对值)	2.75	2.33
动态变形/mm	0.9525	0.9144
升温/℃	18	14

6.3.1.2 羧基丁腈橡胶（XNBR）与天然橡胶（NR）并用

XNBR 有良好的耐磨性，与 NR 并用于翻新矿山工程机械轮胎，可提高翻新胎的使用寿命。

配方举例（质量份）：XNBR（羧基丁腈橡胶）/NR 并用比 80/20，炭黑 40，氧化锌 5，操作油 2，防老剂 HQ1，硫黄 1，促进剂 CBS 0.7，硬脂酸 2。

6.3.2 硫化及硫化剂的选择

硫化是使大分子形成网络结构，硫化可使胶料由塑性转为弹性。硫化过程可分为：焦烧—硫化—保持硫化性能—过硫化性能下降，四个阶段。

通过硫化仪可测出胶料的硫化全过程，见图 6-3。

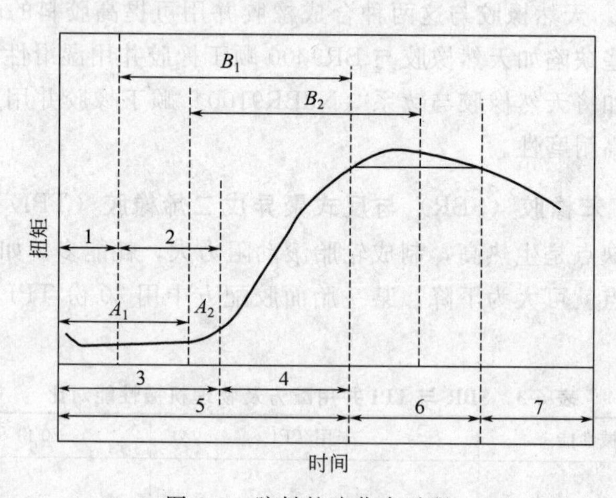

图 6-3 胶料的硫化全过程

图 6-3 中，1+2 表示被检的胶料的焦烧时间；3 为胶料总的焦烧时间；4 为硫化时间；5 为胶料总的硫化时间；6 为平坦硫化时间；7 为过硫化时间。A_1 是操作过程中最大的焦烧时间，B_2 是模型合理硫化时间。

通过硫化仪还可测出一条弹性模量曲线 S′，可预测胶料的加工性能；一条黏性模量曲线 S″，可以计算出一些重要参数，如损耗因子 tanδ，从而预测胶料的加工性能、分散性、抗返原性、生热性（制成轮胎是否节能）、硫化速率等。这些是在配方时应该掌握的。

6.3.3 促进剂的选择与并用

6.3.3.1 促进剂的选择

(1) 促进剂按化学组成和功能可大致分成七类，见表 6-4。

表 6-4 促进剂按化学组成和功能分类

类　别	反应速率	促进剂代表
醛胺类	慢	HMT
胍类	中	DPG
噻唑类(主促)	中块	MBT,MBTS
次磺酰(亚)胺类(主促)	快速/有迟延作用	CZ/NS/NOBS/DZ/TBSI
二硫代磷酸盐类	快速	ZBPD
秋兰姆类	超快	TMTD/TMTM/TETD
二硫代氨基甲酸盐类	超快	ZDEC/ZDC/PX/PZ

(2) 促进剂的硫化速率　各类促进剂在天然橡胶配方中用硫化仪测出的硫化曲线见图 6-4。

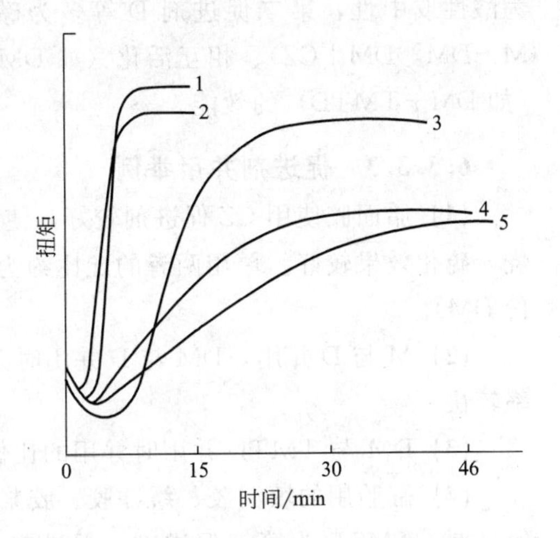

图 6-4　在天然橡胶配方中硫化曲线

1—TMTD；2—ZDC；3—NS；4—DM；5—DPG

(3) 翻胎胎面胶中使用最多的是次磺酰胺类促进剂，其硫化速率为：CZ＝NS＞NOBS＞DZ；抗焦烧性能为：DZ＞NOBS＞NS＞CZ＞DM。

6.3.3.2 促进剂并用

促进剂并用可以获得较理想的硫化速率和焦烧时间。翻胎业为保持轮胎各部位硫化深度的协调性，普遍采用主促进剂次磺酰胺类（如 NOBS、CZ、NS）单用或与噻唑类促进剂（如促进剂 M）或秋兰姆类促进剂（如 TMTD）并用。翻胎业最常用、效果较好的促进剂 NOBS、TMTD 属有危害人身健康之嫌的产品；可用次磺酰胺类促进剂 NS 代 NOBS。但 NS 起步过快，焦烧时间短，物理性能也差些。这时就可采取并用防焦剂 CTP 的办法来替代 NOBS 促进剂，这也是轮胎现今较普遍采用的办法。DM＋M 有明显加快焦烧及硫化速率的作用，可用于常规预硫化缓冲胶。

以预硫化缓冲胶使用并用促进剂为例。

(1) 预硫化胎面翻新轮胎使用的低温预硫化缓冲胶的硫化温度要求在80～90℃，而硫化时间不宜超过60min，为使胶料有足够的流动性且焦烧时间又不能过短，并有满足要求的耐老化性能，只有使用二硫代氨基甲酸盐类（如ZDC、PX）与其它促进剂并用，再加氨类活性剂（如三乙醇氨）。

(2) 预硫化缓冲胶的硫化温度要求在100℃左右；采取促进剂M和促进剂D或促进剂DM并用。利用促进剂D或促进剂DM对促进剂M的活化作用（M单用硫化温度不低于125℃），为提高硫化起步速率可再加少量的促进剂TMTD，就形成了预硫化缓冲胶硫化的促进剂体系。

(3) 模型法翻胎由于传热情况复杂（有单面或双面及加热介质不同，特别是对大型工程轮胎，农用轮胎来说更是如此），要使翻新的轮胎硫化后的各部位几乎同时达到正硫化，促进剂并用的问题就显得很重要。对操作的安全性，硫化的平坦性，促进剂的品种、用量，物理机械性能，价格等均要仔细考虑及试验。

合理使用及并用促进剂可弥补使用单一促进剂的缺点，促进剂并用可使其相互激发，提高效率，或相互制约，扬长避短（如延长焦烧时间，缩短硫化时间）。

翻新轮胎常用的促进剂如M、DM、CZ、TMTD、NOBS等作为第一促进剂多为酸性或中性，第二促进剂D等多为碱性。并用促进剂的效果有相互加合（如M＋DM，DM＋CZ）、相互活化（如DM＋D，DM＋CZ，TMTD＋D）、相互制约（如DM＋TMTD）的效能。

6.3.3.3 促进剂并用举例

(1) 胎面胶使用CZ促进剂较好，使用DM较经济，两种促进剂并用时不易焦烧，硫化效果较好。单用两者的配比约为DM∶CZ＝1∶0.5（既1份CZ可替代2份DM）。

(2) M与D并用，DM与D并用时并用的比例为3∶1时操作较安全，硫化速率较快。

(3) DM与TMTD并用时并用的比例为9∶1时操作较安全。

(4) 翻胎用的填洞胶、缓冲胶、胶浆胶通常以DM为第一促进剂，CZ为第二促进剂，TMTD为第三促进剂，促进剂并用总量在1.3～1.5份（DM 60%，CZ 20%～30%，TMTD 10%～20%）。

(5) 翻新胎面胶如是天然橡胶、丁苯橡胶、顺丁橡胶三胶并用时，因丁苯橡胶硫化速率较慢，硫化时要重点照顾。一般使用CZ＋DM并用。

6.3.4 防老剂并用

轮胎属动态又在露天中及较高温下高负荷使用，环境和使用条件复杂。除天候的紫外线、臭氧，日晒雨淋外运行时机械疲劳、生热等均导致轮胎老化损坏。为延长轮胎的使用寿命，在胶料中加防老剂是一种有效的办法，但只用某一种防老剂显然无法防多种老化因素，因此出现了防老剂并用，利用各种防老剂的特性及防老剂之间的加成效应就能取得良好的效果，其实例见表6-5。

表 6-5　防老剂并用效果对比

防老剂并用	防老剂品种	用量/份	老化系数
不用	—	—	0.3
单用	D	3	0.5
二元并用	A+D	3	0.59
三元并用	4010+MB+D	3	0.67

在此配方中4010、D用其带有的氢原子与老化后断链的自由基结合而延缓老化，MB可抑制热老化历程，因此对防止胶料老化有叠加效应。

目前，翻新轮胎胎面胶配方中多用防老剂4020＋防老剂RD并用，防老剂4020对臭氧，机械疲劳有很好的防护作用，防老剂RD耐热氧老化效果好（目前效能超过RD的有TQM等），对防止胶料老化有叠加效应。

6.4　翻新和修补轮胎使用胶料的配方设计

翻新和修补轮胎使用胶料的配方设计，就是根据翻新轮胎的性能要求和工艺条件，通过试验、优化、鉴定，合理地选用原材料的用量配比关系。

6.4.1　胶料配方设计原则

一般胶料配方设计的原则可以概括如下。

(1) 保证硫化胶具有指定的技术性能，使产品优质。

(2) 在胶料和产品制造过程中加工工艺性能良好，使产品达到高产。

(3) 成本低、价格便宜。

(4) 所用的生胶、聚合物和各种原材料容易得到。

(5) 劳动生产率高，在加工制造过程中能耗少。

(6) 符合环境保护及卫生要求。

翻新及修补轮胎所用的胶料配方设计不仅遵循以上原则且更应该注意所翻新轮胎的使用要求以及与原轮胎配方胶料的匹配关系。

6.4.2　配方设计方法

6.4.2.1　整体配方协调设计

轮胎在使用过程中，经受极为频繁的压缩、伸张、剪切变形，造成大量生热，使用条件复杂而苛刻。其结构复杂、部件多（包括胎面、胎体、胎圈10余种部件），而且由于各个部件所处的位置不同，对其要求就不同。为满足使用要求，使轮胎各部分受力均匀，变形趋于一致，各界面层牢固结合，达到最大的疲劳稳定性，在进行轮胎各部件配方设计前，必须对轮胎配方进行整体设计。

翻新轮胎的胎面胶料也必须遵循与被翻新轮胎协调一致的原则，轮胎的整体性能配置合理与否，常以轮胎整体结构各部位定伸应力的配置作为衡量标准。

(1) 定伸应力由内层到胎面逐渐增大，呈阶梯形分布　采用这种配置的原因是：轮胎在运转时，外力是由胎面传向内层的，而在外力传递过程中，一部分应力被胶料的黏弹性变形吸收和分散，传到内层时已逐渐减弱，各部件所受的应力由内向外逐渐减小。因此，受力最大的胎面胶，定伸应力要高些，而受力小的内层胶，定伸应力可低些；两者之间的缓冲层和外层胶，其定伸应力依次过渡。这样，当轮胎在负荷下受到外力冲击时，应力不会集中在某一部位，而分散到各个部位共同承担，因而使得各部位的变形趋于一致，减小了各部件间界面的位移，减轻了橡胶帘线间的摩擦，从而降低了运转生热以及由此而引起的疲劳脱层现象。

轮胎应用不同的纤维帘线骨架材料，其定伸应力大小视骨架材料的品种和层数而不同。各种帘线的初始应力和伸长率不同，各部件胶料的定伸应力也随之变化，如表 6-6 所示。

表 6-6　不同帘线轮胎胶料 300％定伸应力配置

胶种	胎面胶	缓冲胶	外层帘布胶	内层帘布胶
棉帘线(NR)				
炭黑用量/质量份	45～50	40～45	35～40	30～35
300％定伸应力/MPa	9.6～12	6～8	5～7	4～6
尼龙帘布(SBR/NR)				
炭黑用量/质量份	45～50	40～45	35～40	30～35
300％定伸应力/MPa	9～10	7.8～9.8	7～8	6～7
人造丝帘线(BR/NR)				
炭黑用量/质量份	50～55	40～45	35～40	30～35
300％定伸应力/MPa	8～10	7.8～9.8	6～8	5～7

(2) 缓冲层定伸应力最高，胎面胶稍低或相等，呈“山峰型”分布。

这种定伸应力配置的根据是：轮胎承受应力的中心点是缓冲层。缓冲层具有最大的定伸应力，可对胎面向内传递的外力起抑制作用，从而减小了变形和胎面的磨耗。据报道，采用这种定伸应力配置的胎面耐磨性可提高 10％。

一般天然橡胶或天然橡胶为主的轮胎，采用前一种定伸应力配置，而合成橡胶或合成橡胶参用比例很高的轮胎采用后一种定伸应力配置。

6.4.2.2　硫化程度的匹配

轮胎制品是个截面厚度不等的厚壁制品，所用的橡胶和骨架材料（纤维帘线）等都是热的不良导体，硫化时各部位升温速率不同。因此，如何协调各部件的硫化速率，使之在硫化过程中都达到正硫化状态，避免局部硫化不足或硫化程度过深，是一个十分重要的问题。只有各部位的胶料（包括界面层）同步硫化，才能解决上述问题。为达到各部位同步硫化的目的，经常采取如下两个措施。

(1) 合理设计各部件胶料的硫化速率，使受热较晚、温度较低的部位硫化速率快一些；而受热较早、温度高的部位，硫化速率慢一些。通过各部件配方设计来达到硫化速率协调，实现同步硫化。

(2) 正确配备各部位胶料的硫化平坦区范围，以便在硫化时，各部位的硫化程度趋于一致，避免个别部件硫化程度过深或不足。

6.5 正交回归配方设计法

6.5.1 正交试验设计法

6.5.1.1 正交表设计

用符号 $L_n(t^q)$ 代表正交表，n 代表试验方案的总数；q 表示正交表可以安排的因素个数；t 代表因素的水平数。例如正交表 $L_9(3^4)$ 表示 4 个因素 3 个水平正交试验只需 9 次试验，如进行排列组合试验则需要进行 $3^4=81$ 次试验，所以利用正交表安排试验可以大大减少试验次数。

6.5.1.2 计算机筛选出低温硫化的预硫化缓冲胶最优配方

(1) 任务的确定 1975 年原化工部下达采用预硫化胎面翻新轮胎攻关的任务，笔者提出：预硫化胎面翻胎硫化条件控制在 100℃×3h 以内，按此要求预硫化缓冲胶的正硫化条件为：90℃×60min。低温硫化的关键是热氧老化性能差，但从预硫化缓冲胶的使用条件看其胎面与胎体间基本处于绝氧状态，通过耐热老化测试及在北京及海南里程试验看，当时轮胎夏天行驶时缓冲胶部为 70℃左右，无氧耐热性、耐老化性较低。采取热氧化老化（70℃×48h），老化系数应不低于 0.7。按当时已有的防老剂采取单用或简单并用无法解决，需采取多种防老剂以期出现极佳的叠加效应，或老化断链再接功能。但多种防老剂并用按常规的排列组合试验法进行试验则需进行 $3^5=243$ 次，工作量太大。按正交回归设计只需进行 27 次试验，并可由计算机预报出最佳配方。因此采用正交回归法进行配方研究。

(2) 初选各种防老剂进行单用及多种并用 首先收集当时认为有希望的已有的防老剂、促进剂和硫化剂，见表 6-7。

低温硫化的胶料之所以耐热氧老化性差，主要是由于天然橡胶在硫黄及超促进剂及活性剂存在的条件下形成的键以多硫键为主。其多硫键形成与破坏速度与硫化时所采用的硫化剂、促进剂、活性剂、防老剂的品种有关，也与硫化温度及时间有关。在低温硫化配方研究中，选取了 27 种配合剂作为筛选对象。

表 6-7　进行筛选的配合剂

序号	配合剂名称	序号	配合剂名称
硫化剂		防老剂	
1	硫黄	1	D
2	二硫代二吗啉	2	苄甲胺
3	促进剂 TMTD	3	RD
	促进剂	4	AW
4	ZDC	5	DLTP
5	PX	6	抗氧剂 1010(国产)
6	TMTD	7	抗氧剂 300
7	MC	8	抗氧剂亚甲基 4426s
8	三乙醇胺	9	抗氧剂 246
9	丙烯酰胺	10	抗氧剂 SP
10	M	11	抗氧剂 DBH
11	DM	12	抗氧剂亚甲基 736
		13	氧化镉
		14	CMC
		15	MB
		16	抗氧剂 1010(日本产)

对 27 种配合剂采用一般的筛选方法是不可能的，即使采用回归方法用计算机计算试验的次数仍是巨大的。为此必须先进行粗筛，从多种配合剂中筛去一部分作用不明显的配合剂，并尽量减少配合剂的种类，筛选步骤如下。

① 提出筛选用的基本配方（质量份）

天然橡胶 100　　氧化锌 5　　硬脂酸 1　　半补强炭黑 25

槽法炉黑 20　　松焦油 5

对硫化剂、促进剂、防老剂作变量试验。

② 将硫化剂、促进剂、活性剂划分为第一组，防老剂为第二组，分别进行筛选（在筛选第一组时固定某一两种防老剂，反之亦同）。使用这种办法是因数学条件及试验次数所限。

(3) 利用硫化仪及其它快速测定仪器测试配方胶料性能，对低温硫化速率有严重滞后，无明显促进硫化及防老效果差的配合剂均予以淘汰。将筛选后所得的，认为有希望的配合剂以每五种为一组利用一般回归正交表所设计的矩阵进行试验。观察各配合剂在配方中的作用，对其中效果不明显的再给予淘汰。同时，观察各配合剂的并用效果（此部分共进行了约 55 次试验，结果从略），上述粗筛余下的配合剂仍以每五种为一组进行最后筛选。

经粗筛后，保留的硫化剂、促进剂为：硫黄、二硫代二吗啉、TMTD、ZDC、丙烯酰胺（二硫代二吗啉有异常现象故作进一步筛选）（第一组）。

防老剂有：亚磷酸苯二异辛酯、MB、RD、抗氧剂 1010（第二组）。

将此两组配合剂分别加到基本配方中，然后按五因子（五种配合剂）二次回归正交表（1/2 实施）的要求，确定组合试验次数及变量范围。可按有关回归试验的书籍中查找，也可按下式计算：

$$N=\frac{1}{2}(2^{P})+2P+m_0$$

P 为筛选配合剂数，如取 5m_0 各变量都取 O 水平的中心点的重复试验次数可只做一次或多次（取 m_0 为 1）。

将上列值代入上式，得 $N=27$，即最少应进行 27 次试验，若按常规的排列组合试验法进行试验则需进行 $3^5=243$ 次试验。

(4) 初选各种防老化剂进行单用及并用　筛选的抗氧剂，以 MB 与抗氧剂 1010 防老化效果好，用实验验证其老化系数分别为 0.30 及 0.34。这一结果与通常认为含有 4010NA＋RD 防老剂胶料较耐热氧老化的结论有差异。这反映了低温硫化有其独特之处，不仅防老剂，硫化剂、促进剂也在低温硫化时有这种特性。如二硫代二吗啉一般作为硫黄给予体来用，在高温硫化时（一般指 143℃以上）它不仅能放出游离硫，而且能改善胶料的耐热氧老化性能。但在低温硫化时它不仅不能放出游离硫，而且有滞后硫化现象。同时还会使胶料的耐热氧化性能大幅度降低。在相同情况下掺有二硫代二吗啉的配方试片的耐热氧老化系数多低于 0.2（90℃×12h），而不掺用的老化系数在 0.38 以内。在高温硫化的试片掺用二硫代二吗啉的，耐热氧老化性能有明显的改善。

(5) 硫化温度及时间对胶料的耐热氧老化性能是有影响的。一般硫化温度越低，硫化时间越短的胶料其耐热氧老化性能也越差。

(6) 仅仅采用超促进剂 ZDC 或 PX，一般硫化温度可降到 90℃左右（硫化时间 45min 为限）。要进一步降低硫化温度，必须在配方中加胺类活性剂，如三乙醇胺。但如果三乙醇胺用量超过 0.5%，则对胶料耐热氧化性能产生不利影响，丙烯酰胺活性较三乙醇胺与丙烯酰胺并用效果好。防老剂可用 MB 与抗氧剂 1010 并用。

(7) 用正交回归法筛选其并用效果　由于防老剂品种较多，采取常规的办法筛选其并用效果工作量太大也是不可能的，因此采用正交回归法筛选其并用效果，但用正交回归法筛选一次最好不超过 5 种配合剂（五因子），因此选用五因子二次回归正交表（1/2 实施）进行试验。用正交回归法筛选法首先要确定这 5 种配合剂用量范围，这 16 种防老剂经初选，确定以下 5 种防老剂其用量范围（按防老剂用量情况设计变量间距和表中要求给出的变量范围 $r=1.547$），见表 6-8。

表 6-8　防老剂变量范围表（r=1.547）

防老剂名称	变量间距	变量范围				
		−1.547	−1	0	1	1.547
亚磷酸苯二异辛酯	0.7	0	0.3	1.0	1.7	2.1
4010NA	1.0	0	0.5	1.5	2.5	3.0
MB	0.7	0	0.3	1.0	1.7	2.0
RD	0.7	0	0.3	1.0	1.7	2.0
1010	0.15	0	0.15	0.3	0.45	0.6

在基本配方确定后加入这 5 种防老剂，做五因子二次回归正交试验，试验安排见表 6-9。

表 6-9　按五因子二次回归正交表（1/2 实施）进行试验及其结果

防老剂品种(设计矩阵)					硫化仪测得值		老化前物理机械性能				老化后物理机械性能			
亚磷酸苯二异辛酯	4010NA	MB	RD	抗氧剂1010	t_{10}	t_{90}	硬度	扯断力/0.1MPa	伸长率/%	300%定伸应力/MPa	硬度	扯断力/0.1MPa	伸长率/%	老化系数(70℃×48h)
1.7	2.5	1.7	1.7	0.45	5′	15′30″	63	268	572	96.5	69	220	468	0.68
1.7	2.5	1.7	0.3	0.15	6′20″	18″	64	271	592	94.5	70	231	465	0.66
1.7	2.5	0.3	1.7	0.15	7′20″	16′	63	276	584	98	69	209	402	0.53
1.7	2.5	0.3	0.3	0.45	7′40″	15′30″	64	281.6	584	10.2	70	226	428	0.59
1.7	0.6	1.7	1.7	0.15	7′40″	18′25″	64	267	600	88	71	225	452	0.63
1.7	0.5	1.7	0.3	0.45	7′30″	19′30″	64	255	560	93	71	294	456	0.75
1.7	0.5	0.3	1.7	0.45	8′	17′20″	64	278	556	103	70	204	396	0.52
1.7	0.5	0.3	0.3	0.15	8′	16′40″	64	269	520	113	70	211	372	0.56
0.3	2.5	1.7	1.7	0.15	8′30″	20′30″	67	274	556	104	72	221	420	0.61
0.3	2.5	1.7	0.3	0.45	7′50″	19′30″	67	275	520	103	71	238	436	0.73
0.3	2.5	0.3	1.7	0.45	8′	17′	64	271	552	99	71	217	404	0.59
0.3	2.5	0.3	0.3	0.15	7′30″	15′30″	64	286	520	102	72	210	388	0.55
0.3	0.5	1.7	1.7	0.45	7′30″	20′30″	68	246	484	110	71	221	396	0.73
0.3	0.5	1.7	0.3	0.15	8′30″	20′30″	68	263	532	106	72	338	452	0.77
0.3	1.5	0.3	1.7	0.15	9′	18′	65	270	492	108	72	218	396	0.65
0.3	1.5	0.3	0.3	0.45	9′	18′20″	65	239	494	107	72	200	368	0.73
2.1	3.0	1.0	1.0	0.3	9′30″	17′30″	64	249	548	90	69	240	468	0.82
0	0	1.0	1.0	0.3	9′50″	19′30″	67	253	512	99	72	197	372	0.57
1.0	1.5	1.0	1.0	0.3	7′30″	16′30″	63	261	536	96	70	223	424	0.68
1.0	1.5	1.0	1.0	0.3	9′30″	18′30″	64	262	544	100	70	228	404	0.65
1.0	1.5	2.0	1.0	0.3	8′30″	20′30″	66	262	568	93	71	232	440	0.59
1.0	1.5	0	1.0	0.3	8′30″	16′	63	274	572	99	71	220	376	0.55
1.0	1.5	1.0	2.0	0.3	8′	17′30″	63	257	564	93	70	192	272	0.49
1.0	1.5	1.0	0	0.3	9′	17′30″	63	255	580	94.5	70	209	388	0.55
1.0	1.5	1.0	1.0	0.6	7′50″	17′30″	63	289	564	95	70	220	398	0.61

续表

防老剂品种(设计矩阵)					硫化仪测得值		老化前物理机械性能				老化后物理机械性能			
亚磷酸苯二异辛酯	4010NA	MB	RD	抗氧剂1010	t_{10}	t_{90}	硬度	扯断力/0.1MPa	伸长率/%	300%定伸应力/MPa	硬度	扯断力/0.1MPa	伸长率/%	老化系数(70℃×48h)
1.0	1.5	1.0	1.0	0	8′	17′20″	63	249	568	96	71	214	388	0.56
1.0	1.5	1.0	1.0	0.3	7′30″	18′	65	249	527	103	70	220	370	0.65
0	0	0	0	0	8′30″	18′30″	65	276	520	126	73	177	368	0.45

6.5.2 用计算机筛选最优配方

计算机筛选最优配方能大大节省试验所需的人力物力，从计算机得到回归方程系数、全相关系数、剩余标准离差及回归方差。

利用回归分析试验设计并用计算机对试验结果进行计算，分析并预报最优配方，程序如下（参阅图6-5及说明）。

(1) 从分组的配合剂中定出每种配合剂的试验水平值（变量范围），如本文已确定用5种配合剂筛选（取1/2实施）。中心点试验次数 m_0 取1，从表中查得 r 值(变量范围内1.547)，变量间距根据经验及变量范围确定。表6-8和表6-9是根据五因子二次回归正交表（1/2实施）列出的试验次数、顺序及变量，试验所得的物理机械性能结果，试验次数为27，变量试验所得全部数据均输入计算机中。

(2) 向计算机输入配方原始变量数据 X，各项物理机械性能试验结果数据 Y。

(3) 计算机调用CAD程序，算 G_j 程序，解线性方程。计算机的操作程序见图6-5。

(4) 打印出最佳配方的配合剂用量及物理机械性能指标。

(5) 最后将计算结果进行试验验证。

据预报的配方及物理性能选出最优配方并用试验验证，见表6-10。

表6-10 用计算机算出的配方的物理机械性能与实验得到的物理机械性能对比

序号	防老剂品种					硫化仪测得值		老化前物理机械性能					老化后物理机械性能			
	亚磷酸苯二异辛酯	4010NA	MB	RD	抗氧剂1010	t_{10}	t_{90}	硬度	扯断力/0.1MPa	伸长率/%	300%定伸应力/0.1MPa	永久变形/%	硬度	扯断力/0.1MPa	伸长率/%	老化系数(70℃×48h)
计算-0	0	0	0	0	0	9′	15′40″	66	283	490	113	24	—	—	—	0.45
试验-0	0	0	0	0	0	9′	16′	67	255	494	110	28	72	179	309	0.44
计算-5	0.65	0.5	1.7	0.3	0.45	8′20″	20′	66	256	529	102	33	—	—	—	0.74
试验-5	0.65	0.5	1.7	0.3	0.45	8′50″	19′	67	256	532	99	34	72	230	428	0.72
计算-18	0.65	1.0	1.7	0.65	0.45	8′	19′8″	66	254	539	101	36	—	—	—	0.73
试验-18	0.65	1.0	1.7	0.65	0.45	8′50″	19′7″	67	267	556	91	40	71	227	423	0.64

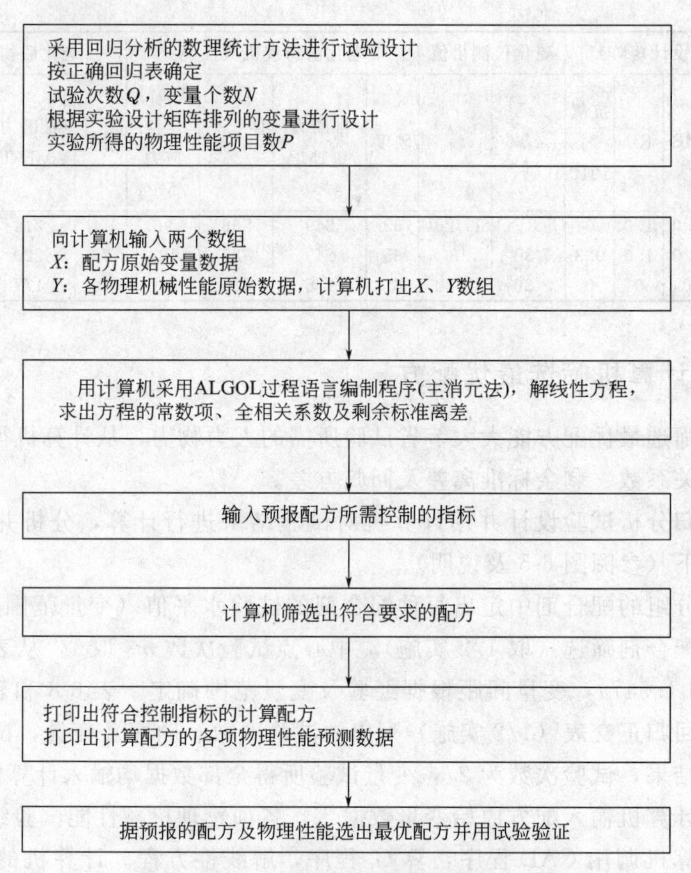

图 6-5　筛选最优配方程序

计算机筛选出的优选配方与实验验证的数据是非常接近的。表 6-10 的数据说明应用计算机计算出的最优配方是可信的。

6.6　翻新轮胎使用的胶料性能要求和配方

6.6.1　胎面胶配方

翻新轮胎使用的胎面胶情况较复杂，因胎面胶的配方与轮胎使用条件、轮胎结构、规格、翻新和修补方法、价格要求、配用车辆等因素密切相关，可能会有数以百计配方提出。下面只介绍一些载重和工程轮胎翻新的胎面胶配方供参考并作如下说明。

(1) 斜交载重轮胎胎面胶　优越的耐磨性；具有较高的拉伸强度和撕裂强度，伸长率较高；生热低，弹性高；耐老化性好，高温下性能保持率高；抗花纹裂口性好；耐刺扎，抓着力及抗湿滑性好；与缓冲层间保持良好的黏着性；使用的原材料不会对环境及人体构成损害。

对较厚的公路型胎面最好分成胎冠胶和胎面基部胶两层。

使用的胶多用天然橡胶并用50%以下的顺丁橡胶，使用中超炭黑，全天然橡胶的胎面用量不高于50份，掺用顺丁橡胶时则可用到55份以下。

(2) 子午线载重轮胎胎面胶　子午线载重轮胎胎面胶与斜交轮胎胎面有些差别，子午线轮胎胎面胶要求抗切割和耐撕裂性较高，滚动阻力要小，黏合性要高，因此以天然橡胶较好，使用中超炭黑用量45份。但掺用顺丁橡胶可改善花纹沟裂口。

(3) 胎面基部胶　要求能对胎冠胶和缓冲胶在定伸应力、硬度、黏合性能上有良好的过渡，低生热，因此使用的炭黑应以快压出炭黑为主，用量不超过45份。

(4) 工程轮胎胎面胶　国际上将工程轮胎按使用类型分成4种，翻新时也可将轮胎胎面胶分成几种类型加以开发。矿区自卸车轮胎（金属露天矿与露天煤矿及运距，环境温度等有较大差别），对耐切割性要求高于耐磨性，防止轮胎过快升温是关键，因此在胎面胶中多用天然橡胶，使用结构不高的高耐磨炉黑并掺用白炭黑及偶联剂。港口码头的装载机因行驶距离短，转弯半径小，刹车多，胎面滑移多，要求耐磨性好，胎面与胎体附着力好，应使用较高结构的中超炭黑，掺用顺丁橡胶，加用增黏剂。

载重翻新轮胎胎面胶配方见表6-11，表6-12为载重翻新轮胎及预硫化胎面胶配方，表6-13是国外翻新轮胎胎面胶配方。

表 6-11　载重翻新轮胎胎面胶配方

配方编号及特性 / 原材料名称	1	2	3	4	5	6	7	8	9
	子午,滚动阻力低,节油10%	斜交,低速工程胎,抗崩花掉块	子午,耐磨性好	斜交,提高里程,降生热	斜交,提高里程,降生热	越野车胎,抗崩花掉块	预硫化胎面胶,耐磨、高速	胎面胶,耐磨、高速	子午,耐磨性好
NR	100	20	70	60	60	60	70	100	20
SBR1500		80							
BR9000			30	40					
BR9037(充油)							41.3		
NdBR9100					40				30
S-SBR						40			50
纳米氧化锌	3.5				3.5	5	3.5	3	
氧化锌		5	5	5					5
硬脂酸	2	3	2	2	3	2		1	2.5
硫黄	1.4	1.4	2.4	2.5	1.4	1.4	1.4	1.6	1.8

续表

配方编号及特性 原材料名称	1	2	3	4	5	6	7	8	9
	子午，滚动阻力低，节油10%	斜交，低速工程胎，抗崩花掉块	子午，耐磨性好	斜交，提高里程，降生热	斜交，提高里程，降生热	越野车胎，抗崩花掉块	预硫化胎面胶，耐磨、高速	胎面胶，耐磨、高速	子午，耐磨性好
促进剂 NS	1.3	1.3	1.2	1.5	1.3	1.3	1.3	1.7	
促进剂 CZ									0.7
促进剂 DM									0.6
炭黑 N115			50	30					
炭黑 N234				23	20		15		
炭黑 N220		30						27	
炭黑 N375		23	5						55
E1900						52			
低滚动阻力炭黑 Z-13					32		40	25	
白炭黑 GR175									
白炭黑 U7005						10			
双向白炭黑	50								
偶联剂 Si-69	3		1						
偶联剂 X50-S									
纳米滑石粉				10					
防老剂 4020	1	2	1	2	1.5		1.5	1.5	1
防老剂 RD		1.5	1	2	1.5		1.5	1.5	
防老剂 TMQ	1								
防老剂 AW									1.5
抗返原剂 WK-901			1				2		
偶联剂 X50-S									
芳烃油		5	5	6	5	6	5	5	8
微晶石蜡	1.5					1.5	1		1
古马隆树脂									
防焦剂 CTP	0.17					0.16			
增黏剂 KTM		3	1						
抗疲劳剂 PL-600						1	1	3	
均匀剂				1					

表 6-12 载重轮胎预硫化胎面胶配方

配方编号及特性 / 原材料名称	1	2	3	4	5(复合胎面)		7	8	9
	好路面	混合路面	高速公路	高速公路	胎面，高耐磨	基部胶	低速车	低速车	基部胶
NR	100	70	70	70	80	90	55		80
SBR1500		30						60	
BR9000						10	25	20	20
NdBR9100			30	30	20				
胎面再生胶							20		
胎面胶粉(80 目)								20	
氧化锌	4	3.5	3.5	3.5	5	5	3.5	5	10
硬脂酸	2	2.4	3	3	2.5	1.5	2	1	2.5
硫黄	0.8	1.2	1.2	1.2	1.9	3	1.8	2.4	1.2
促进剂 CZ	1.3	1.3	1.5	1.5		0.8			
促进剂 NS					1.2		1.5		1.2
促进剂 D						0.3			
促进剂 CBS				1.5			1		
促进剂 OTOS								0.8	
炭黑 N234		55		20				55	
炭黑 N220	52								
炭黑 N330					15		55		30
炭黑 N660					30				10
低滚动阻力炭黑 Z-13			47	32	55				
白炭黑 GR175			5						
偶联剂 Si-69									
偶联剂 X50-S			1						
纳米滑石粉									
防老剂 4020	2	1.5	2		2.5				1.5
防老剂 RD	1	1	1		1.5				1.5
防老剂 TMQ								2	
防老剂 MB						1			
防老剂 HS						1			
防老剂 645								1.5	
增塑剂 A	1.5								
偶联剂 X50-S			1						
环保油	5	5	4.5	5				25	6
微晶石蜡					1				
防焦剂 CTP							0.1		
增黏剂 KTM		2					2	5	
均匀剂 40NS		4	3	3	2			3	
硫黄给予体 DTDM									0.5

表 6-13 国外翻新轮胎胎面胶配方

配方编号及特性 / 原材料名称	1 美国 载重轮胎	2 美国 载重轮胎	3 意大利 载重轮胎	4 德国 乘用车	5 日本 乘用车	6 德国 乘用车	7 荷兰载重预硫化胎面 (掺胶粉或再生胶)
NR			10	25		27.5	
SBR1712			13.75	62	82.5	100	
SBR1714	150						
SBR1834		171.5					
BR1351		72					
SBR1500			45		40		70
BR1220							20
SBR1610							
CB471							
CB474							
BR-01(充油)			35	30			
再生胶/60 目胶粉							20
氧化锌	3	3	4	4	2	4.5	5
硬脂酸	1	1	2	2	1	2	1.0
硫黄	2	2	1.5		2	—	2.4
促进剂 CZ	1.4	1.3	0.25				
促进剂		0.2	0.35				
促进剂 NS							1.5
促进剂 TNTD							
促进剂 18							
炭黑 N375				76		91	50
炭黑 N347	82.5		60		70		
炭黑 N234							75
促进剂 NS							
防老剂 4010NA		1	1				2
防老剂 4020				1.2			
防老剂 124							
防老剂 RD	2	2	1		1		
防老剂 TMQ							2
芳烃油	12.5		22	23	7.5	26	5
微晶石蜡			1.5	2	2.5	2	2.5
均匀剂 Structol40ms							3.0
其它助剂				2.7		3.5	
增黏树脂 100							

注：SBR1712 含芳烃油 37.5 份；SBR1714 含芳烃油 50 份；SBR1834 为冷充油丁苯炭黑母胶（100 份胶中芳烃油 62.5 份，炭黑 N220 82.5 份）；BR1351 为冷充油顺丁炭黑母胶（100 份胶中芳烃油 50 份炭黑，N220 90 份）；促进剂 18 为苯并噻唑次磺酰胺类促进剂；SBR1610 为充油丁苯炭黑母胶（100 份胶中芳烃油 10 份，炭黑 N220 52 份）；CB471 为充油顺丁炭黑母胶（100 份胶中芳烃油 45 份，炭黑 N339 63 份；CB474 为充油顺丁炭黑母胶（100 份胶中芳烃油 53 份，炭黑 N234 77 份）。

国外翻新胎面胶多用充油充炭黑的合成橡胶，有优越性，但由于充未除芳香烃的芳烃油有污染，在欧盟已禁用，而处理后形成的“环保油”，价格又太高。我国尚未禁用芳烃油。

6.6.2 缓冲胶、预硫化缓冲胶、肩垫胶、填充胶配方

(1) 缓冲胶是介于胎面之间的胶层，因此有一个应力匹配问题，轮胎使用时要承受较大的变形。为防止胎肩部变形量过大可提高定伸应力，但应防止生热过高，也可在配方中用增硬树脂。

(2) 预硫化缓冲胶要求有极好的黏合性，但因预硫化胎面及胎体均是已硫化胶，过高的硫化温度对预硫化胎面及胎体均不利，因此对预硫化缓冲胶要使用低温硫化胶，天然橡胶用量应占 90%，必要时应加增黏剂。

(3) 肩垫胶　在预硫化胎面翻胎贴合成型时往往因胎面断面是矩形的而胎体均打磨成有一定的弧度，如果胎面与胎肩间隙较大时就应填以肩垫胶，以防胎面过于弯曲而产生开脱，影响使用寿命。这种胶要求弹性高，生热低，拉伸性能、耐老化性能、抗疲劳性能较好，可用天然橡胶。

(4) 填充胶　在翻胎贴合成型时，当采用肩、顶翻或预硫化胎面翻胎时，有些肩上、下有深胎面花纹时，在贴合胎面胶前，需对这些花纹补充打磨，涂胶浆并用填充胶填平，这些胶在轮胎使用时，受力及变形不大，但应有较好的散热功能，因此配方中多掺以纳米陶土、纳米碳酸钙、再生橡胶以降低成本。参考配方见表 6-14。

表 6-14　缓冲胶、预硫化缓冲胶、填充胶配方

配方编号及特性 / 原材料名称	1	2	3	4	5	6	7	8
	工程胎缓冲胶	载重胎缓冲胶	85℃低温预硫化缓冲胶	100℃中低温预硫化缓冲胶	100℃中低温预硫化缓冲胶	肩垫胶	填充胶	缓冲胶
NR	100	100	100	100	100	100	50	70
SBR1500							50	
NdBR9100								30
再生胶							50	
氧化锌	5	5	5	5	5	10	10	7
三乙醇胺			0.5					
硬脂酸	2.5	3	1			1.5		2
硫黄	2.5	2.5						2.6
不溶性硫黄			2.2	2.2	2.2	2.6		
促进剂 PZ			0.7					
促进剂 TT		0.05		0.3	0.3		0.07	
促进剂 ZDC			0.7					

续表

配方编号及特性 / 原材料名称	1	2	3	4	5	6	7	8
	工程胎缓冲胶	载重胎缓冲胶	85℃低温预硫化缓冲胶	100℃中低温预硫化缓冲胶	100℃中低温预硫化缓冲胶	肩垫胶	填充胶	缓冲胶
促进剂 D	0.6			1.0	1.4			0.3
促进剂 DZ						0.7		
促进剂 M	0.6	0.8		1.0	0.6		2.3	
促进剂 CZ								0.9
炭黑 N351	25							
炭黑 N326			20	15	15			24
炭黑 N754		15	25	25	25	40		18
炭黑 N550		20					55	
白炭黑 GR175								
偶联剂 Si-69								
防老剂 HS-911			0.8					
防老剂 4020			1	1	1	1		1.5
防老剂 RD				1	1	1.5		1
防老剂 800B	1	1	—					
防老剂复合三号	1	1	—				2	
抗氧剂 1076			—					
防老剂亚磷酸 TNP			—					
防老剂 WH-2								
松焦油		4	5	3	5	5	7	
抗崩树脂 RT206								
芳烃油	3.5			3	—			4
增黏剂 KTM-M			3	2	2			
黏合剂 RH								3.2

6.6.3 包封套胶、硫化内胎胶、水胎胶、硫化胶囊胶配方

包封套胶、硫化内胎胶、水胎胶、硫化胶囊胶配方见表 6-15。

表 6-15 翻胎用包封套胶、硫化内胎胶、水胎胶、硫化胶囊胶配方

配方编号及特性 / 原材料名称	1	2	3	4	5	6	7	8	9
	硫化内胎（丁基橡胶）	硫化水胎（天然橡胶）	包封套（硫黄硫化）	包封套（树脂硫化）	硫化胶囊（树脂硫化）	硫化内胎（丁基橡胶）	硫化水胎（天然橡胶）	硫化水胎嘴子胶	硫化胶囊（树脂硫化）
NR		90					100	100	
SBR1500		10							
丁基橡胶 268	80		100		95	100			100

续表

配方编号及特性 / 原材料名称	1 硫化内胎（丁基橡胶）	2 硫化水胎（天然橡胶）	3 包封套（硫黄硫化）	4 包封套（树脂硫化）	5 硫化胶囊（树脂硫化）	6 硫化内胎（丁基橡胶）	7 硫化水胎（天然橡胶）	8 硫化水胎嘴子胶	9 硫化胶囊（树脂硫化）
氯化丁基橡胶	20				5				
氯丁橡胶									5
氧化锌	5	10	5		5	5		5	5
2402 树脂	10				12		10		
硬脂酸	1	2	1			1	2	2	1.5
硫黄		0.4	1.75			1.75	2.5	0.5	
不溶性硫黄									
促进剂 ZDC			1			0.5			
促进剂 TMTD		1.6				1		2.5	
促进剂 XT-580		0.8							
溴化树脂									10
促进剂 M						0.5			
促进剂 DM							0.75		
炭黑 N220	55								
炭黑 N351					50				50
炭黑 N326		30	30			30			
炭黑 N754		15	25			25	30	15	
炭黑 N660								30	
白炭黑 GR175									
偶联剂 Si-69									
防老剂 HS-911									
防老剂 4020		2	2				2	2	
防老剂 RD		2	1				2	2	
防老剂 800B									
防老剂 BLE		1.5							
防老剂复合三号									
纳米陶土		20					80		
液体古马隆			5						
沥青		3					6.5	2	
稳定剂 1,3 双（柠康酰亚胺甲基苯）									0.75
芳烃油	12	4							7.5
增黏剂 KTM-M		2	15						
松香							1		
石蜡							1		

6.7 修补轮胎胶料配方

(1) 补胎胶　用于修补轮胎着地面及胎侧洞疤。在硫化条件142℃×30min时其胶料半成品物理机械性能指标应达到拉伸强度（MPa）≥20；300％定伸应力（MPa）7～11；拉断伸长率（％）≥470；永久变形（％）≤50；阿克隆磨耗（cm^3/1.61km）≤0.6；邵尔A硬度62±4。

配方举例（质量份）：烟片胶100；再生胶18.8；氧化锌4；硫黄2.5；促进剂M 0.38；促进剂DM 0.5；防老剂A 1；防老剂D 1；高耐磨炉黑43.8；硬脂酸2.5；石蜡0.5；机油30#6.25。

(2) 缓冲胶　俗称垫胶，用在轮胎伤洞打磨面与补胎胶之间，吸收轮胎行驶过程发生在补胎胶与轮胎胎体胶之间的剪切应力，使二者较牢固地粘在一起，在142℃×15min硫化时其胶料半成品物理机械性能指标应达到：拉伸强度（MPa）≥25；300％定伸应力（MPa）6～8；拉断伸长率（％）≥500；邵尔A硬度56±4。

配方举例（质量份）：烟片胶100；氧化锌6；硫黄2.5；白艳华15；促进剂TT 0.1；促进剂M 0.6；促进剂DM 0.3；防老剂A 1；防老剂D 1；防老剂H 0.5；硬脂酸2；松焦油5；通用炭黑30。

(3) 橡胶胶黏剂　也称胶浆胶。胶黏剂市场上销售种类很多，这里介绍用于补胎胶料与轮胎胎体橡胶和尼龙帘线黏合的高温用胶浆胶。其作用主要是增强新老橡胶黏合力并满足操作工艺的需求。在142℃×15min硫化时胶浆胶半成品物理机械性能指标应达到：拉伸强度（MPa）≥25；300％定伸应力（MPa）5～8；拉断伸长率（％）≥600；邵尔A硬度52±4。

配方举例（质量份）：烟片胶100；氧化锌10；硫黄2.5；白炭黑10；通用炭黑20；促进剂TT 0.1；促进剂M 0.8；促进剂H 1.8；防老剂A0.5；防老剂4010 1；间苯二酚3；硬脂酸2；古马隆8；松焦油0.5。

(4) 钢丝黏结胶　用于使裸露的钢丝帘线与橡胶黏合的胶料。该胶料142℃×15min硫化时半成品物理机械性能指标应达到：拉伸强度（MPa）≥25；拉断伸长率（％）≥500；邵尔A硬度70±5；300％定伸应力（MPa）5～12。

配方举例（质量份）：烟片胶100；氧化锌10；硫黄5；槽法炭黑45；促进剂M 1.2；防老剂A 1；防老剂4010 1；环烷酸钴4；硬脂酸1.7；松焦油4。

热翻轮胎各种修补胶配方见表6-16和表6-17。

表6-16　热翻轮胎各种修补胶配方（一）

配方编号及特性 / 原材料名称	1	2	3	4	5	6	7	8	9
	尼龙衬垫胶	钢丝保护胶浆胶	含钴盐钢丝胶	含钴盐白炭黑钢丝胶	含钴盐白炭黑钢丝胶	填钢丝胎补洞胶	填尼龙胎补洞胶	工程胎衬垫胶	工程胎补洞胶
NR	100	100	100	85	100		100	100	100

续表

配方编号及特性 / 原材料名称	1 尼龙衬垫胶	2 钢丝保护胶浆胶	3 含钴盐钢丝胶	4 含钴盐白炭黑钢丝胶	5 含钴盐白炭黑钢丝胶	6 填钢丝胎补洞胶	7 填尼龙胎补洞胶	8 工程胎衬垫胶	9 工程胎补洞胶
BR				15					
活性氧化锌	5	40	10	10	10		20	15	15
硬脂酸	2.0	2.5	1	1	2		2	2	
硫黄								2.5	2.6
不溶性硫黄 S-60	2.6	3.5		5.5	3		2.5		
促进剂 4010NA					3				
促进剂 TT	0.08						0.06	0.05	0.06
促进剂 DM	0.4						0.6		
促进剂 DZ					1.2				
新癸酸钴				3.5					
促进剂 M	0.8	0.45		3			0.6	1.0	1.0
促进剂 D								1	1
炭黑 N351									
炭黑 N330	20	40	45	35	45				
炭黑 N754									
炭黑 N660									
白炭黑 GR175				15					
偶联剂 Si-69								15	
防老剂复合三号			0.5				1	1	1
防老剂 4010	1.0		0.5						
防老剂 BLE				1					
防老剂 D-50			1				1.5		
防老剂 800B								1.5	1.5
沥青	1.0	5							
芳烃油								3	
黏合剂 A/RS					3			2.2/3.2	
黏合剂 RE					3				
纳米碳酸钙							15	15	
松焦油	4.0		3	4	4		2		
抗崩花树脂 RT206									

表 6-17　热翻轮胎各种修补胶配方（二）

配方编号及特性 / 原材料名称	10 钢丝子午黏合胶浆	11 巨胎修补胶	12 胎侧修补胶
NR	100	100	70
NdBR9100			30
活性氧化锌	5	5	4

续表

配方编号及特性 原材料名称	10	11	12
	钢丝子午黏合胶浆	巨胎修补胶	胎侧修补胶
硬脂酸	1	1	1.5
硫黄			1.5
不溶性硫黄 IS-60	5.3	3.5	
促进剂 4010NA			
促进剂 TT	0.05		
促进剂 DZ	0.8	0.8	
促进剂 NS			0.8
促进剂 M	0.8		
促进剂 D	0.8		
炭黑 N351	20		35
炭黑 N326		42	
炭黑 N754			
炭黑 N660			
白炭黑 GR175	20	10	
偶联剂 Si-69	2	1.5	
新癸酸钴		10	
防老剂复合三号	1		1
防老剂 4020		1.5	
防老剂 RD		1.5	
防老剂 D-50			
防老剂 800B	1		3
抗臭氧石蜡			1.5
芳烃油	4		
古马隆			
黏合剂 RL	5		
黏合剂 RE/RH		2.5	
RCPbO(有机氧化铅)	2		
松焦油			
抗崩花树脂 RT206			
抗返原剂 DL-268			2
增黏树脂 TKM-M		3.2	

6.8 工程轮胎翻新胎面胶使用的胶料性能要求及配方

工程轮胎由于用途广泛，车辆品种复杂，新胎也分窄基、宽基、低断面轮胎，因此翻新胎面胶也要按配用车辆及使用条件来设计。

(1) 窄基轮胎翻新胎面胶 多装于铲运机及自卸车上。用于露天矿的自卸车负荷大，速度高，对耐切割、耐刺扎性要求高，柔韧性及综合性能好。多以天然橡胶为主，用中结构粒子炭黑（如 N351）掺用部分白炭黑。用于水电、道路建设运输的翻新胎面胶则较重视耐磨性，因此应掺用部分合成橡胶及中超炭黑。

(2) 宽基轮胎翻新胎面胶 多用于平地机、筑路机等。因其限速在 40km/h 以下，多在泥土上使用，对胎面机损较小，配方与在普通路面行驶的翻新轮胎相当。

(3) 低断面轮胎胎面胶 多用于装载机和推土机上的轮胎上，因这些轮胎按规定车速不超过 10km/h，单程行距为 75m，对胎面胶的性能要求不高，在胎面胶配方中加入少量如纳米碳酸钙或胶粉之类的填充剂以替代部分硬质炭黑。

6.8.1 工程轮胎胎面胶配方举例

表 6-18 和表 6-19 列举了一些工程轮胎胎面胶配方。

表 6-18 工程轮胎胎面胶配方（一）

配方编号及特性 / 原材料名称	1	2	3	4	5	6	7	8	9
	斜交轮胎，耐切割、刺扎(A 级)	$1^{\#}$基部胶	低速胎	装载机	碎石场地	泥沙场地	胎面基部胶	装载机	低速胎
NR	100	100	100	70	100	100	100	70	
SBR1500				30				30	100
氧化锌	5	5	5	4	5	5	5	5	5
硬脂酸	2	3	2	3	2	2	1.5	3	3
硫黄	0.6	1.5	2.5	1.5	0.7	1.5	3	2	1
促进剂 CZ		0.9					0.7		2.5
促进剂 NS				1.3				1.3	
促进剂 XT-580	1		0.8						
促进剂 D							0.3		
硫化剂 TBzTD						1.2			
炭黑 N220					45				
炭黑 N234	41		30	50		33			
炭黑 N121			30						
炭黑 N351		15							
炭黑 E1990								60	55
炭黑 N326						20	15		
炭黑 N539							30		
炭黑 N660		30							
白炭黑 GR175	13				15				
偶联剂 Si69	1.3				1.5				
防老剂 4020	1.5		2		1.5	1.5	1.5	1.5	1.5

续表

配方编号及特性 / 原材料名称	1 斜交轮胎，耐切割、刺扎（A级）	2 1#基部胶	3 低速胎	4 装载机	5 碎石场地	6 泥沙场地	7 胎面基部胶	8 装载机	9 低速胎
防老剂 RD	1.5		1.5	1.5	1.5		1		
防老剂 800B				1.2					
防老剂复合三号		1.2							
防老剂 BLE-W						1.5			
防老剂 MB							1		
防老剂 WH-2								1	
古马隆树脂		2							
抗崩树脂 RT206	2.5								
环保油	3	3	5	3	3	4	3	8	12
微晶石蜡	1.5							1	1
防焦剂 CTP	0.2							0.2	0.2
增黏剂 KTM								2	4
均匀剂 40NS					1.5	1.5			
抗返原剂 WK-901								3	3
抗返原剂 DL-268	1	2	2	2					

表 6-19　工程轮胎胎面胶配方（二）

配方编号及特性 / 原材料名称	10	11	12	13	14 推土机	15 铲车	16	17
NR	60	70	60	50	70	0	100	40
SBR1500	40	30	40	20	30	100	0	0
BR	0	0	0	30	0	0	0	60
氧化锌	5	5	4	3	4	3	4	3
硬脂酸	3	3	2.5	0	3	2	3	2
白炭黑								
炭黑 N330								
炭黑 N220								
促进剂 NOBS								
促进剂 CZ								
促进剂 DM								
防老剂 4020								
防老剂 4010NA								
防老剂 800B								
防老剂复合三号								
防老剂 RD								
微晶石蜡								

续表

原材料名称 \ 配方编号及特性	10	11	12	13	14	15	16	17
					推土机	铲车		
硫黄								
芳烃油								
机油								
松焦油								
古马隆树脂								
防焦剂 CTP								
活性剂								
填充剂								
硫化胶的物理机械性能								
300%定伸应力/MPa							1	
拉伸强度/MPa								1
永久变形/%		2						
撕裂强度(B型)/(kN/m)	2.5							
回弹值/%	3	3	5	3	3	4	3	8
阿克隆磨耗/cm^3	1.5							1
DIN磨耗/mm^3	0.2							0.2

6.8.2 不同胶种及配合剂对工程轮胎胎面胶物理机械性能的影响

表 6-20 列出了不同胶种及配合剂对工程轮胎胎面胶物理机械性能的影响。

表 6-20 不同胶种及配合剂对工程轮胎胎面胶物理机械性能的影响

项目	配方编号											
	1	2	3	4	5	6	7	8	9	10	11	12
配方组分/份												
NR(SIR10)	100	100	100	50	0	100	100	100	100	100	100	100
BR	0	0	0	50	0	0	0	0	0	0	0	0
SBR1502	0	0	0	0	0	0	0	0	0	0	0	0
炭黑 N121	60	60	60	60	60	60	60	0	0	70	50	0
炭黑 N330	0	0	0	0	0	0	0	0	0	0	0	60
白炭黑 210	0	0	0	0	0	0	0	60	60	0	0	0
偶联剂 X50S	0	0	0	0	0	0	0	0	12	0	0	0
偶联剂 3350	0	0	0	0	0	0	0	2	0	0	0	0
芳烃油	5	5	5	5	20	5	5	5	5	5	5	5
氧化锌	5	5	5	5	3	5	5	5	5	5	5	5
硬脂酸	2	2	2	2	2	2	2	2	2	2	2	2
防老剂 RD	1.5	1.5	1.5	1.5	1.5	1.5	1.5	1.5	1.5	1.5	1.5	1.5
防老剂 4020	2	2	2	2	2	2	2	2	2	2	2	2

续表

项　　目	配方编号											
	1	2	3	4	5	6	7	8	9	10	11	12
改性酚醛树脂 ULtiPro100	0	0	0	0	0	3	0	0	0	0	0	0
改性酚醛树脂 SP-6701	0	0	0	0	0	0	3	0	0	0	0	0
促进剂 H	0	0	0	0	0	1	0.33	0	0	0	0	0
促进剂 NOBS	0.7	1.4	0.35	1	1.8	0.7	0.7	0.7	0.7	0.7	0.7	0.7
促进剂 D	0	0	0	0	0.1	0	3	0	0	0	0	0
硫黄	2.5	5	1.25	2.5	2	2.5	2.5	2.5	2.5	2.5	2.5	2.5
硫化胶物理机械性能												
交联密度/(mol/cm³)	6.66	1.71	1.58	9.22	5.46	8.42	6.62	7.80	1.89	8.79	4.74	6.61
邵尔 A 硬度	72	78	61	73	70	80	78	61	57	77	66	69
300%定伸应力/MPa	16.0		10.7	17.1	18	18.8	17.1	3.6	7.1	19.2	13.2	15.6
拉伸强度/MPa	26.5	20.1	16.7	20.9	20.8	25.6	24.5	17.1	16.0	22.1	27.6	26.1
拉断伸长率/%	499	282	442	365	347	434	442	691	536	352	553	503
撕裂强度(B型)/(kN/m)	144	116	71	119	49	142	130	62	36	93	137	105
回弹率/%	40	43.9	35.5	48	36.1	41.5	41.2	47	45.1	35.2	40.9	43.6
切割及掉块试验												
质量损失/mg	2.66	4.44	1.81	2.92	3.05	2.77	2.50	3.82	3.21	2.58	2.78	2.62
直径减小量/cm	0.53	0.89	0.33	0.58	0.61	0.51	0.46	0.74	0.66	0.46	0.58	0.48
DIN 磨耗量/mm³	114	94	167	45	81	96	100	281	231	122	126	124
皮克(Pico)磨耗量/mg	18.8	16.0	45.6	12.2	18.9	17.9	19.5	67.9	42.0	18.8	23.3	21.5
NBS 磨耗转数/转	2202	4509	2703	5953	5121	3517	3468	2099	1950	3412	2754	2202

表 6-20 中对胶料的试验除一般的物理机械性能外对胎面胶的耐磨性、耐切割及掉块进行了多项对比试验，这是因为实际的情况非常复杂，使用某一种试验结果难以与实际相符，多项试验结果能较贴近实际。测试包括：切割及掉块质量损失，DIN 磨耗量，Pico 磨耗量，NBS 磨耗转数对比。

6.9 降低翻新轮胎胶料滚动阻力的措施

为降低翻新轮胎胶料的滚动阻力，选择低生热和低滚动阻力的橡胶和配合剂是最重要的举措。但对载重翻新轮胎而言选择余地较小，因翻胎企业大多炼胶设备简陋，有些原材料不宜使用（如降低胶料的滚动阻力有显著效果的白炭黑加偶联剂，且耐磨性较差）。另影响载重翻新轮胎滚动阻力和生热最大的是胎面胶，而胎面胶最重要的指标之一是耐磨性。低生热和低滚动阻力是要保持耐磨性不会下降才有意义。但合理的和用于高速公路高速行驶的胎面胶应分为胎冠胶和基部胶，因此本节就这两方面提出一些措施来讨论。

6.9.1 炭黑的选择

影响载重翻新轮胎滚动阻力和生热最大的是胎面胶，使用的炭黑选择低滚动阻力、低生热和耐磨性好的炭黑是有效措施。各种炭黑的生热情况对比见图 6-6。从图中看出 EB171 生热最低。

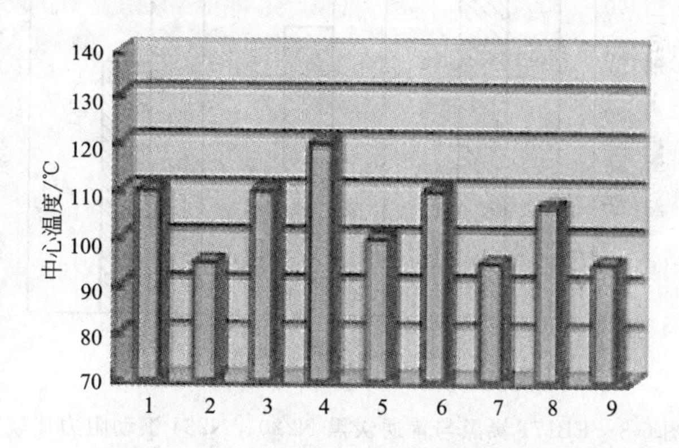

图 6-6 各种炭黑的品种生热情况对比

1—N358；2—EB167；3—N115；4—ref 炭黑；5—EB169；6—N234；7—EB171；8—N121；9—EB172

图 6-7 对比了各种炭黑的损耗因子（tanδ），并将其视为滚动阻力，结果为 EB171 炭黑的损耗因子最小，滚动阻力也最低。

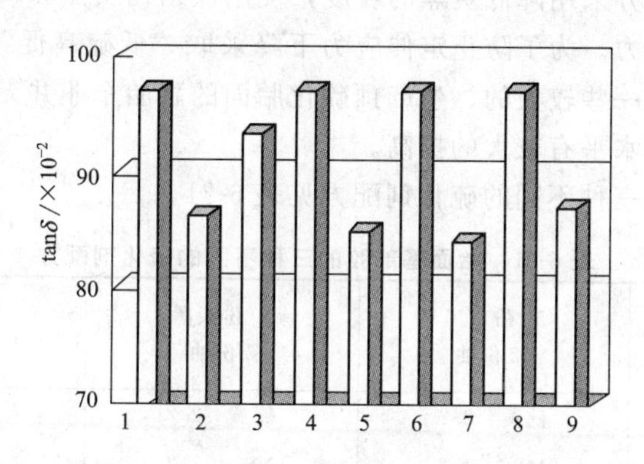

图 6-7 各种炭黑的损耗因子（tanδ）比较

1—N358；2—EB167；3—N115；4—ref 炭黑；5—EB169；6—N234；7—EB171；8—N121；9—EB172

图 6-8 以 EB171 与普通炭黑 N220，N234 炭黑相比较：EB171 的耐磨性与 N234 相同，而滚动阻力要小。

EB171 炭黑是德国 Degussa AG 公司产的 Ecorx 炭黑（纳米结构炭黑系列中的一种），其特点是炭黑表面结构粗糙，阻碍了聚合物沿其表面滑移，从而产生的滚动阻力和生热较小，见图 6-8。

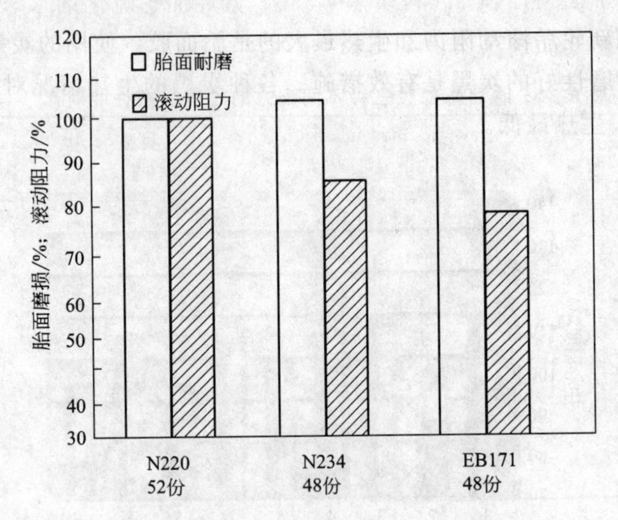

图 6-8　EB171 炭黑与普通炭黑 N220、N234 滚动阻力比较

6.9.2　胎面基部胶采用的低生热及低滚动阻力配方

轮胎的生热大部分来自胎面基部胶，将轮胎的胎面分成胎冠胶和胎面基部胶，将胎面基部胶的生热降低，不会降低耐磨性。

胎面基部胶配方采用降低炭黑的粒度，使用低结构炭黑和减少用量，可大幅度降低生热及滚动阻力。为了防止定伸应力下降采取“低硫高促”，同时加入硫黄给予体这一措施，对一些较大的、生产预硫化胎面的翻胎企业并无大问题，且可在行业中推广，使翻胎水平有较大的提高。

胎面基部胶的三种不同的硫化剂配方见表 6-21。

表 6-21　胎面基部胶的三种不同的硫化剂配方

项　　目	50 份炭黑 12 份油	40 份炭黑 5 份油	30 份炭黑 3 份油
对比配方	硫黄　2.2 MBS　1.2	硫黄　2.2 NS　1.2	硫黄　2.2 NS　1.2
半高效配方 1	硫黄　1.55 MBS　1.55	硫黄　1.55 NS　1.55 DTDM　0.3	硫黄　1.55 NS　1.55 DTDM　0.75
半高效配方 2	硫黄　1.4 MBS　1.2 DTDM　0.75	硫黄　1.4 NS　1.2 DTDM　1.2	硫黄　1.4 NS　1.2 DTDM　1.8

表 6-21 胎面基部胶的基本配方（质量份）：NR 80；BR 20；氧化锌 3；硬脂酸 3；防老剂 TMQ 2.0；HPPD2.0；炭黑 N550、芳烃油、硫化剂（S、DTDM）、促进剂（MBS、NS）变品种及用量，见表 6-22。

表 6-22　胎面基部胶三种不同配方的物理机械性能对比

项　目	50 份炭黑 12 份油量			40 份炭黑 5 份油量			30 份炭黑 3 份油量		
硫黄/份	2.2	1.55	1.4	2.2	1.55	1.4	2.2	1.55	1.4
MBS/份	1.2	1.55	1.2	—	—	—	—	—	—
NS/份	—	—	—	1.2	1.55	1.2	1.2	1.55	1.2
DTDM/份		0.75		0.3	0.3	1.2	1.0	0.75	1.8
硫化仪（150℃）									
最小扭矩/（0.11N·m）	12.9	12.9	12.3	13.5	13.1	13.2	12.1	13.0	11.8
最大扭矩/（0.11N·m）	67.8	64.5	68.7	76.7	72.8	76.0	75.6	71.9	72.9
t_2/min	7.6	7.6	9.8	8.1	8.4	10.6	9.6	9.6	12.2
t_{90}/min	13.8	12.7	16.1	12.9	12.8	16.3	14.4	14.4	18.7
未老化前物理性能（150℃正硫化）									
邵尔 A 硬度	66	63	64	64	64	64	63	60	61
300%定伸应力/（N/mm^2）	12.5	12.0	13.3	14.2	13.8	14.2	13.1	11.8	11.9
拉伸强度/（N/mm^2）	24.7	24.3	22.6	25.1	25.2	24.3	25.1	25.2	20.2
伸长率/%	526	522	471	454	472	51	413	443	398

图 6-9 为胎面基部胶的三种不同的炭黑、促进剂、硫化剂品种及用量配方升温情况。可以看出将炭黑 N550 由 50 份减为 40 份再用 DTDM 部分替代硫黄，用促进剂 NS 替代 MBS 效果最佳。

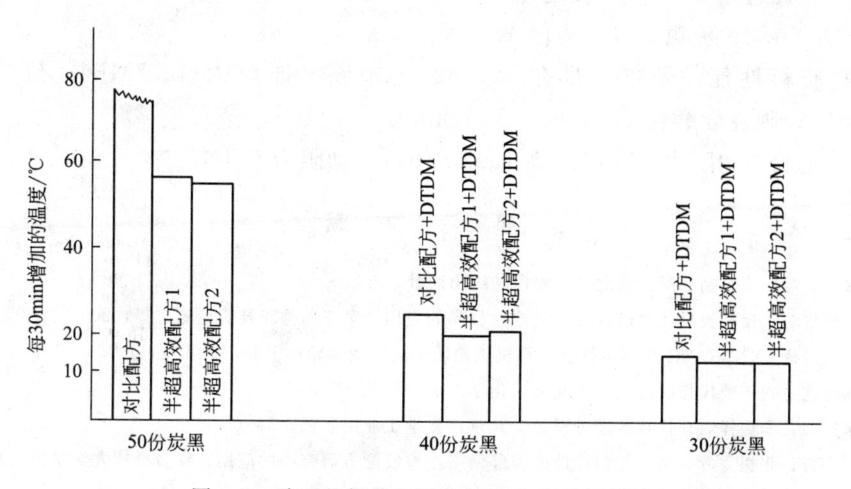

图 6-9　胎面基部胶三种不同配方的升温情况

6.9.3 低滚动阻力胎面胶配方

低滚动阻力在欧盟已成为轮胎标签法规要求的主要内容，轮胎的滚动阻力60%以上取决于胎面的结构与胶料。在胎面胶配方中采用低滚动阻力胶是关键。下面介绍两个轿车轮胎胎面配方供参考。

(1) 米其林绿色轮胎 205/60HR15　轮胎性能：耐久性 200h 未坏，高速性280km/h 未坏。

① 配方（质量份）：SSBR（充油）137.5；N339 40；白炭黑 35；硬脂酸 1.0；氧化锌 2.8；促进剂 CZ 1.4；防老剂 4020 1.5；防护蜡 1.5；Si-69 3.5；S 2.6；加工助剂 2.0；含胶率 43.68%。

② 胶料性能（下层）：硬度（邵尔 A）72；300%定伸应力 14.6MPa；拉伸强度 15.8MPa；拉断伸长率 337%；永久变形 14%；弹性 25%；阿克隆磨耗 $0.039cm^3/1.61km$，密度 $1.20g/cm^3$。

③ 轮胎滚动阻力

速度/（km/h）	滚动阻力/N
50	51
80	44
120	62

(2) 国内银川佳通轮胎有限公司试产的全钢子午线轮胎 315/70R22.5 胎面胶配方　胶料性能：60℃，tanδ 值小（RPA 测试 0.156）；轮胎性能：滚动阻力系数小（6.4N），达到欧盟 2016 年的法规要求。

① 胎面配方（质量份）：

NR 85；BR 15；N234 33；白炭黑 18；硬脂酸 2.0；氧化锌 3.5；硅烷偶联剂 X50-S 4；促进剂 NS 1.2；促进剂 D 0.4；防老剂 4020 1.0；防老剂（4020，TMQ 和防护蜡）4.8；硫黄 1.3；其它 4。

② 胶料性能：硬度（邵尔 A）62；300%定伸应力 10.7MPa；拉伸强度 26.2MPa；阿克隆磨耗 $0.194cm^3/1.61km$。

③ 轮胎滚动阻力：速度最高 130km/h，滚动阻力 6.4N。

参考文献

[1] 张玉龙等．橡胶制品配方．北京：中国纺织出版社，2009.

[2] 杜爱华等．反式聚异戊二烯橡胶及其改性材料的应用．第三届橡胶技贸会论文集，2006.

[3] 肖大玲译．XNBR/NR 并用在翻新工程机械轮胎中的应用．轮胎工业，2009（11）：25.

[4] 杨清芝主编．现代橡胶工艺学．北京：化学工业出版社，2004.

[5] 张殿荣，辛振祥．现代橡胶配方设计．北京：化学工业出版社，2001.

[6] 刘小青，张振秀等．基于均匀设计的神经网络在橡胶配方研究中的应用．青岛科技大学学报（自然科学版），2011，32（4）：384-389.

[7] 栗建民，晁春燕，辛振祥．BP神经网络模型在橡胶配方优化中的应用．橡塑技术与装备，2003，29（8）：41-46.

[8] 栗娟；辛振祥．氯化聚乙烯硫脲硫化体系配方优化．合成橡胶工业，2007，30（5）：358-361.

[9] 付丽，邓涛，辛振祥．三元乙丙橡胶/甲基乙烯基硅橡胶共混胶复合硫化体系的性能．青岛科技大学学报（自然科学版），2011，32（2）：159-164.

[10] 陈春花，曹江勇等．助交联剂PDM和硫磺用量对CM/EPDM并用胶性能的影响．橡胶工业，2011，58（1）：21-25.

[11] 石超，高新文，王勇等．配方因素对CM/EPDM并用胶性能的影响．橡胶工业，2009，56（3）：164-166.

[12] 高孝恒．轮胎预硫化翻新用包封套及其制备工艺．专利号：CN1320517，2001.

[13] 高孝恒．提高工程机械轮胎翻新胎面胶质量的探讨．轮胎工业，2005（8）：510-514.

[14] 刘恒武等．低滚动阻力全钢载重子午线轮胎胎面胶配方的研究．轮胎工业，2013（11）：673-676.

第7章

胶料加工

翻新轮胎的质量好坏及使用寿命长短除了与原胎胎体质量、新上各部件胶料的配方有关外，还受胶料加工工艺的影响。如果说各胶料配方是根本，那么胶料的加工工艺是保障。只有在好的配方基础上，配备合适的加工工艺，才能制备出性能优良的翻新轮胎。翻新轮胎所使用的胶料主要包括胎面胶、中垫胶、黏合胶浆胶及修补胶等。这些胶料需要通过炼胶、压延、挤出及溶解等工艺制备成相应的部件或胶浆。

7.1 炼胶工艺

7.1.1 炼胶工艺及质量要求

炼胶是将配方中的生胶和各种配合剂混合均匀，制成符合性能要求的混炼胶的工艺过程，包括准备工艺、炼胶、后处理三个阶段。准备工艺是生胶及配合剂的准备，如生胶的塑炼，配合剂的粉碎、筛选、干燥，母胶和油膏的制备，配合剂的称量等；炼胶是将称量配合好的生胶和各种配合剂用开放式炼胶机（以下简称开炼机）、密闭式炼胶机（以下简称密炼机）或螺杆式混炼机混合均匀的过程，炼胶工艺条件和工艺方法不同，混炼胶的质量会有明显的不同；后处理过程主要包括压片（流片）、冷却、裁断停放等工序。每个阶段对胶料质量都有影响，其中炼胶工艺和方法影响最大。

对混炼胶的质量要求：一是能保证硫化胶具有良好的物理机械性能，满足制品的使用要求；二是具有良好的加工性能，保证加工过程顺利进行。要使硫化胶具有良好的物理机械性能，混炼胶中配合剂要尽可能分散开且分散均匀，配合剂的分散度要达到91%以上，且配合剂颗粒的尺寸应在10μm以下；橡胶平均分子量要高一些。实践表明，要想使硫化胶达到高的力学性能，混炼胶必须具有高的配合剂分散度和平均分子量，其中平均分子量对力学性能的贡献较大，配合剂的分散性对硫化胶的动态性能影响更明显一些。要保证胶料有良好的加工性能，需要控制好混炼胶的黏度（或可塑度）及胶料的焦烧时间。炼胶工艺条件和工艺方法对混炼胶黏度、焦烧时间、配合剂分散性、橡胶平均分子量均有明显影响，因此选择合适的炼胶工艺条件及工艺方法，是制备合格混炼胶的关键。要达到混炼胶的质量要求，炼胶工艺应满足以下要求：

① 胶料中配合剂要有高的分散性；

② 胶料的黏度要合适且均匀；

③ 胶料中补强性填料（如炭黑、白炭黑）表面与生胶产生一定的结合作用；

④ 在保证胶料质量的前提下，尽可能缩短混炼时间。

7.1.2 炼胶设备及炼胶原理

目前，混炼胶料大规模生产厂家多采用大型密炼机，中型企业多采用中小型密炼机，小规模生产厂家及实验室多采用开放式炼胶机。一些特种胶料如氟橡胶、硅橡胶等多采用开炼机炼胶。螺杆式混炼机由于技术还不很成熟，目前应用较少，这里不再叙述。但由于其过程的连续性，将来有可能成为炼胶的主要设备之一。

7.1.2.1 开放式炼胶机

开炼机的基本工作部分是两个平行排列、以不等速相对回转的中空辊筒。其炼胶的工作原理是加胶包辊后，在辊距上方留有一定量的堆积胶，堆积胶拥挤、堵塞产生许多缝隙，配合剂颗粒进入到缝隙中，被橡胶包住，形成配合剂团块，这是开炼机混炼的吃粉过程。由于辊筒线速度不同产生速度梯度，形成剪切力，橡胶分子链在剪切力的作用下被拉伸，产生弹性变形，部分较长的分子链被拉断，同时配合剂团块也会受到剪切力作用而破碎成小团块。胶料通过辊距后，由于流道变宽，被拉伸的橡胶分子链恢复卷曲状态，将破碎的配合剂团块包住，使配合剂团块稳定在破碎的状态，配合剂团块变小。胶料再次通过辊距时，配合剂团块进一步减小，胶料多次通过辊距后，配合剂在胶料中逐渐分散开来。这是配合剂分散过程及分子量减小的过程。采取翻胶、薄通、打三角包等操作，配合剂在胶料中进一步分散均匀，从而制得配合剂分散均匀并达到一定分散度的混炼胶。开炼机炼胶作用示意图如图 7-1 所示。

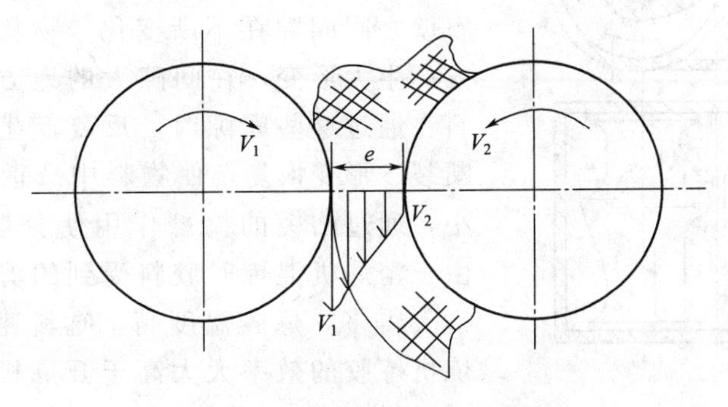

图 7-1　开炼机炼胶作用示意图

7.1.2.2　密闭式炼胶机

(1) 密炼机分类　密炼机的规格、品种比较多，按转子类型分主要有剪切型和啮合型两大类；按转子上突棱的数目分为二棱、四棱、六棱转子密炼机；按转子的转速分为慢速（20r/min 以下）、中速（30r/min 左右）、快速（40～60r/min）和双速、多速、变速几种类型；按转子断面几何形状有三角形、椭圆形、圆筒形转子密炼机三种类型；按转子的速比分异步转子和同步转子密炼机。目前使用最广泛的是椭圆形转子密炼机。常用的 F 系列和 GK-N 系列密炼机，如 F270、F370、GK255N、GK400N 等均为椭圆形转子剪切型密炼机，适用于橡胶制品中硬胶料的加工；GK-E 型系列密炼机，如 GK190E、GK90E 等为圆筒形啮合型密炼机，适用于橡胶、塑料及其共混物的软胶料加工。F 系列密炼机多配备四凸棱转子，其中 F370 密炼机为同步转子，生产效率高，胶料质量好。

(2) 密炼机工作原理　密炼机的工作原理比较复杂，不同转子类型的密炼机，其工作原理有差异。椭圆形转子密炼机工作时，两转子相对回转，将来自加料口的物料夹住带入辊缝受到转子的挤压和剪切，穿过辊缝后碰到下顶拴尖棱被分成两部分，分别沿前后室壁与转子之间缝隙再回到辊隙上方。在绕转子流动的一周中，物料处处受到剪切和摩擦作用。因转子表面螺旋状凸棱使其表面各点旋转线速度不同，两转子表面对应点之间转速比在不断变化，两转子表面间缝隙及转子棱峰与密炼室壁的间隙也在不断变化，使物料无法随转子表面等速旋转，而是随时变换速度及流动方向，从间隙小的地方向间隙大处湍流；在转子凸棱作用下，物料同时沿转子螺槽作轴向流动，从转子两端向中间捣翻，使物料充分混合。由于物料在转子表面流动速度不一样，不同部位胶料存在速度梯度，因而形成剪切，对胶料产生拉伸作用。在凸棱峰顶与室壁处间隙最小，峰顶处胶料的线速度最大，胶料受到的剪切和拉伸作用最大。当物料的形变超过极限形变量时，物料破碎或断裂。由于转子与转子之间、转子与室壁之间间隙在不断变化，物料在间隙小的地方产生大形变，在间隙大的地方恢复形变。物料在通过这些间隙时，反复产生形变、破碎或断裂、形变恢复，使物料中分散相尺寸不断变小，通过凸棱的捣翻作用使分散相分散均匀。由于密炼机混炼时胶料受到的剪切作用比开炼机大得多，炼胶温度高，吃料速度快，使得密炼机炼胶的效率大大高于开炼机。密炼机工作原理如图 7-2 所示。

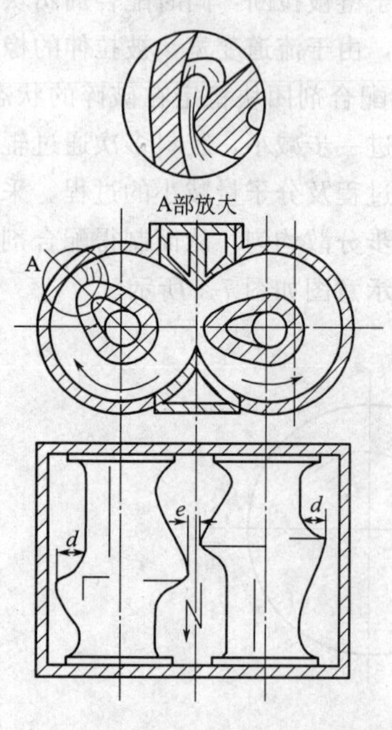

图 7-2　密炼机工作原理示意图

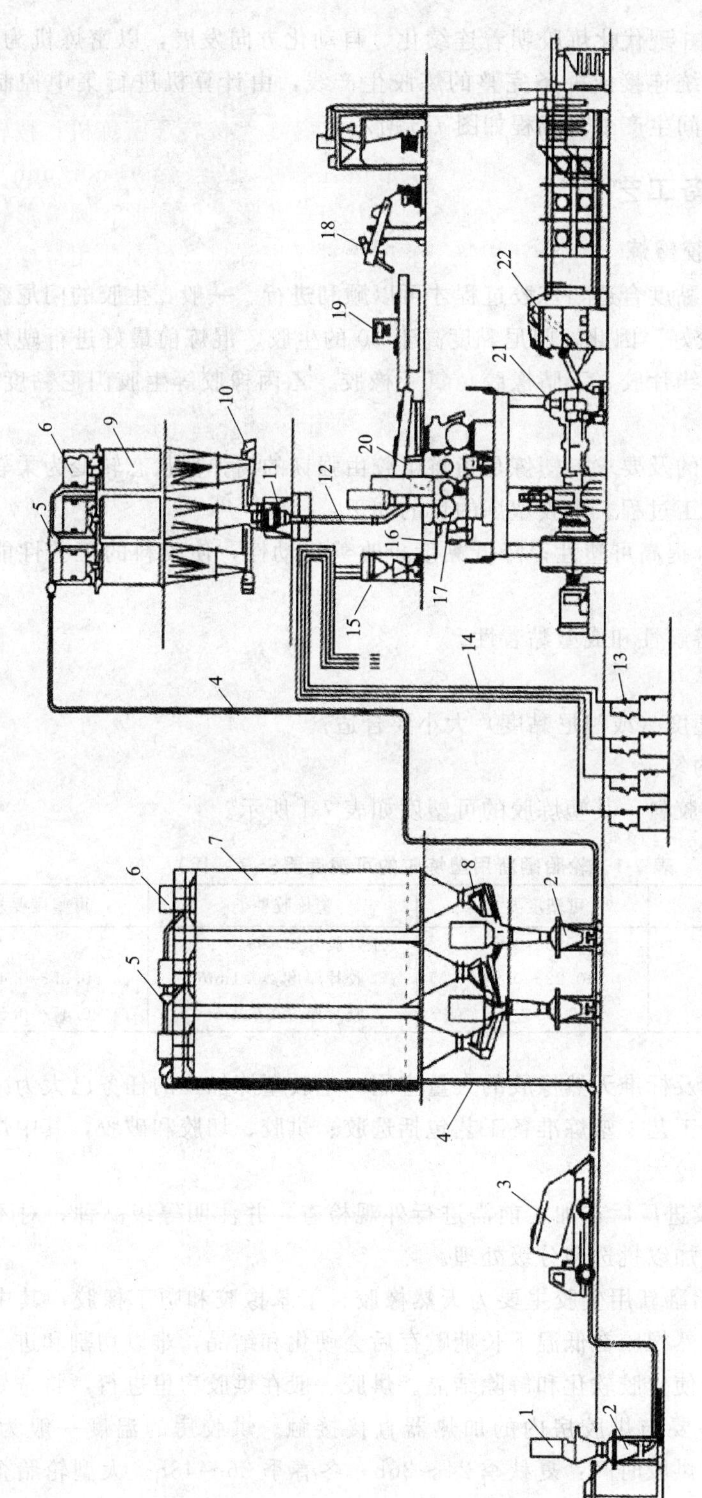

图 7-3　现代化炼胶车间生产流程图

1—炭黑解包贮斗；2—压送罐；3—散装汽车槽车；4—双管气力输送装置；5—自动叉道；6—袋滤器；7—大贮仓；8—卸料机构；9—中间贮斗；10—给料机；11—炭黑自动秤；12—卸料斗；13—油料泵；14—保温管道；15—油料自动秤；16—注油器；17—密炼机；18—夹持胶带机；19—皮带秤；20—投料胶带机；21—辊筒机头挤出机；22—胶片冷却装置

(3) 密炼机组　现代化炼胶朝着连续化、自动化方向发展，以密炼机为中心，并与上、下辅机系统连接成一条完整的炼胶生产线，由计算机进行集中控制和管理。现代化炼胶车间生产工艺流程如图 7-3 所示。

7.1.3　炼胶准备工艺

7.1.3.1　生胶塑炼

炼胶时生胶的黏度合适，炼胶过程才可以顺利进行。一般，生胶的门尼黏度在 60 左右混炼特性较好。因此，门尼黏度高于 60 的生胶，混炼前最好进行塑炼，降低黏度。烟片胶、绉片胶、丁腈橡胶、氯丁橡胶、乙丙橡胶等生胶门尼黏度较高，通常需要塑炼。

(1) 塑炼的目的及要求　塑炼是指将生胶由强韧的高弹性状态转变为柔软而富有可塑性状态的加工过程。生胶塑炼的目的如下：

① 减小弹性，提高可塑性；降低黏度，改善流动性，使胶料的工艺性能得以改善；

② 提高胶料溶解性和成型黏着性。

塑炼的要求：

① 塑炼胶可塑度（或门尼黏度）大小要合适；

② 可塑度要均匀。

轮胎翻新用各胶料，其塑炼胶的可塑度如表 7-1 所示。

表 7-1　轮胎翻新用塑炼胶的可塑度要求（威氏）

塑炼胶种类	可塑度要求	塑炼胶种类	可塑度要求
胶浆胶	0.5～0.6	压延胶片	
胎面胶	0.22～0.24	胶片厚度≥0.1mm	0.35～0.45
胎侧胶	0.35 左右	胶片厚度≤0.1mm	0.47～0.56

随着合成橡胶及标准天然橡胶的大量应用，生胶塑炼加工的任务已大为减少。

(2) 塑炼准备工艺　塑炼准备工艺包括选胶、烘胶、切胶和破胶，其中烘胶对塑炼胶质量影响比较大。

① 选胶　生胶进厂后在加工前需进行外观检查，并注明等级品种，对不符合等级质量要求的应加以挑选和分级处理。

② 烘胶　轮胎翻新用生胶主要为天然橡胶、丁苯橡胶和顺丁橡胶，其中天然橡胶需要塑炼。天然橡胶在低温下长期贮存后会硬化和结晶，难以切割和进一步加工。需要通过烘胶使生胶软化和解除结晶。烘胶一般在烘胶房里进行，将选好的生胶按顺序堆放，不要与烘胶房内的加热器直接接触。烘胶房的温度一般为 50～70℃，不宜过高。烘胶时间：夏秋季 24～36h，冬春季 36～48h。大型轮胎企业可采用恒温（不低于 15℃）仓库贮存生胶，出库生胶无需烘胶即可直接切块塑炼。

胶一定要烘透，胶温要一致，否则塑炼时可塑度不均匀。

③ 切胶　从保护设备角度考虑，生胶升温后破胶前需要按工艺要求切成小块。天然橡胶用油压切胶机，切成斜长三角形，每块不大于 10kg。合成橡胶除包后用切胶机切成长条形，每块不大于 6kg。切胶场地要清洁，切胶时胶块不得落地，避免胶块粘上砂子或灰尘，切胶时胶温不低于 35℃。

④ 破胶　切好的小胶块沿辊筒的一端放入带有花纹辊的破胶机进行破胶，过辊 2～3 遍后出片即可进行塑炼。

(3) 塑炼工艺

① 开炼机塑炼工艺　开炼机塑炼的操作方法主要有包辊塑炼法、薄通塑炼法、爬高塑炼法和化学增塑塑炼法等几种。

a. 包辊增塑法　胶料通过辊距后包于前辊表面，随辊筒转动重新回到辊筒上方并再次通过辊距，如此反复通过辊距受机械力剪切破坏而断链，直到达到可塑度要求为止，然后出片、冷却、停放。一次完成的塑炼方法称一段塑炼法。该法塑炼周期长，效率低，辊筒温度上升较快，塑炼胶可塑度低且不均匀。对塑炼程度要求较高，用一段塑炼达不到可塑度要求的胶料，需采用分段塑炼法。即先将胶料包辊塑炼 10～15min，然后出片、冷却，停放 4～8h 以上，再次回到炼胶机进行第二次包辊塑炼。这样反复数次，直到达到可塑度要求为止。分段塑炼，胶料可塑度明显提高，可达任意的可塑度要求，均匀性也变好，但增加了胶片停放等管理难度，停放占地面积较大。各种用途生胶的塑炼段数见表 7-2。

表 7-2　轮胎各部件胶料生胶塑炼段数

生胶用途	塑炼段数	生胶用途	塑炼段数
胎面胶	1	衬垫胶	3
胎肩胶	2	胶浆胶	4
缓冲胶	3	水胎胶	2

b. 薄通塑炼法　将胶料通过 1mm 以下的辊距，不包辊，直接落在接料盘中，等胶料全部通过以后，将其扭转 90°角推到辊筒上方再次通过辊距，直到达到可塑度要求。为了提高胶料可塑度均匀性，薄通时一般要进行切割捣胶或打三角包。然后将辊距调大（12～13mm）让胶料包辊，左右切割翻炼 3 次以上再出片、冷却和停放。该法可达任意可塑度要求，塑炼胶可塑度均匀，质量高，是开炼机塑炼中行之有效和应用最广泛的塑炼方法，适用于各种生胶，尤其是合成橡胶的塑炼。该法不足之处在于周期长，效率低，劳动强度大。

c. 爬高法　这是一种改进的包辊法，在开炼机的上方安装一导辊，胶料从辊距出来后牵引到导辊上，再下垂进入辊距。该法克服了包辊法胶片散热慢、辊筒温度上升快的缺点，塑炼胶的可塑度较一段包辊塑炼法要高。

d. 化学增塑塑炼法　塑炼时添加化学塑解剂母炼胶，采用包辊或薄通的方法使胶料反复通过辊距。塑解剂起终止大分子自由基活性的作用，可增加塑炼效果，缩短塑炼时间，并改善塑炼胶的质量，降低能耗。塑炼时辊筒的温度要适当提高（高于 70℃），塑解剂的作用才会体现出来。

② 密炼机塑炼工艺　密炼机塑炼工艺方法主要有一段塑炼法、分段塑炼法和化学增塑塑炼法三种，其中化学增塑塑炼法效率最高，塑炼胶可塑度高，弹性复原性比纯胶塑炼法低，加工能耗低。

a. 一段塑炼法　整个塑炼过程一次完成，即将破胶后的天然橡胶胶片或块状的合成橡胶投入密炼机，塑炼一段时间后排胶，压片后浸涂隔离剂，再冷却、停放。塑炼 NR 时采用快速密炼机，塑炼时间控制在 13min 左右，排胶温度最好不要超过 160℃。塑炼丁苯橡胶时要严格控制时间和温度，排胶温度最好不要超过 140℃，否则容易生成凝胶，塑炼效果下降。该法制备的塑炼胶可塑度较低，均匀性也较差，对可塑度要求较低的塑炼胶，可采用此法塑炼。

b. 分段塑炼法　生胶经密炼机塑炼、排胶、压片、冷却、停放 4h 后，再次投入到密炼机中塑炼，然后排胶、压片、冷却、停放。该法制备的塑炼胶可塑度高，均匀性好，适于对可塑度要求较高的塑炼胶的塑炼。

c. 化学增塑塑炼法　将化学塑解剂母炼胶与生胶一同投入密炼机，塑炼一段时间后排胶、压片、冷却再停放。由于高温下，化学塑解剂与橡胶大分子的反应性强，分子链氧化降解速率大大加快，因而塑炼胶的可塑度提高，塑炼时间缩短，能耗降低，甚至可以降低排胶温度。化学增塑塑炼法是目前大规模工厂普遍采用的方法。

一般，密炼机塑炼时装胶容量为密炼机有效容积的 75%；上顶栓压力在 0.5～0.8MPa；塑炼 NR 排胶温度控制在 140～160℃范围内，丁苯橡胶的排胶温度不要超过 140℃；硫酚类和二硫化物类塑解剂及其锌盐增塑效果较好，其中二硫化物类效果更好一些。

(4) 塑炼后胶料补充加工和处理

① 压片　塑炼后的胶料必须压成厚度为 8～10mm 的胶片，以增加散热面积，并便于堆放管理、输送和称量。

② 冷却　塑炼胶压成片后应立即浸涂或喷洒隔离剂进行冷却隔离，并用风扇吹干，使胶片温度降至 35℃以下，防止胶片在贮存停放过程中发生粘连。隔离剂液多用肥皂水或脂肪酸盐水溶液。

③ 停放　干燥后的塑炼胶必须停放 4h 以上才可以混炼。

7.1.3.2 原材料的补充加工

(1) 干燥　对容易吸潮且经检查水分超标的配合剂，使用前需要进行烘干处理，复检合格后才可使用。经干燥处理的原材料最好当天用完，如果使用不完需要贮存在密封的塑料袋中，以免回潮。常用配合剂中，炭黑、白炭黑、碳酸钙、氧化锌、氧化镁、树脂、有机促进剂等容易吸潮，使用前需要检测水分含量，对水分超标的一定要干燥处理，否则在加工过程中会引起气泡、混炼时间延长、硫化速率变慢等加工问题。烘干条件：硫黄、有机促进剂、防老剂等，干燥温度应低于其熔点25～40℃，防止熔融结块；矿物类填料的干燥温度可在80℃以上，干燥时间根据含水量多少来定，干燥后含水率控制在1.5%以内。

(2) 块状配合剂的粉碎、筛选 对块状配合剂如松香树脂、古马隆树脂、酚醛树脂、防老剂 RD、防老剂 A、硫黄块等需要粉碎成粉状或片状使用，否则混炼时容易迸出或分散不好。粉碎可采用人工粉碎和机械粉碎两种方法，对温度敏感、撞击或研磨时有爆炸危险的块状配合剂，采用手工粉碎比较安全，但劳动强度大，操作环境差。对硬脂酸、防老剂 A、RD 等可直接采用粉碎机粉碎。大规模生产多采用粉碎机机械粉碎。粉碎后的颗粒尺寸不大于 10 目。对结块的硫黄须经 80 目筛网筛选后方可使用，如果是造粒的硫黄颗粒，则不需筛选。

(3) 液体配合剂的过滤与加热 对有杂质的松焦油、煤焦油、桶底油经 60 目筛网过滤，加热 100℃左右后使用。

(4) 母炼胶或油膏的制备 对特别难分散的配合剂，需要制成母炼胶或油膏使用，以减小混炼加工时配合剂飞扬损失，减少环境污染，加快吃料速度，提高其在橡胶中的分散效果，降低能耗。如硫黄、氧化锌等可以较大比例地与液体配合剂混合制成油膏；炭黑、促进剂和化学塑解剂等可以较大比例地与生胶混炼制成母炼胶。

7.1.4 胶料的混炼工艺

7.1.4.1 开炼机混炼工艺

(1) 开炼机混炼的工艺过程

① 包辊 胶料包辊是开炼机混炼的前提，不包辊的胶料不能进行混炼。胶料的包辊性主要由生胶的品种决定，还受工艺条件如辊筒温度、辊距、辊速和速比的影响。

生胶品种不同包辊性有明显的差异，如 NR、SBR 有良好的包辊性，而 BR、EPDM 等包辊性较差。一般认为生胶的格林强度、断裂拉伸比、最大松弛时间决定了胶料的包辊性。格林强度和断裂拉伸比保证胶料通过辊距时不至于大部分被剪切力拉断而产生弹性变形，最大松弛时间保证胶料在通过辊距后较长时间内保持弹性收缩力，弹性收缩力是胶料包辊的力量。格林强度高、断裂拉伸比大、最大松弛时间长的生胶包辊性好。生胶格林强度、断裂拉伸比和最大松弛时间又与分子链的平均分子量及分布直接相关，分子量高且分布宽的生胶包辊性好。NR 分子量大，分布很宽，且有自补强性，格林强度高、断裂拉伸比大、最大松弛时间长，所以包辊性很好；而 BR、EPDM 分子量分布很窄，格林强度低，最大松弛时间较短，包辊性较差。

胶料包辊性还与辊筒温度有关。在生胶玻璃化温度以上，随辊筒温度升高，虽然生胶的断裂拉伸比增大，但格林强度下降，最大松弛时间缩短，其包辊性变差。当胶料包辊筒的力量小于其自身重量时出现脱辊现象，混炼不能正常进行。因此开炼机混炼时辊筒温度不能过高。NR 在开炼机混炼的温度范围内，始终包紧辊筒，而 SBR、BR、EPDM 等胶种在辊筒温度升高时会出现脱辊现象。另外，NR 一般包热辊，而合成橡胶大多数包冷辊。在混炼过程中由于剪切摩擦生热，两个辊筒的温度会发生变化，胶料包辊筒的情况会发生改变，原来包前辊的胶料有包后辊的趋势，导致胶料在前辊脱辊。因此开炼机混炼时要注意开冷却水并控制流量，使两辊筒保持合适的温度差，并让胶料始终包于前辊。

胶料在通过辊距时的剪切速率影响其弹性变形大小，剪切速率越大，弹性变形越大，弹性力完全松弛所需的时间越长，相当于剪切速率增大延长了胶料的最大松弛时间，因而包辊性会改善。因此，当胶料出现脱辊现象时可通过减小辊距、增大转速或速比来改善包辊性。

开炼机混炼加炭黑等填料时，在吃料过程中由于粉体的润滑作用而使包辊性变差，但当填料被胶料吃进去以后，又因格林强度提高，最大松弛时间延长，胶料包辊性得以改善。

② 吃粉　开炼机混炼吃粉是由堆积胶和返回胶共同完成的。加料时配合剂进入翻转的堆积胶与返回胶相互拥挤产生的狭缝内，逐渐被胶料包住而进入胶料内部。由于开炼机是开放式的，配合剂在被胶料包住的瞬间，由于被包围的气体的排出而带动配合剂飞出，使配合剂飞扬，减慢了胶料吃粉速率，也导致环境污染。因此开炼机混炼的吃粉速率比较慢，这是开炼机混炼效率低的原因之一。加快吃粉速率，无疑会缩短混炼时间，不仅可以提高生产效率，还可提高混炼胶的质量。

影响开炼机吃粉速率的因素主要有生胶的黏度、辊筒的温度、配合剂的粒子形态、加料方法、堆积胶的量及混炼操作方法。一般，生胶黏度低，辊筒温度高，胶料流动性好，吃料快；配合剂粒径大，结构性低，吃料快；堆积胶的量合适（堆积胶连续翻转）、摆动加料吃料快；适当的切割翻炼和抽胶，也会加快吃料。

③ 翻炼　配合剂被胶料吃进去后，只能进入胶层厚度的 2/3，靠近辊筒表面大约 1/3 的厚度进不去，称作死层或呆滞层，使得配合剂沿胶料厚度（及辊筒半径方向）分布很不均匀。加料时很难保证辊距各部位吃料速度均匀一致，因此配合剂沿辊筒轴线方向分布不均匀。为了提高配合剂在胶料中的分散均匀性，需要进行切割翻炼操作。如打三角包法、斜切法、打卷法、打扭法和薄通法等。通常是采用几种方法的并用，不仅提高混合均匀程度，还可加快混炼速度。每次加料吃料后进行切割翻炼，在加料结束后都要进行 3～5 遍薄通才能

结束混炼。

④ 下片　混炼结束后，胶料需要压成一定厚度的胶片，以加快散热，便于堆放。实际生产时出片的厚度在8～10mm，实验室一般在2mm左右。将薄通好的胶料置于调大辊距的开炼机上包前辊，左右切割2～3次后待胶料表面光滑无气泡时快速切割下片，立即投入冷却水中冷却，降温后取出用风扇吹干水分，标注批号，在指定位置停放。

(2) 开炼机混炼工艺方法及工艺条件　开炼机混炼多采用一段混炼法，少数对可塑度及配合剂分散性要求很高的胶料采用二段混炼。传统的一段混炼法的操作方法如下。

① 核对配合剂的品种和用量，检查设备是否正常（空车运行和刹车），洗车，调整辊距（3～4mm）和辊温（50℃左右）至规定要求。

② 在开炼机辊筒靠近主驱动轮一端投入生胶或塑炼胶、母炼胶，包辊捏炼3～4min使形成光滑的包辊胶后将胶料割下。

③ 放宽辊距至8～10mm，将胶料投入辊距包辊压炼1min并抽取余胶，使辊距上留有适量的堆积胶，按规定的加料顺序加料，待全部配合剂吃入胶料后，将抽取的生胶全部投入混炼4～5min，其间不得翻炼。

④ 切割抽取余胶，加入硫化剂继续混炼，待其吃粉完毕再将余胶投入，翻炼1～2min。

⑤ 将辊距调整至2mm左右，薄通3～4次，并90°调头。

⑥ 最后调整辊距至8mm左右，辊压密实无气泡后下片，割取快检试样，胶片经浸涂隔离剂液冷却1～2min，取出挂架强风吹干，冷却至40℃以下叠放。

为了保证不同混炼批次胶料质量的均匀性，炼胶过程中要严格控制炼胶容量、辊距、辊筒温度、加料顺序、操作方法及时间等工艺条件的一致性。

① 容量　开炼机炼胶的容量大小需根据设备规格和胶料配方特性合理确定。

常用开炼机的炼胶容量见表7-3。

表7-3　常用开炼机的一次炼胶量

炼胶机型号	一次炼胶量/kg
XK-360(14in)	25
XK-400(16in)	30
XK-450(18in)	45
XK-560(22in)	60

容量过多、过少，混炼胶质量都不好。容量过大，堆积胶过多而难以进入辊距，散热慢使胶料升温，配合剂分散效果变差，且容易焦烧，还会引起设备超负荷，劳动强度增大。容量过小，生产效率低，因辊距小、剪切速率大而容易过炼，误差大。

② 辊温　辊筒温度影响胶料包辊性、吃料速度及配合剂在胶料中的分散效果，进而影响硫化胶的物理机械性能。提高温度，可以加快吃料速度，但容易脱辊；使胶料变软，配合剂在软的环境中不容易破碎而使分散性变差；胶料出现焦烧现象的概率增大，既影响混炼操作，又影响混炼胶质量。辊温降低，胶料黏度升高，有利于提高配合剂的分散效果，但不利于吃粉，橡胶分子链受机械力作用断裂程度加大，容易过炼，这对胶料的力学性能极为不利。因此混炼时辊筒温度有一最佳范围，不同生胶，最佳温度不同。不同的生胶，混炼时辊筒温度的适宜范围见表 7-4。

表 7-4　翻胎常用橡胶开炼机混炼适宜的温度范围

生胶品种	混炼温度/℃		生胶品种	混炼温度/℃	
	前辊	后辊		前辊	后辊
NR	55～60	50～55	BR	40～50	40～50
SBR	45～55	50～60	IIR	40～45	55～60

③ 辊距　辊距是影响开炼机混炼的主要因素，辊距过小、过大对混炼都没有好处。辊距减小，胶料受到的剪切速率增大，配合剂分散性变好，混炼速度加快，但加快胶料生热，堆积胶量增多，散热困难，同时橡胶分子链剪切断裂加剧，容易过炼。在合适的容量下，辊距为 4～8mm 时两辊间保持适量的堆积胶为宜。随配合剂的不断加入，胶料的容积增大，为保持堆积胶量，辊距应适当调大。

④ 辊速与速比　对大多数开炼机，辊速和速比是固定的，只是规格不同，辊筒线速度和速比有差异；少数可调速的开炼机，辊速和速比可调。辊筒转速加快或速比增大，对混炼的影响与减小辊距的影响规律相似，辊速或速比过大、过小对混炼均没有好处，适宜的速比为 1∶(1.1～1.2)，混炼时的速比要比塑炼适当减小。

⑤ 加料顺序　合适的加料顺序是保证配合剂分散性和胶料性能的最主要的因素之一。加料顺序不当，有可能引起胶料脱辊，无法顺利操作；使混炼时间延长，易发生焦烧或过炼；使配合剂分散性变差，降低混炼胶质量。加料顺序的一般原则如下。

a. 用量小而作用大的配合剂，如促进剂、活性剂、防老剂、防焦剂、抗返原剂等应先加。

b. 与胶料相容性差，难分散的配合剂先加，如 ZnO、固体软化剂。

c. 临界温度低、化学活性大、对温度敏感的配合剂，如硫黄和超速促进剂应在混炼后期降温添加。

d. 硫化剂和促进剂必须分开加。

e. 液体软化剂应在炭黑等填料的后面添加，难分散的填料如白炭黑、碳酸钙、陶土等可在炭黑之前加，量少时可与炭黑一起加。炭黑和液体软化剂用量均较多时，可交替加入。

天然橡胶开炼机混炼的一般加料顺序为：生胶、塑炼胶、母炼胶、再生胶→固体软化剂（如树脂、松香、蜡等）→小料（促进剂、活化剂、防老剂、防焦剂等）→大料（炭黑、白炭黑、陶土、碳酸钙等）→液体软化剂→硫化剂。油料用量少时也可在填料之前加，用量多时必须放在填料后添加或与填料交替分批投加。某些特殊配方可对加料顺序进行适当的调整，如硬质胶硫黄用量较多，可在小料之前加，以保证混合均匀，促进剂需要放到最后加；海绵胶需在加完硫黄之后添加油料，以保证配合剂分散均匀，使海绵的泡孔均匀。

7.1.4.2 密炼机混炼工艺

密炼机混炼是橡胶加工最主要的混炼方法。其混炼操作过程是开始提起上顶栓，将配方的各种原材料按规定的加料顺序依次投入密炼室中，每次投料后上顶栓都要落下加压混炼一段时间，然后提起上顶栓再加下一批料，直到混炼完毕，达到要求后打开下顶栓，排料至压片机出片、浸涂隔离剂液后强风冷却、停放。密炼机混炼的工艺方法有多种，装胶容量、转子的类型和转速、加料顺序和时间、混炼温度、上顶栓压力等是密炼机混炼需要确定的工艺条件，对混炼胶质量均有不同程度的影响。

(1) 密炼机混炼的工艺过程 每次投料，均有吃料、分散和捏炼的过程。炭黑是配方中用量仅次于生胶的配合剂，占生胶的 50%左右。用混合炭黑的过程说明密炼机混炼的工艺过程。炭黑与橡胶混合过程如图 7-4 所示。

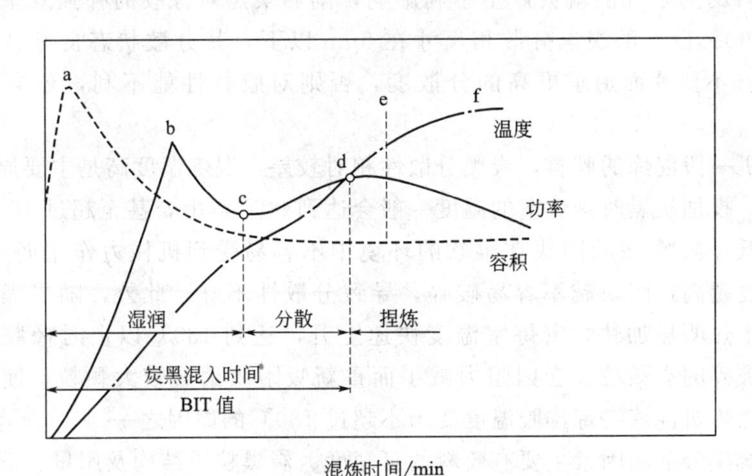

图 7-4 炭黑-橡胶密炼过程示意图

① 吃粉 炭黑投入密炼机中，被随两个转子返回的胶料及上顶栓包围，通过

胶料流动变形对炭黑粒子表面湿润接触，胶料赶走炭黑结构空隙中的空气，从而达到对炭黑粒子的分割包围，实现胶料与炭黑之间的充分接触。随着时间延长，进入炭黑内部结构的生胶会逐渐增多，使炭黑内部的空隙不断减少，当炭黑内部空隙被完全填满时，胶料的体积减小到某一最低值不再变化，吃料过程结束。这就是密炼机混炼的吃粉（即湿润）阶段。由于炭黑被两侧返回胶及上顶栓三面包围，密炼室温度较高，胶料流动变形能力强，使得吃粉过程很快完成。这是密炼机混炼效率高的原因之一。

影响密炼机吃粉速率快慢的因素主要有胶料的可塑度、密炼室温度、炭黑粒子大小及结构度、密炼机转子转速等。一般，生胶可塑度高，密炼室温度高，胶料流动变形能力强，湿润快，吃粉快；炭黑粒子大，结构性低，由于比表面积小，湿润时间短，吃料快；炭黑中细粉含量高，易飞扬，吃料慢；炭黑中含水率高，由于水的汽化而阻碍了湿润过程，因而吃粉速度变慢；转子转速快，单位时间内返回胶量多，加快了生胶对炭黑的分割包围，吃粉速率加快。因此，大规模的轮胎生产企业，母炼阶段大都采用高温快速混炼，缩短吃粉过程。

② 分散　炭黑被胶料吃进去后形成浓度很高的炭黑-橡胶团块，分布在不含炭黑的生胶中。这些炭黑-橡胶团块随胶料一起通过密炼机转子间隙、转子与下顶栓、密炼室壁、上顶栓之间的间隙，因转子旋转，凸棱与下顶栓、密炼室壁、上顶栓之间的间隙很小，受到强烈的剪切作用而进一步被破碎变小，被拉伸变形再恢复的生胶包围而稳定在破碎的小颗粒状态，这一过程反复进行，炭黑在胶料中逐渐分散开来，这就是炭黑的分散过程。当炭黑附聚体颗粒尺寸达到最小时分散过程结束。胶料中炭黑大都以附聚体形式存在，其颗粒尺寸在微米级，超过 10μm 的颗粒对胶料的力学性能就会产生不利影响，削弱炭黑对橡胶的补强效果。通常认为胶料中 90%以上的炭黑分散相尺寸在 5μm 以下，其分散状态良好，可以满足性能要求。不要片面追求更高的分散度，否则对胶料性能不利，还会增加混炼能耗。

密炼机一段混炼的胶料，炭黑分散性相对较差，混炼温度高是主要原因。大规模生产中，投加炭黑时密炼室的温度一般会达到 90℃以上，甚至超过 100℃，胶料的黏度较低，炭黑-橡胶团块在柔软的环境中不容易受到机械力作用而难以破碎，密炼室温度越高，团块越不容易破碎，导致分散性不好。此外，随炭黑吃入并分散，胶料生热明显加快，密炼室温度快速上升，达到 130℃以上时橡胶处于黏流态，前面破碎的小颗粒又会因阻力减小而重新吸附团聚成较大颗粒，使分散度下降。这是密炼机混炼终炼排胶温度要求不超过 130℃的原因之一。

影响炭黑分散的因素主要有胶料的可塑度、炭黑粒子结构及用量、混炼工艺方法及工艺条件等。一般，生胶可塑度高、炼胶温度高，炭黑分散性变差；炭黑粒径越小，结构越低，用量越多，分散越困难；一段混炼法炭黑分散度低；炼胶容量越大，炭黑分散性越差；转子转速加快，炭黑分散性先变好，后因温度升高较快导致分散性变差；炼胶时间越长，炭黑分散性变好并趋于一稳定值。此外，冷却水温度、上顶栓压力、转子类型等对炭黑分散也有一定程度的影响。

要提高密炼机混炼胶料炭黑分散性，可采取低温混炼和分段混炼的方法，或在配方中使用表面活性剂，对炭黑进行表面改性，如接枝、包覆等，还可以制备炭黑母炼胶、炭黑造粒等。

使用表面活性剂是提高胶料中炭黑分散性最有效的措施之一。表面活性剂起到降低粒子表面能的作用，可加快粒子破碎和稳定分散状态。表面活性剂还可以降低胶料的门尼黏度，改善流动性，对后续加工过程有利。配方中硬脂酸、各类分散剂具有这种作用。但实际生产中使用分散剂时，炼胶工艺条件并没有改变，掩盖了分散剂的功效。笔者研究发现，在缩短混炼时间的情况下，使用分散剂后的胶料性能明显优于未使用分散剂的胶料。即加入分散剂后可有效缩短混炼时间，提高生产效率。

③ 捏炼　由于密炼机是密闭的，无法采用人工翻炼，炭黑在胶料中分散均匀性则通过密炼机转子上凸棱使胶料沿轴线方向搅混来实现，即捏炼。捏炼的时间不能长，否则会因温度过高导致配合剂分散性变差，橡胶分子链热氧化降解增多，减少结合橡胶量而使胶料性能变差。

(2) 密炼机混炼工艺方法　合适的混炼工艺方法依据胶料配方及性能要求而定。根据操作过程的不同，密炼机混炼工艺方法可分为一段混炼法、分段混炼法和逆混法三种。

① 一段混炼法　混炼操作在密炼机中一次完成，排胶加硫化剂后经冷却、停放，即可送到下一环节使用，又分传统一段混炼和分批投胶一段混炼两种。

传统一段混炼法是按照通常的加料顺序分批逐步加料混炼的方法。每次投料后需落下上顶栓，压混一段时间后提起上顶栓投加下一批物料。通常的加料顺序为：生胶、塑炼胶、母炼胶或再生胶→固体软化剂（树脂、硬脂酸、蜡）→小料（促进剂、防老剂、氧化锌）→填料（炭黑、白炭黑、陶土、碳酸钙等）→液体软化剂（环烷油、芳烃油、石蜡油等）→硫黄（或排胶至压片机上加硫）。传统一段混炼法通常采用慢速密炼机，其炼胶周期需 10～12min，高填充配方需要 14～16min；排胶温度控制在 130℃以下。为保证加工安全性，通常排料至开炼机加硫黄。传统一段混炼法胶料管理方便，节省车间停放面积，不容易混淆；但混炼胶的可塑度低，混炼时间长，容易出现焦烧现象，且配合剂分散不均匀。该法适合于填充量少的天然橡胶胶料的混炼。

分批投胶一段混炼法是将生胶分成两批次投加，有两种投加方法。第一种方法是先投加 60%～80%的生胶和除硫化剂外的所有配合剂，在 70～120℃下混炼总时间的 70%～80%，制成母胶，然后在密炼机中投加剩余的生胶和硫化剂，混炼 1～2min 排料，压片、冷却、停放；第二种方法是将 60%～80%的生胶和除硫化剂、促进剂外的基本配合剂投入密炼机混炼 3min 排料至开炼机上加剩余的生胶和硫化剂、促进剂，混炼均匀后下片。第一种方法后加的生胶可降低密炼室温度15～20℃，提高配合剂分散效果，避免发生焦烧，提高装填系数15%～30%，生产效率高，硫化胶的性能好，但增加了操作步骤，该法适用于IR、CR、SBR和NBR胶料的混炼。第二种方法工艺性能良好，不容易出现焦烧现象，配合剂分散性好，硫化胶的性能好；但胶料在开炼机上混炼时间较长，需要多台开炼机联合使用。

② 分段混炼法　该法是将胶料的混炼过程分为多个阶段完成，在两个操作阶段之间胶料要经过压片、冷却和停放。根据段数可分为两段混炼法、三段混炼法和四段混炼法，其中两段混炼法最常用。

a. 两段混炼法　整个混炼过程分两个阶段完成，第一段快速母炼，第二段慢速终炼。根据投胶情况不同两段混炼法又分为传统两段混炼法和分段投胶两段混炼法。传统两段混炼法的第一段混炼采用快速密炼机（40r/min、60r/min或更高），按规定的投料顺序投加除硫黄和促进剂以外的生胶和配合剂，混炼一段时间后制成母胶，故称母炼，经压片、冷却、停放一定时间后，投入中速或慢速密炼机进行第二段混炼，投加硫黄和促进剂，混炼1～2min排料至开炼机上补充混炼并出片，冷却和停放，完成混炼操作，故第二段混炼又称终炼。第二段混炼温度较低，胶料黏度高，配合剂容易受剪切破碎，故该法混炼的胶料质量明显优于一段混炼法制备的胶料，配合剂分散性较好，可塑度较高，压延、挤出收缩率低；但增加了管理的难度，胶料停放场地面积大。该法适合于大多数合成橡胶及硬度高、混炼生热大的胶料的混炼，如轮胎胎面胶。

分段投胶两段混炼法是将生胶分两次投加，第一段母炼投加80%的生胶和除硫化剂、促进剂外的配合剂，混炼到混炼时间的70%～80%时排胶，在第二段终炼时投加剩余的20%生胶和硫化剂、促进剂，混炼1～2min排胶。由于后加的20%生胶黏度高，且未经受第一段混炼的剪切和氧化裂解作用，使得终炼胶中配合剂分散性进一步提高，分子链的平均分子量较传统两段混炼法制备的胶料大，因而硫化胶的性能好。

b. 三段和四段混炼法　全钢子午线轮胎的胎体胶、胎圈胶、带束层胶炭黑含量高，胶质硬，混炼时升温很快，炭黑分散困难。另外，这些配方中均要使用改善与钢丝黏合效果的增黏剂，由于增黏剂分子的极性及羟基之间形成的氢键作用，使其在胶料中很难分散。两段混炼法有时满足不了胶料的质量性能要求。因此，对于难混炼的胶料及性能上有特殊要求的胶料，需要采用三段甚至四段混炼法混炼。作用重要且难分散的钴盐黏合促进剂一般在第一段母炼时投入，炭黑、白炭黑多在第一段、第二段分批投入，终炼阶段投加硫化剂和促进剂。三段和四段混炼法的第一段多采用高温快速混炼，制备母胶，二、三、四段宜采用慢速混炼，注意控制排胶温度。尤其在配方中使用不溶性硫黄，投加硫黄的终炼温度最好不要超过110℃，一般控制在90～95℃，否则不溶性硫黄向硫黄粉转化，胶料容易喷霜。该法混炼的胶料配合剂分散性好，与骨架材料的黏合性好；但过程管理很麻烦，停放胶料的建筑面积大，硫化胶的力学性能稍有下降。

c. 逆混法　该法是先投加除硫化剂和促进剂外的配合剂，再投入生胶混炼的方法，加料顺序与传统的一段和分段混炼法刚好相反，故称为逆混法。即加料顺序为：炭黑→油料→小料→生胶→排胶→加硫化剂和促进剂。逆混法只适用于包辊性差的生胶如BR、EPDM的胶料混炼。

逆混法根据填料的品种和油的用量不同有两种操作方法。第一种是先投加1/2的油和全部炭黑，再加入除硫化剂和促进剂外的小料，投入生胶混炼一段时间后，在2min内分2～3次加入剩余的油，混炼完毕排料至压片机上加硫化剂和促进剂。该法适用于粒子小的补强性填料和油料量多的配方。另一种方法是先投加全部的炭黑和油料及硫化剂和促进剂外的小料，投入50%～70%生胶混炼1.5min后投加剩余的生胶，再混炼数分钟后排料。此法适用于用量多的大粒子炭黑和油料的配方。

逆混法能改善高填充配方胶料中炭黑的分散状态，缩短混炼周期，主要用于生胶挺性差的高炭黑、高油料配方。使用逆混法混炼胶料时，密炼机的密封性要求很高，密炼室装胶容量和上顶栓压力要大一些，防止物料在密炼室内漂移而影响混合分散效果。

(3) 密炼机混炼的工艺条件及影响因素

① 装胶容量　密炼机混炼时装胶容量由填充系数及密炼机的型号决定，可通过式(7-1) 估算。

$$Q=KV\rho \tag{7-1}$$

式中，Q为炼胶容量，kg；K为填充系数，一般NR取0.7～0.8，合成橡胶取0.6～0.7；V为密炼机的有效容积，L；ρ为胶料的密度，g/cm^3。

填充系数应根据胶料配方特性、密炼机特点、混炼工艺方法、工艺条件等合理确定。对于含胶率低且生热大的配方，慢速密炼机、新设备，填充系数宜低；对于含胶率高、转子转速快、上顶栓压力高、使用时间长的密炼机应适当加大填充容量；啮合型转子密炼机的填充系数小于剪切型密炼机；采用逆混法时，应尽可能加大容量。

密炼机炼胶容量多大过小均对混炼效果没有好处。容量过大，胶料翻转空间小，对上顶栓推举的力量大，导致上顶栓位置不当，造成物料在加料口口颈处发生滞留，使混炼均匀度下降，而且使设备超负荷，容易导致设备变形或损坏。容量过小，胶料受到的机械剪切和捏炼效果降低，胶料容易在密炼室内打滑并产生转子空转现象，导致混炼效果下降。

② 加料顺序　加料顺序不仅影响混炼胶质量，还关系到混炼操作是否顺利进行。不同配方，不同炼胶工艺方法，加料顺序可能不同。密炼机混炼加料顺序的确定应遵循如下原则：生胶（塑炼胶、再生胶、母炼胶）应先投加；表面活性剂、固

体软化剂和小料（防老剂、活性剂、准速级促进剂等）应在填料之前加；液体软化剂应在填料之后加；硫化剂和超速级促进剂、防焦剂最后投加；对温度敏感性大的应降温后投加。其中生胶、填料、液体软化剂三者的投加顺序及时间尤为重要。对于顺丁橡胶和乙丙橡胶宜采用逆混法；对于填料和油料用量比例高的胶料，应将填料和油料分批交替投加。

液体软化剂的投加时间不能过早也不能过晚，其最佳的投加时间应在投加炭黑后混炼至其基本分散时，否则对填料的分散不利。过早投加，降低体系黏度和减弱剪切效果，使配合剂分散不均匀；若投加过晚，液体软化剂会黏附于金属表面，使胶料打滑，降低机械剪切效果，造成液体软化剂质量损失及胶料质量波动。液体软化剂加入时间不合适，会使配合剂分散不均匀，尤其是液体软化剂用量较多的软胶料，配合剂分散度偏低，分散速度减慢，混炼周期延长，增加能耗。因此，密炼机混炼时油的加入时间是影响混炼胶质量的十分重要的因素之一。

油的最佳加入时间需要通过实验研究才能确定，而且配方不同，最佳加油时间不一样，故混炼不同胶料时加油的时间应有所不同。操作者的炼胶经验往往起到重要作用。生产中通常根据转子瞬时功率的变化或炼胶时间来掌控。其中瞬时功率法比较准确。

③ 混炼温度　混炼温度影响胶料的黏度，进而影响配合剂的分散性、炼胶时间及加工安全性。炼胶温度高，有利于吃粉，但不利于配分剂分散，故炼胶温度要合适。温度过高还容易导致胶料焦烧和过炼，降低混炼胶的质量，因此要严格控制排胶温度在规定限度以下。温度过低不利于混合吃粉，还会出现胶料压散现象，使混炼操作困难。密炼机混炼过程中温度是在不断变化的，而不同批次胶料混炼时很难保证温度变化的一致性，故混炼时胶料的温度难以准确测定和控制，胶料质量存在波动是在所难免的。由于炼胶温度与排胶温度有较好的相关性，故通常采用排胶温度表征混炼温度。密炼机一段混炼法和分段混炼法的终炼排胶温度控制在100～130℃，投加不溶性硫黄时的排胶温度控制在90～95℃；分段混炼的第一段混炼排胶温度最好控制在145～155℃，不要超过160℃。

需要指出的是，混炼过程控制如果仅考虑排胶温度是不准确的，因为混炼起始温度对胶料质量也有明显影响。如果采用温度法控制排胶，起始温度低则混炼时间长；起始温度高，混炼时间短。两种情况对混炼胶质量的影响是不同的，前者配合剂分散性较好，但分子链剪切断裂厉害；后者混合时间短，配合剂分散性较差。实际生产中，每班次生产的前几车胶，因设备温度及传热的影响，起始温度明显不同，所以胶料质量波动大。混炼几车后，设备温度趋于一致，炼胶温度趋于稳定，胶料质量才稳定。因夏季与冬季料温明显不同，投入密炼机降温效果不同，故炼胶起始温度有明显差异，导致胶料质量和加工安全性有明显差异。故要保证不同批次胶料质量的均一性，每车起始温度和排胶温度都应控制基本相同。

混炼温度与胶料配方、炼胶工艺方法、装胶容量、转子转速和速比、环境温度、冷却水、混炼时间和炼胶批次等因素有关。SBR、NBR、CR等生胶为主的胶料，混炼时生热快，温度变化快；表面活性高的高补强性填料如小粒径的炭黑胶料，粒子间相互作用强的白炭黑胶料等混炼时温升快；装胶容量大，混炼生热大，散热慢，温升快；分批投胶法混炼温度略低于传统投胶混炼法；转子转速越快，速比越大，温升越快；环境温度高、冷却水温度高，密炼室温度高；随混炼批次增多，密炼室温度有升高的趋势。生产中混炼温度通常通过调整转速、控制料温和冷却水温度、提起上顶栓等措施加以控制。

④ 冷却水　对于生热快的胶料以及夏季气温高的情况下密炼机混炼，冷却水是控制炼胶温度的有效措施之一。冷却水温度影响转子表面胶料的温度、黏度，进而影响转子的功率消耗、配合剂的分散性、排胶温度、混炼时间及胶料的质量。冷却水温度要合适，过高冷却效果差，密炼室温度高，配合剂分散性差，容易焦烧和过炼；过低则吃料时间长，增大能耗，虽然能提高配合剂的分散效果，但加剧了橡胶分子链的剪切破坏，降低了胶料的力学性能。适宜的循环冷却水温度在40～50℃。

⑤ 上顶栓压力　密炼机上顶栓的主要作用是将胶料限制在密炼室的主要工作区，并对其施加局部压力，防止胶料在金属表面滑动而降低混炼效果，并防止胶料进入加料口颈部而滞留，造成混炼不均匀。密炼机混炼时物料受到上顶栓施加的压力和捣捶作用，可增加机械剪切摩擦作用，提高对胶料的混合分散作用，促进胶料流动变形和混合吃粉，缩短混炼时间。

混炼过程中上顶栓不是静止不动的，也不是一直对胶料施加压力作用，只有当转子推移的大块物料返回从上顶栓下面通过时才显示瞬时压力，有上下浮动现象。若上顶栓没有明显的上下浮动，可能是压力过大或容量太小；若上顶栓上下浮动过大，浮动次数过于频繁，表明上顶栓压力不足。正常情况下，上顶栓应有上下浮动，浮动距离小于50mm。当转速提高，容量增大时，上顶栓压力随之提高，混炼过程中胶料的生热升温速度也会加快。一般，慢速密炼机上顶栓压力在0.5～0.6MPa；中、快速密炼机压力在0.6～0.8MPa，最高1.0MPa。对硬胶料混炼，上顶栓压力不能低于0.55MPa。

上顶栓加压方式对混炼过程有影响。投加粉料，尤其是堆积密度较小的物料，不能立即加压，应缓慢放下，利用其自身重量浮动加压一段时间后，再将上顶栓提起一定高度，通压缩空气加压。否则会导致物料飞扬损失和挤压结块，难以分散，还可使上顶栓在加料口处被物料卡住而影响混炼操作。当配合剂用量大时，应分批投加，分批加压。快速密炼机混炼时，油料是在不提起上顶栓的情况下用压力注入密炼室的。

⑥ 转速　提高转速是强化密炼机混炼过程的有效措施之一。物料在转子凸棱顶面与密炼室内壁间隙区受到的剪切作用最强，转子转速加快，剪切作用增强，配

合剂分散性改善，胶料生热升温加快，混炼时间缩短。转速与混炼时间近乎成反比关系，转速增加一倍，混炼周期缩短30%～50%，对制造软质胶料效果更显著。但转速过快，混炼初期对胶料剪切摩擦作用增强，橡胶分子链断裂加剧，温升加快，使胶料的黏度快速下降而导致配合剂分散性变差。为适应工艺要求，可选用双速、多速或变速密炼机混炼，以便根据胶料配方特性和混炼工艺要求随时变换速度，求得混炼速度与分散效果之间的平衡，满足塑炼和混炼过程合并在一起的要求。分段混炼的第一段混炼主要完成吃料和初步分散，允许混炼温度维持在较高水平，可采用快速混炼。终炼加硫化剂和促进剂时，因对温度敏感，宜在低温下操作，故采用慢速密炼机混炼。转速对子午线轮胎胎面胶加工性能和物理机械性能的影响见表7-5。

表 7-5　转速对子午线轮胎胎面胶加工性能和物理机械性能的影响

物性＼转速	60r/min	70r/min	77r/min	90r/min
排胶温度/℃	143	146	157	175
门尼黏度[ML(1+4)100℃]	46.71	53.49	72.97	84.56
143℃×t_{c90}物性				
邵尔A型硬度	64	66	63	60
拉伸强度/MPa	25.4	25.4	24.9	24.6
拉断伸长率/%	635	589	594	591
100%定伸应力/MPa	2.1	2.5	2.0	1.9
300%定伸应力/MPa	9.8	10.9	10.1	10.1
撕裂强度/(kN/m)	102.8	104.4	104.7	37.4
回弹率/%	45	47	47	45
DIN磨耗体积/mm³	123	109	110	125
压缩疲劳温升/℃	12.50	12.05	12.35	14.10

注：1.0L密炼机混炼，初始温度45℃；加料顺序及混炼时间：生胶（塑炼1min）→加小料（混炼1.5min）→加填料（混炼3min）→排胶。

⑦ 混炼时间　混炼时间延长，配合剂分散性有一定的改善，但橡胶分子链断裂加剧，尤其是结合在炭黑表面的橡胶分子链的断裂，会降低硫化胶的力学性能；混炼温度高，容易焦烧和过炼；生产效率降低。所以延长混炼时间并没有好处。密炼机混炼时，在保证配合剂分散的情况下应尽可能缩短混炼时间，不仅对胶料的性能有好处，还可降低能耗，提高生产效率。

合适的混炼时间与胶料配方、混炼方法、工艺条件及胶料的质量要求有关，需要通过实验确定。

(4) 密炼机混炼后胶料的补充加工和处理　密炼机混炼后，为了加快胶料的降温，防止焦烧现象发生，便于管理和使用，需要将胶料压成一定厚度的胶片。压片后胶片需要立即浸涂隔离剂液，用强风吹干并进一步冷却至规定的温度（40℃）以下，堆垛停放。对混炼生热大、焦烧时间较短的胶料，加强冷却是防止焦烧的必要措施之一。由于夏季气温高，隔离剂液温度和空气温度高，如果采用和冬季相同的冷却设备和工艺，夏季混炼的胶料冷却程度不如冬季混炼的胶料，堆垛停放过程中因胶片内部热扩散以及炭黑与橡胶继续发生相互作用而放热，使得胶垛内部温度升高，长时间停放后即产生焦烧现象，故夏季混炼的胶料在停放过程中容易焦烧。为了避免夏季混炼的胶料焦烧，其冷却工艺应与冬季不同，建议对循环使用的隔离剂液加强冷却，或增加风扇的台数，延长胶片在挂片架上的运行距离，或在压片阶段增加开炼机台数，通冷却水冷却兼补充混炼。

胶料冷却后需要停放 8h（至少 4h）以上才能使用，但停放时间最多不能超过 36h。停放的目的在于使胶料进行应力松弛，减小后序加工时的收缩率；使配合剂在胶料中进一步扩散，提高混合均匀程度；使炭黑与橡胶继续发生物理和化学吸附，增加结合橡胶的含量，进一步提高补强效果。

7.1.4.3 低温连续炼胶工艺

由于开炼机混炼的效率低，但混炼温度低，胶料中配合剂分散性好；而密炼机混炼效率高，吃料快，胶料中配合剂分散性相对较差。将二者结合，发挥各自的优点，就形成了一种非常先进的混炼工艺方法：低温连续炼胶工艺。据国内某企业实际应用取得如下效果：能耗降低 27%，分散性提高 10%，耐磨性提高 10%，生产效率提高 200%。

该工艺方法最早由法国米其林轮胎开发，近几年在国内发展迅速，目前已经有十几条生产线在使用。

该生产线由一台大容量的密炼机和 8 台大规格的开炼机、小料自动称量和输送系统、胶片冷却装置组成。生产线布局示意图如图 7-5 所示。

混炼时，密炼机主要起吃料的作用，采用快速密炼机，混炼 3min 左右，排胶到压片机上压片，通过输送带输送到第一台混炼开炼机上过辊距，经提升辊提升后返回两辊筒间隙继续混炼，胶片提升的主要目的是降温，当胶料的温度降低到一定温度后，经过自动称量的硫黄、促进剂、防焦剂等配合剂通过气力输送装置向开炼机投料，开炼机下方左右两侧的输送带将胶片夹在中间左右摆动，实施自动翻胶。当混炼到一定程度后，自动切断胶料，胶料落在下方的输送带，送回第二台压片机上压片后浸涂隔离剂，进入风冷装置冷却，最后折叠停放。在第一台混炼开炼机对密炼机混炼的第一车胶补充混炼加硫过程中，密炼机混炼的第二车胶进入第二台混炼开炼机补充混炼加硫，第三车胶至第六车胶依次进入第三台至第六台混炼开炼机补充混炼加硫，在第六车胶进入第六台开炼机补充混炼时，第一台开炼机上的胶料混炼完毕，下片通过输送带运走。密炼机混炼的第七车胶又重新进入第一台开炼机补充混炼加硫，如此连续循环，整条生产线就可以连续混炼胶料。由于胶料的混合

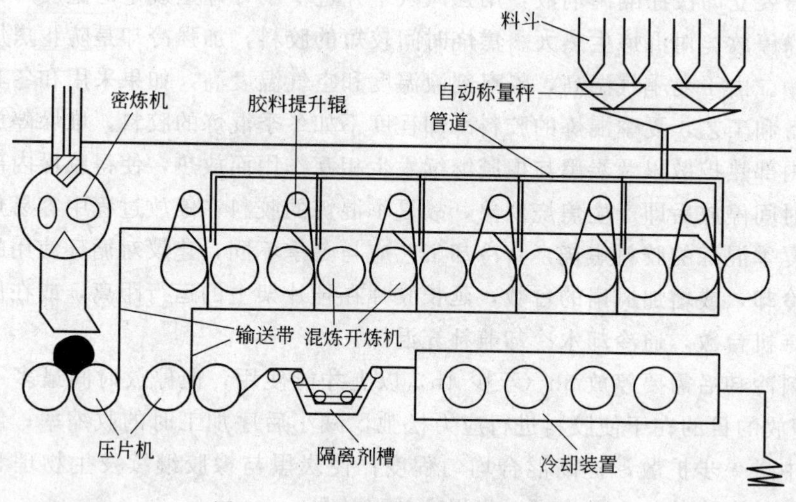

图 7-5　低温连续混炼生产线示意图

分散主要是在开炼机上进行的，炼胶温度较低，炼胶过程一次完成，故称为低温一次连续混炼工艺。

该工艺的最大优点是混炼一次完成，中间不需要冷却停放，效率高，能耗低，混炼胶的质量好且稳定，自动化水平高，操作人员少，占地面积小。如果密炼机的容量为 300L，则该生产线的产能相当于两条 380L 密炼机二段混炼生产线产能的 80%。该生产线的单位质量胶料的混炼能耗比二段混炼法降低 30%以上。该生产线尤其适合非常难分散的白炭黑及高填充量的硬质胶料的混炼。该法的缺点在于混炼开炼机不能出故障，其中一台开炼机出问题，整条生产线就必须停止工作；另外，在开炼机上投加硫黄、促进剂时容易飞扬，车间粉尘相对较多。硫黄、促进剂和防焦剂如果是用聚合物作载体的造粒粒子，粉尘问题就可以解决。

7.1.4.4　连续液相混炼工艺

胶料配方中，炭黑是主要补强填充剂，而且机械混炼过程中炭黑飞扬造成环境污染，混炼能耗高。为了解决这些问题，王梦蛟等研究开发了一种连续液相混炼工艺。该工艺主要流程包括：填料浆的制备，胶乳的预处理，填料浆与胶乳的混合、凝固及脱水过程。该工艺过程先将炭黑用水湿润，经过搅拌混合均匀制得炭黑浆料，然后将炭黑浆料在高压下连续喷射到连续供料的胶乳槽内与胶乳混合。由于在高压下卸压物料膨胀，炭黑粒子打开，比表面积急剧增大，瞬间使胶乳凝固，将凝固的炭黑母胶用螺杆挤出机脱水并瞬间高温干燥，再经补充加工连续制得炭黑分散性优异的天然橡胶炭黑母胶，起名为 CEC 胶。制备炭黑浆料时未添加任何分散剂或表面活性剂，凝固时也没有加凝聚剂，因此凝固物不需要经过水洗过程，胶料中除了炭黑和橡胶分子链外，其它成分较少。其工艺流程如图

7-6所示。

吴明生等采用乳液压力共附聚的方法制备出了高分散的天然橡胶炭黑母胶。与常用的干法混炼相对比，这种新的混炼工艺有如下优点：胶料中填料的分散性非常优异，胶料的力学性能和动态性能好；混炼程序简单化，与传统的方法中控制不同配合剂加入时间，考虑加入次序对混炼效果的影响，该方法在短时间内使胶乳与填料浆混合，简化了混炼过程；降低混合成本，减少了开炼机及密炼机等混炼设备的数量和操作劳动力的投入。

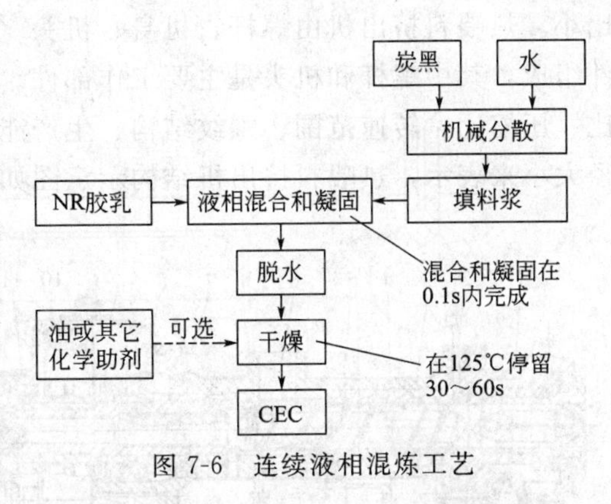

图7-6　连续液相混炼工艺

7.1.5　混炼胶的质量检验

混炼胶的质量对其后序加工性能及半成品质量和硫化胶性能具有决定性影响。因此，混炼后的胶料必须要检验其质量是否符合要求，只有符合要求的混炼胶才可以投入使用，对不合格的胶料则需要返炼，或返回与合格胶按比例掺加使用，对质量相差太大的胶料则要降档处理或报废。评价混炼胶质量的性能指标主要有胶料的可塑度或黏度、配合剂的分散度和分散均匀性、硫化胶的物理机械性能等。

7.2　挤出工艺及设备

胶料制备好后需要通过挤出机挤出不同规格和用途的半成品，如轮胎的胎面胶、胎侧胶、肩部垫胶、0°带束层挂胶、钢丝圈钢丝挂胶及增黏胶片、耐磨胶片、防滑胶片的挤出等。轮胎翻新主要涉及胎面胶坯、缓冲胶的挤出。

7.2.1　挤出设备及挤出原理

7.2.1.1　挤出设备及选型

胶料挤出工艺主要通过挤出机来完成。根据挤出工艺条件不同，可将挤出机分为热喂料挤出机和冷喂料挤出机两大类，在轮胎生产及翻新中均有应用，其中冷喂料挤出机有普通冷喂料挤出机、销钉冷喂料挤出机两种。在子午线轮胎的生产中，除了胎面胶仍有采用热喂料挤出机外，其它挤出部件均采用冷喂料挤出机挤出胶料，而且在胎面、胎侧的复合挤出中，多数采用了销钉冷喂料挤出机。

(1) 热喂料挤出机　胶料经过热炼后挤出所用的挤出机为热喂料挤出机。由于胶料经过热炼具备一定的热塑性，故热喂料挤出机的螺杆较冷喂料挤出机短，长径比小。热喂料挤出机由螺杆、机身、机头（含口型和芯型）、机架和传动装置等部件组成，其中螺杆和机头是主要工作部件。挤出机主要技术参数有螺杆外径、长径比、压缩比、转速范围、螺纹结构、生产能力、功率等。挤出机的规格多用螺杆外径大小来表示，热喂料挤出机结构示意图如图 7-7 所示。

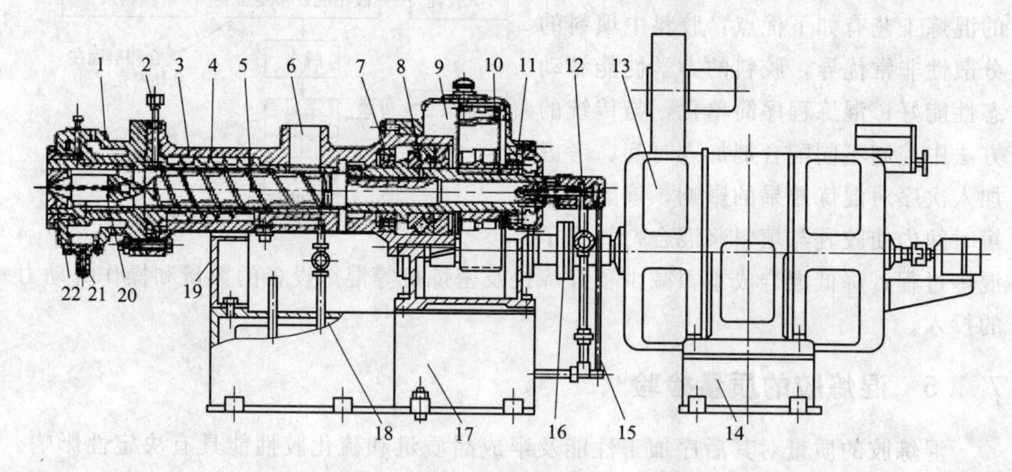

图 7-7 热喂料挤出机结构示意图

1—机头；2—热电偶；3—机筒；4—衬套；5—螺杆；6—喂料口；7,8,11—轴承；9—减速机；10—大齿轮；12—分配器；13—电动机；14—电动机座；15,18,21—管路；16—联轴器；17—机座；19—支柱；20—芯型；22—口型

① 螺杆　螺杆是挤出机最主要的工作部件，胶料的喂料、塑化、压缩、流动均由螺杆完成。螺杆上有螺纹，螺纹的类型有单头、双头和复合螺纹三种。螺纹的间距称螺距，有等距和不等距两种；螺纹高度即螺槽深度，有等深和不等深两种。热喂料挤出机螺杆螺纹多为等距不等深，或等深不等距，在加料端螺距大或螺槽深，出料端螺距小或螺槽浅，保证胶料往前输送时受到挤压压缩作用。热喂料挤出机的螺槽要比冷喂料挤出机螺槽深。

螺杆外径与螺杆螺纹长度之比为长径比，是挤出机重要的技术参数之一，长径比大，胶料在挤出机内行走的路程长，受到的剪切、挤压和混合作用大，胶料塑化程度高，挤出速度快，半成品收缩变形小；但消耗的功率多。热喂料挤出机的螺杆长径比一般在 3～8 之间。螺杆加料端一个螺槽的容积和出料端一个螺槽容积的比叫压缩比，表示胶料在挤出机内能够受到的压缩程度。压缩比的设立，主要起压缩胶料，便于排气，压实胶料的作用。热喂料挤出机的压缩比一般在 1.3～1.4。

② 机筒　机筒是包围在螺杆外面的固定外壳，内表面比较粗糙，设有加料口、加热、冷却套、衬套等部件。胶料通过加料口进入机筒内部，通过往加热冷却套中通入蒸汽、热水或冷水对挤出机进行预热或冷却，控制挤出各部件的温度。

③ 机头　机头的作用是将离开螺槽的不规则、不稳定的螺旋状运动的胶料，引导过渡为稳定的直线运动的胶料，并产生挤出压力，使胶料密实地进入口型成为

断面形状稳定的半成品。机头流道的设计对挤出半成品的断面形状、尺寸和挤出速度均有重要影响，不同品种规格的半成品，应采用相应的机头。根据机头流道方向与螺杆轴线方向的夹角α不同，可将机头分为直向机头（$\alpha=0°$）、T型机头（$\alpha=90°$）和Y型机头（$\alpha=60°$）等。其中直向机头有锥形机头和喇叭形机头两种，前者用于挤出内胎胎筒、纯胶管等，后者用于挤出扁平的轮胎胎面、胎侧、垫胶、钢丝圈三角胶、胶片等。T型机头可用于挤出电线电缆的包胶、编织胶管的包胶、轮胎钢丝圈钢丝和0°带束层钢丝挂胶。此外，对于结构复杂的复合半成品的生产还有复合机头，如用于挤出大规格轮胎胎面的三复合挤出机头、挤出胎侧、垫胶、子午线轮胎钢丝圈三角胶的双复合机头等。热喂料挤出机一般均为直向机头。

④ 口型　口型是胶料最后离开挤出机的部件，是决定半成品断面形状和尺寸的模具，放置在机头的前部，便于安装和拆卸更换，以生产多品种、多规格的半成品，提高设备的利用率。口型有无芯型和有芯型两种，前者用于挤出实心的半成品，如胎面、胎侧、垫胶、三角胶和各种窄胶片等；后者配有芯型支架，用于挤出中空的半成品，如内胎胎筒、纯胶管等，可通过调节支架位置调整中空半成品的壁厚。T型机头和Y型机头的口型大都以所要覆胶的骨架作为芯型，实际上是无芯型口型。口型内腔的设计（流道、光滑程度、锥角等）和结构设计（壁厚、流胶孔）对挤出半成品的形状、尺寸和外观质量有重要影响。

(2) 冷喂料挤出机　冷喂料挤出机挤出时胶料不需要热炼，直接供胶挤出，胶料的塑化升温主要由螺杆来完成，故其螺杆结构与热喂料挤出机有明显不同。相对于热喂料挤出机，冷喂料挤出机的螺杆长，长径比大，L/D为8～17，最高达20；压缩比大，一般为1.6～1.8；螺杆结构多为主、副螺纹型，副螺纹的高度略低于主螺纹，而副螺纹的导程又大于主螺纹，胶料通过副螺纹、螺峰与机筒壁之间的间隙时受到强烈的剪切作用，摩擦生热大，塑化效果好，生产能力大。螺槽的深度较浅，有利于冷却。冷喂料挤出机的结构如图7-8所示。与热喂料挤出机明显不同的是，冷喂料挤出机的加料口下方安装有加料辊，加料辊的尾部有一个联动齿轮，与主轴的附属驱动齿轮啮合，螺杆转动时加料辊就转动，将冷胶料连续均匀地送入螺杆。

由于螺杆长，胶料没有热炼，黏度高，需要有足够的能量使其塑化，故冷喂料挤出机需配备比同规格热喂料挤出机更大的驱动设备和传动装置。冷喂料挤出机的机筒、机头和口型与热喂料挤出机基本相同。

使用冷喂料挤出机有许多优点，是其得到快速发展并占主导地位的主要原因，如胶料不需要热炼，减少了热炼所需的2～3台开炼机及安装这些设备所需的厂房面积，减少操作人员数量，投资省；减少了胶料热炼带来的质量波动，半成品质量稳定；减少了胶料的热历程，加上螺槽浅，机筒暴露面积大，散热快，胶料不容易焦烧；更重要的是冷喂料挤出对机头压力的敏感性小，尽管机头压力增加或口型阻力增大，但挤出速率影响不大；灵活性大，应用范围广，可适用于多种胶料的挤

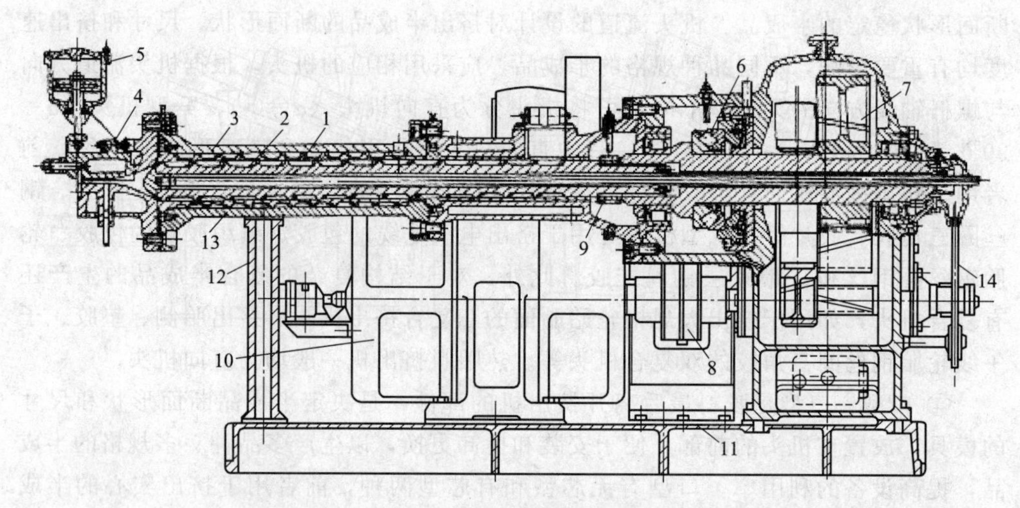

图 7-8　冷喂料挤出机的结构

1—螺杆；2—衬套；3—机身；4—机头；5—风筒；6—推力轴承；7—减速机；8—联轴节；
9—旁压辊传动齿轮；10—电动机；11—机座；12—机架；13—冷却水管；14—回水管

出。目前，轮胎行业、电线电缆、胶管等产品的生产，已广泛采用冷喂料挤出机。

销钉机筒冷喂料挤出机是在螺杆杆体或者机筒一定部位上安装数排销钉而成，有杆体销钉螺杆挤出机、销钉机筒挤出机、销钉传递挤出机、销钉主副螺纹挤出机等多种形式。子午线轮胎挤出工艺使用的主要是销钉机筒冷喂料挤出机，其结构特点是在机筒上安装 6～16 排，每排 6～12 枚销钉，朝螺杆中心呈辐射状固定在机筒上。挤出时胶料在这些销钉的搅混作用下受剪切、混合作用增强，可获得高质量的混合、捏炼和塑化效果。销钉冷喂料挤出机的螺杆长度较普通冷喂料挤出机短，长径比为 2～4，胶料在机筒内的停留时间短，以及销钉的传热散热作用，电机的输入功率可下降 20%以上，挤出胶料的温度可以降低 10℃以上，故可以提高螺杆转速，加快挤出速度，产量可提高 40%～70%，能耗降低 25%～40%。更重要的是胶料塑化质量好，挤出半成品断面密实，适应性广，具有自洁性，变换胶料方便，挤出工艺参数控制方便，挤出稳定，容易操作。

(3) 复合挤出机　轮胎生产中除了农用车胎胎面、轿车胎的钢丝圈三角胶及一些型胶采用单机挤出外，多数采用复合挤出机在机内复合，通常是 2～5 台挤出机共用一个机头，分别称为双复合挤出机、三复合挤出机、四复合挤出机、五复合挤出机，结构示意图如图 7-9 所示。

复合挤出机可以是热喂料挤出机与冷喂料挤出机复合，也可以是冷喂料挤出机与冷喂料挤出机复合。一种配方胶料需要 1 台挤出机，半成品由几种配方胶料复合而成就需要几台挤出机，分别在各自流道内挤出后通过同一个预口型板复合并经口型板一起挤出机外。各胶料之间不需粘接或贴合，因胶料流动性好，胶料之间黏合质量高，各部件定位准确，效率高。为了尽可能不改变复合挤出机中各胶料的进口

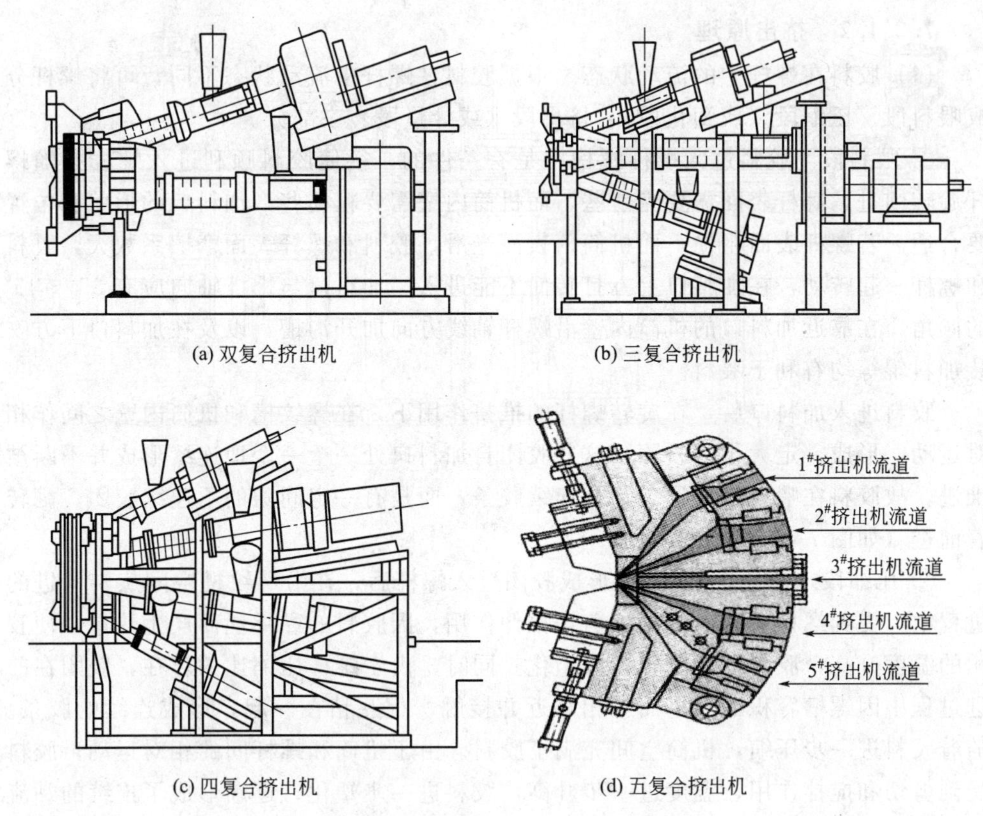

(a) 双复合挤出机　(b) 三复合挤出机

(c) 四复合挤出机　(d) 五复合挤出机

图 7-9　复合挤出机结构示意图

角度，降低压力损失，复合机头采用镶嵌件流道块。流道块、预口型板、口型板均可更换。流道镶嵌件形状的精确与否对挤出型条的精确度有很大影响。各复合挤出机适合挤出的部件如表 7-6 所示。

表 7-6　复合机头挤出机适合挤出的部件

复合挤出机	复合挤出部件	轿车胎	载重胎
双复合挤出机	胎侧＋子口护胶	√	√
	胎侧		√
	胎冠＋基部胶		√
	两种胶料胎冠		√
	胎肩垫胶		√
	三角胶		√
三复合挤出机	胎冠＋基部胶＋胎翼	√	√
	胎冠＋基部胶＋缓冲胶		√
	胎侧＋子口护胶＋胎肩垫胶	√	
	胎冠＋基部胶＋胎翼＋缓冲胶	√	
四复合挤出机	两种胶料胎冠＋基部胶＋胎翼	√	
	白胎侧＋黑胎侧＋子口护胶＋胎肩垫胶	√	

7.2.1.2 挤出原理

(1) 胶料在螺杆中的流动状态　根据胶料在螺杆中流动状态不同，可将螺杆分成喂料段、压缩段（或塑化段）、挤出段（或计量段）三部分。

① 喂料段　胶料进入螺杆螺槽中是有条件的。欲使胶料顺利进入螺杆并随螺杆旋转前进，螺杆表面需要光滑些，而机筒内壁需要粗糙些，加料口的形状和位置要合适。若螺杆表面粗糙，而机筒内表面光滑，胶料和螺杆表面摩擦系数大，胶料和螺杆一起转动，在加料口上方打转而不能进入。加料口与螺杆轴向应有35°～45°的倾角，在靠近加料口的机筒内壁沿螺杆轴线方向加开沟槽，以及在加料口下方安装加料辊等均有利于喂料。

胶料进入加料口后，在旋转螺杆的推挤作用下，在螺纹槽和机筒内壁之间作相对运动，形成一定大小的胶团，这些胶团自加料口处一个一个地连续形成并不断被推进。故胶料在喂料段的形态不是连续胶条，而是有一定间隙的不连续胶团，翻转着前进（如图7-10所示）。

② 压缩段（塑化段）　胶料形成胶团进入螺杆后，在沿螺纹槽空间旋转前进的过程中，受到螺杆旋转而产生的剪切拉伸作用，因胶料的黏弹性而产生热量，使胶团的温度升高，胶料开始变软，即塑化。同时，由于螺杆压缩比的存在，胶团在前进过程中因螺槽容积的减小而互相靠近并接触，相互粘在一起，形成连续的胶条。随着胶料进一步压缩，机筒空间充满了胶料。由于机筒和螺杆间的相对运动，胶料受到剪切和搅拌作用，温度进一步升高，胶料进一步塑化，逐渐形成了连续的黏流体（如图7-10所示）。

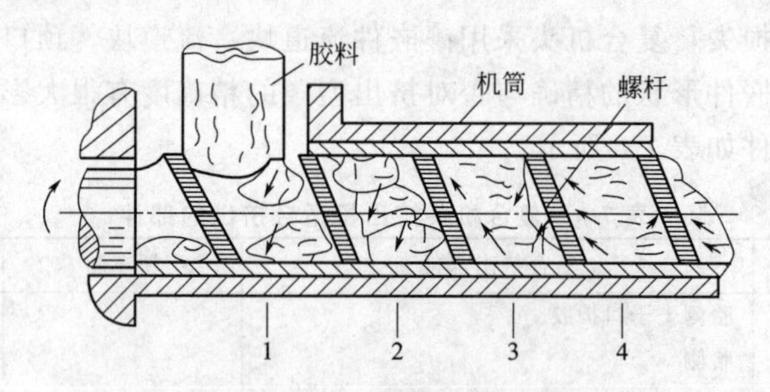

图7-10　胶料的挤出过程

1—喂料；2—压缩塑化；3—胶料渐成流动状态，但仍有空隙；4—胶料完全成为连续流体

③ 挤出段（计量段）　胶料形成连续黏流体后，在螺杆转动锁产生的轴向力的推动下不断向前推移，胶料也进一步均化塑熔。胶料在螺杆内前进的速度可分解为平行于螺纹方向和垂直于螺纹方向的两个分速度，平行于螺纹方向的分速度使胶料沿螺纹方向前进，这种流动称顺流；而垂直于螺纹方向的分速度使胶料横流，遇到螺纹侧壁折向机筒方向，再被机筒阻挡折向相反方向，接着又被另一螺纹侧壁阻挡

而改变方向，使得胶料在螺槽内形成了垂直于螺槽壁的环形流动，这种流动使得胶料在螺槽内翻转、搅拌。胶料进入螺杆的末端，再离开螺杆进入机头。由于机头流道变窄及口型的阻力，胶料在机头积聚，产生静压力。在静压力作用下，进入机头的部分胶料会沿着螺纹的反方向及螺峰与机筒内壁间隙由机头向加料口方向流动，分别称为逆流和漏流，使得胶料在螺杆末端的流动变得更加复杂。胶料在挤出段的流动是这几种流动方式的综合，以螺旋状运动在螺槽中向前移动。这种螺旋状运动随螺槽深度的增加而增加，随螺槽宽度增大而减小。胶料在挤出段的流动方式见图 7-11。

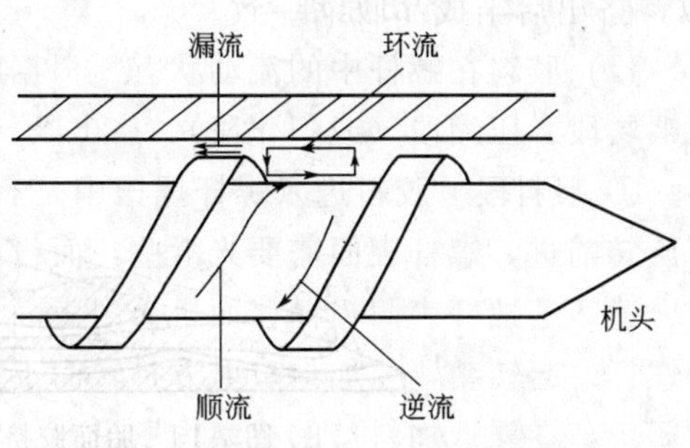

图 7-11　胶料在挤出段的流动方式

(2) 机头压力的形成及胶料在机头内的流动状态　挤出过程中，胶料所受压力是在不断变化的。挤出机内胶料所受压力分布如图 7-12 所示。喂料口和口型出口与大气相通，这两处压力最低。由于螺杆有压缩比，胶料随螺杆往前推进所受压力增大，在螺杆端部及机头处压力达到最大。机头压力是胶料进入口型被挤出的动力。机头压力来自于螺杆旋转的推力、机头和口型的摩擦阻力及流道收缩，其大小与胶料硬度、螺杆的几何参数、螺杆的转速、机头口型的形状、尺寸及工作状态等有关。机头压力要合适，过大则口型膨胀大，表面不光滑，能耗大；过小则挤出速度慢，容易产生气泡，效率低。

胶料从螺杆末端出来以螺旋状运动进入机头，因机头流道变窄，胶料在机头内积聚，在机头内壁的摩擦阻力作用下，螺旋状运动逐渐减弱，转变成柱塞式直线运动往前推进。靠近机头内壁的胶料，由于受到内壁的摩擦阻力，流动速率很小甚至为零，而机头流道中心处阻力小，胶料流动速率加快，故胶料在机头内的流动速率呈抛物线式分布，流道中心处流速快，靠近机头内壁处流速慢（见图 7-12）。胶料在机头内流动速度的不均匀，必然导致挤出后半成品产生不规则的收缩变形。为了尽可能减少这种现象，必须减小机头内表面的粗糙度，以减少摩擦阻力和速度梯度。

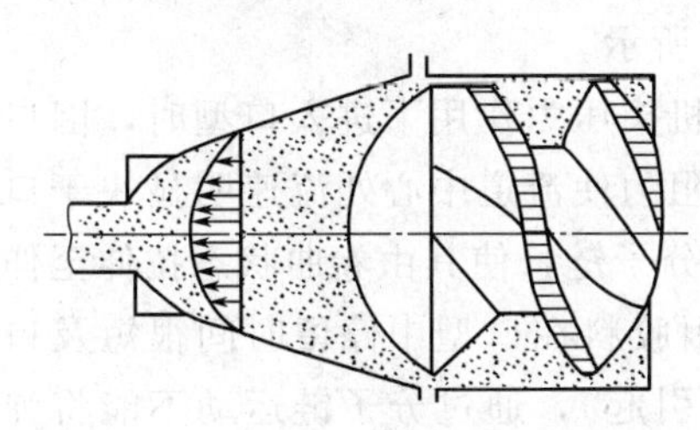
图 7-12　胶料在挤出机头内的流动

为了使胶料挤出的断面形状固定，胶料在机头内的流动应尽可能均匀和稳定，即胶料在由螺杆到口型的整个流动方向上受到的推力和流动速度尽可能保持一致。如轮胎胎面挤出机头的内腔曲线中间缝隙小，两边缝隙大，通过增加中间胶料的阻力，减少两边缝隙的阻力。机头内腔曲线逐渐过渡到口型板处才和胎面所要求的形状一致（如图 7-13 所示），这样胶料的流动速度和压力才较为均匀一致，挤出后半成品收缩一致。

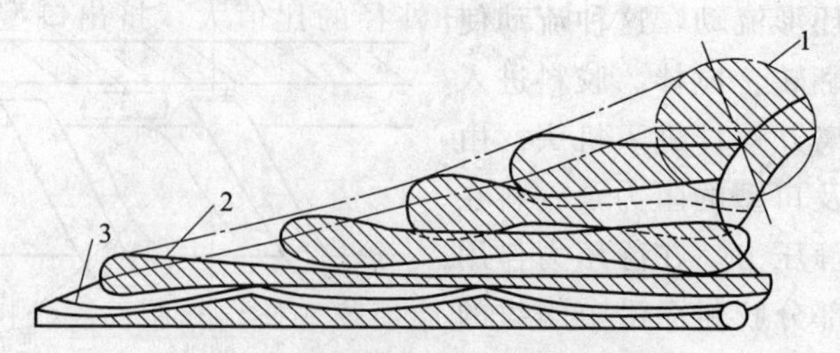

图 7-13 胎面胶挤出机头内腔曲线图

1—机头与螺杆末端接触处的内腔截面形状；2—机头出口处内腔的截面形状；3—口型板处缝隙的形状

除机头内壁要求光滑和内腔曲线设计合理外，机头内的流道还应设计成流线型，无死角或停滞区，整个流动方向上的阻力要尽可能一致。如果机头内腔设计达不到以上要求，挤出半成品就会收缩不一致，断面形状和尺寸发生偏差，使半成品不合格。实际生产中用双复合挤出机挤出双胎侧时，经常出现口型板两个孔径完全相同而挤出后两个胎侧尺寸不一致的现象，一个尺寸大，一个尺寸小，其原因就在于机头内腔设计没有达到要求。

(3) 胶料在口型中的流动状态及口型膨胀　胶料进入口型的流动是胶料在机头中流动的继续，流动速度也呈抛物线分布，口型流道中心处流动速度明显比口型壁处快，因口型的尺寸略小于机头，故速度梯度比机头内更大，流动速度快。胶料在口型中流动速度分布如图 7-14 所示。

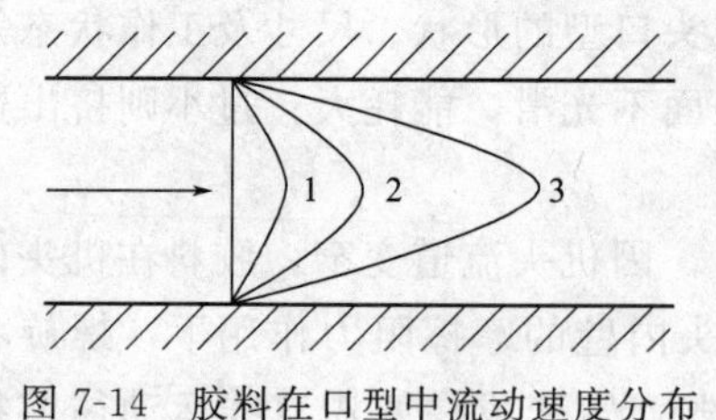

图 7-14 胶料在口型中流动速度分布

1,2,3—不同胶料

胶料在机头压力作用下进入口型时，因口型壁的摩擦阻力使流道中心处流速明显快于口型壁处，有速度梯度存在，形成剪切力拉伸橡胶分子链，使其由卷曲状态拉伸至伸展状态，产生弹性变形，这就是“入口效应”。因胶料在口型中停留时间很短及口型壁对胶料的挤压力（由剪切力形成的法向应力引起），通过分子链运动不能将弹性形变完全松弛掉，胶料离开口型后因口型的挤压力消失，橡胶分子链因弹性记忆效应而重新恢复卷曲状态，导致胶料沿挤出方向收缩，半径方向膨胀，使挤出物断面尺寸大于口型尺寸，这种现象称为口型膨胀，又称挤出胀大。胶料挤出后出现口型膨胀现象给挤出工艺带来很多麻烦，如半成品断面形状和尺寸的改变，半成品外观质量的改变等，需要调整挤出工艺、设备（口型）、胶料配方。挤出过程中口型膨胀小，挤出工艺及配方稳定，半成品形状和尺寸准确。

口型膨胀的大小取决于胶料在口型中流动时产生的弹性形变量及松弛时间的长短，不仅与胶料配方、可塑度、挤出工艺有关，还受设备的影响。一般，天然橡胶胶料挤出口型膨胀小于合成橡胶胶料；含胶率高的胶料挤出口型膨胀大；胶料可塑度高，挤出温度（热炼及供胶温度、机头和口型温度）高，螺杆转速低，机头和口型内壁光滑，口型壁厚，口型尺寸与螺杆外径的比值大，挤出口型膨胀小，收缩率低。

7.2.2 胎面胶挤出工艺

胎面胶是轮胎翻新时使用的主要半成品部件之一，主要通过挤出机制造。根据翻新轮胎成型工艺不同，胎面胶的挤出有胎面胶坯挤出和胎面胶条挤出两种，前者适用于粘贴工艺（热贴和冷贴），后者多用于缠贴工艺。无论挤出胎面胶坯还是挤出胶条，挤出工艺均有热喂料挤出和冷喂料挤出两种，前者胶料需要热炼，而后者不需要。对不同规格的轮胎胎面胶坯的挤出，又有分层挤出和整体挤出两种方法。整体挤出又有两种情况，一是一种配方一台挤出机，扁平机头挤出或圆形口型机头挤出后切割展开，多用于小规格的农用车胎的挤出；二是多种配方多台挤出机同一机头内复合整体挤出，子午线轿车胎和载重胎的胎面、胎侧、垫胶等部件多采用内复合整体挤出。分层挤出是多台挤出机分别通过各自的口型挤出胶料，在机头外的输送带上通过圆盘活络辊压实为整体，大规格斜交轮胎的胎面、胎侧外复合挤出多采用此法。

7.2.2.1 冷贴成型胎面胶坯挤出工艺

冷贴成型法是将预先制备好且经过停放的胎面胶坯贴在胎冠上，并用胎面压合机辊压。冷贴翻新技术的优点在于胎面胶的配方和结构可以与原轮胎胎面胶相同，保持轮胎原有的性能（如磨耗、生热、滚动阻力、抗湿滑性等），胎面胶坯尺寸稳定，翻新轮胎质量好，还可以节约成本；缺点是需要翻新的轮胎胎面因磨损情况不同，胎面胶的需要长度是不定的，每次贴胎面胶坯时需要根据实际长度进行切割或补接。该技术适用于规模大，机械打磨的轮胎，特别是较大规格轮胎如载重轮胎的翻新。预硫化胎面翻新技术也需要预先制备胎面胶坯。

目前，冷贴成型胎面胶坯的生产主要采用一种配方胶料生产，可用开炼机挤出一定厚度和宽度的胶片，或用1台热喂料或冷喂料挤出机挤出一定断面形状的胎面胶坯，收缩冷却定型后粘贴在打磨过的轮胎胎冠上。该生产工艺比较适合小规格轮胎的翻新。对大规格的轮胎翻新，胎面胶宽而厚，如果采用一种配方胶料，很难满足轮胎综合性能要求，而且全部采用胎冠胶配方，成本高。故对大规格的载重轮胎的翻新，胎面胶坯最好采用多种配方胶料复合，建议采用与原胎面胶挤出工艺相同或相近的复合挤出工艺，如双复合挤出、三复合挤出、四复合挤出等，不仅能满足轮胎综合性能要求，还可以节约成本。

挤出工艺生产线由挤出装置（包括挤出机、进料运输带及热炼、供胶设备）和挤出联动线（包括接取辊道、预收缩辊道、测量装置、带画线及打印系统的运输辊道、连续称量装置、冷却装置、风扇、定长裁断装置、加速辊道、单件称量装置、接取辊道、卷取装置和百页车）两部分组成。各挤出工艺联动线基本差不多，只是在挤出部分有明显不同。胎面胶坯挤出工艺流程如图7-15所示。

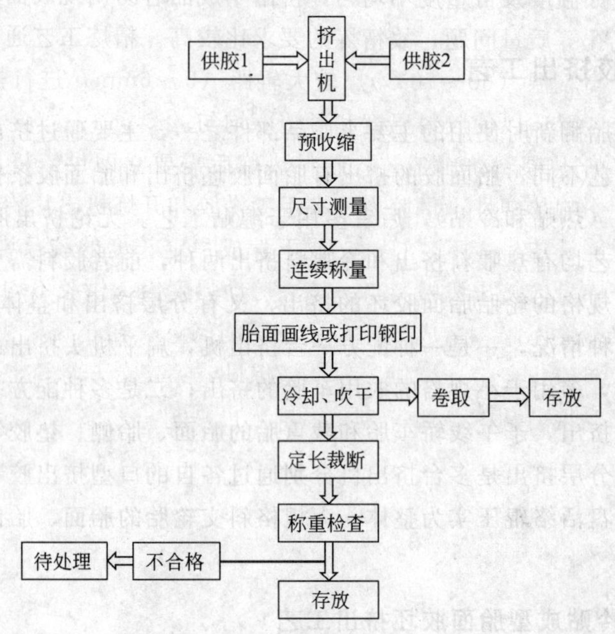

图7-15 胎面胶坯挤出工艺流程图

(1) 单机挤出

① 挤出准备工艺

a. 胶料热炼 这是热喂料挤出工艺必要的准备工作之一。胶料混炼后需要停放一段时间后才可供挤出工艺使用，因胶料温度低，黏度高，流动性差，热喂料挤出机的螺杆较短，长径比小，直接供胶很难挤出，需要对胶料进行热炼，以进一步提高混炼胶的均匀性和胶料的热塑性，使胶料易于挤出，得到规格准确、表面光滑的半成品。但热塑性不能过高，胶料太软，缺乏挺性，会使挤出半成品变形塌陷，尤其是挤出中空制品的胶料不宜热炼过度。胶料热炼分为粗炼和精炼两个阶段。

粗炼的主要目的是补充混炼均匀，使胶料升温。粗炼工艺根据胶料特性、半成品的质量要求不同有以下三种：一是1台带花纹辊筒的开炼机，采用低温薄通工艺（45℃左右，辊距1～2mm）；二是2台开炼机，其中1台开炼机带花纹辊筒，另1台为光滑辊筒，亦采用低温薄通工艺；三是1台冷喂料挤出机。第一种工艺适用于斜交轮胎或半钢子午线轮胎胎面胶挤出，第二种工艺在全钢子午线轮胎胎面挤出时使用较多，第三种工艺目前因成本高而使用较少，但可以克服第一、二种工艺开炼机安全垫片容易损坏而造成生产中断的缺点，对大规模生产来说有一定的应用前景。粗炼给开炼机喂料时需要注意沿辊筒主动轴一端加料，且一片一片地加料，不要将冷硬的胶料直接叠加到开炼机辊筒的中间部位，以免使辊筒产生很大变形而使安装轴部位的安全垫片断裂及辊筒断裂。

精炼（又称细炼）的目的在于使胶料获得必要的热塑性，使可塑度均匀。若精炼达不到要求，如温度及可塑度不均匀，挤出半成品容易出现表面麻点、波纹、断面尺寸波动、气孔等质量问题，故精炼的要求比较高。精炼工艺通常采用光滑辊筒的开炼机，以较高辊温（60～70℃）、较大辊距（5～6mm）进行操作。精炼开炼机配有自动翻胶装置，以使胶料温度和可塑度均匀。

b. 供胶　对于热喂料挤出工艺，胶料热炼后需要立即供给挤出机挤出，不宜停放时间过长，影响热塑性。供胶方法有手工供胶和开炼机出片传送带连续供胶两种。手工供胶是在精炼机上下片打卷，或下片成一定长度的胶条堆放在存放架上，由工作人员按顺序投入挤出机喂料口。该法劳动强度大，供胶不均匀，打卷胶料容易焦烧，胶条热塑性下降，造成半成品质量不均匀，仅在小规模生产有少量使用。大规模生产大都采取传送带连续供胶，从精炼机或第三台开炼机上割取一定断面规格的胶条，通过连续转动的传送带连续给挤出机喂料，胶条的宽度比加料口略小，厚度由所需胶料量决定。采用这种方法供胶，挤出半成品的规格比较稳定，质量较好。为了供胶均匀，防止堆料出现，可在加料口处加一个压辊，即旁压辊喂料。

对于冷喂料挤出工艺，不需要热炼设备，供胶是通过输送带连续输送，靠喂料口侧面的压料辊将胶片拉入螺杆，注意喂料速度与螺杆的拉料速度要匹配，可采用浮动辊来调节进料。

c. 挤出机预热　在挤出之前，冷、热喂料挤出机均需要预热到规定的温度。挤出机不同部位温度要求不同，一般从喂料口到口型温度逐步升高，机头和口型温度最高。通常往加热套中通蒸汽预热设备到一定温度，再分别冷却到规定的温度。

② 挤出工艺

a. 热喂料挤出工艺　挤出部分由1台热喂料挤出机及辅助热炼的2～3台开炼机、供胶输送带组成。胶料热炼及挤出机预热好后，给挤出机供胶挤出，及时调整口型位置，并测定挤出半成品的尺寸、均匀程度，观察其表面状态（光滑程度、有无气泡等）及挺性，直到完全符合半成品要求的公差范围和质量为止。挤出过程中，因胶料受剪切摩擦生热，温度会升高，故需要开放冷却水（水温25℃±5℃），调节流量控制挤出机各部位温度稳定。机筒的温度控制在40～60℃，机头温度在70～80℃，口型温度为90～100℃，最高不要超过120℃。

b. 冷喂料挤出工艺　挤出机采用销钉机筒冷喂料挤出机，胶料不需要热炼直接通过输送带给挤出机供胶。与热喂料挤出工艺相比，冷喂料挤出工艺主要在挤出设备及工艺条件上有所不同，冷喂料挤出机的螺杆长，长径比大，压缩比大，销钉对胶料的搅混作用强，胶料塑化效果好，故产品质量好。挤出机各段温度设定为：装料口和机身（30±5)℃，机头（80±5)℃，口型（85±2)℃。该工艺设备投资省，占用厂房面积小，灵活方便，适用性广，在轮胎翻新行业应用较广。

(2) 复合挤出　由于轿车胎和载重胎的胎面胶是由多种配方胶料复合而成，各胶料分布在相应的位置，发挥不同的作用，所以每一种配方胶料都需要单独的螺杆挤出，要有1台挤出机和1条供胶线。故挤出两方三块结构的胎面通常采用双复合挤出工艺，两条供胶线；三方四块结构的胎面胶多采用三复合挤出工艺生产，需配备三条供胶线。对结构复杂的胎面还可以采用四复合挤出工艺。实际生产中采用双复合挤出比较多。双复合挤出工艺主要有以下三种类型。

① 热喂料复合挤出工艺　各部件胶料均采用热喂料挤出，挤出机采用上下排列方式，胎冠胶在最上面的挤出机挤出，基部胶在下面挤出机挤出。各部件胶料热炼及供胶与单机挤出基本相同。各胶料从各挤出机螺杆出来后进入各自流道块，再一起进入预口型板复合，最后通过口型板挤出。

② 冷/热喂料复合挤出工艺　双复合挤出全钢子午线轮胎胎面胶坯时常用此工艺。一般胎冠胶采用热喂料挤出，基部胶采用冷喂料挤出。如日本NAKATA公司生产的热/冷喂料胎面复合挤出机采用$\phi250/\phi150$配合，上挤出机为$\phi250\mathrm{H}/6D$热喂料挤出机，下挤出机为$\phi150\mathrm{P}/16D$销钉式冷喂料挤出机，上下挤出机通过法兰与机头连接。机头为背叠式复合机头。该挤出工艺方法生产的胎面胶坯质量好，尺寸精度高、自动化程度高、控制水平先进，因此得到了广泛采用。

③ 冷喂料复合挤出工艺　各挤出机均采用销钉式机筒冷喂料挤出机，也呈上下排列方式，挤出机的螺杆直径一般为250mm和150mm，长径比为16。双复合挤出、三复合挤出和四复合挤出均可采用这种工艺挤出。由于销钉冷喂料挤出机的优点突出，半成品质量好，生产效率高，能耗低，厂房布局简单，占用面积小。

7.2.2.2　热贴成型胎面胶坯挤出工艺

热贴成型是挤出的胎面胶坯不需要冷却和停放，直接热贴到装在自动充气膨胀活络轮辋上的翻新轮胎的胎冠上，用液压空气囊压实胎面。该技术的优点在于效率高，生产过程简单，但胶料没有经过收缩处理，成型好的胎坯在停放过程中接头部位容易开裂。胎面胶坯的挤出一般用单机挤出，挤出机可以是热喂料挤出机，也可以是冷喂料挤出机。多采用螺杆直径为250mm的挤出机。冷喂料热贴胎面联动机组如图7-16所示。

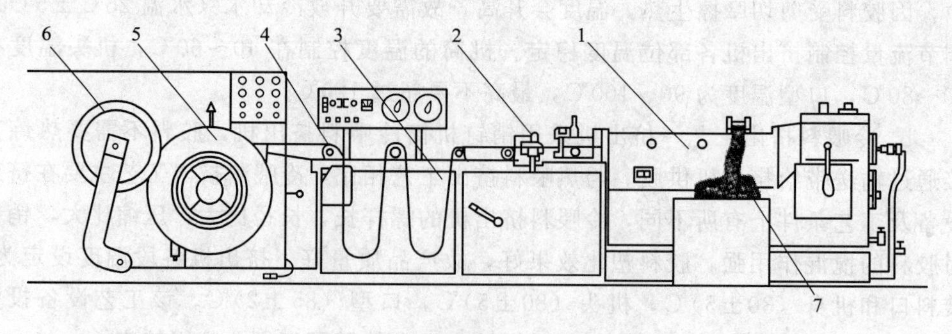

图7-16　冷喂料热贴胎面联动机组

1—冷喂料挤出机；2—厚度检查；3—胎面胶贮存；4—胎面胶；5—轮胎；6—液压空气囊；7—供胶条

7.2.2.3 缠贴胎面胶条挤出工艺

翻胎胎面的另一成型方法是胶条缠贴法，由挤出机连续挤出一定宽度的胶条，胎坯转动并作轴向移动，胶条连续缠绕在胎坯上，整个过程由计算机控制。该工艺自动化程度高，挤出机规格小，节省动力，占地面积小，胎面胶分布均匀，不需要接头，对改善轮胎的平衡性能非常有利，重量误差小，节省胶料。但生产效率较低，对胎坯转动和移动速度控制精度要求高。

由于挤出的胶条比较窄，厚度较薄，故挤出机多采用ϕ150mm或更小的冷喂料挤出机，挤出的胶条通过冷却辊适当冷却后缠贴在胎冠上，旧胎坯安装在自动充气膨胀的活络轮辋上，自动控制胎冠上胎面胶条线转速与挤出机挤出胶条的线速度相一致。如果不一致，会出现胶条被拉伸变形或胶条缠贴不紧，窝藏空气。随缠绕层数增多，缠绕半径在不断增大，欲保持线速度不变，轮辋的转速要逐渐变慢，这只能通过计算机自动控制。欲使胶条在胎冠上左右移动，活络轮辋必须沿轴线方向以一定的速度左右移动，这个过程也需要计算机控制。缠贴工艺在轮胎翻新生产中经常采用。

7.2.3 缓冲胶挤出热贴工艺

缓冲胶又称中垫胶，是一层1～2mm厚的特殊薄胶片，是轮胎翻新中最关键的部件之一，主要起粘接胎面和胎体及应力过渡的作用。由于胎体胶是硫化胶，变形能力差，表面活性较低，故缓冲胶与胎体胶的黏合至关重要。因此缓冲胶又可称为黏合胶，其配方需要特殊设计，增黏体系不可少。

缓冲胶片的制备有两种方法，一种是压延，另一种是挤出。目前国内翻胎厂大多采用两辊（或三辊）压延机生产缓冲胶片，冷却后用塑料薄膜卷取。使用时，胎体须先涂胶浆再经干燥，手工或用补洞枪补洞疤，再由人工在贴合机上贴缓冲胶片，经辊压成型。其工序多、效率低、耗胶多，需使用塑料薄膜垫布，需存备用胶，因此成本高。此外，在工艺过程中使用胶浆会污染环境，存在挥发汽油，易引发火灾。

目前欧美地区广泛采用缓冲胶片挤出热贴上胎面胶技术。这一技术主要是用一台ϕ150mm冷喂料挤出机挤出缓冲胶片，喂入的胶条为60mm×10mm，经螺杆挤出。机头可调口型，挤出厚1.2～2.4mm、宽370～420mm热薄胶片（有到胎肩或胎冠部位），再在一定的压力下，热贴于打磨好的新鲜胎面上，可不涂胶浆（但有洞疤处须经小磨并涂以黑色胶浆），并对胎体充以210kPa气压，对深度不大于6mm（个别可达12.7mm）的洞疤可不必预先填补，在挤出贴胶时一次完成（对超深的洞疤须用手工或用补洞枪预先填补）。也有单独使用挤出机上缓冲胶，然后在另一台胎面成型机上贴胎面胶的。还有将缓冲胶挤出机和上胎面胶成型机结合成一体的，这样工作效率较高。目前在北美、欧洲许多轮胎翻新公司都采用这种工艺技术，一个人就可以操作，节省人力，工作效率高，质量好，适合大批量生产。由于采用这种技术设备投入较大，目前在国内轮胎翻修工厂还没有广泛使用。

7.3 缓冲胶压延工艺

缓冲胶传统的生产方法是采用压延工艺。压延是通过压延机辊筒的挤压力使胶料发生塑性流动变形，将胶料制成一定断面规格尺寸和几何形状的胶片，或将胶料附着于织物表面制成胶布的工艺过程。用压延工艺生产缓冲胶速度快、生产效率高，故得到广泛采用。

7.3.1 压延设备及压延原理

压延设备为压延机。压延机通常由辊筒、轴承、机架、底座、调距装置、传动装置和辅助装置组成，其中辊筒是主要的工作部件。压延机类型按辊筒数目可分为两辊压延机、三辊压延机、四辊压延机、五辊压延机等，其中三辊压延机和四辊压延机使用较多，缓冲胶的压延大多采用三辊压延机。

胶片压延时，胶料在辊筒表面摩擦力作用下被带入辊距，其作用原理与开炼机相同，即胶料与辊筒之间的接触角小于其摩擦角时，胶料才可以进入辊距中。故给压延机供胶的厚度不能超过一定限度，否则胶料不能进入辊距而在辊距前方打转，不能连续挤出厚度均匀的胶片。胶料在进入辊距后立即受到辊筒的挤压作用，且快速增大（见图 7-16），使胶料产生厚度方向的塑性流动变形，胶片厚度变薄；由于靠近辊筒表面的胶料流动速度大小不变，随胶料进入辊距，流道不断变窄，流道中央处胶料的流动速度加快，当胶料到达最小辊距的前端某一位置时，流道各位置胶料流速大小相同，再继续前进，流道中央处的胶料流速就比辊筒表面胶料流速快(见图 7-17)，从而产生速度梯度，形成压延方向上的剪切速率，对胶料产生拉伸

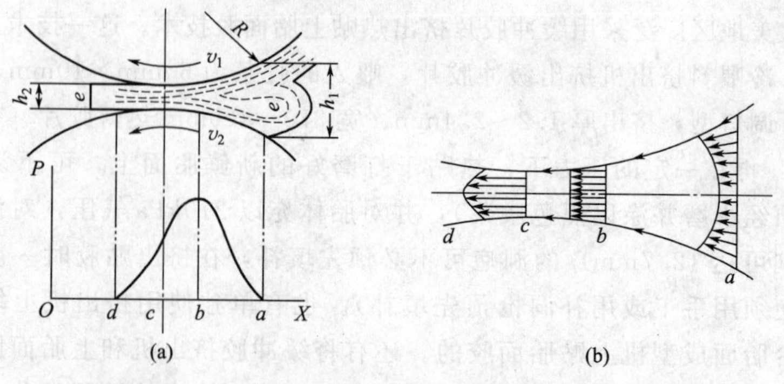

图 7-17 胶料在辊筒之间的受力状态和流速分布

作用，使胶料产生沿压延方向的塑性流动变形，胶片长度延伸。同时，卷曲的橡胶分子链在剪切力作用下产生一定量的弹性形变，由于胶料在辊筒间隙停留时间短及辊筒挤压力作用，弹性形变来不及通过分子链运动松弛掉，因此胶料离开辊距后在弹性回缩力作用下而产生收缩变形，使压延后的胶片厚度比辊距大，收缩严重的还会造成胶片表面不光滑，厚薄不均匀等质量问题。分子链在辊筒间隙沿压延方向拉伸流动时会产生一定的取向，胶料中形状不规则的配合剂粒子的长轴也因沿压延方向流动体积小而产生取向，导致压延后胶片的性能出现各向异性现象，即产生了压延效应。压延效应的形成对要求各向同性的制品来说是不利的，需要想办法克服。

压延过程中，辊筒对胶料有挤压作用，同样胶料辊筒也有挤压作用。压延机辊筒在胶料横压力作用下产生轴向弹性变形的程度称为挠度，其大小用辊筒轴线的中央处偏离原来位置的距离表示。辊筒挠度的产生，使压延胶片宽度方向上的断面厚度不均匀，中间厚，两边薄，影响压延质量。为了减小这种影响，通常采用辊筒中高度（凹凸系数）法、辊筒轴线交叉法、辊筒预弯曲法等措施来补偿，如图 7-18 所示。

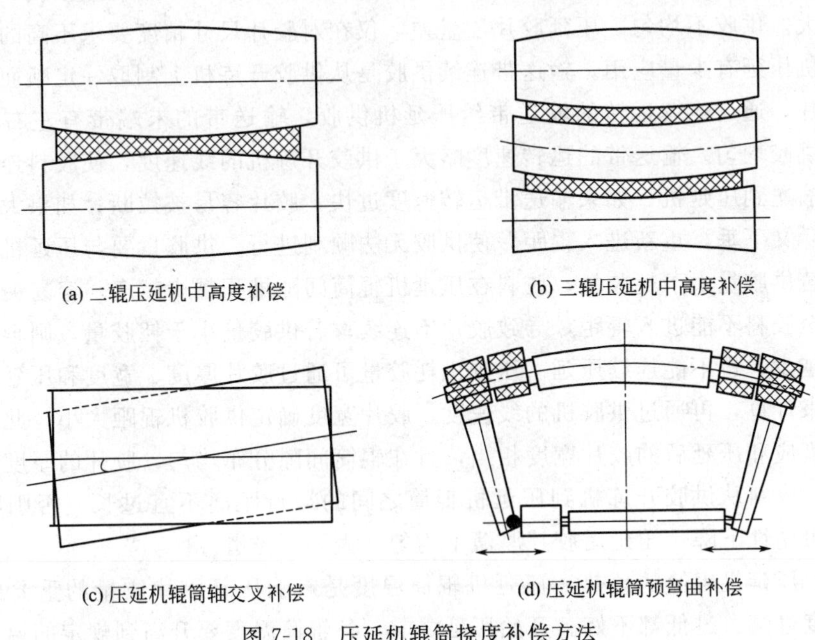

图 7-18　压延机辊筒挠度补偿方法

7.3.2　缓冲胶的压延工艺

7.3.2.1　压延准备工艺

(1) 胶料热炼　混炼胶经过长时间停放后失去了流动性，黏度升高，流动性差，故在压延前需要对其进行加热软化，降低黏度，恢复其必要的流动性，并对胶料进行补充混炼，适当提高胶料的可塑性。胶料热炼分为粗炼（又称压荒、破胶）、细炼两个步骤，通常采用开炼机来完成，也可采用销钉冷喂料挤出机来完成。冷喂料挤出机主要为预热胶料和喂料，对胶料补充混炼作用较弱。粗炼主要是对胶料进行加热，使胶料变软，辊筒的温度较低（40～45℃），在较大的辊距（7～9mm以上）下通过7～8次，多采用带花纹辊筒的开炼机来完成。加料时胶片需要导开，并用切刀切割胶片，使胶片沿辊筒的传动轴一端加入开炼机，以防冷硬胶片对辊筒产生较大变形而使固定轴处的安全垫片破裂，影响生产。粗炼过的胶料抽取胶条通过输送带送到细炼机（光滑辊筒开炼机）进行细炼，对胶料进行补充混炼，获得必要的热塑性，使胶料温度、可塑度均匀。细炼机辊筒温度较高（60～80℃），辊距7～8mm，通过6～7次，抽取胶条通过输送带送到供胶开炼机上，或直接从细炼机上抽取胶条给压延机供胶。为了使胶料快速升温软化，开炼机辊筒的速比较大，一般在1.17～1.28。

(2) 供胶　胶料从细炼机经输送带送到供胶开炼机上，经包辊后割取胶片供胶。供胶的方法有手工供胶和输送带连续供胶两种。手工供胶是由操作人员在开炼机上割断胶料并打转，达到一定粗细度后割下胶料并搬运到压延机上投胶，该法劳动强度大，供胶不均匀，压延胶片质量差，仅在对胶片尺寸精度要求不高的小型三辊压延机压延有少量应用。输送带连续供胶是从供胶开炼机上割取一定断面规格的连续胶片，通过连续运转的输送带给压延机供胶，输送带的末端带有左右摆动装置，使供胶均匀。输送带的运转速度略大于供胶开炼机的线速度，使胶料连续抽出并稳定输送到压延机。如果输送带运转速度过快，胶片容易被拉断；如果太慢，胶片上升后又下垂，重新进入辊距，使供胶无法顺利进行。供胶量要与压延机耗胶量相等，若供胶量大于耗胶量，胶料在压延机辊筒间隙堆积越来越多，容易夹带入气泡，甚至胶料不能进入辊距，导致胶片不连续；若供胶量小于耗胶量，则辊筒间胶料越来越少，也不能连续压延。压延机耗胶量可通过胶片厚度、宽度和压延机辊筒线速度来计算，再通过供胶机的线速度、胶片宽度确定供胶机辊距大小。此外，供胶的宽度应和压延后的胶片宽度相当，且在辊筒间隙分布均匀，胶片的厚度才会比较均匀。胶料从供胶开炼机到压延机辊筒之间的运行距离不宜过长，否则胶温下降，热可塑性下降，压延后胶片厚薄不均匀，表面不光滑。

(3) 压延机辊筒的预热　压延机辊筒温度是影响压延胶片质量的重要因素之一，温度过高、过低都不好。开始压延之前，各辊筒温度要升高到规定的温度，压延不同配方胶料，各辊筒温度应有一定的差异。通常采用蒸汽对辊筒进行加热，达到一定温度后再分别冷却到规定的温度。

7.3.2.2　压延工艺

胶料及辊筒预热好后即可进行压延操作。缓冲胶片压延工艺可采用两辊压延机、三辊压延机和四辊压延机，其中三辊压延机使用较多。

两辊压延机实际为开炼机压延，辊筒前辊温度（50±5)℃，后辊温度（45±5)℃，胶片的厚度约为1mm。供胶采用手工供胶，胶料热炼后打成炮弹卷，按顺序摆放和投料。压延后胶片通过水循环冷却辊冷却后加垫布卷取。该法压延的胶片质量差，厚薄不均匀，打卷的胶料容易焦烧，热可塑性容易下降，劳动强度大，效率低。这是一种不规范的生产方法，仅在小规模的翻新生产中有少量应用。

三辊压延机压延，可采用输送带连续供胶，胶料进入上辊缝，再包中辊，通过下辊缝出片，再经冷却辊冷却后加垫布卷取。压延机中上辊不等速，中下辊等速；上辊温度100～110℃，中辊温度85～95℃，下辊60～70℃。该种工艺方法自动化水平高，效率高，劳动强度低，压延胶片质量好，厚度均匀，表面光滑，适于较大规模生产。

四辊压延机适于压延厚度为0.04～1mm的胶片，尺寸精度高，但压延效应大。

三辊压延和四辊压延均可挤出较宽的胶片，再根据翻胎的规格裁切成相应的宽度。

7.3.2.3 压延后胶片冷却与卷取

为防止胶料焦烧，压延后胶片需要冷却。冷却方法有风扇吹冷、冷却辊水冷两种，其中冷却辊冷却效果好。胶片温度低于45℃即可加垫布卷取。为了保证胶片在冷却过程中尺寸稳定性，可先加垫布再通过冷却辊冷却，最后卷取。

参 考 文 献

[1] 杨清芝．实用橡胶工艺学．北京：化学工业出版社，2005.

[2] 杨清芝．现代橡胶工艺学．北京：中国石化出版社，1997.

[3] 张海，赵素合．橡胶及塑料加工工艺．北京：化学工业出版社，1997.

[4] 周广斌．密炼机混炼工艺对天然橡胶结构与性能的影响．青岛：青岛科技大学学位论文，2011.

[5] 于清溪．橡胶混炼设备使用现状及工艺发展．橡胶技术与装备，2007（5）：6-16.

[6] 于清溪．密闭式橡胶混炼机的技术现状．橡塑技术与装备，2010，36（9）：4-17.

[7] 陈志宏．三角轮胎“开炼低温连续混炼工艺技术”通过鉴定．轮胎工业，2010，30（7）：440.

[8] 李汉堂译．橡胶混炼技术的新发展方向．现代橡胶技术，2009，35（2）：2-12.

[9] 王进文．橡胶混炼技术进展．世界橡胶工业，2009（5）：34-39.

[10] 杨顺根．密炼机的发展趋势．世界橡胶工业，2007（11）：31-35.

[11] 赵光贤．密炼机的混炼过程控制．中国橡胶，2009，25（2）：34-36.

[12] 叶文钦．翻胎翻新工艺技术规程（三)．中国轮胎资源综合利用，2005（4）：3-5.

[13] 何曼君，陈维孝，董西峡．高分子物理（修订版)．上海：复旦大学出版社，2000.

[14] 吴明生，周广斌．配合剂对NR开炼机塑炼特性的影响．特种橡胶制品，2011，32（4）：30-33.

[15] 周广斌，吴明生．密炼机的混炼时间对天然橡胶结构与性能的影响．山东化工，2011，40（4）：53-55，61.

[16] 吴明生，张磊，杜爱华．分散剂Zr-201在橡胶中的应用研究．特种橡胶制品，2009，30（4）：9-12.

[17] 许春华．中国橡胶工业原材料和工艺技术的绿色化进展//2012中国橡胶年会论文集中国青岛，2012：

181-189.
[18] 王梦蛟，J. Shell，K. Mahmud 等．连续液相混炼工艺生产 NR 炭黑母炼胶．轮胎工业，2004，3 (24)：135-143.
[19] 吴明生，张磊．乳液压力附聚法制备炭黑/NR 胶料的研究．橡胶工业，2011，58 (1)：16-20.
[20] 吴明生，陈新中，陈文星．造粒炭黑对天然橡胶加工和物理机械性能的影响．中国橡胶，2008，24 (23)：38-40.
[21] 俞淇等编．子午线轮胎结构设计与制造技术．北京：化学工业出版社，2006.
[22] 宋汀．中垫胶挤出热贴技术在轮胎翻新中的应用．中国轮胎资源综合利用 RTRA，2009 (10)：22-24.

第8章

胎体选择、清洁、干燥与检验

8.1 胎体选择

图 8-1 为胎体选择、清洁、检验与打磨的工艺流程。

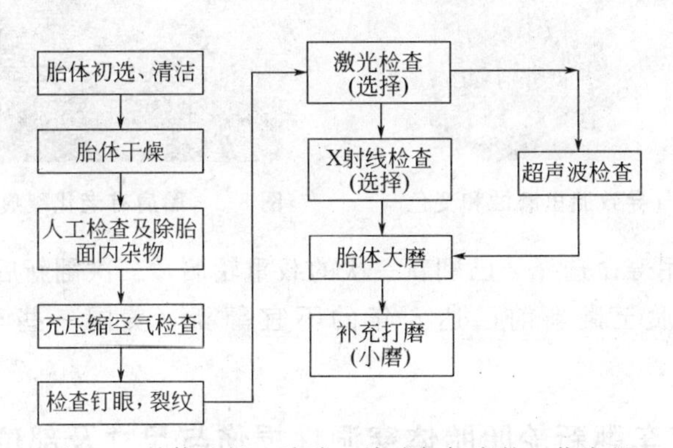

图 8-1 胎体选择、清洁、检验与打磨的工艺流程

8.1.1 载重汽车翻新轮胎胎体选择

胎体选择标准：按我国国家标准 GB 7037—2007《载重汽车翻新轮胎》中有关选胎标准执行，并参考新的一些情况做相应补充。其主要内容如下。

(1) 用于翻新的胎体应有速度符号及负荷指数（或最大速度能力及最大负荷能力）。

(2) 有下列任一种情况的胎体不能用于翻新。

① 由于超负荷和缺气造成胎里磨蚀和变色（见图 8-2）。

② 胎体破裂或胎体异常变形。

③ 胎圈断裂或损坏。

④ 明显的油或化学物质或水侵蚀。

⑤ 胎面磨光且帘线暴露。

⑥ 胎侧磨损且帘线暴露。

⑦ 任何部位的脱层或脱空。

⑧ 胎侧区域结构性损坏。

⑨ 内衬层老化或损坏且不能修理。

⑩ 无内胎气密层老化或损坏且不能修理。

⑪ 带束层翘边、松弛。

⑫ 胎体辗线或跳线。

⑬ 胎面局部磨损伤及缓冲层或带束层。

⑭ 采用预硫化胎面翻新法时胎肩及胎侧有老化裂痕。用模型翻新法时胎肩有老化裂痕，且伤及缓冲层或带束层（见图 8-3）。

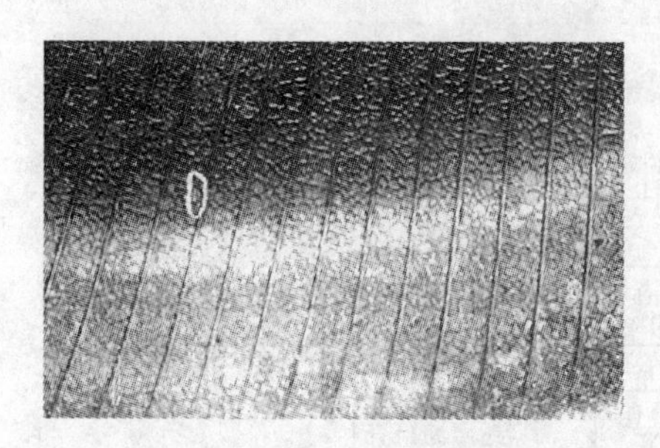

图 8-2 超负荷和缺气导致胎里磨蚀和变色

图 8-3 胎肩有老化裂痕，且伤及缓冲层

(3) 胎体使用寿命选择　已翻新一次的载重轮胎，二次翻新后不宜用作客车轮胎，胎体寿命新胎至翻新前已达 6 年的不宜翻新（美国一些车队规定最多为 4～5 年）。

8.1.2 载重汽车翻新轮胎胎体穿洞性损伤与尺寸及部位规定

载重汽车子午线轮胎穿洞性损伤与尺寸及部位应符合表 8-1 的规定，斜交轮胎应符合表 8-2 的规定。

表 8-1 载重汽车子午线轮胎穿洞性损伤极限（处理后测量骨架损伤最大部位）

名义断面宽度	胎体允许损伤最大尺寸/mm			最多修补处	损伤部位边沿至胎趾之间禁翻区最小距离/mm
	胎侧部位		胎冠带束层		
	垂直于帘线方向	沿帘线方向			
7.00 及其以下/205-235	20	50	25	2	60
	10	90			
7.00 以上到 10.00 包括 9,10,11R/245-285	25	50	40	4	65
	20	75			
	10	100			

续表

名义断面宽度	胎体允许损伤最大尺寸/mm			最多修补处	损伤部位边沿至胎趾之间禁翻区最小距离/mm
	胎侧部位		胎冠带束层		
	垂直于帘线方向	沿帘线方向			
11.00 及以上/295-365	40	50	40	4	70
	20	100			
	10	110			
14.00 及以上/385 以上	40	75	40	4	90
	20	100			
	10	127			

表 8-2　载重汽车斜交轮胎穿洞性损伤极限（处理后测量骨架损伤最大部位）

轮胎负荷指数/最大负荷能力	胎体穿洞最大尺寸(不超过同规格名义断面宽的百分比)		
	胎冠	胎肩	胎侧
121 及其以下/1450kg 及其以下	30%	20%	20%
121 以上/1450kg 及其以上	40%	30%	30%

8.1.3　载重汽车翻新轮胎胎体分级

(1) 国外载重汽车翻新轮胎胎体选择比我国要严格得多。如将胎体分成 3 级，且主张只有 1 级胎体才用于预硫化胎面翻新。德国翻胎企业使用的胎体分类见表 8-3。

表 8-3　德国翻胎企业使用的胎体分类

项　　目	胎体使用后状况	胎体使用后损伤程度
1 级胎体	没有被翻新过 使用时间不超过 5 年 正常磨损	没有损伤 带束层没有裸露 没有补垫
2 级胎体	最多翻新过 1 次 使用时间不超过 5 年 只有 1 个补垫	损伤是钉眼 带束层的保护层有轻微损伤
3 级胎体	最多翻新过 2 次 使用时间不超过 6 年 最多 2 个小的补垫	损伤尺寸 10mm 带束层受过轻微冲击 没有补垫

(2) 国内载重汽车翻新轮胎胎体分级　2012 年 3 月商业部发布 SB/T 10655—2012《商用旧轮胎回收选胎规范》行业标准，对载重汽车充气轮胎包括子午线及斜交轮胎的胎体均分为 A 级和 B 级两级并作了详细规定，其详情见表 8-4 和表 8-5。

表 8-4　子午线载重汽车充气旧轮胎的选胎项目及要求

损伤部位及名称	A 级翻新胎体	B 级翻新胎体
胎冠测量点剩余花纹	不低于 1.6mm	允许磨平
带束层局部磨损	不得伤及带束层	允许局部磨损
胎侧轻微老化裂纹	不允许	允许有轻微老化裂纹
胎侧机械损伤裂口	允许，但不得露出胎体帘线	允许但不得损伤胎体帘线
胎侧胶与胎体间局部脱空	不允许	累计长度不超过圆周长的 1/60，但钢丝不得外露，锈蚀，松散
胎肩局部小面积脱空	不允许	允许有小面积脱空，其单边宽度： 9.00R20 及其以下规格不超过 10mm； 10.00R20 及其以上规格不超过 20mm
胎圈包布轻微损伤及磨损	不允许	允许有轻微机械损伤及磨损
胎圈损伤、变形、脱空	不允许	不允许
穿洞、钉眼及数量	允许有 10mm 以下穿洞一处或钉眼一处	见表 8-6
损伤部位钢丝帘线轻微锈蚀	不允许	允许有轻微锈蚀，不允许有漫延性脱空

表 8-5　斜交载重汽车充气旧轮胎的选胎项目及要求

损伤部位及名称	A 级翻新胎体	B 级翻新胎体
胎冠测量点剩余花纹	不低于 1.6mm	允许磨平，但未伤及缓冲层
缓冲层局部磨损	不允许	允许局部磨损一层，外表允许轻微老化
胎侧轻微老化裂纹	不允许	不允许
胎侧机械损伤裂口	允许，但裂口深度不得超 1mm，裂口数目不超过 2 处	允许但不得损伤胎体帘线
胎肩局部小面积脱空	不允许	允许有小面积脱空，其中有伤及帘线，但不超过胎体层数的 1/5 为限，总长度不超过圆周长的 1/60
胎里辗线或跳线	不允许	不允许
胎圈包布轻微损伤及磨损	不允许	允许有轻微机械损伤及磨损
胎圈损伤、变形、脱空	不允许	不允许
穿洞、钉眼及数量	允许有 10mm 以下不连续穿洞孔 2 处	见表 8-7

8.1.4　工程机械翻新轮胎胎体选择

(1) 按行标 HG/T 3979—2007《工程机械翻新轮胎》，凡符合下列条件的胎体可用于翻新。

① 胎冠花纹深度测量点剩余花纹深度允许为零。

② 胎冠磨损　子午线轮胎冠部带束层准许局部磨损或锈蚀 2 层，宽度不超过轮胎名义断面宽度的 20%，总长度不超过 1/10 周长。斜交轮胎冠部准许局部磨损帘布总层数的 30%，宽度不超过轮胎名义断面宽度的 20%，单个损伤处不超过 1/20 周长，总长度不超过 1/10 周长。

③ 胎肩脱空　子午线轮胎肩部允许有局部小面积可磨掉的脱空，脱空总长度不超过 1/8 周长，斜交轮胎不允许有大面积脱空，脱空总长度不超过 1/16 周长。

④ 胎侧损伤　子午线轮胎侧允许有轻微老化裂纹，但不得深及钢丝帘布，斜交轮胎侧部允许有轻微老化裂纹，但不得深及胎侧胶厚度的 1/3 以上。

⑤ 胎里损伤　子午线轮胎不允许有跳线、辗线和胎侧缺胶变形，不允许有气密层的损伤；斜交轮胎胎里帘布层间不允许有脱空，胎侧内不允许有跳线或辗线现象。

⑥ 洞口至胎趾的最短距离　轮辋名义直径（in）为 24、25、33、35 的轮胎不允许达到防水线处；轮辋名义直径（in）为 45、49、51、57 的轮胎不允许小于 250mm。

⑦ 穿洞损伤　斜交轮胎胎体允许有穿洞损伤，允许穿洞损伤（或损伤帘布层数 2/3 及其以上）个数：轮辋名义直径（in）为 24、25、33、35 的轮胎不允许超过 4 个；轮辋名义直径（in）为 45、49、51、57 的轮胎不允许超过 5 个。

⑧ 两洞间距　轮辋名义直径（in）为 24、25、33、35 的轮胎不得小于 500mm；轮辋名义直径（in）为 45、49、51、57 的轮胎不得小于 800mm。

(2) 按 SB/T 1055—2012《商用旧轮胎回收选胎规范》（商业部颁标准）将工程轮胎回收选胎分 A 级和 B 级两级（详见该标准）。

8.1.5　工程机械翻新轮胎胎体洞口位置允许最大尺寸

子午线轮胎应符合表 8-6 的规定，斜交轮胎应符合表 8-7 的规定。

表 8-6　子午线轮胎胎体洞口位置允许最大尺寸

轮辋名义直径/in	洞口位置/mm			
	胎冠	胎肩	胎侧	
			沿帘线方向	垂直于帘线方向
24、25、33、35	100×100	80×50	200	20
			100	40
45、49	150×150	90×60	300	40
			200	60
			100	80
51、57	200×200	100×80	400	40
			300	60
			200	80

表 8-7　斜交工程轮胎胎体洞口位置穿洞性损伤允许最大尺寸

轮辋名义直径/in	洞口位置/mm					
	胎　冠		胎　肩		胎　侧	
	长形洞	圆形洞	长形洞	圆形洞	长形洞	圆形洞
24、25、33、35	200	135	150	100	120	70
45、49、51、57	320	200	200	150	160	170

(1) 胎圈不得有机械损伤及较严重磨损，胎圈不允许有变形。

(2) 全胎不允许有化学及有机溶剂侵蚀。

(3) 轮胎不宜超过三年，超过三年的轮胎要认真检查是否有严重的老化及锈蚀，如果存在应当拒翻。

(4) 胎冠缓冲层局部磨损深及一层，长度 1/8 周以内。

(5) 允许冠胎穿洞 20mm（直径）两处，但两洞相距不能太近，大于 100mm 以上。

(6) 有下列情况之一者不得翻新。

① 胎体橡胶不允许油污弱化。

② 胎里不允许因冲击重撞造成 X 裂伤或其它超越修补极限损伤。

③ 不允许屈挠区破裂，胎侧拉链爆胎。

④ 轮胎脱空与脱层。

⑤ 胎里硫化失效，出现浮肿，气泡。

⑥ 胎侧老化，龟裂。

⑦ 不接受因上回修补失效致使不能修补的轮胎。

⑧ 胎圈暴露钢丝，破裂及变形。

⑨ 胎里因充压不足而辗线。

⑩ 胎体橡胶因油污弱化。

⑪ 胎体损伤超越修补极限，如果轮胎周身扎伤太多，且超过 8 处以上应当拒翻，如果有两处伤口在初检时判断为两个钉眼或者破坏两层带束层以上，且这两个伤口经处理后能连在一起超过翻修范围的轮胎也应拒翻。

验胎后要认真、整齐、准确、全面填写各项记录和工艺流程卡。

8.1.6　载重轮胎人工初检及清除胎体杂物

人工检查及清除胎体杂物是轮胎翻新的第一步，在检查过程中操作人员要有必要的检查工具：探锥、蜡笔、胡桃钳子、斜口钳子、刀、卷尺、护眼镜、磨刀石、吸尘枪等。胎体检验正确与否是决定对轮胎翻与修正确施工的关键，因此，在检验过程中标记非常重要，标记是工作的语言，每个人看到标记就知道如何处理这条轮胎，国内外一般惯用的检验标记为：

① 非补强的填补标记：“○”；

② 钉眼的修理标记：“♯”；

③ 需要衬垫补强的修理标记：“十”；

④ 断裂损伤的修理标记：“⊥”。

在美国惯用的一些标记，如胎侧区域的修理标记：“BR”（bead、repair）；胎里的修理“LR”（lienr、repair）；不可翻新“RAR”；修补后再翻新“RAC”。国内惯用的一般为前三种检验标记。

轮胎检验的同时（或检验后）要填写施工卡片或施工单据。就好像人在看病时医生给患者填写的病历一样，一定要详细而准确无误。施工卡片作为企业的原始依据，填写的主要项目为客户（单位）名称、施工胎数量、轮胎规格、具体施工记录等。施工卡片的管理十分重要，要严格做到一胎一卡，否则对企业、对客户都会造成经济后果和不良影响。为了方便检查轮胎，可使用外观检查机配合。

8.2 胎体的清洁、干燥

轮胎翻新之前，应将其胎面、胎侧及胎圈等外表所黏附的泥沙污物用干刷刷干净或洗胎（尽量不用，特别是钢丝子午线轮胎），以利于检查是否有翻新价值并防止油污影响翻新作业，有利确定翻修部位的操作。

胎体是否应需要干燥应检测其含水情况，有条件时应尽量自然干燥以减少能耗。

8.2.1 胎体清洁

轮胎胎侧刷净（干洗）机目前国内未见生产但其结构较为简单，由轮胎支架、旋转机构、旋转钢丝或尼龙刷、吸尘器等构件组成。图 8-4 是意大利 Matteuzzi 公

图 8-4 轮胎胎侧刷净机

司的轮胎胎侧刷净机。

8.2.2 洗胎机

(1) 基本结构与工作原理 洗胎机的结构主要由底座、机箱、轮胎回转装置、擦刷装置、挡胎装置、推胎装置、喷水管路、连杆机构以及电气和压缩空气管路控制系统等部分组成。轮胎从斜板经折叠门推入机箱内，支撑在从动辊和主动辊间，由主动辊驱动回转，两侧设有挡胎辊限位，回转的轮胎通过压力水冲洗，并由胎冠刷、胎侧刷、子口刷将其表面擦刷干净后，用设置在轮胎下面的推胎装置把轮胎推向斜板而自动滚出。轮胎洗刷干净后，积存在内腔的水可用喷射器排出。喷射器用的压力源可采用压缩空气、压力水或蒸汽。

设备外形及结构见图 8-5。

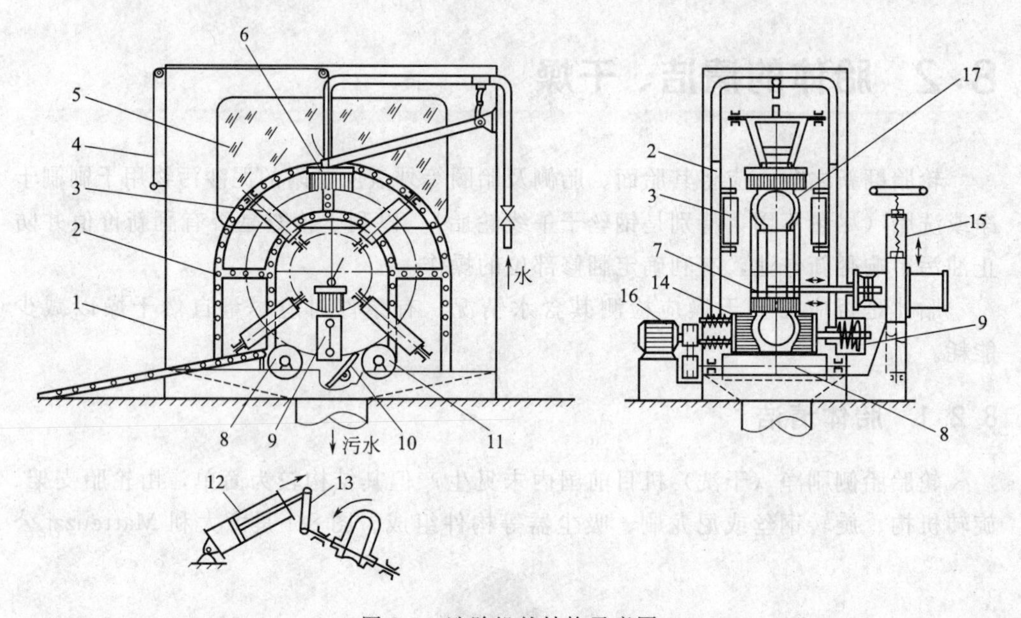

图 8-5 洗胎机的结构示意图

1—机箱；2—喷水管架；3—挡胎辊轴；4—拉刷软线；5—视窗；6—胎冠刷；7—气动子口刷；8—主动轴；9—气动胎侧刷；10—推胎器；11—被动辊；12—推胎气缸；13—拐臂；14—弹性胎侧刷；15—子口刷高度调节器；16—电动机；17—轮胎

(2) 主要性能参数

适用轮胎规格范围：6.70-115～12.00-22

电机：功率 2.2kW；转速 1430r/min

压缩空气：0.6MPa

冲洗水压力：0.3MPa

外形尺寸：3100mm×1370mm×1833mm

8.2.3 胎体干燥

胎体初检可由人工预先清洁，用电动细钢丝刷及附有吸尘器之类物清理胎腔内的尘土。胎外侧可用清理机清除胎体表面的脏物，以利进一步检验并防止污染下道工序。

钢丝子午胎体禁止用水清洗以免造成胎体破损处进水，洗胎的污水需处理及胎体需干燥因而消耗大量的热源。进厂的胎体可立放于存放架上自然干燥，但受当地气候条件限制。如果胎体仍然潮湿，应置于干燥室加以干燥，干燥条件（60±5)℃，12h。如使用红外线干燥效果更好，且可缩短干燥时间。

胎体是否需要采取加热干燥首先要进行分析与测定。钢丝子午胎体因钢丝本身不吸水，橡胶吸水率也很低（一般在0.5%左右)。钢丝子午胎体如有水是由于胶破损流入，有的用肉眼难以察觉，可经检查伤洞后，再大磨来检查。纤维胎体则因纤维的品种不同其吸水率不同，是否需干燥，则应用湿度仪（如电阻湿度仪）检测后再确定。表8-8是几种纤维的吸水率。

表8-8 几种纤维的吸水率

纤维种类	棉	人造丝	尼龙	聚酯
吸水率/%	7	1.5	3.5～4	0.4～0.5

轮胎中的水分大多是从轮胎破损处，覆胶厚度较薄的胎圈、胎里处进入，聚集在胎冠下布层间、胎圈部位、轮胎破损处。一般来说，胎体纤维及损伤处如果湿度小于3%可以不进行干燥但大多翻胎厂并不测胎体的水分而全部进行干燥。

8.3 胎体人工复检

一条轮胎完整的检查分为7个部分，见图8-6。

检查方法与要求与本章8.1.6节相同。胎体最先由人工检查是最重要的检查手段，用看、摸、敲击、测量能发现胎体的大多数问题（据法国米其林公司统计准确率在85%左右，即人工检查认为合格后再经无损检查100条中有15条不合格)。有些问题只有人工检查才能辨别，如胎体老化程度、已用年限、原胎有无“3C”认证、缺气或充高压行驶等。且在检查中剔除嵌入轮胎中的铁钉、石子更是无设备仪器可替代的。

细小的、隐藏在胎体夹层中，如钉眼、小范围的脱空、翘边、气泡、钢丝劈缝、断股，全由人工检查就易出现漏检。因此用机检（如充压检查，转鼓快检等)、非接触检查（激光，X射线，超声波，静电压，电磁波等）就显得十分必要。

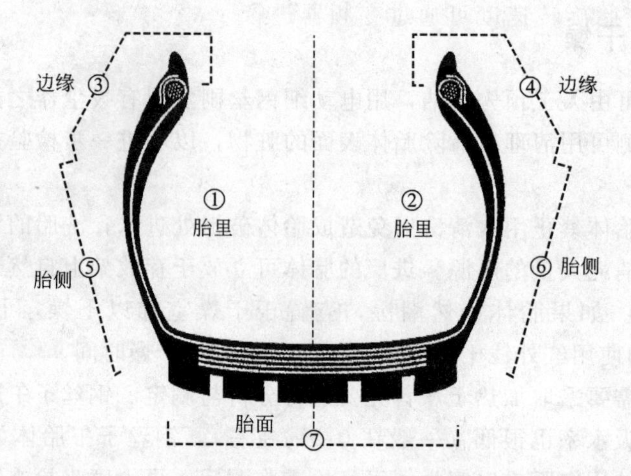

图 8-6　胎体检查分为 7 个部分

8.3.1　人工检查机

8.3.1.1　扩胎检查机

(1) 人工检查机　人工检查机见图 8-7。

图 8-7　人工检查机

① 用途　用于翻修轮胎的初检，用人工敲、听、看、摸确定轮胎的损坏程度和部位。利用它可以检查胎体的内侧和外侧，决定胎体是可以翻新还是应该报废。

② 基本结构与工作原理　各国生产的检查机结构形式多样，但其基本结构大致相同，主要包括气动提升装置（小胎除外）、可将轮胎两侧的胎圈相对扩张开的扩趾口装置、轮胎转动机构（速度可调）、光线强度及角度恰当的灯光配置。

轮胎扩胎检查机，可根据轮胎尺寸选择操作周期，从装胎到卸胎的完整周期大约 1min20s，轮胎旋转速度可通过变频器进行调整。

主要技术参数：

胎圈直径	20～24.5in
压缩空气	0.7MPa
电源	380V，50Hz
灯光照明	直流 24V 或交流 220V

(2) 载重轮胎扩胎检查机　扩胎检查机见图 8-8，主要技术参数见表 8-9。

图 8-8　载重轮胎扩胎检查机

表 8-9　扩胎检查机技术参数

型　　号	TST—YLK-1	型　　号	TST—YLK-1
胎圈直径/mm	511～622.3	推胎气缸缸径/mm	80
轮胎断面宽度/mm	260～376	推胎气缸行程/mm	150
子口宽度/mm	190～277	锥形转子制动电机转速/(r/min)	1380
上升速度/(m/min)	3.6	油浸式电动辊筒	0.75kW,0.25m/s
气缸工作压力/MPa	0.5	重量/kg	1477
扩胎气缸缸径/mm	63	外形尺寸/mm	2135×800×1555
扩胎气缸行程/mm	125		

8.3.1.2　轮胎充低压后由人工灯照及按压对胎体进行检查

(1) 采用充低压（0.15MPa 以下）后人工灯照胎侧检查胎侧钢丝有无断股，有的胎侧在灯照下会出现高低不平的阴影（见图 8-9），胎腔内出现浅色的条纹（见图 8-10）。

图 8-9　人工灯照胎侧检查

图 8-10　胎腔内出现浅色的条纹

(2) 充低压（0.15MPa 以下）后，人工用拇指按压胎侧检查胎侧钢丝有无断股，如有会发出嘎吱嘎吱的声响，见图 8-11。

(3) 胎腔内出现浅色的条纹说明轮胎在缺气下使用过，不能再翻新，见图 8-12。

(4) 胎腔内出现扁平变形，说明轮胎在缺气下使用过，不能再翻新。

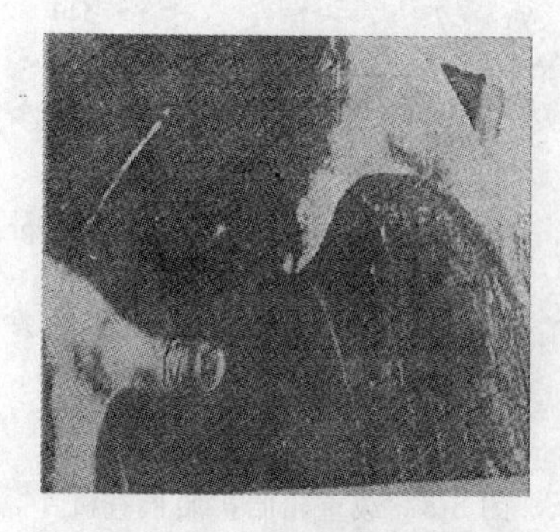

图 8-11　用拇指按压胎侧检查

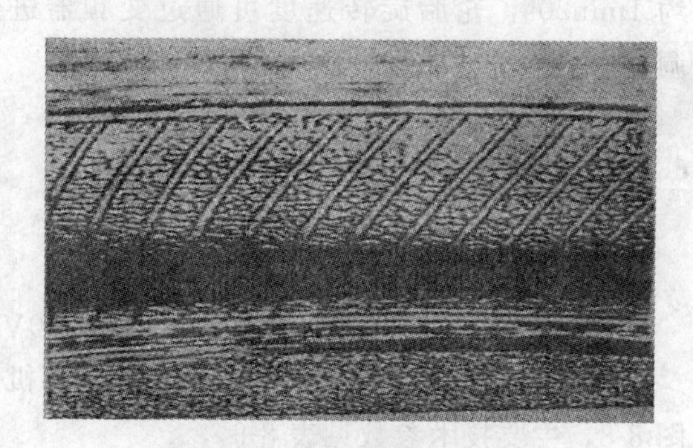

图 8-12　胎腔出现扁平变形

8.3.1.3　工程轮胎检查机

工程轮胎检查修补机见图 8-13。适用轮胎：24.00R35 及以下规格；可正，反方向旋转，速度可调。轮胎可升降。

图 8-13　工程轮胎检查修补机

设备配置：

电机	4.5kW
电压	400V，50Hz
照明灯	24V（AC）
外形尺寸	1400mm×3000mm×2600mm
重量	1500kg

8.3.2　载重汽车翻新轮胎充高/低压气体检查

检查载重汽车翻新轮胎，特别是钢丝子午线轮胎的胎侧有无拉链式的断裂及胎侧胶与钢丝有无脱空，轮胎有无强度方面的缺陷，防止使用特别是充气时发生事故，对翻新轮胎进行高/低压充气检验有重要的意义。

充气检验是一项较为危险的工作，除个人需戴好防护眼镜、手套外，严格按充压检验规程操作十分必要。

我国现尚无有关法规。建议按美国职业安全与卫生管理部门（OSHA）制定的 29 CFR1910.177 法规及美国橡胶协会（RMA）制定的有关翻新轮胎充气规定执行。轮胎充压检验规定如下。

① 检验压力高于 140kPa，必须在安全笼内进行充气后再检验。

② 对怀疑该胎体曾经在缺气或超载的情况下使用，检验压力高于 140kPa 时必须在安全笼内停放 20min 后再检验（见图 8-14）。

③ 如充气检验压力为 700kPa 时先要在无人检验的情况下先充到 850kPa，停留 1min，如无异常再将充气压力降到 700kPa 再进行检查。

④ 翻新轮胎不得在载重汽车上充气，应将轮胎卸下在安全笼内进行充气。

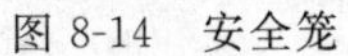

图 8-14　安全笼

图 8-15　翻新轮胎高气压检验机外形

⑤ 充气阀必须使用芯阀。

轮胎高/低压充气检查机如下。

(1) 青岛高校软控公司生产的高气压检查机　图 8-15 为翻新轮胎高气压检验机外形，轮胎气压检查机检测内容包括轮胎强度、轮胎是否存在漏气、是否存在起鼓等瑕疵。该机结构见图 8-16。

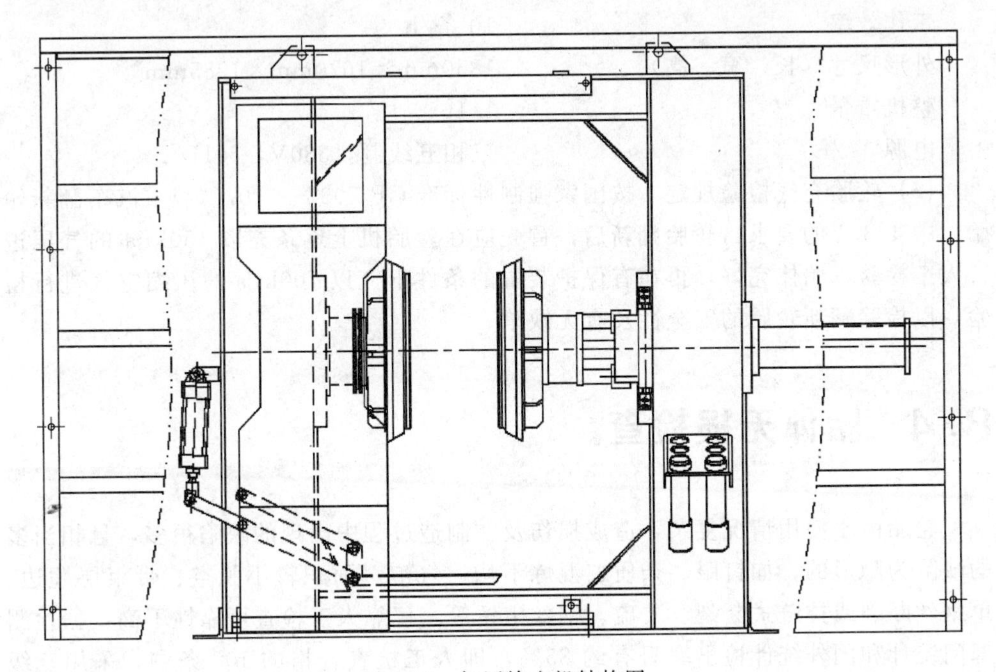

图 8-16　气压检查机结构图

(2) 北京多贝力翻胎设备公司生产的翻新轮胎高/低压充气检验机外形见图 8-17。

图 8-17　翻新轮胎高/低压充气检验机外形

① 结构和功能　由框架、轮胎夹持盘，防爆装置组成，具有高/低压快速充气、过程自动监控、检测数据采集及影像存储等功能。

采用 PLC 及微机自动控制。为了保证操作员的安全，采用远距离控制并能对轮胎的品牌、规格、原始胎号，充气压力曲线变化等相关数据进行打印及存储（数据存储可达 36 个月）。

② 基本参数

轮胎趾口直径	16～22.5in
胎腔充气检测压力	0.8～1.2MPa 可调
胎腔极限充气压力	1.5MPa
系统安全压力	2MPa
稳压精度	±0.02MPa
轮胎转速	4r/min
轮胎旋转电机功率	1.5kW
工作效率	10 条/h
外形尺寸（长×宽×高）	1850mm×1670mm×1985mm
整机重量	1.1t
电源	三相五线制，380V，50Hz

(3) 轮胎充气检验规定　按国家强制性标准 GB 7037—2007《载重汽车翻新轮胎》中 4.3.1 的要求：轮胎翻新后，首先应在验胎机上逐条充以 150kPa 的气压进行人工检验，胎体完好，再在有保护装置的条件下充以 700kPa 的压缩空气进行检验，以检验翻新轮胎的安全性及有无缺陷。

8.4　胎体无损检查

轮胎由于使用情况复杂，造成损伤及在制造过程中出现的缺陷很多，且相当多的缺陷为隐形的，如钉眼、杂质、混炼不均、气泡、面积较小脱空、带束层翘边、单钢丝断裂或拉链式断裂、欠硫、钢丝生锈等。仅靠人工检查可靠性不高，据检测部门统计和国外统计检出率只有约 85%，即人工检查合格的 100 条中，采用三级无损检查（眼检查机，激光检查或超声波，X 射线检查）约 15 条有不能翻新的缺陷。

为保证翻修轮胎产品质量，在轮胎翻修生产过程中运用检测设备，包括：激光检查机、X射线检查机、轮胎针眼检查机、轮胎气压检查机，对翻修轮胎进行全面检查；卡、客车载重轮胎在使用过程中，胎冠部位会经常有些小的钉眼、穿孔的现象，胎侧部分有小面积的脱层以及钢丝帘线断裂等现象，用肉眼难以发现。

使用上述几种检查设备，即可对翻修前及翻修后的胎体进行检测，对保证胎体质量的可靠性及使用者的安全是至关重要的。目前，国外一些知名的轮胎翻修厂家已经广泛使用。

现将一些无损检查设备的主要可检出的缺陷列于表8-10。

表8-10 一些无损检查设备可检出的缺陷

设备名称	超声波	X射线	激光（真空加载）	激光（空气加压）	钉眼检查机	电磁波
检测原理	对界面、杂质敏感	对原子量、密度敏感	对相位移敏感	对钢丝断裂敏感	高压击穿	锈引发磁场分散
脱空	U	Y	U	U	—	—
钉眼	Y	Y	—	—	U	—
胶料混炼不均	Y	—	—	—	—	—
欠硫	Y	—	—	—	—	—
钢丝生锈	Y	Y	—	—	—	U
钢丝断裂	Y	U	—	U	—	Y
带束层翘边	Y	Y	—	Y	—	—
气泡	Y	Y	U	U	—	—
杂质	U	U	—	—	—	Y
主要问题	需在水中进行	价高需防护				

注：U为优；Y为可以。

8.4.1 钉眼检查

8.4.1.1 检查原理

仅靠人工检查难以发现的钉眼及胎体小的裂纹，如果采用高压静电检查，因高压静电很易在此处被击穿，在接收屏上出现火花而被发现，这就较易防止漏检。目前国内外有多种检查设备可供选择。

8.4.1.2 钉眼检查机

(1) 手提式钉眼检查机　国外现在有的配有手持探测器（见图8-18），此类微型探测器适用于初检、打磨后、硫化前、终检等任何过程中，呈鞍形臂状，重量轻。单手可快速方便地从轮胎任何一边插入进行操作，可同时进行翻新胎体视检及电子检测，方便、快捷，30s便可完成电磁波检查，当扫描到伤处时即可见白或蓝火花，可检出肉眼看不到的帘布层缺陷和因铁钉、割伤、气密层损伤、不正确修补等所造成的穿透伤和开放裂缝。

图 8-18　手提式钉眼检查机

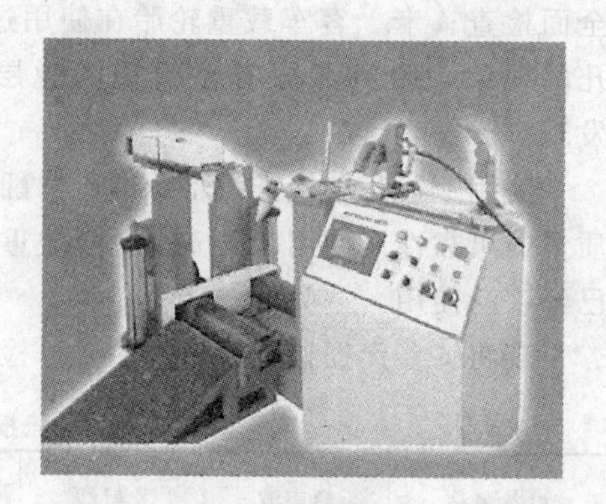

图 8-19　高校软控股份有限公司生产的钉眼检查机

(2) 旋转式钉眼检查　图 8-19 是青岛高校软控股份有限公司生产的钉眼检查机。

轮胎针孔检查机主要功能是检查可翻旧胎体胎冠部位 1～3mm 范围内的小钉眼。其结构见图 8-20。

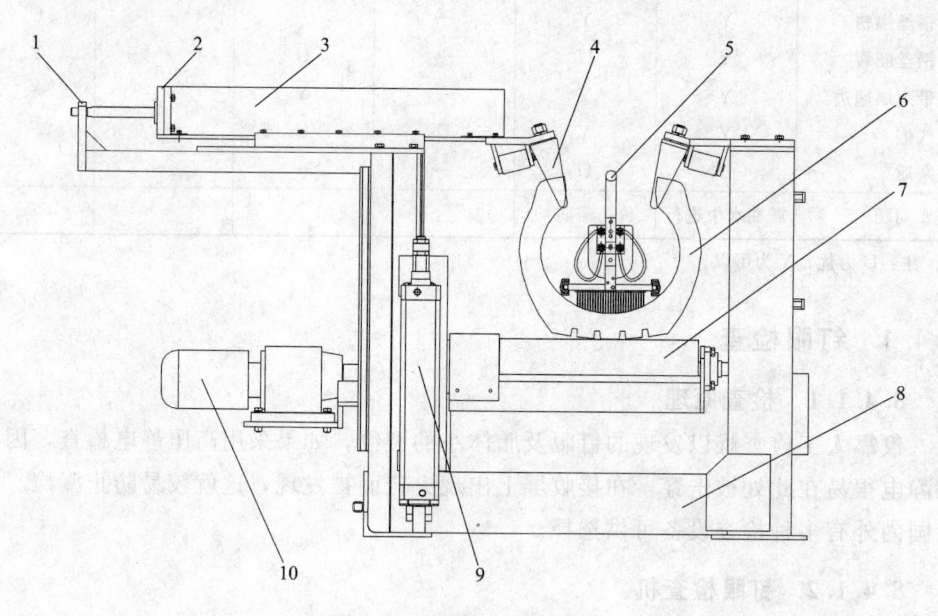

图 8-20　轮胎针孔检查机

1—轮胎趾口扒开工位；2—轮胎趾口扒开气缸；3—气缸防护罩；4—轮胎趾口扒开锥轮；5—高压检测手把；6—轮胎剖视图；7—轮胎驱动辊；8—机架；9—轮胎驱动辊升降气缸；10—电机减速机

整个机架由钢板焊接而成。轮胎升降装置主要由电机减速机 10、轮胎驱动辊升降气缸9、轮胎驱动辊7及升降支架组成。

轮胎趾口扒开装置主要由轮胎趾口扒开气缸2、轮胎趾口扒开锥轮4及支架组成。

高压检测装置主要由高压检测手把5、电控柜、放电金属链等组成。

(1) 工作原理　由驱动辊升降气缸将轮胎升起；轮胎趾口扒开气缸移动，轮胎趾口扒开锥轮将轮胎子口扒开；高压检测手把放入轮胎内侧，启动电机减速机，轮胎驱动辊转动使轮胎自身旋转。将高压检测手把通电，如胎冠有针孔，胎冠与钢辊子接触部位会出现电火花，说明此处有小透孔需要修补。直至轮胎自转一周，把所有放电处做好标记，为修补工序提供可靠依据。至此，整个检测工作完成。

高压放电的原理在于视轮胎为绝缘体，钉眼分布处为气隙，利用直流高压击穿空气的特性，对钉眼处高压击穿，在放电辊上产生火花，从而标记钉眼位置。若无火花，则轮胎未有钉眼，气密性合格。

(2) 主要性能参数

轮胎规格	14～22.5in
轮胎外径	700～1125mm
轮胎最大断面宽度	255mm
轮胎最大重量	85kg
试验转速	6～12r/min
气缸工作压力	0.6～0.8MPa

停车原理的实现：当高压脉冲电遇到盯眼击穿时，输出电流瞬间增大，在触摸屏上设定放电检测电流，当实际放电电流大于该设定值时，认为钉眼出现，反馈至模拟量模块后由PLC发出停车指令，轮胎停转，持续在该处放电以标记钉眼位置。

8.4.2 激光数字剪切散斑轮胎无损检测

8.4.2.1 激光数字剪切散斑检测原理

激光照射在粗糙的表面时，粗糙的表面上反射光场呈现出颗粒状结构，即激光散斑，散斑分布图样取决于被照表面的细微结构。物体位移或变形则引起散斑场变化，因此通过测量散斑场变化就可获取物体形变的信息。

激光数字剪切散斑轮胎无损检测技术基于激光散斑效应，利用轮胎受激光照射后产生干涉散斑场的相关条纹检测双光束波之间的相位变化。由于采用精确的相移技术测量计算轮胎表面形变位移导数，因此不受轮胎刚体运动的影响且稳定可靠。检测时采取真空加载方式（亦可用充气压加载），利用高分辨率的CCD摄像系统和精确的相移技术及相位同步算法，将轮胎变化过程中的应变信息实时记录下来，并将光信号转换成数字信号，通过图像处理和分析软件的计算分析，得到轮胎变形导数的条纹，软件自动计算这些变异条纹的面积并适时显示，使轮胎的内部缺陷快速、清楚地显示在电脑屏幕上。

8.4.2.2 激光散斑检测机

(1) 激光数字剪切散斑轮胎无损检测机

① 用途 轮胎激光散斑检测机主要用于对轮胎内部的气泡、脱层缺陷进行检查。在进行检查前轮胎要水平静放 20min 以上，以便充分释放轮胎运输过程中产生的内部应力。设备外形见图 8-21。

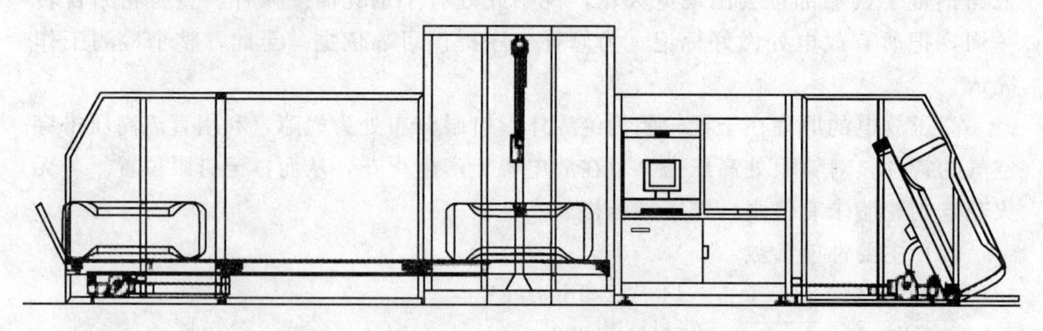

图 8-21 激光数字剪切散斑轮胎无损检测机外形

② 激光数字剪切散斑轮胎无损检测机组成见图 8-22。

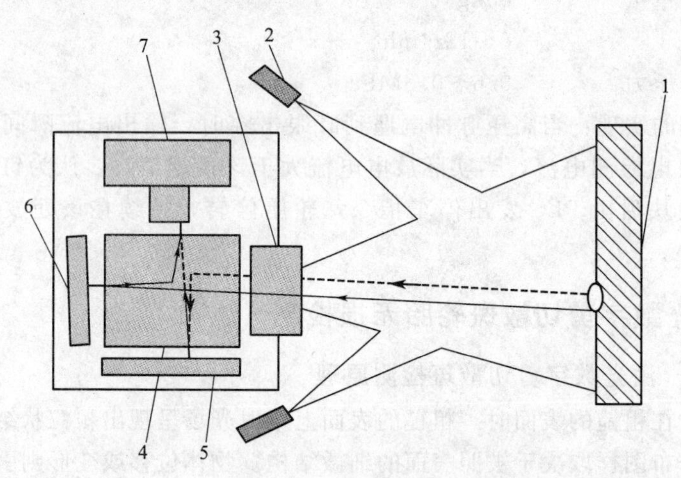

图 8-22 激光数字剪切散斑轮胎无损检测机组成

1—被测物体；2—激光器；3—镜头；4—分光棱镜；5—反射镜；
6—剪切镜；7—数字相机

通过扩束激光对被测物体进行照明，被测物体上两个点通过剪切镜反射在相机上成为一个点，因此两束光线相互干涉形成斑纹图样，该斑纹图样与这两个点的空间位置信息相关。在测量过程中，对加载前、加载后的斑纹图样进行比较形成测量干涉图，通过干涉图可以反映出被测物体内部缺陷情况，见图 8-23。

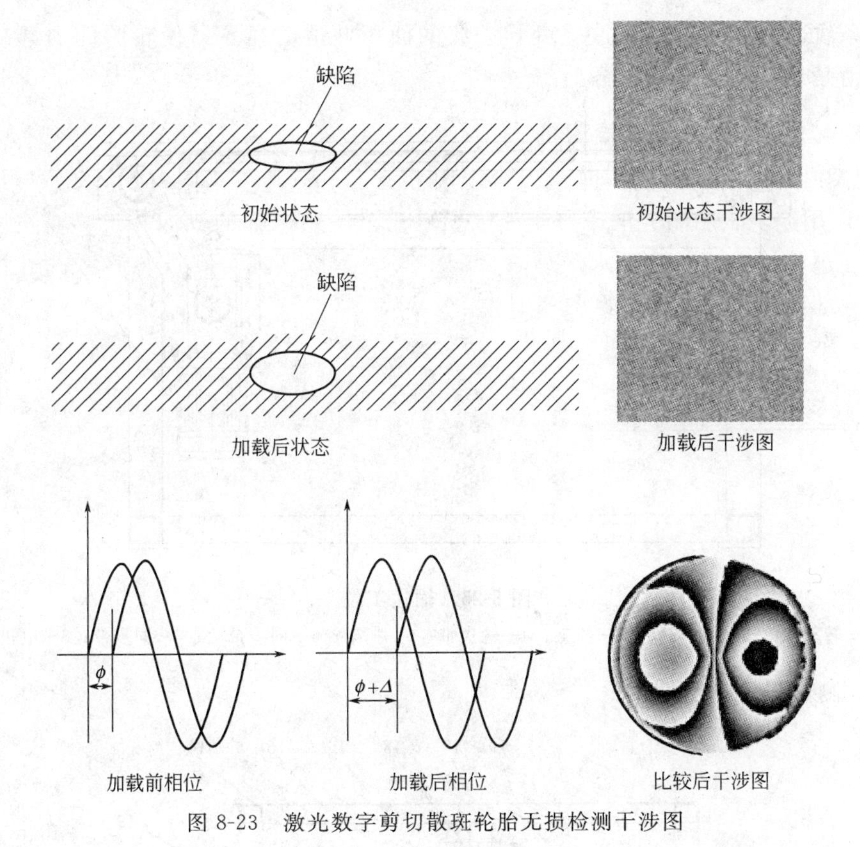

图 8-23　激光数字剪切散斑轮胎无损检测干涉图

③ 设备结构　设备分为上胎工位、输送工位、测试工位、下胎工位。

a. 上胎工位见图 8-24。

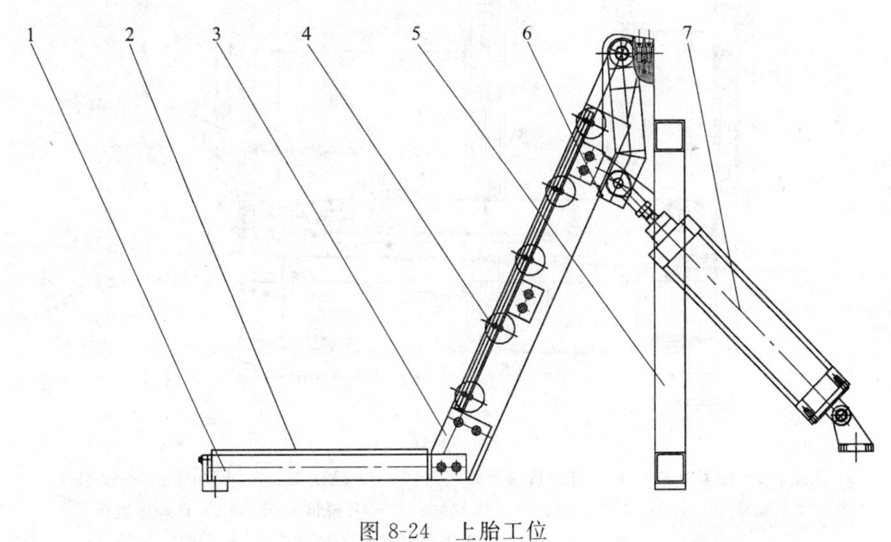

图 8-24　上胎工位

1—上胎架；2—上胎辊筒；3—辊筒支撑架；4—输送辊筒；5—翻转支架；6—翻转架；7—气缸

b. 输送工位见图 8-25。

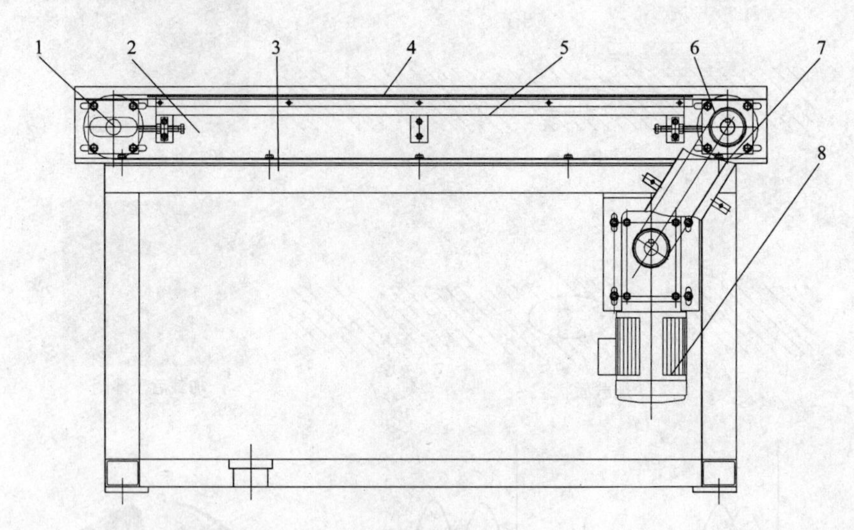

图 8-25　输送工位

1—转动辊；2—辊筒支架；3—机架；4—输送带；5—托架；6—同步带轮；7—同步带；8—电机

c. 测试工位见图 8-26。

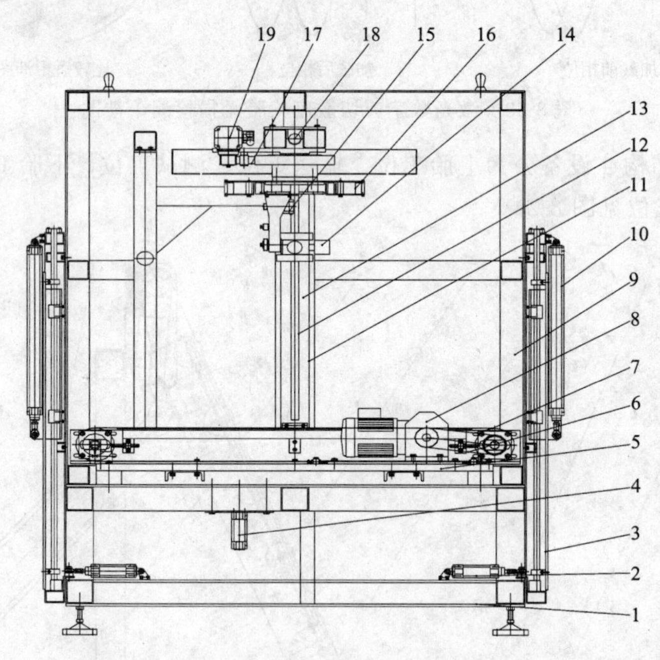

图 8-26　测试工位

1—底座；2—拉紧气缸；3—气控门；4—放气气缸；5—输送架；6—同步带；7—输送带；8—输送电机；9—上框架；10—升降气缸；11—升降同步带；12—升降导轨；13—升降架；14—激光探头；15—水平移动电机、同步带；16—摆转电机；17—升降电机、升降轴；18—旋转同步带；19—旋转电机

d. 下胎工位见图 8-27。

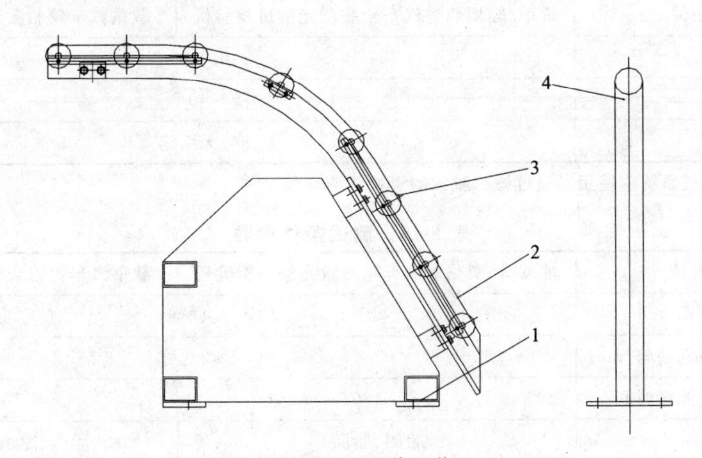

图 8-27　下胎工位

1—底座；2—辊筒架；3—辊筒；4—挡胎架

④ 工作步骤

a. 上胎工位将经过水平静放 20min 以上的轮胎放在左右中心线上，并将轮胎送到输送工位。

b. 输送工位将已经处于左右中心线上的轮胎平稳地输送到测试工位。

c. 测试工位将轮胎停止在测试工位的前后中心，从外部对轮胎的上胎侧进行检测，从内部对轮胎胎肩部及胎面部进行检测，检测完毕后将轮胎输送到下胎工位。

d. 下胎工位将轮胎送到地面。

e. 将轮胎重新放置在上胎工位，重复上述的测试过程完成下胎侧的检测。

轿车、载重汽车轮胎激光散斑检验机主要性能参数见表 8-11，测试轮胎参数范围见表 8-12，测试条件参数见表 8-13。

(2) BTJSLNDT1200 型激光散斑（真空式）检验机　图 8-28 为华工百川科技公司研发生产的 BTJSLNDT1600 激光散斑检验机，其规格有 BTJSLNDT800，1200，1600，2500-4000 四种，其中 BTJSLNDT1600 可检载重轮胎最大直径 1600mm，2500-4000 可检轮胎外径 4000mm，端面宽 1000mm。

表 8-11　轿车、载重汽车轮胎激光散斑检验机主要性能参数

轮胎参数	轿车/轻型载重汽车轮胎激光散斑检验机	载重汽车轮胎激光散斑检验机
轮胎外径/mm	450～1000	700～1400
轮辋直径/in	13～26	15～27.5
断面宽度/mm	≤350	≤500
轮胎重量/kg	≤35	≤120
胎圈宽度(子口宽度)/mm	≥85	≥85

表 8-12　测试轮胎的参数范围

测试条件	轿车/轻型载重汽车轮胎激光散斑检验机	载重汽车轮胎激光散斑检验机
压缩空气气源压力/MPa	0.7	
环境温度/℃	5～40	
环境湿度/%	≤80,无结露	

注：压缩空气系统应使用经过过滤、脱水的干燥清洁空气。

表 8-13　测试条件参数

测试项目		轿车/轻型载重汽车轮胎激光散斑检验机	载重汽车轮胎激光散斑检验机
测试能力	分辨率/mm	≤1	
	可识别缺陷/mm	≤2	
检测周期	单位测量时间/s	≤180	≤180
检测部位		胎侧、胎面	胎侧、胎肩、胎面
规格存储种类		300 种以上,可随时增加或减少	

图 8-28　激光散斑检查机外形

技术特征见表 8-14。

表 8-14　BTJSLNDT1600 激光散斑检验机技术特征

技术特征	BTJSLNDT1600 激光散斑检验机		BTJSLNDT2500-4000 激光散斑检验机	
	基本参数	可选	基本参数	可选
检测光源	激光		激光	
检测技术	激光剪切散斑		激光剪切散斑	
检测探头	1	2	4	
检测区域	胎面,胎侧	胎圈	胎面,胎侧	
胎体预准备	无需		无需	
缺陷分辨率	1mm		1mm	
缺陷类型	脱层,气泡		脱层,气泡	
检测探头定位方式	全自动	手工设定	全自动	

续表

技术特征	BTJSLNDT1600 激光散斑检验机		BTJSLNDT2500-4000 激光散斑检验机	
	基本参数	可选	基本参数	可选
检测周期	120s		5min	
轮胎尺寸	内径最小 150mm，外径最大 1600mm		内径最小 150mm，外径最大 4000mm	
断面宽度	600mm		1000mm	
装载/卸载	自动	用户接口	自动	用户接口
缺陷评定	人工	全自动	人工	全自动
检测结果存储方式	硬盘或光盘	其它	硬盘或光盘	其它
环境要求	10～40℃，胎体最大大于环境温度 10℃		10～40℃，胎体最大大于环境温度 10℃	
电源，气源	220～380V，16A	最大 25A	220～380V，16A	最大 25A
外形尺寸	5.6m×2.5m×2.0m		5m×5m×8m	

图 8-29 是机内真空罩及摄像系统。

在轮胎检测过程中，轮胎胎面和胎侧按圆周 360°分为 6～12 个扇区。在测试周期开始前，检测仪移动到距轮胎 300mm 处固定，被测轮胎应能手动转动，并可刹车。检测头对准轮胎断面中心进行检测。检测轮胎时，对轮胎进行加压，轮胎内部的钢丝断裂处因内部气压的改变而引起表面微小位移形变，通过激光散斑干涉技术，对形变前后的两幅图的比较处理，就可将轮胎的内部钢丝断裂检测出来。胎面检测完后，将检测头移至胎侧检测，直到整条轮胎检测完。

图 8-29　机内真空罩及摄像系统

(3) 激光数字剪切散斑检测图例　激光数字剪切散斑检测图例见图 8-30～图 8-32。

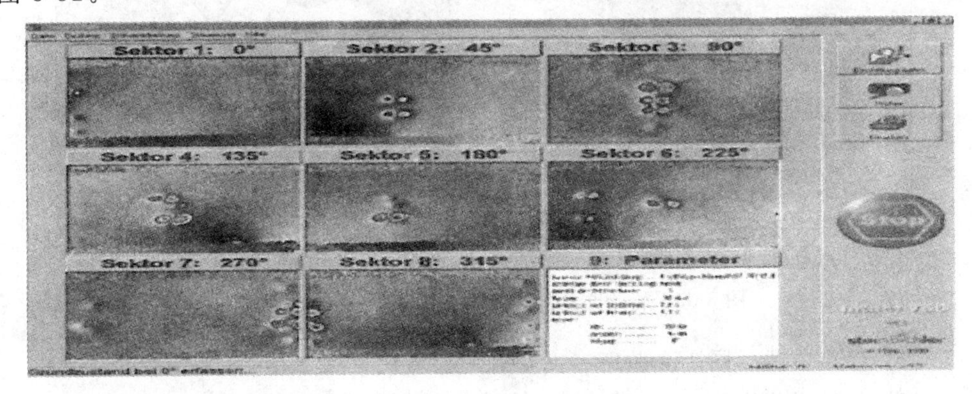

图 8-30　8 个区拍摄的轮胎气泡和脱空情况

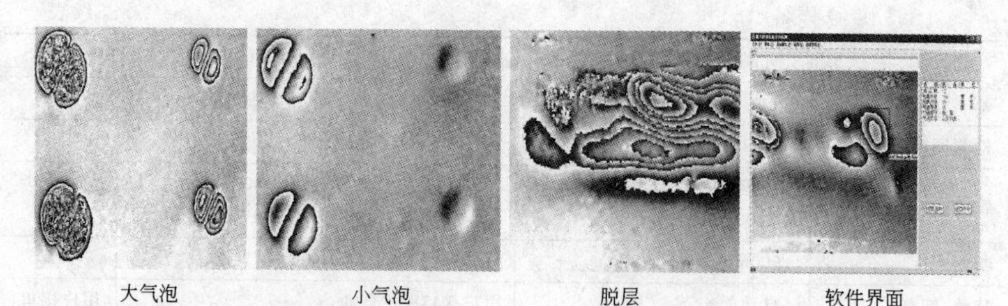

图 8-31　轮胎气泡和脱空在显示屏上显示的情况

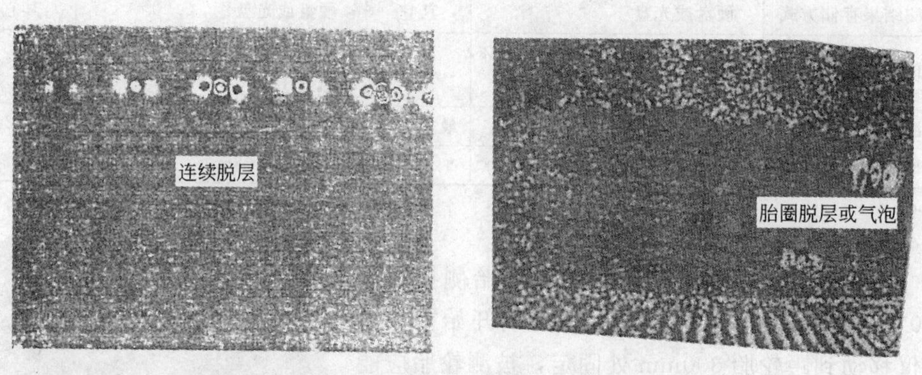

图 8-32　轮胎气泡和脱层在显示屏上显示的情况

8.4.2.3　轮胎充压加载式激光无损检测仪

由于钢丝子午线轮胎经常会发生胎侧及胎体钢丝断裂或拉链式损伤，真空加载舱式激光散斑无损检查系统无法发现。广州华工百川科技股份有限公司研发成加载式激光散斑无损检测仪，用于检查钢丝断裂或拉链式损伤，避免引发爆胎事故。

轮胎充压加载式钢丝断裂激光无损检测仪如图 8-33 所示。

(a) 钢丝断裂检测仪系统图

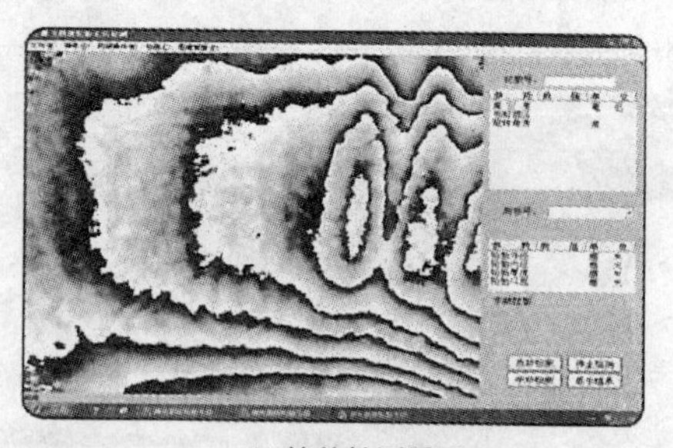

(b) 软件检测界面

图 8-33　轮胎充压加载式钢丝断裂激光无损检测仪

(1) 使用方法　同激光散斑（真空式）检验机。

(2) 具体操作步骤　同激光散斑（真空式）检验机。

(3) 机械装备

① 主机包括机械手、检测头移动机构、检测头。

② 检测头移动机构可手动平移。

③ 检测头由镜头、光学系统、激光系统构成，对轮胎成像。

④ 检测过程所有步骤为手动。

(4) 相位剪切检测系统

① 激光器　1 个激光器集成。

② 相位剪切散斑干涉仪　采用电子相位剪切技术，由摄像机直接记录干涉图。常压下轮胎原始状态的图像存储在计算机图像库中。加压后轮胎变形状态下的图像从存储的图像中实时减去。钢丝断裂变形在显示器上以相位图显示。检测结果作为资料可以存储于 PC。

(5) 图像处理系统

① 图像处理计算机　手提 PC。

② 图像处理软件和用户界面。

③ 中文用户界面　菜单简单明了，界面通俗易懂。

④ 检测程序控制。

⑤ 胎面可分为 6～12 个部分（沿周向）进行检测。检测时，通过转动相位检测头，轮胎分区进行检测。

⑥ 检测结果实时显示，也可检测完毕后集中显示。检测结果可存储，确认后即可检测下一条轮胎。

(6) 轮胎规格　最大 1200mm。轮胎外表面应干净无污物。

(7) 检测周期需时 15s/单幅面（200mm×300mm）。

(8) 数据输出　每一条轮胎，检测图像和相位结果图像及轮胎条数都存储于电脑目录下。

激光无损检测仪技术指标及说明见表 8-15。

表 8-15　激光无损检测仪技术指标及说明

名　称	技术指标	名　称	技术指标
检测光源	激光	轮胎规格(外径)	最大 1200mm,最小 800mm
检测技术	激光散斑干涉技术	检测结果存储	硬盘
检测头	1	环境温度要求	10～40℃
检测区	胎面、胎侧	电源	220V,16A
缺陷类型	钢丝断裂	气源	8bar
检测头定位	手动	外形尺寸	500mm×400mm×300mm
轮胎定位	手动	设备重量	30kg
检测速度	15s/单幅面(200mm×300mm)		

无损检测图例见图 8-34。

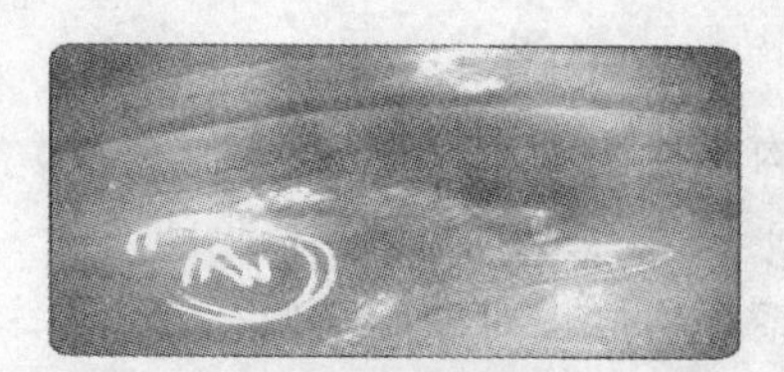

钢丝断裂缺陷1(原图)

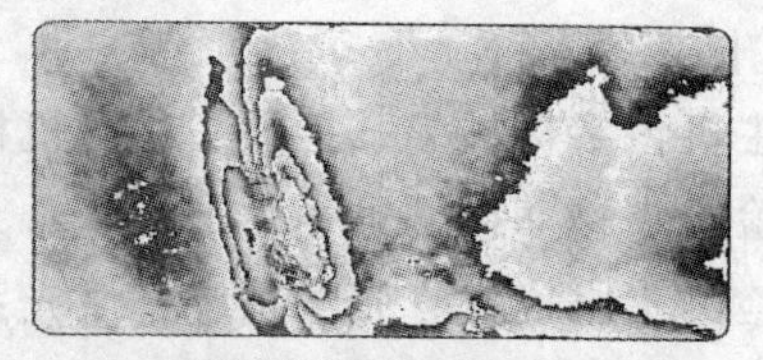

钢丝断裂缺陷1(相位图)

钢丝断裂缺陷2(原图)

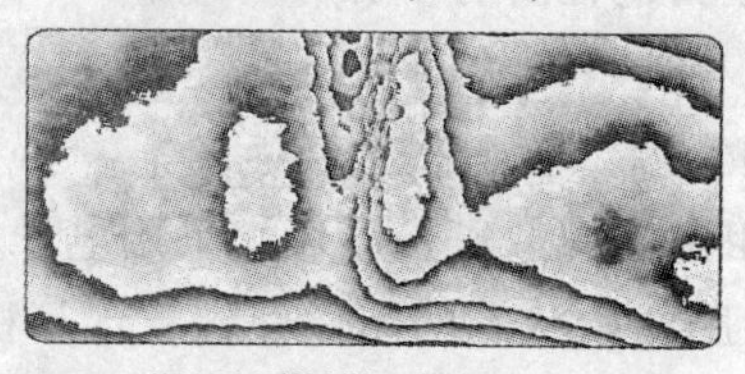

钢丝断裂缺陷2(相位图)

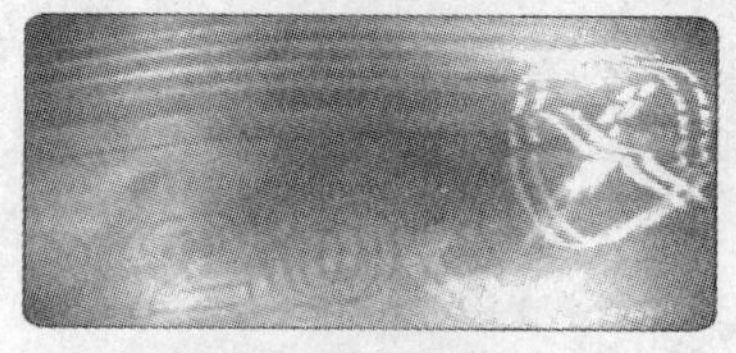

钢丝断裂缺陷3(原图)

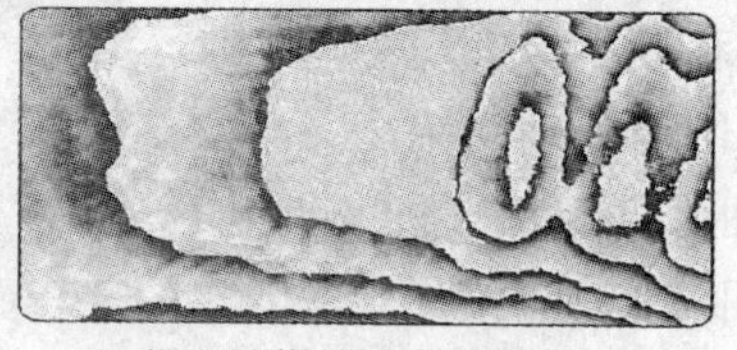

钢丝断裂缺陷3(相位图)

图 8-34　轮胎钢丝断裂 X 射线照片（左图）与钢丝断裂激光无损检测照片（右图）对比

8.4.2.4　激光充压检验体系

德国 SDS 公司 2012 年推出 PTS 型激光充压检验体系，一改抽真空体系的加载方式，据介绍其优点是可发现胎侧缺陷（用激光抽真空检验体系不能发现钢丝断裂情况）及显示缺陷的几何形状（直径，宽度），充压大小可自动调节。

图 8-35　PTS 型激光检查机

图 8-35 是该机的外形。

8.4.3　轮胎用 X 射线检查

轮胎 X 射线检查是轮胎内部缺陷判断常用的检测方法，具有非破坏性和灵敏度高的特点。主要用于完成轮胎内部帘线排列状况、钢丝带束层排布情况、气孔、裂缝、裂纹和杂质、胎圈部位、子口包布反包高度、三角胶与钢丝圈的黏合情况、胎面和带束层是否贴正的检验。

8.4.3.1　青岛高校软控生产的 X 射线检验机

(1) 设备总体结构　如图 8-36 所示，主要由尺寸测量装置、定中装卸装置、轮胎检测装置、铅房、操作室和操作台等几部分组成。

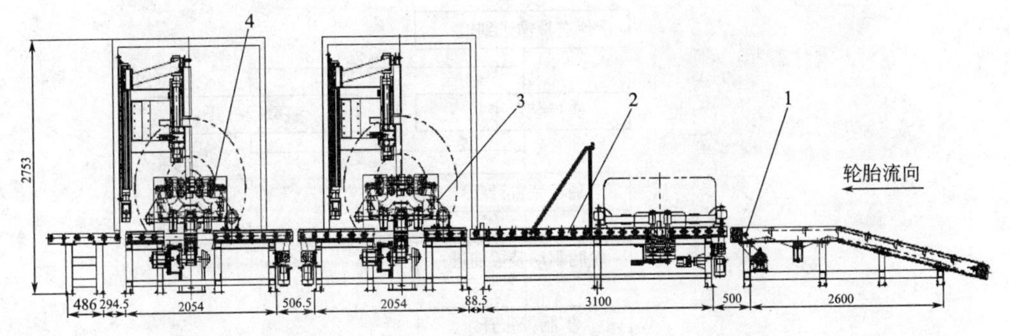

图 8-36　设备总体图

1—翻转上胎装置；2—输送装置；3—测试装置；4—下胎装置

① 尺寸测量装置　对轮胎进行定中，同时对轮胎内径、外径、断面宽进行测量，并将数据传输给上位机，完成轮胎混装自动测试。

② 定中装卸装置　该装置位于射线防护室门前，从水平输送辊道上将轮胎定中，并将轮胎从水平状态翻转到竖直状态。轮胎检验完毕后，再将轮胎翻转成水平状态放在输送辊道上。

③ X 射线检测装置　该部件是轮胎 X 射线检验机的核心部分，整体安装在射线防护室内，能够全自动完成轮胎的 X 射线测试过程。

④ 射线防护室（铅房）　射线防护室用来阻止 X 射线外漏，以保护操作者及周围人员的人身安全。当前对 X 射线的防护主要使用铅，由于铅较软，一般来说，都是“钢-铅-钢”的结构。

⑤ 操作室　操作室内有一个操作台，上面有上位机、显示器、高压控制器、触摸屏、监视器等，在此设备操作人员可以方便地操作设备及观看轮胎检验结果。

⑥ 控制系统　控制系统由监控管理系统、PLC 控制系统、成像系统三大部分组成。监控管理系统由上位计算机承担；PLC 控制系统包括触摸屏、伺服变频系统、检测元件、动作执行元件等；PLC 控制系统与上位机配合完成整个设备的自动、手动、教学功能，对设备各个动作进行控制，使整台设备按照工艺的要求自动、协调地运行。成像系统包括 X 射线发生系统、成像探测器、图像处理等。系统组成框图见图 8-37。

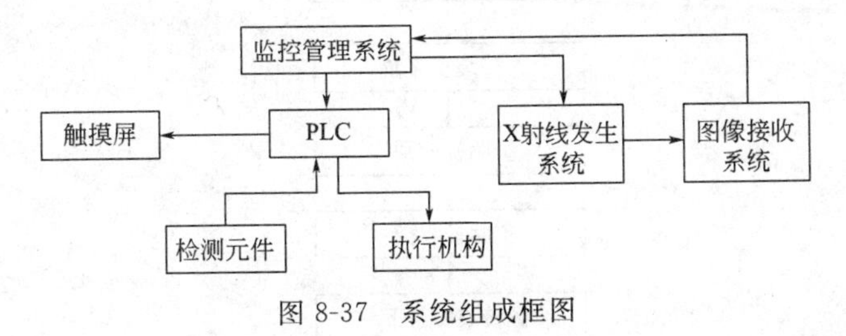

图 8-37　系统组成框图

(2) 工艺过程　设备主机部分工艺流程如图 8-38 所示，系统运行流程如下。

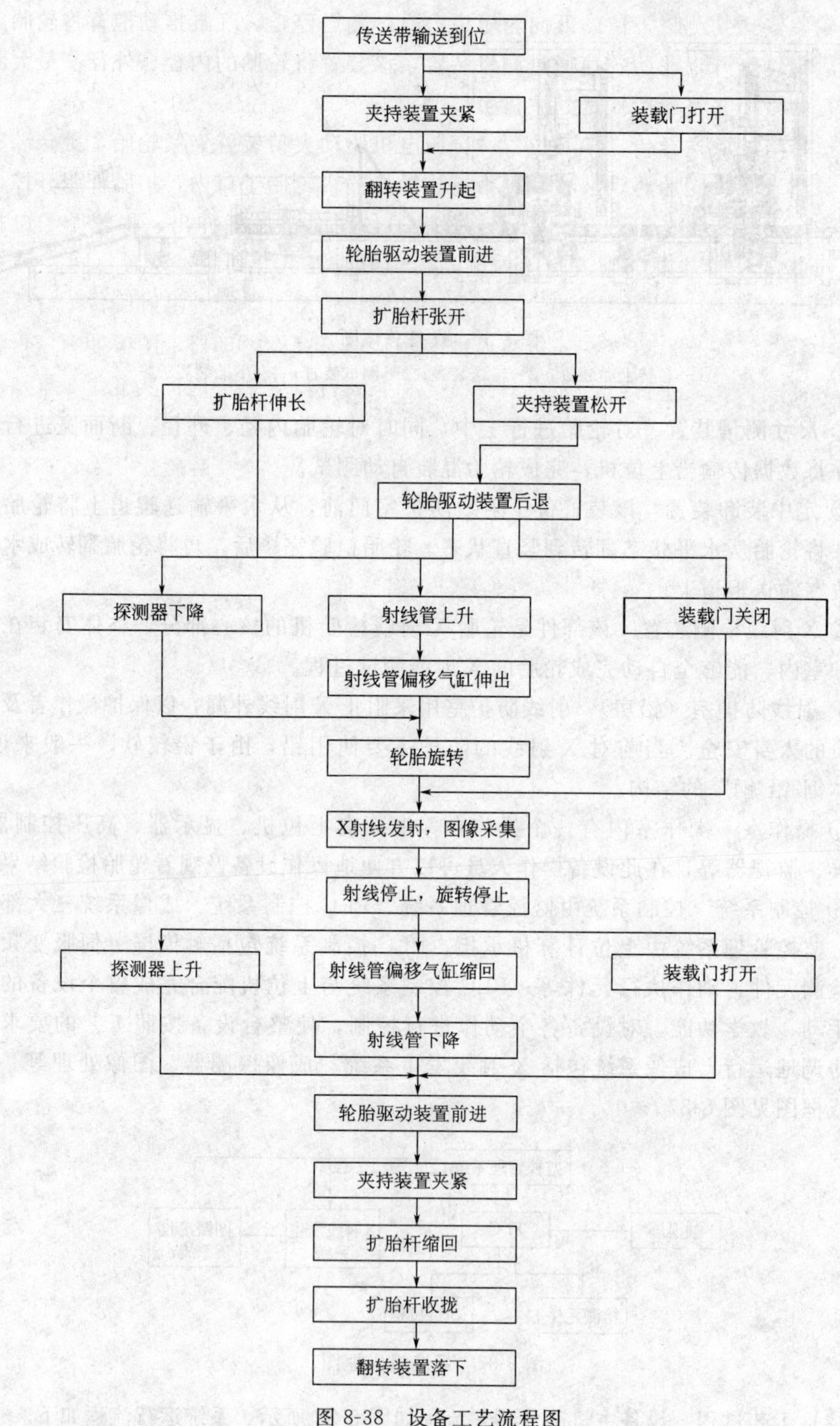

图 8-38 设备工艺流程图

当轮胎输送到测量工位的万向轮辊道上时，输送停止，气缸推动抱臂将轮胎定中，然后抱臂打开，轮胎匀速通过测量装置，该装置将轮胎的内径、外径、最大断面宽进行测量，并将轮胎输送到主机工位。

传送带将轮胎送至传送中心位置，伺服电机驱动夹持装置夹紧轮胎，翻转装置升起，检测装置、轮胎驱动装置前进，将扩胎杆插入轮胎子口内，扩胎杆张开撑住轮胎，轮胎夹持装置松开，轮胎驱动装置后退，同时扩胎杆伸出，将轮胎子口扩开，以便X射线管能顺利进入轮胎内侧，然后射线管上升到测试位置，同时X射线探测器下降到测试位置、装载门关闭，轮胎旋转，X射线管发出射线，X射线探测器接收到射线信号后将光信号转换成数字信号送给图像处理器，图像处理器再将数字信号还原成图像信号进行显示及存储。X射线管发射线的时间为轮胎旋转1.2圈的时间。射线停止后，轮胎停止旋转，装载门打开，轮胎驱动装置前进将轮胎传送给翻转夹持装置，夹持装置夹紧轮胎，翻转装置落下，夹持装置松开，传送带将轮胎输送出去。

(3) 技术特性

① 设备参数

轮胎内径	15～27in
轮胎外径	700～1400mm
轮胎断面宽	200～450mm
轮胎重量	110kg（最大）
检测周期	≤40s
装机容量	20kW
气源消耗	0.06m^3/min

② 工作条件

a. 供电电源

输入电压：380V（±10%），三相五线制（注：需要专门的地线连接）。

频率：50Hz。

b. 绝缘电阻：≥10MΩ。

c. 气源压力：≥0.6MPa。

③ 使用环境　海拔不超过2000m；环境温度为5～40℃，24h内周围环境平均温度不超过35℃；相对湿度不大于80%，无凝露；无导电尘埃以及破坏绝缘的腐蚀性气体的场所；无爆炸危险的场所；无剧烈振动、颠簸以及垂直倾斜度不超过5°的场所。

设备检测轮胎显示屏上画面见图8-39。

8.4.3.2 Acten-Alpetor翻新轮胎检测的X射线检验机

① 检测范围：轿车轮胎和一些工程轮胎，最大直径50in（1250mm），最大宽

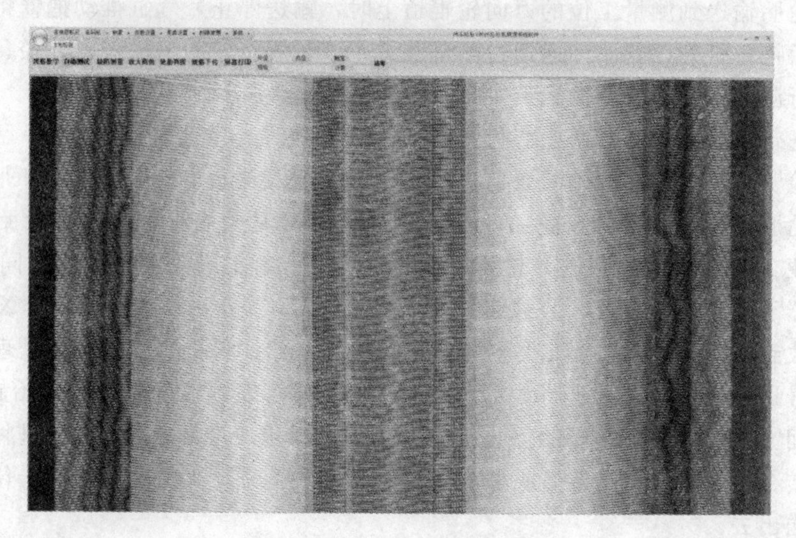

图 8-39 设备检测画面

度 20in（500mm）。

② X 射线强度极低，可开放式使用，周边不需设铅防护（按美国标准）。

③ 有高分辨率/高对比度。

④ 一个检测周期是从胎冠、胎侧到胎圈。

⑤ 专设的 X 射线图像系统软件、屏幕、矩阵测量状态精确控制/密度测量、运行控制。

⑥ 翻新前检查：脱层、钉眼、拉链式断裂、帘线层损坏、生锈。

⑦ 翻新检查欠硫、胶海绵、修补失败。

⑧ 新胎可检查制造缺陷。

⑨ 非常低的维护量。

该 X 射线检验机及图例见图 8-40。

图 8-40 中显示的 10 个图例包括：①胎圈钢丝刺出；②工程轮胎胎侧缺钢丝；③胎侧缺钢丝损坏；④ 胎冠下钢丝严重生锈；⑤胎侧钢丝拉链式损坏；⑥轮胎内侧气泡；⑦胎侧钢丝断裂；⑧胎侧钢丝开脱；⑨胎肩钢丝冲击损伤；⑩胎冠钉眼及带束层脱空。

X 射线检查图例见图 8-41～图 8-44。

8.4.4 轮胎超声波检查

8.4.4.1 检查原理

超声波检查基于“旋转反射监视”原理，属轮胎扫描体系。超声波（频率 100MHz 以上）的弹性声波具有以下特性：①波束能集中在特定的方向上，在介质

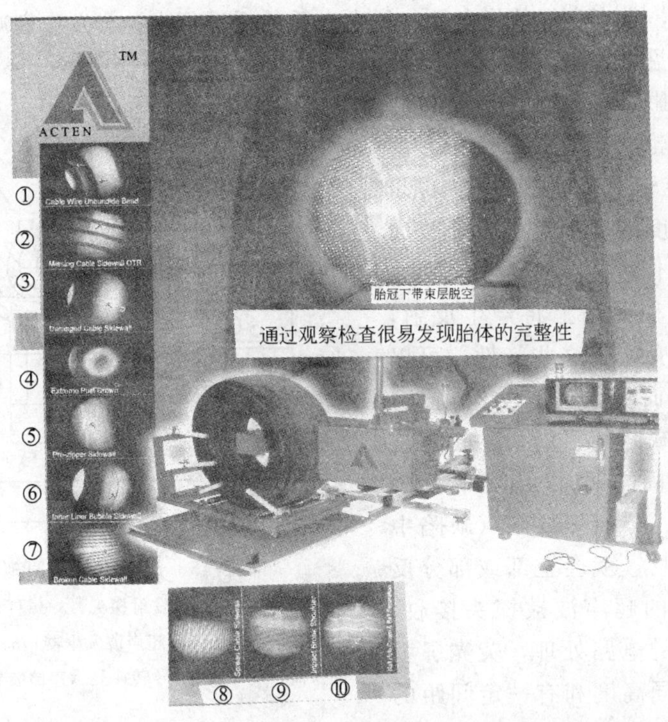

图 8-40　供翻新轮胎胎体检测的 X 射线检验机及检出图例

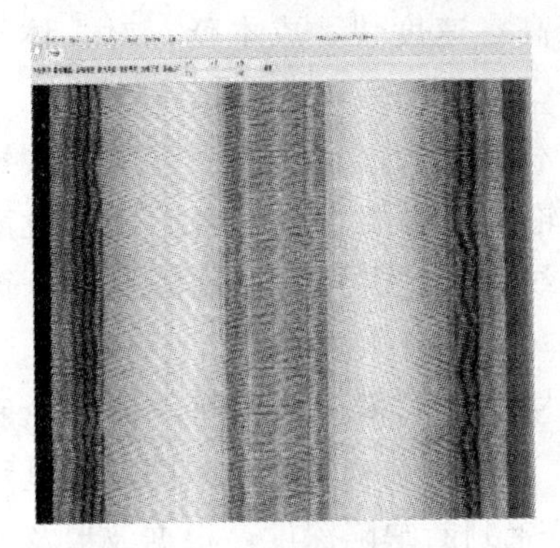

图 8-41　轮胎正常情况

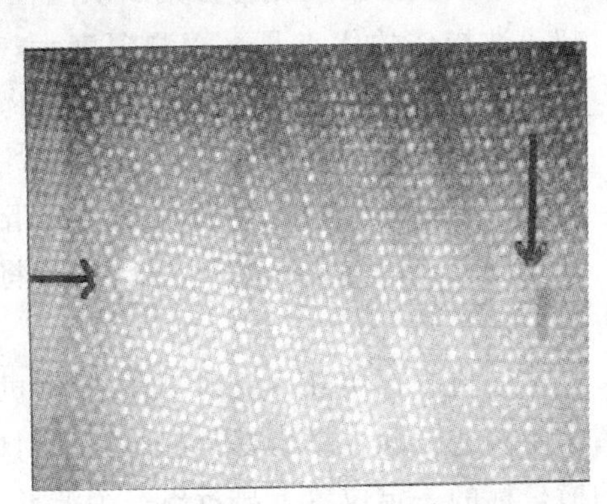

图 8-42　左箭头所示为钉眼，左箭头所示为杂质

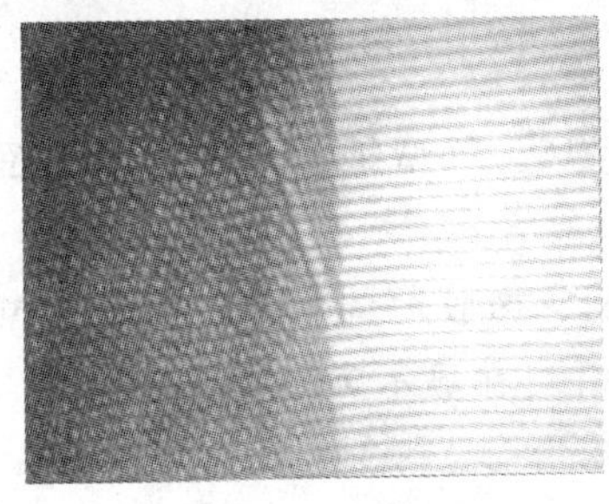

图 8-43　带束层翘边

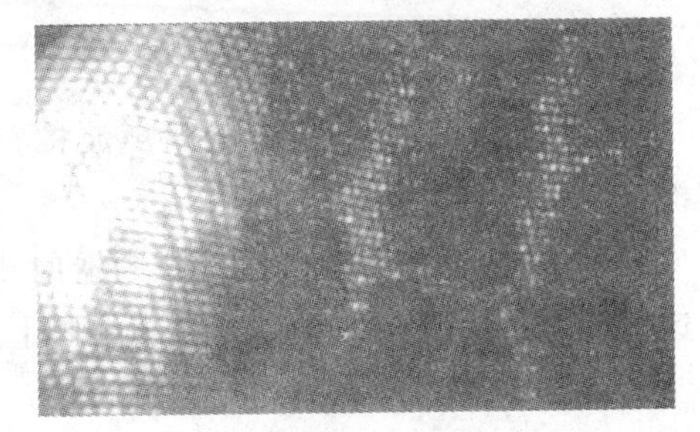

图 8-44　帘布层脱空

中沿直线传播，具有良好的指向性；②在介质传播过程中，会发生衰减和散射，超声波检查原理见图 8-45，为使超声波不受周围空气影响超声波发射及接收装置及被检的轮胎均要放入水中，探头可作 270°旋转，接收管排成扇形，接收到不同强度的超声信号，经放大及光电转换图像而在显示器上显示；③超声波在异种界面上将产生反射，折射和波形改变，用这些特性，可以获得从缺陷界面反射回来的反射波，从而达到探测缺陷的目的；④超声波不能通过气体-固体界面，如果轮胎中有气孔、裂纹、分层等缺陷（缺陷中有气体）或杂物，就会全部或部分反射，反射回来的超声波被探头接收，通过仪器内部的电路处理，荧光屏上就会显示出不同高度和有一定间距的波形。可根据波形的变化特征判断缺陷在轮胎中的位置和形状。

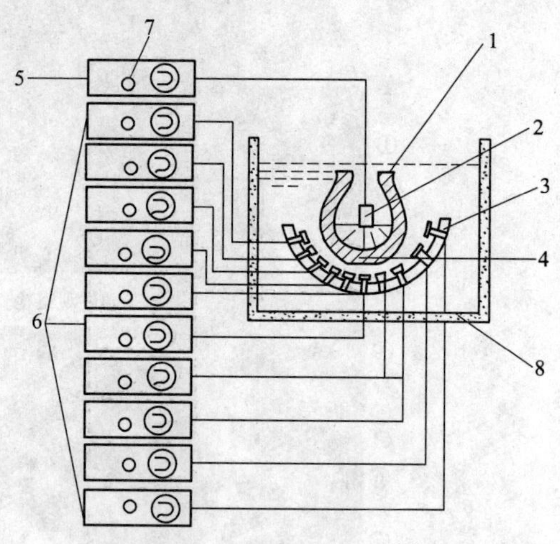

图 8-45　超声波检查原理图

1—外胎；2—超声波发射探头；3—超声波接收探头；4—脱空处；5—高频超声波发生器；6—高频超声波接收器；7—接收信号转换显示存储装置；8—水槽

超声波探伤的优点是：探测深度大，灵敏度高，速度快，成本低，对人体无害，能对缺陷进行定位和定性。

超声波探伤的缺点是：显示不直观，探伤技术难度大，易受主、客观因素影响，结果不易保存，被探物要求表面光滑（检查轮胎过去要求最好将胎面花纹磨去，现英国生产的 TyrecanK3 型已不需将胎面花纹磨去，并可从胎圈到胎圈全面检查）。

超声波检查选用脉冲反射 A 式探伤机械，即显示器的横坐标是超声波在轮胎传播的距离或时间，纵坐标是超声波反射的幅值。缺陷或杂物反射回来的波在显示器的横坐标的一定位置上显示出一个波形，根据位置判断缺陷深度，根据波形及大小判断缺陷的性质。

8.4.4.2　超声波检查机

(1) 巨型子午线工程轮胎超声波检查机见图 8-46。巨型子午线工程轮胎超声波检查机技术特征如下。

① 带束层脱空、冲击损伤、制造时出现的问题、橡胶海绵状、欠硫，超声波在这些地方反射衰减加大，在自动编码上形成特性并可在显示屏上显现。

② 超声波的发射频率为 5000kHz。

③ 如此高的声波脉冲通过轮胎衰减后的数据特性经电子放大。

图 8-46　工程轮胎超声波检查机

图 8-47　超声波的发射及接收探测器配置

④ 扫描一条 40.00R57 轮胎用时 6min，可检轮胎轮辋规格为 63in。

图 8-47 为超声波的发射及接收探测器配置图。

① 轮胎放进及取出由附在水槽边的叉形起重机来完成。

② 检测完成，起重机提出轮胎，由空气膜泵抽出胎腔内的积水。

(2) 检测机的主要技术参数

探测器槽可承受的轮胎最大重量	5.4t
发射及接收探测器重量	1.2t
轮胎内的水重量	3.3t
水槽中的水重量	25.3t
检测机重量	11.0t
地面承受面积	$4.94m^2$

(3) 装在轮胎磨胎机上的载重轮胎超声波检查装置　图 8-48 为装在轮胎磨胎机上的超声波检查装置，将胎面花纹磨去后进行检测。

图 8-48　装在轮胎磨胎机上的超声波检查装置

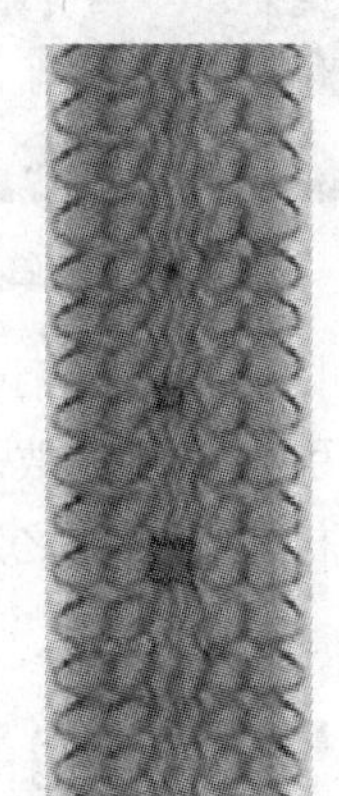

图 8-49　钉眼及脱空

8.4.4.3　超声波检查图例

超声波检查图例见图 8-49～图 8-51。

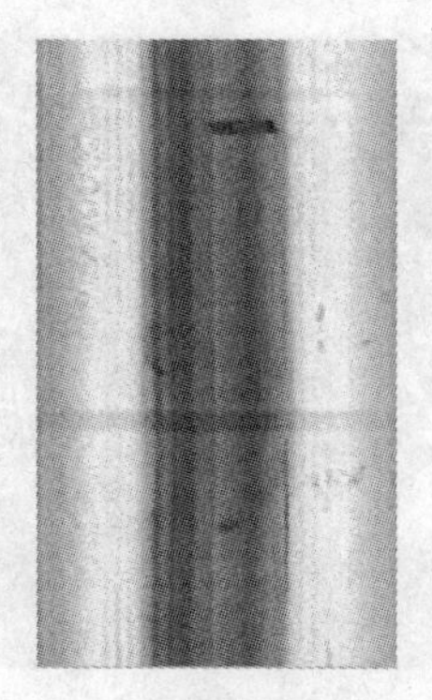

图 8-50　脱空

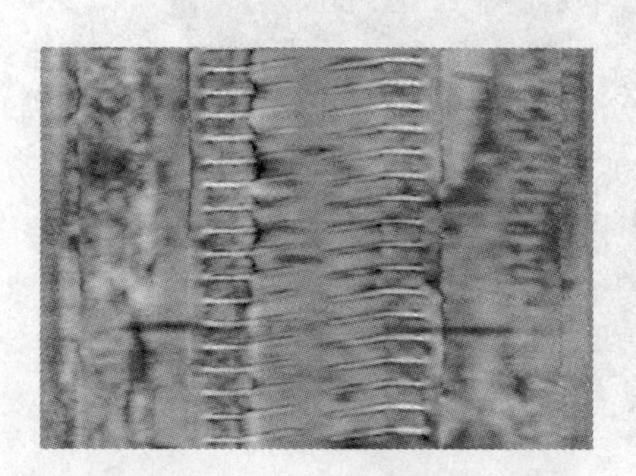

图 8-51　带束层端头翘边及脱空

8.4.5　电磁波（扫描）检查钢丝生锈

德国 TeLe Measurement GmbH 公司推出 TYREBLOC 系统，它安装有电子感应器，在轮胎旋转的情况下，如有钢丝生锈、缺损或夹有外来的金属物就会引发电磁场的分散范围发生变化，通过电子计算机显示其部位、大小于彩色屏幕上。

该机将电磁扫描与人工观察相结合，电磁扫描头可检查轮胎内、外部分且可随轮胎的尺寸而调节机检部分，检测一条轮胎仅需 30s。电磁（扫描）轮胎测量机结构见图 8-52，生锈部位、大小在彩色屏幕上的显示情况见图 8-53。

图 8-52　电磁轮胎测量机的结构

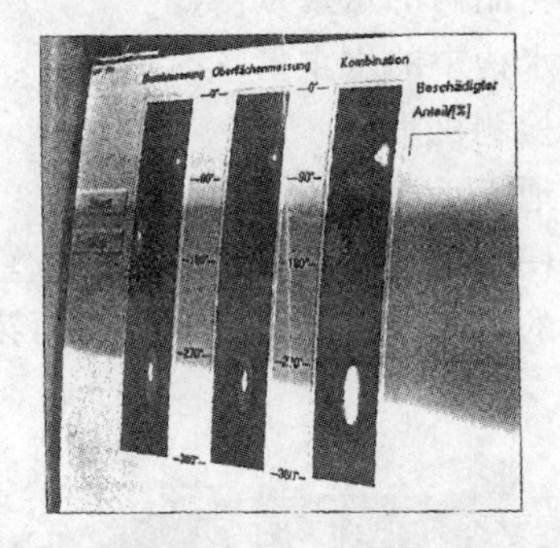

图 8-53　生锈部位、大小显示于彩色屏幕上

目前我国全钢子午胎已大量使用，因轮胎损伤未及时发现、及时修补，因钢丝生锈引发翻新失败及翻新后脱空爆胎的事故时有发生，因此开发电磁（扫描）轮胎测量机也是当务之急。

8.5　轮胎平衡试验机

8.5.1　轮胎静平衡试验机

图 8-54 是德国 HOFMANH 公司生产的 EVD-300R/A 型轮胎单面平衡试验机

(非充气式)。

图 8-55 是国内外大量生产的载重轮胎静平衡试验机 MT741，适用于重量小于 200kg 的轮胎的平衡检测，微电脑控制，压缩空气用于驱动和制动，内置轮胎升降机及对中，也是由压缩空气控制的。所有动态和静态测量程序均由软件设置 6 种不同的平衡方式并有自检及自标定的功能，一条 11.00R2.5 的轮胎测量时间为 12s，平衡精度为 5g。

图 8-54　EVD-300R/A 型轮胎单面平衡试验机

图 8-55　MT741 轮胎平衡试验机

8.5.2　轮胎动平衡/不圆度试验机

图 8-56 为轮胎动平衡/不圆度试验机，该机由青岛高校软控股份有限公司生产，有 6 种型号。主要用于轿车/轻卡，载重子午线轮胎的动平衡性能等的测量。包括轮胎上面不平衡量及其角度，下面不平衡量及其角度，静不平衡量及其角度，力偶不平衡量及其角度，上下面不平衡量之和等。

图 8-56　轮胎动平衡/不圆度试验机

(1) 设备配置特点　采用多套多级轮辋设计，采用伺服电机驱动滚珠丝杠带动轮辋上下移动，根据轮胎规格自动调整轮辋宽度。不平衡测量采用压电式测力传感器，采用 PLC 控制。控制系统共有数百个故障报警点，以方便设备管理及维修。操作采用 256 色触摸屏，减少按钮操作。

测出的不平衡处可彩色打标于轻点处。

该装置采用伺服电机驱动滚珠丝杠定位，打标头自动加热控温。

（2）动平衡测试项目 动平衡测试项目见表8-16。

表 8-16 动平衡测试项目

测试项目	轿车/轻卡子午胎测量范围	载重子午胎测量范围
U(上面不平衡及角度)	0～200g(g·cm),0°～360°	0～400g(g·cm),0°～360°
D(下面不平衡及角度)	0～200g(g·cm),0°～360°	0～400g(g·cm),0°～360°
S(静不平衡及角度)	合成量 g(g·cm),0°～360°	
C(力偶不平衡及角度)	合成量 g(g·cm),0°～360°	
U&D(上,下面不平衡量之和)	合成量 g(g·cm)	

（3）设备主要技术参数 设备主要技术参数见表8-17。

表 8-17 轮胎动平衡/不圆度试验机设备主要技术参数

项目名称 \ 轮胎类别		轿车/轻卡子午胎	载重子午胎
轮胎规格	轮胎外径/mm	450～1000	700～1400
	轮辋直径/in	10～24	16～24.5
	断面宽度/mm	最大 400	最大 500
	轮胎重量/kg	最大 35	最大 90
测试条件	动平衡测试轮胎转速/(r/min)	600～800	300～500
	不圆度测试轮胎转速/(r/min)	600	
	充气压力/MPa	0.2～0.5	0.6～0.9
	环境温度/℃	5～40	
重复精度	动平衡手动 1×10 测试	±1.0g 以内(加 50g 砝码)	±2.0g 以内(加 100g 砝码)
	动平衡自动 5×5 测试	≤5g(极差)	≤15g(极差)
	不圆度测试/mm	δ≤0.1	
打标精度		±5.0°以内	
分辨率	不平衡量/g	0.1	
	不圆度/mm	0.01	
	测量角度/(°)	0.6	
工作节拍	动平衡测试/(s/条)	少于 25	少于 40
	不圆度测试/(s/条)	少于 25	少于 45
	动平衡/不圆度测试/(s/条)	少于 25	少于 60
打标	打标方式	色带热压式	
	打标颜色	两色(红、黄)	
	打标形状	圆点	
	动平衡打标位置	静不平衡量的轻点或重点	
	不圆度打标位置	一次谐波的高点或低点	

续表

项目名称 \ 轮胎类别		轿车/轻卡子午胎	载重子午胎
供电电压		AC 380V(±10%);三相五线制	
动力消耗	功率(380V)/kW	约 25	约 40
	压缩空气	7.2m³/h,压力≥0.6MPa	10m³/h,压力≥0.9MPa

8.6 载重轮胎不圆度（径向及侧向跳动）检测设备

8.5.2 节中提到轮胎动平衡/不圆度试验机可以检测轮胎的不圆度，国内外多采用激光测距机组设备，较简便，如国内双钱集团股份有限公司使用的激光距离传感器为 OADM 12U6460/S35A 型，瑞士 Baumer Eieetric AG 公司产品，距离检测范围 16～120mm，输出电压范围 0～10V，距离检测范围小于 25mm，检测精度优于 0.02mm，对轮胎不圆度检测较为理想。

为适应在转鼓试验机上测量轮胎的不圆度，激光距离传感器可自配支架，是一种非接触式的测量，采用激光三角检测方法，将激光距离传感器通过数据采集卡与计算机相连，自行编写数据采集和显示程序即可。

参 考 文 献

[1] 高孝恒．翻新轮胎的无损检验技术进展．轮胎工业，2002 (9)：9-12.

[2] 林晓立等．轮胎动平衡补偿方法研究．中国橡胶，2012，(16)：38-42.

[3] 姬新生等．全钢子午线轮胎静不平衡的测量与分析．轮胎工业，2003，(9)：555-558.

[4] 陈根艺．载重轮胎不圆度的实验室简单检测．轮胎工业 2013，(7)：436-438.

第9章

旧胎体打磨

9.1 胎体打磨、检查与处置

9.1.1 胎体打磨基本要求

胎体打磨的一些术语与定义如下。

① 胎体打磨　旧轮胎翻新时，磨去翻新需要磨去的旧的胶料部分。

② 小磨　对修补或打磨时漏磨的胎体某部分进行打磨。

③ 补充打磨　对胎体打磨后为使磨面更理想，磨去磨面的浮胶。

④ 削磨　旧轮胎翻新时，先用刀（一般为无底的杯形）削去较厚的胎面胶，再用磨轮打磨余下的旧胶。

轮胎翻新赋予胎体打磨与磨胎机如下 5 项任务。

① 磨（削）去已损伤、氧化的旧橡胶。

② 磨出适合配模（模型法翻新）或配预硫化胎面（含条、环、弧形预硫化胎面）的磨面、型面和尺寸。

③ 磨出与翻新用胶结合最佳的磨纹粗度。

④ 提供最佳的打磨工艺条件保障（如防止过热打磨，磨坏胎体骨架、带束层，各条纹粗度均匀）。

⑤ 打磨工作符合我国工业卫生要求（噪声、粉尘、烟可排放出再经另行处理）、安全要求和防火要求（橡胶粉末遇火花，如磨胎时遇铁钉、石头时会打出火花，有可能会引起迅速燃烧）。

轮胎打磨包括：翻新打磨及补充打磨。翻新打磨按翻新方法分：全翻新打磨、肩翻新打磨、顶翻新打磨、预硫化胎面翻新打磨等（子午线轮胎和斜交轮胎打磨、模型法翻新或配预硫化胎面均有区别）。全翻新打磨要磨去胎体上旧的胎冠胶，部分胎肩胶、胎侧胶。打磨要求包括：测量要打磨的轮胎的外缘尺寸（直径、胎面宽），按施工表选取适当的打磨半径 R 及打磨深度，子午线轮胎必须防止磨露带束层边缘，造成“翘边”，导致打磨的胎体报废。

磨胎机按磨轮行走方向可分纵向（与轮胎旋转方向平行）和横向（与轮胎旋转方向垂直）两类。按打磨头运动控制方式分可分为：计算机数控、样板机械仿形、手轮人工手控等。

打磨粗度可参考美国橡胶协会（TMR）制定的标准（打磨粗度分 6 级），胎体磨纹选取第 3 或 4，5 级。

9.1.2 磨纹分级与应用

打磨粗度国内企业虽各有相似的规定，但不够规范。下面介绍美国橡胶协会提出的标准图（6 个图样），见图 9-1。

图 9-1 美国橡胶协会推荐的磨纹标准图

① RMA 1：一般用金刚砂轮打磨胎面，先用粒度为 16 目的砂轮打磨除去旧衬垫或多余的胶，再用 36 目的金刚砂轮打磨胎面（金刚砂轮的金刚砂粒度为 16～100 目），也可用细齿锯片磨头打磨。打磨粗度 RMA 1 多用于用化学胶浆修补。

② RMA2：过热打磨胎面易焦烧、喷霜，黏合不好。

③ RMA 3、RMA4 及 RMA5：可用于轮胎翻新和修补。

④ RMA 6：磨纹太粗，黏合不够理想。

9.1.3 磨纹粗度控制

对采用翼型及双弧型预硫化胎面翻新的胎还要对胎肩弧角打磨，数控磨胎机内有数百个磨胎程序可按需要调用，以控制轮胎的打磨尺寸、弧度及角度。磨胎时应防止磨损子午线轮胎的带束层，打磨面粗度及使用的打磨工具与胶面黏合强度的关系见表 9-1。为防止打磨时磨面温度过高，在打磨时发现有冒青烟现象即向磨面处喷水雾或压缩空气降温，以防磨胎时打磨温度过高导致附着力下降，如表 9-2 所示。

表 9-1　使用的打磨工具与胶面黏附力的关系

打磨粗度或打磨使用的工具	细磨面磨片打磨后再用钢丝轮刷磨	中等粗度的磨面（3～5 级）	粗磨面（6 级）	切削＋钢丝刷面	切削＋异型锯齿轮打磨面	切削＋异型锯齿轮＋钢丝刷磨	锯片轮打磨	钢丝轮打磨
黏合强度/(9.8N/5cm)	95	60	45	50	75～80	70～75	30	35

使用各种打磨刀具打出的粗度一般要求磨痕 0.3～0.5mm（图 9-1 中的 3～5 级）较好。各种打磨刀具打出的粗度与静态附着力的关系大致如下。

① 砂轮磨纹深度 0.1mm，静态附着力（4～5）×9.8N/cm。

② 杯刀磨纹深度 0～0.1mm，静态附着力 4×9.8N/cm。

③ 杯刀＋钢丝轮磨纹深度 0.1mm，静态附着力（10～13）×9.8N/cm。

④ 杯刀＋锯齿刀轮＋钢丝轮磨纹深度 0.3mm，静态附着力（14～15）×9.8N/cm。

⑤ 杯刀＋锯齿轮磨纹深度 0.3mm，静态附着力（15～16）×9.8N/cm。

⑥ 钉轮磨纹深度 0.7～1.2mm，静态附着力（8～10）×9.8N/cm。

磨胎时磨面温度与胶面黏附力的关系如表 9-2 所示。

表 9-2　磨面温度与胶面黏附力的关系

磨面温度状况	冷打磨(磨面不冒烟)	过热打磨(磨面冒青烟)	焦烧((磨面冒白烟,有异味)
黏合强度/(9.8N/5cm)	95	45	35

打磨后应及时涂胶浆，因胎面及钢丝表面很易氧化而影响黏附力。如胎体打磨面停放不涂胶浆，15min 后黏附着力已显著下降。

图 9-2　同机但操作人不同（图右磨面过粗）

不同的磨胎机，锯片打磨出的磨面粗度不同，打磨一次进刀量及磨头行走速度控制是关键：进刀量大，磨速快则磨纹粗，反之磨纹细。磨纹的粗细控制与操作者的经验有很大关系，同一磨胎机、磨头及锯片，不同的操作者磨出的磨纹粗度有很大的差异，见图 9-2 和图 9-3。为得到均匀的磨面，磨头的锯片组间的间隔条可以使用不同的宽度，见图 9-4。

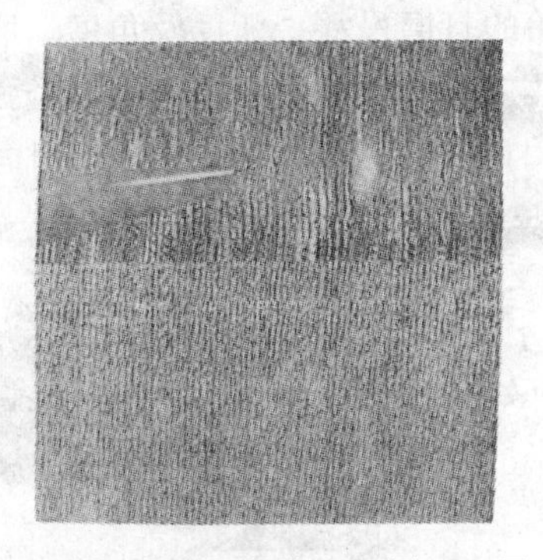

图 9-3 同机但操作人不同（上图磨面过热和焦烧）

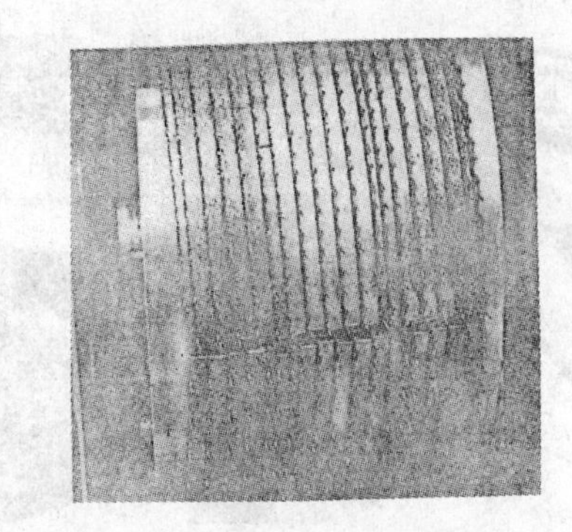

图 9-4 磨头锯片间隔条的宽度不同

打磨时磨纹粗度一般认为取决于如下 5 个因素。

① 一次打磨深度　指磨头底座刀面与接触的胎体表面设定进给的距离。

② 进给速度　指磨头横过胎体的胎冠的速度。

③ 操作技术　首先着重两项，打磨起步过程和提高打磨过程走刀的平稳性。

④ 胎体充气压力　这是磨胎设备制造商最重要的考虑，轮胎充气压力不得小于 103kPa，小于此压力，磨头齿形刀打磨时轮胎会有很大的偏歪，磨不下胶，磨面过热和焦烧。

⑤ 胎体的柔性大小　胎体结构是主要因素。

9.1.4 打磨弧度和尺寸的控制

9.1.4.1 模型法翻新打磨弧度和尺寸应与模型相匹配

轮胎打磨的弧度、直径、断面周长、磨面宽度必须与所使用的硫化模具相适应。

打磨弧度是否符合要求需用模板测量，见图 9-5。测量轮胎断面周长见图 9-6，测量轮胎周长（应测轮胎中心线处）见图 9-7，测量轮胎打磨面宽度见图 9-8。

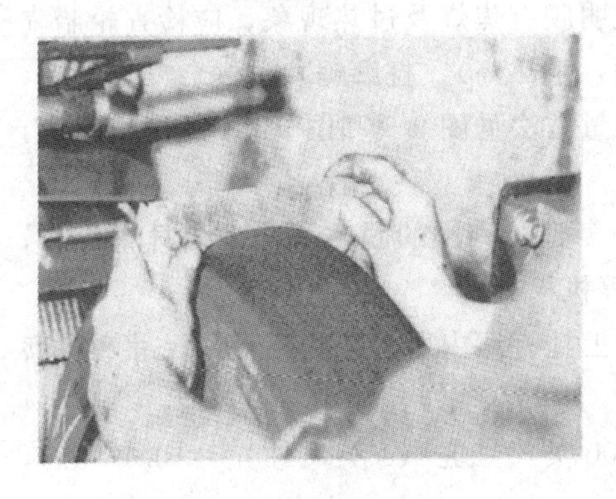

图 9-5 用模板测量打磨弧度

图 9-6 测量轮胎断面周长

图 9-7　测量轮胎周长

图 9-8　测量轮胎打磨面宽度

9.1.4.2　预硫化胎面翻新轮胎打磨弧度和尺寸的控制

打磨半径更趋变大，过去取 820mm，现已达到 1100mm。用于预硫化胎面打磨宽度不得大于轮胎钢丝圈的宽度（因此磨胎机应设有调轮胎夹持盘宽的装置），打磨后轮胎两肩高度应相等，打磨粗度应近于 3～4 级。对有弧度的预硫化胎面打磨弧度必须与胎面密切配合，否则贴合面间易形成气孔，使用时造成脱空（最好用数控磨胎机打磨）。打磨比模型法翻新要求严格得多。

9.1.5　打磨机台操作人员的基本要求

打磨操作人员的任务是给出一个可靠的胎体以供贴合和硫化，具体要求如下。

(1) 轮胎打磨操作人员首先要保证磨胎机运行正常，充气压力系统稳定，磨头安全，锯片锋利，不会滑动且机台无异常生热。操作人员是经过培训的合格人员。

(2) 打磨的轮胎在打磨期不会漏气（有钉眼或破损处应堵塞）。

(3) 避免磨露帘布层，特别是子午线轮胎的带束层端头更不允许因磨坏而报废。

(4) 不得在打磨轮胎时产生过热现象（打磨时冒蓝烟说明胶中有油类挥发，应控制与消除，如冒白烟或灰烟于轮胎周边说明胶有焦烧及过热现象，应检查轮胎气压有无不足（气压不足胎体发软，磨削不动，生热高），打磨锯片过钝。

(5) 轮胎打磨前应测量轮胎的尺寸（测量方法见图 9-6 和图 9-7）及模板弧度，打磨后再测量一次以便确认。

(6) 打磨轮胎时应仔细观察及听取打磨声音，有小的脱空就会发出异常声音，胎内有异物打磨会出现异常（如火花），应停机检查。

(7) 轮胎打磨处应与其它工序隔开，墙上挂有厂内所有硫化模具的尺寸和打磨尺寸等的要求，以便轮胎打磨操作人员核对。

(8) 轮胎打磨工段处的照明不应小于 300 英尺烛光（1 英尺烛光＝10.76lux），以便测量和观察。

9.1.6 各种轮胎翻新方法的打磨要求

9.1.6.1 预硫化胎面翻新打磨要求

(1) 磨胎机的轮胎夹持器（或膨胀鼓）的宽度应与轮胎胎圈宽度相同。

(2) 保证两胎肩的高度相等和光滑。磨纹表面像天鹅绒一样。

(3) 打磨胎冠的宽度应与预硫化胎面相适应。

(4) 胎体打磨到距带束层上 1mm 处较好，过厚的基部胶生热高、散热差，因此磨胎机上应装有测基部胶厚度的探测器。

9.1.6.2 子午线轮胎翻新打磨要求

子午线轮胎翻新打磨要使用专门的样板，防止磨到胎肩边缘时开裂，要求如下。

(1) 采用纵向打磨或横向打磨的磨胎机均可。

(2) 如果采用横向打磨的磨胎机磨头要求可正、反转，以便打磨轮胎肩部边缘。

(3) 不得使用低质的磨头，以防打出胎肩部边缘的带束层端头，致使胎体报废。

(4) 打磨的胎体必须充入规定的气体，压力不足磨纹粗劣及轮胎变形，并会引发打磨过热。漏检的钉眼是打磨缺气的原因之一。

(5) 要保证打磨的同心度及两肩的对称性，磨纹表面像天鹅绒一样。

(6) 避免胎侧过度打磨（全翻新时）。

(7) 采用纵向打磨或横向削磨，进刀深度不得超过 2.4mm。

9.1.6.3 肩翻新打磨要求

肩翻新打磨要在打磨样板的规范下磨胎冠和胎肩，打磨尺寸及形状与硫化模具配合的要求较高，其打磨步骤如下。

(1) 有明确的胎面设计要求。

(2) 测量要翻新的胎体全部尺寸。

(3) 查找出本企业内有可用的要翻新的胎体的模具（模具尺寸合适）。

(4) 正确选用模板，打磨，要翻新的胎体与模具尺寸合适。

(5) 打磨胎体达到尺寸及形状与硫化模具相配合，胎冠打磨得太宽或太窄将造成胎面胶配置失当、胎面基部胶在一些区位异常，导致翻新轮胎早期报废。胎冠磨得太宽可能造成胎面弯曲和打磨压力不当，使黏合不好和轮胎变形。

(6) 打磨的两胎肩高度应相等，磨面应覆盖要肩翻新的各个部位。

(7) 检查打磨的效果。

(8) 磨纹表面像天鹅绒一样。

9.1.7 胎体打磨后检查与处置

胎体打磨后会暴露出一些在打磨前未发现或未处理的缺陷，磨后应彻底检查并加以处置。检查地的照明度不能低于300英尺烛光，否则易产生漏检。

(1) 按美国联邦汽车安全标准FMVSS117节S5.2.1款规定：有下列情况之一者该条轮胎就应丢弃：

① 任何带束层端头损伤脱空的；

② 帘布层端头损坏；

③ 钢丝轮胎带束层锈蚀。

(2) 检查打磨面有无铁钉、玻璃或外来石块、杂物。

(3) 检查子午线轮胎带束层端头有无松散（见图9-9）、脱空（起皱，见图9-10）。

图 9-9　带束层端头松散

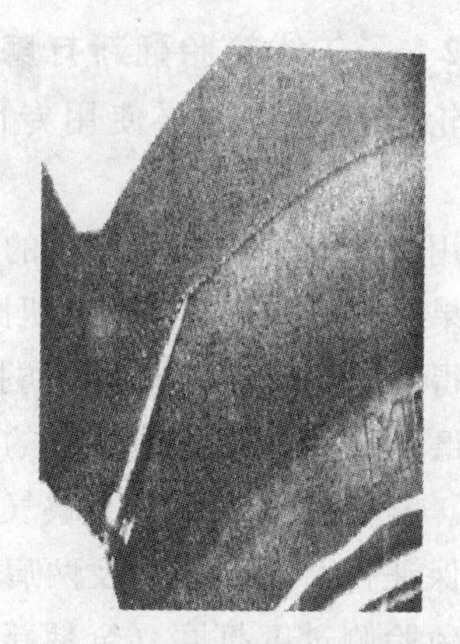

图 9-10　带束层端头脱空

(4) 漏检出的钉眼可在磨胎机上充气时旋转轮胎，用手感就能发现，见图9-11。

(5) 胎面小范围的损伤可用切割的办法加以处理，见图9-12。

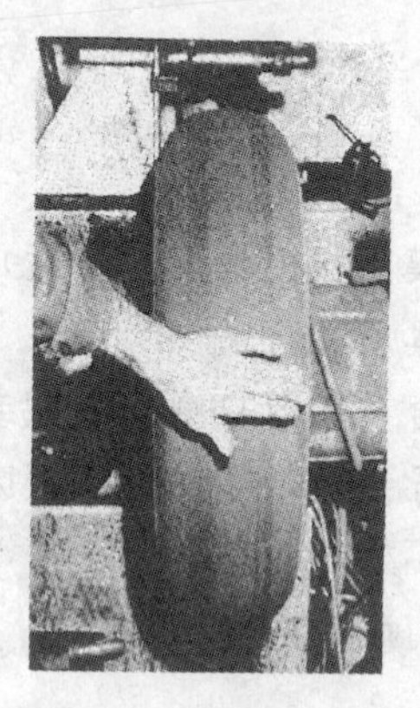

图 9-11　检查漏检的钉眼

图 9-12　胎面小范围的损伤

(6) 对受到冲击或松散的小面积的帘线载重轮胎，可采取措施使处理面密实，见图9-13。

(7) 斜交轮胎小范围的损伤可用粗碳化钨磨头切割的办法打磨，见图9-14。

图 9-13　处理面密实的帘布处

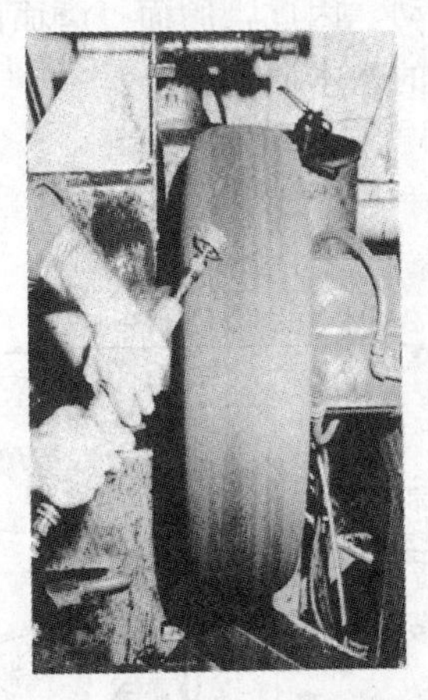

图 9-14　用碳化钨磨头切割打磨

9.2　轮胎翻新打磨装备

轮胎磨胎机目前国内外主要有两类：样板仿形磨胎机、电子模板 PLC 控制及数控磨胎机，现分别加以介绍。

样板仿形磨胎机是目前国内主要使用的机型，它适用于工程轮胎顶翻新及肩翻新，加胎侧打磨装置也可进行全翻新，适用于模型法及条形、环形、矩形断面的预硫化胎面法翻新。使用样板仿形磨胎机进行打磨作业，需使用仿形样板。

9.2.1　机械样板仿形磨胎

机械样板仿形磨胎目前有两种：极坐标仿形和直角坐标仿形。

9.2.1.1　极坐标机械样板仿形磨胎工作原理

工作原理：工件以一定转速围绕固定的轮辋中心旋转，走刀架上的刀具或磨具移动，在与轮辋中心线平行的平面内运动，以满足各种规格轮胎对打磨面的不同弧度要求。因此，磨头的移动由两种运动合成：一是整个走刀架（包括底层的移动机板和打磨电机在内）以一点为圆心，以一定的半径 R 在与轮辋中心线平行的平面内做一定角度的旋转；二是磨头（包括打磨电机）沿 R 方向做伸缩运动，以紧贴仿形模板运动。最终使磨头的移动轨迹与模板设定的曲线形状相似，故称其为仿形。所以，打磨头的移动是在磨头的一侧按极坐标的形式运动的。只要预先设定的模板曲线恰当，这种移动方式能够满足各种胎面弧度的打磨精度要求。其原理如图 9-15 所示，磨头的平面运动是极坐标方式。它进行两种运动：一是沿 R 方向做直线运动；二是当定压油缸推动模板靠轮沿转动半径 R 方向运动的同时，磨头也作相同的运动。因此，胎面打磨面的弧线与仿形模板的弧线的弧度是一致的，这就是仿形打磨的基本原理。

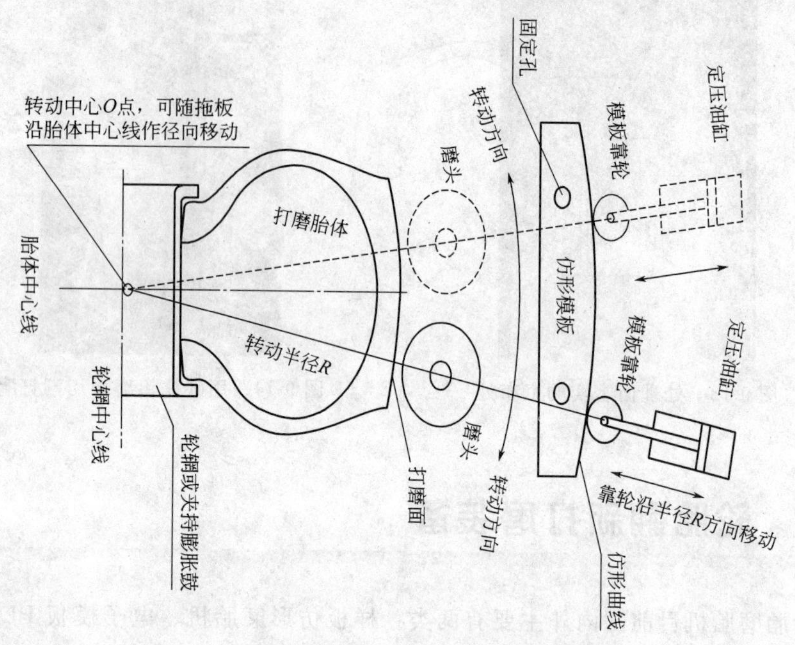

图 9-15　极坐标仿形和直角坐标仿形原理图

根据轮胎直径的大小，装有刀具、磨具、模板靠轮和定压油缸的移动机架，受机械机构或液压机构的驱动，进行纵向（沿磨胎中心线方向）运动，完成打磨或切削的进、退操作，以确保胎体的切削量及打磨直径。

定压油缸的作用主要是保证模板靠轮沿仿形模板做弧线运动。一般来讲，油缸压力经调整确定后不再变化；磨头未接触胎体时，压在仿形模板弧线上的力是基本固定的，这个力应大于打磨表面给磨头的反作用力，确保磨头在打磨胎体时不会后退。当仿形模板的弧线半径大于走刀架转动半径 R 时，打磨过程中定压油缸活塞杆被压而回缩，油缸内的油则通过减压和溢流阀组件回流，保证了油缸压力稳定和走刀架转动的灵活性。

9.2.1.2　直角坐标机械样板仿形磨胎工作原理

工作原理：与上述的极坐标仿形原理基本相同。其仿形机构仍采用液压仿形模式，磨头和靠轮都固定在滑枕上。滑枕在横向（B 向）及纵向（A 向）油缸活塞的推动下，磨头和靠轮在仿形样板的约束下都做平行的平面运动（在 B—A 直角坐标系内），磨头就会在轮胎胎面上磨出与样板曲线同样的形状。图 9-16 为直角坐标类型的工作原理示意图。

直角坐标仿形磨胎的工作原理：与上述的极坐标仿形原理基本相同，如图 9-16 所示。其仿形机构仍采用液压仿形模式，磨头和靠轮都固定在一起并可整体

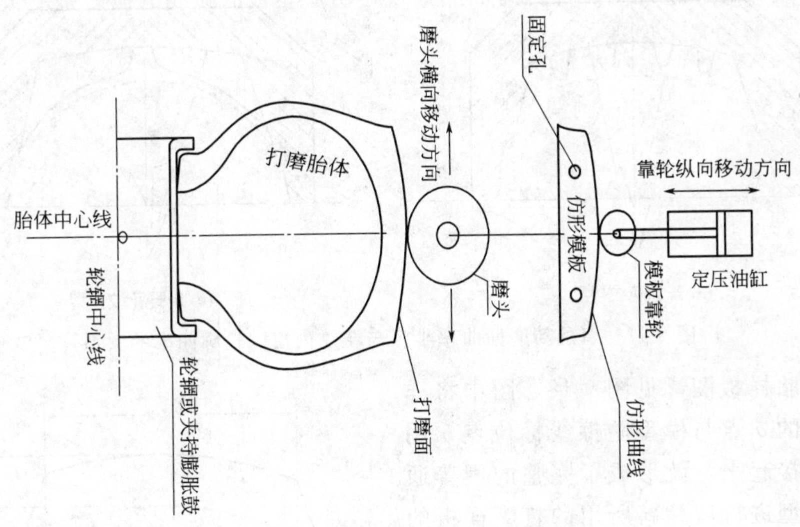

图 9-16 直角坐标类型的工作原理

移动。受横向及纵向油缸活塞的推动，磨头和靠轮在仿形样板的约束下都做平行的平面运动（直角坐标系内），轮胎胎面上就能磨出与样板曲线同样的形状。

9.2.1.3 充气仿形磨胎的优点

在充气仿形磨胎机上，先给轮胎充以一定气压，使其膨胀并恢复正常的原外轮廓形状；在内压力的作用下，轮胎的失圆和变形都能得到不同程度校正。这时再进行打磨，就可避免或减少磨面偏差（由于胎体本身变形所导致的形状和尺寸偏差），确保较精确的胎冠弧度和打磨直径。

仿形样板是预先根据轮胎原有的设计技术参数而制作的，因此，打磨后的胎冠弧度和形状是精确合理的。

近年国内设计的磨胎机、磨头能根据需要进行正反、旋转，仿形移动方向和速度随意可调。胎体打磨后的形状和尺寸更为精确。

9.2.1.4 样板设计概要

使用样板仿形磨胎机打磨用模型法翻新的胎体时，必须根据翻新轮胎模型的内模图纸进行设计，最重要的是确定胎面行驶面的打磨曲率半径，进行顶翻新时样板的打磨曲率半径 $R_{样板}$ 应与轮胎花纹模型的内模曲率半径 $R_{模}$ 相平行。肩翻新时若花纹为普通花纹时 $R_{样板}$ 应与轮胎花纹模型的内模曲率半径 $R_{模}$ 相平行；若花纹为越野花纹时，$R_{样板}$ 则应与花纹沟基部相平行。使用样板仿形磨胎机打磨模型法翻新的胎体时，轮胎的曲率半径必须与模型的内模胎面弧度相平行，见图 9-17(b)。

此时磨面轮廓线与花纹基部曲线的距离应等于合理的花纹沟下新胶层的厚度。若已知花纹的 R 值，防擦线处截面宽度 B 值，胎面宽度 b 值，冠部磨面与模型的间距 H'' 值，普通花纹轮胎打磨后的胎面宽度约等于花纹板 b 值，可依据上述数据

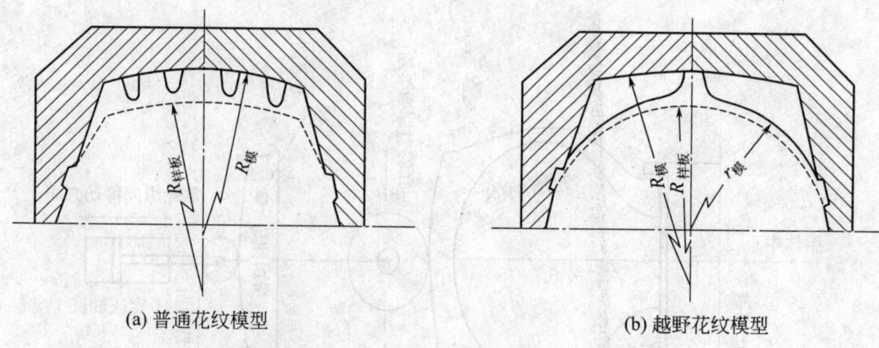

图 9-17　肩翻新磨面曲率半径与花纹内模内轮廓曲率的关系

绘制磨胎样板图，见图 9-18。图中将样板肩角的 a 点与模型防擦线标位点 b 用直线连接起来，就形成了完整的用普通花纹模型进行肩翻新所用的打磨样板的图形。由图 9-18 可知，$R_{样板}=R_{模}-H''$，$H'=C'-H''$，$b_{样板}=b_{模}$（式中的 H'' 值可参照翻新轮胎花纹内模设计有关要求取值）。按相似的方法也可绘出越野花纹模的肩翻新打磨样板，生产中用的样板如图 9-19 所示，一般用铝合金或钢制成。

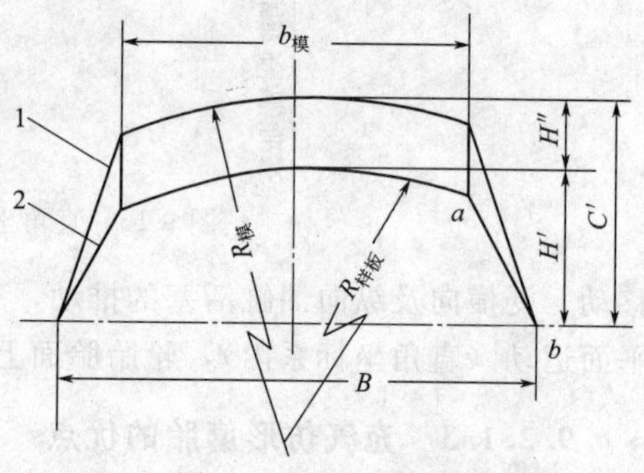

图 9-18　磨胎样板图

1—模型内轮廓线；2—样板曲线

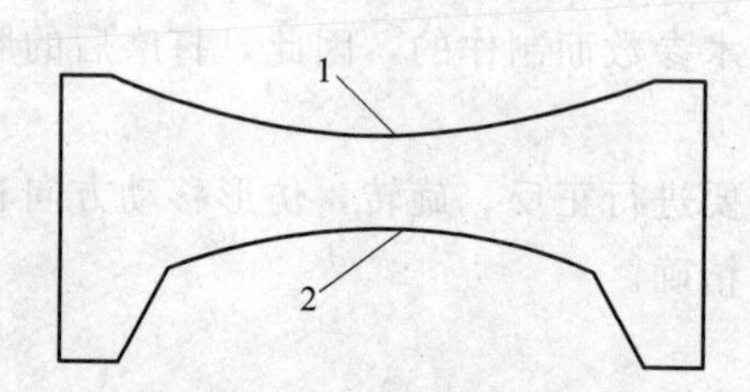

图 9-19　样板曲线与模型内轮廓线的关系

1—顶翻新；2—肩翻新

图 9-20　胎肩裂和翘边

9.2.1.5　翻新轮胎的打磨半径和打磨宽度

（1）预硫化胎面翻新轮胎打磨要求　胎体冠部打磨的弧度及宽度应与轮胎的规格及配置的胎面相适应，打磨弧度太平或配用的预硫化胎面过宽，使用时将引发翻新胎肩裂和翘边，包封套过渡区裂口，缓冲胶流至胎面下，见图 9-20～图 9-22。

（2）预硫化胎面翻新子午胎打磨半径和打磨宽度　英国和西班牙在国际轮胎和橡胶协会中提出最好的预硫化胎面翻新子午胎打磨半径和打磨宽度的建议，见表 9-3 和表 9-4。

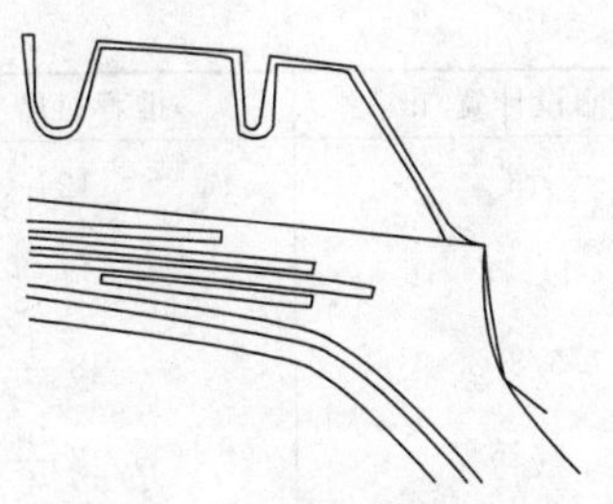

图 9-21　包封套过渡区裂口

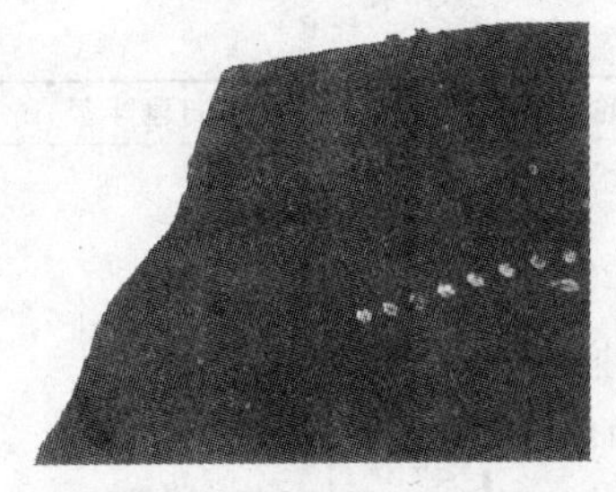

图 9-22　缓冲胶流至胎面下

表 9-3　预硫化胎面翻新子午胎打磨半径和打磨宽度

轮胎规格	打磨半径/in	钢圈设计宽/in	推荐打磨宽/in
245/70R19.5	26	6.75	$7\frac{5}{8}$
285/70R24.5	26	8.25	$8\frac{7}{8}$
315/80R22.5	28	9	$9\frac{11}{16}$
255/70R22.5	24	7.5	8
295/75R22.5	20	8.25	$8\frac{1}{2}$
285/75R24.5	20	8.25	$8\frac{1}{2}$
295/75R22.5	20	8.25	$8\frac{1}{2}$
285/75R24.5	20	8.25	$8\frac{1}{2}$
295/75R22.5	26	8.25	$8\frac{7}{8}$
285/75R24.5	26	8.25	$8\frac{7}{8}$
295/75R22.5	26	8.25	$8\frac{7}{8}$
295/75R24.5	20	8.25	8
285/75R	20	8.25	8
295/75R22.5	26	8.25	$8\frac{5}{8}$
295/75R22.5	22	8.25	$8\frac{5}{16}$
295/75R22.5	20	8.25	$8\frac{1}{4}$
285/75R24.5	20	8.25	$8\frac{1}{4}$
295/75R24.5	20	8.25	$8\frac{1}{4}$
285/75R24.5	20	8.25	$8\frac{1}{4}$
295/75R22.5	22	8.25	$8\frac{1}{4}$
285/75R24.5	26	8.25	$8\frac{5}{16}$
295/75R22.5	20	8.25	$8\frac{5}{16}$
285/75R24.5	24	8.25	$8\frac{5}{16}$
365/80R20	24	10	$10\frac{3}{4}$
385/65R22.5	30	11.75	$11\frac{3}{8}$

续表

轮胎规格	打磨半径/in	钢圈设计宽/in	推荐打磨宽/in
425/65R22.5	38	13	$12\frac{9}{16}$
385/65R22.5	30	11.75	$11\frac{3}{8}$
10.00R20,11R22.5	24	7.5/8.25	$8\frac{1}{4}$
11R24.5	24	8.25	$8\frac{1}{4}$
12R22.5,11.00R20	24	8/9	$8\frac{1}{2}$
11.00R22	24	8	$8\frac{1}{2}$
9.00R20	29	8	8～9
宽基轮胎			
425/65R22.5	50	12.25	$13\frac{3}{4}$
385/65R22.5	50	11.75	12
425/65R22.5	50	12.25	$12\frac{7}{8}$
415/65R22.5	50	13	$13\frac{7}{8}$
385/65R22.5	40	11.75	12
425/65R22.5	40	12.25	$12\frac{7}{8}$～$13\frac{3}{4}$
425/65R22.5	40	13	$14\frac{1}{4}$
386/65R22.5	40	11.75	12

对有弧度的预硫化胎面（双弧胎面），翻新子午胎打磨半径和打磨宽度见表 9-4。

表 9-4　有弧度的预硫化胎面建议打磨半径和打磨宽度

轮辋直径/in	轮胎规格	轮辋宽度/in	胎体打磨半径/in	胎面弧度半径/mm
15	7.50R15	6.0	16	406
	8.25R15	6.5	20	508
	10.00R15	7.5	22	560
16	7.00R16	5.5	16	406
	7.50R16	6.0	20	508
	8.25R16	6.5	20	508
17.5	205/75R17.5	6.0	20	560
	215/75R17.5	6.0	22	560
	225/75R17.5	6.75	22	560
	225/80R17.5	6.75	22	660
	225/90R17.5	7.5	22	458
	235/75R17.5	8.25	26	508
19.5	245/70R19.5	6.75	18	458
	265/70R19.5	7.5	20	508
	285/70R19.5	8.25	22	560
20	9.00R20	7.00	18	458
	10.00R20	7.50	22	560
	11.00R20	8.00	22	560
	12.00R20	8.50	24	610
	8.250×20	6.50	18	458
	9.00×20	7.00	20	508
	10.00×20	7.50	.22	560
	11.00×20	8.00	24	610
	12.00×20	8.50	24	610

续表

轮辋直径/in	轮胎规格	轮辋宽度/in	胎体打磨半径/in	胎面弧度半径/mm
22.5	10R22.5	7.00	22	560
	11R22.5	7.50	22	560
	12R22.5	8.25	24	610
	255/70R22.5	7.0	20	508
	275/70R22.5	7.5	24	610
	295/70R22.5	8.25	30	762
	305/70R22.5	8.25	28	710
	315/70R22.5	9.00	30	762

(3) 斜交轮胎及子午线轮胎的打磨半径和打磨宽度

① 意大利马郎哥尼（RTS）公司对使用环形预硫化胎面翻新斜交及子午线轮胎的打磨切削样板（先削后磨磨不用样板）的半径作了一些经验性的规定：切削样板的半径一般在18in（450mm）时具有通用性，可用于轻型及载重轮胎。但按轮胎的结构及规格作了如下的规定。

a. 对斜交及子午线轻型载重轮胎，使用16in（400mm）的切削样板。

b. 对斜交及子午线7.50-20和8.25-20载重轮胎使用16～18in（400～450mm）的切削样板。

c. 对斜交及子午线9.00和12.00（断面宽度），具有20in，22in，24in，22.5in和24.5in（轮辋直径）的载重轮胎分别使用16in，18in，21in或24in（400mm，450mm，535mm，600mm）的切削样板。

根据用途所选的斜交及子午线载重轮胎使用最佳的切削样板半径R。

a. 驱动轴用的轮胎样板的半径R为21in（525mm）。

b. 非驱动轴用的轮胎样板的半径R为18～21in（525mm）。

c. 挂车上使用的轮胎样板的半径R为21in（525mm）。

d. 导向用的特大单装轮胎样板的半径R为24in（600mm）。

e. 越野、重型用的轮胎样板的半径R为16～18in（400～450mm）。

f. 最佳磨耗的轮胎样板半径R为24in（600mm）。

② 模型硫化和预硫化翻胎之间胎面弧度半径R的差异（见图9-23）。

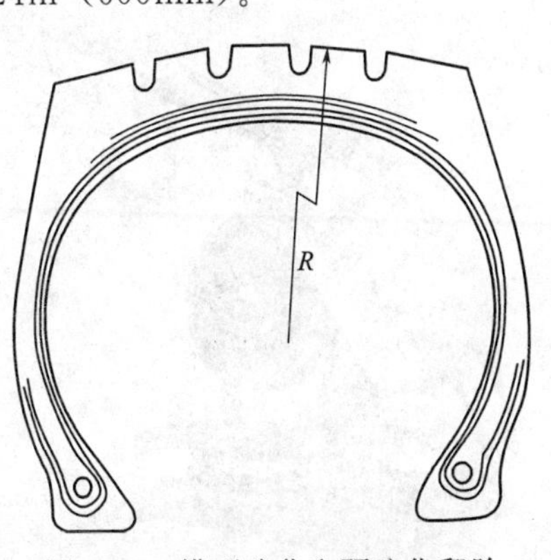

图9-23 模型硫化和预硫化翻胎之间胎面弧度半径R的差异

a. 模型硫化轮胎规格：7.50-20、8.25-20、9.00-20、10.00-20、11.00-20、12.00-20，胎面弧度半径R（mm）分别为：220、250、280、300、330、350。

b. 预硫化规格（mm）：400～550、400～

550、400～600、400～600、400～600、400～600。但对胎肩有深花纹或扁平轮胎打磨半径就应小一些。

c. 特殊轮胎胎面弧度半径为 350～400mm。

d. 越野轮胎胎面弧度半径为 450～500mm。

③ 注意事项

a. 上述的打磨半径及胎面弧度半径规定根据轮胎的特性、使用特点、类型而变化。

b. 如果环形预硫化翻新胎用在拖车或半挂车上，这些车在转弯时因翻新轮胎不是转向轮胎，在转向时容易滑移，胎面及胎肩受到巨大的压力撕裂。

胎面花纹解决办法：

a. 装用的轮胎在类型及直径上必须一致；

b. 使用 21in 的样板，在胎侧要比轮胎滚动平面低 7°，见图 9-24。

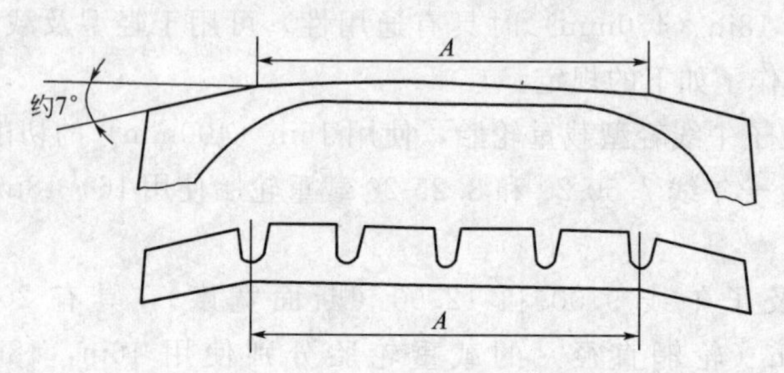

图 9-24　胎侧要比轮胎滚动平面低 7°

9.2.2　翻新轮胎打磨机

9.2.2.1　手动轮胎打磨机

手动轮胎打磨机主要由轮胎起吊装置、主轴装置、滑动及旋转装置、检测装置及打磨装置等组成。FM225 型手动磨胎机外形见图 9-25。磨胎机结构见图 9-26。

图 9-25　FM225 型手动轮胎打磨机

9.2.2.2　机械样板仿形磨胎机

仿形充气式打磨机（DM-15/22.5）外形见图 9-27。

(1) 样板仿形磨胎机操作要点

① 轮胎打磨前应先在轮胎内充以额定的气压，测量轮胎的尺寸并与磨胎尺寸对照，观察胎面损坏情况以便确定打磨方案：是否需要先切削再打磨及磨头进给量与进给次数。要仔细剔除被磨面的杂物以免损坏刀具。

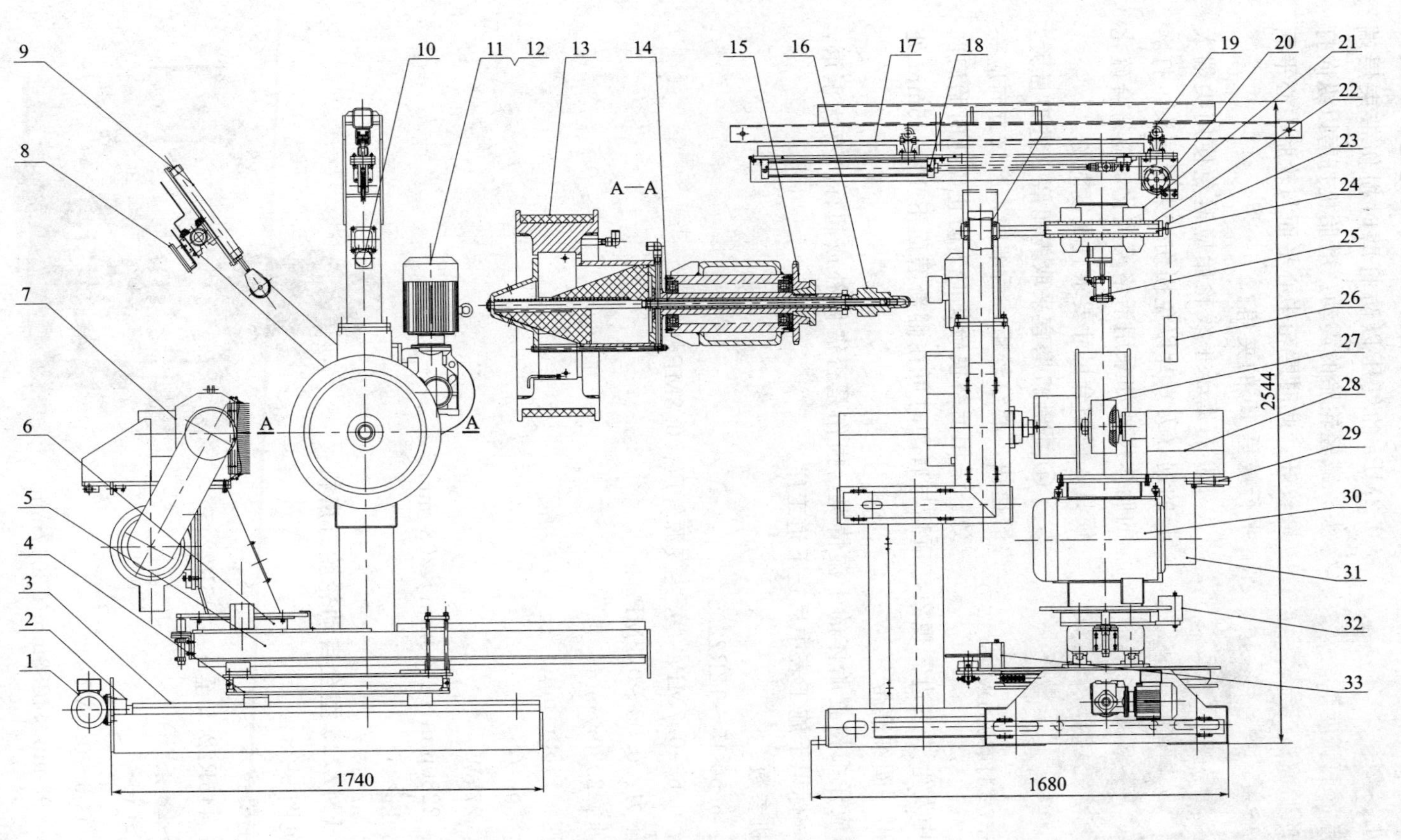

图 9-26　手动轮胎打磨机结构示意图

1—减速电机；2—旋转编码器；3—丝杠传动系统；4—大转盘；5—滑架；6—小转盘；7—打磨除尘罩；8—射灯；9—检测气缸；10—周长测量仪；11—轮胎驱动减速电机；12—驱动链轮；13—定型鼓；14—主轴；15—从动链轮；16—空气回转接头；17—轨道；18—气缸；19—滚轮装置；20—滑轮装置；21—射灯移动支架；22—刻度尺；23—手轮；24—丝杠传动系统；25—测厚仪；26—吊钩；27—打磨轮；28—操作盒；29—操作手柄；30—打磨电机；31—皮带传动系统；32—小转盘刹车；33—大转盘刹车系统

图 9-27 仿形充气式打磨机(DM-15/22.5)

② 打磨子午线轮胎必须先充以 0.15～0.2MPa 的气压以防打磨时损伤带束层端头，减轻轮胎的震动。磨胎机打磨以纵向打磨较好，此时磨轮中心平面与轮胎中心平面平行或呈 15°的夹角。

③ 打磨子午线轮胎应避免使用尖端太长的锯（刀）片以免损伤带束层端头，打磨的胎体尺寸如采用活络模硫化，应符合硫化模具入模贴合尺寸要求且宽度对称。

④ 翻新打磨宜采取先粗磨（进刀量大，磨速快，磨纹较粗）后细磨，磨纹方向应一致。采用活络模硫化时为防止硫化时胎肩部溢胶，在使用中发生“飞边”现象，顶翻与肩翻时可在翻新磨面下 10～15mm 处用钢丝轮打磨出一圈细磨带。

⑤ 打磨后应仔细检查胎体的干湿情况，损伤是否需修补或超标，有无漏磨，钉眼漏检处一一标识于施工表中后送下道工序。

(2) 磨胎机参数

轮胎尺寸：6.50-15～12R22.5

工作压力：0.6～0.7MPa（公共气源气压：0.8MPa）

胎内充气压力：0.05～0.2MPa

主磨头转速：2930r/min

侧磨头转速：1450r/min

吸尘风速：50m/s

整机功率：27kW

外形尺寸：2280mm×2000mm×2080mm

总重：1860kg

9.2.2.3 FMZ225 型全自动轮胎打磨机

设备外形见图 9-28。

(1) 设备主要技术参数

适用范围：445R22.5 至 495/45R22.5

产量：18～28 条/h

总功率：56kW

工作气压：0.6～0.8MPa

外形尺寸：493mm×4033mm×3017mm

重量：2480kg

可选配铰链式手动打磨臂。

图 9-28 设备外形

(2) 结构见图 9-29。

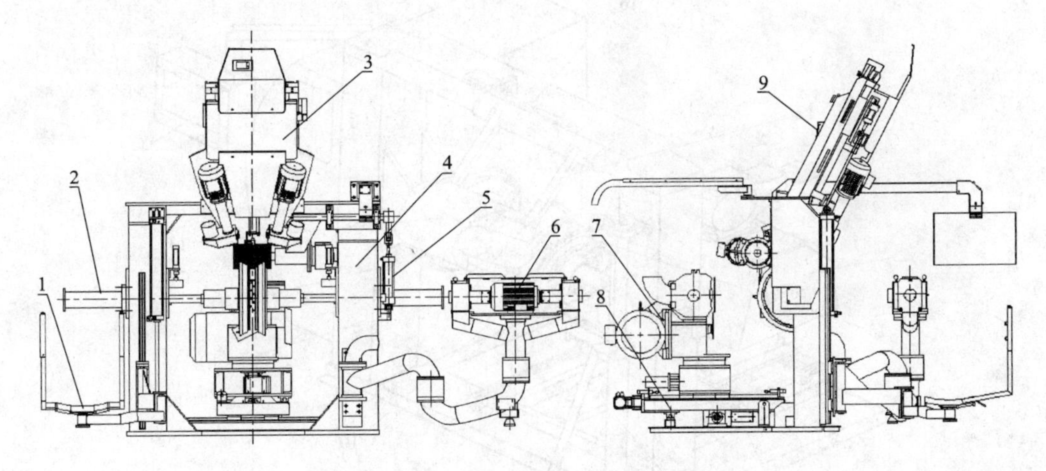

图 9-29　FMZ225 全自动轮胎打磨机结构

1—轮胎升降装置；2—夹紧装置；3—胎侧磨毛装置；4—主框架；5—轮胎驱动装置；6—侧打磨装置；7—打磨装置；8—滑动旋转装置；9—检测装置

(3) FMZ225　型全自动轮胎打磨机的工作过程　设备开机→轮胎升降安装→轮胎夹紧充气→轮胎周长测量、基部胶测厚→设定打磨曲线→启动轮胎驱动装置→启动打磨装置→结束后检验轮胎、判定是否继续循环打磨→轮胎放气、取下轮胎→设备关机。

9.2.2.4　数控磨胎机

(1) 数控载重轮胎磨胎机可加配的辅助装置　这些辅助装置的规格、型号可按用户要求选择，有的也可免装。

① 轮胎打磨外周长测量装置（任选机械、激光、超声波）。

② 轮胎打磨距带束层钢丝剩余胶层厚度测量及反馈装置。

③ 轮胎打磨时夹持胎圈宽度调节至标准要求的装置（移动的卡盘通过一个带位移传感器的气液混合缸或机械装置来精确定位）。

④ 磨头齿片磨损自动进给补偿装置。

⑤ 打磨轮胎或磨头过热报警及喷水雾（或空气）装置。

⑥ 人工补充刷、磨装置（一般应加配）。

(2) 国内数控载重轮胎磨胎机结构、性能、打磨工作过程　以国产的三轴闭环伺服数控载重轮胎磨胎机为例（见图 9-30）。

① 数控载重轮胎磨胎机结构和运行原理　磨头安装在可沿 X、Y 坐标移动的双层平台上，其平台的移动是由伺服电机通过滚珠丝杠，母副，线型轴承等带动磨头平台作 X、Y 坐标运动，磨头运动（纵向，或横向）轮胎转轴运转和停止。伺服电机是由输入的打磨程序经计算机运算处理，通过接口指挥伺服电机运转。轮胎升

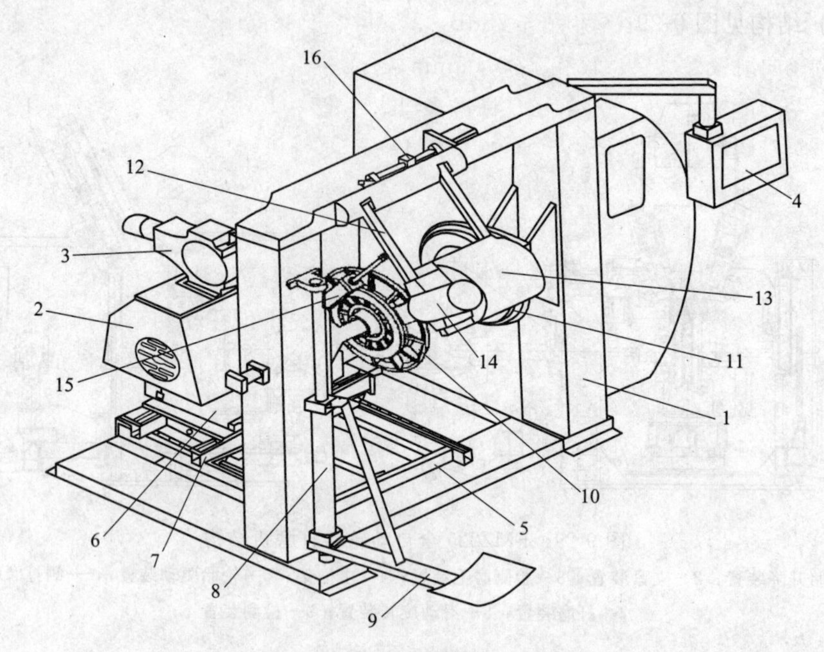

图 9-30　三轴闭环伺服数控载重轮胎磨胎机示意图

1—机架；2—磨头支架装置；3—磨头；4—测量装置、磨头温度控制装置和 PLC 控制单元操作板；5—底座；6—横向安装的电控转盘；7—纵向移动架；8—气缸；9—轮胎升降架；10—轮胎固定卡盘；11—轮胎可移动及定位的卡盘；12—轮胎转动装置支架；13—摩擦驱动轮；14—减速机；15—气缸；16—移动测量架

降由气缸及升降架来实现。

② 数控载重轮胎磨胎机的性能、指标和打磨工作过程

a. 性能

a）打磨过程全部实现了数字程序控制，可存储千余种轮胎打磨程序，打磨过程自动化和高精确性。

b）采用单磨头打磨，一条轮胎可打磨出 6 种轮廓。

c）磨头的运动和打磨弧度曲线通过交流伺服电机内置的绝对值编码器实现精确定位。

d）自动测量出剩余胶层厚度和打磨轮胎的周长。

e）自动检测轮胎表面温度并自动降温。

f）自动测量出刀齿磨损量，提示换刀齿片。

g）远程诊断和维护。

b. 主要技术指标

适合打磨轮胎轮辋直径　　15～24.5in

最大打磨轮胎断面宽度　　445mm

左右卡盘同轴度　　≤ϕ0.9mm

噪声	≤78dB
磨轮径向跳动	≤0.05mm
最大生产能力	15标准条/h
可存储打磨程序	1000个以上
主磨头电机功率	15kW
整机总功率	26kW

③ 打磨工作过程　将存储在控制单元中的打磨程序（代号）调出，需打磨的轮胎通过轮胎升降装置安装在卡盘上，充以额定的气压，移动的卡盘通过一个带位移传感器的气液混合缸来精确定位。启动轮胎转动装置，在摩擦驱动轮的带动下使轮胎转动。磨头通过数控伺服电机及传动机械使其做纵横移动及旋转（磨头装在电控转盘6上）。按程序设定的打磨曲线打磨胎冠及胎肩，打磨出所设定的外周长、宽度、多个半径弧度、切线、角度等。在打磨过程中如果胎体温度过高（在磨头上装有探测头）或打磨电机温度过高均有报警及喷水雾或冷风降温装置。机上磨头可探测打磨余胶距带束层钢丝的厚度，当磨到设定厚度时停止打磨，停车复位。并将打磨余胶距带束层钢丝厚度、打磨后轮胎周长显示在屏幕上。如认可即可将磨好的轮胎排气卸胎。

(3) 数控载重轮胎磨胎机外形及部件图例　图9-31为数控载重轮胎磨胎机PLC控制单元。

图9-32为高唐兴鲁公司生产的数控载重轮胎磨胎机外形。

图9-31　数控载重轮胎磨胎机PLC控制

图9-32　数控载重轮胎磨胎机外形

9.2.2.5　国外的数控磨胎机

国外巨型工程轮胎磨胎机有两种类型：一种是具有削/磨/刻花功能的磨胎机（用于用缠绕胎面翻新法翻新工程轮胎）；另一种是只有削/磨功能的磨胎机。现分别介绍如下。

(1) 巨型工程轮胎削/磨/刻花数控磨胎机　其外形见图9-33，由意大利MGT

公司于2008年投放市场，可打磨轮辋直径为63in的轮胎，如59/80R63，及70/70R57。巨型工程轮胎采用三轴数控。为便于吊车或叉车装卸，打磨的轮胎机架设计为斜形，轮胎打磨时用夹持盘夹持轮胎并充以低气压（0.5～1.5MPa），轮胎驱动用伺服电机，轮胎装卸用液压传动托架。

图 9-33　巨型工程轮胎削/磨/刻花数控磨胎机

(2) 巨型工程轮胎削/磨数控磨胎机　图9-34是由AKR公司生产的数控工程轮胎磨胎机，其AKR049型最大打磨轮胎直径为4600mm，最大打磨轮胎断面宽为1600mm，堪称当今世界之最。其主要特性如下。

图 9-34　AKR049型巨型工程轮胎削/磨数控磨胎机

图 9-35　飞机轮胎数控削磨机

① 削、磨由计算机控制。

② 轮胎夹持盘间距通过液压调节。

③ 轮胎装卸由液压操作。

④ 削由人工或使用易更换的模板。

⑤ 补充打磨，刷由人工（047型机为一段，其它机型为两段）。

⑥ 削刀磨损后可由操作人员更换。

⑦ 控制程序由顾客选择。

(3) 飞机轮胎数控削磨机　由德国 COLLMANN 公司生产，主要用于飞机轮胎翻新打磨，也可用于其它轮胎打磨，其外形见图 9-35。

适应打磨轮胎的规格：轮胎直径 600～1500mm；轮胎宽度 160～550mm；胎圈直径 12～25in；胎踵直径 4 1/2～18in（差异 1/2in）；半自动；轮胎最大重量 160kg；最大充气压力 0.4MPa。

打磨断面曲线见图 9-36。

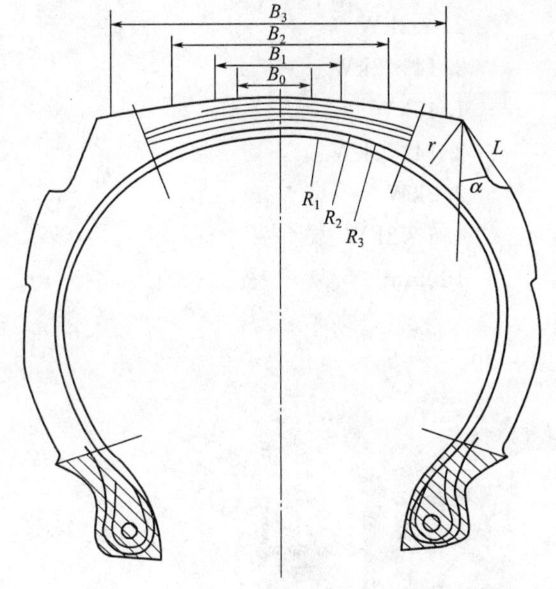

胎踵间距	10in
打磨周长	2791mm
胎冠部位打磨宽 B_0	0mm
胎冠部位打磨半径 R_1	480mm
胎冠部位打磨宽 B_1	115mm
胎冠部位打磨半径 R_2	470mm
胎冠部位打磨宽 B_2	0mm
胎冠部位打磨半径 R_3	390mm
胎冠部位打磨宽 B_3	225mm
胎肩半径 r	950mm
胎肩角 α	45°
胎肩切线长 L	20mm
削周长	2987mm

图 9-36　打磨断面曲线

(4) 轮胎双磨头数控磨胎机　该机由意大利马朗哥尼公司生产。磨胎机外形见图 9-37，可打磨轿车及轻型载重轮胎，名为 DUETTO 双磨头数控磨胎机。其打磨胎面曲线见图 9-38。

图 9-37　DUETTO 双磨头数控磨胎机外形图

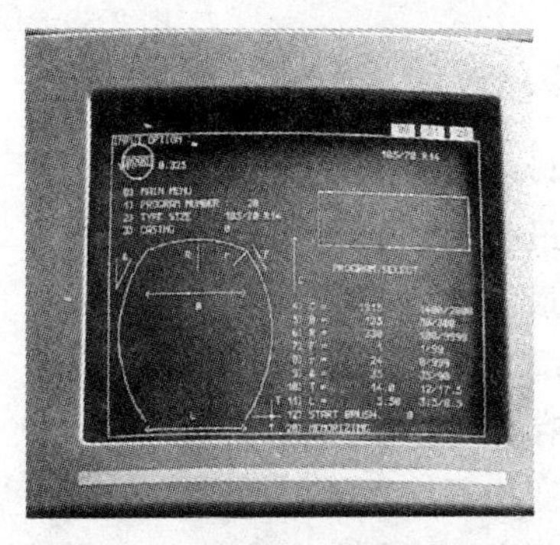

图 9-38　DUETTO 双磨头控制打磨胎面曲线

双磨头磨胎机技术参数：

最大的轮胎直径　900mm

最小的轮胎直径　480mm

最大的轮胎断面宽　350mm

磨头的型号（平式）　Saturn lll AP R115（293mm）

存储程序最多数量　N＝400～600

变换程序需要时间　15s

创立一个新的打磨控制需要时间　CT＝60～120s

打磨主磨电机（2台）　22×2kW

X轴旋转电机（2台）　2.14×2kW

Y轴旋转电机　1.45kW

Z轴旋转电机（2台）　2.14×2kW

夹持盘移动电机　2.2kW

刷磨电机（2台）　4.5×2kW

抽烟管直径　160mm

(5) BLUE ARR 磨胎机

① BLUE ARR 磨胎机外形见图 9-39。

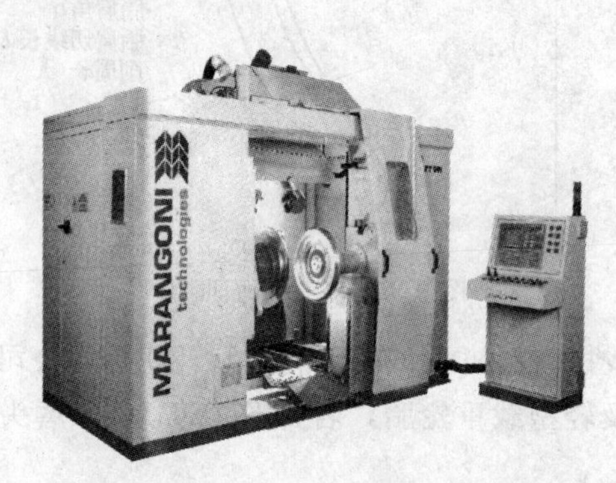

图 9-39　BLUE ARR 磨胎机外形图

② 磨胎机技术参数

最大的轮胎规格　14.00-24，1380mm

最小的轮胎直径　750mm

最大的轮胎断面宽　18R22.5（460mm）

磨头的型号（凸式）　Saturn lll AP R115（293mm）

存储程序最多数量　N＝400～600

变换程序需要时间　15s

创立一个新的打磨控制需要时间　CT＝60～120s

打磨主磨电机　30kW

X 轴旋转电机　　　　　　1.15kW
Y 轴旋转电机　　　　　　1.15kW
Z 轴旋转电机　　　　　　2.2kW
夹持盘移动电机　　　　　4kW
装胎机械电机　　　　　　0.4kW
抽烟管直径　　　　　　　160mm

9.2.2.6　磨胎机的选择与使用

按照国际上轮胎分类，除航胎（此主要讨论经常翻新的民用大型飞机轮胎）外，陆路轮胎可分为 7 个种类，包括轿车、轻卡、载重、工程、农用、工业、实心轮胎。这些品种规格及使用条件有些相差极大，现在均有在翻新再使用。目前国际上采用的翻新方法有 7～8 种，我国也有 3 种翻新方法和多种翻新配置。翻新何种轮胎，其规格、结构、使用条件、市场、技术情况、规模、投资等因素决定采用何种翻胎方法及采用何种磨胎机。因此磨胎机的选择较为复杂，为简化查询特列表 9-5 供参考。

表 9-5　磨胎机的选择

轮胎种类	规　格	翻新后轮胎使用条件及翻新方法、建议理由	建议使用的磨胎机
民航飞机轮胎	大型如 27 × 7.75R15-B757、46×17R20-A320	正常，模型法。因需高精度，无失圆，胎体需多个打磨半径	三轴闭环控制的数控磨胎机，子午胎用纵向打磨的磨胎机
轿车轮胎	子午，无内胎	速度高于 N 级，模型法。因需高精度，全翻新	带胎侧打磨装置的数控磨胎机或样板仿形磨胎机，子午胎用纵向打磨的磨胎机
轻型载重轮胎	轮辋 15in 以上	载人，速度高于 M 级，模型法或预硫化胎面法。因需高精度，全、肩、预硫化胎面翻新	带胎侧、补充打磨装置的数控磨胎机或样板仿形磨胎机，子午胎用纵向打磨的磨胎机
		运货，模型法或预硫化胎面法	有补充打磨样板仿形磨胎机，子午胎用纵向打磨的磨胎机
载重轮胎		载人，速度等于 M 级，模型法或预硫化胎面法。因需高精度，全、肩、预硫化胎面翻新	带胎侧、补充打磨装置的数控磨胎机或样板仿形磨胎机
		运货，模型法或预硫化胎面法翻新	带切削，补充打磨装置的样板仿形磨胎机
工程轮胎	中、小型	非公路上行驶，模型法或预硫化胎面法翻新	带切削，打磨，补充打磨装置的样板仿形磨胎机，子午胎用纵向打磨的磨胎机

续表

轮胎种类	规格	翻新后轮胎使用条件及翻新方法、建议理由	建议使用的磨胎机
工程轮胎	大、巨型	工地、矿山行驶，模型法或预硫化胎面法翻新	带切削、打磨、补充打磨装置的样板仿形磨胎机，硫化胎面法翻新，用数控磨胎机
工程轮胎	大、巨型	工地、矿山行驶，胎面刻花无模硫化	带切削、打磨、胎面刻花装置的样板仿形磨胎机，子午胎用纵向打磨的磨胎机
工业轮胎	中、小型	平地，模型法或浇注聚氨酯轮胎	带切削、打磨、补充打磨的样板仿形磨胎机
农用拖拉机轮胎	大、中型	模型法翻新	带切削、打磨、补充打磨的样板仿形或手工控制的磨胎机
实心轮胎	中、小型	模型法翻新	带切削、打磨的磨胎机或手工控制的磨胎机

(1) 纵向打磨和横向打磨比较 磨胎机虽有多种，但按磨头轴行进方向与轮胎旋转轴的相对方向分类，只有两种，即平行的（纵向打磨）和呈90°角（横向打磨），见图9-40和图9-41。目前新的磨胎机以纵向打磨为主，特别是打磨子午线轮胎应采用纵向磨胎机，因为子午线轮胎胎侧较软，横向打磨时会有一个侧向推力，易形成磨偏，当磨及带束层时会掀起带束层端头，导致轮胎报废，见图9-42。

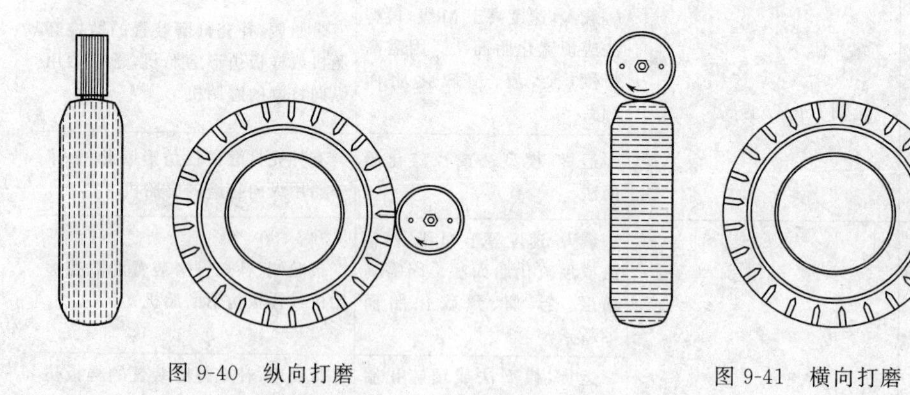

图9-40 纵向打磨　　图9-41 横向打磨

(2) 横向打磨机操作要点 横向打磨机在磨胎时易产生磨后的胎体断面不对称，特别是子午线轮胎（见图9-43）。打磨工艺特点：磨头应从轮胎中心向两侧打磨，再从轮胎两侧向中心打磨，两次打磨磨头电机要变换转动方向但不得变更打磨深度及幅度。

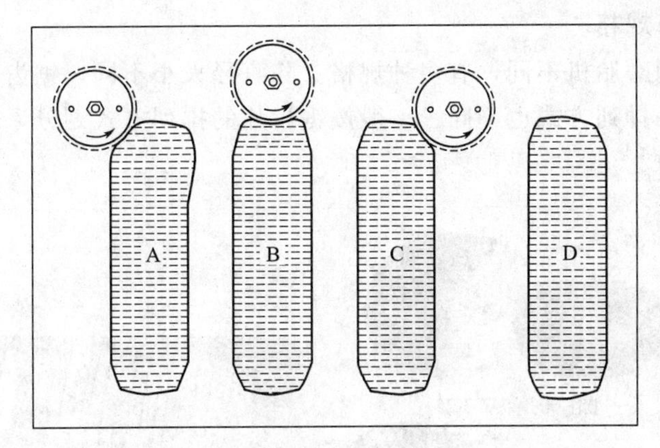

图 9-42 横向打磨易出现的偏磨和不对称

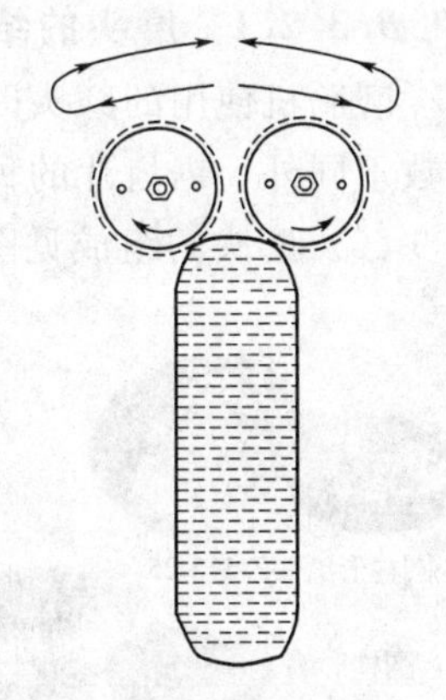

图 9-43 横向打磨的打磨工艺路线

9.3 磨胎机的配件

9.3.1 轮胎补充打磨装置

一般小型磨胎机均配有轮胎手动补充打磨装置，见图 9-44。其位于磨胎机左侧，由两个曲臂、一根立柱、侧磨轮和双出轴组成。两个曲臂用销钉铰接，曲臂铰接在轮胎卡盘下方，曲臂的另一端固接着立柱和手动磨头电机。整个装置围绕轮胎卡盘下方的铰点可以任意转动。由于两弯臂位置可以变换，手动补充打磨装置可到达被打磨的轮胎的任何位置。在靠近地面的手动补充打磨装置磨轮垂直面处，倒装有一个气缸，缸内有一弹簧，活塞杆上固装一碗形圆盘。不操作时，在弹簧的作用下，碗形圆盘离开地面，操作时缸内充气，活塞压缩弹簧向地面移动，圆盘顶在地面上，此时手动补充打磨装置就定位于地面，用手动移至需使用的地方。

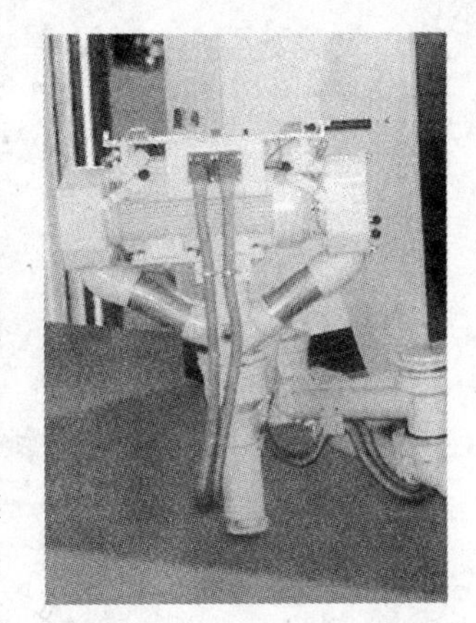

图 9-44 手动补充打磨装置

9.3.2 磨胎机使用的磨头、锯齿片、钢丝轮

磨胎机上的磨头均配有锯齿片、钉轮、钢丝。为适应各种规格的轮胎及不同的磨纹的需要磨头可由各种锯齿片或钢丝轮片（不同的钢丝轮直径，钢丝粗度及材

质）以不同的形式组合成多种规格的磨头。

9.3.2.1　磨头的结构和规格

磨胎机使用的磨头因配用磨胎机不同，有多种规格。除直径大小不同，锯齿片层数不同外，锯齿片的种类、排列方式也不同。一般按锯齿片的排列方式划分，见图 9-45。磨头的组成见图 9-46。

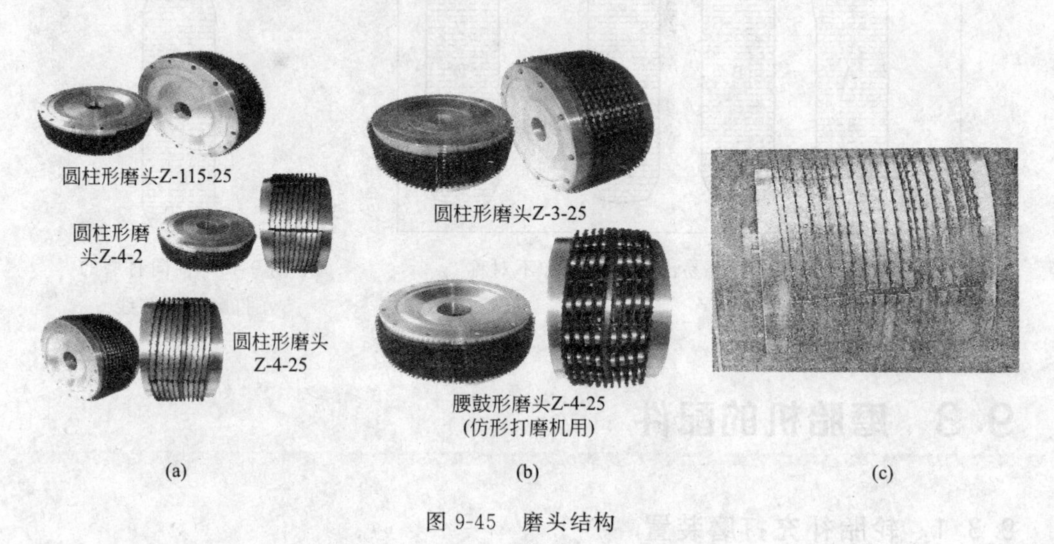

图 9-45　磨头结构

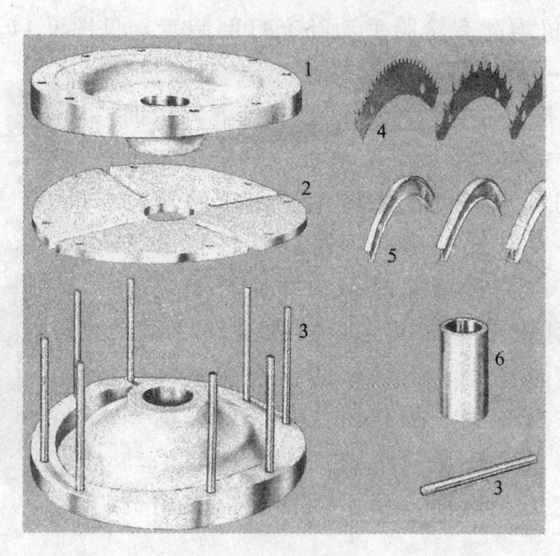

图 9-46　磨头组成

1—端板；2—隔板；3—杆；4—锯齿片；5—锯齿片压板；6—连杆

磨头的规格一般按磨头的代号、锯齿片组合的形式、磨头直径来表示，常见的如表 9-6 所示。

表 9-6　组合磨头直径及宽度　　单位：in

磨头的代号	R-2	R-3	R-4(包括 R-7)	R-115
刀片组合的形式	通用型(REG)或非螺纹型(NS)	通用型或非螺纹型或全能型(AP)	通用型或非螺纹形或全能型	通用型或非螺纹型
磨头直径	5	8 1/4	9	111/2

一般载重及工程轮胎磨胎机均配有胶切削刀以减少打磨量，见图 9-47。

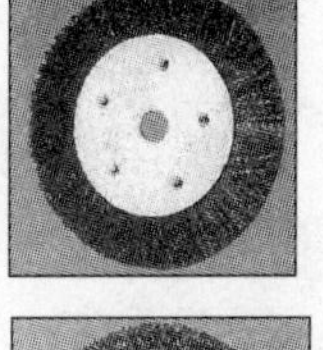

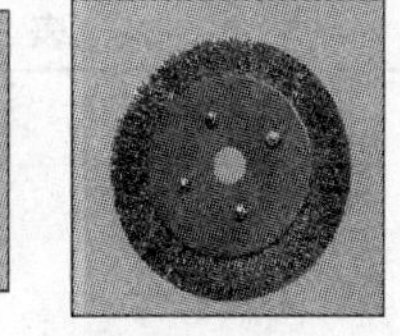

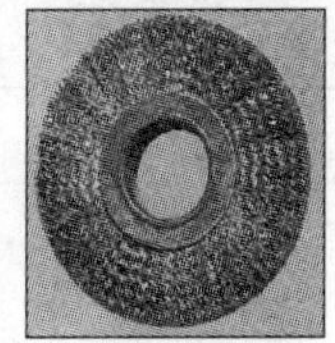

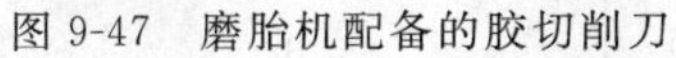

图 9-47　磨胎机配备的胶切削刀

图 9-48　钢丝轮外形

9.3.2.2　钢丝轮的结构和规格

磨胎机手动补充打磨装置上配用的钢丝轮规格见表 9-7，其外形见图 9-48。磨胎机上配用钢丝轮主要是为补充打磨及为全翻新轮胎时刷磨胎侧用，直径视被刷磨的轮胎规格而定，国内钢丝轮直径在 100～300mm 内任选。

表 9-7　磨胎机上配用的钢丝轮规格　　单位：mm

外　径	内　孔	厚　度
100	12～16	20～25
125	12～16	20～25
150	20	25
200	25	25
250	25	25
300	30	25

9.3.2.3　磨胎锯齿片的种类和质量要求

(1) 锯齿片的种类　磨胎锯齿片主要根据锯齿片的齿形来划分，图 9-49 列出的为 B&J 生产的 9 种磨胎锯齿片。

磨胎锯齿片规格见表 9-8。

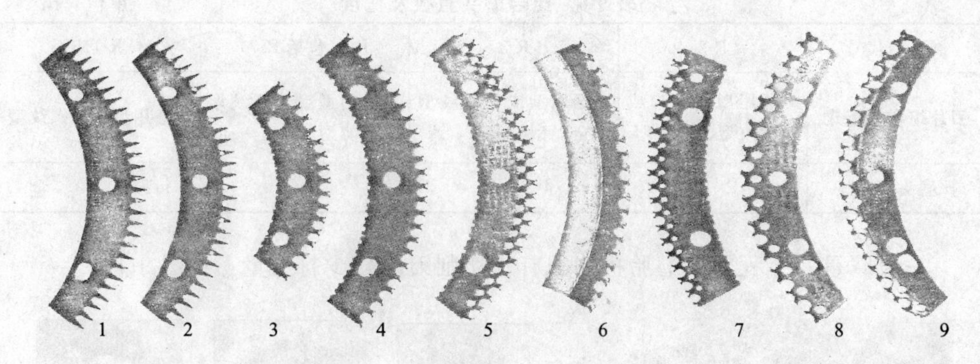

图 9-49　B&J 生产的 9 种磨胎锯齿片

1—标准型；2—仙人掌型；3—细纹型；4—普通喷射型；5—超冷却型；6—阿波罗型；7—S-超冷型；8—阿波罗 IIU 型；9—阿波罗 IIU 专用磨胎机

表 9-8　磨胎锯齿片规格

代号	型　号	每个磨头配片数量/个
2020010	1-3-25	28
2020011	1-3-24	28
2020012	1-156-17	32
2020013	1-156-18	32
2020014	长使用寿命(1-4-20)	28
2020015	1-4-25	28
2020016	1-4-24	28
2020017	1-4-16	28
2020018	长使用寿命Ⅱ欧洲	28
2020019	1-115-20	25
2020020	1-115-25	25
2020021	1-115-24	25
2020022	1-115-16	25
2020023	长使用寿命Ⅲ	30
2020024	1-105-22	35
2020025	1-5	5
2020026	1-6	5

(2) 锯齿片的质量要求　图 9-50 是新型锯齿刀片的结构。

锯齿刀片的质量好坏一般认为有三条：符合 RMA 磨纹标准中的 3～5 级磨纹粗度的要求，使用寿命长（国内名牌产品约可打磨 50～60 条载重轮胎），打磨时轮胎温度低。

澳大利亚 PINCOTT 锯齿刀片生产公司对锯齿刀片的结构采取了如图 9-50 中所描述的一些措施，据称可提高锯齿刀片寿命 50%。

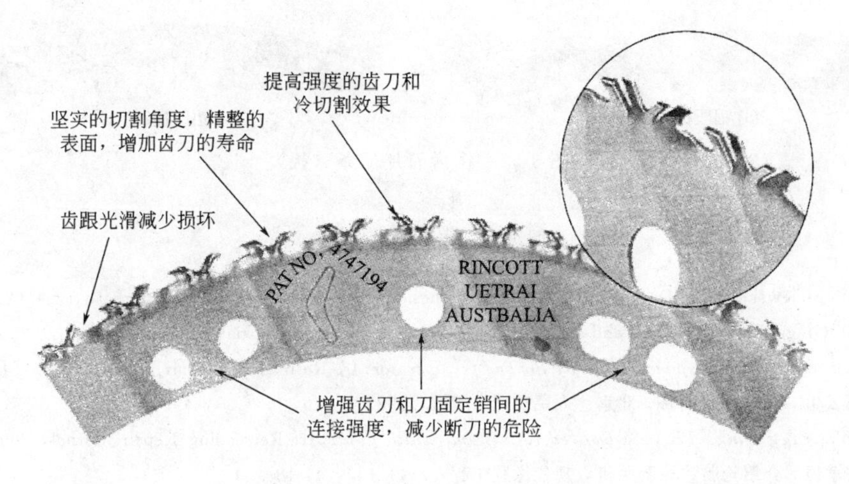

图 9-50　新型锯齿刀片的结构图

(3) 湛江生利工具厂生产的 13 种圆形磨片　图 9-51 湛江生利工具厂产的 13 种圆形磨片。

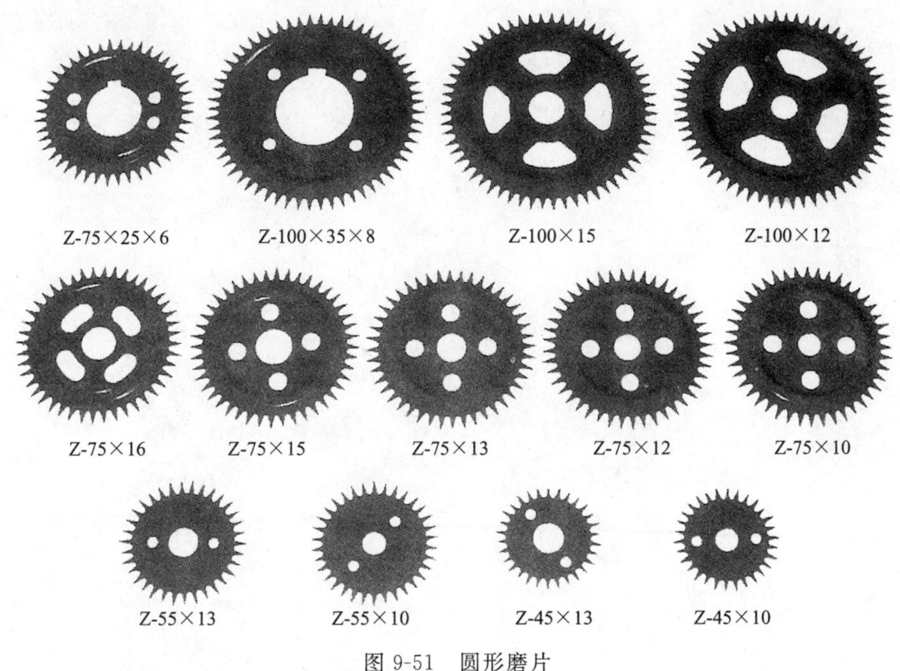

图 9-51　圆形磨片

9.3.2.4　锯齿刀片压条（板）

锯齿刀片间设有压条，其材质是钢和铝，为散热多制成槽形，见图 9-52。因材质宽厚不同也有多种规格。

图 9-52 锯齿刀片压条（板）

参 考 文 献

[1] Bob Majewski. When Do We Have maximum adhesion. Tire Retreading/Repair Journal，1994 (2).

[2] Bill Gragg. Buffed textures and cementing. Ire Retreading/Repair Journal，2001 (2).

[3] Marvin Bozarth. *Responsibilities of the buffer operator*. Ire Retreading/Repair Journal，2002 (4).

[4] 郑云生．汽车轮胎翻修．北京：人民交通出版社，1985.

[5] Bill. *Gragg using ITRA 'S buffed radius and width guide*. Ire Retreading/Repair Journal，2002 (1).

[6] 高孝恒．介绍轮胎数控磨胎机．现代橡胶工程，2011 (4)：11-18.

[7] 高孝恒．轮胎翻新打磨技术与装备．中国轮胎资源综合利用，2011 (5)：37-41.

[8] Bill Bragg. Buffing to a specified radius. Tire Retreading/Repair Journal，1995 (3).

第10章

胶浆制备与喷涂

10.1 概述

翻胎业绝大多数厂使用天然橡胶，经三段塑炼（威氏可塑度达0.45以上）再加配合剂混炼成胶浆母料，制备胶浆时将胶浆母料压成厚度为2～3mm的胶片，再切长6～8cm，用溶剂汽油溶解，经打浆机搅拌而成。

轮胎打磨和含水率合格的（胎体含水率过高是黏合失败主要原因之一）胎体上涂胶浆的意义在于：增加与翻新用胶间的初黏性，使翻修的胶料更易进入磨纹内，无胶浆的浸润或未将胶料加热，有可能胶料不能进入磨纹细缝中，硫化后出现气泡。同样，磨纹太粗，表面不平影响贴合紧密，胶料也不能进入细缝中，因而硫化后黏合面会出现脱空使翻新轮胎早期损坏。另一方面胶浆的作用是增加黏合面的密切接触和贴合黏性，这有利于定位贴合成型，直到加压硫化前不变形。

10.2 胶浆制备

10.2.1 溶剂的选择

翻新轮胎由于使用胶种不同需使用不同的溶剂，具体见表10-1。

表10-1 胶种不同需使用不同的溶剂

胶种	适用溶剂
天然橡胶	溶剂汽油，苯，二甲苯，甲苯
异戊橡胶	溶剂汽油，苯，二甲苯
丁苯橡胶	溶剂汽油，庚烷，二甲苯
丁基橡胶	已烷，庚烷，四氯化碳
顺丁橡胶	溶剂汽油、苯
三元乙丙橡胶	溶剂汽油

轮胎翻新厂多使用120#溶剂汽油作为溶剂，为控制挥发速率过快也可加入170#或200#溶剂汽油，天然橡胶、丁苯橡胶、顺丁橡胶均可用溶剂汽油作为溶剂，且溶剂汽油的毒性相对较低。各种不同溶剂的相对毒性对比见表10-2。

表10-2　各种不同溶剂的相对毒性

溶剂	毒性	溶剂	毒性
汽油	1.00	二甲苯	3.50
环己烷	1.05	二硫化碳	4.20
三氯甲烷	2.26	甲苯	4.80
二氯乙烷	3.00	三氯乙烷	5.20
苯	3.50		

汽油属有毒易燃物，车间内汽油浓度不得超过0.3mg/L。其闪点为－25℃，自燃点230～260℃，爆炸范围（体积分数）1.2%～7%，因此应强化通风，严加防范。

10.2.2　胶浆制备方法

用开放式炼胶机压成5mm以下的薄胶片，由橡胶切条机（见图10-1）切成约30mm×100mm的胶条投入打浆机。

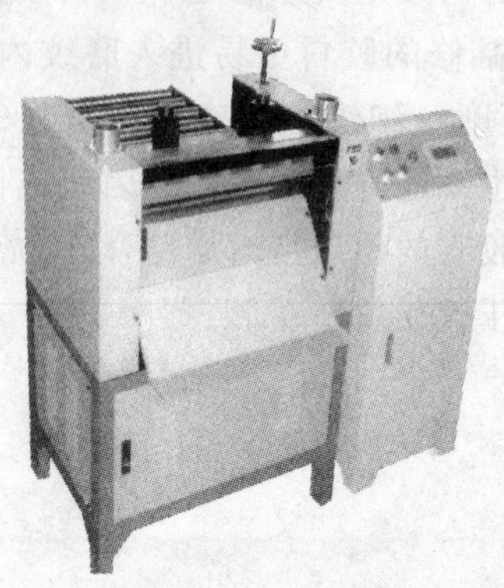

图10-1　橡胶切条机

一般先打成浓胶浆，如需1∶8的胶浆可先将胶及3份的溶剂投入打浆机内搅拌5～6h后再投入余下的5份溶剂再搅拌1～2h。

对低温硫化用的胶浆则可制成两份，即A，B胶浆。一份只含促进剂，另一份含硫化剂，用时再兑成使用的胶浆，以防焦烧。

胶浆的制造工艺如下。

(1) 修补轮胎所用胶浆主要有两种，即钢丝胶浆与橡胶浆。两种胶浆的制造方法相同，但在制造过程中所使用的容器、搅拌器等不能混用，应预先清洁，互不影响。大量生产制造胶浆时应使用防爆密闭式搅浆机，但对于修补轮胎的小厂因每天使用胶黏剂量很少，可采用有盖子的容器，如搪瓷罐或金属筒等。容器要干净、无水或油渍。

(2) 生产胶浆的环境温度要求在15℃以上，温度过低会有不溶性颗粒。

(3) 制造胶浆的材料：钢丝黏合胶或橡胶黏合胶以及120#溶剂汽油。胶料与汽油的重量比是1∶8。

(4) 操作时先将汽油加入搅浆机或搅拌容器内，然后裁剪胶料，徐徐加入汽油中，同时要边搅拌边加入胶料，搅拌连续进行，直至胶料完全溶解为止。

(5) 人工搅拌时，所加入的胶料裁切成大于 10mm×10mm 小块，搅拌棒可用金属棒或玻璃棒。

(6) 胶浆质量标准：应无凝块及颗粒、无杂质。

10.2.3 胶浆制备设备

10.2.3.1 橡胶切条机（见图 10-1）。

橡胶切条机的主要技术参数如下。

切断长度：1～999mm

刀宽度：600mm

切条厚度：0～30mm

切条速度：约 80 刀/min

整机功率：2kW

净重：360kg

外形尺寸：1100mm×860mm×1000mm

10.2.3.2 打浆机

图 10-2 为立式打浆机，该产品的主要技术参数如下。

图 10-2　50L 打浆机

胶浆桶容积：50L

使用电机：防爆电机 2kW

水：0.5t/h

10.3 喷涂胶浆、干燥工艺要求及设备

10.3.1 喷涂胶浆、干燥设备

经大磨及小磨（打磨修补胶损性的洞疤）的胎体干燥合格后进入翻胎作业线，喷涂胶浆，或进入喷涂胶浆室。

采用无（直接）气的压力喷雾器喷涂。喷涂用的胶浆应稀些，如胶料：溶剂比为 1∶(10～15)，而人工涂刷的胶浆可在 1∶8 左右。

图 10-3 为小磨洞疤及喷涂胶浆、填洞胶作业联动线，用于胎体打磨后至贴合前翻新工艺，可用于 7.50-20～13.00-24（24.5）规格的轮胎，联动线长 20m，可容 50 条胎体同时加工，保证大磨后的胎体及时喷涂胶浆及干燥后运至贴合成型工段。

图 10-4 是喷涂胶浆及干燥室。图 10-5 为中、小轮胎喷涂胶浆干燥室，配有无（直接）气的压力喷雾器、轮胎旋转装置。喷涂胶浆及干燥室外形尺寸：3000mm×2400mm×3000mm，有排气风扇 3 台。

图 10-3　翻胎作业线喷涂胶浆

图 10-4　喷涂胶浆室

图 10-5　中、小轮胎喷涂胶浆及干燥室

图 10-6　洞道式轮胎喷涂间

图 10-6 是洞道式喷胶房，喷胶房用于悬挂轮胎，喷胶时使轮胎旋转，防止胶浆四溅，同时排除胶浆挥发出来的气体，其结构如图 10-7 所示。

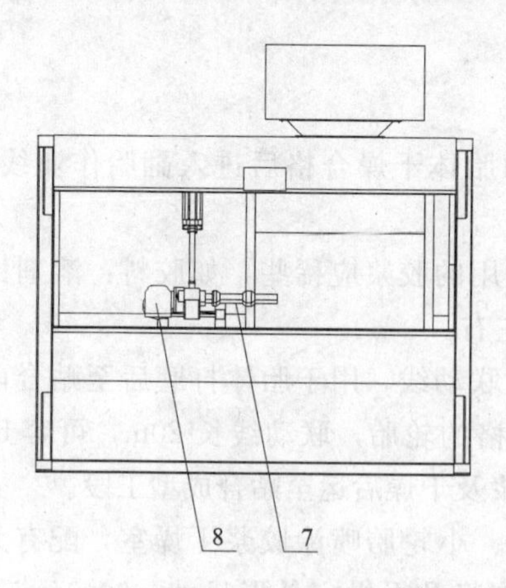

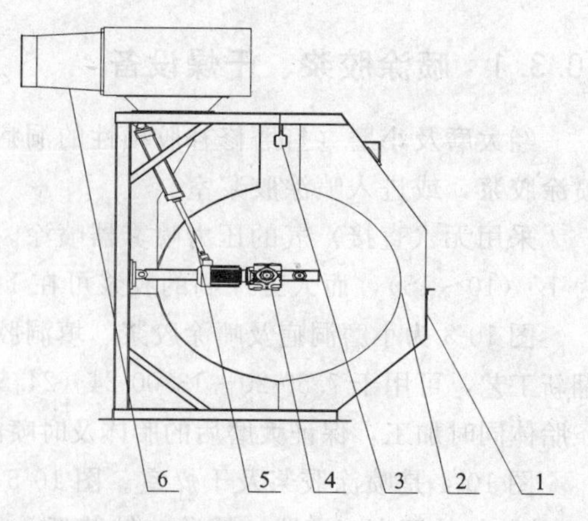

图 10-7　洞道式轮胎喷涂间结构

1—外壳；2—左右挡板；3—导轨；4—挂胎装置；5—气缸；6—通风装置；7—转轴；8—防爆电机

喷胶房主要由外壳、挂胎装置和通风装置三部分组成。外壳由型钢和钢板构成，上、下、后部均有罩板。左右根据最大轮胎规格制成稍大的圆孔，使轮胎通过导轨 3 进出。前部平直部分为敞开式，便于操作；喷胶房的顶部开有圆孔，通过通风装置 6 将胶浆挥发的气体排除。悬挂装置由转轴 7、防爆电机 8、气缸 5 组成。轮胎通过导轨进入喷胶房，通过气缸放下悬挂装置，将轮胎推进转轴，提升气缸，移去挂钩，放下悬挂，驱动电机便可开始作业。

10.3.2 喷涂胶浆工艺要求

(1) 打磨好的胎体在喷涂胶浆前的要求　打磨好的纤维胎体，应使用水分测定仪测出纤维的含水率，胎体含水率在 2.0%以下，过度干燥反而会使涂贴胶困难。胶的含水率很低（0.5%左右）时无需干燥，钢丝子午胎如有损伤亦应干燥。

干燥条件：(45±5)℃，相对湿度控制在 40%～60%，时间应在 8h 之内，超过 12h 的胎体因胶磨面过度氧化，在喷涂胶浆前应用钢丝刷磨一次。

(2) 喷涂胶浆　干燥好的胎体应及时喷涂胶浆，对有损伤部位在喷涂胶浆及填胶前应用钢丝刷磨一次：纤维胎体刷磨后 0.5h 内，特别是裸露钢丝部位，磨后 15min 内就应涂胶浆，否则磨去镀铜层的裸钢丝表面氧化而难以黏合。

喷涂胶浆工艺如下。

① 启动喷浆设备及旋转机架，开始运转。

② 试喷涂胶浆　首先往胶浆罐中注入已搅拌均匀的胶浆（注入量不得超装胶浆罐容量的 3/4），然后检查胶浆增压罐和油水分离器内的空气压力是否达标，达标后开始试喷胶浆，检查喷枪内胶浆通道是否流畅。

③ 调整喷涂胶浆工具　对气液混合喷涂，主要通过调整气液比来调整喷枪喷出量的均匀性以及由喷嘴射出的雾化胶浆气流。对无气高压喷涂，主要调高压胶浆通过特殊喷嘴小孔后，遇空气发生剧烈膨胀雾化形成扇形胶浆流。

④ 胶浆压力的调整　胶浆喷出以及雾化形成有一定冲击力的胶浆气流，这与产品质量和生产效率密切相关。压力不能过小，但也不能过大。对液气混合喷涂，主要调整胶浆增压罐的压力，一般压力为 (0.25±0.05)MPa。无气高压喷涂则不同，它的压力调整空间很大，压力可增到 1.4～2.0MPa。因为这是该机的特点和优点，能够提高喷浆速度、降低胶浆浓度，提高喷涂质量等。

使用无压缩空气的柱塞泵把胶浆压入喷枪进行喷涂以免水进入胶浆内，并进行干燥，停放时间控制在 2～8h 以内，如使用浓度大的胶浆需加热干燥，其干燥温度不宜高，一般控制在 35～40℃（不宜高于 45℃），相对湿度控制在 40%～60%，(干燥时间 2h，超过 24h 以上时应重新喷涂)。涂胶后自然干燥时间一般不应超过 8h。喷涂胶浆及干燥均应置于通风罩下进行。

(3) 涂胶干燥时间和黏附力的关系　涂胶干燥时间与黏附力关系见表 10-3（在通风罩下自然干燥）。

表 10-3 涂胶干燥时间与胶面黏附力的关系

涂胶后干燥时间	0	5min	10min	2h	4h	8h
黏合强度/(9.8N/2.5cm)	21.8	36.3	42.7	48.1	40.4	40.4

喷涂胶浆的次数与黏合强度有如下的关系。

喷 1 次	650N/2.5cm	喷 6 次	458N/2.5cm
喷 3 次	578N/2.5cm	刷涂 2 次	667N/2.5cm

(4) 操作注意事项　胶浆干燥时间太短，表面虽不粘手，实际锉磨齿槽沟内胶水中汽油未彻底挥发，硫化加热后会在齿槽沟内形成大片微小的气泡，出厂检验难以发现。由于降低了胎面与胎体黏合强度，使用中容易脱胶。因此，胶浆干燥时间（胶浆浓度 1：10 以上）夏季白天以 2h 为好，冬季白天不少于 6h，其它季节不少于 4h，以保障汽油彻底挥发。但也不得多于 12h，以免表面过长时间暴露在空气中，产生氧化层而失去黏性。

模型法翻新涂刷打磨磨纹较粗（磨纹等级 4～5 级）的斜交轮胎胎体使用浓度较高的胶浆（1：6）时，如是自然干燥夏季不少于 6h，其余季节 12h，但不得多于 24h，应防止干燥温度过高（如 45℃以上）或集胶浆成坑导致胶浆表面成膜，胎体就难以干透了。

打磨后的胎体到喷涂胶浆前停放时间不能超过 2h，特别是不用胶浆热贴时更是如此，如超过可用金属刷再刷磨，重新再刷胶浆的轮胎如果超过 8h 则不能用于贴合胶片，且所有削磨的地方均应涂以胶浆。其实打磨的橡胶面在 30min 以上用扫描电镜就能见到氧化的絮状物，钢丝磨面 15min 就能见到氧化的絮状物。这些氧化的絮状物严重影响黏合效果。

喷涂胶浆喷一次足已，刷涂 2 次为佳。刷时要将刷子立起来，务使胶浆进入磨纹内。

有人提出热贴可不用喷涂胶浆，Marangoni 公司的人员进行了对比试验。

不用胶浆	黏合强度 262N/2.5cm
只用胶浆	黏合强度 311N/2.5cm
胶浆加贴黏合胶片	黏合强度 354～471N/2.5cm

可见用胶浆加贴黏合胶片黏合强度最高。

胶浆使用量及浓度是有一定的限制的，过浓往往因难以干透，硫化时会引发脱空，用多了胶浆，胶-胶间的黏合力反会下降。据测定含胶量与胶-胶间的黏合力关系如下。

胶浆中的胶量/(kg/dm^2)	0	0.5	1.5
黏合力/9.8N	65	95	90

胶浆使用前和使用中要搅拌均匀，以免硫化剂、促进剂和其它化工原料沉淀桶底，涂刷了配方成分有缺欠的胶浆。制作好的胶浆停放时间过久，已经超过一周以上的，可能其促进剂已失效（在热翻中见到无法硫化现象），从而降低了硫化作用，起不到胎面与胎体之间的黏结效果，自制的胶浆存放时间最好不超过 48h（在稀胶

浆中不可加硫黄及储于25℃以下的库内，可延长储备期）。

10.3.3 喷涂胶浆使用的设备

图10-8为GRACO型无气喷涂机，直接使用MONARCO增压泵，以1∶23的压力直接将胶浆压至喷枪喷涂，以约0.14～0.85MPa的压力喷到轮胎上，泵压喷涂比气压喷涂产生的不利因素明显减少。喷涂机容量约19L，可供两支喷枪同时使用，以每分钟喷出2.5L的速度工作。该机泵运行部件用钨钢制成，泵外壳用铸铝，使用含油轴承。

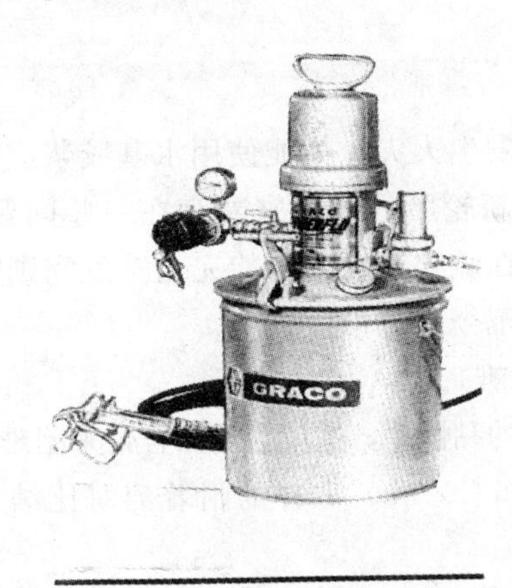

图10-8　GRACO型无气喷涂机

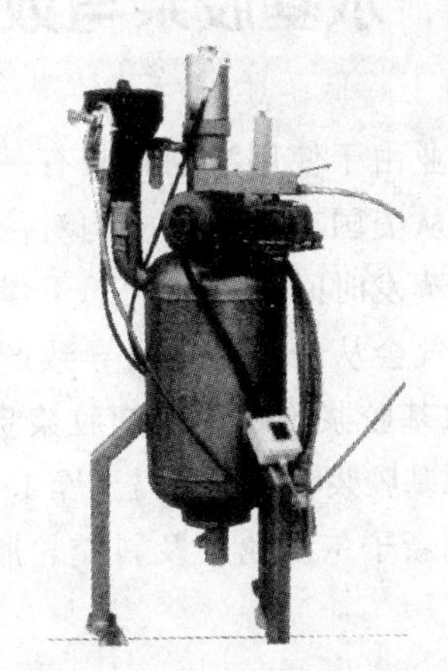

图10-9　3X50LT型无（直接）气压力喷雾器

图10-9为3X50LT型无（直接）气的压力喷雾器。主要技术参数：电机0.2kW，压缩空气压力8.0bar，容量80L，重量80kg，外形尺寸600mm×700mm×1530mm。

图10-10为无（直接）气压式喷雾器。

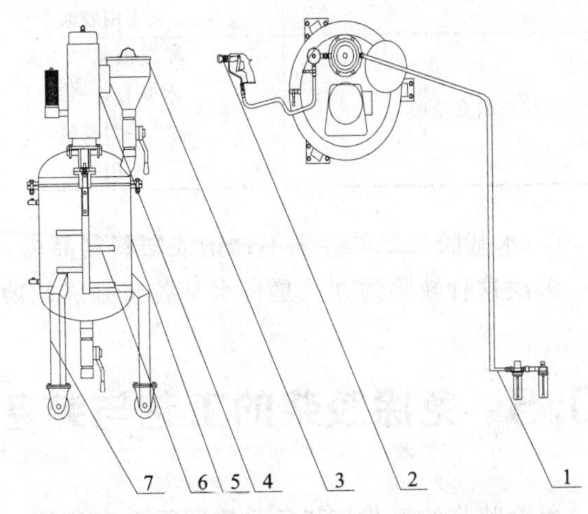

图10-10　无（直接）气压式喷胶机

1—管路；2—喷枪；3—漏斗；4—防爆电机；5—罐体；6—搅拌器；7—支架

喷胶机用于将胶浆通过喷枪均匀地喷洒在胎面上。

喷胶机主要由管路、喷枪、罐体、搅拌器组成。罐体 5 是用 6mm 厚的无缝钢管和封头制成的压力容器罐，胶浆通过漏斗 3 进入罐体关闭阀门，启动防爆电机 4，搅拌器 6 开始工作，防止胶浆沉淀，保持胶浆浓度均匀，通过管路 1 输入无水、油的压缩空气，压力保持在 1～2MPa，胶浆在压力作用下，经过管路达到喷枪，扣动无气喷枪扳机喷出胶浆。

10.4 水基胶浆与效果

翻胎业由于使用溶剂胶浆有一定的毒害及易发生火灾，如能使用水基胶浆应较理想，但从美国有关研究机构对使用水基胶浆翻新轮胎的试验来看存在一些问题：主要是水蒸发时间长需建大的干燥间，此外如果在硫化前水分未能完全蒸发完则硫化后水蒸气会从轮胎中排出导致产生局部脱空，至今未见推广。

① 水基胶浆价格比溶剂胶浆贵（胶料加工困难）。

② 水基胶浆喷涂一次需干燥 15min，未硫化前的黏性差，这就会给贴合带来困难。

③ 翻新子午线轮胎及斜交轮胎的硫化后（126℃×3h）取样的附着力对比结果见表 10-4。

表 10-4　水基胶浆与溶剂胶浆附着力对比

翻新轮胎	胶浆类别	附着力/0.1MPa
子午线轮胎	水基胶浆喷一次	205
	水基胶浆喷二次	200
	溶剂胶浆	205
	不用胶浆	210
斜交轮胎	水基胶浆喷一次	185
	水基胶浆喷二次	180
	溶剂胶浆	185
	不用胶浆	180

④ 水基胶浆要贮存于不锈钢或塑料制品内，贮存温度 4～29℃，可存 9 个月。

解决这种缺陷的办法是将水基胶浆制成超薄的涂层，能很快干燥而不留水分。

10.5 免涂胶浆的工艺与装备

免涂胶浆的工艺与装备目前国际上有两种方法。

一种是由美国固特异公司研发的“无胶浆软胶”（胶由质量分数 40%的天然橡

胶，60%的丁二烯橡胶组成，较易炼成低门尼胶）。胶片需用特种隔膜包装，否则会造成软胶无黏性或胶片无法取下。无胶浆软胶在美国首先用于翻新飞机及载重轮胎，已在欧洲、拉丁美洲、亚洲被迅速推广应用，其产生的经济及环保效益是巨大的。

另一种是使用VMI-AZ翻新轮胎缓冲胶热压机（此设备介绍见第11章）。此设备除价格较高，由于压出的缓冲胶多是低温硫化胶，返回胶难以回掺使用。

参 考 文 献

［1］ Bill Grall. Buff texture and cementing. Tire Retreading/Repair Journal，1995 (5).

［2］ Marvin Bozzarth. Using water base cements. Tire Retreading/Repair Journal，1995 (7).

［3］ 廖秋丽译．在轮胎翻新工艺中防止使用环境污染有机溶剂．现代橡胶技术，2012 (5)：30-33.

第11章

预硫化胎面翻胎贴合与成型

11.1 条形及环形预硫化胎面翻胎贴合与成型工艺

图 11-1 是条形及环形预硫化翻胎贴合与成型二合一的工艺流程图，说明如下。

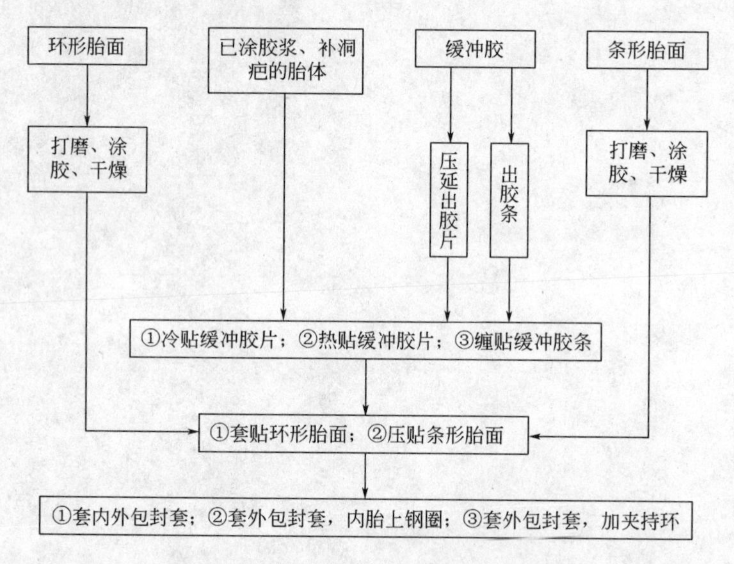

图 11-1　条形及环形预硫化胎面翻胎贴合与成型工艺流程图

① 预硫化缓冲胶（以下简称“缓冲胶”）贴合包括：冷贴缓冲胶片；热贴缓冲胶片；热缠贴缓冲胶条。其中热缠贴缓冲胶条用于大、巨型工程轮胎。

② 胎面贴合包括：套贴环形胎面；压贴条形胎。条形及环形硫化胎面，因其使用的贴合成型工艺及设备不同，因而分列。

③ 套包封套包括：套内外包封套；套外包封套＋内胎上钢圈；套外包封、加夹持环，表示有三种套包封套的方案可供选择。

11.2 贴合前胎体检查和补充加工

贴合前对已涂胶经干燥后的胎体进行检查，有无小的洞疤（深度小于 6mm)、漏修补处（采取缓冲胶冷贴工艺时需先用补洞枪或人工补好洞疤，如采取缓冲胶挤出机热贴工艺则不需先补洞疤，可在热贴时一次完成)。按轮胎规格、打磨面宽度、施工表上对胎面花纹型号（结构、深度等）的要求配好预硫化胎面。

补洞疤加工工艺要求：用热补洞胶填实，防止窝气，并稍高于（如 1.0mm）周边胶面。

11.3 预硫化缓冲胶的质量要求和制备

11.3.1 缓冲胶的质量标准

缓冲胶分常规预硫化缓冲胶和低温预硫化缓冲胶，外观质量和物理机械性能应符合行业标准《预硫化缓冲胶》（HG/T4124—2009）的有关规定。其中预硫化缓冲胶的尺寸偏差应符合表 11-1 的规定，物理机械性能符合表 11-2 的规定。

表 11-1 预硫化缓冲胶尺寸偏差

项目	偏差
厚度	±0.15mm
宽度	±4.0mm

表 11-2 预硫化缓冲胶的物理机械性能

检测项目	指标	
	常规预硫化缓冲胶	低温预硫化缓冲胶
门尼焦烧时间(100℃)/min	>15	>4
拉伸强度/MPa	>18	>20
拉断伸长率/%	>450	>470
硬度(邵尔 A)	≥50	≥50
300%定伸应力/MPa	8±2	8±2
撕裂强度(C 型试片)/(kN/m)	≥80	≥100
剥离力(胶-胎体胶)/(kN/m)	≥12	≥12
老化系数 K(70℃×48h)	—	≥0.75
老化系数 K(100℃×24h)	≥0.60	—

标准中的 4.2 条规定：外观应色泽均匀、无喷霜、无杂质、无污染，气泡数量每 100cm^2 不多于 3 个。4.3 条规定：常温下将两块长 200cm 以上的预硫化缓冲胶

轻压贴合后用手拉应撕不开。

11.3.2 低温缓冲胶片的制备

预硫化缓冲胶所使用的天然橡胶应无杂质，因要求胶料有足够的流动性，经塑炼使其可塑度达到0.45（威氏可塑度计）以上，混炼前配合剂必须先进行干燥，特别是使用松焦油应在150℃以上进行干燥，以除去水分及低温挥发物，防止出片时引发气泡。胶料采取两段混炼：第一段在密炼机中进行，第二段应在开炼机上加硫黄及促进剂，炼胶机辊筒温度不宜超过50℃（特别是加用超促进剂时），并尽量缩短混炼时间，为减少混炼胶含水率，混炼完毕下片的胶片应只是稍浸隔离剂（不宜浸泡）后即挂架风冷。

混炼好的缓冲胶，如采用冷贴法可用压延机按轮胎规格要求压出不同宽度（厚度对载重轮胎而言大多在1.2mm左右）的胶片，经较充分冷却后用塑料薄膜作垫布卷取。缓冲胶用两辊或三辊压延机（60℃下）压成薄胶片时：用打小卷供胶，如有条件可供无气泡的薄胶片以达到供胶均匀、辊间少存胶，防止空气混入胶内。压延出来的胶片不宜急剧冷却，卷取存放备用的胶片不得有气泡。在生产缓冲胶片时供胶温度不宜过高，胶片冷却速度不宜过快，温度过低易导致胶片失去弹性。卷取胶片的温度应在30℃以下，用带突纹的塑料薄膜卷取成直径不大于40cm的小卷备用。为防止预硫化缓冲胶片焦烧及变质应储于环境温度不高于25℃的场地。

缓冲胶冷贴胶片多采用小型三辊（辊筒直径6in）压延机压出，由于压出的胶片很薄且温度低（一般为60℃左右），因此冷却较简单，在出片接取处可加2～4个冷却辊（见图11-2）及在接取运输卷取带上加风冷，就可满足要求，一般企业也可自制。

图11-2 缓冲胶四辊冷却系统图（无胶片卷取装置）

11.4 条形预硫化胎面胶坯生产和胎面贴合前补充加工

11.4.1 条形预硫化胎面胶坯的生产

由密炼机炼好的胎面混炼胶经出片、冷却纵裁成可供冷喂料挤出机挤出的胎面

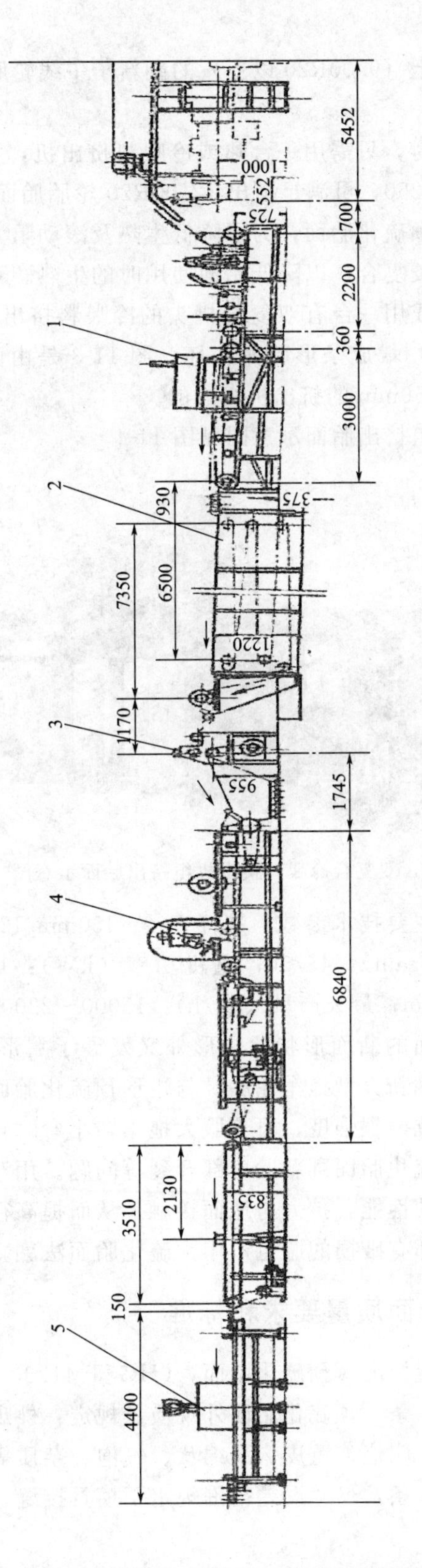

图 11-3 胎面胶坯压出、冷却、定长、定重、裁断双复合的生产线示意图

1—胎面双复合；2—冷却水槽；3—胎面输送计长；4，5—称量及裁断

胶条。对用于中型规格以上（9.00R20 以上）的翻新子午线轮胎用的胎面胶坯要求如下。

(1) 胎面用一种胶料时，只需用一台热或冷喂料挤出机，如热喂料挤出机 XJ-250 或冷喂料挤出机 XJW-250，可满足挤出 12.00R20 轮胎胎面胶的要求。

(2) 用于高速公路的预硫化胎面，为了降低生热及滚动阻力，最好将胎面分为胎冠胶及胎面基部胶，两胶复合，以降低胎面使用时的生热。双复合如是机外复合要用两台冷喂料压出机，或用一台有双复合机头的冷喂料挤出机。经冷却、收缩、定长、定重（以定重为准）裁成条形胎面胶坯。图 11-3 是由两台热喂料挤出机，如螺杆直径为 120mm 及 150mm 的挤出机组成的。

双复合冷喂料挤出机组挤出胎面示意图见图 11-4。

图 11-4　双复合冷喂料挤出机组挤出胎面示意图

(3) 双复合压出机组主要技术参数　螺杆直径：150mm/120mm；长径比 L/D：16/14；螺杆最大转数（r/min）：45/50；电机功率（kW）：185～220/90～110；挤出最大宽度：大于 450mm；最大产量（kg/h）：15000～2200。

近年，条形预硫化胎面的断面形状除矩形外又发展了翼形及双弧形预硫化胎面。翼形预硫化胎面用于翻新大型拖车轮胎。与矩形预硫化胎面相比，胎面两边的小翼可增加胎肩部剪切、抗撕裂强度，可克服大拖车转小弯时轮胎在原地扭转产生很大的剪切力导致矩形预硫化胎面翻新胎肩部开裂等问题。用双弧胎面更可以提高预硫化胎面的耐磨性及行驶性能，扩大与地面接触，从而提高行驶里程及美观，亦可扩大可翻新的胎源（肩部有破损的胎也可用预硫化胎面法翻新）。

11.4.2　条形预硫化胎面质量要求和标准

预硫化胎面应符合行业标准《预硫化胎面》（HG/T 4123—2009）中有关。

(1) 行业标准中的 4.2 条，预硫化胎面外观质量规定：外观应色泽均匀，花纹清晰，不应有圆角、缺胶、明疤、重皮、海绵状、气泡、杂质等缺陷。

(2) 行业标准中的 4.3 条，尺寸误差范围规定了模具接缝、胎面两边厚度公差均不大于 0.5mm，对矩形、翼形、双弧形预硫化胎面的尺寸偏差也有具体规定。

(3) 行业标准中将预硫化胎面分常规预硫化胎面、高速预硫化胎面，其物理机械性能应符合行业标准中对预硫化胎面的物理机械性能（表 11-3）的规定。

表 11-3 预硫化胎面的物理机械性能

检测项目	常规预硫化胎面	高速预硫化胎面
硬度(邵尔 A)	≥60	≥60
胎面硬度不匀度(邵尔 A)	±2	±1
拉伸强度/MPa	≥17	≥18
300%定伸应力/MPa	≥6	≥7
拉断伸长率/%	≥400	≥470
撕裂强度(新月型试样)/(kN/m)	≥80	≥100
压缩生热/℃	—	≤35
阿克隆磨耗/(cm^3/1.61km)	≤0.25	≤0.2
老化系数(100℃×24h)	≥0.70	≥0.75

11.4.3 条形预硫化胎面贴合

硫化好的条形预硫化胎面在使用前背面需经打磨、涂胶浆、干燥等加工工艺过程。图 11-5 是多贝力翻胎设备有限公司生产的 BDM5500X360 型三磨头（可往复运行）打磨、涂胶浆、干燥联动线。

图 11-5 BDM5500X360 型三磨头打磨、涂胶浆、干燥联动线

BDM5500X360 型联动线主要技术特性：打磨头及胎面压送装置可正、反转动以使被磨的胎面往复多次打磨（一般为 2 次），以利打磨均匀。

主要技术参数：机台最大宽度 400mm；可打磨胎面厚度 10～35mm；打磨速度 5～15m/min；磨头主电机 11kW×2；刷电机 0.18kW；装置运行电机 1.1kW；自动调节升降台电机 125W；磨毛机排风口 ϕ150mm；刷净机排风口 ϕ100mm（未包括涂胶浆、干燥、卷取系统）。

图 11-6 是意大利 Matteuzz 公司生产的打磨、涂胶浆、干燥联动线。

图 11-6　预硫化胎面打磨、涂胶浆、干燥联动线

图 11-7 为胎面打磨（四磨头）车间生产情况。

图 11-7　胎面打磨（四磨头）车间生产情况

11.4.4　翼形及双弧形预硫化胎面

(1) 翼形预硫化胎面　主要用于小半径转弯多的场所，如码头、山地运输等。胎面外形配置以德国生产的为例，其翼长约为 12.7mm，最厚处 3.2mm。实物见图 11-8，有关具体尺寸等见第 12 章。

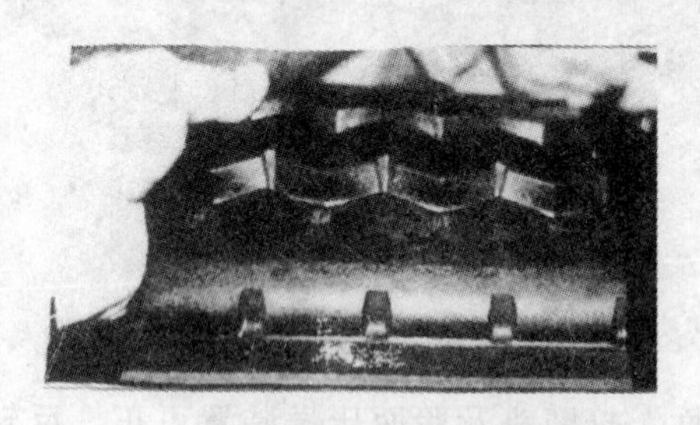

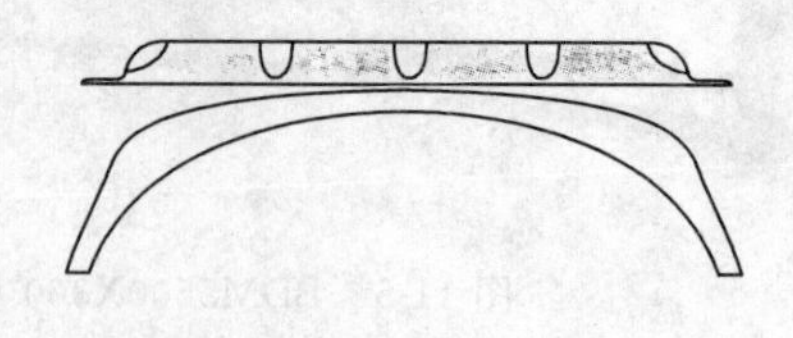

图 11-8　翼形预硫化胎面外形配置及实物照片图

(2) 双弧条、环状预硫化胎面贴合前补充加工　对大型工程轮胎翻新采用矩形断面的条形预硫化胎面，由于这些胎面无论是沿径向还是周向（沿轮胎断面弯曲）均困难，特别是沿轮胎断面弯曲更为困难。有的将轮胎打磨成平的或磨后用胶填成平的，如此胎肩就会超厚难以散热，为此就出现如图 11-9 所示的双弧条、环形预硫化胎面段块，其接头采用胎面基部胶齿形连接，扩大了接触面的强度。图 11-9

是双弧条、环形预硫化胎面产品图。

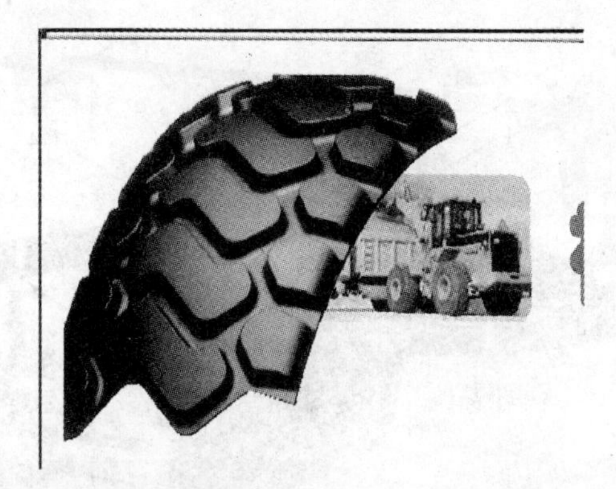

图 11-9　双弧条、环形预硫化胎面段块

(3) 双弧条、环形预硫化胎面优点　双弧形预硫化胎面载重翻新轮胎，可提高行驶里程 14%，外观美观，用于翻新大客车轮胎。经研究分析双弧形预硫化胎面可节省 10%的胎面胶。

11.5　环形预硫化胎面胶坯生产和胎面贴合前补充加工

11.5.1　环形预硫化胎面的胶坯制作

环形预硫化胎面胶坯与条形预硫化胎面是相同的，但需将胎面胶坯两端头切成一定的坡口，在切口接头处涂以汽油（如胶坯黏性好亦可不涂汽油），干后在接头机上压接（并在压力下停留 1min 使接头压合牢）成环形。

11.5.2　环形预硫化胎面质量要求和标准

环形预硫化胎面也应符合符合行业标准《预硫化胎面》（HG/T4123—2009）中有关规定。预硫化胎面外观质量、物理机械性能与条形相同。

11.5.3　环形预硫化胎面贴合前补充加工

环形预硫化胎面磨毛、涂胶浆、干燥。硫化好的胎面应停放 8h 后才可继续加工及使用，因此胎面磨毛、涂胶浆应经停放后再进行。

(1) 环形预硫化胎面磨毛工艺　可将环形预硫化胎面反套（胎面花纹在内圈）在胎面磨毛、涂胶浆机上加工（见图 11-10）。环形预硫化胎面在磨毛、涂胶浆机胎面张紧后旋转，机上设有锯片磨头及钢丝刷辊进行两次打磨。打磨后的胎面平移至涂胶装置旁，再由胶浆刷辊涂刷胶浆。经涂刷胶浆的环形预硫化胎面从机上取下，挂在架上晾干。

图 11-10 环形预硫化胎面磨毛、涂胶浆机

1—锯片磨头；2—钢丝刷磨；3,4—胎面张紧及旋转机构；5—涂胶浆组件

(2) 环形预硫化胎面磨毛、涂胶浆机　该机由下列部件组成：锯片磨头、钢丝刷磨、胎面张紧及旋转机构、涂胶浆组件、抽空机构、机架等。

环形预硫化胎面磨毛，涂胶浆机主要技术参数如下。

总装机容量	14.5HP（1HP=745.7W）
磨头电机	7.5HP
刷磨电机	5.5HP
胎面转动电机	1.5HP
重量	1550kg
生产效率	15～20 条/h
外形尺寸	3100mm×1400mm×1600mm
压缩空气消耗	5400L/h
压缩空气压力	0.7MPa

11.6 包封套的品种、使用和制备

11.6.1 内、外包封套的品种和使用

预硫化胎面翻胎法的硫化过程中巧妙的改进之一是使用了柔性硫化包封套，从而使胎面胶更好地与胎体贴合。排除了使用刚性模具而引起的变形，这项工艺的改进被证明非常优秀，对于钢丝带束层不易变形的子午线轮胎，柔性包封套预硫化法

能进行精确的翻新。因此预硫化翻新法能够适应从斜交轮胎到子午线轮胎的翻胎工艺要求。目前70%以上的载重子午线轮胎都使用预硫化法进行翻新。包封套是随预硫化翻新轮胎工艺技术发展而产生的，分为内包封套和外包封套两种。

外包封套外形见图11-11。

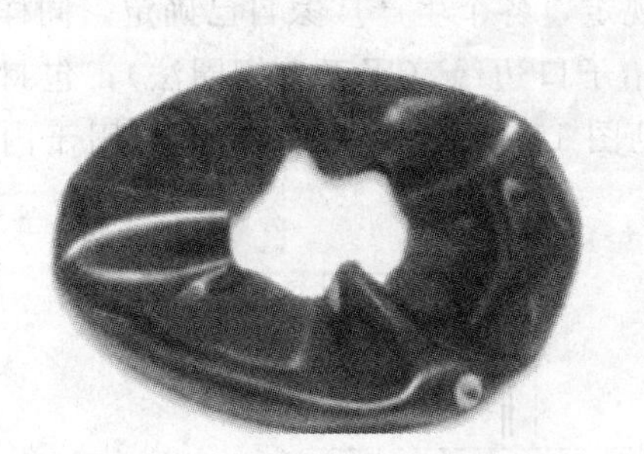

图11-11　外包封套外形

(1) 内包封套　内包封套产品外形见图11-12和图11-13。购入的新包封套应先使用几次再放置保存（因为丁基橡胶在没用过之前仍会冷流，硫化几次后无此现象），在轮胎装好包封套后充气时应将轮胎放平。

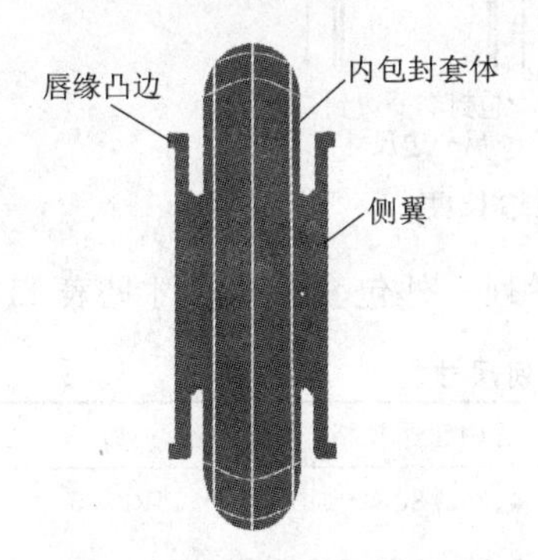

图11-12　内包封套示意图

图11-13　内包封套实物图

(2) 内外包封套的配套及使用　预硫化胎面翻新轮胎硫化使用包封套采用三种工艺：第一种是硫化轮辋＋硫化内胎＋垫带（有的不用）＋外包封套；第二种是外包封套＋内包封套；第三种是外包封套＋夹持环，将外包封套用夹持环夹持在轮胎的子口部位形成封闭腔，不需加装硫化内胎及上钢圈。

包封套的作用是将贴好胎面胶的翻新轮胎包裹起来形成密封体系，将其放入硫化罐中。在外包封套顶部有一个连接气嘴，通过硫化罐上的抽真空管和压缩空气管相连接。在硫化罐内加热，硫化过程中包封套与硫化的轮胎之间对翻新轮胎先抽真空后施加压力。为防止热蒸汽或混合气体进入胎面与胎体之间，以保证黏合层的黏合质量，同时通过外包封套上的抽真空连接管排气阀，把轮胎与包封套之间、胎面与胎体之间的空气排出，使包封套把整个轮胎包紧，硫化一段时间后通过空气压力均匀地把胎面压向胎体，使胎面与胎体之间的黏合层黏结牢实。

外包封套产品国内使用性能较好的产品使用次数可达 130～150 次。内包封套使用次数较高，一般在 500～800 次，由于内包封套在使用时拉伸变形较小，主要考虑耐热老化。

内、外包封套规格标识目前没有统一规定，各个生产厂家自己确定。同样规格轮胎使用的外包封套有三种尺寸：包到轮胎子口边缘（用于上钢圈法）；包封套一边到另一边长度超过子口（上夹持环），见图 11-14；只包到胎下侧（用于内外包封套配套使用）。

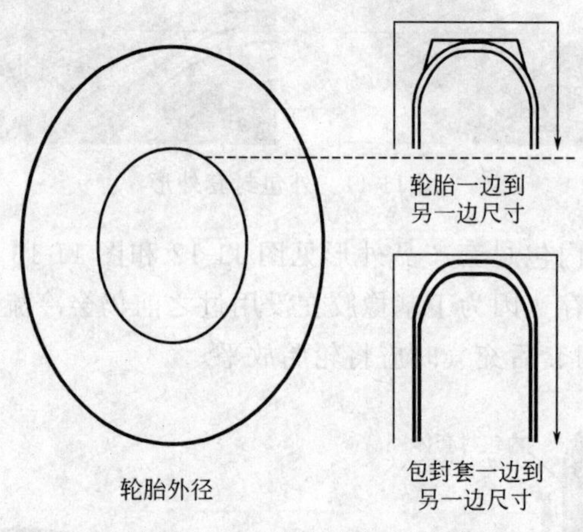

图 11-14　外包封套包边长度

(3) 载重轮胎使用的压盘密封式外包封套系列　外包套系列尺寸见表 11-4。

表 11-4　外包封套系列尺寸

外包封套规格	尺寸/mm	适用轮胎规格
SL-12	1160×780	12.00-20、13.00-20、12.00-24、365/80R20、13R22.5、15R22.5
SL-11/12	1067×710	11.00-20、12.00-20、12R22.5、11.00-22、285/75R24.5
SL-11	1020×700	11.00-20、11R22.5、12R22.5、315/75R22.5
SL-10	1000×680	10.00-20、11R22.5、275/70R22.5、295/80R22.5、305/70R22.5
SL-9	960×610	9.00-20、10R22.5、305/70R19.5、305/60R22.5
SL-8	945×570	7.00-20、7.50-20、8.25-20、8R22.5、9R22.5、255/70R22.5、305/70R19
SL-78	890×590	6.50-20、9.00-15、285/70R19.5、10.00-15、10R17.5
SL-7	795×500	7.50-15、7.50-16、8.25-15、245/70R19.5、215/75R16、225/75R16
SL-6	714×440	7.00-15、7.00-16、205/75R16、215/75R17.5
SL-4	650×430	6.00-16、6.50-16、195R14、205R14、185R15、175/75R16、185R16
SL-2	620×380	165R14、165/70R14、175R14、175/70R14、185R14、185/75R14
SL-1	530×390	6.50-10、23×9-10

续表

外包封套规格	尺寸/mm	适用轮胎规格
SL-0	506×335	6.00-9、21×8-9
SMALL	492×360	5.00-8、18×7-8
18×13	457×330	5.00-8、4.00-8

(4) 内包封套外形尺寸及适用轮胎规格 内包封套尺寸表示见图 11-15，内包封套规格见表 11-5。

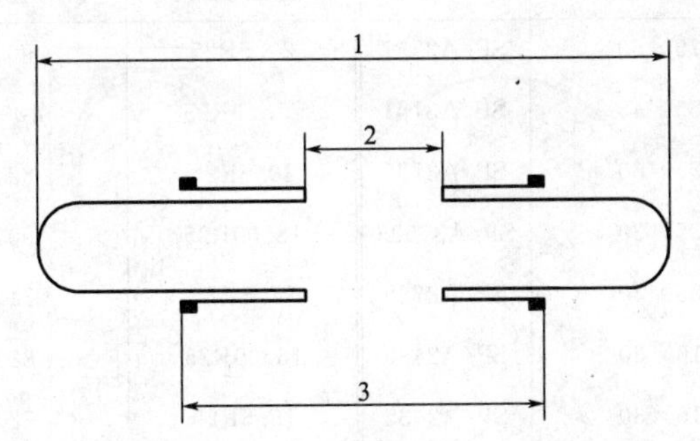

图 11-15 内包封套尺寸表示

1—包封套外径；2—包封套内径；3—与外包封结合部直径

表 11-5 内包封套规格

内包封套规格	适用轮胎规格	尺寸(1×2×3)/mm
1300×500	12.00-24、18R22.5、16.5R22.5、425/65R22.5、445/65R22.5	1300×500×900
1200×560	11.00-24、11R24.5、12R24.5、285/75R24.5、295/80R24.5、315/75R24.5	1200×560×870
1100×480	11.00-20、12.00-20、12R22.5、11.00-22、315/75R22.5	1100×480×860
1060×480	11R22.5、275/80R22.5、295/80R22.5	1060×480×810
1010×480	9.00-20、10.00-20、10R22.5、275/70R22.5、285/70R22.5	1010×480×790
960×440	265/70R19.5、285/70R19.5	960×440×690
880×380	8.25-15、8.25-16、9.5R17.5、10R17.5、245/70R19.5、235/75R19.5	880×380×675
780×400	7.50-15、7.50-16、215/75R16、225/75R16、8.5R17.5、9R17.5	780×400×640
700×315	195R14、205R14、215R14、250/70R15、7.00-15、6.00-16	700×315×570

注：尺寸标号见图 11-15。

目前，国内预硫化胎面翻胎硫化时绝大多数采用外包封套加硫化内胎及上硫化钢圈形成密封体系，并向硫化内胎内充以高于硫化罐内压力 0.15～0.2MPa 的气压，以便夹紧外包封套。这一工艺及使用的器械存在的缺点主要是：翻胎硫化传热效率低，从胎腔方向进入的热被充气的硫化内胎、垫带、钢圈阻隔，致使硫化时间加长；另一问题是胎腔内温度低，难以实现翻新与修补一次完成，一般采取先修补后翻新两道工序。

使用内、外包封套替代装硫化内胎上硫化钢圈工艺及使用的器械，可大大缩短翻胎硫化时间，并实现翻新和较小的胶、垫修补一次完成。

11.6.2 夹持环密封专用的长裙边式包封套

工程轮胎翻新硫化包封套采用夹持环密封有较大的优势，如节能，缩短硫化时间，免除笨重的钢圈及压板装卸或免去使用难制的内包封套。其规格系列见表 11-6。

表 11-6 长裙边式包封套系列

单位：in

轮胎规格	尺寸(直径×边长)	代号	轮胎规格	尺寸(直径×边长)	代号
37.00R57	175×50	SP/A3757	23.5R25	90×20	SP/A2325
33.00R51	155×45	SP/A3751	21.00R25	100×20	SP/A2625
27.00R49	135×30	SP/A3735	20.5R25	82×20	SP/A2025
37.5R39	135×30	SP/A37535	18.00R25	90×20	SP/A2325
37.25R35	135×30	SP/A3735	17.5R25	74×20	SP/A1725
29.5R35	116×30	SP/A2435	16.00R25	82×20	SP/A
24.00R35	116×30	SP/A2435	15.5R25	72×20	SP/A2025
21.00R35	105×30	SP/A2135	14.00R25	72×20	SP/A1424
27.00R33	120×22	SP/A3329	18.00R24	90×20	SP/A1424
18.00R33	95×28	SP/A1833	16.00R24	74×20	SP/A1725
33.25R29	120×22	SP/A3329	14.00R24	72×20	SP/A1424
29.5R29	105×20	SP/A2925	14.00R24GR	65×17	SP/A142G
26.5R29	105×20	SP/A2925	12.00R24	62×20	SP/A1224
29.5R25	105×20	SP/A2925	12.00R20	59×15	SP/A1220
26.5R25	100×20	SP/A2625			

11.6.3 包封套制备

包封套胶料要求具有特别优异的耐热老化性能和优异的耐撕裂性、气密性，小的永久变形。所以在配方设计时需要采用在这方面具有特性的丁基橡胶，同时根据使用的特点还要求该胶料具有高伸长率、低定伸，才能够满足其长使用寿命的要求。因此包封套的胶料应满足表 11-7 所示的技术指标。

表 11-7 包封套胶料的技术指标

指 标	硫黄硫化	树脂硫化
拉伸强度/MPa	≥13.5	≥9
拉断伸长率/%	≥800.0	≥600
300%定伸应力/MPa	>2.0	>3.0

续表

指　　标	硫黄硫化	树脂硫化
拉断永久变形/%	≤10.0	≤10.0
硬度(邵尔 A)	≤50	≤50
撕裂强度/(kN/m)	>29.5	>40
回弹性(室温 23℃)/%	≥8.0	≥8.0
屈挠性能	≥40 万次	
气密性 Q/[mL[STP]·mm/m^2·760mmHg·h)]	≥15.0	
老化系数(100℃×24h)	>0.8	
老化系数(150℃×72h)		>0.5

注：1mmHg=1.33×10^{-4}MPa。

为使包封套的胶料达到技术指标，胶料的配方设计应着重考虑以下三方面。

(1) 生胶选用丁基橡胶，这是由于丁基橡胶透气性小，在 24℃时其空气透过率仅为丁苯橡胶的 1/9，天然橡胶的 1/4。此外，丁基橡胶还具有较高的耐热性，经 120℃×144h 热空气老化，其伸长变化不大，拉伸强度仍可保持 70%。

(2) 补强剂采用炭黑，但各种炭黑的补强效果差别很大。补强效果最好的是细粒子炭黑，但压出等工艺性能较差，反之，粗粒子炭黑工艺性能虽好，补强能力却达不到要求。因此，对炭黑的品种应搭配选用。

(3) 如对耐热性要求不太高时可硫黄、促进剂 TMTD 和 M 并用，加入适量的促进剂 2DC 等，这是基于包封套压出薄壁制品考虑。

如果要求有高的耐老化性能及适用于高温硫化，加工的安全性较好，配方中选用溴化酚醛树脂（即溴化对叔辛基苯酚甲醛树脂）及 2402 树脂（即叔丁基苯酚甲醛树脂）类硫化剂，其各项物理机械性能也需达到包封套技术指标。

外包封套制造方法有四种：内胎法、模压法、注压法及人工贴合法。内包封套制造基本采用模型法和注压法。

11.6.3.1　外包封套仿内胎制造方法

仿内胎法生产外包封套，基本上是按照丁基橡胶汽车内胎规定的生产条件进行的。接头为手工操作，在定型前接头部位进行了冷冻处理，即以干冰冷冻 5min，然后定型、硫化。硫化后产品从内壁中间裁开，经过修整完成。这种工艺设备、模具投资少，由于手工操作较多，产品均匀性、质量稳定性较低。如用树脂作硫化剂一般硫化温度 185℃，硫化时间 50min。如用硫黄作硫化剂，一般硫化温度 150℃，硫化时间 15min。

11.6.3.2　模压法生产外包封套

(1) 模压外包封套硫化机　图 11-16 是模压法生产外包封套及产品外形图。图 11-17 是包封套硫化机外形图。

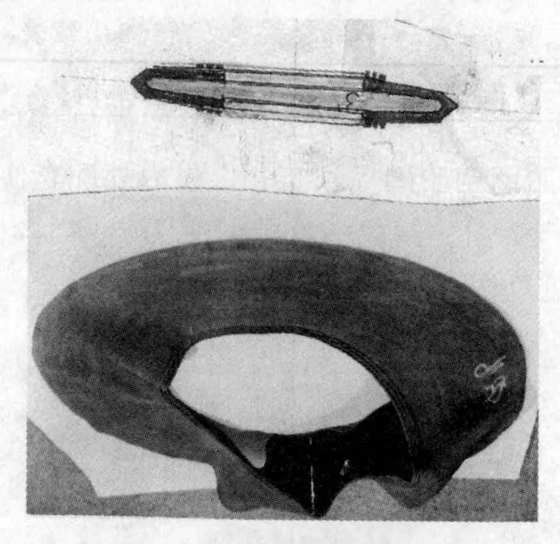

图 11-16　国内研发的外包封套

图 11-17　模压外包封套硫化机外形

(2) 主要技术参数　硫化包封套最大直径：1200mm；模型加热形式：直接蒸汽；最大合模力：2000tf（1tf＝10000N）；模型高度：220mm；油泵电机：5.5kW；随动控制：4.0kW；主机外形尺寸：1670mm×1360mm×3840mm；主机重量：9.0t。

(3) 主机结构　包封套硫化机见图 11-18。

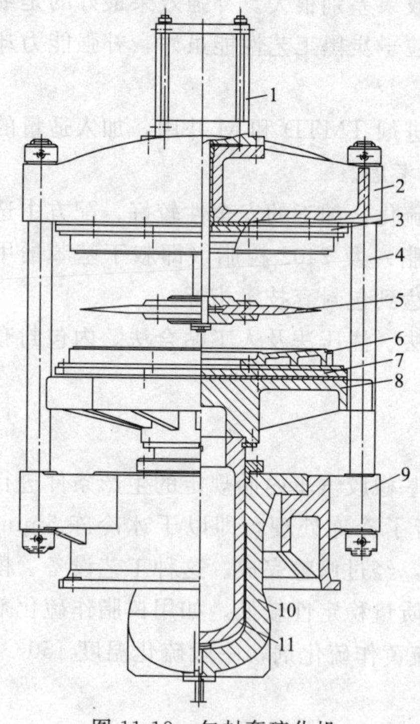

图 11-18　包封套硫化机

1—推模气缸；2—横梁；3—上垫板；4—立柱；
5—芯模；6—外模；7—下垫板；8—活动台；
9—底座；10—油缸；11—柱塞

图 11-19　注射成型法外包封套模具

11.6.3.3　注射成型法生产内外包封套

(1) 注射成型法生产内外包封套　图11-19是国外注射成型法生产外包封套模具图，据称制造一个41～35in（外径41in，胎圈到胎圈周长35in，属内外配套使用型）规格的外包封套的注射成型机锁模力达1400t。制成的外包封套为方断面，使用时轮胎胎面不易变形，见图11-20。注射机见图11-21。

图11-20　注射成型法生产外包封套

图11-21　注射成型机

(2) 注射成型法生产内包封套

① 注射成型法生产内包封套的模具结构及示意图见图11-22。

② 内包封套注射成型参数　注射压力120～160MPa；硫化温度190℃；硫化时间70min；成型机锁模力5MN。

③ 内包封套制造方法　内包封套生产因模型结构比较复杂，需采用注压硫化机，据报道注压机使用压力（450～900）×10^3N。采用这种生产工艺，设备、模具费用较高，注射成型、硫化一次完成，生产工艺简单，生产效率高，产品均匀，质量稳定。采用树脂硫化的丁基橡胶的包封套，一般硫化温度185℃以上。

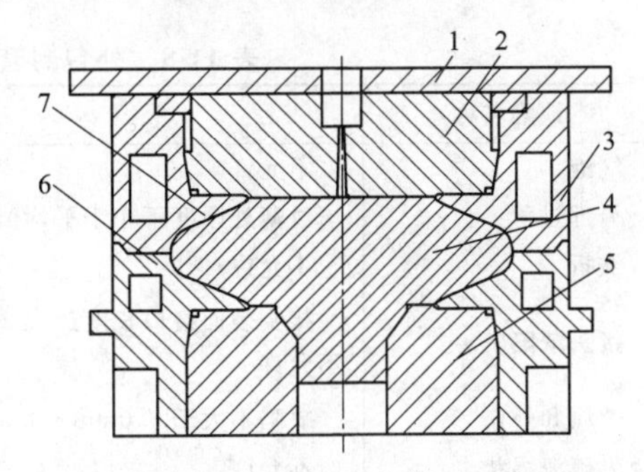

图11-22　注射成型机模具示意图

1—定模座板；2—定模板；3—上型腔；4—型芯；5—支撑块；6—下型腔；7—内包封套

内包封套胶料性能要求与外包封套胶料性能要求相同，要求具有特别优异的耐热老化性能和优异的气密性等。

内包封套注射成型机操作：胶料经制成胶条后喂入注射成型机进一步塑化后进入料筒内，在高压下注射入模腔内，由于制品径向尺寸较大，模型采取圆环形浇口成型，硫化开模后下半模移出机外，气顶脱模。

11.6.3.4　人工贴合法生产外包封套

人工贴合法主要用于大、巨型工程轮胎用预硫化胎面翻新，如贴合制造水胎。

国外有的大、巨型工程轮胎预硫化胎面翻新硫化多采取低温硫化，如德国一厂是浸于98℃的热水中硫化，因此包封套也可用天然橡胶制成。

11.6.4 延长包封套使用寿命的方法

(1) 保持包封套表面清洁，没有污物，使用2～3次后，在其表面刷一遍硅胶油，以保护包封套。

(2) 翻新生产时使用的包封套数量要有一定的周转量，一般为使用量的3倍。不要连续使用，每次使用后使其有一个恢复过程，再继续使用。

(3) 使用过的包封套平放，存放处通风、干燥，避免灰尘。

(4) 新的包封套都是用塑料袋密封，不使用时不要将其打开，以免暴露在空气中氧化。

(5) 包封套长期不用时，要将其清洁干净，刷上硅胶油，装入塑料袋内密封保存。

(6) 包封套使用时不能在地面滚动，要避免尖锐物刺穿，特别是细小的铁钉。

11.6.5 外包封套成品外观质量检查标准

外包封套成品外观质量检查标准见表11-8。

表 11-8 外包封套成品外观质量检查标准

缺陷名称	质量标准
气泡	不允许
局部过薄	过薄处厚度不小于平均值的75%，长度最大50mm
皱折	不允许
接头缺陷	接头表面裂口长度最大20mm，厚度降低不超过20%，且无继续延长。内表面裂口不允许
杂质和外伤	缺陷不大于3.0mm×3.0mm，深度不大于平均值的30%，最多4处
欠硫海绵状	不允许
胶边及台阶	周长胶边不大于4.0mm×0.3mm(需修理)，台阶最大0.3mm
标识漏缺或不清	不允许

11.7 条形预硫化胎面翻新工艺

11.7.1 条形预硫化胎面超长压缩贴合成型工艺

贴合条形预硫化胎面于胎体上时要对齐胎面两端的胎面花纹。贴合成型工艺有：超长条形预硫化胎面压缩成型法、拉伸贴合胎面成型方法两种。如希望提高翻新轮胎行驶里程就要采取预硫化胎面超长压缩贴合成型工艺。

预硫化胎面贴合成型时，要掌握好预硫化胎面长度，贴合到胎体上应使胎面处于应力压缩状态。使用环形预硫化胎面可以大幅度提高胎面的耐磨及耐刺扎性。

条形预硫化胎面要贴于已贴有缓冲胶的胎体上时，为使接头处胎面花纹对齐，使胎面在胎体上处于压缩状态，对提高胎面耐磨性及抗刺扎性有利。拉伸贴合胎面耐磨性及抗刺扎性不利。

(1) 压缩胎面贴合成型工艺

① 压缩及伸长预硫化胎面对磨耗的影响　预硫化胎面贴于已贴有缓冲胶的胎体上需要长度超长 1.5%～2.0%（因接头有个对花的问题），对提高胎面耐磨性采取模拟对比：室内及里程试验显示对提高胎面耐磨性有利，见表 11-9～表 11-12。

表 11-9　不同试片长度在阿克隆磨耗试验机上的磨耗量

项　目	胶条长度/mm						
	210	212	214	216	218	220	222
胶条在胶轮上伸长/%	6.1	5.23	4.34	3.44	2.55	1.65	0.76
磨耗量/(g/km)	0.581	0.553	0.552	0.548	0.534	0.548	0.534

表 11-10　环形预硫化胎面在胎体上应力状态对翻新轮胎里程磨耗的影响

项　目	胎面长度		
	小于胎体周长 15mm	等于胎体周长(±3mm)	小大于胎体周长 15mm
在胎体上应力状态	应力伸张	无应力	压缩应力
平均单耗/(km/mm)	5039	5392	5298

表 11-11　胎体贴合不同的胎面长度对比里程试验（1）

项　目	环形预硫化胎面长度		
	小于胎体周长 15mm	胎体周长	大于胎体周长 15mm
胎面在胎体上应力	伸张应力	无应力	压缩应力
轮胎平均单耗/(km/mm)	5039	5392	5298

表 11-12　胎体贴合不同的胎面长度对比里程试验（2）

轮胎类别	轮胎规格	胎面花纹	花纹深度/mm	剩余花纹深度/mm	平均行驶里程/km	单位磨耗/(mm/km)	磨耗增减量/%	胎面超长量/mm
斜交轮胎	9.00-20	烟斗	12	3.6	45406	5405	+50	100～130
			12	4.7	3603	3603	—	不超长
子午线轮胎	9.00R20	混合烟斗	12.7	4.1	48355	5604	—	不超长
			12.8	4.6	55378	6803	21.3	100

原重庆翻胎厂采用环形预硫化胎面生产，胎体贴合不同的胎面长度对比里程试验结果见表 11-12。

② 超长环形预硫化胎面压缩成型方法

a. 超长环形预硫化胎面压缩成型可在多功能削磨贴合机上进行。其与非超长环形预硫化胎面是相同的，即环形预硫化胎面扩张套贴到胎体上位后先点压胎面至胎体上，均布后压实。使用超长环形预硫化胎面翻胎的胎体及打磨要求如下。

(a) 胎体质量差，特别是胎体带束层损伤较大，有补垫的不宜用超长大的胎面，胎体打磨后胎冠弧度较大、胎体失圆度大也不宜用超长大的胎面。

(b) 胎体打磨时其打磨半径应比环形胎面的弧度大一些，即打磨的弧度比胎面弧度平一些，这样环形胎面可更紧贴于胎肩上，有利于其间的黏合，而且胎面从侧向受到压缩，有利提高轮胎的耐磨性。

b. 为使用条形预硫化胎面，贴合时使预硫化胎面处于压缩状态，可先将胎面接头好再在贴合机倒转的情况下点压胎面，均匀后再将贴合机正转压实。停机后用射枪在接头处钉好卡钉。

(2) 拉伸法贴合预硫化胎面　为使胎面接头对齐胎面花纹需将胎面拉伸，国内外新的胎面贴合成型机均配有自动拉伸功能（据称最大拉伸长度可达胎面长的3%)。但采用拉伸胎面会影响胎面的耐磨性和耐刺扎性。

11.7.2 预硫化胎面翻新轮胎贴合工艺

由人工冷贴缓冲胶片，贴预硫化胎面，上外包封套、内胎、硫化钢圈，翻新载重轮胎成型工艺是目前国内翻胎企业使用最普遍的方法。

(1) 冷贴缓冲胶片成型工艺流程图及工艺要点　这是美国奔达可公司使用了60年，我国目前翻胎使用最多的工艺流程。

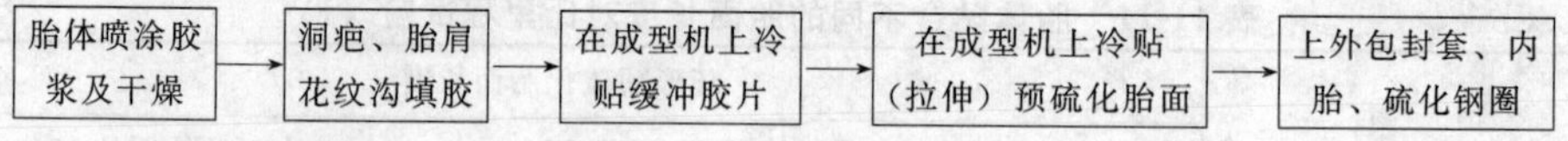

① 胎体喷涂胶浆及干燥本书第10章中已有介绍。

② 补洞疤，胎肩剩余的花纹沟填胶　补洞疤方法目前国内有两种：一是将修补胶用手工塞入洞疤内压实，一般不宜高出周边1.0mm，否则易在高出处出现小气泡（视洞深浅)；另一种用补胶枪挤出热的（60～70℃）修补胶，对洞疤、胎肩花纹沟填胶，此法效率高、填得实，对胎体黏合性好，但要注意尽量防止硫化时胶流至未打磨处，因这种流胶使用时很快就会开脱。

③ 在成型机上充气压0.15～0.2MPa条件下的冷贴缓冲胶片　缓冲胶片必须覆盖全部打磨涂胶浆面，且应宽于胎体打磨面2～3mm，也要宽于将要贴上的条形预硫化胎面。缓冲胶片贴合应是无缝搭接2～5mm，以使轮胎具有较好的平衡性。贴后应启动从中间向两边辊压的压辊及辅以手压辊压，但不得用手触碰打磨面及缓冲胶，务求压实排出胎体磨纹内与缓冲胶间的空气（必要时应由人工刺破气泡)。在贴合机上贴合时使用自动贴合挡，快速压合缓冲胶不少于15s。如发现胎体漏气应用缓冲胶封堵，如封堵无效应卸下轮胎进行处理。

④ 在成型机上贴条形预硫化胎面　贴合按施工表选定及要求进行，已涂有胶

浆并已干燥了的条形预硫化胎面在贴合前，应先用磨胎机上的测周长装置测量贴有缓冲胶的、在充气 0.15～0.20MPa 条件下胎体的周长及胎体磨面宽度等（严防手及污染缓冲胶面）。按胎面对好胎面花纹的条件下切取预硫化胎面，如为对花切，胎面短于应需要的长度（不小于应当长度的 2%时），将胎面拉长到所需的长度贴到距接头点 400mm 处，在胎面端头贴接头胶片等后再压贴接头。

胎面接头处应与缓冲胶片贴合搭接对称处呈 180°，并应留有 1.5～2mm 左右的间隙，以便在接头处加贴缓冲胶黏合，接头处胶面应高出胎面 2mm，接头处胎面花纹应对正（用拉或压微调胎面长度）。

操作注意：尽量使胎面的长度接近所需长度以利提高耐磨性。用碳化钨手持磨头，打磨预硫化胎面端头（注意胶屑不要掉到在成型机上的胎体上）后将预硫化胎面端头中心对准胎体中心（贴合机应配有激光对正中心装置），用脚踏开关控制慢慢旋转，手（或自动）控制胎面的贴合，对准中心张力小且均匀地压合于胎体上，贴到适当位置确认长度合适（超长要先接头）用贴合机上的裁刀切断胎面并打磨胎面端头涂以稀胶浆，干后贴厚度约 1.2mm 的缓冲胶，胎面两端对接压合，再用贴合机上的压辊从胎面中间向两侧快速旋转辊压，时间不少于 15s。最后用卡钉钉好胎面接头（每 25mm 长度内不少于 3 个），见图 11-23。

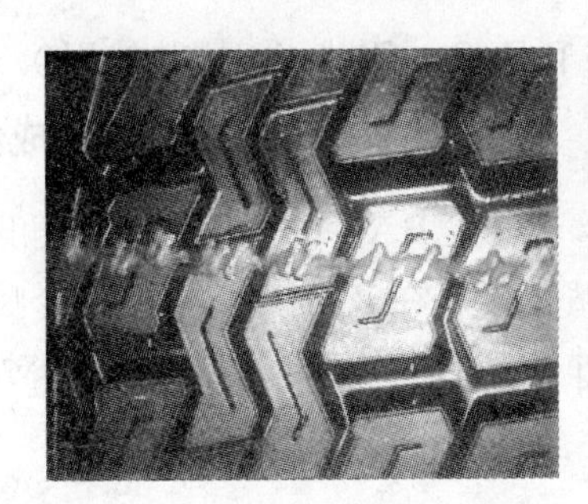

(a) 正确的钉接头

(b) 不正确的钉接头

图 11-23 钉接头示意图

⑤ 条形预硫化胎面与胎体匹配要求见表 11-13。

表 11-13 条形预硫化胎面与胎体匹配要求

项 目	匹配要求
胎面胶底宽≤胎体打磨面弧线长	2～6mm
缓冲胶片宽＞胎体打磨面弧线长	6～10mm
胎面胶长度与胎体打磨面(中心线加缓冲胶片长)	±1.5%
胎面胶接头个数限制	3 个
胎面胶中心与胎体打磨面中心线误差	±1.5mm(载重轮胎)

胎面贴好后用补胶枪沿胎面与胎体结合部挤填一圈缓冲胶，并对原胎体残留处

与胎面结合处进行补胶。

⑥ 加放排气网在整个有花纹的胎面上，并用射钉点式固定（可小范围活动）。套包封套时使用的包封套大小应与轮胎相匹配：过大抽真空时包封套易起皱，缓冲胶在此处溢出，包封套过小抽真空时包封套难以进入胎面花纹沟内，此处形成真空，有可能缓冲胶在此处溢出或胎面花纹沟底部起鼓，胎面花纹沟被压变形。包封套用前应检查无泄漏，涂以隔离剂。包封套气嘴位于轮胎中部，避免处于接头处，气嘴下应垫有排气网，注意与装内胎时的气嘴错位 20°～30°。

⑦ 装内胎（装内胎前应检查有无泄漏）、装硫化轮辋宽度应与轮胎相匹配，加胎侧压板。装好硫化轮辋后切记要插入安全插销以防轮辋开脱造成大事故。

加硫化内胎上钢圈冷贴缓冲胶翻新法的缺点是硫化时间长，装卸配用辅助设备多，需人工多，难以实现（小）修补、翻新一次完成。

图 11-24　RAS 66 型胎面贴合机

(2) 压出热贴缓冲胶　德国 AZ 公司 2004 年推出缓冲胶压出热贴成型机（国内也有类似的设备可供），其优点是黏合效果好，贴缓冲胶和补洞疤（深 6mm 以下）一次完成，节省时间。

11.7.3　贴（含压出热贴）缓冲胶及贴合预硫化胎面成型设备

(1) RAS 66 型缓冲胶压出胎面自动贴合机　在该机上可进行：冷喂料压出缓冲胶，自动拉伸贴合胎面，对中心及裁断。其外形见图 11-24，图 11-25 为系统联动配置。

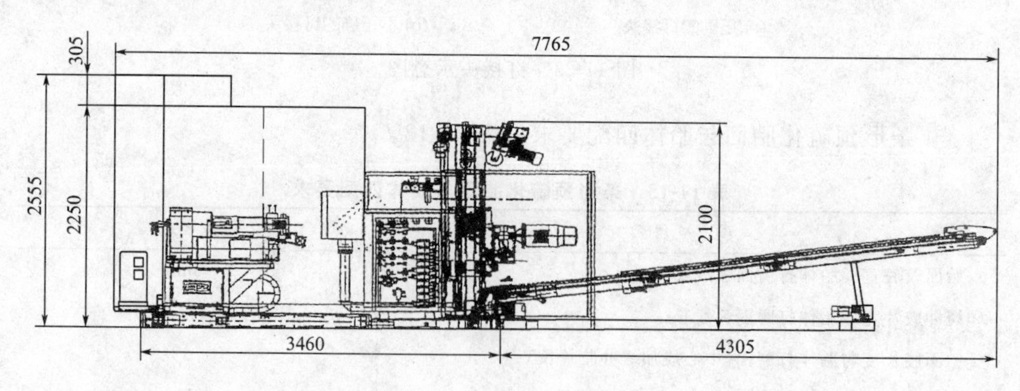

图 11-25　系统联动配置

主要技术参数如下。

轮胎直径：680～1180mm

轮胎宽度：450mm

轮胎最大重量：110kg

装机容量：47kW

供气压力：1MPa

重量：3900kg

(2) VMI-AZ 型缓冲胶压出热贴和胎面自动拉伸贴合机　该机外形见图 11-26，该机主要由两部分组成：缓冲胶压出热贴和胎面自动拉伸贴合。缓冲胶压出热贴的特性如下。

图 11-26　缓冲胶压出热贴和胎面自动拉伸贴合机

① 挤出螺杆：直径 60mm，双螺纹，变深混炼型，使用交流电机 11～20kW，可变速 63～110r/min。

② 挤出贴缓冲胶片宽度由机头处安装有一小型齿轮电机推动模口挡板调节，调节范围：130～420mm。

③ 压出机膨胀鼓转速调节器（操纵板）上装有一调速器。

④ 压出机温度控制系统：加热功率 9kW，制冷能力 1800kcal/h。在 90℃时，压缩机能力 70L/min。

⑤ 外形尺寸：3120mm×1600mm×2000mm，重量：3000kg。

⑥ 总功率：35kW。

⑦ 喂料胶条：(50mm×8mm)～(75mm×9mm)。

该机优点是胶是热贴不用隔离材料，贴胶补洞疤、贴胎面几乎是自动一次完成，可不用或少用涂胶浆。

缺点是设备价格高，压出缓冲胶是间断操作，低温缓冲胶易焦烧，同时返回胶也难回掺。

近年有人主张将胎面贴合拿走，只配缓冲胶压出热贴机，见图 11-27。

(3) BR-330 轮胎上胶机　该机最大的特点：除配置较全，后压辊较好外，还配有胎面拉伸装置，并配有成型机全部操作图例，这是国内外资料少见的。其外形见图 11-28，设备主要技术条件如下。

图 11-27　只配缓冲胶压出热贴机

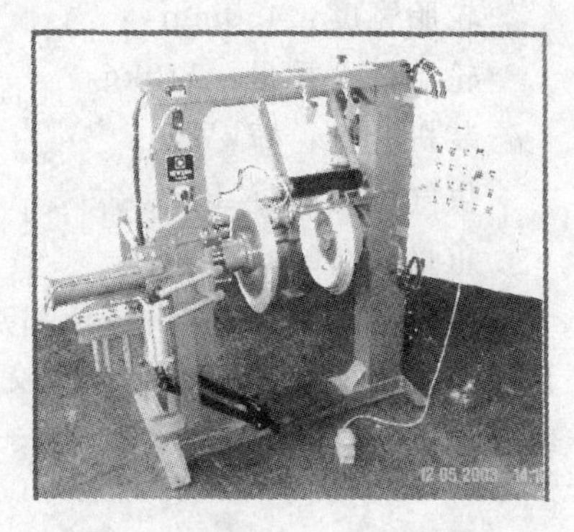

图 11-28　BR-330 轮胎上胶机

铝压盘：　标准供应 20in/22.5in

驱动电机：旋转电机 1.3/0.3kW×2

　　　　　左右移动电机 1.3/0.9kW×2

气源压力：0.8MPa

外形尺寸：2100mm×1100mm×1840mm

重量：　　1850kg

(4) 1000 型胎面贴合成型机　图 11-29 为意大利产的 1000 型胎面贴合成型机，具有以下特点。

图 11-29　1000 型胎面贴合成型机

图 11-30　FTTZ225 型胎面贴合机

① 生产效率高，约 60 条/8h。

② 可视接触式屏幕，在线可调技术参数。在一个操作周期内可自动完成以下步骤：轮胎置于膨胀鼓后自动充气及对正中心，自动测量胎体周长并选择所有合适的参数。

③ 贴缓冲胶片，贴胎面并自动对正中心。

④ 胎面张力控制，胎面接头处最大拉伸 3%，可贴翼形及双弧胎面，自动排气。适应轮胎直径 800～1200mm；宽度 120～460mm。

⑤ 技术参数　安装功率 12kW。

⑥ 设备外形：4800mm×1400mm×2500mm；重量：2600kg。

⑦ 压缩空气：0.8～1.2MPa。

(5) 国产的FTTZ225型胎面自动贴合机　图11-30为国产的FTTZ225型胎面贴合机，该设备主要特点：设有胎面拉伸系统以解决问题胎面对花纹问题，可预裁断4m长以下的胎面，自动胎面对中心并可适应胎面最大宽度为480mm的传送辊，自动除去胎面保护膜。

① 技术参数

适应轮胎直径：750～1250mm

最大宽度：495mm

最大胎面宽度：480mm

总功率：6kW

外形尺寸：6200mm×2400mm×2200mm

重量：2400kg

② FTT-Z225型胎面自动贴合机结构　主要由分合压辊装置、主机、前输送装置、后输送装置、裁断装置、底座等组成，见图11-31。

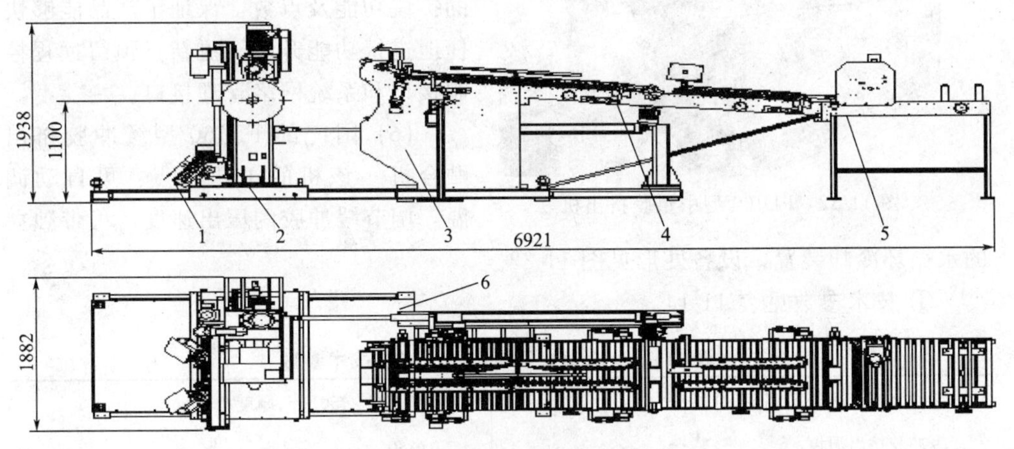

图11-31　胎面自动贴合机结构

1—分合压辊装置；2—主机；3—前输送装置；4—后输送装置；5—裁断装置；6—底座

分合压辊装置用于对胎面进行压合以保证其与胎体黏结牢固，并赶走结合处的气泡，压辊压合效果对翻胎质量非常重要。分合压辊气缸伸出，滚轮从中间逐步向两侧辊压，赶走气泡，并使黏合层黏结牢固。

主机用于轮胎定位、充放气、轮胎旋转。将轮胎放置于膨胀鼓上，通气后膨胀鼓膨胀，锁紧胎圈，轮胎充气。上胎面胶时，主机装置运动至贴合工位，主轴低速旋转，进行自动贴合；压辊辊压时，主机装置运动至贴合工位，主轴高速旋转，压合缓冲胶或胎面胶。

前输送装置用于输送胎面、自动定中胎面、拉紧胎面、压合胎面。中心测量装置检测轮胎胎肩位置，PLC计算出轮胎中心，从而引导左右挡辊做相应的移动迫使胎面中心始终与轮胎胎冠中心保持重合，胎面被驱动贴合至轮胎，PLC 自动计算需要补偿的胎面拉伸量，通过中间压辊在压合胎面的同时将胎面拉伸至所需长度。

后输送装置用于输送胎面、驱动胎面、自动定长胎面。电机减速机驱动胎面顺着辊道前进，当胎面前端部到达裁断计数开关位置，PLC 开始记忆胎面走过的长度。通过 PLC 采集的轮胎周长信号，胎面裁断装置自动将胎面裁断。

裁断装置用于裁断胎面。气缸压板下落并夹紧胎面，电机减速机驱动滑块座沿光轴移动，裁刀经过胎面后将胎面裁断。

底座由底座架、导轨等组成，是主机和前输送装置的载体。

FTTZ225 型胎面自动贴合机的特点是：胎面自动定长裁断；胎面拉紧，胎面对胎体有一定预紧力，胎面黏合牢固，同时节省胎面；胎面自动定中结构，贴合更匀称，贴合效率高；自动辊压，换轮胎规格时无需对设备进行调整；采用 PLC 控制，各种功能模块预留了足够的扩展功能及点数，保证了产品能够快捷地进行功能升级、更新；预留远程控制接口和系统网络管理接口。

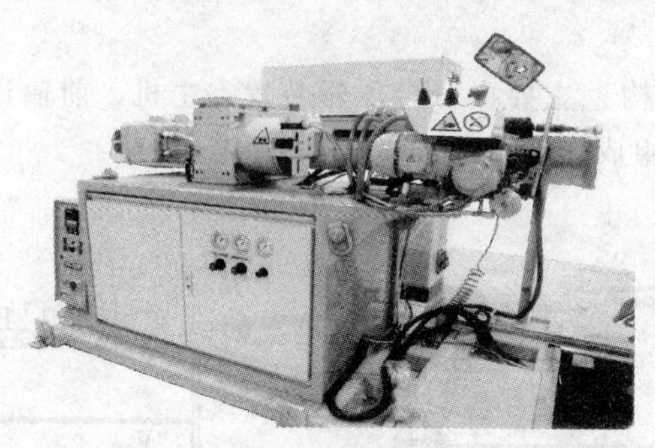

图 11-32　FDJ60 型中垫胶挤出机

(6) 国产的 FDJ60 型缓冲胶挤出贴合机　该机的主要特点：可自动调温，调节缓冲胶的压出速度，可带独立的水循环冷却装置，设备外形见图 11-32。

① 技术参数见表 11-14。

表 11-14　FD160 型缓冲胶压出机技术参数

缓冲胶挤出机口型宽度(可调)	宽度 120～450mm，厚度 1～5mm
缓冲胶挤出温度/℃	60～80
总功率/kW	30
外形尺寸/mm	2450×2400×2000
重量/kg	1100

缓冲胶挤出热贴机是指用于预硫化胎面翻新时，利用压出机直接将压出的热胶料压贴到打磨好的胎体上，成型缓冲胶的设备，在打磨好的胎体上贴胎面胶之前，为增加胎体和胎面胶间的粘贴牢固性，一般都要先在胎体上贴一层薄的中间黏合胶片，这种中间黏合胶片称为“预硫化缓冲胶”，在预硫化翻胎场合亦简称缓冲胶。

② 缓冲胶挤出热贴机的工作原理　图 11-33 是将打磨、涂胶浆、干燥好的胎体与压出机机头相接触，胶条在压出机内塑化后，被以合适的速度压在胎体上，形

成热胶料堆积区。机头上沿轮廓突出，轮胎顺时针旋转带动胶料经过机头上沿时，胶料被压贴到胎体上，同时机头轮廓形状在沿轮胎轴线方向上刚好契合胎体表面弧线，使涂抹的缓冲胶厚度均匀。涂抹的缓冲胶的厚度取决于多方面的因素，除了压出速度外，还包括轮胎旋转速度、压出缓冲胶宽度、胎体充气压力以及胎体接触压力等。轮胎 2 可以随立柱 1 沿其涂抹半径方向往复移动，以适应不同直径的轮胎。轮胎 2 被固定在膨胀鼓 3 上，沿中心做旋转，使胶料均匀的压合在轮胎上。轮胎 2 两侧被可以沿轮胎轴向运动的口型滑块 4 挡住，可以不用更换机头就能适应不同宽度的轮胎。轮胎 2 靠紧滚花压轮 5 后，立柱 1 即刻停止移动，保证胎体与口型间达到适合的接触压力。

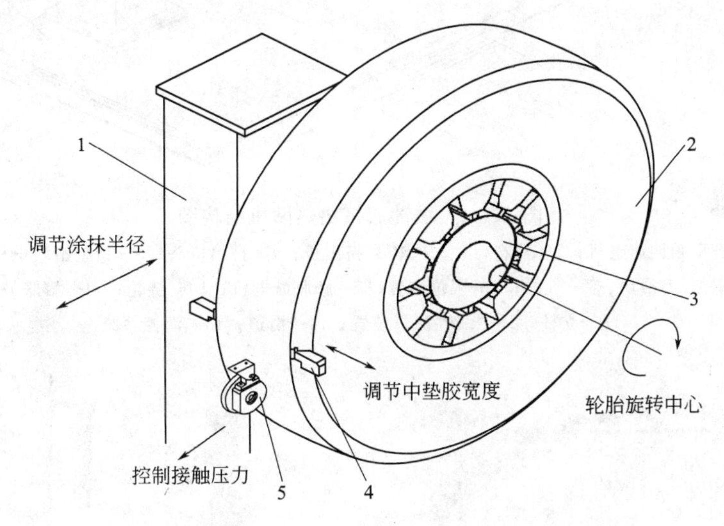

图 11-33　缓冲胶挤出热贴机工作原理示意图

1—立柱；2—轮胎；3—膨胀鼓；4—口型滑块；5—滚花压轮

③ 缓冲胶挤出热贴机结构　主要由冷喂料压出机、压出机头、口型滑块、限位装置、膨胀鼓、立柱、滑道、温控系统等组成。结构示意图见图 11-34。

11.7.4　包封套拆装机

(1) 卧式包封套拆装机　图 11-35 是国产的 WSBF-15/22.5 卧式包封套拆装机，该机可与钢圈拆装机联动进行流水作业，8 个机械手的开张角度可通过 3 位脚踏开关调节以适应不同规格包封套的需要。

(2) 立式包封套拆装机　图 11-36 为立式包封套拆装机外形。

立式的上外包封套机装于轮胎硫化进出运输的单轨流水线中，简化了工序。上外包封套机主要由机架、气缸、钩板、机座、脚踏阀等组成。整个机架、底座由钢管焊接而成。

立式包封套拆装机外形见图 11-36，结构示意图见图 11-37。

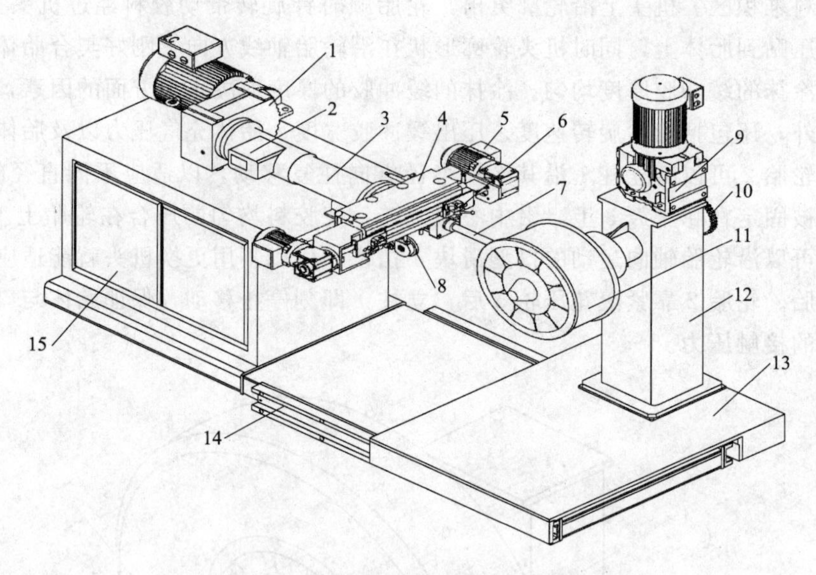

图 11-34　缓冲胶挤出热贴机结构图

1—变频调速电机；2—喂料口；3—MCT 挤出机；4—挤出机头；5—口型滑块电机；6—口型滑块；7—气缸；8—限位装置；9—膨胀鼓电机；10—链轮；11—膨胀鼓；12—立柱；13—线性测量装置；14—滑道；15—温控系统

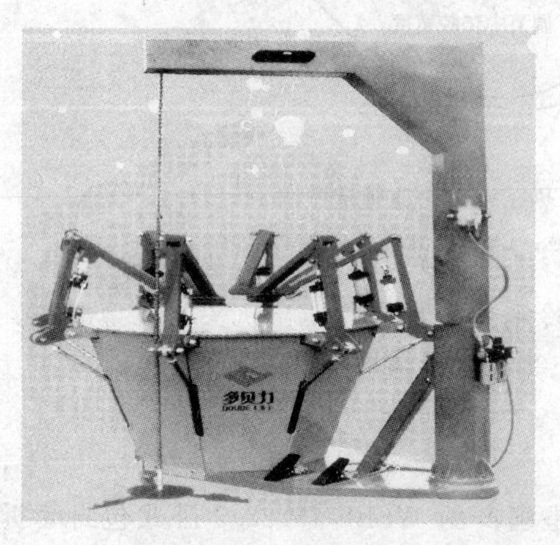

图 11-35　WSBF-15/22.5 卧式包封套拆装机

图 11-36　立式包封套拆装机

工作过程是首先将外包封套挂在钩板位置 A 上（共 8 个钩板），踩一下脚踏阀 7，气缸 3（共 8 个气缸）将外包封套胀开至钩板位置 B 处，随后将贴好胎面胶的轮胎放入包封套内，再踩一下脚踏阀 7，气缸缩回，钩板退出外包封套 2，此时外包封套将轮胎紧紧套住，至此整个工序完成。

(3) 上双包封套工作台　上双包封套工作台主要由右翻版、左翻板和机架等组成，见图 11-38，外形见图 11-39。

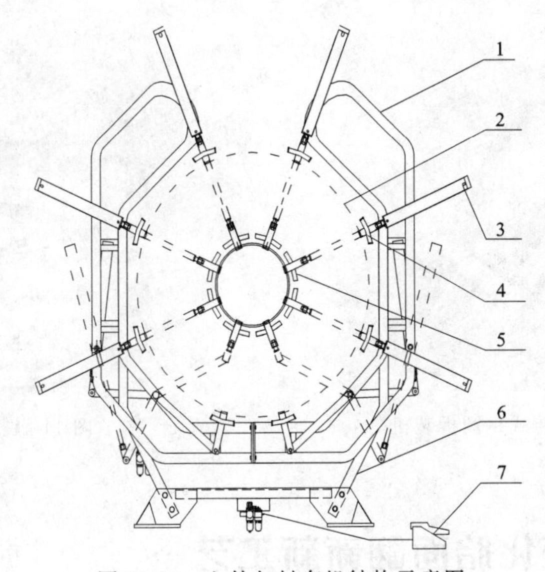

图 11-37　上外包封套机结构示意图

1—机架；2—外包封套；3—气缸；4—钩板位置 B；5—钩板位置 A；6—机座；7—脚踏阀

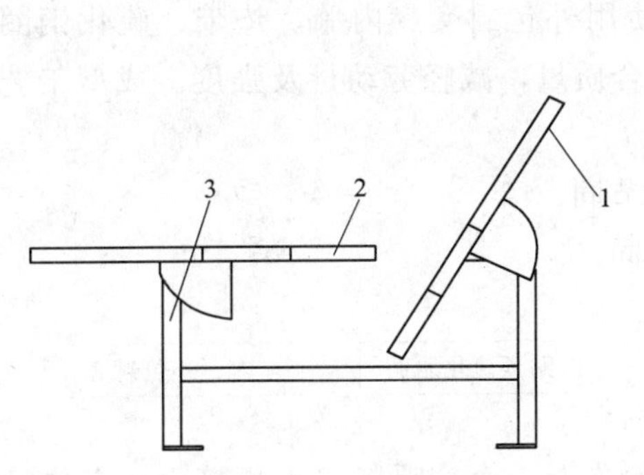

图 11-38　上双包封套工作台

1—右翻板；2—左翻板；3—机架

图 11-39　外形图

工作过程是首先将装好外包封套的轮胎放在右翻板 1 上，将内包封套放入轮胎内腔，内包封套翻边压在外包封套上，然后抬起右翻板 1，将轮胎翻到左翻板 2 上，再将另一侧内包封套翻边压在外包封套上，至此整个工序完成。

11.7.5　翻转式钢圈拆装机

图 11-40 是国产的 GQ-15/22.5 翻转式钢圈拆装机，该机采用多个气缸辅助，轻松完成轮胎翻转、钢圈锁紧及拆装等动作，由 1 人操作。

11.7.6　硫化钢圈

由压板及钢圈两部分组成，见图 11-41，用于翻新轮胎硫化时可免装垫带。

图 11-40　翻转式钢圈拆装机

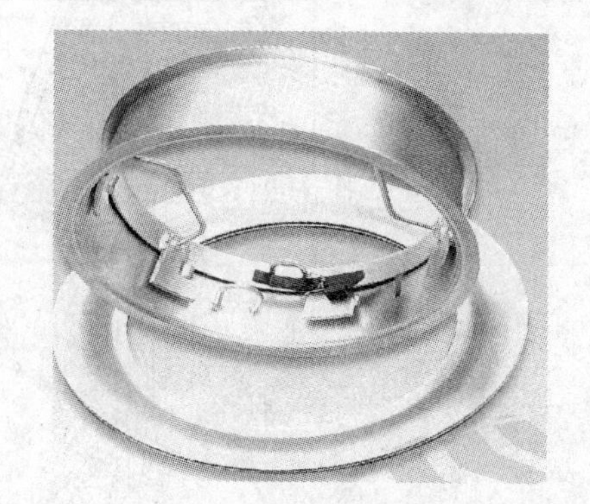

图 11-41　硫化钢圈

11.8 预硫化胎面翻新新工艺

冷喂料热压出缓冲胶片热贴于胎体上可大幅度提高黏合质量，节省填补胶及胶浆用量。使用内，外包封套替代原来的使用外包封套、内胎、垫带、硫化钢圈工艺，可缩短硫化时间（约 25%），提高黏合质量，减轻劳动量及强度。成型工艺流程如下。

① 胎体喷涂胶浆及干燥　与 11.7.2 节同。

② 胎肩及花纹沟填胶　与 11.7.2 节同。

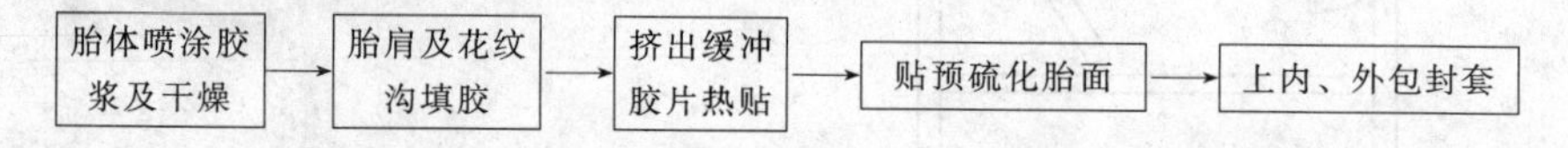

③ 挤出缓冲胶片在成型机上热贴于胎体上　由冷喂料挤出机挤出，在成型机上贴在与轮胎打磨面相合适的宽度，一般应大于胎体磨面宽度及厚度。一般载重轮胎缓冲胶片厚度控制在 1.2mm，轮胎旋转及机上由中压辊及双开压辊压实，并可自动填实深度小于 6.0mm 的洞疤，因此对小于 6.0mm 的洞疤可不用人工填胶。挤出缓冲胶片机上有小齿轮电机，调节挤出缓冲胶片宽度（最大 480mm）。

④ 贴预硫化胎面　在挤出缓冲胶和贴胎面胶联动装置上贴预硫化胎面，见图 11-42。可自动定长（为胎面接头对花可自动拉伸所需长的胎面）、自动裁断、贴胎面、辊压。

⑤ 上内、外包封套　新型内，外包封套是配套使用的，外包封套只包到下胎侧边缘，有一圈凹形密封槽，而内包封套侧面上边缘有一凸胎密封圈（见图 11-12），使用时两套相扣即可形成一密封腔，使用时可抽真空。套内，外包封套具体操作见图 11-43。

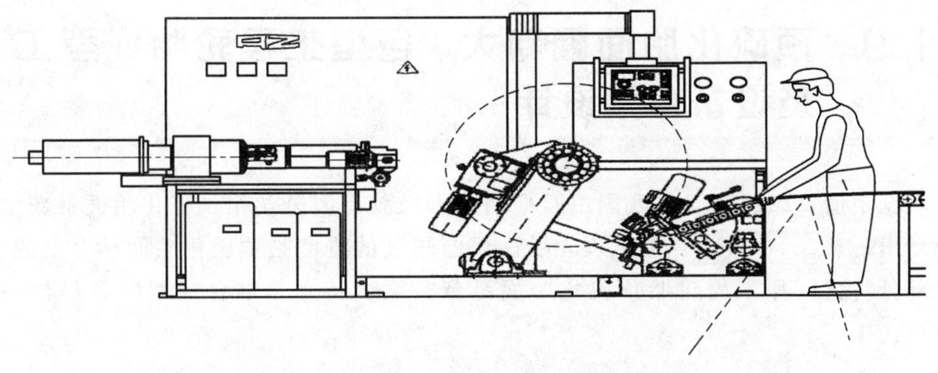

图 11-42　挤出缓冲胶和贴胎面胶联动装置

(a) 轮胎上放一块可覆盖胎面胎内腔的长排气沙布垫

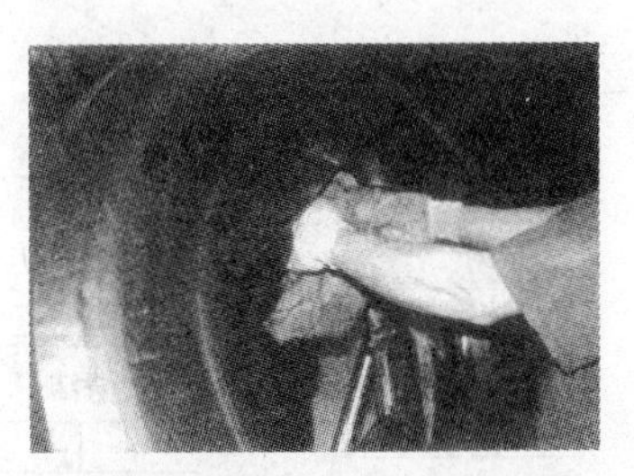

(b) 排气沙布垫塞到内包封套顶端

(c) 装入内包封套再装外包封套

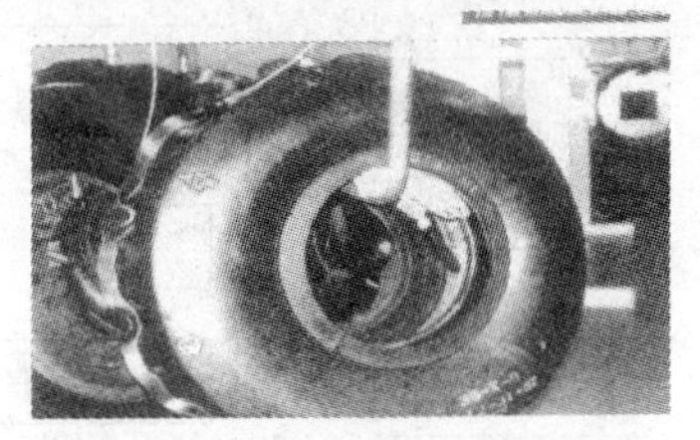

(d) 装好包封套后应用带托板的挂钩托挂以免损伤内包封套

图 11-43　套内、外包封套具体操作

图 11-44 是使用内、外封套硫化时硫化翻新及小的修补垫、钉眼一次完成的情况。

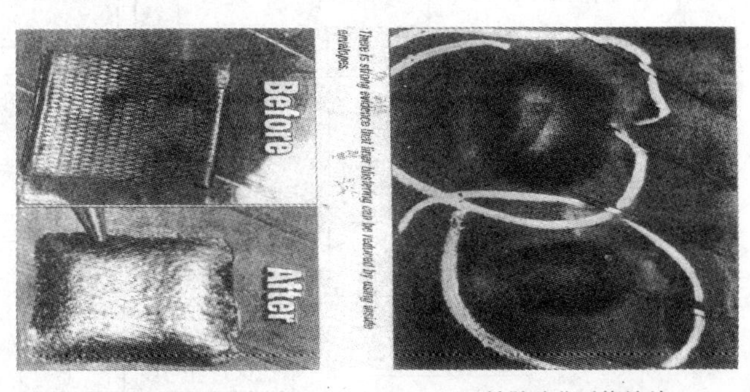

(a) 修补贴胶　　(b) 轮胎硫化后修补处

图 11-44　使用内、外封套硫化翻新及修补垫、钉眼一次完成情况

11.9 预硫化胎面翻新大、巨型工程轮胎成型工艺及设备方案设计

据报道，2012 年 7 月我国山西平朔正嘉橡胶有限公司用预硫化胎面翻新法已翻新出一条 37.00R51 巨型工程轮胎。目前较大的难度是预硫化胎面贴合及成型。该部分将就巨型工程轮胎预硫化胎面翻新方案，特别是贴合成型问题提出一些建议。

11.9.1 生产工艺流程图

生产工艺流程见图 11-45。

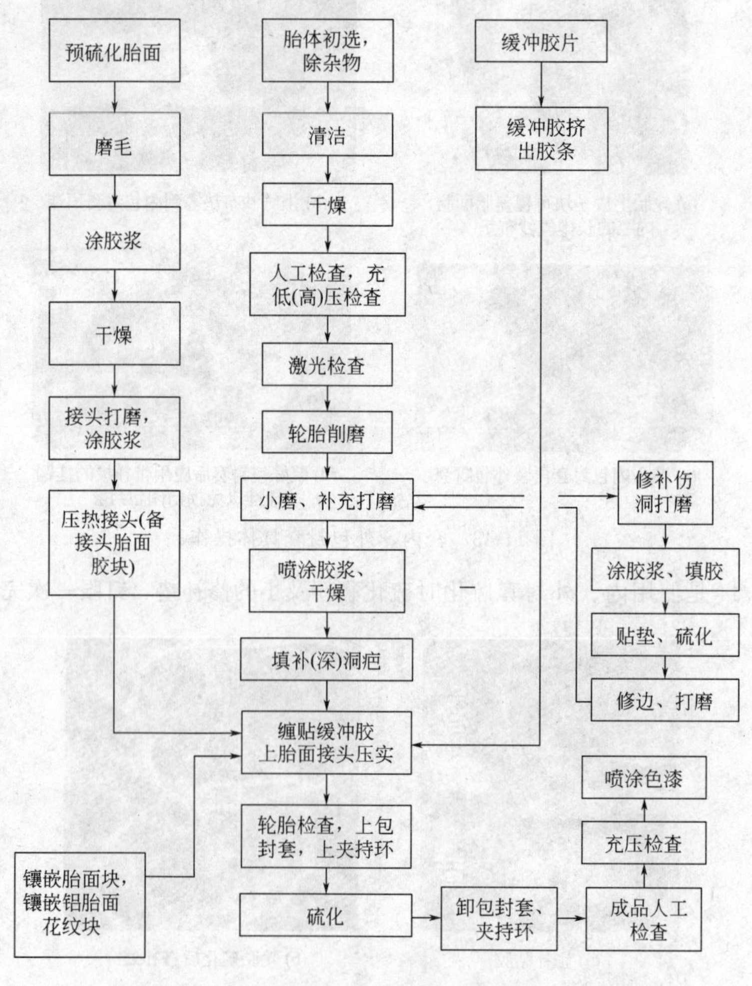

图 11-45 条形预硫化胎面翻新工程轮胎工艺流程

11.9.2 预硫化胎面翻新法翻新工程轮胎工艺图例

主要工艺过程可分为7个步骤，见图11-46。

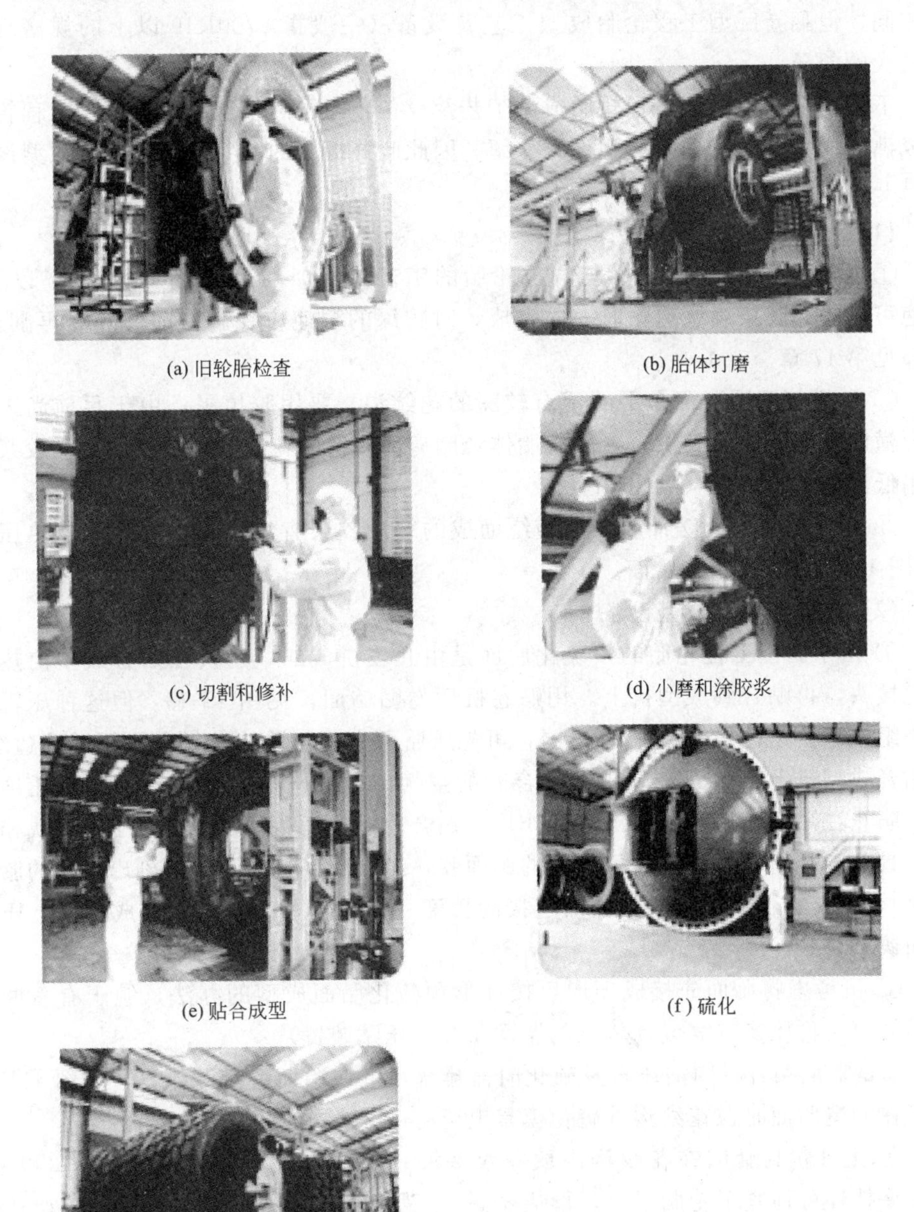

(a) 旧轮胎检查

(b) 胎体打磨

(c) 切割和修补

(d) 小磨和涂胶浆

(e) 贴合成型

(f) 硫化

(g) 成品检查

图11-46 工艺过程图例

11.9.3 巨型工程轮胎成型工艺及设备设计构想

预硫化胎面法翻新大型工程轮胎成型工艺及设备与翻新载重轮胎工艺及设备基本相同，但翻新巨型工程轮胎成型工艺及设备（一般指 2700R49 以上的规格）就有较大的差异。

下面主要探讨巨型工程轮胎成型工艺及设备，但国际上至今未见巨型工程轮胎较成熟的成型贴合工艺及成型设备介绍。因此此处提出的一些成型工艺及成型设备仅是一些设想。

(1) 贴合工艺

① 胎体喷涂胶浆及干燥与载重轮胎的工艺是相似的，浅的（12.5mm 以下）洞疤可在缓冲胶条缠绕热贴时一次完成，对较深的洞疤应在翻新前修补后再翻新，修补见第 17 章。

② 胎肩打磨因磨面是平的留有较深的花纹沟，要用胶填平，由于目前尚未见有带横向弧度的胎面胶供应，因此胎体及胎肩部残留的花纹沟要再打磨，涂胶浆干后用低温硫化胶填平（见图 11-47）。

③ 压出的较厚的缓冲胶条、缠绕而成的缓冲胶层有波浪形，应立即趁热压平（见图 11-48）才能贴合胎面。

(2) 预硫化胎面成型设备

① 由于巨型工程轮胎的预硫化胎面是由几段拼成的，建议在贴合成型前热压硫化接头，再贴合到成型机上。用贴卷机压卷贴胎面，见图 11-49，但这种压辊应是一组（3 个以上），其中高率不同，可先压胎面中部与胎体接触，再压胎面边缘，在贴合成型机上贴胎面，以排出贴合时的空气。这些压辊并在轮胎下侧有托顶胎面，防止在贴合初从胎体上滑落的作用。贴合后使长度达到仅留出便于花纹块相一致、具有与翻新轮胎直径一致弧度的胎面胶，经切割（必要是应可刻出衔接的胎面花纹），用接头低温硫化胶镶嵌需连接的长度（见图 11-50），在贴合成型机上压贴胎面镶嵌块。

② 可考虑将胎面先接成环形后按环形预硫化胎面成型的办法，缠于有缓冲胶的胎体上后再压实（需设计较大的胎面张开及压贴装置）。

有的胎面贴合时因需压合及硫化时需排气，可在胎面上打孔排气，见图 11-51，也可在制造胎面时在花纹沟处硫化模具上留有 ϕ2～3mm 的孔。

③ 上外包封套前在花纹沟内放花纹塞块（此种包封套可包到轮胎子口以下，使用夹持环可顶紧于轮胎子口，形成密封），为保证硫化时轮胎各部受热、受压均匀及防止排气孔流胶，在胎面花纹沟内塞入铝花纹块，花纹块的两边可稍宽于轮胎花纹沟以免脱落，见图 11-52（硫化时可在轮胎外缠两层稀网式尼龙布，利用尼龙热收缩特性箍紧轮胎，以免花纹块脱落）。

④ 上外包封套，夹持环　巨型轮胎硫化的包封套美国 Shamrock Marketing

Inc 可供，上外包封套设备见图 11-53，夹持环及上夹持环设备见图 11-54。

图 11-47　胎肩被填平

图 11-48　缠贴的缓冲胶压平

图 11-49　卷压贴胎面机工作情况

图 11-50　在贴合成型机上贴胎面，留出一段

图 11-51　在胎面上打孔

图 11-52　在胎面花纹沟内塞入铝花纹块

⑤ 翻新贴合成型　图 11-55 是意大利 Marangoni 公司提出的巨型工程轮胎用预硫化胎面法翻新的成型贴合机。上胎面也是通过辊床由下顶辊将胎面顶压贴于胎

体上，靠轮胎旋转将已接好的胎面卷于胎体上，并留出一段距离，打磨两端涂胶浆，然后配以适当的胎面胶块嵌入。

图 11-53　上外包封套设备

图 11-54　上夹持环步骤

图 11-55　贴合成型机

11.9.4　热缠绕贴缓冲胶，用夹持环翻新大、巨型工程轮胎需研发的装备

巨型工程轮胎翻新设备中的磨胎机及硫化罐国内外已有多家生产。但成型装备国际上还未见哪家生产供应，包封套、上包封套机、夹持环亦未见有可供的企业。目前国内山西朔州煤业正在上翻新 53/85R63 巨型工程轮胎（用预硫化胎面法翻新）项目，为此对这些设备提出一些参考意见。

(1) 设计一条巨型工程轮胎翻新成型机组　包括：冷喂料挤出缓冲胶条缠绕、压平体系；胎面端头打磨、涂胶浆、贴胶、接头、硫化、测长、切断、对中、压贴联动线；贴合、辊压成型机主机。

① 冷喂料挤出缓冲胶条缠绕、压平体系，在贴合成型机缠贴及压平缓冲胶。

② 贴合、辊压贴合、对中、压贴联动线辊压成型机主机，贴合成型机上贴胎面。

③ 巨型工程轮胎翻新包封套以轮胎外加薄铁板加大直径为模型，由人工贴胶片的办法贴成，放入硫化罐内硫化。

④ 巨型工程轮胎翻新包封套装卸机可参考现工程轮胎的包封套装卸机（见图 11-56）并加以放大。

图 11-56　工程胎上包封套机

⑤ 巨型工程轮胎翻新包封套夹持环及夹持环装卸机可参考现载重轮胎用的夹持环（图 11-57、图 11-58）制备。夹持环的装卸机则要新设计，因夹持环太重及夹持环的调节并非人力所及。

图 11-57　硫化包封套夹持环

图 11-58　包封套夹持环使用情况

(2) 新型夹持环

① 美国 Shamrok Marketting Inc 近年推出包胶加垫夹持环，可用于工程轮胎，并有多种型号（见表 11-15）。图 11-59 为新型包胶加垫夹持环及使用情况。

(a)

(b)

图 11-59　新型包胶加垫夹持环及使用情况

表 11-15 为包胶垫夹持环的各种型号。用于工程轮胎的胎圈直径有 25in、29in、33in、35in 多种型号。

表 11-15　包胶垫夹持环各种型号

型　号	品　种	型　号	品　种
SR/BOLTN	螺栓型密封环	CR/LPPFX	长支杆型密封环
SR/STRUP	钢筋箍型密封环	CR/SPPFX	短支杆型密封环
CR/HANFT	把柄式密封环	CR/CLPFX	E 形夹(簧环)

② 美国 PRESTI 公司生产的密封环　密封环产品系列如下。

12in 密封环　　22in/22.5in 密封环
14in 密封环　　24in/24.5in 工程轮胎
15in 密封环　　25.0in 工程轮胎
16in/16.5in 密封环　　29in 工程轮胎
17.5in 密封环　　33.0in 工程轮胎
19.5in 密封环　　35.0in 工程轮胎

11.10　环形预硫化胎面翻胎成型工艺及设备

环形预硫化胎面翻胎在我国未能推广使用的主要原因是我国胎体情况过于复杂，且环形预硫化胎面使用的灵活性及制造生产效率远不及条形预硫化胎面。“带骨架的环形预硫化胎面用于胎体换带束层日益流行，这给环形预硫化胎面翻胎注入了新的含义。

11.10.1　环形预硫化胎面翻胎冷贴缓冲胶、套贴胎面、套包封套成型工艺

环形预硫化胎面翻胎成型工艺流程如下。

① 前三个流程与 11.7.2（1）中的①、②、③相同。

② 胎面经磨毛、涂胶浆干燥后，环形预硫化胎面套贴于胎体上。使用 RTS 公司生产的多功能削磨、贴合机，扩张机构将环形预硫化胎面套于扩张机构的十个指架上，扩张至直径约大于胎体 4～6cm，利用机上的行走机构行至胎体位置，胎面中心对准胎体中心后扩张机构的指架收缩，落在胎体上。

③ 环形胎面在贴合前的胎面周长　斜交轮胎应大于胎体直径 1%～1.5%，超过 1.5%视为超长胎面；钢丝子午线轮胎胎面周长应大于胎体 0.5%～1%，超过 1.0%视为超长胎面。套正胎面后用压辊点压胎面认为无偏差后利用机上的行走机构将扩张机构的十个指架退出，回到原位。机上的辊压机构对胎面辊压。

④ 套内、外包封套　可由人工套内、外包封套，与套环形预硫化胎面是相似的，但需先放入排气垫。

11.10.2　环形预硫化胎面翻胎成型设备

环形预硫化胎面翻胎成型设备目前主要是由意大利马郎哥尼 RTS 公司生产的 MULTFUNCTIONAL（译为“多功能削磨贴合机”）。该机可削、磨载重轮胎，贴合缓冲胶、套贴环形预硫化胎面，其改进型见图 11-60（意大利 RTS 公司生产）及图 11-61（青岛高校软控公司生产）。

图 11-60　意大利多功能削磨贴合机

图 11-61　国产多功能削磨贴合机

主要技术参数：适应轮胎 7.50-15～12.00R24；装机电机 11kW；空气消耗 2000L/h；外形尺寸 2000mm×3200mm×2005mm；重量 2500kg。

11.10.3　环形预硫化胎面翻胎成型操作

环形预硫化胎面翻胎成型操作示范见图 11-62。

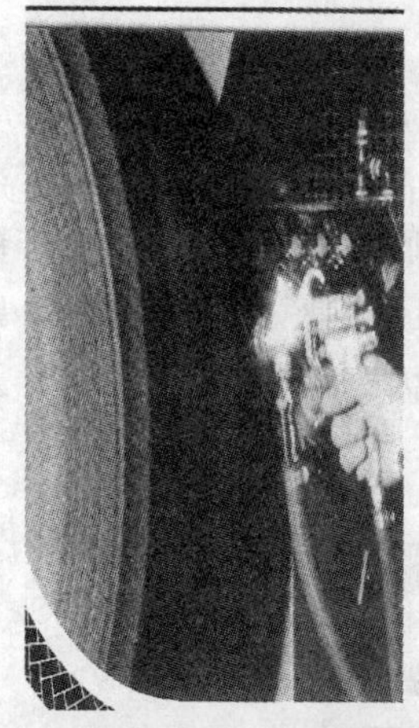

(a) 贴缓冲胶前再喷涂稀胶浆(1∶15)

(b) 贴缓冲胶

(c) 转动机台时将环形胎面装于机台上的扩张器上(见图11-61国产多功能削磨贴合机)

(d) 将环形胎面的扩张器行走至胎体鼓位置

(e) 扩张器收缩胎面触及胎体，胎面中心对正后用机上的压辊轻压，使胎面点贴于胎体上，抽出扩张器杆

(f) 胎面落于胎体上，转动压辊使胎面贴于胎体上

(g) 用机上的压辊将胎面压合

(h) 将环形胎面的扩张器行走退回原位，将包封套套于扩张器杆上(此时轮胎上要加排气网等)

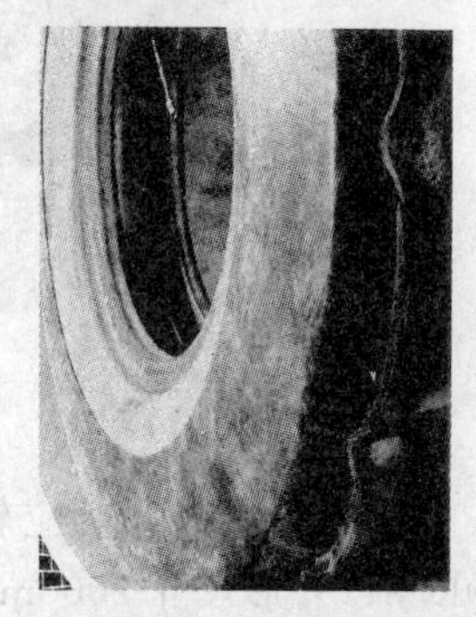

(i) 将环形胎面的扩张器行走至胎体鼓位置，由人工辅助将包封套套于已贴胎面胶的待翻新的轮胎上

图 11-62　环形预硫化胎面翻胎成型操作图例

11.11 三种使用包封套方案的优缺点

(1) 上外包封套、内胎、硫化钢圈是我国使用最多的方法，其缺点：轮辋投资大，要购买内胎、硫化钢圈、压圈；硫化时间长因此能耗高；装卸和贮存硫化钢圈、压圈需要专门的设备、工人及场地；事故隐患高，过去多次发生由于压缩空气管路堵塞或排气阀关闭（因轮胎内充有 0.8MPa 的压力），硫化罐内气压降到 0 时轮辋有可能被撕开，这种情况在德国也发生过。

(2) 使用夹持环，使用长边包封套。其缺点是只能用于子午线轮胎，胎圈部位橡胶有损坏，不能修复。夹持环使用弹簧或橡胶会因弹簧疲劳或橡胶老化而密封失效，损坏硫化轮胎。

(3) 使用内、外双包封套系统。目前欧洲大约有 90％用预硫化胎面翻胎的翻胎厂采用，两包封套间用胶突台和凹槽密封藕合自锁，当将其挂到单轨挂钩上时（见图 11-63），单轨挂钩起到自动检查密封效果的作用。图 11-64 是人工装卸内、外包封套的情况。

图 11-63 轮胎挂到单轨挂钩上

图 11-64 人工装卸内、外包封套

使用内、外双包封套系统有以下优点。

① 与用内胎、硫化钢圈相比硫化时间缩短 25％，因此生产能力提高约 25％，能耗下降了，胎体受热时间也缩短了 25％。

② 轮胎内部压力也即硫化罐内压力，不需装卸钢圈设备、场地及人员。

③ 装内、外包封套约需 1min，卸只要 20s，且劳动强度低。

④ 显著降低了因机械及操作错误而出现的隐患，没有爆炸的危险。

⑤ 完全保护胎体内腔，无罐内气体窜入胎体内之虑。

⑥ 轮胎硫化、修补，包括胎圈部位可一次完成。

⑦ 硫化罐简单，在进罐的轮胎挂钩上就能检查内、外双包封的密封性。

用外包封套、内胎、硫化钢圈与使用内、外双包封套硫化时间对比见表 11-16。

表 11-16 两种包封套体系硫化时间对比

包封套体系	硫化温度/℃	硫化时间/h
内、外双包封套	100	4
	105	3.25
	110	2.75
内胎、硫化钢圈	100	5
	105	4.25
	110	3.75

参 考 文 献

[1] 高孝恒. 轮胎预硫化翻新低温粘合胶及其制备工艺. CN 1317527. 2001.

[2] 高孝恒. 双弧形预硫化胎面. CN 2480173. 2002.

[3] 高孝恒. 模压法生产包封套. CN 1107980. 2001.

[4] 高孝恒. 预硫化胎面翻新轮胎基本工艺研究. 轮胎工业, 2000 (7): 418-422.

[5] 谢上福. 预硫化胎面超长压缩与翻胎里程的关系. 翻胎工业, 1987 (6): 12-16.

第12章

预硫化胎面翻新硫化

12.1 概述

预硫化胎面翻新法硫化温度有向100℃以下低温发展的趋向。翻新巨型工程轮胎加热介质除常用热空气外，近年来发展使用100℃以下的热水（德国ROSLER公司工程轮胎硫化用97℃热水，使用立式硫化罐硫化），因工程轮胎硫化时间长，氧化问题突出也可采用氮气硫化。使用加压热水及氮气硫化可使巨型工程轮胎硫化温度均匀，减小氧化问题，缩短硫化时间和节能。

12.2 翻新轮胎硫化前的技术准备

轮胎翻新前特别是硫化前必须制定出科学的技术条件和管理制度。否则翻新的轮胎会造成大量的废品。翻胎使用的硫化罐，空压机的储罐等均属压力容器，安装、使用不当会发生爆炸，造成重大人身安全事故。因此要有完善的规章制度和经培训合格的操作及管理人员进行作业。在翻新硫化前首先应制定：①预硫化胎面法翻新轮胎硫化设备（含安全）管理规范、技术条件；②制定预硫化胎面法翻新轮胎硫化条件。

12.3 制定预硫化胎面翻新硫化条件

12.3.1 硫化温度的选择

预硫化胎面法翻新轮胎硫化温度，美国、德国等提倡100℃或以下，亚洲的一些国家则提倡115～125℃。

就实践对比来看，硫化温度使用100℃较好。翻新硫化温度100℃时，除黏合胶的生产、贮存、运输较易出现焦烧外，对胎体、包封套、硫化罐的密封件等使用均可延长寿命，硫化时不易发生变形，能耗大大降低，一般用100℃的硫化条件硫化一条10.00R20轮胎只要2.5～3.0h，而120℃硫化则要4h左右，可节能1倍。

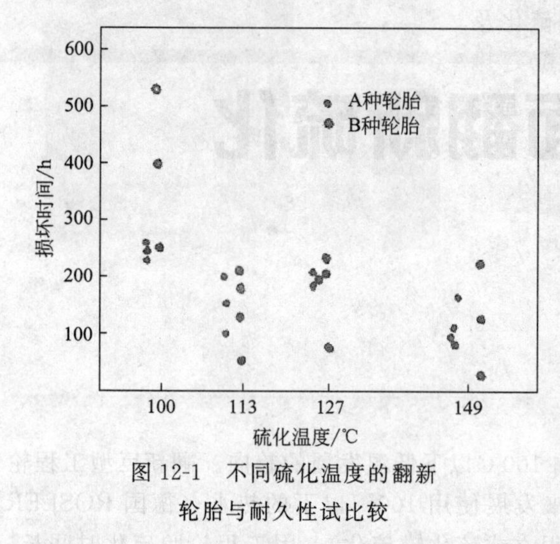

图12-1 不同硫化温度的翻新轮胎与耐久性试比较

美国有人将两种牌号的新载重轮胎磨去胎面（共26条）进行同样的预硫化胎面翻新，只是采用不同的硫化温度条件：100℃、113℃、127℃、149℃（见图12-1），然后进行耐久性试验。只有翻胎硫化温度100℃的轮胎取得了最佳的耐久性，也许是胎体内的钢丝与橡胶黏合时不能承受较高的再硫化温度或者是老化的原因。

我国大多数厂使用115～125℃这一硫化温度。并以此温度来制定黏合缓冲胶的配方和硫化条件。近年德国、意大利用预硫化胎面法翻新大型工程轮胎硫化温度只有90～97℃。

12.3.2 硫化压力的选择

硫化罐内的硫化压力国内外用内外包封套硫化时多选择在0.6MPa。硫化只用外包封套加硫化内胎工艺则其内胎内应充以0.8MPa的压力，以保证硫化钢圈与包封套间的密封性。胎体和预硫化胎面均是已硫化胶，只有缓冲胶才需要加压硫化，硫化压力与缓冲胶黏附力的大小有密切关系。从模拟试验来看，当罐内硫化压力大于0.4MPa后硫化压力对缓冲胶的胶-胶面间黏附力的大小已无大的影响。国外也进行过胶-织物面间黏附力实验，压力以0.8MPa最高。从硫化设备及安全角度考虑，选取硫化罐内压力为0.6MPa，硫化内胎内压力为0.8MPa较为合适。

12.3.3 硫化加热和加压介质的选择

硫化罐内的硫化加热和加压介质目前有多种形式：电加热-空气加压；蒸汽＋空气混合形成热压；蒸汽或加热油在盘管内加热＋空气；氮气加压；用低于100℃热水加热加压。

(1) 目前国内由于蒸汽难得（除非有热电站供给，而小型锅炉除非用电加热，污染问题无法解决）；氮气成本较高；加热油热焓小，循环系统复杂，间歇使用不便；蒸汽＋空气混合形成热压其温度和压力的稳定性较差，难操作。因此目前以电加热-空气加压为首选。

(2) 国外用低于100℃热水加热硫化及加压。德国ROSLER公司用低于100℃热水加热加压硫化翻新工程轮胎，硫化水温为97℃。意大利Marangoni RTS公司采用立式硫化罐硫化翻新的12.00R20一次可硫化12条，硫化水温为90℃，硫化压力0.49MPa，硫化时间4h，需用特殊的包封套平贴于胎腔内，硫化时要抽真空15min［真空度（0.066±0.0133）MPa］，立式硫化罐见图12-2。

图12-2 立式硫化罐

12.3.4 翻新轮胎硫化条件的评估及测温仪测定的方法

为确定翻新轮胎硫化条件，翻胎厂现多用简单的经验估算的办法，其可靠性较差，通过埋热电偶测出翻新轮胎各部位在硫化过程的温度变化，通过仪表显示或计算，从而确定轮胎各部位的硫化程度是否恰当。但轮胎规格多，厂牌多，翻新时几乎每条胎的贴胶补垫不一，配方也不尽相同，因此测出来的该条轮胎的硫化条件其代表性也是有局限性的。需在使用时加以调整及给予一定的安全系数。

用硫化仪测得某一胶料的硫化条件（t_{90}的温度和时间），可来确定翻新轮胎的硫化条件。

(1) 用硫化仪测得某一胶料的硫化条件（t_{90}的温度和时间），再按要硫化的胶料厚度来估算翻新轮胎的硫化时间，此法虽简易但可靠性较差，且要找准轮胎最长硫化温度点。

(2) 用硫化仪测得某一胶料的硫化条件（t_{90}的温度和时间），换算成硫化效应并用面积来显示，用测温仪测得翻新轮胎的被测部分的胶料的硫化效应并用面积来显示，与硫化仪测得这一胶料的硫化效应面积进行对比：如果测得的硫化效应面积等于硫化仪测得的硫化效应面积（即等效硫化）就认为翻新轮胎被测部分也达到t_{90}，即为翻新轮胎某部分已达到正硫化点。

(3) 用现代化的测温仪直接测出各部分的硫化效应并用面积来显示，再与用硫化仪测得的多处胶料的硫化条件（t_{90}的温度和时间）、硫化效应面积来对比，以确定翻新轮胎的硫化条件。

12.3.4.1 硫化总时间的经验估算法

一般按翻新轮胎贴胶的厚度，如有修补垫还要加上修补垫的厚度和穿过胎体胶层（单面传热时）的加热层厚度，代号I(mm)，胶料的正硫化时间$t_{正硫化}$(min)，一般使用硫化仪测出在某一温度下的 t_{90} 所需要的时间（min），每毫米厚的胶层或胎体层从常温升到硫化温度所需要的时间，代号 t_1（一般取 4～6min），厚度大的取大值（t_1 所需的时间也可用埋入热电偶测得）。

如果上述的数据已解决可用下面公式估算总的硫化时间 $t_{总}$。

$$t_{总}=t_1 I+t_{正硫化}$$

12.3.4.2 硫化强度、硫化效应和相当硫化时间的测算

(1) 硫化强度 硫化强度可理解为橡胶单位时间的硫化程度。其值可以用下式计算：

$$I=K^{\frac{T-T_0}{10}} \tag{12-1}$$

式中，I 为硫化强度；K 为硫化温度系数（天然橡胶可取 2）；T_0 为硫化强度为 1 时的温度（一般为 100℃）；T 为硫化温度。

不同温度条件下的硫化强度见表 12-1。

表 12-1 不同温度下的硫化强度

	T/℃	50	51	52	53	54	55	56	57	58	59	60	61	62	63	64	65	66
I	K=2	0.028	0.031	0.034	0.038	0.042	0.046	0.049	0.052	0.056	0.059	0.062	0.065	0.068	0.071	0.073	0.076	0.079
	T/℃	67	68	69	70	71	72	73	74	75	76	77	78	79				
I	K=2	0.087	0.095	0.103	0.112	0.125	0.137	0.150	0.163	0.175	0.188	0.200	0.213	0.238				
	T/℃	80	81	82	83	84	85	86	87	88	89	90	91	92	93	94	95	96
I	K=1.86	0.29	0.31	0.33	0.35	0.37	0.40	0.42	0.45	0.48	0.51	0.54	0.57	0.61	0.65	0.69	0.74	0.78
	K=2	0.25	0.27	0.29	0.31	0.33	0.35	0.38	0.41	0.44	0.47	0.50	0.54	0.57	0.61	0.66	0.71	0.76
	K=2.17	0.21	0.23	0.25	0.27	0.29	0.31	0.34	0.36	0.39	0.43	0.46	0.50	0.54	0.58	0.63	0.68	0.74
	T/℃	97	98	99	100	101	102	103	104	105	106	107	108	109	110	111	112	113
I	K=1.86	0.83	0.88	0.94	1.00	1.06	1.13	1.20	1.28	1.36	1.45	1.54	1.64	1.75	1.86	1.98	2.10	2.24
	K=2	0.81	0.87	0.93	1.00	1.07	1.15	1.23	1.32	1.41	1.52	1.63	1.74	1.87	2.00	2.14	2.30	2.46
	K=2.17	0.79	0.85	0.93	1.00	1.08	1.17	1.26	1.36	1.47	1.59	1.72	1.86	2.01	2.17	2.34	2.53	2.74
	T/℃	114	115	116	117	118	119	120	121	122	123	124	125	126	127	128	129	130
I	K=1.86	2.39	2.54	2.70	2.87	3.06	3.25	3.46	3.68	3.92	4.16	4.44	4.71	5.02	5.35	5.68	6.04	6.43
	K=2	2.64	2.83	3.03	3.25	3.48	3.73	4.00	4.29	4.60	4.93	5.28	5.66	6.06	6.50	6.97	7.47	8.00
	K=2.17	2.96	3.20	3.46	3.73	4.03	4.36	4.71	5.09	5.50	5.95	6.42	6.94	7.50	8.10	8.77	9.47	10.22
	T/℃	131	132	133	134	135	136	137	138	139	140	141	142	143	144	145	146	147
I	K=1.86	6.84	7.29	7.75	8.24	8.78	9.32	9.92	10.57	11.22	12.0	12.7	13.5	14.4	15.4	16.3	17.4	19.5
	K=2	8.58	9.19	9.86	10.56	11.32	12.13	13.0	13.94	14.93	16.0	17.2	18.4	19.71	21.1	22.6	24.2	26.0
	K=2.17	11.05	11.93	12.90	13.95	15.1	16.3	17.6	19.0	20.5	22.2	24.0	25.9	28.1	30.3	32.7	35.3	38.2
	T/℃	148	149	150	151	152	153	154	155	156	157	158	159	160	161	162	163	164
I	K=1.86	18.6	20.9	22.3	23.7	25.2	26.8	28.5	30.3	32.2	34.3	36.5	38.9	41.5	44.0	46.9	49.8	53.0
	K=2	27.9	29.9	32.0	34.3	36.8	39.4	42.3	45.3	48.5	52.0	55.7	59.7	64.0	68.7	73.6	78.9	84.6
	K=2.17	41.3	44.7	49.2	52.1	56.3	60.8	65.9	71.2	76.8	63.0	89.8	97.0	105	113	122	132	143

(2) 硫化效应　通常作为衡量橡胶硫化程度的标度，其值等于硫化强度与硫化时间的乘积。在不恒定的温度条件下，不同时间的温度不同，I 值也不同，此时硫化效应为：

$$E=I_{平均}(t_2-t_1) \tag{12-2}$$

式中，E 为硫化效应；$I_{平均}$ 为平均硫化强度；t_2-t_1 为硫化过程时间。

其中：
$$I_{平均}=\frac{1}{t_2-t_1}\int_{t_1}^{t_2}I\mathrm{d}t$$

$$E=\int_{t_1}^{t_2}I\mathrm{d}t \tag{12-3}$$

对于恒温条件下的硫化过程，I 值不随时间而变化，这时上式可写为：

$$E=I(t_2-t_1)=K\frac{T-T_0}{10}(t_2-t_1) \tag{12-4}$$

上式用来计算胶料半成品的硫化效应。正硫化时的橡胶硫化程度，称为最小硫化效应，$E_{最小}=It_{最宜}$。到达硫化平坦范围终点的橡胶硫化程度，称为最大硫化效应，$E_{最大}=It_{终点}$。当橡胶硫化效应小于 $E_{最小}$ 时为欠硫，大于 $E_{最大}$ 则为过硫。只有当 $E_{最小}<E<E_{最大}$ 时，橡胶的硫化程度才是适宜的。

(3) 相当硫化时间的确定　所谓相当硫化时间，又称等价硫化时间，即在不同的温度条件下，在同一时间内每一种胶料都达到与该种胶料在半成品硫化时要接近的硫化程度。橡胶在不同温度条件下获得相同硫化程度或相同物理机械性能的基本条件是 $E_1=E_2$。因此，翻修胎各部位胶料在翻胎硫化条件下的相当硫化时间，可用下式求得：

$$S=\frac{E}{E_0}t_0 \tag{12-5}$$

式中，S 相当于试片的硫化时间；E 为翻胎硫化测得的某部位胶料的硫化效应面积，cm^2；E_0 为胶料半成品硫化时的硫化效应面积，cm^2；t_0 为胶料半成品正硫化点，min。

12.3.4.3　使用硫化测温仪测定轮胎硫化条件

使用一台 TC-USB 型便携式硫化测温仪（由北京橡胶工业研究设计院生产）可同时对 20 个点测出硫化时的温度-时间曲线、等效硫化时间、硫化强度等，只要将等效硫化时间与用硫化仪测得的 t_{90} 进行对比就可确定轮胎的硫化时间。

12.3.5　预硫化胎面翻胎硫化条件确定的操作实例

12.3.5.1　热电偶的埋设和测温

贴合缓冲胶前在轮胎伤洞经测量深度记录在案后放入一对热电偶端头，为防止热电偶端头移动，应将热电偶线弯成波浪形再将伤洞填满修补胶，见图 12-3。将热电偶线引出轮胎及包封套外，通过硫化罐测温孔或自制一个引线孔器装到罐上的轮胎压力表安装孔上（卸去压力表），由于硫化罐内温度不均匀，翻新的轮胎各条厚度也有差异，为使测出的轮胎硫化温度有代表性，建议在测温前先测硫化生产时（装入额定的待翻新轮胎）硫化罐内温度场的分布情况，找出最低的温度区，作为测温轮胎的放置点，翻新修补胶最厚的轮胎作为埋设测温热电偶的轮胎，以测出罐内多条硫化轮胎的最长硫化条件，从而保证无欠硫的轮胎。如差异过大（据测试有的罐内温差达15℃）应调整罐内热风流向场，减小温度差异，或当大、小轮胎混装时小胎置于低温区，以免测出的数据没有代表性。轮胎放入罐内如同时测3条时，可考虑放在2、5、10工位（自罐盖方向数，可装11条的硫化罐）或2、9、21（可装22条的罐）的位置。

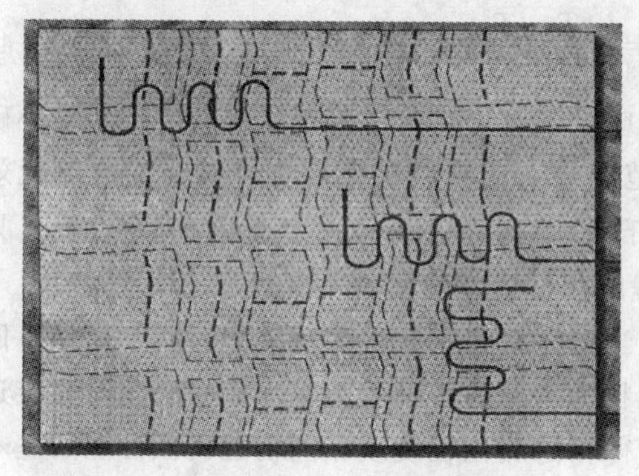

图 12-3　热电偶并弯成波浪形放入

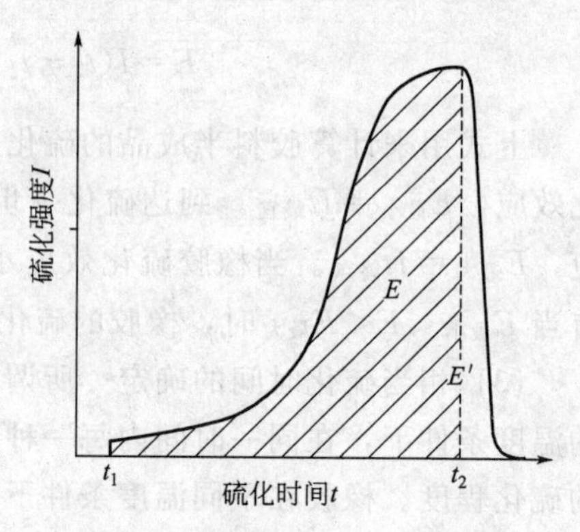

图 12-4　硫化强度-时间曲线图

用硫化仪测得硫化温度（换算成硫化强度（按表12-1）与硫化时间，绘成硫化效应面积图，见图12-4。

12.3.5.2　预硫化翻新轮胎硫化测温图

当罐内硫化温度为110℃时，测得的缓冲胶下及补洞中的升温情况见图12-5。

在硫化轮胎的外面加包封套，内胎充以0.8MPa的压缩空气并加装硫化钢圈和压板，进行测温，热电偶埋于缓冲胶下及补洞胶中深度为6mm处的升温情况，以补洞胶中深度为6mm处的升温最慢和最低。硫化罐及轮胎进罐时温度均为15℃，硫化温度为110℃。

12.3.5.3　测温及对比作业步骤

(1) 缓冲胶和补洞胶用硫化仪测得的 t_{90} 是90℃×40min。

(2) 根据轮胎测温得出硫化轮胎内最低的温度是补洞内的温度，只有补洞胶达到 t_{90}（90℃×40min）的相当硫化时间才可认为该条轮胎已硫化完毕。

(3) 将3号硫化温度曲线按表12-1不同温度条件下的硫化强度为1时的温度（一般为100℃）硫化温度系数（天然胶可取2）$K=2$ 进行换算，如温度为90℃硫化强度换算成0.5，80℃硫化强度换算成0.25等绘出与图12-5的相当硫化曲线图

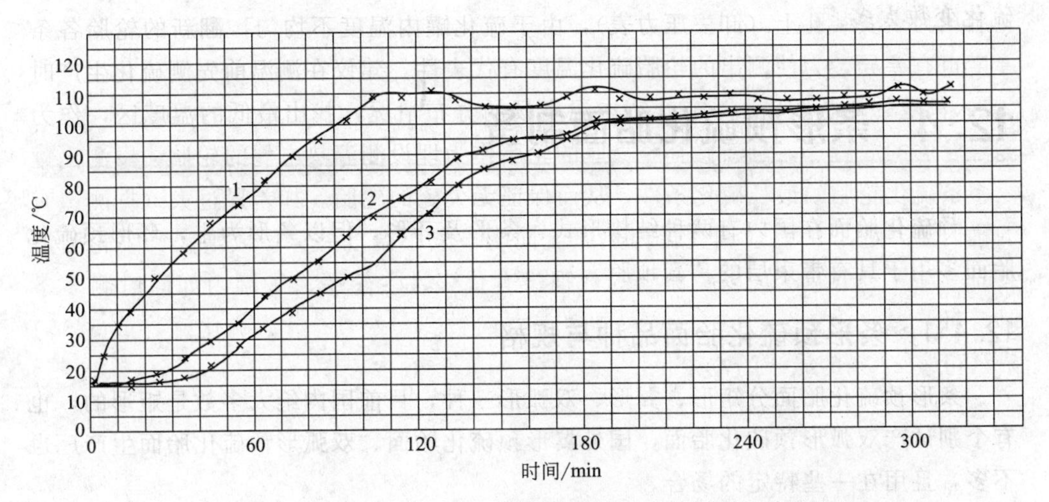

图 12-5 110℃的硫化温度下轮胎缓冲胶下及补洞中的升温曲线

1—硫化罐内温度；2—缓冲胶上温度；3—补洞（深 6mm）内温度

（见图 12-6 的Ⅱ右图）。

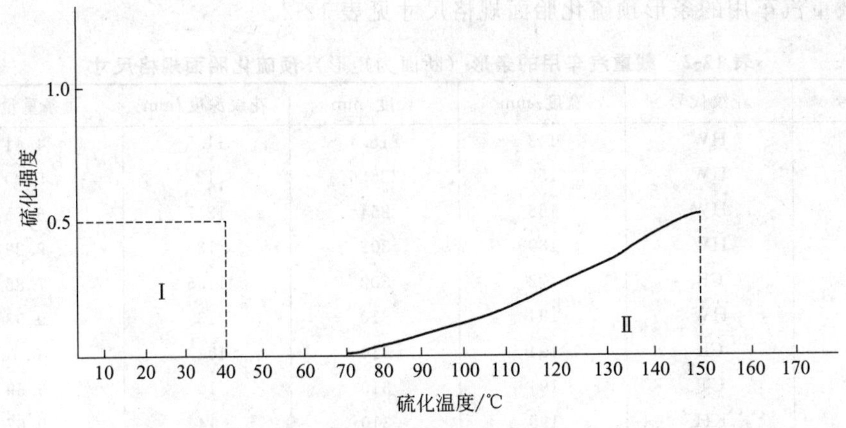

图 12-6 翻新轮胎的补洞胶硫化效应Ⅱ和硫化仪测得的 t_{90} 的硫化效应Ⅰ面积相等

(4) 将缓冲胶的 t_{90} 的 90℃×40min 的 90℃换算成硫化强度为 0.5，绘入图 12-6 图中的左Ⅰ图，均用硫化强度 I 和硫化时间 t 作图，纵坐标硫化强度 I 为每 0.1 为 1cm，横坐标以每 10min 为 1cm，则其包含的面积粗绘成为 0.5cm×40cm＝20cm^2。

(5) 如果图 12-6 中右图Ⅱ硫化强度—时间曲线包含的面积也达到 20cm^2，按等效硫化效应理论那时图中的硫化时间就视为该条翻新轮胎的正硫化所需时间（测硫化效应面积可用求积仪或在 mm 计算纸上绘对比图）。按图 12-6 可查出补洞胶的正硫化时间约为 150min，也就是该翻新轮胎所在的罐的位置时的正硫化时间。实际使用正硫化时间时，一般为保险起见还要加 10%～15%的时间，因硫化变数太多。

12.4 条形预硫化胎面制备

预硫化胎面在国内有两种结构形式：条形及环形，但以条形为主，环形预硫化胎面多用于具有带束层的“套顶胎”。

12.4.1 条形预硫化胎面品种与规格

条形预硫化胎面分矩形、翼形、双弧形三种，目前国内绝大多数是矩形的，也有个别试产双弧形预硫化胎面，国外翼形预硫化胎面、双弧形预硫化胎面生产厂也不多，且用在一些特定的场合。

矩形预硫化胎面市场上国产及进口的供应十分普遍，但主要是载重汽车用的和中型工程轮胎用的预硫化胎面。

12.4.1.1 典型的载重汽车用的条形预硫化胎面

载重汽车用的条形预硫化胎面规格尺寸见表12-2。

表12-2 载重汽车用的条形（断面为矩形）预硫化胎面规格尺寸

型号	花纹代号	宽度/mm	长度/mm	花纹深度/mm	每条重量/kg
2	HW	143	218.4	11.5	4.41
3	HW	152	228.6	12	5.29
5	HW	168	254	12.7	6.75
6	HW	180	302	13	9.29
6	CB	172	302	11.5	7.86
7	HW	194	310	13	9.93
7	CB	194	310	15.5	10.75
7	CT	194	310	10	6.59
7	KH	195	310	14	9.67
8	HW	203	315	13	10.13
8	CT	203	315	14	10.6
8	CB	203	315	16.5	12
8.5	CB	211	315	15	11.3
8.5	HW	208	315	14	11.13
8.5	T4100	208	315	13	9.83
9	HW	218	330	15	12.94
9.5	T4100	225	332.7	13	10.95
10	HS	228	340	13	12.21
11	HW	235	329	15.5	15
11	KM	236	340	15.5	14.6
14	WHR	276	350	17.5	22.3

12.4.1.2　大、巨型工程轮胎翻新用的预硫化胎面

马来西亚 BigWheels OTR Sdn Bhd 公司、泰国 INDRA MACHNIERY 公司及德国 SCHLKMANN 公司等可向国际市场供应的大型、巨型工程轮胎用的预硫化胎面的规格及适用于翻新轮胎的规格见表 12-3～表 12-5，国产的见表 12-6。

表 12-3　马来西亚 BigWheels OTR Sdn Bhd 公司供应的大、巨型工程轮胎翻新用的预硫化胎面规格

胎面花纹类型	胎面宽度/厚度/mm	用于轮胎翻新规格
GR70	700/40	30.00R51,36.00R51
GR75	670/75	27.00R49
	600/45	24.00R35
	600/63	24.00R35
GR80	1040/80	45/65R39
	1040/80	45/65R45
GR90	1000/80	4000R57

表 12-4　德国 SCHLKMANN 公司供应的大、巨型工程轮胎翻新用的预硫化胎面规格

适用于轮胎	每块胎面宽×长/mm	胎面厚度/mm	每块胎面重/kg	每条轮胎的胎面胶重/kg
18.00R25	480×870	59	25	152
18.00R33	480×870	59	25	152
24.00R35	600×3165	68	135	270
	600×870	69	32 E4-60D	278
27.00R49	680×2975	88	215	570
	680×760	79	39 E4-63D	403
33.00R51	850×975	88	285 E4-60D	855
	800×800	90	54 E4-63D	594
36.00R51	850×800	90	59 E4-63D	655
37.00R57	940×3500	97	356 E4-60D	1045
40.00R57	1000×3500	97	384	1152

表 12-5　国外供应的适用于各型工程车的预硫化胎面的型号及规格

胎面花纹	花纹型号	胎面宽度/mm	花纹深度/mm	轮胎规格
	GR 70	700	40.0	33.00R51

续表

胎面花纹	花纹型号	胎面宽度/mm	花纹深度/mm	轮胎规格
	GR 75	670 600 600	75.0 45.0 63.0	27.00R49 24.00R35 24.00R35
	GR 78	360 385 405 628	35.0 35.0 35.0 34.5	16.00R25 18.00R25 18.00R25 27.00R49
	GR 79	400	44.5	18.00R25
	GR 80	1040 1040	80.0 80.0	45/65R39 45/65R45
	GR 90	1000	80.0	40.00R57

表 12-6　山东天泰橡胶厂供应的工程轮胎翻新预硫化胎面

花纹	适应轮胎型号	规格/mm	长度/mm	花纹深度/mm	底胶厚度/mm	厚度/mm	重量/kg
A	14.00-24	315	2010	35	5	40	24
	18.00-25	420	2460	35	8	43	48
	26.5-25	590	2620	52	10	62	86.5
	29.5-25	690	2800	55	8	63	113
B	23.5-25	540	2340	44	10	54	64.9
C	18.00-25	430	2460	47	9	56	54.5
	18.00-25	455	2460	47	9	56	58.6
	18.00-25	465	2460	47	9	56	60
	23.5-25	520	2360	47	9	56	64.4
	26.5-25	590	2630	47	9	56	81.4
	26.5-25	640	2630	47	9	56	88.2

续表

花纹	适应轮胎型号	规格/mm	长度/mm	花纹深度/mm	底胶厚度/mm	厚度/mm	重量/kg
D	12.00-24	240	2010	31	5	36	16.5
	13.00-25	275	2010	31	5	36	19.6
	14.00-24	315	2010	31	5	36	23.2
	14.00-24	330	2010	31	5	36	24.3
	16.00-25	355	2460	38	7	45	36.1
	17.5-25	380	2150	38	7	45	34.9
	18.00-25	430	2460	38	7	45	44
	18.00-25	455	2460	38	7	45	50.5
	18.00-25	465	2460	38	7	45	51.7
	23.5-25	520	2460	38	7	45	59
	26.5-25	590	2560	55	7	62	85
	26.5-25	640	2560	55	7	62	99.3
	29.5-25	660	2760	55	7	62	102.5
	29.5-25	690	2760	55	7	62	109
	29.5-25	720	2760	55	7	62	113.7
	21.00-33	480	2580	58	12	70	88.2
	21.00-35	510	2580	58	12	70	93.7
	27.00-49	660	2780	70	12	82	136.5

12.4.1.3 载重汽车用翼形、双弧形预硫化胎面

目前国内尚未见生产，表12-7～表12-9是意大利ITG PALTREAD S.P.A公司生产的条形、环翼形、双弧形预硫化面规格。

表12-7 条形、翼形预硫化胎面规格

规格	胎面基部宽/mm	翼宽/mm	胎面花纹深/mm	单重/(kg/m)	胎面长/m
12#翼形	250	280	15	4.54	3.3
13#翼形	260	290	15	4.67	3.3
14#翼形	270	300	15	4.68	3.3

表12-8 环形、翼形预硫化胎面规格

代号	胎面基部宽/mm	翼宽/mm	胶条重/kg	胎面长/m
8.5	210	240	20	4.51
9	220	250	20	4.65
10	230	260	20	5.01
11	240	270	20	5.16
12	250	280	20	5.5
13	260	290	20	5.77
14	270	—	16	5.2

表 12-9　双弧环形预硫化胎面规格

规格	胎面基部宽/mm	翼宽/mm	胎面花纹深/mm	单重/(kg/m)	胎面长/m
11R	240	280	15	20	5.08
	250	290	15	20	5.34

12.4.2　条形预硫化胎面质量标准与要求

载重轮胎的预硫化胎面质量应符合行业标准 HG/T 4123—2009《预硫化胎面》标准中的第 4 条，技术要求中包括：使用的橡胶、外观质量、尺寸（包括矩形、翼形、双弧形，见图 12-7）的偏差（见表 12-10），行业标准的 6.2 条规定了胎面标志要求有：制造厂名、胎面基部宽度尺寸、磨耗标志及其位置标记、高速预硫化胎面标志等。

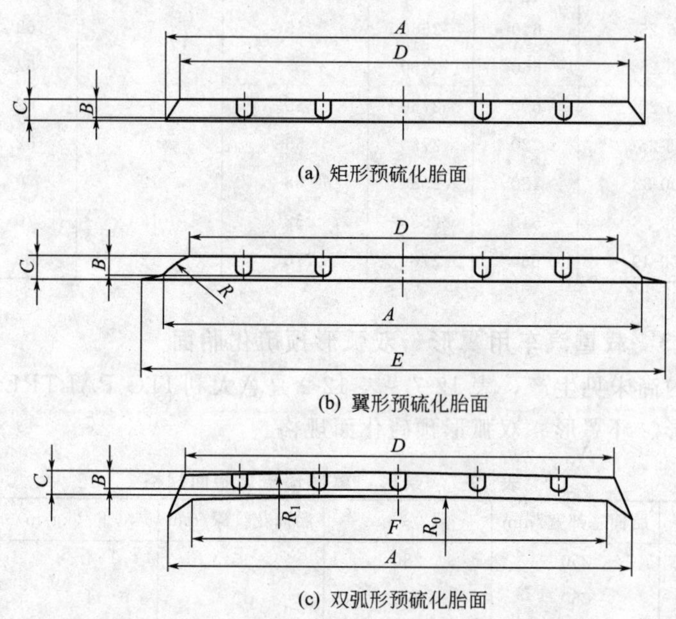

图 12-7　矩形、翼形、双弧形预硫化胎面外形示意图

预硫化胎面分为常规预硫化胎面和高速预硫化胎面两种，胎面的尺寸偏差许可值见表 12-10。

表 12-10　矩形、翼形、双弧形预硫化胎面尺寸偏差许可值

预硫化胎面断面类型	项　目		偏　差
矩形预硫化胎面	胎面基部宽度	A	$\pm A\times2\%$
	胎冠(测量点)花纹深度	B	$\pm B\times4\%$
	胎面厚度	C	$\pm C\times4\%$
	胎面宽度(条形预硫化胎面)	D	$\pm D\times1.5\%$

续表

预硫化胎面断面类型	项　目		偏　差
矩形预硫化胎面	胎面长度(条形预硫化胎面)	L	$\pm L\times2\%$
	胎面宽度(环形预硫化胎面)	D	$\pm D\times1\%$
	内直径(环形预硫化胎面)	ϕ	$\pm\phi\times1\%$
翼形预硫化胎面	胎面基部宽度	A	$\pm A\times2\%$
	胎冠(测量点)花纹深度	B	$\pm B\times4\%$
	胎面厚度	C	$\pm C\times4\%$
	胎面宽度(条形预硫化胎面)	D	$\pm D\times1.5\%$
	胎面长度(条形预硫化胎面)	L	$\pm L\times2\%$
	胎面宽度(环形预硫化胎面)	D	$\pm D\times1\%$
	内直径(环形预硫化胎面)	ϕ	$\pm\phi\times1\%$
	翼长	$(E-A)/2$	±1mm
	翼跟部厚	S	±0.2mm
双弧形预硫化胎面	胎面基部宽度	A	$\pm A\times2\%$
	胎冠(测量点)花纹深度	B	$\pm B\times4\%$
	胎面厚度	C	$\pm C\times4\%$
	胎面宽度(条形预硫化胎面)	D	$\pm D\times1.5\%$
	胎面长度(条形预硫化胎面)	L	$\pm L\times2\%$
	胎面宽度(环形预硫化胎面)	D	$\pm D\times1\%$
	内直径(环形预硫化胎面)	ϕ	$\pm\phi\times1\%$
	胎冠弧度半径	R_1	±1mm
	胎面基部弧度半径	R_0	±0.5mm
	胎面基部弧度与胎侧夹角		±1°

12.4.3　条形预硫化胎面硫化工艺

12.4.3.1　预硫化胎面胶的硫化压力和硫化温度的设定和后加工

载重轮胎的预硫化胎面硫化多使用多层平板式硫化机：一般硫化机的加热板压力不小于4.5MPa（国外热板间压力在16.4～5.50MPa之间，对胎面胶的硫化压力在3.0～8.7MPa之间），硫化温度在145～165℃。视企业及配方具体情况而定。硫化后的胎面使用前需在胎面背部打磨、涂胶浆、干燥。对花纹沟较宽的横向花纹胎面及基部胶较薄的胎面，难以打磨出均匀的磨面。有人在预硫化胎面胶硫化前在胎面基部胶面贴一层粗纹帆布进行硫化，胎面使用时再撕下帆布而不需要打磨，可克服需打磨时的烟尘飞扬及磨面不均匀，少用胶浆，减轻使用溶剂易燃及毒害等的问题，并可降低基部胶的厚度，节省胶料及降低翻新轮胎的行驶温度。不过在技术、经济上也有一些问题：如贴布难撕及易撕破而不经济，故至今国内尚未见广泛使用。有的厂采用粗钢丝轮先将硫化后的胎面打磨一次，再用胎面磨毛机打磨，使打磨速度加快并节省打磨用的锯齿片，有一定的效果。胎面硫化使用何种平板式硫化机，视企业具体情况而定。

12.4.3.2　条形预硫化胎面硫化工艺操作

(1) 入模条形预硫化胎面胶坯要求：按容积计胶坯的量应大于模型容量的2%～3%，以求有少量溢胶，利于空气排出，入模胶坯胶的可塑度在0.3±0.05，胶坯温度应在15℃以上，有利胶料的流动，胶坯表面少且无隔离剂堆积以防重皮，用压出机压出的胶坯的外形尺寸、厚薄、宽窄均匀（厚度差0.5mm，宽窄差2mm），厚于模型深，宽度、长度小于模型，以利胶料流动及排气。

(2) 胶坯入模前应按规格要求调好胎面长度的隔板，疏通排气孔，清除模表面的锈迹及污垢。测量模型各部分（至少测前，中，后三点）温度是否达到硫化温度，其差不大于±1℃。胶坯入模前应喷涂少量隔离剂。

(3) 胶坯入模硫化：应快速放于模中心线，两端距模端相等，以防出现胶条偏歪，合模1～2min后开模出缝排气约10s再合模硫化。

(4) 胎面出模：胎面出模后应立即清除模上的余胶及喷涂少量隔离剂才可装入下一个胶坯。

(5) 胎面出模后应立即检查及剔除胶线及修边，对有缺陷处打出标记。

12.4.4　条形预硫化胎面硫化机

条形预硫化胎面硫化机按结构分有颚式和框板式两种。一般框板式硫化机可硫化较宽的胎面及一层硫化两条胎面。硫化平板一般为4～5层。

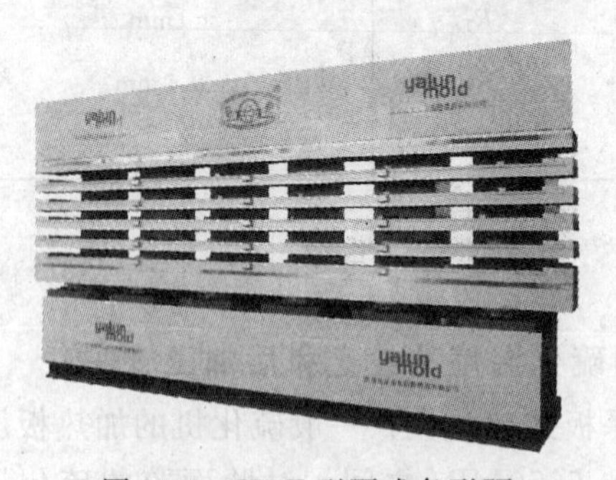

图12-8　YLT型颚式条形预硫化胎面硫化机

图12-8为四川乐山亚轮模具厂生产的YLT型条形颚式预硫化胎面硫化机，用于载重轮胎胎面硫化。国内大多数条形预硫化胎面厂使用这种类型的硫化机，近年因条形预硫化胎面需求量加大及这种胎面长度切头多，浪费胶，一些厂纷纷自行在使用前硫化接长，因此趋向要更长的条形预硫化胎面。现生产的条形预硫化胎面加长到7～10m以上。

12.4.4.1　颚式条形预硫化胎面硫化机的特点和配置

(1) 采用4个双作用缸带动活动梁快速上升，并在下拉时形成一定的开模力，以省电，防止液压油升温过快。

(2) 自动进出模亦可采用方轴悬臂吊挂热板，并加装夹板机械手，实现快速进出料。

(3) 单位面积压力不小于 450N/cm^2。

(4) PLC 控制。

(5) 热板规格及层数可变换。

颚式条形胎面硫化机由机架、热板、活动平台、合模装置、开模装置、推拉模装置、液压系统和电器控制系统等组成。

机架由颚式框板、底板、筋板等连接组成。框板之间构成框架，框架下端装有合模装置，合模油缸与活动平台之间用球面接触连接。活动平台上与框板上部装有隔热板。

机台装有五块热板，合模时通过热板上的轨道座以及框架上的轨道使得热板向上合模。为了能顺利开模，框架上装有两套开模装置。热板间靠两边的螺柱、螺母调节位置。

装卸胎面时，硫化模板的下模板向外推出 250mm，它是通过推拉模装置及模两边墙板上的导轨实现的，每层模具的热板上都装有两对齿轮齿条，以达到推出拉回同步。

液压系统有高压和低压两种：高压用于硫化时给压和保压，低压用于完成机械动作。

电控系统采用 PLC 控制，可实现自动和手动控制。

颚式胎面硫化机主要技术参数见表 12-11。

表 12-11　GHT-2000 型颚式胎面硫化机主要技术参数

型号	GHT-2000	层数	5
锁模力/tf	2000	缸数	14
最大行程/mm	450	工作压力/MPa	20
缸径/mm	300	重量/t	132
热板工作台面/mm	11000×400	外形尺寸/mm	15500×3400×4200
总功率/kW	44		

注：1tf=9.8×10^{3}N。

单条型的条形胎面硫化机的技术参数如下。

① 公称压力　6500kN

② 热板单位面积压力　50MPa

③ 热板面积　3750mm×350mm

④ 层数　4

⑤ 热板间距　150mm

⑥ 适应轮胎规格　1200R20

⑦ 合模油缸

柱塞直径　ϕ300mm

柱塞行程	300mm
⑧ 开模油缸	80mm×300mm
⑨ 推拉模油缸	W70L-1-2L80B-70B300-AB
⑩油压	
高压	18.5MPa
低压	2.0MPa
⑪ 蒸汽压力	0.6MPa
平均耗量	100kg/h
⑫ 油泵	
高压油泵	25SCY14-1B 型轴向柱塞泵
低压油泵	CB-B4 齿轮泵
⑬ 电机	Y180M-4　18.5kW
	Y901　1.5kW
⑭ 外形尺寸	4340mm×1320mm×3060mm
⑮ 重量	约 2440kg

12.4.4.2　框板式条形预硫化胎面硫化机

外形见图 12-9，其结构如下。

图 12-9　框板式条形预硫化胎面硫化机

(1) 底座、框架　底座和框架是平板硫化机最主要的配置，选用普通碳素钢和钢板制作而成，具有足够的刚性和强度承受硫化时的弯曲和剪切应力及温差应力。平板硫化机在工作中突出弯柱组合弯形，且在 C 型板的对板垂直于水平的交叉处有很大的集中应力，在加工时采用铣镗，并保证大圆光滑过渡，增大幅面，保证其角刚度及抬头量。

(2) 动梁　采用网格结构，保证其在生产过程中挠度小且不扭，内设水道，可减少热压力的影响且减少热量向油缸传递，这样同时可减少实心柱塞及活塞对油缸中液压油的传热。

(3) 上定梁　采用网格结构，并预留热应力膨胀量，减少其在工作中对整体机架的影响，保证其刚性并利于安装，减少振动。

(4) 隔热板　隔热板采用高性能纤维模板，在保证刚度及强度的情况下，可以减少浪费热量，且提高悬臂机构的安全性及可靠性，在工作中不会崩裂，且热导率小，不易变形。

(5) 硫化热板　硫化热板采用整体退火、消除应力及双层堵焊，减少隐患。这样能保证在使用过程中不产生变形，使其尺寸精度达到更高要求。硫化热板为蒸汽（或导热油）两进两出，这样工作介质输送距离较近，利于控制温差，蒸汽的疏水由疏水阀及气动切断阀（此阀由 PLC 控制）组合控制，可尽量减少温度变化。热板及推模块的上下面均经磨床加工，平面度及平行度均在 0.2mm 以内，粗糙度为 1.6mm。

(6) 柱塞　柱塞采用实心冷硬铸铁（HRC55），避免空心柱塞的崩裂现象，提高硬度并经精磨而成，延长油封使用寿命。

(7) 液压系统　采用高压大小泵组合可减少开合模时间，且能形成一定的开模力（因在生产中多少会粘模），由充液阀补油，因大部分液压油不经油泵及溢流阀，故油温不易升高，可减少泄漏，以及延长液压油的使用寿命。

油缸采用球墨铸铁，因其有较好耐磨性，可避免如铸钢或无缝管焊接不好，消除应力及无耐磨性等缺陷。

主机压力采用压力传感器控制，与 PLC 联动可实现多段压力控制。

油箱板采用酸洗板制作，减少污染，增加内置磁性捕捉装置，并装回油滤清器，可减少污染，延长阀泵寿命。

推模油缸采用双出轴同步油缸，可减少不同步现象。

(8) 电器控制　采用 PLC＋压力传感（多段）＋连杆旋转机构，故可实现多段、分段加压及放气。目前市场上 PLC 的品牌、种类很多，大多都可以满足平板硫化机的控制要求。采用 PLC 控制为信息化管理提供方便，为数据采集、传输、存档、打印提供便捷。

12.4.5　预硫化胎面硫化条件对使用性能的影响

硫化压力、硫化温度、硫化程度对预硫化胎面的使用性能均有重要的影响，因此在制定硫化条件时应做到科学化，结合预硫化胎面使用的原材料、配方、炼胶硫化设备制定相应的硫化条件。

12.4.5.1　硫化压力对胶料性能的影响

橡胶硫化压力是保证橡胶件几何尺寸、密度、物理机械性能的重要因素，同时也是橡胶件表面光滑、无缺陷、密封的重要保障。硫化加压的目的：防止胶料硫化时产生气泡，提高胶料的密实性；促进胶料流动，充满模型；提高附着力，改善硫化胶的物理机械性能（可调节硫化压力的大小来获取某些特性）。如用硫化压力来调节产品的静态刚度和收缩率，即压力加大刚度加大，收缩率下降，当压力高于 83 MPa 后收缩率变为负值（即制品尺寸大于模型尺寸）。此外，尚有如下几个特性。

① 硫化压力增高胶料的 300%定伸应力也会增大，拉伸强度增高，伸长率则下降。其理由是：大分子链间距变小，交联密度增加。

② 硫化压力增高胶料的耐撕裂性下降：高压下多硫键量变少，单、双硫键的耐撕裂性能低于多硫键。

③ 硫化压力增高胶料的永久变形小：高压下大分子链间距变小，导致产生多硫键的概率增大，交联密度增加。

硫化压力对产品影响的试验情况见表 12-12。

表 12-12　硫化压力对产品影响的试验情况

项　目	模压硫化式(300tf 平板硫化机)	注压硫化式(300tf 注压硫化机)
硫化时模腔内最高压力/MPa	11	28
达到相同静态刚度时的橡胶硬度(邵尔 A)	75	70
压缩试验后的变形/mm	0.7	0.4

12.4.5.2　硫化压力对胎面使用里程的影响

图 12-10　高压硫化仍可观察到胶内有孔隙

(1) 一般认为硫化压力高硫化后胶料的孔隙度小，胶密实，耐磨性好。从试验情况看似乎支持这一观点：在胶料硫化时，使用柱塞模加压到 47MPa，用扫描电子显微镜放大 10000 倍观察仍可观察到胶内有孔隙（见图 12-10），可以认为提高硫化压力对提高胶料的密实度有利但不是无限的，硫化压力达到 7.0MPa 后再增加硫化压力效果不明显。

(2) 将硫化压力为 1.5MPa 和 7.0MPa 制成的环形预硫化胎面翻新轮胎在广东进行同公里（4 万～5 万公里）里程试验对比，结果见表 12-13。

表 12-13　不同硫化压力的预硫化胎面翻新轮胎里程试验对比　　单位：km/mm

试验场地	硫化压力/MPa		里程提高/%
	7.0	1.5	
广东(江门,四会,台山,五华)			
第一批里程	4753	4472	6.3
第二批里程	4202	3937	6.7
第三批里程	6231	5140	13.6

从表12-13的数据可知，硫化压力高的预硫化胎面翻新的轮胎里程高于硫化压力低的预硫化胎面翻新的轮胎里程。

(3) 从性价比的角度考虑，硫化机的造价是与可提供的硫化压力成正比的。国外预硫化胎面硫化机单位面积上的硫化压力：环形预硫化胎面硫化机是7.0MPa (10.00R20胎面)；条形预硫化胎面硫化机是3.0～8.7MPa (10.00R20胎面)，见表12-14。

表 12-14 条形预硫化胎面硫化机特性参数

机型	层数	层间距 /cm	热板长 /cm	热板宽 /cm	工作压力 /0.1MPa	液压缸数	液压缸直径 /mm	模板压力 /0.1MPa	作用在10.00-20胎面模上的压力 /0.1MPa
TM7-0-36HW	7	18	1097	406	196	18	254	40	84
TM7-0-34HW	7	18	1036	406	196	17	254	40	84
TM4-36HW	4	12	1097	406	196	18	254	40	84
TM4-36S	4	12	1097	356	143	18	178	16.4	30
TM4-36HW	4	12	732	356	143	12	178	16.4	30
TM4-36S	4	12	366	406	196	6	254	40	84
TM4-24S	4	12	366	356	143	6	178	16.4	30
TM4-12HW	4	12	366	356	143	6	178	16.4	30
TM4-12E	3	12	366	356	143	6	178	16.4	30
TM4-12HO	3	12	366	610	250	12	229	55	87

(4) 据美国奔达可公司介绍，其生产的预硫化胎面硫化压力在3.5～8.4MPa，其使用的条形预硫化胎面硫化机胎面模侧也有加热套，可提高硫化的均匀性和行驶里程。条形预硫化胎面硫化机见图12-11，胎面模侧加热套见图12-12。

图 12-11 条形预硫化胎面硫化机

12.4.5.3 硫化温度对胎面质量的影响

为了提高生产效率，希望能采用高温硫化但高温硫化会带来严重的硫化深度不

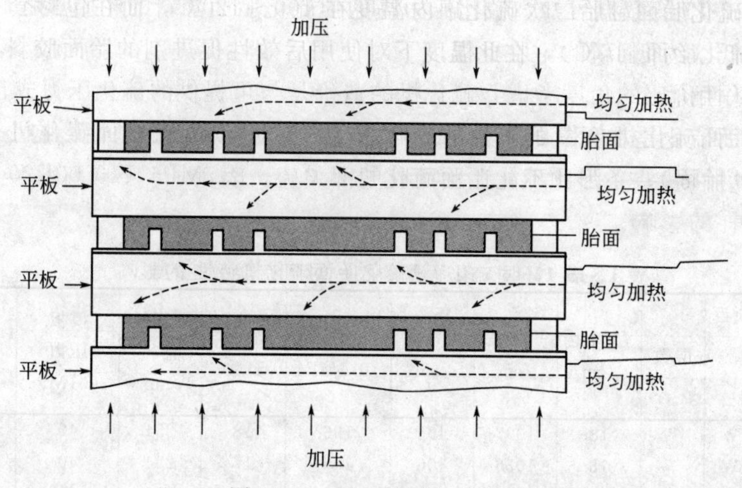

图 12-12　胎面模侧加热套

均匀，表面过硫严重，另由于高温硫化其交联度也会下降，导致性能下降。

抗返原性的好坏、交联度下降与使用的胶种和配方有关，且与胶种关系更大。预硫化胎面多使用 NR、SBR、BR 及其并用胶，如 NR＋BR，SBR＋BR 等。硫化温度对各种胶料的性能均有影响，一般高温硫化（超过 150℃）胶料的物理机械性能有所下降，尤以 NR、NR/BR 为甚，而对 SBR/BR 影响最小。硫化温度对各种胶料的耐磨性均有影响，高温硫化只对 NR 耐磨性不利，对 NR/BR 或 SBR/BR 并用胶耐磨性反而提高。可以认为，单纯用 NR 的胎面胶的硫化温度不宜超过 150℃，而掺有 BR 或 SBR 的胎面胶在 160℃硫化是可行的。

12.4.5.4　胎面硫化程度

预硫化胎面有两次硫化，一次是在制备时硫化，第二次硫化是贴到翻新轮胎胎体上时再硫化，那么第一次硫化程度应该是多少较合理？第一次预硫化胎面载重轮胎的胎面硫化条件一般取 150℃×20min，第二次硫化与翻新轮胎共硫化条件一般取 115℃×210min，按惯例第一次预硫化胎面载重轮胎的胎面硫化强度应减去第二次硫化与翻新轮胎共硫化的硫化强度。按表 12-1 可查得当硫化系数取 2.0 时，150℃每分钟硫化强度为 32，115℃每分钟硫化强度为 2.93，如分别乘以 20min 和 210min 硫化强度相差 25，为预硫化胎面硫化程度的 5%，也就是说第一次硫化硫化程度只达到正硫化程度的 5%，显然是不行的。从胎面欠硫和过硫对磨耗的影响试验来看，欠硫 33%耐磨性下降近 20%，而过硫 100%耐磨性只下降不及 2%，因此认为第一次预硫化胎面硫化程度（胎面胶中心位置）不宜低于正硫化程度的 80%（因第二次硫化是在低压下进行的，不宜欠硫过重）。

胎面硫化程度应保证胎面胶中部也达到正硫化点。可在胎面胶中部埋热电偶测硫化强度或在胎面胶中部取样做性能对比来确认。

(1) 预硫化胎面翻胎二次硫化罐内温度在100～120℃，而在包封套下的胎面受热温度更低（约低10℃），在此温度下对使用后效性促进剂的胎面胶料几乎不会起补充硫化作用。

(2) 胎面硫化是在无氧的条件下进行的。过硫对胎面胶耐磨性影响小，但欠硫胎面胶的耐磨性就差，因此不能让胎面胶中部欠硫。表12-15不同硫化程度的胶片对阿克隆磨耗的影响。

表12-15 不同硫化程度的胶片对阿克隆磨耗的影响

项目	欠硫	欠硫33%	正硫	过硫100%	过硫166%	过硫238%
硫化时间(131℃)/min	10	20	30	60	80	115
阿克隆磨耗量(1.61km)/cm^3	0.555	0.548	0.459	0.466	0.510	0.553

12.4.6 条形预硫化胎面缺陷与解决措施

预硫化胎面硫化要求：预硫化胎面的胶坯重量及长度均应符合入模要求，如胶坯的厚薄差不超过0.5mm，宽度差不超过2mm，重量应大于填模量的2%～3%，如是多层叠合的胶片应压实层间使表面及断面无气泡。硫化模具各点温度与额定的温度差不大于±2℃，排气孔无堵塞，模面清洁，喷涂隔离剂应无堆积现象，应快速合模，合模后应开模排气1～3次。

硫化胎面易出现的缺陷及处理办法列于表12-16。

表12-16 预硫化胎面生产常见质量问题及改进意见

缺陷	原因	改进措施
局部海绵	局部胶坯尺寸小于模型	改善胶坯尺寸的均匀性
花纹圆角	胶坯尺寸不均匀 硫化时未排气 花纹设计有缺陷	改善胶坯尺寸的均匀性 加排气工艺或模具加排气线 改进设计或打排气孔
模具接头处溢胶边过厚	模端紧固螺栓松动 装模具时接口处有杂物 花纹模加工面精度差	锁紧两端螺母 清除杂物 修理模具
胎面两端厚度相差过大	模具两端封堵头高度不一	调节封堵头高使均稍低于模高
胎面表面有裂纹或起层	配重胶条表面不清洁	配重胶条用溶剂擦干净
胎面有气泡	原材料中水分过大 胶坯中的气泡未刺破 硫化时排气不好	找出含水率高的原材料加以干燥 入模前注意排除气泡 增加排气工艺
胎面硬度过低或喷霜	配错料 返回胶掺比过大或挤出返工次数过多	快速检查胶料物理机械性能 控制返回胶掺比及挤出次数
花纹块表面斑状欠硫	缺陷处窝藏空气	合模后开模排气，在经常发生欠硫处打排气孔
胎面二次硫化时收缩变窄	胎面硫化时过于欠硫	硫化延时或改配方

12.5 环形预硫化胎面硫化

环形预硫化胎面硫化设备有立式、卧式、芯模膨胀型及注压式4种，卧式硫化机取硫化后的胎面不便，芯模膨胀型环形胎面硫化机国内未见使用，注压式尚未见机型。国内外多以立式环形预硫化胎面硫化机为主。

12.5.1 立式环形预硫化胎面硫化工艺

胎面胶坯重量应大于成品1%以上，以保证胶料流动，填满模型及排出空气。在接头端头打毛涂以胶浆，在接头机上压接，且压接时间在1min左右，接好头的环形胎面胶坯应平放在板上，数量不要多于3个，且直径应与硫化机的内模相同以免下坠留有空间，胎面胶坯应放到内模的中央位置并立即合模，以防止引发硫化后胎面下厚上薄。硫化机合模时应保证模块同时合拢，以防胎面胶厚薄不均及模边胶过厚。

合模压力要保持在6～7MPa，合模2min后要开模排气（开模到模块间隙2mm左右），在20s内再合模。硫化温度和时间在150～155℃，12～15min较好。如果翻胎硫化采用低温硫化（100℃或以下），预硫化胎面硫化深度应达到近正硫化点（硫化仪的t_{90}），因欠硫会大大降低耐磨性及易在二次硫化时变形，而稍过硫一般对磨耗无影响。如果二次硫化时采用125℃则要在胎面硫化时适当扣减硫化时间，但应注意在二次硫化时的变形问题。

图12-13 立式环形预硫化胎面硫化机

12.5.2 立式环形预硫化胎面硫化机

立式环形预硫化胎面硫化机外形见图12-13。

立式环形预硫化胎面硫化机由具夹套的、可前后移动的中心鼓，中空的外活络模8块组成环形模，每块模有一固定在环形支架上的油压缸，其进推可推动外活络模块开合，各独立的油缸必须同步到位合模，否则易造成环形胎面厚薄不均及模块间溢胶过厚。因此在油缸内有一碗形的弹簧来控制，合模的压力较高，一般在7～8MPa。其结构包括：可前后移动的中心鼓以利装卸未硫化及已硫化的胎面，见图12-14。

立式环形预硫化胎面硫化机主要技术参数

油泵马达　5.5HP　　　机械运动马达　5.5HP

油泵压力最大　30MPa　　　硫化模板压力　7～8MPa

机台外形尺寸　2700mm×2800mm×2800mm

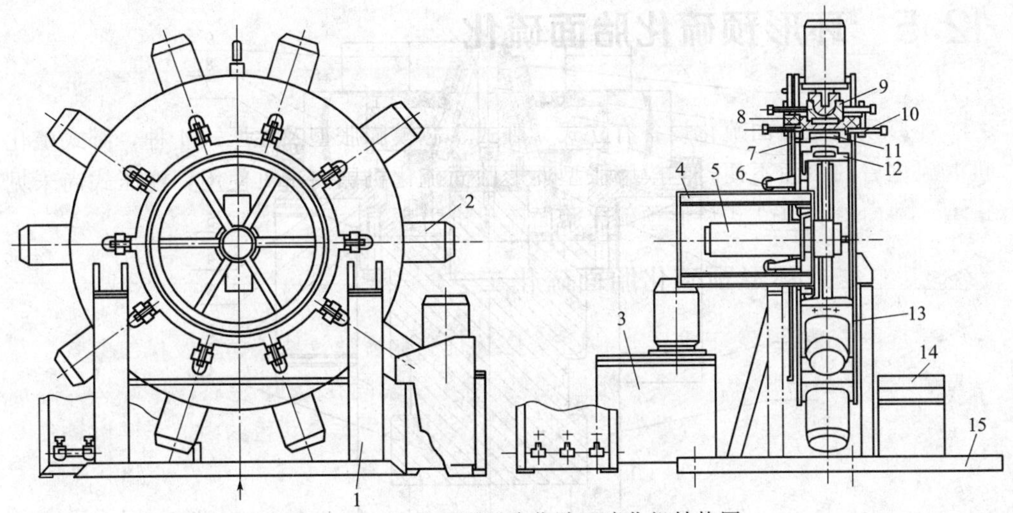

图 12-14　立式环形预硫化胎面硫化机结构图

1—机座；2—驱动油缸；3—液压站；4—导向框架；5—气缸；6—滚动轴承；7—花纹板座；8—定位装置；9—球形连接块；10—加热板；11—花纹板；12—芯鼓；13—机架；14—控制装置；15—踏板

最大硫化胎面规格　12.00-20，

产量　4～6 条/h

蒸汽消耗量　50kg/h

压缩空气消耗量　350L/h（0.4MPa）

机台重量　3500kg

12.5.3　芯模膨胀型环形胎面硫化机

外形见图 12-15，结构示意图见图 12-16。

芯模膨胀型环形胎面硫化机的特点：与外模收缩型相比最大的好处在于该设备在合模时不漏胶，不泄漏合模压力，合模压力大，可以大大扩展配方的适用范围，有效降低胎面胶生产成本；芯模由八到十块芯模块组成，外模为整圆外模，外面花纹结构更美观；生产出的环形胎面耐磨性好，用于翻胎使用寿命更长；控制系统采用 PLC 控制，预留了足够的扩展功能及点数，并预留了工厂信息化用通讯口，保证产品能够快捷地进行功能升级、更新。

图 12-15　芯模膨胀型环形胎面硫化机

12.5.4　卧式环形胎面硫化机

外形见图 12-17。卧式环形胎面硫化机的结构类似液压摆杆式活络模翻胎硫化机。区别在于：该硫化机没有中心机构和胶囊，代替中心机构的为芯鼓，芯鼓外形与对应规格打磨后的旧胎体直径和宽度尺寸相同。芯模外表面带有较密集的环形沟

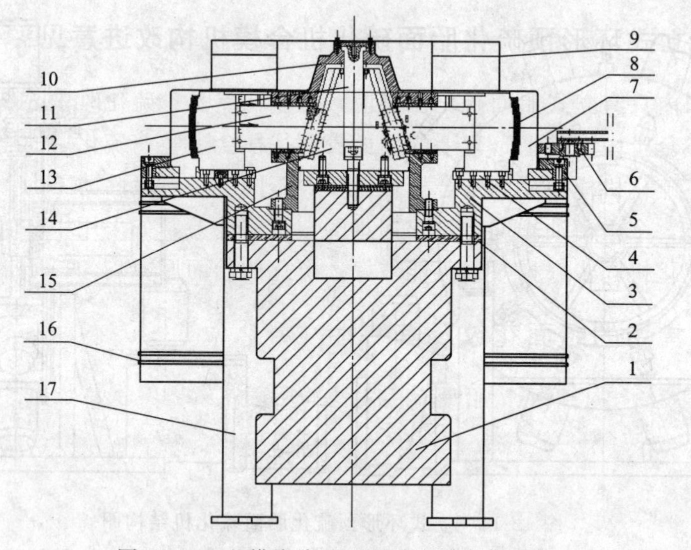

图 12-16 芯模膨胀型环形胎面硫化机结构

1—油缸；2—隔热板；3—底座；4—耐磨板；5—锁环；6—开模装置；7—外模；8—胎面；9—芯模防滑罩；10—缸体端盖；11—中心轴；12—支撑板；13—芯模块；14—锥形块；15—缸体；16—底座防滑罩；17—机架

槽，可以增加环形胎面内表面的接触面积，增加胎面与胎体的黏合力。该硫化机芯鼓和外模活络模均带有加热气室。

图 12-17 卧式环形胎面硫化机

1—底座；2—锁模装置；3—外模活络模；4—芯鼓；5—旋转吊臂

工作过程：设备模具预热，旋转吊臂 5 将芯鼓 4 吊出，旋转至上料工位，人工将胎面生胶套装到芯鼓 4 上，旋转吊臂 5 将芯鼓 4 放置到硫化工位，锁模装置 2 转动将外模活络模 3 收缩至硫化工位，外模活络模 3 和芯鼓 4 形成一个密闭容腔，并对胎面胶进行硫化。硫化结束后，锁模装置 2 开模，外模活络模 3 胀开，旋转吊臂 5 将芯鼓 4 吊出，旋转至下料工位，人工将硫化好的胎面取下来。

12.5.5 立式环形预硫化胎面硫化机合模机构改进意见

目前国内只有立式胎面硫化机供应，操作特点是：硫化时中心鼓伸出，接好头的胎面胶环套于中心鼓上，套上的胎面胶环往往会下坠，硫化后的胎面易造成上面薄下面厚。硫化机模块要同步合模很重要，不同步将各段厚薄不均。采用液压碗形弹簧来调节 8 个推模油缸同步是很困难的，可靠性差，如采用中心缸推动机械伞开合机构使硫化机同步合模效果可能较好，硫化的胎面厚薄均匀，质量也好。

12.5.6 常用的胎面花纹及其特性

图 12-18 给出了载重轮胎具有代表性的胎面花纹图案及其特点。

图 12-18 胎面花纹

图 12-18(a)：用于高速公路长途运输，在转弯及刹车时具有良好的路面抓着力。

图 12-18(b)：用于高速公路长途运输，在转弯及刹车时具有良好的路面抓着力。

图 12-18(c)：用于高速公路及普通公路路面，有杰出的路面抓着力，适用于雨天及有冰、雪路面。

图 12-18(d)：用于冰、雪、湿滑路面最好的胎面花纹，有极佳的牵引力及路面抓着力。

图 12-18(e)：用于重型货车、建筑工地的胎面花纹，有杰出的牵引力及路面抓着力。

图 12-18(f)：用于坏路面、建筑工地的胎面花纹，有非常好的耐切割、耐刺扎性，很好的牵引力及路面抓着力。

图 12-18(g)：用于坏路面、建筑工地的胎面花纹，有非常好的耐切割性，刺扎不易损伤，很好的牵引力、路面抓着力。

图 12-18(h)：可用于高速及一般路面的胎面花纹，有很好的路面抓着力，用于冰、雪、湿滑路面。

图 12-18(i)：可用于极端条件下的野外作业、矿区路面的胎面花纹，有非常好的耐切割性，刺扎不易崩花掉块，有很好的路面抓着力。

12.6 卧式硫化罐硫化的操作工艺

翻新轮胎采用卧式罐硫化是目前国内外普遍采用的轮胎翻新工艺。

已硫化了的胎面胶，经补充加工，装上相应包封套、内胎、垫带、钢圈、压板后装入硫化罐中，按设定的硫化温度和时间对翻新轮胎中的缓冲胶、补洞疤胶进行硫化，对预硫化过的胎面进行二次硫化，使胎面胶和原胎体通过中垫胶牢固地结合在一起。这个过程称为翻新轮胎的二次硫化。

12.6.1 硫化入罐前检查及安装轮胎硫化辅件

12.6.1.1 硫化前认真检查，防止漏气

(1) 把内胎的充气管路、阀门、接头等按规定要求接好。接入气源，调压至0.6MPa，用毛刷或布条浸上肥皂液检查各管路的接头处、阀门的接口处有无漏气现象，若有则排除。无漏气现象后，保压1h，若压力降不大于0.02MPa则认为内胎气路密封合格，否则要重新检漏并排除。

备好内胎、垫带、包封套、产品号码牌、隔离剂及喷涂工具。

根据生产单（或施工卡）和待硫化胎体，准备好相应规格、型号的内胎、垫带和包封套。这些内胎、垫带及包封套应是经检查的合格品。

(2) 包封套、气管及接头的抽真空检漏方法有两种。

① 罐内检查具体方法：在包封套集管抽气口接入真空泵的抽气管，在罐内把包封套抽气接嘴接到抽气接管上，启动真空泵把系统压力抽至−0.07MPa，关闭泵上的抽气阀门，保压3～5min，压力回升小于0.01MPa则认为密封可以，否则要检查漏点并进行处理。一条合格后再接入另一条，逐条进行检查，直至最后一条。

② 罐外检查具体方法：在罐外硫化前，如在进出罐移动轨道上逐条对包封套进行充气（0.2～0.3MPa），抽真空至−0.07MPa，关闭阀门，保压3～5min，压力回升小于0.01MPa，否则，要检查原因进行处理。整罐的条数全部合格则再装罐硫化。

这种方法主要用于悬挂输送的预硫化轮胎翻新生产线上，与前一种检漏方法相比，它的优点在于操作简单方便，与轮胎硫化可同时进行。缺点是它要求单设一个工位，若无进出罐移动架，还需特设一个抽空系统。

(3) 检查待硫化轮胎　待硫化轮胎表面要保持干燥清洁，无灰尘、异物黏附；轮胎的型号、规格、数量要与生产单（或施工卡）上一致。

12.6.1.2 需翻新硫化的轮胎入罐前装包封套、内胎、钢圈

(1) 装包封套 确认包封套规格、型号与轮胎一致后，要检查包封套的表面有无损伤、孔洞和老化（失去弹性），检查气嘴是否堵塞、完好密封，无问题后方可使用。

一般在专用设备，如包封套拆装机上进行。根据翻胎生产的规模不一样，包封套拆装机的形式也不一样。一般在轮胎悬挂输送生产线上多采用立式包封套拆装机，而在轮胎落地输送的单机生产线上多采用卧式包封套拆装机。使用前应涂刷隔离剂。

包封套拆装机在使用时应注意：①伸缩爪的张力和行程要调整适当，张力、行程太大，则会使包封套使用寿命缩短。②包封套在往爪上套装时一定要均匀，张、缩时，操作者的手、头要离开爪子的伸缩区，确保人和包封套的安全。钢圈拆装都在钢圈拆装机上进行。

包封套拆装机分为两种形式：①卧式包封套拆装机，即包封套中心线垂直于地面，轮胎平放的包封套拆装机，常在单台设备独立安放、小批量生产中使用，其特点是轮胎及包封套装卸方便；②立式包封套拆装机，即包封套中心线平行于地面，轮胎立放的包封套拆装机，常用于轮胎悬挂输送的生产线上，大批量生产中使用。

检查设备润滑是否充分，把设备气路、电源接通，并操作空运行 2～3 次，正常即可，否则要检查维修。在包封套拆装机工作前先要进行真空检漏，所用设备多为由旋片泵（或其它的粗抽设备）和相应阀门管路组成的抽真空系统。

把真空泵的电源接通，把抽气接管接入包封套接嘴，启动真空泵，听、看真空泵工作是否正常，若有异常应停机检查排除，然后检查管路接头处有无漏气。试运行 1～2 次无问题后，方可投入生产。

(2) 装入内胎 内胎在装入轮胎之前，首先要检查其外观是否老化或破损，弹性是否好，如果外观无问题，则可对其充气 0.01～0.02MPa，保压 1～2min，检查接头和内胎有无漏气，有漏点要进行修补或更换，才能装入内胎。确认内胎无漏点，检查胎体内无异物后即可手工把内胎放入胎体内，然后把垫带放到内胎与胎体之间，以保护内胎。

(3) 装硫化钢圈 在装上段钢圈时要注意上、下两段钩销要对齐，钢圈装好后，卡簧是否扦好。轮胎提升后，脚、手不要放在托架下方，严防托架落下时受伤。

把经过检查合格的，与翻新轮胎型号、规格一致的钢圈、弧形压板、锁簧等备好。检查钢圈拆装机润滑是否充足，检查各阀门的状态是否在安全位置，提胎臂上是否有异物，人员是否离开。

硫化钢圈的安装需在钢圈拆装机上进行。把钢圈下段放在设备的安装台上，然后套一个弧形压板，把装上包封套的轮胎提起推入，在轮胎上侧装上另一弧形压板装钢圈上段并旋转调整与下段钢圈对齐，升起压紧气缸活塞杆，插入胎圈压板，活塞杆下移压紧钢圈，转动上段使两段钢圈钩销配合，并把卡簧卡上，方可再次升起

夹紧缸活塞杆，拆出胎圈压板，落下活塞杆，将轮胎推出夹紧平台。

(4) 内胎充气，包封套抽真空检漏

① 充气，检漏　把气源接头接入内胎接嘴，对内胎充气 0.1～0.15MPa，并密闭保压。注意充气压力不可超过 0.15MPa，过高可能引起爆胎。抽真空检漏，把包封套的接嘴接到真空抽气接头上，启动真空泵对其抽真空至－0.05MPa 并保压 1～2min，检查包封套、弧形压板、进气接嘴等处有无漏气现象，若有应排除或更换，无问题则可入罐硫化。

② 自检　上述各项安装检查完之后，把轮胎通过提胎机构挂到进出罐旋转架（若为悬挂输送生产线则为进出罐移动架）导轨上，最后检查一下，查看吊挂是否可靠，数量是否准确。

12.6.2　轮胎翻新硫化工艺操作

以 11R22.5 轮胎使用硫化内胎的硫化工艺为例，胎面花纹深 14mm，硫化前环境温度 10℃，硫化罐内温度 40℃。

(1) 轮胎装罐与锁门

① 装上包封套、内胎、垫带和钢圈压板等工艺装备，通过提胎装置，挂到进出罐输送架上。

② 逐条向内胎充气 0.15MPa，对包封套抽真空－0.07MPa，检查内胎和包封套是否漏气。

③ 用开门扳手打开罐门，放下“过渡道轨”，并检查过渡道轨与罐内吊挂道轨连接无误。

④ 手推轮胎进入罐中相应位置，注意保证间隔均匀，胎面平行（垂直于罐体轴线）。

⑤ 用开门扳手闭紧罐门（关门前可在罐端面密封圈表面刷涂少许硅油）。

⑥ 扳动罐体上定位扳手手柄，使之与罐门上的凹弧定位。

⑦ 待罐内稍加充气（0.08MPa）时，快开门安全装置的锁销会插入定位扳销孔，从而完成了罐门安全锁紧。

(2) 入罐后包封套抽真空的操作方法

① 罐门锁紧后，手动关闭包封套的排气阀。接通电源，打开触摸屏，启动真空泵，再对包封套抽真空。

② 待抽至－0.05MPa 时，关闭真空泵，保压 3～5min。

③ 检查真空表，压力回升不大于 0.01MPa 则认为可以，否则要排除漏点，再重新抽真空，直至达到要求。

④ 经过连续抽真空，确认各个包封套无漏气现象后，再关闭真空泵。

(3) 罐（内胎）充气、升压、升温、硫化

① 加热、升温

a. 硫化罐罐门关闭，开启加热按钮，风机启动送风，延时数秒后加热开始。

b. 罐内温度升至预先给定的温度，如100℃或115℃，达到温度后会停止加热或减少加热功率，维持硫化温度在要求的范围内波动。

c. 硫化到设定时间（如180min）后，硫化结束，关闭加热系统。

② 充气升压

a. 罐内温度升至35℃时，打开充气阀，对罐内和包封套进行充气升压（排气小蝶阀处于关闭状态）。

b. 硫化罐内温度达硫化点后延时20～30min，包封套抽真空自动停止（排气小蝶阀下关闭状态），并开始充气升压。

c. 在硫化过程中罐内压力维持在0.55～0.60MPa；内胎压力维持在0.7～0.8MPa；包封套压力设定在0.4MPa左右。三种压力超过自动排气，欠压则自动充气升压，且内胎压力始终高于罐内0.2MPa。

硫化罐内的压力超过设定压力，除可经过自动排气外还设有机械安全阀，一旦压力达到安全阀的设定压力时，机械安全阀会自动打开排气，双重措施保护罐内安全，且硫化罐设有紧急放气阀，紧急情况下，可立即快速排气。

硫化罐外侧装有两排压力表，上排为内胎压力表，量程：0～1.0MPa；下排为包封套抽空充气的压力表，量程：－0.1～0.9MPa。

(4) 轮胎进罐注意事项

① 轮胎装罐时要检查内胎、垫带、钢圈等工艺装备是否安装到位和牢固可靠，特别是钢圈的钩销是否对齐卡紧，卡簧一定要齐全、可靠。轮胎悬挂安全稳定。

② 打开罐门，放下过渡导轨，检查过渡导轨与罐内导轨连接要对准，导轨通畅，无卡阻现象。

③ 每条轮胎的内胎、包封套的充气接头要认真接好，不能有漏接或漏气现象。

④ 轮胎进罐要平稳推入，并保持间隔均匀，方向一致（垂直于硫化罐的中心轴线）。

⑤ 确认轮胎装好后，方可抬起过渡导轨（自锁），关闭罐门。

(5) 硫化要求事项

① 按通硫化罐的电源、气源，按照硫化罐的操作说明，对内胎进行充气，对包封套抽真空，对硫化罐送风加热，然后关闭真空泵，对包封套进行充气，达到硫化温度100℃或125℃后，按照硫化工艺要求，对罐内内胎、包封套进行保温保压，对翻新轮胎进行硫化。

② 在硫化过程中罐内温度要保证在设定的温度；罐内压力为0.55～0.6MPa；内胎压力为0.7～0.8MPa；包封套压力为0.4MPa，压力超过上限则自动排气，温度超过要关闭或部分关闭热源。

在硫化过程中内胎和罐内的压力差始终保持在设定值，以免内胎爆破。要经常巡查压力、温度的变化和有无漏气现象，出现故障立即解决。

(6) 开罐注意事项

① 按照硫化工艺的要求确认硫化完成。要注意硫化过程中，因故障停止加热

的时间要补加硫化时间。

② 确认硫化完成后，要关闭加热电源，然后延时关闭风机。打开罐体、内胎、包封套的手动排气阀（自动排气已自动打开），并对内胎和包封套短时间（约1min）接通真空泵进行抽空（排净“余气”，以利拆卸）。

③ 排气过程中要注意保持内胎和罐内的压力差（罐内压力始终低于内胎的压力），控制在设定范围内。

④ 硫化罐、内胎、包封套压力排到“零”后要经一定延时（常为5min左右）后安全栓才能自动解锁，方可用手扳转罐门、罐体定位圆弧块。

⑤ 在用扳手开门时一定要注意不得有人站在罐门前，以免罐门开启发生危险。

⑥ 打开罐门，放下“过渡导轨”，确认连接无误后，方可出罐。

(7) 出罐

① 轮胎出罐后，要检查轮胎的硫化质量（轮胎在热的情况下很易观察到轮胎因脱空起鼓现象），粘贴相应标记并填写相应生产记录，进行分类存放和入库（出罐后的轮胎应存放24h后才可使用）。

② 工作结束后要关闭总电源和空压机，把罐内外清理干净。

12.7 预硫化胎面翻新轮胎的装备

12.7.1 硫化罐

12.7.1.1 硫化罐的种类

预硫化胎面翻新采用硫化罐硫化，过去美国使用过立式硫化罐，后来因不适于装多条翻新轮胎而很少应用了。现绝大多数厂使用卧式硫化罐，只有德国ROSLER公司在预硫化胎面翻新工程轮胎时因采用热水硫化（98℃），使用立式硫化罐硫化更有利热水的进出罐及热水循环。

过去硫化罐的加热方式多为蒸汽，由于供汽的小锅炉污染环境，现国内多采用电热。

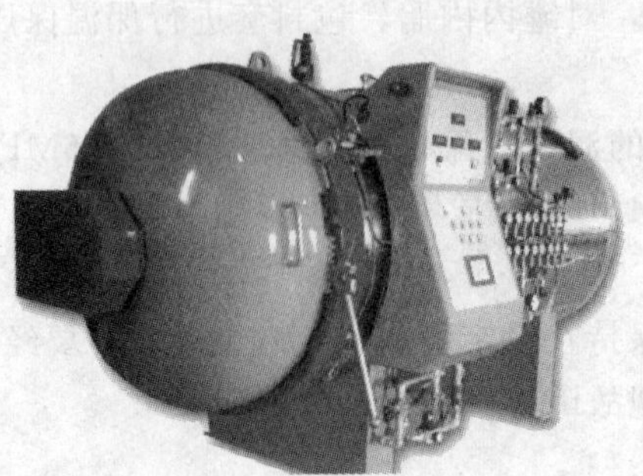

图12-19 配有触摸屏控制系统的硫化罐

12.7.1.2 卧式硫化罐的结构

硫化罐主体包括罐盖、罐体、罐盖、罐体间的开闭、密封、热风循环机等。加热、管路、操作控制、硫化时轮胎的吊挂、进出则作为罐体附件按使用需要加以配置。

图12-19是配有触摸屏自动控制系统的硫化罐，由北京贝力翻胎设备有限公司生产，图12-20是一般卧式硫化罐结构及组成。

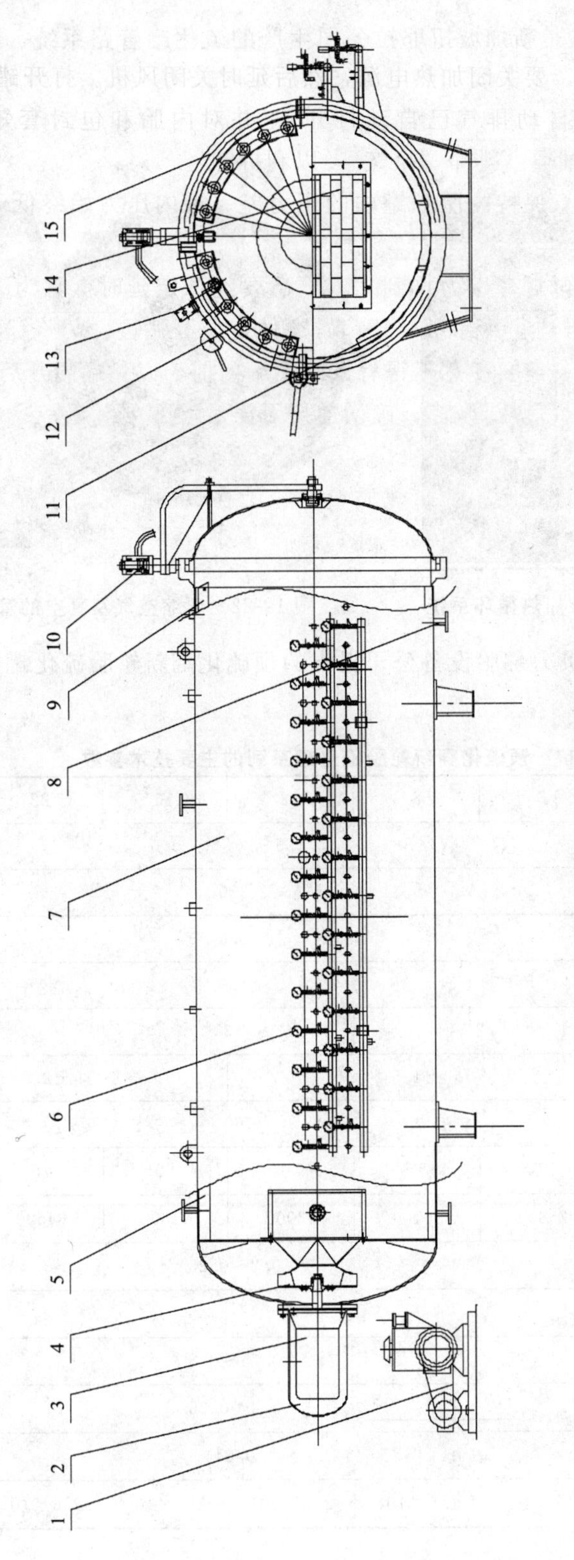

图 12-20　预硫化胎面翻新卧式硫化罐结构示意图

1—真空泵；2—电机保护罩；3—耐热电机；4—风机叶轮；5—上风道；6—充气管仪表管件；7—罐体；8—排污口；9—罐内轨道；10—悬臂吊转罐门机构；11—下风道；12—排管式Y加热器；13—安全锁紧装置；14—箱式加热装置；15—保温层

图 12-21、图 12-22 是新加坡扭耶拉公司生产的硫化罐管路系统、罐内加热及管路系统排布情况。

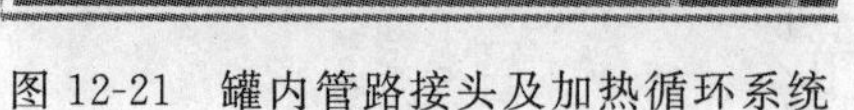

图 12-21　罐内管路接头及加热循环系统

图 12-22　压缩空气及真空的管路系统

表 12-17 是北京多贝力翻胎设备公司提出的预硫化翻新轮胎硫化罐的主要技术参数。

表 12-17　预硫化翻新轮胎硫化罐系列的主要技术参数

规格(每罐装轮胎)/条	6	8	12	16	22	28
罐内径/m	1.5					2.0
单胎工作长度/mm　≥	320					
最高工作压力/MPa	0.6					
工作温度/℃　≤	120					
测温点　≥	2		3		4	
硫化时各点温差/℃	±1.5			±2.0		
升温时间/min	60					
电加热功率/kW　≤	30	35	50	60	75	90
蒸汽消耗量/(kcal/h)　≤	25800	30100	43000	51600	64500	77400
内胎和硫化罐压差/MPa	0.2～0.25					
内胎装卸时压力/MPa	0.3～0.35					
内胎硫化时压力/MPa	0.75～0.8					
包封套下压力/MPa	0.3～0.35					
包封套下真空度/MPa	0.04					
每罐能耗量/kJ	1.3×10^5	1.5×10^5	2.0×10^5	2.4×10^5	2.6×10^5	3.6×10^5

表 12-18 是大、巨型工程轮胎翻新用的硫化罐（罐直径 4000mm）的技术参数。

表 12-18　巨型工程轮胎翻新用的硫化罐

型号	EM2000	EM2500	EM3000	EM4000
接头数	8	10	12	16
电动风扇/HP	5,5	5,5	7,5	7,5
空气消耗/(nL/h)	18.800	22.950	31.680	62.700
硫化单元充气压力/bar	6	6	6	6
轮胎充气压力/bar	7,5	7,5	7,5	7,5
运行时蒸汽消耗/(kg/h)	40	64	110	265
最大蒸汽消耗/(kg/h)	107	174	300	716
操作温度/℃	0～160	0～160	0～160	0～160
设备电压/V	110	110	110	110
主电压	待定	待定	待定	待定
重量/kg	3200	5400	8100	13400
容量/dm^3	9400	15300	26400	65700
长度/mm	3720	3800	4620	5980
罐体直径/mm	2000	2500	3000	4000

注：1HP=0.75kW。

12.7.1.3　硫化罐内温度场的分布及硫化强度控制

(1) 硫化罐内温度场的分布　当未装要硫化的轮胎时各部位的温度差由于有强力的风扇起循环作用，不超过±1～2℃。但装入要硫化的轮胎后由于风扇的循环作用被破坏，多处形成死角，罐内各部位的温度差可达 10℃以上，而且罐体越长，温差也越大，有人测一个长 12m 能装 28 条轮胎的硫化罐，其门的位置与通风装置的温差达 15℃。这就给掌握在同一硫化罐内硫化的轮胎均能达到所需要的硫化强度造成问题。解决办法是使处于罐内温度最低处区的轮胎达到所需要的硫化强度，那么其它处于较高温区的轮胎自然更可达到所需要的硫化强度并有所超过，由于预硫化胎面翻新是低温硫化，因此对过硫造成的影响较小，但如果缓冲胶欠硫这条翻新的轮胎很可能就是废品。

(2) 硫化强度控制办法　最近德国有人报道：在罐内温度最低处埋设一组能模拟该处轮胎硫化强度的埋入橡胶件的热电偶，引到计算机内。

12.7.2　其它翻新轮胎硫化的配套装备

12.7.2.1　卸硫化钢圈设备

参见第 11 章。

12.7.2.2 卸包封套及使用的设备

参见第 11 章。

12.7.2.3 轮胎出厂充气检查装备

参见第 8 章。

12.7.3 建立轮胎进出硫化罐的运输系统

已套有内外包封套或装有外包封套、硫化内胎，上好密封钢圈的待翻新轮胎不能在地面滚动，用平板拖车或大型轮胎运至硫化罐内或装到硫化罐前的进罐小车或挂架上。硫化挂架见图 12-23，硫化挂架上有气动起重机以利轮胎上、下、运输导轨（可与硫化罐内的挂轨接轨）、挂钩托板。套有内外包封套的轮胎不能用铁链挂轮胎，大、巨型工程轮胎硫化时可用叉车装卸，见图 12-24。

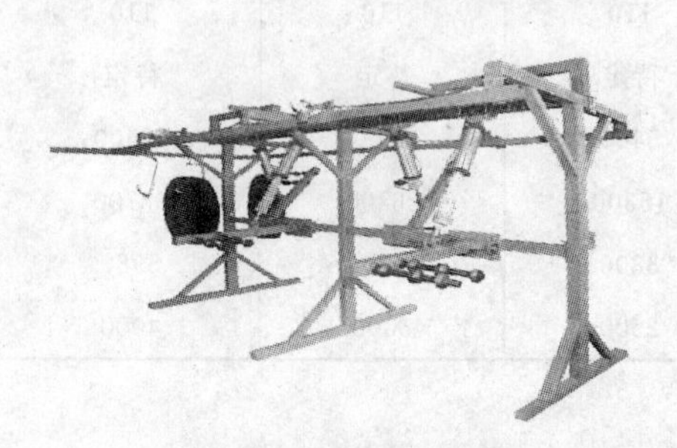

图 12-23 轮胎硫化挂架

图 12-24 巨型工程轮胎硫化时可用叉车装卸

装卸包封套设备、装卸硫化钢圈设备见第 11 章。

12.7.4 立式硫化罐热水硫化体系

图 12-25 是德国 ROSLER 厂采用 98℃热水，用立式硫化罐硫化工程轮胎的情景。

图 12-25 立式硫化罐的热水硫化体系

12.7.5 翻新轮胎出厂检查设备

按 GB7037—2007 标准：翻新轮胎出厂要进行外观及充低、高压检查。检查装备见第 8 章。

12.7.5.1 充低压和高压检查

按标准要求翻新后的轮胎先充低压（150kPa）进行人工检查，特别是对钢丝子午线轮胎的胎侧，有无高低不平，劈缝钢丝断股，如无异常再送轮胎高压检查机进行充高压（700kPa）检查，检查时应注意安全。如要人员贴近检查时，应在无人在检测机近旁的情况下将轮胎充至800kPa停留1min，无异常（在显示屏上观察）后，将轮胎内的气压减至700kPa后再进行检查，检查时应带护目镜及手套。

轿车翻新轮胎的技术法规要求按GB 14646—2007《轿车翻新轮胎》规定执行，对翻新的轮胎要求进行低压（150kPa）检查并按轮胎上标识的压力进行检验。

12.7.5.2 翻新轮胎成品外观质量和外缘尺寸检查

成品外观质量检查主要检查轮胎有无凹凸不平的地方，修补衬垫有无翘边脱空及外观超过标准许可范围。外缘尺寸检查是检查翻新轮胎的外形尺寸有无超过GB/T 2977标准《载重汽车轮胎系列》允许范围。

12.7.5.3 建立轮胎硫化配件存放、检查的场地及设备

轮胎硫化用的包封套、硫化内胎、排气垫等因是循环使用（一般应有三套），使用前包封套，硫化内胎应检查有无破损、钉眼、老化过重、变形过大等缺陷并及时淘汰，以免硫化轮胎时出现次品，硫化内胎可充以空气，停放后观察，包封套除外观检查外，还要在轮胎入罐前在轮胎充气0.2MPa的条件下抽真空看真空度是否下降。因此硫化场地应留有足够的场地和空间。

12.8 使用翻胎硫化机（两瓣模）进行预硫化翻新硫化

近年国内有企业使用翻胎硫化机（两瓣模）进行大型工程轮胎预硫化翻新硫化。将贴有预硫化胎面，成型好的翻新胎置于光模内放入硫化水胎硫化，可不使用包封套。由于硫化压力较高，传热效果较好，对有损伤的胎侧同时硫化，硫化时间据介绍只有用包封套的1/3。为使胎面花纹沟内也能具有硫化压力可填入铝花纹块，以防沟内胶起鼓。该公司翻新的23.5-25工程轮胎在柳州锰矿试用，其寿命为13个月，新胎为12个月，高于新胎。

12.9 翻新巨型工程轮胎在黏合层下埋设加热带（网）

德国KRAIBURG公司提出用预硫化胎面翻新巨型工程轮胎时因轮胎重达4000kg，如果从20℃加热到120℃硫化（一般需10h）需耗电140kW，而厚度为4～5mm的缓冲胶重35kg，加热则只需电10kW（参图12-26），可节电93％。

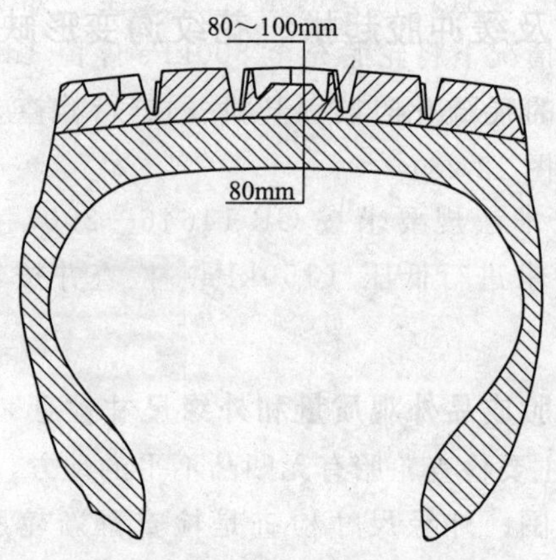

图 12-26　在黏合层下埋设加热带（网）

12.10　翻新的轮胎硫化出现的缺陷及处理意见

12.10.1　预硫化胎面翻新时常见的缺陷及处理意见

表 12-19 为预硫化胎面翻新时常见缺陷及处理意见。

表 12-19　预硫化胎面翻新时常见缺陷及处理意见

缺　陷	原　因	改进措施
胎肩黏合胶不流动	包封套或副压板漏气 管接头或管子漏气 包封套气嘴接头封堵	检查各部件
胎面偏斜或呈 S 形	贴胎面操作不当	培训操作人员，在贴合机上加胎面激光对中心装置
局部胎面花纹沟变形或胎面变窄	贴胎面胶用力不均 包封套过小 胎面基部胶过薄	贴胎面胶用力均衡 更换包封套 修改模具以加厚基部胶
黏合胶海绵状脱空	加热系统有问题引发欠硫 包封套漏气	检修加热系统 更换包封套
胎体或胎面下出现气泡	贴胶时包有空气 胎体有未处理的钉眼 胶浆未干透	贴、填胶时注意排气 加强胎体检验 检查是否干燥，尽量少用胶浆
花纹沟鼓包	胎面基部胶过薄 包封套过小 包封套不能贴到花纹沟底	改模具，加厚基部胶 更换合适的包封套 改进硫化工艺，加包封套抽真空后充压缩空气
修补胎侧外鼓	罐内压力与硫化轮胎的胎腔内压差过大	压差不宜大于 0.2MPa

12.10.2 轮胎胎面及缓冲胶起拱、花纹沟变形缺陷及处理意见

(1) 原因分析　在翻胎硫化时胎面起拱、花纹沟有变形（见图 12-27），及出现缓冲胶起拱现象（见图 12-28）。

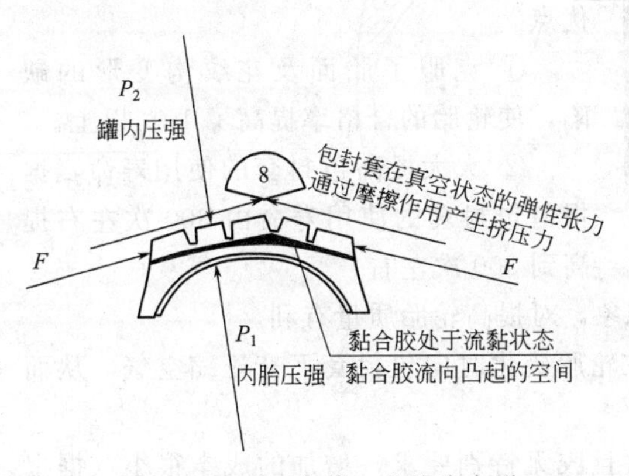

图 12-27　胎面起拱、花纹沟变形

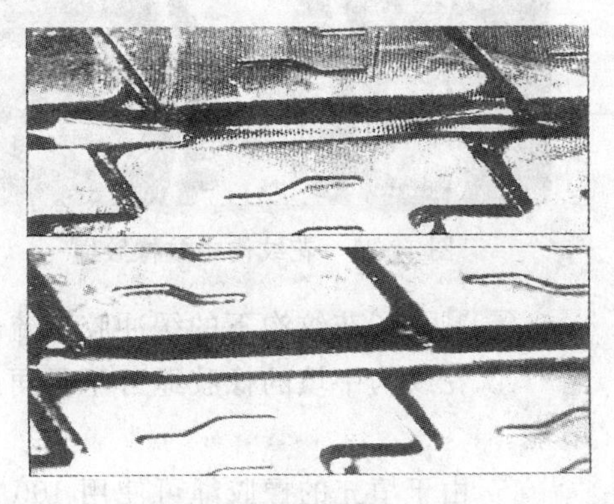

图 12-28　缓冲胶起拱

探究其原因：可能是包封套的侧向挤压力的作用及包封套过小、过厚，胶的定伸应力高等。另因包封套无法进入花纹沟底部，形成低花纹块下的气压低，缓冲胶向气压低的花纹沟处流动（见图 12-29）等。解决办法：当硫化罐内压力达到 0.6MPa（85psi）后停止抽真空，改切换充以 0.45MPa（70psi）气压（见图 12-30），亦可在排气垫下的花纹沟中放入橡胶绳，见图 12-31，这样包封套就可间接压到花纹沟下缓冲胶。

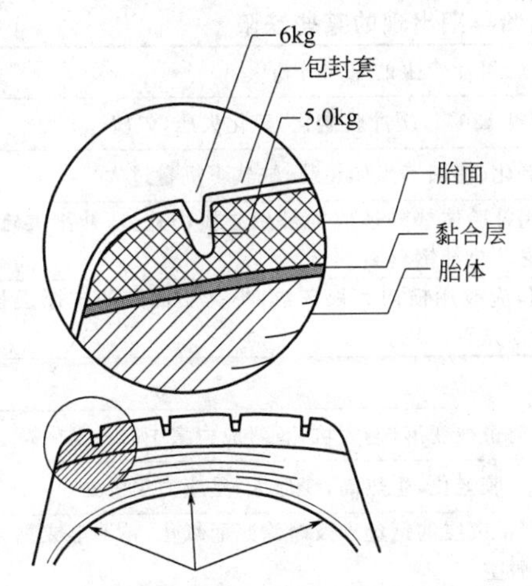

图 12-29　缓冲胶向气压低的花纹沟处流动

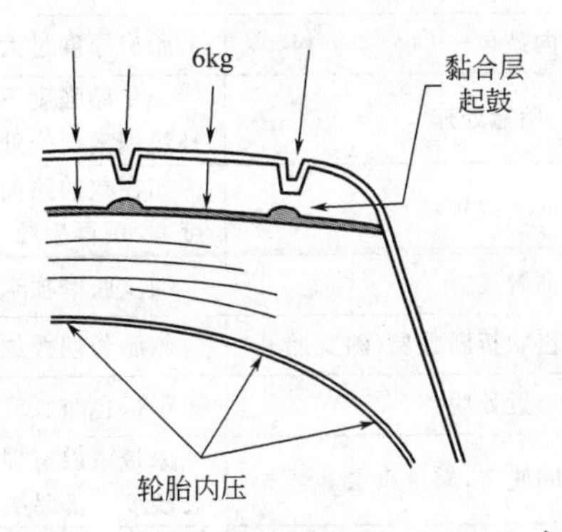

图 12-30　切换充以 0.45MPa（70psi）气压

(2) 花纹沟中填的橡胶绳制作及优点

上述两种办法以在花纹沟中放入橡胶绳更为有效。橡胶绳是用挤胶枪将胶条挤

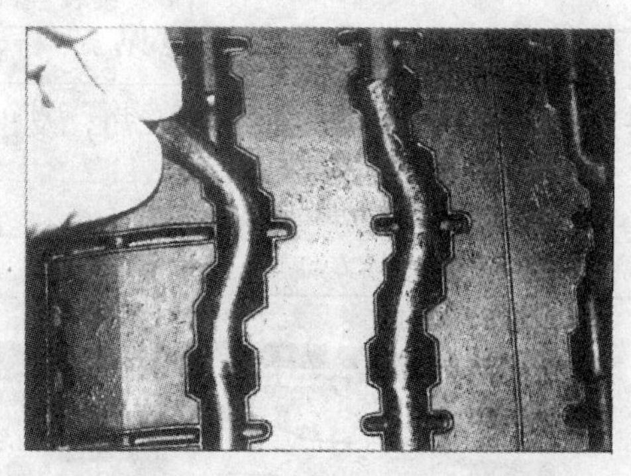

图 12-31　花纹沟中放橡胶绳

入轮胎的花纹沟内（为防止粘花纹沟可先涂硅油隔离剂），套上包封套，轮胎硫化后橡胶绳也就硫化好了可下次使用。

花纹沟中填的橡胶绳具有如下诸多优点。

① 克服了胎面及花纹沟变形的缺陷，使轮胎的合格率提高了10%以上。

② 大大提高包封套的使用寿命，据报道包封套的使用寿命由300次左右提高到500次左右。

③ 减小了花纹沟下的缓冲胶过硫现象，对提高轮胎质量有利。

④ 花纹沟中填的橡胶绳可不需再在轮胎硫化时向包封套下充压缩空气，从而节能。

⑤ 由于填充的橡胶绳可使用100次且胶无特别要求，增加的成本很小（据报道每条仅增加成本0.1元）。

12.11　翻新轮胎使用时因翻新问题出现的缺陷

表12-20列出了预硫化胎面翻新的轮胎在使用时由于翻新问题而早期出现的某些缺陷。

表12-20　预硫化胎面翻新的轮胎早期出现的某些缺陷

早期出现的某些缺陷	可能产生的原因分析
胎面整圈脱空	高速行驶轮胎温度超过120℃，缓冲胶老化，硫化失压，欠硫
胎侧周向鼓包	胎肩厚度过大，胎体老化（使用不当如超载，缺气下沉量过大）
补垫处、胎冠处炸	子午胎强度不够，除用补胎体垫外还应加带束层损伤补垫，补垫欠硫，补垫偏离损伤处，使用尼龙垫补钢丝胎
胎面纵向花纹掉块	如在差的路面上使用，应改用横向大块花纹，提高胎面胶的抗撕裂强度，少用再生胶，检查胎面是否欠硫
胎里周向跳线	油皮胶磨损未修补
胎里锯齿状折断数层（斜交胎）	轮胎长期叠放导致胎肩帘线变形（遇大坑，急弯应力集中时易发生）
轮胎趾口近处脱空	子口包布胶或钢丝帘布胶老化，生热高，变形大，是应力集中处
胎冠中间脱空，露带束层	原带束层有损伤，磨露带束层的钢丝未及时涂浆而氧化，粘不牢或黏合胶硬度太低易被磨损而脱空
胎肩处子午垫翘边	补垫太短（应延伸到胎肩下5cm以上）
胎里子午垫对应的胎侧鼓包	补垫应横过轮胎断面至两端子口上
胎面接头处断开脱空	胎面太短，接头打磨不当，贴合时U形钉太少，抽真空管放在接头处

续表

早期出现的某些缺陷	可能产生的原因分析
胎面纵向花纹沟底开裂	胎面宽超过胎圈处(或因超载导致),胎面花纹壁角度小易产生剪切力,胶强度低
胎肩防水线上开裂	胎肩老化,硬度高,伸长率下降,频繁刹车引起压缩、伸张开裂
有重皮	轮胎硫化前喷隔离剂太多,胶料流动性不好,混炼不均

参 考 文 献

[1] 高孝恒．预硫化胎面翻胎基本工艺研究．轮胎工业，2003（2）：418-422.

[2] Rosler. Looks to Develop Turnkey Plants Globally. RETREADING BUSINESS，2012（2）：18.

[3] 杨得兵．大型工程机械轮胎预硫化翻新．轮胎工业，2013（6）：323-325.

[4] 余广华．预硫化花纹沟填充胶条翻新轮胎硫化工艺研究与实践．中国轮胎资源综合利用 2011（8）：15-20.

[5] Marvin Bozarth. Putting a Stop to Cushion Gum Migration. Tire Retreading Repair today，2003（1-2）：53-60.

第13章 模型法翻新轮胎的成型与贴合

13.1 模型法翻新轮胎的技术与贴合基本要求

模型法翻新轮胎的成型与贴合要解决两个问题：一是未硫化胶与已硫化胎体的结合问题；二是胎体翻新贴合与硫化模具配合的问题。第一个问题本书的第9章、第10章已有介绍，但胎体前期加工后进入成型与贴合前必须进行复检：胎体该修补处是否按规定修补合格，喷涂胶浆是否已干燥，干后停放时间是否超过允许时间，否则应退回上一工段。胎体翻新贴合和贴后与硫化模具配合的问题是本章重点要讨论的问题。

模型法翻新轮胎的成型与贴合目前国外多采用胎面缠贴法，从轿车轮胎到巨型工程轮胎都适用。德国、意大利等国推出挤出胎面、缓冲胶热贴，可用于轿车及载重轮胎翻新。

我国过去多用胶片冷贴或用开炼机热炼出片热贴或用挤出机挤出胎面胶坯经冷却、停放、收缩后冷贴于打磨的胎体上。也有个别厂用热喂料挤出机挤出胎面胶坯热贴于胎体上，20世纪90年代初研发过胎面缠贴机，但未能推广。

13.1.1 胎体打磨、贴合与硫化模具的尺寸关系

(1) 斜交轮胎翻新打磨、贴合与模具的关系

① 贴合直径 $D_{贴}$ = 硫化模具直径 $D_{模}$ −1个胎面花纹深。

② 打磨直径 $D_{磨}$ = 硫化模具直径 $D_{模}$ −1个胎面花纹深+2倍胎面胶厚度 B。

③ 贴合断面周长 $L_{贴}$ = 硫化模具断面周长 $L_{模}$ −3%硫化模具断面周长（普通花纹）。

④ 贴合断面周长 $L_{贴}$ = 硫化模具断面周长 $L_{模}$ −(3.5～4.0)%硫化模具断面周长（雪泥花纹）。

⑤ 贴合断面周长 $L_{贴}$ = 硫化模具断面周长 $L_{模}$ −(4.0～4.5)%硫化模具断面周

长（普通花纹）。

⑥ 打磨断面周长 $L_{磨}$ ＝硫化模具断面周长 $L_{模}$ －(3.0～4.5)％贴合断面周长 $L_{贴}$ ＋胎面胶厚度 B。

(2) 子午线轮胎翻新打磨、贴合与模具的关系

① 贴合直径 $D_{贴}$ ＝硫化模具直径 $D_{模}$ －0.6 个胎面花纹深。

② 打磨直径 $D_{磨}$ ＝硫化模具直径 $D_{模}$ －0.6 个胎面花纹深＋2 倍胎面胶厚度 B。

③ 贴合断面周长 $L_{贴}$ ＝硫化模具断面周长 $L_{模}$ －0.6 个胎面花纹深。

④ 打磨直径 $D_{磨}$ ＝贴合直径 $D_{贴}$ －胎面厚度。

13.1.2 胎体打磨、贴合与硫化模具配合的经验公式

模型法翻新轮胎因使用了金属硫化模型，因此对入模翻新硫化的轮胎就有较严格的外形尺寸和断面周长的限制，特别是全钢子午线轮胎。翻新轮胎的贴合尺寸和断面周长要按已有或新增的模型加以贴合。但由于轮胎规格、尺寸、胎面花纹差异太多，难以精确配置，轮胎硫化时要充以压缩空气，胎体的膨胀不一，因此人们提出了许多经验公式。

(1) 斜交轮胎翻新

① 贴合直径 D_2＝模型直径 D_1－1 个胎面花纹深。

② 打磨直径 D_3＝贴合直径 D_2－2 倍胎面贴胶厚度 $\delta-k_1$。

k_1—磨胎系数；顶翻胎为 0，肩翻胎为 10mm。

③ 胎面贴胶厚度 δ　　　$\delta=K(t_1V+t_2)$

K—胎面胶调整系数，1.05～1.15，厚胶取大值；

V—胎面花纹块体积分数，％，t_1—胎面花纹深，mm；

t_2—胎面基部胶新胶厚度。

④ 贴合断面周长 $C_2＝C_1$（1－3％）（小胎），或－3.5％～－4.0％（大胎），或－4.0％～－4.5％（工程胎），其中 C_1 为模型断面周长。

(2) 子午线轮胎翻新

① 贴合直径 D_2＝模型直径 D_1－0.6 个胎面花纹深。

② 打磨直径 D_3＝贴合直径 D_2－2 倍胎面贴胶厚度 $\delta-k_1$。

k_1—磨胎系数，子午线轮胎可取 5mm。

③ 胎面贴胶厚度 δ　同斜交轮胎翻新。

④ 贴合断面周长 $C_2＝C_1$－5mm 以下（小胎）或 10mm 以下（大胎），C_1 为模型断面周长。

(3) 翻胎通用

① 磨面宽：顶翻胎大于贴胶宽 6～12mm，肩翻胎视防擦线距离大小。

② 胎面胶长度 L

$$L=K''\pi D_{磨}=K''\pi[D_{模}-2(t_2+t_1)]$$

式中，K''为胎面伸长系数，0.94～0.95；$\pi=3.14$；$D_{磨}$ 为打磨直径，mm；$D_{模}$ 为花纹内模内径，mm；t_1 为花纹深度，mm；t_2 为花纹基部胶新胶厚度，mm。

③ 胎面贴胶宽度 $b \geqslant$ 胎面模型宽度 b_2（顶翻胎大 3～5mm），当加垫圈时 b 应加上垫圈厚度，胎面贴胶弧高 h 应与模弧高相同。

13.1.3 翻新轮胎胎面胶半成品长、宽、厚

(1) 顶翻新胎面胶半成品尺寸见表 13-1。

表 13-1 顶翻新胎面胶半成品尺寸 单位：mm

轮胎规格	胎面长度±10	宽度±3	厚度±1	轮胎规格	胎面长度±10	宽度±3	厚度±1
14.00-20	3981	286	15	9.00-16	2815	185	12
12.00-20	3613	230	15	8.25-20	3100	165	11.5
11.00-20	3456	210	14	7.50-20	3025	155	11
10.00-20	3327	195	14	7.00-20	2850	145	11
9.00-20	3300	185	13	6.50-16	2369	115	10.5

(2) 肩翻新胎面胶半成品尺寸见表 13-2。

表 13-2 肩翻新胎面胶半成品尺寸 单位：mm

轮胎规格	胎面长度(±10)	底面宽度(+5，－2)	顶面宽度(±2)	厚度(±0.5)
12.00-24	3700	325	215 220 225	15
12.00-20	3600	338	215 220 225	15
11.00-20	3500	318	195 200 205	14
10.00-20	3300	288	185 190 195	14
9.00-20	3250	258	175 180 185	13
8.25-20	3050	243	155 160 165	12.5
7.50-20	3000	223	145 150 155	12
7.00-15	2500	200	130 135 140	10
6.50-16	2300	178	120 125 130	11
6.00-16	2300	170	110 115 120	9.5

13.1.4 胎体打磨、贴合与硫化模具配合的实例

斜交轮胎的胎体打磨、贴合与硫化模具配合的实例是某企业长期使用的经验值，但未见控制断面周长（全钢子午线轮胎很重要），见表 13-3。

表 13-3 胎体打磨、贴合与硫化模具配合的实例 单位：mm

轮胎规格	花纹板尺寸				花纹形状	花纹深度	花纹沟体积分数/%	间隙	磨胎尺寸	合理贴胶厚度	入模直径
	直径	断面宽	胎面宽	弧高							
6.50-16	778	160	125	10	顶翻八角	11	16	10-13	658	11	719
750-16	806	185	140	13	顶翻八角	11	16	13	713	12	762

续表

轮胎规格	花纹板尺寸				花纹形状	花纹深度	花纹沟体积分数/%	间隙	磨胎尺寸	合理贴胶厚度	入模直径
	直径	断面宽	胎面宽	弧高							
8.25-20	965	190	156	12	顶翻八角	11	16	15	919	12	945
9.00-20	983	220	168	6	顶翻双烟斗	12	18	13-15	939	13	964
9.00-20	990	220	176	12.6	顶翻连烟斗	中13.5 边10	20	13-15	944	13	970
9.00-20	1027	233	176	17	顶翻烟斗	12	16	11-15	983	13	101.6
9.00-20	1004	220	174	17	顶翻双烟斗	12	18	11-15	955	13	980
10.00-20	1066	254	190	18	肩翻混合	12	20	11	1024	13	1052
10.00-20	1105	260	225	20	肩翻混合	14	30	18	1049	14	1080
10.00-20	1078	260	220	15	顶翻马牙	15	40	18	1023	14	1054
12.00-20	1120	286	232	20	顶翻马牙	16	40	18	1060	15	1085
12.00-20	1137	279	232	20	顶翻马牙	15	40	25	1077	15	1107
16.00-24	1471	390	333	34	越野	26.5	45	35	1374	23	1430

13.2 翻新轮胎胎面成型与贴合方法

13.2.1 人工冷贴合缓冲胶片和胎面胶片

国内大多数小型翻胎厂翻新载重汽车轮胎时贴胎面及缓冲胶多采用开炼机热炼后再按要翻新的轮胎规格出片，其规格见表13-4和表13-5，经冷却停放收缩后再采用胎面贴合机冷贴于胎体上。

表13-4 翻新轮胎开炼机出片尺寸 单位：mm

规格	12.00-20	11.00-20	10.00-20	9.00-20	8.25-20	7.50-20	7.00-20	9.00-16	8.25-16	7.50-16	7.00-16	6.50-16
厚度	13	13	13	13	12	11	10	13	12	11	10	9
宽度	240	220	210	200	180	170	160	200	180	170	160	150
长度	3500	3400	3300	3200	3100	3000	2900	2800	2700	2600	2500	2400

表13-5 开炼机出片厚度 单位：mm

胶片名称	缓冲胶	胎肩胶	衬垫胶	胶浆胶
胶片厚度	1	3	1.2	4

13.2.1.1 翻新轮胎开炼机出片尺寸

翻新轮胎开炼机出片尺寸见表13-4。

采用胶片胎面贴合，在胎面贴合机上完成（见图 13-1），由于冷贴胶片在胎面贴合机上贴合辊压力不足，与胎体黏合性能不够理想，且易留有气泡，因此必须再用胎面压合机辊压，设备见图 13-2。贴合车间温度不能低于 20℃（低温贴合使用时容易发生胶层开脱现象）。

13.2.1.2 胎面贴合和压合设备

胎面贴合设备包括胎面贴合机及胎面压合机。胎面贴合机：适用于 12.00-20 及以下规格的轮胎，见图 13-1；胎面压合机适用于 6.50-16～11.00-38 规格的轮胎，见图 13-2。

图 13-1　胎面贴合机

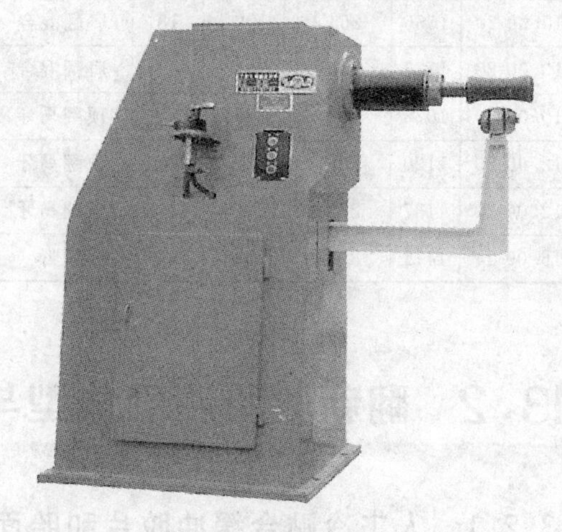

图 13-2　胎面压合机

(1) 胎面贴合机主要技术参数

适应轮胎直径：420～1500mm　　配用电机：2.5kW

轮胎宽度：400mm　　外形尺寸：2200mm×2000mm×2200mm

压缩空气压力：0.8MPa

(2) 胎面压合机结构及主要技术参数

① 胎面压合机结构　图 13-3 是胎面压合机结构示意图，其主要靠托胎气缸推动托辊与凹辊组成压合力。

② 主要技术参数

适应轮胎规格：650-16～11.00-38　　电机功率：3kW

主轴转速：60r/min　　压缩空气压力：0.6MPa

托胎气缸：直径 110mm　　外形尺寸：1360mm×1100mm×1680mm

行程 430mm

升胎气缸：直径 100mm　　重量：1200kg

行程 628mm

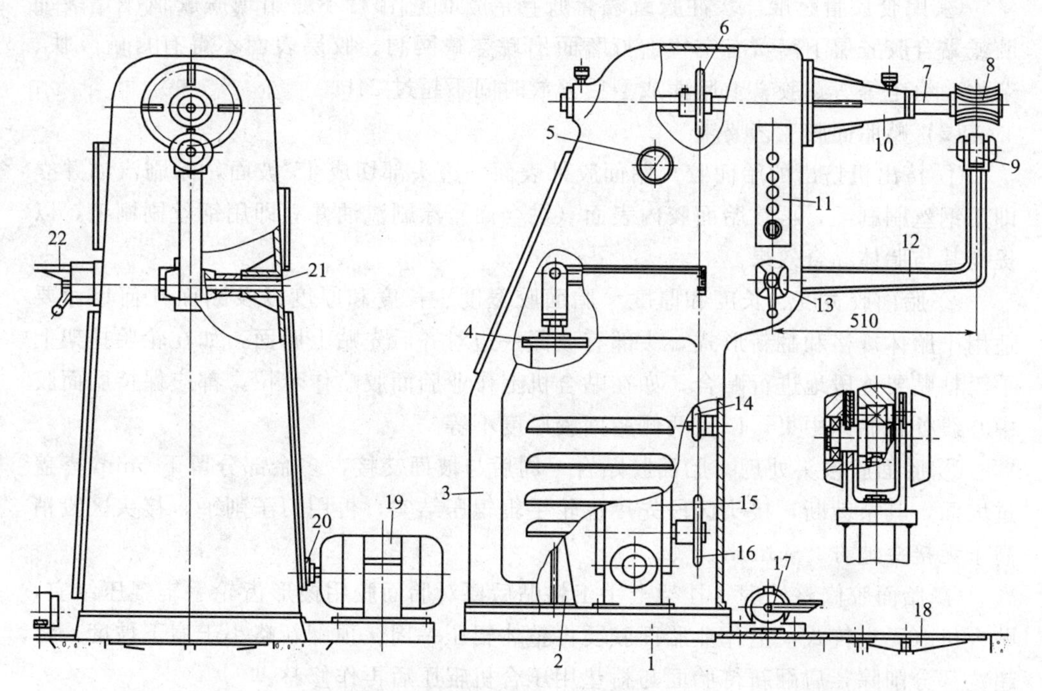

图 13-3 胎面压合机结构示意图

1—底座；2—支座；3—机体；4—托胎气缸；5—压力表；6,16—链轮；7—主轴；8—凹轮，9—托辊；10—轴套；11—按钮开关；12—压杆；13,17—气阀；14—张紧链轮；15—蜗轮减速器；18—托盘；19—电机；20—弹性联轴器；21—支轴；22—工具架

13.2.1.3 人工成型与贴合操作

(1) 贴缓冲胶

① 缓冲胶贴合方法　缓冲胶贴合多采用手工贴。在工作台上，将胶卷胶面朝下展开需要的长度，剥去塑料薄膜，将胶片覆盖在胎面锉磨面上，胎肩一边对齐，并经定长裁断后，轻压搭接头处固定，再剪去一边超宽部分，由辊筒手辊辊压结实，发现气泡应用钻子扎破排气。下架平叠摆放，等待热贴或冷贴胎面胶。

② 缓冲胶冷贴工艺要求　要求缓冲胶或黏合胶覆盖面平整无皱褶、气泡，胶片无过量拉伸减薄，胶片无喷霜失黏，良好的工艺卫生（粉尘、汽油浓度应符合国家卫生标准）和作业环境（温度不低于18℃，相对湿度不宜过高），成型车间与打磨车间相互隔离。

黏合胶覆盖面锉磨后如需停放较长时间，要用塑料薄膜包裹胎面，以防表面沾染灰尘或喷霜、氧化，超过 8h 应重新补充加工。

胶片不太黏时要涂刷汽油，要等待汽油挥发后再粘贴。要控制停放时间不超过 8h，以免自硫或半自硫影响胎面与胎体黏合强度。

③ 贴合质量标准　缓冲胶或黏合胶与磨锉面贴合后不应出现脱胶情况，缓冲胶或黏合胶胶层下窝藏有空气，打磨面出现空缺网洞。胶层表面不得有自硫胶块、杂物、粉尘等。贴胶、上胎面成型后停放时间不超过 24h。

(2) 贴胎面胶工艺要求

① 挤出机挤出的胎面胶　胎面胶外表面一边头部切成 45°坡面，涂刷汽油并立即用钢丝刷刷毛，再在胎面胶内表面（黏合面）涂刷汽油并立即用钢丝刷刷毛，以提高其与胎体黏合效果。

② 胎面胶宽度、长度和厚度　胎面胶宽度、长度和厚度以及断面几何尺寸要适用于胎体规格和翻新形式，头部有坡面一边对齐后先贴上胎面，如在轮胎挂架上手工粘贴要逐段地进行贴合，如在贴合机上作业胎面胶略作牵拉，都应保持胎面胶中心线处在胎体中央，以免两侧胎面胶厚度不等。

③ 胎面胶接头处理　胎面胶贴合一周后与坡面交接，多余部分留下 5mm 搭盖过坡面，其余裁断，接头区段先用齿轮手辊辊压结实，再用刀子削平，接头区段稍高于无接头地方 2～3mm。

④ 胎面胶修整处理　挂架上手工粘贴后要对胎面胶用棱形齿轮手辊辊压结实，贴合机（无充气式）上作业胎面胶要再整体辊压一周。顶翻新略小于肩下坡度，将超宽部分削除，肩翻新待胎面与衬垫用压合机辊压后再作修整。

⑤ 胎面与衬垫间用胎面压合机辊压　贴上胎面胶并经修整处理后，要通过有内顶轮的胎面压合机高强力辊压，经压合机辊压后能使缓冲胶和衬垫胶渗入到磨锉沟槽内，提高硫化后成品彼此之间黏合强度。

⑥ 胎面胶贴合质量标准　要求贴合的胎面胶不偏斜，不出边也不缺口，接头紧密无缝隙，接头处无凹坑和凸出过高，胎面胶表面无皱褶，黏合面边缘无缝隙，黏合面内无空气或杂质，以及衬垫无皱褶等。

⑦ 胎面压合机操作与贴合压实方法　先从中央开始辊压一周后逐渐一周一周地往胎肩一侧方向辊压，再从中央一周一周地往另一侧胎肩方向辊压（肩翻新的要辊压到胎侧线），将黏合面内空气排挤出去，辊压后如胎面起鼓，说明有空气被挤压于该处，要用钻子在该部位花纹沟扎入，用大拇指紧压排出气体。

13.2.2 胎面胶缠贴法成型

13.2.2.1 模板（机械模板及电子模板）控制的翻新轮胎的成型设备和操作

图 13-4 是美国 AMF 公司产的 2001 型胎面缠贴机，该机结构包括冷喂料挤出机、定口型板机头、前后线速度调速缓冲辊、胶条贴合装置及转位电机编码。原型机 200C 采用的是微触点机械模板胎面缠贴程序卡，见图 13-5，将要缠贴的宽度及各部位的厚度按卡上有一弧形标尺及 6 个圆形标尺给定点。操作者要将缠贴的宽度、各部位的厚度先在卡上打出突出点，当轮胎转位移动，突出点触及微动开

关而改变转位移动角速度。

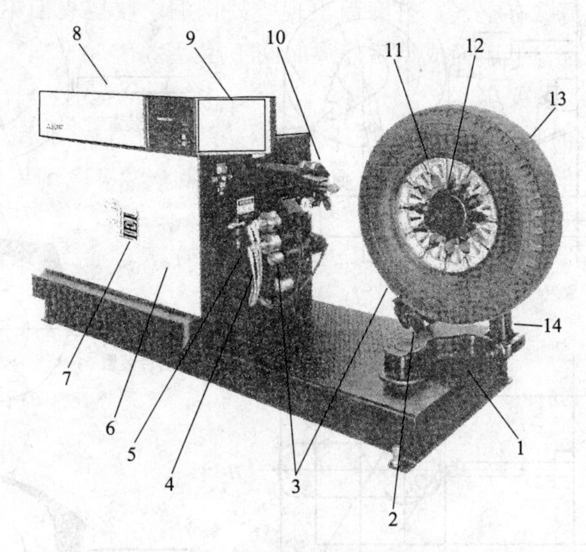

图 13-4　2001 型胎面缠贴机

1—方位角臂；2—缠绕半径调节电机；3—同步旋转调节器；4—辊筒口型；5—挤出机筒体；6—压缩空气进出系统；7—喂料口；8—主电器箱；9—控制板；10—贴合胶供料器；11—轮胎装卸钢圈；12—膨胀鼓；13—轮胎旋转电机；14—膨胀鼓支架

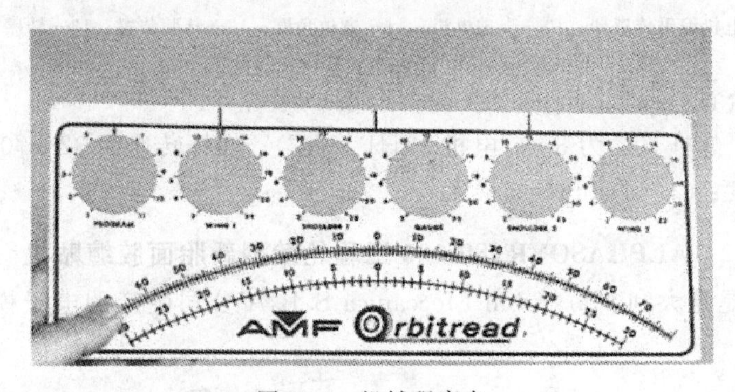

图 13-5　机械程序卡

（1） 胎面缠贴机工作原理　图 13-6 是 2001 型胎面缠贴机工作原理图，轮胎胎面缠贴成型过程是：由挤出机挤出的胶条经调速辊 5，由贴合装置 7 贴合在旋转的轮胎 8 上。同时转胎支架 13 绕 O_1 轴变速间歇转动，从而使胶条逐渐按给定的断面形状缠满（转胎支架变速就会改变胶条贴在胎体的角度，因此就改变了贴胶的厚度）。O_1 轴为转动中心。

图 13-6 右边所示为胎面缠贴成型过程。

（2） 主要技术参数

外形尺寸：4293mm×1778mm×1676mm

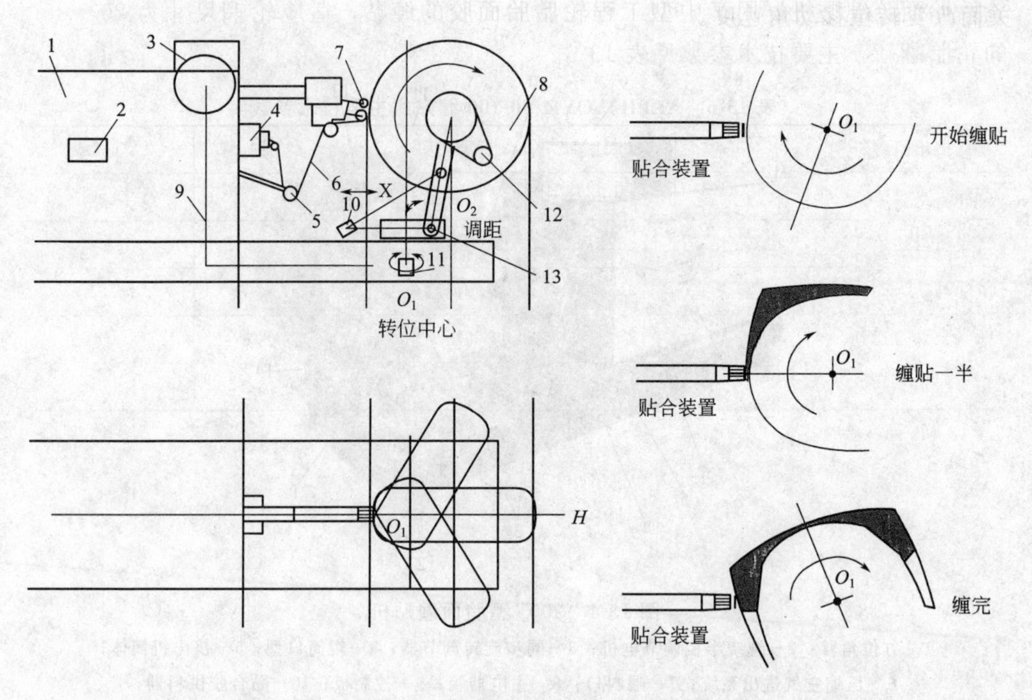

图 13-6　胎面缠贴机工作原理图

1—挤出机；2—喂料口；3—主电器箱；4—机头；5—调速辊；6—胶条；7—贴合装置；8—轮胎；9—电机编码传感器；10—步进电机；11—方位角臂；12—转胎装置；13—转胎支架

最大贴合宽：1219mm

挤出机：螺杆直径为 3in；电机 25HP（AC）；螺杆转速为 32～70r/min

贴合速度：0～445mm/s（最大）

13.2.2.2　ALPHASOYR/80-100 工程轮胎翻新胎面胶缠贴机

图 13-7 是意大利 Maranroni Meccanica S. P. A 公司生产的电子模板翻新工程

图 13-7　ALPHASOYR/80-100 胎面胶缠贴机

轮胎胎面胶缠贴机，用于中型工程轮胎胎面胶的缠贴，适应轮辋尺寸为 20～35in 的轮胎翻新，主要技术参数见表 13-6。

表 13-6 ALPHASOYR/80-100 缠贴机主要技术参数

销钉挤出机螺杆	ϕ80(1∶13)	水泵马达	2×1.5kW
产能	330kg/h	液压装置	15kW
挤出机马达	62kW	加热装置	12kW
风扇马达	0.37kW	空气消耗量	4L/h
膨胀鼓开合运动	0.5kW	空气压力	0.8MPa
贴合压辊旋转	1kW	重量	8000kg

13.2.2.3 数控翻新轮胎的胎面缠贴成型机

数控胎面缠贴成型机可用于各种规格的新轮胎和翻新轮胎的胎面，厚度较大的缓冲胶缠贴成型。图 13-8 为 ALPHA S 96 型数控翻新轮胎胎面缠贴成型机外形图，是意大利 Marangoni 公司生产的，适用于轮辋直径 12～24.5in 的轮胎。

图 13-8 ALPHA S 96 型数控翻新轮胎胎面缠贴成型机

(1) ALPHA S 96 型数控翻新轮胎胎面缠贴成型机配置 ALPHA S 96 型数控胎面缠贴成型机配有六轴数控体系，使用三轴数控，使用伺服电机及高精度的滚珠螺母、丝杠传动，配有计算机及显示器（见图 13-9 右图），可显示输入的缠贴程序数据及缠贴过程的图形及数据。配用螺杆直径 ϕ100mm 的销钉式冷喂料挤出机且转动角臂上装有压延机（见图 13-11 左图），挤出的胶片用数控进退及转动角度的快慢以改变缠贴胶的厚度。

(2) ALPHA S 96 胎面缠贴成型机主要技术参数

挤出机功率：61.8kW 直流电机　　夹持盘进/退：2.1kW 伺服电机

电机风扇：0.55kW　　成型机回转装置：1.15kW 伺服电机

图 13-9　压延机和显示器

成型机进退装置：1.15kW 伺服电机　　温度控制装置：18kW（3×6kW）

成型机横行装置：1.15kW 伺服电机　　总安装功率：约 97kW

压延机电机：2.1kW 伺服电机　　挤出机功率消耗：0.1kW·h/kg

齿轮润滑油泵：0.7kW　　压缩空气压力：8～10bar（1bar=10^5Pa）

液压装置：5kW（仅为夹持盘张开）　　总重量：6500kg

夹持盘旋转：3kW（用于反转）　　外形尺寸：7180mm×2590mm×2140mm

13.2.3　工程轮胎胎面缠贴成型机

13.2.3.1　63in 的工程轮胎缠绕成型机

图 13-10 是意大利 MGT 公司生产的 63in 工程轮胎缠绕成型机，适用于轮辋直径 63in（用于 26.5R25～55/90R63，包括 70/70R57）的轮胎翻新。

图 13-10　63in 工程轮胎胎面缠绕成型机

13.2.3.2 新型 XEM 工程轮胎胎面缠绕设备

图 13-11 是 2010 年意大利 TRM 公司生产的新型 XEM 工程轮胎胎面缠贴机，可用于轮胎直径 2200～4200mm，宽度 300～1800mm 的轮胎胎面缠贴。该系列有三种规格，主要技术参数见表 13-7。

图 13-11 XEM 型工程轮胎胎面缠贴机

表 13-7 XEM 系列工程轮胎胎面缠贴机

式样	直径(最小/最大)/mm	宽度(最小/最大)/mm	挤出机	产量(最小/最大)/(kg/h)	挤出机长径比	配置	外形尺寸/mm	重量/t
XEM 2200/33	1200/2200	300/900	PIN120	600/800	1∶14	250kW、400V、50Hz	6700×4200×2800	12
XEM 3300/51	1600/3300	300/1270	PIN120	600/800	1∶14		7300×4700×2800	18
XEM 2200/63	1600/4200	500/1800	PIN120	600/800	1∶14		9000×7000×5600	30

13.2.4 胎面胶缠贴常见质量问题及解决办法

(1) 缠贴胶的重量不一 其原因可能是：①缠贴鼓的工作直径大小不一，张开的直径过大时缠贴的胶就少，反之缠贴的胶就多；②缠贴胶条尺寸不稳定；③生产时缠贴的速度匹配不当，时常被中断；④测量辊内压力不合适。

解决办法：供胶要连续不可断供，生产线速度保持连贯性，防止挤出的胶片变形及拉断。

(2) 缠贴的胎面整体向一边偏歪 其原因可能是：①缠贴的起点不准确；②缠贴轮胎的中心与轮胎膨胀鼓中心没对正。

解决办法：重新扫描基线，找正起点，找正中心点，使膨胀鼓中心线、灯光标线和胎体中心线三者合一。

(3) 缠贴的胎面有气泡 其原因可能是：①缠贴压辊压力不足或各小压辊可能有损坏造成压力不均等形成沿宽度及断面方向窝藏空气；②缠贴胶片的厚度或温度

不当；③由于多层贴合，两层间对称参数设置时，胶片倾角较大，层间气孔多。

解决办法：①修复损坏的压辊；②调薄缠贴胶的厚度及调整胶片的贴合温度；③调整缠贴层间程序参数的布局，将两层间对称型参数设置改为三层对称参数设置，并在第二层错开5mm，使层间粘贴密实，气孔少。

(4) 缠贴的胎面外观不平 其原因可能是：①缠贴的机件或测量装置松动；②系统控制参数不当。

解决办法：紧固机件或测量装置，调节系统控制参数。

13.3 胎面胶热贴法成型

13.3.1 载重轮胎胎面胶、缓冲胶热贴及装备

图13-12是载重轮胎胎面胶、缓冲胶热贴机系统图，主机为MCT090型销钉冷喂料挤出机，螺杆直径150mm。口型板的形状和尺寸可调（最大宽度400mm）。

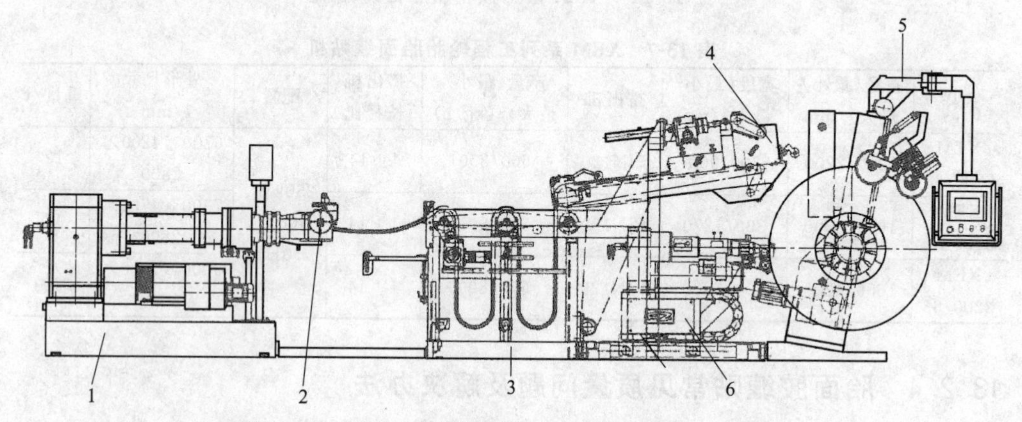

图13-12 载重汽车轮胎胎面胶、缓冲胶热贴机系统图

1—挤出机；2—机头调节装置；3—胎面贮存及调速器；4—超声波切胶器；5—胎面贴压装置；6—缓冲胶挤出机

载重轮胎胎面胶、缓冲胶热贴机的主要配置如下。

① 主电机97kW，电子模块一体化控制，最大挤出胶量850kg/h，使用复合挤出机。

② 设有胎面贮存器，最长可达4m，用光栅控制伺服电机。

③ 设有传递式缓冲胶挤出机，斜坡切刀，贴胎面时可免涂胶浆。

④ 阶梯式辊压胎面可在30s内完成，配有电子周长测量装置。

13.3.2 小型轮胎胎面胶、缓冲胶、胎侧胶热贴体系

图13-13是小型轮胎胎面胶、缓冲胶、胎侧胶热贴机系统图，与载重轮胎胎面

胶、缓冲胶热贴机不同之处在于胎面胶、缓冲胶挤出后在胎面胶挤出机头内复合，另一方面是加有胎侧胶贴合装置，小型轮胎的贴合产量可达 100 条/h。

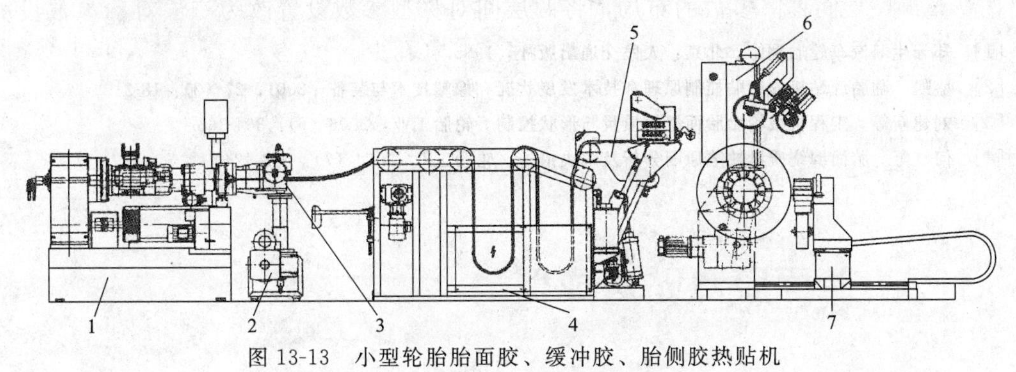

图 13-13　小型轮胎胎面胶、缓冲胶、胎侧胶热贴机

1—挤出机；2—缓冲胶挤出机；3—机头调节装置；4—胎面贮存及调速器；5—胎面切胶器；6—胎面贴压装置；7—胎侧胶贴合装置

13.4　翻新轮胎胎侧贴合

翻新轿车及轻型载重轮胎为美观可在旧轮胎的胎侧用钢丝轮或碳化钨磨头在充气条件下打磨，涂胶浆后用图 13-14 所示的胎侧胶贴合机（由意大利 Mnangoni 公司生产）加贴胎侧胶片。

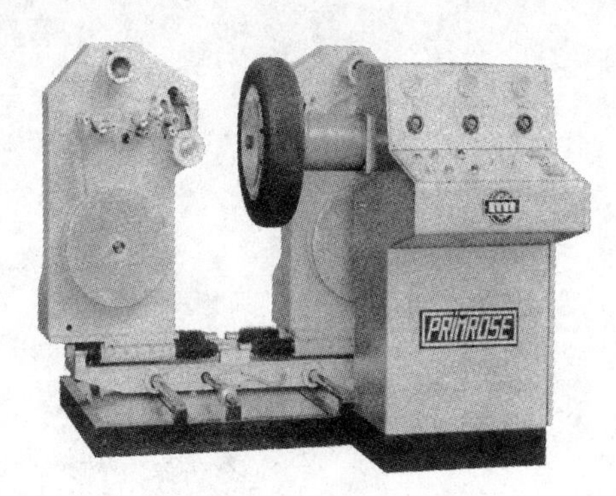

图 13-14　胎侧贴合机

该机操作如下。

① 将要贴的胶片（最大宽度不大于 60mm）卷于机台左侧机架的前后两个转轮上，胶片浸有少量的隔离剂。

② 胶条通过导向轮传递到压合轮上，机台左侧机架两贴合轮通过丝杠电机正反转就可作前、后、左、右移动。轮胎在充气的条件下，置于机台右侧膨胀鼓上。

③ 启动轮胎旋转及压轮靠上轮胎后就可自动贴于胎侧（最大宽度 110mm）。

13.5　胎体贴胶后入模前尺寸检查

入模前应用钢卷尺测量贴胶后的轮胎最大外径不得大于模具最大内径，断面宽亦应不大于模内断面最大宽度，根据贴合与硫化模具配合的尺寸关系确定可否入模

（如企业有工艺规程应按企业工艺规程有关要求执行）。

参 考 文 献

［1］ 郑云生．汽车轮胎翻修．北京：人民交通出版社，1985.

［2］ 盛凯．翻胎缠贴机的缠贴控制原理和技术发展状况．橡塑技术与装备，2001，27（3）：18-21.

［3］ 刘建新等．工程机械轮胎胎面缠绕质量与形状控制．轮胎工业，2006（6）：364-366.

［4］ 何红等．胎面缠绕质量缺陷原因分析及解决措施．轮胎工业．2004（7）：423-424.

第14章 模型法翻新轮胎硫化

14.1 概述

用模型法翻新轮胎硫化已有70多年历史，由于全钢子午线轮胎的发展，20世纪70年代国内研发了活络模硫化机并迅速推广应用。至今，除载重轮胎被条形预硫化胎面翻新法取代之外，部分工程轮胎也将采用预硫化胎面法翻新。但轿车、农用车、飞机、多数工程车轮胎仍要用模型法翻新硫化。

14.2 轮胎翻新硫化的条件和选择

14.2.1 硫化供压、供热体系的比较和选择

轮胎翻新硫化通常用的硫化机是在模腔内通以低压饱和蒸汽（0.3～0.5MPa），而在硫化的轮胎的内腔通的介质则国内有几种情况：①装有胶囊或水胎，通较高压力（1.5～2.0MPa）的过热水（120～140℃）；②在水胎内通蒸汽和压力为1.5～2.0MPa的压缩空气；③轮胎的内腔装加重内胎，通压力为1.5～2.0MPa的冷压缩空气。

以上3个方案各有优缺点。

第①方案：优点是工艺较稳定，产品质量好，产量高，缺点是投资较大（过热水还应除氧），运行难以稳定，能耗高（因有二次热交换的问题，生产过热水，水先要变成蒸汽，蒸汽再制成过热水），据报道蒸气的热损失近50%。

第②方案：优点是投资较小但因热、高压力下空气氧化剧烈，使胶囊或水胎、管道等寿命大为下降，在胶囊或水胎内的冷凝水难以排出，影响翻新轮胎质量。

第③方案：优点也是投资较小，操作较易，但硫化时间加长，胎面过硫严重，翻新的轮胎使用寿命下降较大。

近年来，由于从空气中分离出氮技术的进步使氮气价格大为下降，美、日等国新建的轮胎厂、我国多年前就有的翻胎厂（如南宁翻胎厂）在水胎内通蒸汽+压力为1.5～2.0MPa的加热压缩氮气替代空气硫化工程轮胎，收效很好。有的轮胎厂与用过热水相比认为有如下优点：①硫化周期可缩短10%；②降低了轮胎成本；③节约蒸汽；④取消了蒸汽-过热水交换器，除氧和回收装置。

取得的效果：①减少了50%的蒸气消耗；②胶囊寿命提高25%；③减少对管道的腐蚀；④压力稳定且易调节，从而提高了轮胎的均匀性、平衡耐磨性。不过氮气获取及成本是关键。

14.2.2 硫化温度的选择

用模型法翻新轮胎，一般情况下硫化温度高，产率就高，但要用高温硫化就有诸多因素制约。如翻新轮胎贴胶层或胎体的厚薄，过厚因传热慢与加热模接触近面易发生过硫，但又与产品结构、传热方式（使用加热的介质，是单面还是双面传热）、是否预热、配方技术等因素有关，因此难以提出一个简单的、合适的硫化温度，只能根据轮胎的大小提出一个参考的温度范围，见表14-1，饱和蒸汽压力和相应的温度对照见表14-2。

表14-1 翻新轮胎用模型硫化（双面加热）选用的温度范围

轮胎规格	硫化温度[模型内/水胎(胶囊)内]/℃
小型(轿车、轻卡车)轮胎	150～155/150
中型(卡车、中小型工程车)轮胎	143～150/140以下
大型(大型工程车、大农田车)轮胎	135～145/120～130

表14-2 蒸汽压力和相应的温度对照

蒸汽压力/bar	2.94	3.04	3.14	3.23	3.33	3.43	3.52	3.62	3.72	3.82	3.92	4.02
相应温度/℃	142.8	143.7	144.6	145.4	146.3	147.1	147.9	148.7	149.2	150.2	150.9	151.7
蒸汽压力/bar	4.2	4.3	4.4	4.5	4.6	4.7	4.8	4.9	5.0	5.5	6.0	6.5
相应温度/℃	152.5	153.2	153.9	154.6	155.3	155.9	156.6	157.3	157.9	161.1	164.0	166.8

注：1bar=10^5Pa。

14.3 模型法翻新轮胎的工艺

14.3.1 翻新载重轮胎用过热水的硫化工艺

(1) 已贴好胶的翻新轮胎胎坯在硫化入模前必须检查贴胶完成日期是否超过工艺规程限期，有无污染杂物，测量翻新轮胎胎坯外直径与断面宽是否符合施工表指定的硫化模的尺寸，特别要防止子午线轮胎断面宽超过模内花纹模尺寸。一般入模贴合后的斜交轮胎直径应小于模型内径一个胎面花纹深。入模贴合后的子午线轮胎直径应小于模型内径0.6个胎面花纹深。入模贴合后的斜交轮胎周长应小于模型内周长的3%～4.5%（视轮胎大小而定）；入模贴合后的子午线轮胎断面周长应小于模型胎断面周长5mm（小胎）至10mm（载重轮胎）。

(2) 检查要使用的硫化机模是否已升温预热，是否达到100℃并已稳定了15min以上，装入的水胎应确认完好和已涂有隔离剂，水胎内无积水、无打折现象。过热水（设定为单嘴不循环系统）温度一般在120～140℃，翻新子午线轮胎的压力应在1.8～2.0MPa，斜交轮胎应在1.5～2.0MPa，冷却水压力与过热水相同。硫化前应将无保温层管道中已降温较多的过热水排入热水回流管内。

(3) 轮胎入模接通过热水，关闭模型，锁模到位后才能通过热水，内压升起到位后打开外模蒸汽加热，计时硫化。

(4) 轮胎硫化到时间后，关闭模型进汽阀门，闷模10min再排除模内剩余蒸汽和冷凝水，而过热水在关闭模型进汽阀门后应继续通20min后再切换成低压冷却水，并在冷却的同时逐步降低冷却水压力，在25min（钢丝子午线轮胎因传热较快可缩短冷却时间）内降到0.1MPa后关闭冷却水，要求冷却后出模的轮胎表面温度不高于80℃。

(5) 出模的轮胎应及时排除冷却水，趁热检查有无脱空、鼓包及缺陷。合格后应入库，最好放置3d后再装车使用。

14.3.2 轮胎硫化条件匹配

翻新轮胎各部件硫化条件的匹配非常重要。要取得这一硫化条件的匹配，按第12章的介绍可通过在试验轮胎中埋热电偶测温分析后制定相适应的配方。制成翻新轮胎，经解剖测试物理机械性能及室内外试验考核而定。

目前翻胎企业多未做这项工作，现将一些企业在实践中认为可行的硫化条件在此列出，供参考，见表14-3。

表14-3 新轮胎各部件硫化条件的匹配

翻新轮胎部件	正硫化条件	翻新轮胎部件	正硫化条件
胎面胶及胎肩胶	140℃×45min	衬垫胶	130℃×20min
缓冲胶、填洞胶、胶浆胶	140℃×20min		

14.3.3 翻新轮胎在水胎内使用各种硫化介质的硫化条件

(1) 蒸汽-过热水硫化翻新载重轮胎（10.00-20）

① 内压　过热水，加热时间90min，冷却水（循环）25min，出胎进模5min，合计120min。

② 外模蒸汽　加热时间60min，闷模10min，自冷20min，注水循环25min，

出胎进模 5min，合计 120min。

(2) 用蒸汽-冷风硫化翻新胎

① 内压　冷风加压时间 155min，出胎进模 5min，合计 160min。

② 外模蒸汽　加热时间 80min，闷模 20min，自冷 30min，注水（循环）20min，出胎进模 10min，合计 160min。

(3) 翻新轮胎按规格在水胎内分别用空气、混气（蒸汽＋空气）、过热水的硫化条件见表 14-4。

表 14-4　翻新轮胎在水胎内分别用空气、混气、过热水的硫化条件　时间：min

规格层数	贴胶厚度	加热硫化时间（空气）	冷却时间	硫化总时间	加热硫化时间（混合）	充蒸汽时间	冷却时间	硫化总时间	过热水硫化时间（过热水）	冷水压力时间	硫化总时间
7.50 以下或 8 层以下		90	30	120							
7.50-20～10.00-20 或 10-14 层	13mm	90	40	130	80	20	40	140	60	30	90
11.00-20～12.00-20 或 16 层以上	15mm	140	40	180	120	20	40	180			
特大轮胎 16.00-24	23mm								210	30	240

注：1. 除按规定外胎面胶厚度每增加 3mm，硫化时间应延长 15min。

2. 胎内有补垫时，应在硫化结束前向水胎内通 20min 蒸汽以防衬垫欠硫。

14.3.4　硫化模温度、过热水温度不同时，各种不同厚度胶料的硫化条件

温度不同及在水胎（胶囊）内，过热水温度不同时各种不同的胶料厚度的翻新轮胎的硫化时间差别见表 14-5。

表 14-5　硫化模温度、过热水温度不同时各种胶料厚度的翻新轮胎的硫化时间　单位：min

材料厚度/mm	在水胎（胶囊）内，过热水温度																							
	80℃				90℃				100℃				110℃				120℃				130℃			
	模具温度/℃				模具温度/℃				模具温度/℃				模具温度/℃				模具温度/℃				模具温度/℃			
	147	152	155	160	147	152	155	160	147	152	155	160	147	152	155	160	147	152	155	160	147	152	155	160
8	24	23	22	21	23	22	21	20	22	21	20	19	22	21	20	19	21	20	19	18	21	20	19	18
10	33	30	28	27	31	29	28	26	30	28	27	25	29	28	26	25	28	27	25	24	28	26	25	24
12	42	39	37	35	40	38	36	34	39	37	35	33	38	36	34	32	37	33	33	31	38	34	32	31
14	52	49	46	43	50	47	44	42	49	46	43	41	47	44	42	40	46	43	41	39	44	42	40	38
16	64	59	55	52	61	57	54	51	59	55	52	49	57	54	51	48	55	52	49	47	54	51	48	46
18	76	71	66	63	74	69	65	61	71	65	63	59	69	65	61	58	66	63	59	56	65	61	58	55
20	90	83	78	74	87	81	76	72	83	78	74	70	81	76	72	68	78	74	70	66	76	72	68	65
22	104	96	90	85	100	93	88	83	96	90	85	81	93	88	83	78	90	85	81	76	88	83	78	75
24	119	110	103	97	114	107	102	95	110	103	97	93	107	102	95	90	103	97	93	88	102	95	90	86
26	134	125	117	110	129	121	114	107	126	117	110	115	121	114	107	102	117	110	105	100	114	107	102	97

14.4 模型法翻新硫化设备

14.4.1 两瓣模式硫化机

由于斜交轮胎用模型法翻新近年来处于萎缩状态，国内外少见有新产品问世。

14.4.1.1 FTL-ZY 液压上升式翻胎硫化机

较先进的两瓣模式硫化机，其优点是机台的动作多为油压操作，大大减轻了笨重的开模、锁模、拔取已硫化的轮胎易损轮胎和模具的人工作业。

该设备已系列化，从轻卡车胎到中、小型工程轮胎（18.00-25）均适用，本节介绍用于翻新重型载重轮胎的 FTL-ZY-5 型硫化机，见图 14-1。

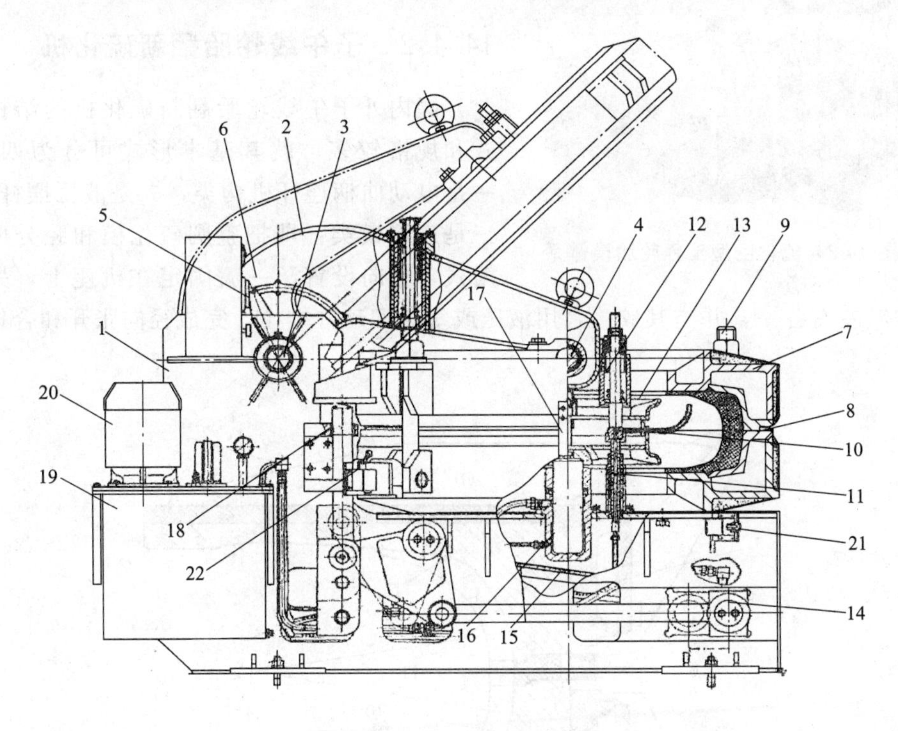

图 14-1 FTL-ZY-5 型硫化机

1—机座；2—活动架；3—中轴；4—前轴；5—偏心装置；6—弧板；7,8—上下蒸汽套；9—锁模螺栓；10—活接嘴；11—可调接嘴座；12—顶杆；13—硫化轮辋；14—平开机构；15—主油缸；16—推胎油缸；17—稳钉；18—揭模机构；19—油压装置；20—电动机；21,22—行程开关

该机的技术参数如下。

可硫化轮胎规格	10.00-20～12.00-22
机台总压力	90tf

蒸汽最大压力	0.6MPa
内胎工作压力	1.4MPa
油泵型号	HY02-12X65 配电机 1.5kW
外形尺寸	2480mm×1710mm×1550mm
重量	3500kg

14.4.1.2 硫化巨型工程轮胎两瓣模体系

图 14-2 为美国 HEINTZ 公司生产的“简单硫化巨型工程轮胎模体系”，其特点是夹套式模具可直接通入蒸汽加热，花费低，硫化下模固定在地面上，上模盖用吊车装卸，合模后用螺栓连接，人工锁紧。硫化模型结构见图 14-3。

图 14-2 硫化巨型工程轮胎模体系

14.4.2 子午线轮胎翻新硫化机

国内外子午线轮胎翻新硫化机的结构形式和规格较多，就其基本形式可分为四类。一是电动曲柄连杆机构类，二是液压摆杆类，三是三瓣模类：即把整圆硫化模和腔分成三瓣式，竖向设置，一瓣固定在机座上，另两瓣在其左右各一，并与其铰接，用液压或气压摆动缸推拉，完成径向张开和合拢的动作。

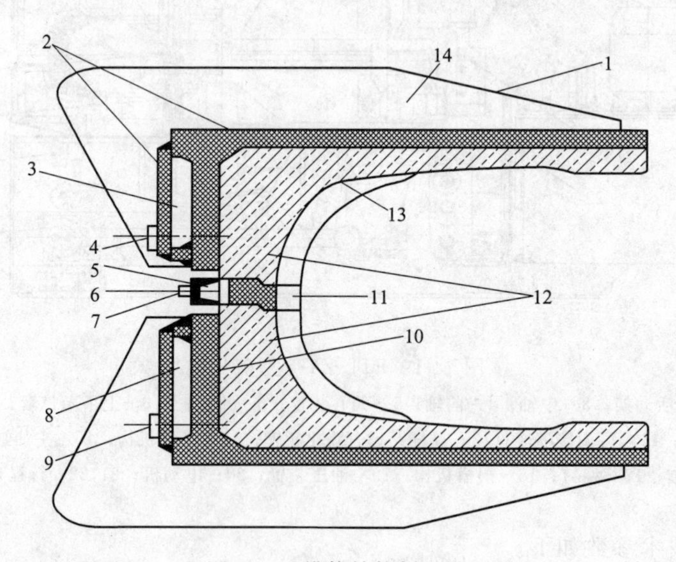

图 14-3 模体结构剖面图

1—加强板；2—蒸汽室钢底板；3,8—蒸汽室；4,7,9—蒸汽进、排口；5—蒸汽室垫圈；6—垫圈支持板；10—全接触面；11—垫圈；12—铝模；13—轮胎肩部；14—胎侧壁

14.4.2.1 国产活络模硫化机

(1) HFL型活络模子午线载重轮胎翻新硫化机

图14-4为HFL型活络模子午线载重轮胎翻新硫化机外形图，可用于9.00R20等子午胎进行顶翻、肩翻和全翻新硫化。

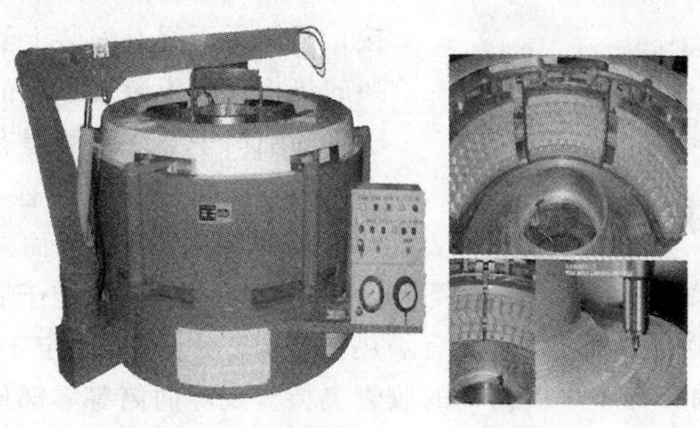

图14-4 HFL型活络模子午线载重轮胎翻新硫化机

采用圆环周向楔式锁紧，动力采用压力油。控制方式有手动和自动两种，采用常规继电器联锁控制。它由上侧模盖开合装置、锁模机构、底座，隔热垫、下模、管路系统、机械手等组成。

主要技术参数如下。

适用范围	6.50R16～12.00R20
允许最大内压	分别为1.8MPa和2.5MPa（两种机型）
蒸汽压力	0.45～0.6MPa
油站最大调定压力	8～10MPa
电源	AC220V、AC380V、50Hz
轮胎规格	9.00R20（或斜交胎10.00-20）
活络模块	6块
最大硫化压力	2.0MPa
重量	3000kg

(2) 自动装囊液压摆杆式翻胎活络模硫化机

① 主要技术参数 图14-5是国产的LT-076型自动装囊翻胎活络模硫化机外形图。图14-5是自动装囊翻胎活络模硫化机结构图。用于9.00R20子午线轮胎硫化（亦可用于10.00-20斜交胎），使用AB型硫化胶囊。

主要技术参数如下。

活络模块	6块
最大硫化内压	2.0MPa
外形尺寸	2250mm×2357mm×1993mm
重量	3000kg

图 14-5 自动装囊翻胎活络模硫化机

② 结构特点 带胶囊的活络模轮胎翻新硫化机（见图 14-6）主要由中心机构 5、底座 15、锁模装置、上侧模盖开合装置、装卸胎器，管路系统 20 等组成。

底座 15 呈圆筒形，内外圆筒由筋板连接，圆筒后面焊有安装上侧模盖开合装置支架的垫板和锁模装置水缸的支撑轴，与垫板垂直的圆筒中心线左侧焊有安装装卸胎器的座。外圆筒顶端盖板开有“V”形环状导轨槽，锁模装置安装在上面。开有 6 条辐射状导槽的圆盘 11、囊筒 14 和下胎侧模 13，由定位环定位并固定于底座 15 的上平面。在下胎侧模 13 和圆盘 11 之间，设有隔热垫。中心水缸 16 固定于底座 15 内圆筒下方，其活塞杆上端装有中心机构 5 的胶囊夹持盘及导向筒等零部件，中心机构 5 在中心水缸 16 的带动下完成升降动作。中心机构的结构与一般轮胎定型硫化机相似。

锁模装置主要由锁模水缸 21、外壳 9、弯连杆 10、导向滑块 12、活络模块 7 和花纹板等组成。活络模块和花纹板各有 6 块。铰接 6 块活络模块的导向滑块 12 的 6 对弯连杆 10，其一端与可旋转的环形外壳 9 铰接，外壳下端和底座 15 上端同样开有“V”形环状导槽，借助槽内钢球，支撑锁模装置。在一水平放置的摆动水缸驱动下，通过外壳 9、弯连杆 10，完成活络模块的合拢和打开动作。花纹板装在活络模块 7 内，合拢时构成整圆。活络模块能获得正确位置，是靠安装在活络模块下方的导向滑块 12 沿着圆盘 11 上 6 条导槽来保证的。活络模块 7 有一夹套式蒸汽室，用以加热花纹板。每块活络模块外焊有 2 个竖放的凹形筋板，上凸部分加工有 10°的定位角，与上模体外的 10°角相配，以压紧上模体。

上侧模盖开合装置用于开合上侧模盖。它由上侧模盖开合支架 2、上臂 3、水缸 1 和上胎侧模 6 四个主要部件用 5 个销轴铰接构成。双作用摆动水缸 1 工作时，带着胎侧模 6 以支架和上臂的铰点为轴心，以该点到上臂和上胎侧模板的铰点为半径摆动。在上臂 3 端部后方和上侧，各焊有一个凸块，其上装有螺钉，固定的上侧模盖开合支架 2 上则相应装有两个限位开关，构成限位装置，控制该机构的摆动范围。上侧模盖开合支架 2 和上臂 3 用钢板焊成。上胎侧模体的材料为 ZG270-500，其上的矩形环状槽用钢板制成的盖覆盖，构成封闭的矩形环状空腔，用来通蒸汽加热。下胎侧模 13 与上胎侧模相同。

装卸胎器主要由装卸胎水缸 17、装卸胎支架 18、抓胎臂 4 和机械手 8 组成，是和上胎侧模盖开合装置一样的摆杆机构。整个机构座落在与机座相连的连接座 19 上，可以绕连接座的轴线转动。

简易的活络模翻胎硫化机的锁模装置、上侧模盖开合装置的结构与带胶囊的活络模硫化机的结构基本相同，但没有中心机构和中心水缸，用水胎代替胶囊进行硫化。

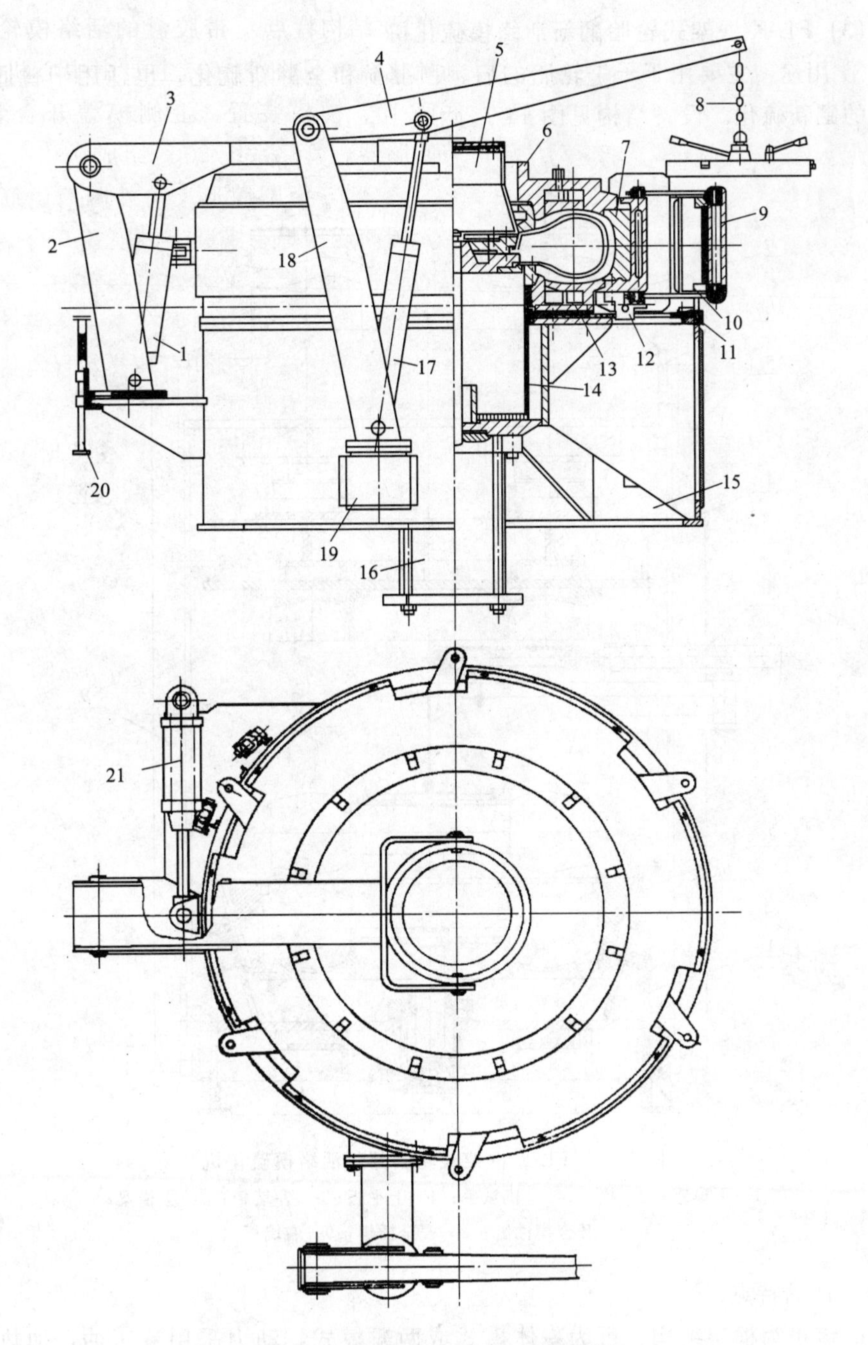

图 14-6　带胶囊的活络模翻胎硫化机

1—上侧模盖开合水缸；2—上侧模盖开合支架；3—上臂；4—抓胎臂；5—中心机构；6—上胎侧模；7—活络模块；8—机械手；9—外壳；10—弯连杆；11—圆盘；12—导向滑块；13—下胎侧模；14—囊筒；15—底座；16—中心水缸；17—装卸胎水缸；18—装卸胎支架；19—连接座；20—管路系统；21—锁模水缸

(3) FL-K 框架式轮胎翻新活络模硫化机

① 用途　主要用于子午轮胎的肩、顶翻新和全翻新硫化，也适用于普通斜交轮胎的翻新硫化。设备结构见图 14-7。

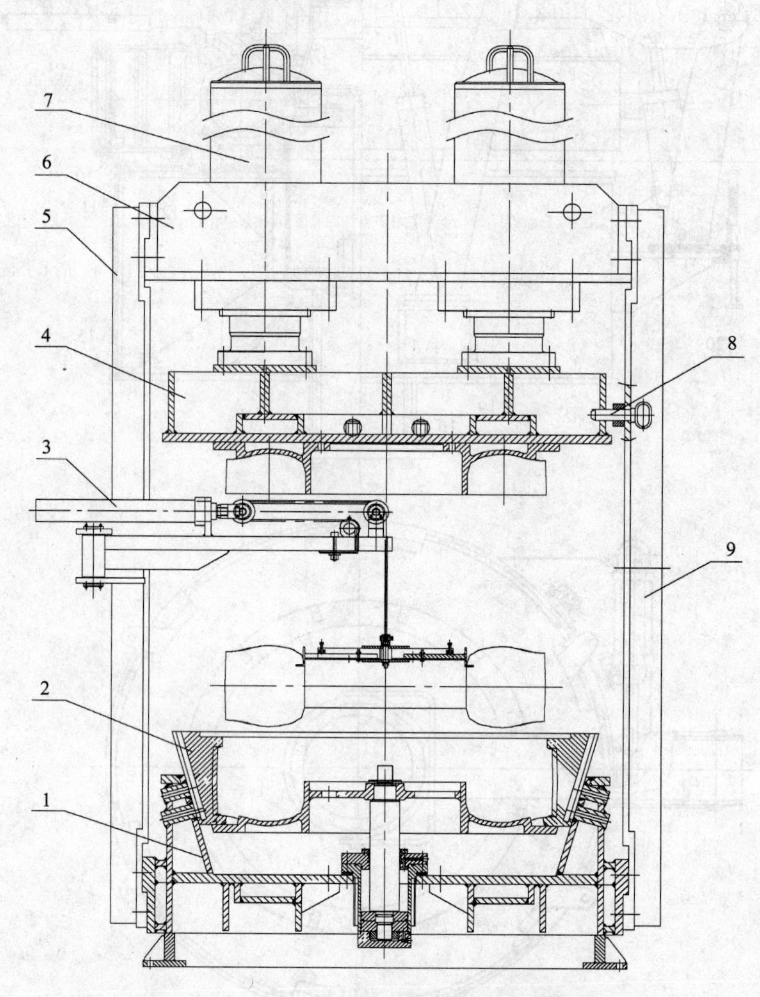

图 14-7　FL-K 框架式轮胎翻新活络模硫化机

1—下模座；2—模型；3—机械手；4—上平板；5—左墙板；6—上横梁；7—开合模油缸；8—安全插销；9—右墙板

② 产品特点

a. 该机为框架结构，可为一体模式或两瓣模式，动力采用液压油，加热方式为蒸汽加热。

b. 上平板、下模座均设有环状气室，对不需要进行全翻新的轮胎可单独控制。

c. 在一定范围内，内模可更换，适用多种规格的轮胎。

d. 开、合模时，上平板在左右两只油缸的同时作用下平行上、下移动。

e. 该机还设置有保险机构、吊胎机构。

③ 主要技术参数

适用规格：9.00R20～12.00R20　　吊臂允许吊重：500kg

蒸汽压力：不大于0.6MPa　　功率：10.5kW

硫化内压：不大于2.5MPa　　电源：AC380V、AC220V、50Hz

油站工作压力：低压2MPa，高压15MPa

(4) 巨型工程轮胎活络模硫化机

图14-8为四川亚轮模具厂生产的巨型工程轮胎活络模硫化机。

① 用途　主要用于巨型全钢丝子午线（或斜交）工程机械轮胎的翻新硫化。适用于蒸汽加热、水胎充过热水硫化工艺。

② 特点

a. 采用框架结构、顶柱-楔铁锁模方式，模型采用活络模。

b. 下模可移出，使装卸轮胎在框架外进行。

c. 电气控制线路采用PLC可编程线路控制。

③ 主要技术参数

模具可更换　　40.00R57～27.00R49

蒸汽压力　　≤0.7MPa

内压　　≤2.8MPa

油站工作压力　　12～26MPa

电源　　AC380V、AC220V、50Hz

图14-8　巨型工程轮胎活络模硫化机

图14-9　MG1800型轮胎翻新硫化机

14.4.2.2　意大利生产的活络模硫化机

(1) 电动曲柄连杆机构式翻新硫化机　图14-9是意大利Marangoni公司生产

的 MG1800 型轮胎翻新硫化机，该机可翻新轮胎规格：13.00R20，13R24～14.00R32。

① 主要技术参数　主机墙板间距：1820mm；锥形启模器可调：250（350）mm；模型高度：350～600（700）mm；硫化机运行电机：5.5HP；装卸电机：3HP；最大充压：2.0MPa；蒸汽消耗：70（冷模）～45kg/h（热模）；硫化机重量：13000kg；起重臂重量：515kg。

② 结构组成　其结构与硫化新胎的普通 AB 型轮胎硫化机基本相同，不同之处是一般的轮胎翻新硫化机均为单模结构。图 14-9 所示为意大利 Marangoni 公司生产的 MG1800 型轮胎翻新硫化机，它主要由机座、上模盖、连杆、活络模套、墙板、装卸胎装置及控制系统等组成。在机座的两侧设有墙板，而在墙板的外侧则分别装有连杆及其曲柄齿轮传动系统，通过位于机座后面的主传动电机经减速器及驱动轴传动，使上模盖作上下运动，合模和开模动作。两块墙板的上端后半部呈规则圆弧，前部有垂直方向大导槽，后部有导辊导槽。上模盖两侧的轴装在连杆上，从而上模盖可以起到上横梁的作用。在轴上还分别装有两块导向块，当上模盖作垂直升降运动时，沿墙板前面的大导槽移动以保证正确合模。在上模盖的侧后方两侧设有两个小轴并经辊套插在墙板的导槽内，使上模盖上升到预定位置时能起到限位支点的作用，便于上模盖在连杆的继续推动下后倾以空出操作位置。在上模盖的下面装有加热套和活络模套，在活络模套内设有活络模块，通过连杆机构可使其开合，并用上模盖上的活络模套箍紧活络模块，以承受径向硫化压力。活络模套和下胎侧模组成完整的硫化模型。

装卸胎装置设于机座左侧，用人工操纵。

③ 活络模结构　活络模结构见图 14-10。

子午线轮胎翻新硫化机用的活络模主要由上下对称的加热板 1、热套 2、扇形块 8、胎侧板 5 和弹簧 10 等组成。图示左边为开启状态，右边为合模状态。开启时，带有花纹块的上下各 10 个扇形块 8，在弹簧 10 的推动下，通过弹簧座 3、胎侧板 5，沿着热套 2 周向均布的向外倾斜 15°的 10 个“T”形导槽在垂直和水平两个方向同时运动，轮胎从花纹板块中脱出。在胎侧板 5 与活络的扇形块 8 之间，设有复合材料制成的耐磨板，用来减少反复摩擦接触产生的磨损，延长活络模的使用寿命。每个扇形块与花纹板之间除有凸台、凹槽相配合定位外，还用 4 个沉头螺栓固接。为了便于制造，扇形块背后的“T”形滑块单独加工，然后用 3 个沉头螺栓固成一体。“T”形滑块与热套 2 的导轨之间的两个相互摩擦的面，也装有复合材料制成的耐磨板。“T”形滑块活动面中间，部分地开有矩形导沟，与通过热套 2 用螺钉 7 固定的方形小滑块 6 相配，用以控制活络块张开的程度，同时防止上模的扇形块滑下。弹簧推动胎侧板的活动距离，由吊装在加热板上的 4 根限位杆控制。

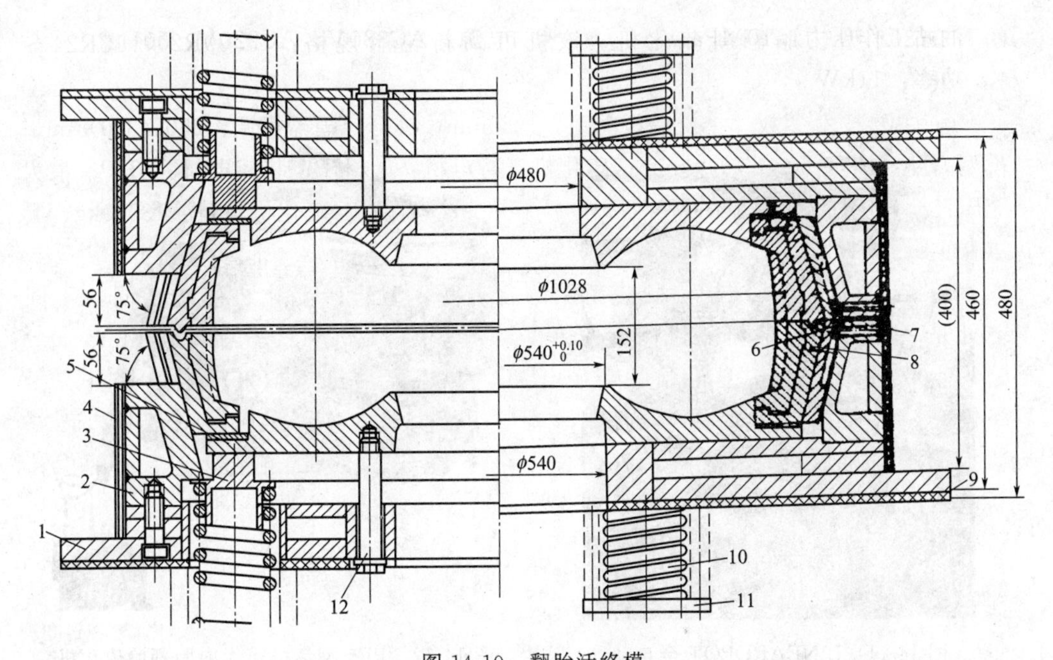

图 14-10　翻胎活络模

1—加热板；2—热套；3—弹簧座；4—保温罩；5—胎侧板；6—滑块；7—螺钉；8—扇形块；9—隔热板；10—弹簧；11—挡板；12—限位杆

合模时，在外力作用下，加热板 1、热套 2、扇形块 8 和胎侧板 5 恢复到原来的位置。原来呈伸张状态的弹簧 10 被压缩了，为下一次动作贮存了能量。在上下模的扇形块互相接触的面上，分别设有斜度为 15°的梯形凸环台和凹环槽，用来定位，防止上、下模在合模时错开。

加热板 1 由内外环和上、下盖板焊接而成，中间为矩形环状空腔。加热套 2 由套体和外环焊接而成，中间为梯形环状空腔，两个空腔用以通入加热蒸汽。加热板 1 和加热套 2 用螺栓连成一个整体。全翻新时，加热板和加热套同时加热；顶翻新时，可只用加热套加热。这样可以做到既节约蒸汽，又可防止胎体多次无故受热的缺点。

活络模的上、下面装有石棉水泥隔热板 9，上下模外圆周装有保温罩 4。

(2) 轿车轮胎翻新活络模硫化机　图 14-11 是意大利 CIMA 公司生产的 LINEAROBOT 全自动轿车轮胎翻新硫化机，装配有机器人装卸和运送待翻新和已硫化后的轮胎系统。

主要技术参数如下。

适应轮胎轮辋规格：12～16in	内喂料电机：0.2kW
断面宽：125～255mm	内喂料机（最多）：20 条
硫化机运行系统（最多）：15 条	蒸汽压力：≤0.6MPa
系统最大运行速度：3m/s	硫化内压：≤2.0MPa

油站工作压力：10MPa　　电源：AC380V、AC220V、50Hz

功率：11kW

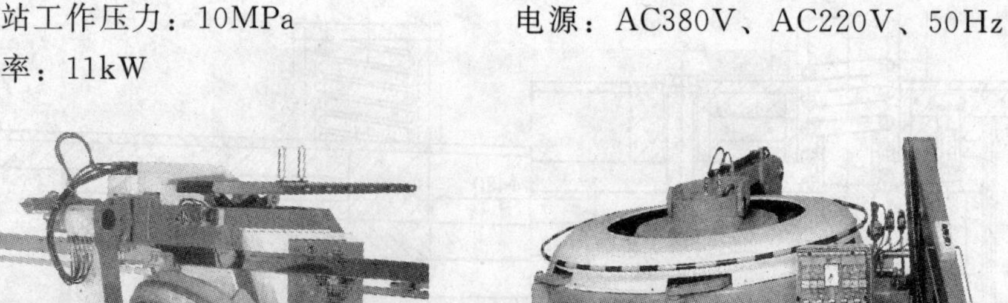

图 14-11　LINEAROBOT 全自动轿车轮胎翻新硫化机

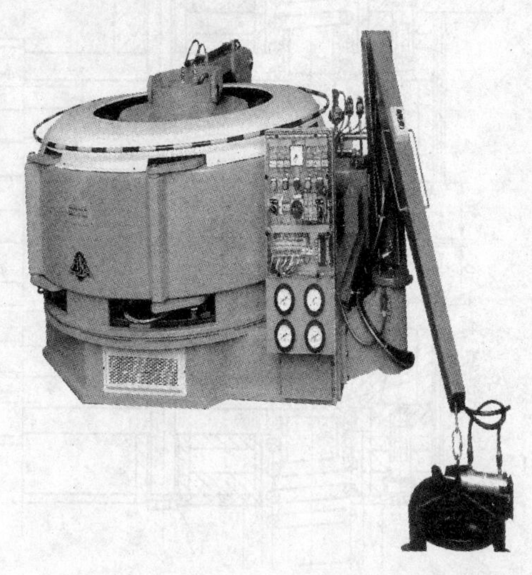

图 14-12　PR5 型活络模无内胎翻胎硫化机

(3) PR5 型活络模无内胎翻胎硫化机　图 14-12 是意大利 CIMA 公司生产的 PR5 型活络模无内胎翻胎硫化机，其最大的特点是上、下模盖上有轮胎密封圈对需硫化的轮胎进行密封。在硫化内腔可通高压蒸汽硫化。外模加热可用蒸汽或电。

主要技术参数如下。

配电机	4HP
平均耗电	0.5kW/h
最大充压	13～15bar（1bar＝10.5Pa）
平均空气消耗量	3500L/h
充内热蒸汽压力	16～18bar
硫化机加热蒸汽压力	0.5MPa
平均蒸汽消耗量	46kg/h
装用电热	39.8kW
电热平均耗电	20kW/h
8h 产量	6 条
设备重量	5200kg
外形尺寸	2500mm×2600mm×2500mm

图 14-13 为硫化机上模密封圈，可用于翻新无内胎轮胎硫化时与胎体子口形成密封，如轮胎内腔没有损伤，硫化介质可直接通入，不用胶囊或水胎。

图 14-13　硫化机上模密封圈

14.4.2.3　液压式工程轮胎翻新硫化机

图 14-14 是意大利 Marangoni 机械公司产品 MT3500 工程轮胎翻新硫化机。

该机可用于 37.5-51 或 65/50-51 及其以下斜交轮胎装胶囊、水胎、有内胎和无内胎的轮胎翻新硫化。

图 14-14　MT3500 工程轮胎翻新硫化机

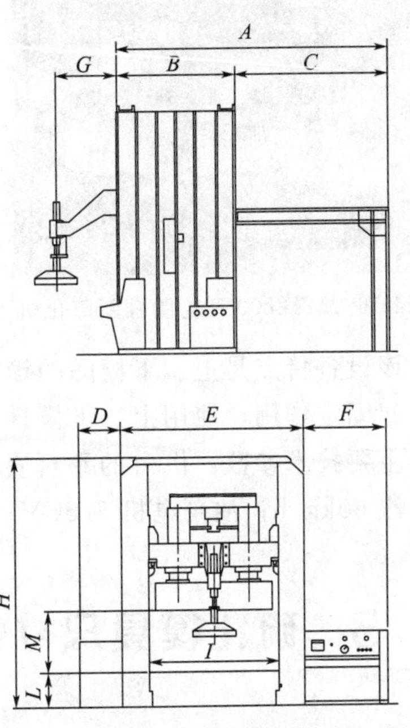

图 14-15　MT3500 工程轮胎翻新硫化机外形

MT3500 工程轮胎翻新硫化机主要技术参数（见图 14-15）。

总长 A	7698mm	硫化机墙板间宽 I	3700mm
硫化机长 B	3500mm	底座高 L	1000mm
后架长 C	4198mm	上、下模间距 M	750～2600mm
控制箱宽 D	700mm	电机功率	50CV（1CV=0.735kW）
硫化机宽 E	4550mm	最大充气压力	2.8MPa
液压装置 F	1500mm	锁模力	1200tf
抓胎转轴 G	1750mm	开模力	110tf
硫化机最大高度 H	7076mm	总重量	84.5t

14.4.2.4 MT2800 型子午线无内胎工程轮胎翻新改进型硫化机

该机由意大利 Eweopeess 公司生产，其外形图及尺寸图见图 14-16 和图 14-17，可硫化轮胎规格 16.00-24～33.5-39。

图 14-16 MT2800 型轮胎翻新硫化机

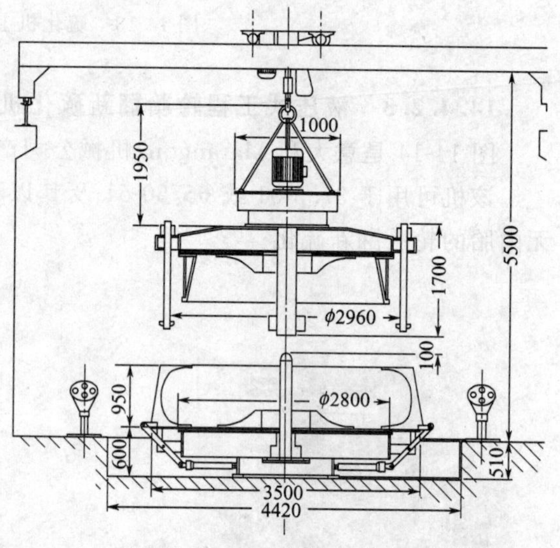

图 14-17 硫化机尺寸图

该设备特点是上、下模间的锁模、开模由电机带动螺母套来完成，罐盖锁模螺栓只起固定作用，使用上、下模具加热板加热。

主要技术参数：机台的平台直径 2800mm；使用压力 2.0MPa；上、下模加热板耗汽 60kg/h；油泵电机 5.5CV；锁、开模电机 15CV。

14.5 硫化模具尺寸含义及表示法

14.5.1 模内尺寸标注法

模内尺寸标注见图 14-18～图 14-20。

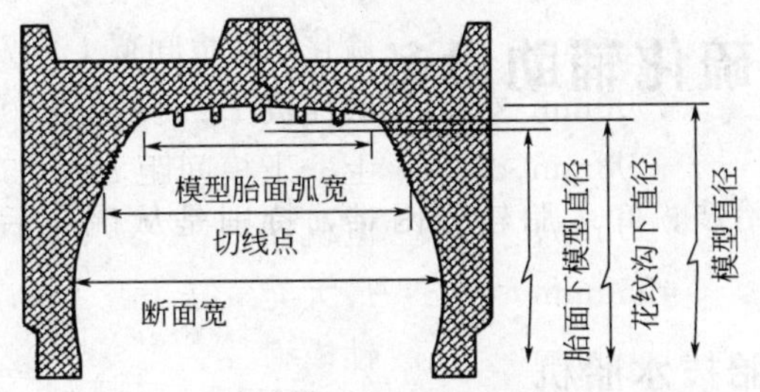

图 14-18　模内尺寸标注（一）

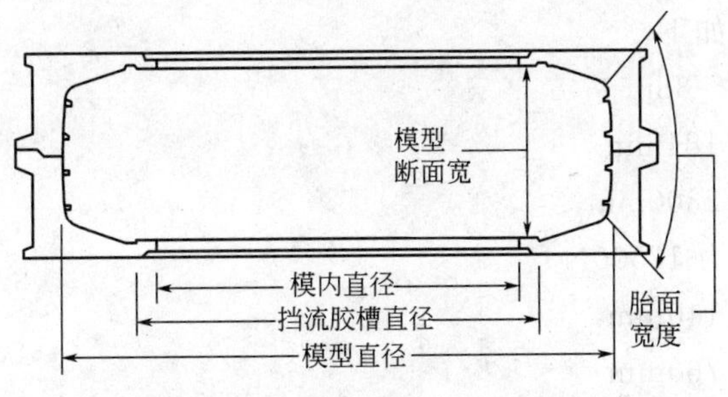

图 14-19　模内尺寸标注（二）

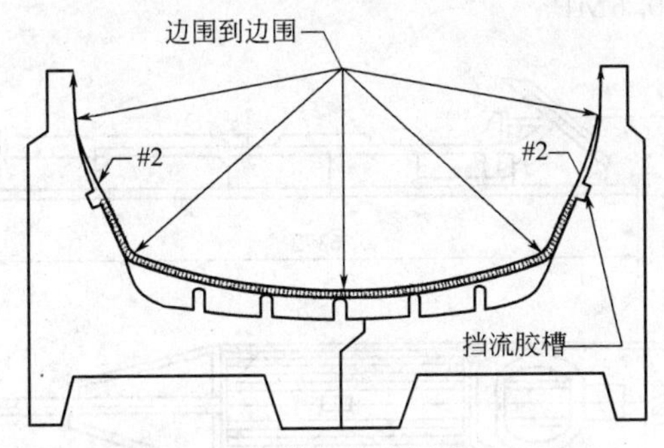

图 14-20　模内尺寸标注（三）

14.5.2　模型开合示意图

图 14-21 是模型开合示意图。

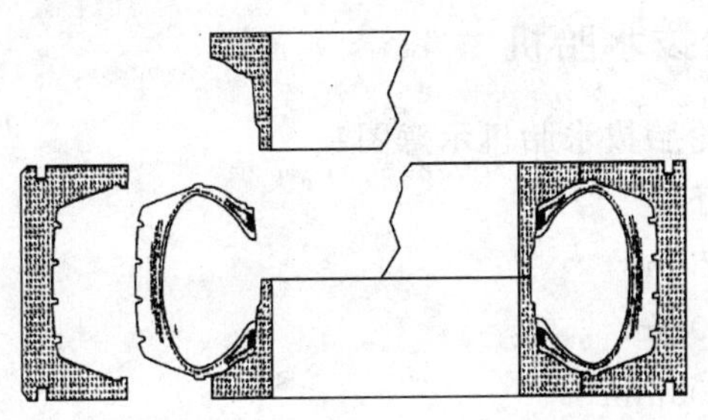
图 14-21　模型开合示意图

14.6 其它硫化辅助设备

模型法翻新轮胎装、卸水胎较为困难，特别是从硫化后的大型轮胎内取出水胎。

14.6.1 大型轮胎拔水胎机

大型轮胎拔水胎机见图 14-22。

设备技术参数如下。

胎圈直径：20～38in

上活塞：直径 184mm

行程 2300mm

总压力 12500N

下活塞：直径 140mm

行程 760mm

总压力 6350N

压缩空气压力：0.6MPa

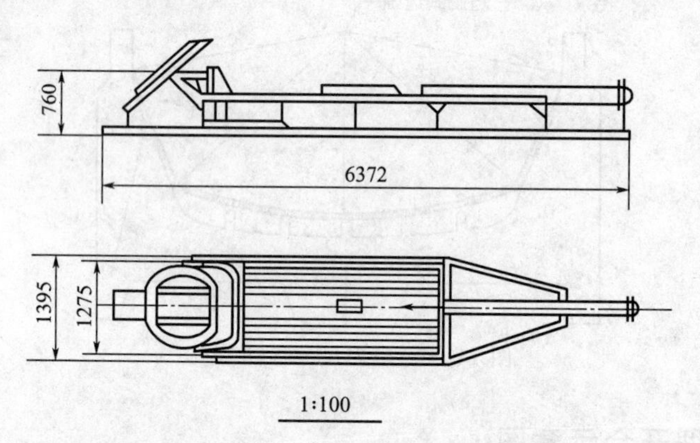

图 14-22 大型轮胎拔水胎机示意图

14.6.2 中型轮胎拔水胎机

图 14-23 为中型轮胎拔水胎机示意图。

设备技术参数如下。

胎圈直径：15～20in

主活塞：直径 150mm

行程 2000mm

总压力 9650N

压缩空气压力：0.6MPa

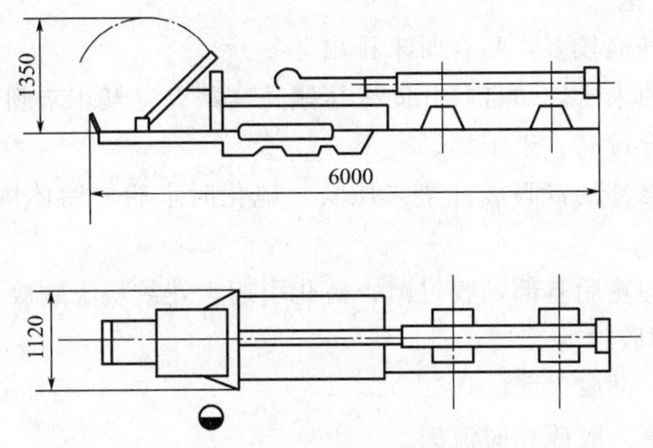

图 14-23　中型轮胎拔水胎机示意图

14.7 模型法翻新轮胎生产缺陷及原因分析

14.7.1 模型法翻新硫化轮胎时常见缺陷及造成这些缺陷的原因

(1) 胎面海绵

① 贴胶不够或不均匀。

② 选配模过大或加垫圈过厚。

③ 硫化内压过低或进气（过热水）嘴堵塞。

④ 模温太高，轮胎未合模充压时放于模内时间过长。

⑤ 欠硫或硫化时内（水）胎破裂，下模积水未排净。

⑥ 胶料中水分过高，硫化温度过高。

(2) 胎面缺胶

① 轮胎打磨弧度小（*R* 值小），打磨量过大而贴胶未增加，入模前未测量轮胎的直径和断面周长。

② 胶料焦烧，贴胶不均匀。

③ 轮胎表面或模型表面有水未除去。

④ 模缝太宽胶流失，或轮胎打磨不当胶料从胎肩处流失过多。

⑤ 胎面排气孔堵塞，装胎时模温过高，胶料焦烧或流动性差。

(3) 花纹崩裂

① 花纹基部胶太薄，高温启模或过快。

② 模太脏，未涂隔离剂。

③ 严重过硫。

④ 采用纵向花纹且花纹沟过于垂直，过深无加强肋。

(4) 胶内有气泡

① 胶料中含气泡较多，贴合时未排出。

② 贴合时汽油未干，贴合胶片间未压紧，窝藏有空气，未刺破气泡。

③ 胎体含水分过高，未干燥。

④ 胎内有未修补的钉眼或补垫未压实，硫化时水胎与胎体内腔间的空气窜入胎体。

⑤ 大花纹块的轮胎基部贴胶过薄，硫化引起大花纹块下缺胶。

(5) 花纹基部胶过薄

① 配模不当，贴胶太薄。

② 胎面胶太窄，胶硫化时流失。

③ 配模小，花纹深。

(6) 胎体分层

① 胎体含水分过高。

② 胎体老化，残留脱空处打磨时未能除尽。

③ 原修补垫已脱空，翻新时未除尽。

④ 启模温度过高。

⑤ 有漏修补的钉眼、小脱空点。

⑥ 气囊漏气。

⑦ 模太脏，未涂隔离剂。

(7) 胎体打磨或贴合尺寸与模型不配引发胎里凹凸不平及变形

① 入模轮胎直径大于模型的直径或形成实鼓并引发使用早期损坏，见图14-24和图 14-25。

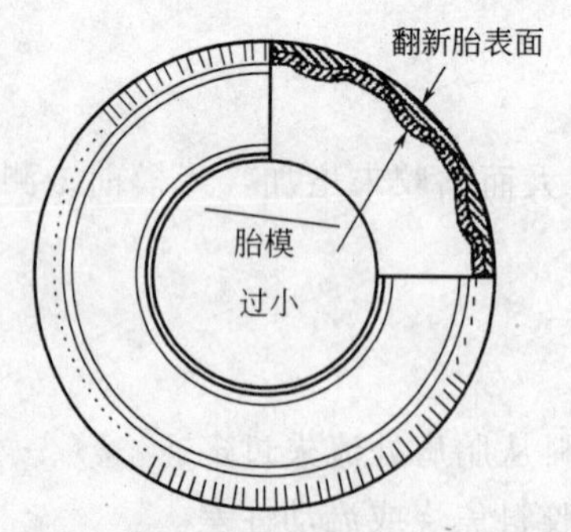

图 14-24　入模轮胎直径大于模型的直径

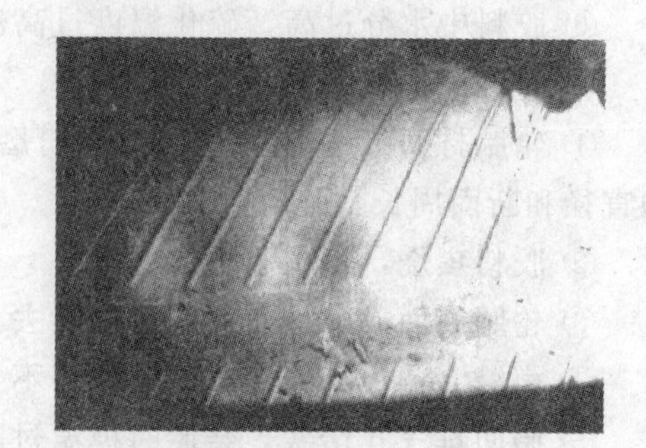

图 14-25　胎腔内起鼓

② 轮胎打磨胎圈到胎圈断面周长大于模型胎圈定位部位周长，引发胎腔内起鼓，见图 14-26。

③ 轮胎打磨胎肩宽度大于模型肩宽度，引发胎腔内起鼓，见图 14-27。

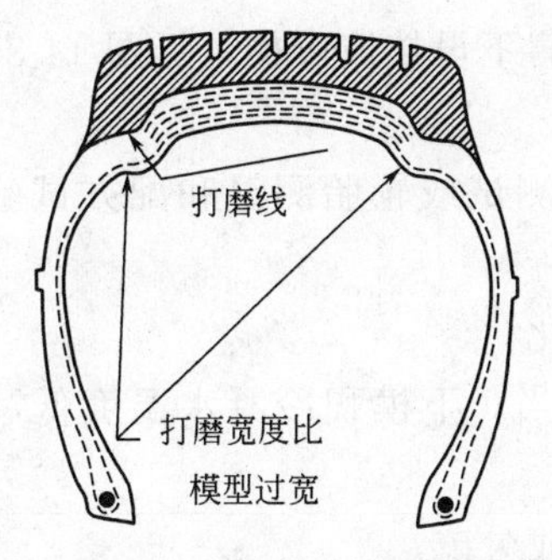

图 14-26 轮胎打磨胎圈到胎圈断面周长大于模型胎圈定位部位

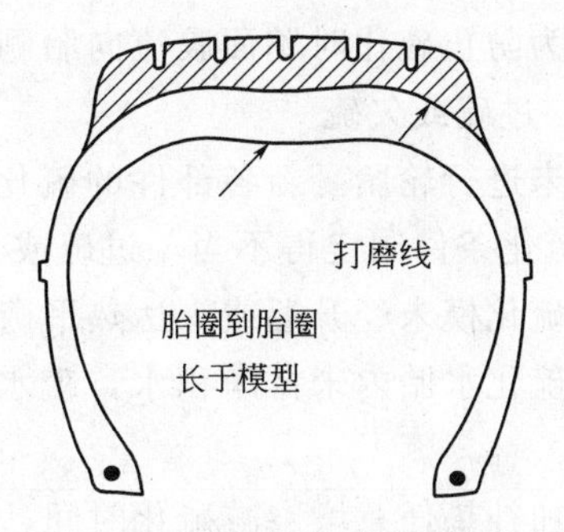

图 14-27 轮胎打磨胎肩宽度大于模型肩宽度引发胎腔内起鼓

④ 轮胎打磨胎肩宽度小于模型肩宽度，引发跑胶，见图 14-28。

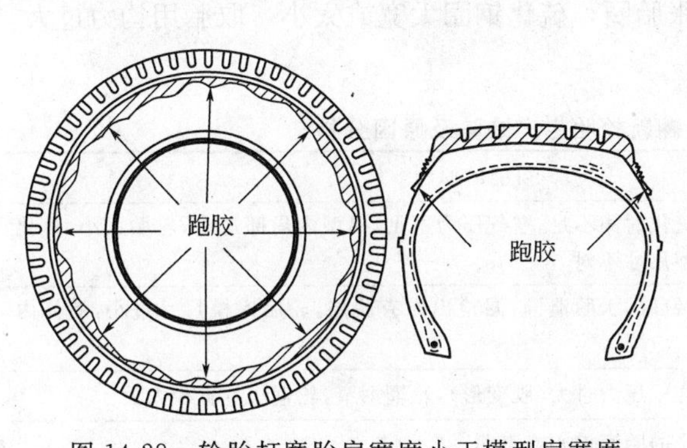

图 14-28 轮胎打磨胎肩宽度小于模型肩宽度

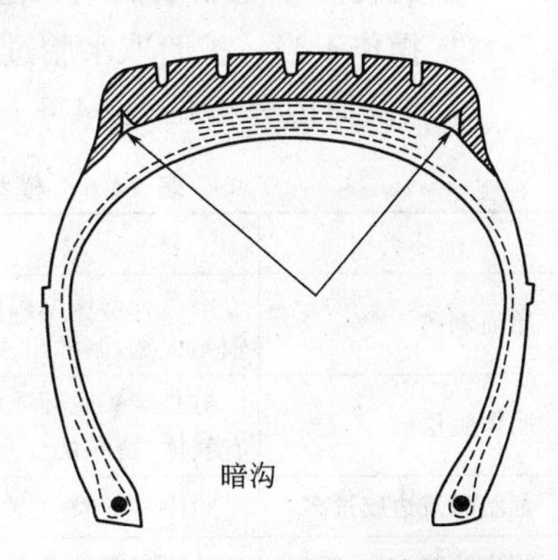

图 14-29 肩部的胎面填胶不足

⑤ 轮胎打磨半径 R 比模型过小，肩宽度比模型肩宽度过窄或肩部的胎面填胶不足，引发胎肩胶空，见图 14-29。

⑥ 轮胎断面周长大于模型断面周长，引发胎侧变形，见图 14-30。

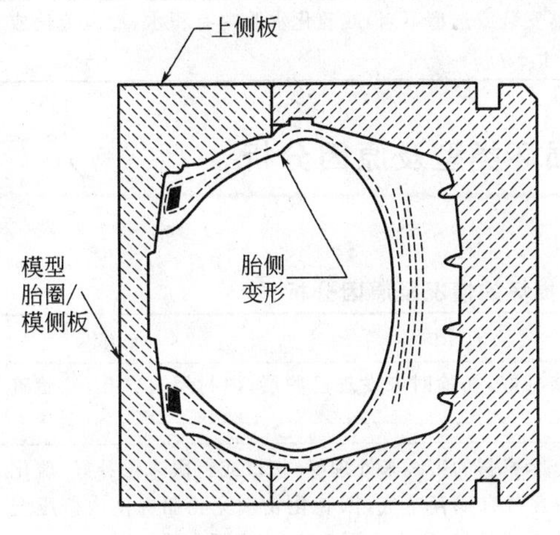

图 14-30 胎侧变形

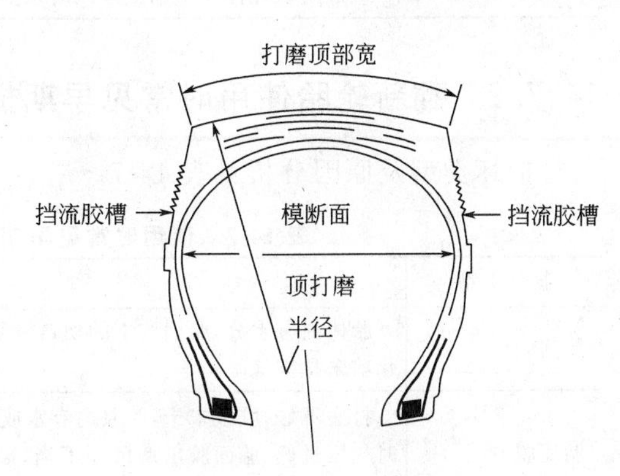

图 14-31 在胎肩下设挡流胶槽

⑦ 为防止硫化时胎面胶流向胎侧，应在胎肩下设挡流胶槽，见图 14-31。

(8) 过硫或欠硫

① 未进行轮胎翻新各部件的硫化条件匹配测试或轮胎测温和配方试验，因此对轮胎硫化条件制定得不当，过硫或欠硫。

② 硫化模未经升温或未达热平衡即装胎硫化。

③ 硫化水胎内未排净积水，疏水器配置不当，下模积冷凝水温度低，轮胎下部欠硫。

④ 加补垫任意增、减硫化时间，形成过硫或欠硫。

(9) 胎圈变形

① 在修补胎内部时扩胎过大、时间过长。

② 硫化入模轮胎断面周长过长而又未用胎圈垫圈。

③ 操作不当，扩胎取水胎过扩张胎圈，硫化钢圈太宽或太小，取胎用钩力过大。

缺陷及原因分析见表 14-6。

表 14-6　模型法翻新轮胎生产缺陷及原因分析

损坏类型	可能的原因
胎面剥离	不适宜的模型温度,硫化时间不足,空气压力不足,模型内局部过冷,轮胎太小,硫化钢圈太宽,胎面出模口型尺寸不对
胎体脱层	衬垫接头脱开或漏补钉眼,水胎泄漏,漏检出原有脱层,轮胎入模尺寸过小,胎体内有气体,帘布层含水汽
翻胎时流边胶过多	胎面基部胶太宽,压合辊压力过大(胶变形),轮辋太窄,轮辋法兰直径太大
胶边缺胶	胎面基部胶太窄,贴合的胎面偏心或歪曲
胎面部分缺胶	胎面胶坯尺寸不对,胶中含有空气,硫化压力不足,轮胎小于模型,流胶过多,打磨胎面太狭窄
胎面偏心	轮胎装模不对,胎面胶没贴正,胎肩磨得太低,轮胎入模尺寸过大,硫化钢圈太窄
胎面扭曲	轮胎装模不对,胎面胶没贴正,胎肩磨得太低,轮胎入模尺寸过大,胎冠磨得太宽
轮胎下模位欠硫	下模腔内冷凝水排不尽(疏水器安装或选型不当)或硫化水胎内有积水(冷风硫化或混气硫化操作不当或装入时未抽干水)

14.7.2　翻新轮胎使用时常见早期损坏类型及原因分析

损坏类型及原因分析见表 14-7。

表 14-7　使用时常见早期损坏的情况及原因分析

损坏类型	可能的原因
层间脱层	胎体内有水分,胎面胶下的切口未修补好,初检时未发现已脱层,内衬层有气孔,轮胎硫化前未扎排气眼
胎面脱空	打磨不好,胶浆未干,胶浆内有水或油,暴露的帘线未处理好,切口或钉眼未修补好,硫化时气压过低,胎面胶出型尺寸不当,贴合时有残存空气,因硫化轮辋宽轮胎在模内挤压变形,欠硫,硫化的轮胎过小,贴胶厚度不对或不足,压力表不准确,供汽不合适

续表

损坏类型	可能的原因
接头开脱	结合端头切割不合适(过短或不平),接口处被污染,电热刀过热使胶焦烧
胎面径向龟裂	初检时未发现胎体有裂口,成型时胎面起褶子,过高的硫化温度或产生过硫,在充气不足的情况下行驶,胎肩打磨粗糙,胎面胶出型尺寸不当
花纹沟龟裂	打磨不合适(太粗),胎面胶缺胶,入模的轮胎太小,胎面胶出型尺寸不当,模型棱上有锐角或锐边,过硫
花纹块撕裂	胎面底层胶量不足,轮胎粘模,过硫,橡胶在模内叠层(轮胎过大)

参 考 文 献

[1] 叶文钦．传统法翻胎工艺技术规程．中国轮胎资源综合利用，2009 (2).

[2] Bill Gragg UNDERSTANDING MATRIX/TIRE DIMENSIONS. TIRE RETREADING/REPIR JOURNAL，1995 (6).

[3] Bill Gragg RETREAD TIRE MOLDES. TIRE RETREADING/REPIR JOURNAL，1995 (10).

[4] Bill Gragg *RECOGNING PROBLEMS CAUSED BY TIRE FITMENT INTO A MATRIX*. TIRE RETREADING/REPIR JOURNAL，1995 (8).

[5] 叶文钦．硫化后翻新轮胎成品常见质量缺陷的分析．广东橡胶，2010 (2)：20-21.

第15章

胎面刻花无模硫化

15.1 胎面刻花无模硫化翻新工艺

翻新轮胎胎面缠绕成型之前的胎体检验、切削、打磨、局部修补、胶浆喷涂、干燥等工序与其它轮胎翻新方法的要求基本相同，可参见第13章。但对胎面缠贴，冷却停放、刻花及硫化有其特别要求。

(1) 胎面缠贴、冷却停放、刻花、硫化　这种方法的缺点是硫化是用混气（蒸汽/压缩空气）硫化，如在胎面缠贴时个别处压合不好，或在刻花时断面局部被挑开，就可能会有水汽窜入而脱空。另一个问题是由于大、巨型翻新工程轮胎硫化时间长，胎面表面胶严重过硫，已无使用价值且外观差。

(2) 胎面缠贴-硫化-表面削磨光-刻花　这种方法目前在意大利等国家流行，其优点是可解决第一种方法存在的问题。但胶料有一定的浪费（见表15-1）。这两种方法使用的设备是一样的。

据报道，北京京运通大型轮胎翻修有限公司2011年已用刻花法翻新53/80R63巨型子午线轮胎，里程可达新胎的80%～90%，可节省成本50%以上。

15.1.1 工艺过程说明

该翻新方法适合翻新轮辋直径25～63in及以上的巨型工程机械轮胎，具有效率高、成本低和适应性强的显著特点。

工程轮胎各工艺过程所需要的时间，切削打磨量、贴胶量、刻花削下的胶量见表15-1。

15.1.2 各种工程轮胎喷涂胶浆工艺参数

各种工程轮胎的喷涂胶浆工艺过程所需要的（参考）时间、用胶量、干燥时间见表15-2。

表 15-1　工程轮胎各工艺过程所需要的时间、切削打磨量、贴胶量、刻花削下的胶量

规格	切削/min	打磨/min	除掉胶量/kg	贴胶时间/min	贴胶量/kg	刻花时间/min	刻掉胶量/kg	胎面刻花形式
18.00-25	15	15	55	20	160	40	50	MTR　28
20.5-25	15	15	30	15	130	35	40	MTK　28
26.5-25	20	20	150	30	250	40	50	MRD　26
29.5-29	40	30	130	35	330	50	50	MTRD2　26
18.00-33	20	20	70	20	190	45	50	MTRD　30
65/35-33	40	35	200	35	350	55	40	MTL4　24
21.00-35	20	20	120	30	300	40	50	MTL4　32
33.00-51	55	40	350	95	930	70	130	MXT8　32
36.00-51	45	60	550	120	1170	80	170	MTE3　36

表 15-2　喷涂胶浆工艺过程所需要的（参考）时间、用胶量、干燥时间

规格	喷涂胶浆时间/min	喷涂胶浆量/kg	喷涂胶浆干燥时间/min
18.00-25	8	2.5	120
20.5-25	8	2.3	120
26.5-25	12	3.5	150
29.5-29	16	5.0	180
18.00-33	10	3.0	120
65/35-33	20	6.0	210
21.00-35	12	3.5	150
33.00-51	28	8.7	260
36.00-51	32	10.0	310

15.2　胎面缠绕工艺

将经干燥达到工艺要求的胎体转移至胎面缠绕机组的轮胎旋转机构上，张紧装置顶紧轮胎胎踵部位，限位装置限定轮胎胎圈宽度至工艺要求，确保胎体上正，旋转时胎侧线偏差在工艺要求允许范围内。

大型工程轮胎胎面胶比较厚，为达到同步硫化及因使用要求不同，胎面胶的上、中、下层胶料配方不同，但要连续缠绕，一次成型。

为确保缠绕的连续性，备料时，各层胶料按不同轮胎规格及胶层设计厚度，计算出用胶量，下层和中层按工艺规定的用胶量缠绕，上层胶以缠绕到设计外缘尺寸为准，其实际用胶量与计算数据可以有适当出入。

挤出缠绕的环境温度应不低于 18℃，冷喂料挤出机的操作按设备操作要求进行。

胶料的挤出口型经特殊设计，压出胶条的断面尺寸符合设计要求，压出胶条表面光滑无毛刺，温度符合工艺要求。

缠绕机头压辊和压轮由压缩空气提供压力，要确保空气压力符合工艺要求。

缠绕时，胶条严格按工艺设计要求搭接压实，确保间距一致，逐条逐层压实，

发现气泡及时扎破并用手动压辊压实。

缠绕速度一般由计算机和PLC联动控制，保持轮胎表面线速度和挤出机挤出胶条的速度一致，避免胶条被拉伸或产生堆积胶，必要时手动微调轮胎旋转速度。

缠绕的胎面胶的断面参数以前是按照仿形板控制。随着科技的发展，现已采用光电仪实时测量数据并传至计算机，计算机根据提前输入的工艺设计参数和实时数据控制缠绕机头的动作。

翻新轮胎的胎面缠绕贴合，成型后轮胎的外缘尺寸（胎冠周长，胎肩宽度，胎面横向弧度等）应达到工艺设计要求。

15.3 胎面刻花工艺及设备

15.3.1 胎面刻花工艺

缠绕好胶的轮胎停放在5h内或胎面胶温度降至45℃之前完成刻花，环境温度不低于18℃；把缠绕好的轮胎转移至刻花机组的膨胀鼓上，在给膨胀鼓缓慢充气的过程中要不断旋转轮胎，调整轮胎的位置，确保旋转轮胎胎冠中心线的位置与刻花机的设计位置（中心线）重合，确认轮胎位置准确后给轮胎充气至适当压力，继续旋转轮胎，检查胎冠中心线的位置与设计要求是否相符，确认轮胎位置符合工艺要求后锁紧。根据轮胎的轮辋直径可选用不同的膨胀鼓。

根据轮胎规格型号及使用要求所选定的胶料选定花纹类型，确定刻花刀型号、花纹沟数量、形状、角度、深度等有关参数。依据轮胎实际位置测量确认刻花刀运行的起始和终止点，将这些参数输入刻花机控制电脑。

刻花刀由电脑控制进行加热。轮胎间歇旋转定位，刻花刀走到起始点时，刻花刀短时通电（3～5s），加热到设计温度开始刻花，每刻一个花纹沟加热一次，温度为150℃左右。

15.3.2 轮胎削磨及胎面刻花设备

轮胎削磨胎面刻花机有多种形式，图15-1是意大利Marangoni公司生产的轮胎削磨及胎面刻花装置，可用于轮胎直径3000mm及以下的轮胎打磨及刻花。

15.3.2.1 中型轮胎削磨及胎面刻花装置

轮胎削磨及胎面刻花机的主要技术参数如下。

外形尺寸　　6200mm（长）×6000mm（宽）×3200mm（高）

装机总功率　　105kW

总重量　　16000kg

供气压力　　0.8MPa

轮胎充气压力　0.15～0.2MPa

图 15-1　中型轮胎削磨及胎面刻花机

图 15-2　新的轮胎削磨胎面刻花机

15.3.2.2　巨型工程轮胎胎面刻花机

为适应巨型工程轮胎（55/90R63，70/70R57 等）刻花翻新，意大利 MGT、ITAIAMATIC 等公司近年开发了新的轮胎削磨胎面刻花机，见图 15-2。

胎面刻花机技术特性。

① 使用电热 U 形刀刻花，一般电压 6V，电流 200～400A。

② 轮胎切割花纹角：0°，15°，30°。

③ 切割花纹深度：0～$4\frac{1}{2}$in

④ 切割速度：1in/s，小胎约 10min，巨胎 45min。

15.3.3　胎面刻花过程及图形

胎面刻花机刻出的花纹图形见图 15-3。

图 15-3　胎面刻花机刻出的花纹图形

15.4 硫化工艺及硫化罐

15.4.1 硫化工艺

采用直接蒸汽硫化罐硫化，考虑到对原胎体的保护和胎面胶较厚等所有因素，低温长时间硫化工艺是最佳选择，硫化温度和压力一般选择 125～135℃ 和 0.6～0.8MPa。

将待硫化轮胎转移至硫化罐内，悬挂在两根可旋转的轴上，旋转轴上有限位装置。根据硫化罐的大小，可一次硫化多条轮胎。

整个硫化过程要确保饱和蒸汽压力、压缩空气压力符合工艺要求，饱和蒸汽和压缩空气进气口压力要高于硫化罐内压力，不低于 0.2MPa。

硫化准备工作完成，检查无误后，向硫化罐内通直供蒸汽，硫化罐内温度达到设定硫化温度时关闭直供蒸汽，开启蒸汽调节阀门。然后向硫化罐内通压缩空气，硫化罐内压力达到设定压力时关闭直供压缩空气，开启压缩空气调节阀门。蒸汽调节阀门在硫化罐内温度低于或高于设定温度参数时自动开启或关闭，压缩空气调节阀门在硫化罐内压力低于或高于设定压力参数时自动开启或关闭。

硫化罐内温度和压力均达到工艺要求后，开始硫化时间的计时。通饱和蒸汽时间、通压缩空气时间和喷淋时间统称硫化时间，各阶段时间根据不同规格轮胎及花纹类型测量确定。

喷淋结束后硫化罐降压时，不可快速降压，应以较低速度降至 0.2MPa 以下，再全部打开放气及疏水阀，快速降压。

整个硫化时间内，轮胎在硫化罐内的旋转轴上一直处于慢速旋转状态。

打开硫化罐，清除轮胎内积水，将轮胎移出硫化罐，平放在地上 12h 以上，因即使从硫化罐内取出时胎面内部仍在继续硫化。

15.4.2 各种规格轮胎的硫化工艺

各种规格轮胎的硫化工艺参数见表 15-3。

表 15-3 各种规格的轮胎硫化工艺参数 时间：min

规格	硫化时间	冷却时间	修整时间
18.00-25	300	45	10
20.5-25	300	45	10
26.5-25	340	70	15
29.5-29	400	80	20
18.00-33	300	45	15
65/35-33	420	90	20
21.00-35	360	70	15
33.00-51	540	90	20
36.00-51	600	120	25

15.4.3 硫化罐

硫化罐为卧式硫化罐（见图 15-4）。特殊要求是备有可慢速旋转轮胎的旋转支架装置，备有喷淋轮胎内外的冷却装置，精确的温度、压力控制器和记录仪等。

图 15-4　卧式硫化罐

图 15-5　直径 5m 的新型卧式硫化罐

硫化罐的主要技术参数如下。

硫化罐容积	20.000L
最大使用温度	150℃
最大使用压力	0.6MPa
轮胎最大直径	3000mm
硫化罐外形尺寸	3900mm×3800mm×3800mm

图 15-5 是意大利 MGT、ITAIAMATIC 等公司开发的直径 5m 的新型卧式硫化罐，可硫化直径 4m 以上的轮胎。硫化罐为卧式。

据报道，我国青岛国盛达也可生产硫化轮辋尺寸 63in 的巨型工程轮胎的硫化罐，且采用充氮气间接加热，以防轮胎表面因长期硫化引发表面氧化发黏及不耐磨。

15.5 翻新的工程轮胎的质量要求

15.5.1 按 HG/T 3979—2007《工程机械翻新轮胎》标准

对质量有如下几点要求。

① 翻新轮胎物理机械性能应符合 GB/T 1190—2001《工程机械轮胎》的要求。

② 外观质量　翻新轮胎应逐条进行外观检查，外观应均匀整齐，所有修补过的部位均应打磨平整；轮胎胎肩翻新面两端不允许露锉印；花纹沟底部不允许露锉印；修补衬垫无翘边，其它按照 HG/T 2177 的规定检查每条翻新轮胎有无外观质

量或内在质量的缺陷。

③ 内在质量　翻新轮胎内外任何部位必须黏附严实，不允许有蜂窝、脱空或脱层，不允许有需要补强的伤口遗漏。

④ 外缘尺寸　翻新轮胎与同规格新轮胎充气后的断面宽与外直径的值（不含偏差）相比，翻新轮胎外直径与断面宽度不得超过最大使用尺寸（外直径、总宽度）。

15.5.2　出厂前检查要求

翻新轮胎胎冠中心和两侧肩部测量点的周长符合工艺要求；胎面胶光滑平整，胶片搭接均匀，无脱层，无气带；花纹沟沟壁光滑，深度、长度和底部曲线符合工艺参数要求；洞疤修补处胶平整光滑、无漏补；胎内气密层胶无鼓包、无裂损，修补处粘接牢固，边缘平整。胎内增强衬垫粘贴无脱空，无裂边；轮胎子口处光滑平整、无裂口、无缺损。

参 考 文 献

[1] 意大利 Marangoni 公司产品介绍资料 .

[2] ITAMATIC. ITALY *COMPLETE RETREADING PLANTS*. RETREADING BUSINESS，2011（4）.

第16章

其它轮胎翻新方法

16.1 国内研发的几种轮胎翻新方法

16.1.1 聚氨酯浇注胎面法翻新轮胎

聚氨酯浇注胎面法翻新轮胎20世纪90年代在国内外都见报道。表16-1是浇注聚氨酯胎面的物理机械性能。

表16-1 浇注聚氨酯胎面的物理机械性能

项目	数值
邵尔A硬度	65
回弹性/%	40
100%定伸应力/MPa	2.45
300%定伸应力/MPa	4.9
拉伸强度/MPa	34.3
拉断伸长率/%	550
撕裂强度/(N/m)	4.9
磨耗损失(1000周)/mm^3	10(锥度H-2)
DIN磨耗/mm^3	55
压缩变形(22h×70℃,B法)/%	35
屈挠生热/℃	25

用聚氨酯浇注胎面的轮胎行驶里程在(14～15)万公里,而普通橡胶胎面轮胎的行驶里程只有(7～8)万公里,聚氨酯浇注胎面湿滑性与NR胎面相同。

国家科技部门曾批准列为翻胎科研攻关项目,但因浇注的聚氨酯与胎体胶间黏合等问题未过关,因此未能继续推广。

16.1.1.1 浇注聚氨酯胎面所使用的原材料及分子结构

浇注聚氨酯胎面所使用的原材料是一种软、硬段相间的嵌段高聚物。通常由低聚多元醇(软段),多异氰酸脂(硬段)及扩链剂、交联剂反应合成。由于低聚物多元醇(软段)在室温下呈卷曲状,多异氰酸脂(硬段)内聚能大,分子间可以形成氢键缔结在一起。这种分子结构的聚氨酯的缺点是耐高温性差，另一方面是内生热高。

16.1.1.2 浇注聚氨酯胎面翻新研发

聚氨酯的缺点是耐高温性差，内生热高，导致高动态负荷下耐疲劳和耐屈挠性差。这对用于公路上的轮胎非常不利，要解决这一问题可以从两方面入手：一是降低轮胎行驶时的温升（包括限制使用范围），二是研发新的合成材料。

聚氨酯胎面的耐磨性与其硬度有关，然而硬度增加就意味着聚氨酯内极性键增多，动态下生热高，抗湿滑性差，这对高速行驶的轮胎不利。

16.1.1.3 聚氨酯浇注胎面法翻新轮胎工艺流程

聚氨酯浇注胎面法翻新轮胎工艺流程见图 16-1。

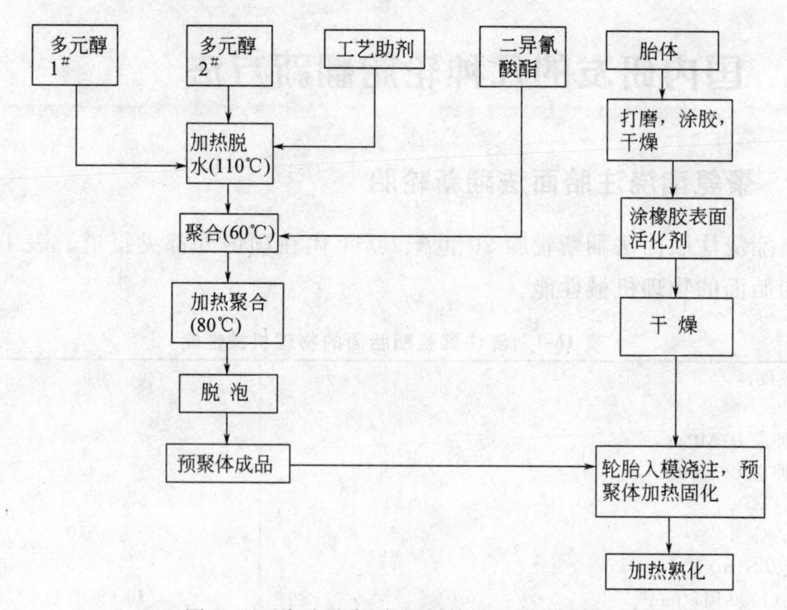

图 16-1 浇注聚氨酯翻新轮胎工艺流程图

16.1.2 聚氨酯冷粘预硫化胎面法翻新轮胎

1982 年由济南翻胎厂与青岛化工研究所合作用聚氨酯黏合剂冷粘预硫化胎面粘于打磨后的胎体上。聚氨酯为四氢呋喃均聚醚型，作为常温型翻胎黏合剂，黏合效果见表 16-2。

表 16-2 聚氨酯的黏合性能

项 目	达到的指标	项 目	达到的指标
黏合强度/(kN/m)	≥9.84	撕裂强度/(kN/m)	81.3
固化时间/h	24	硬度(邵尔 A)	83
拉伸强度/MPa	47.2	300%定伸应力/MPa	13.8
伸长率/%	490	永久变形/%	7

据称黏合剂的长期使用温度可达80～90℃。

1984年进行了聚氨酯冷粘环形预硫化胎面黏合翻新9.00R20轮胎的工艺及产品室内机床和里程试验。室内机床试验3条在60km/h速度下进行，结果不理想，只跑了65～80min。里程试验13条，其中有8条早就脱开，但有5条使用里程高于新胎或一般的翻新胎。

当时使用的聚氨酯黏合剂的主要问题是不耐热，在80℃下黏合力下降较大，另外，黏合剂硬度过高，使用时易形成应力集中而开脱。这两个问题是聚氨酯推广应用的难题，目前这两个问题虽有进展，但未能完全解决。

16.1.3 聚氨酯-橡胶复合预硫化胎面翻新轮胎

用聚氨酯-橡胶复合预硫化胎面翻新轮胎，国内最早于2006年提出，广州华工百川科技公司于2008年底基本完成了研发过程，可进入中试阶段。但此项新技术在硬度、耐温性等方面还有待提高。

16.1.3.1 聚氨酯-橡胶复合预硫化胎面翻新轮胎工艺流程

聚氨酯-橡胶复合环形预硫化胎面外形及结构见图16-2，翻新轮胎工艺流程见图16-3。

图16-2 聚氨酯-橡胶复合预硫化胎面

此外条形聚氨酯-橡胶复合预硫化胎面的接头问题也得到解决，胎面接好头后在轮胎二次硫化时交联黏合。

16.1.3.2 聚氨酯-橡胶复合预硫化胎面翻新轮胎的前景

从轮胎翻新也要求遵循资源节约型、环境友好型的国策来说，用聚氨酯-橡胶复合预硫化胎面翻新轮胎有重要的意义。我国2008年生产预硫化胎面胶约50000t，需用橡胶约25000t，炭黑13000t，芳烃油2000t以上，如果用聚氨酯-橡胶复合预硫化胎面至少可节约70%资源短缺的橡胶，减少污染环境的炭黑和芳烃油的使用量。

由于聚氨酯-橡胶复合预硫化胎面的耐磨性高于普通橡胶一倍，也就是用聚氨酯-橡胶复合预硫化胎面翻新一次可顶用普通橡胶翻新两次，据报道翻新一次需用

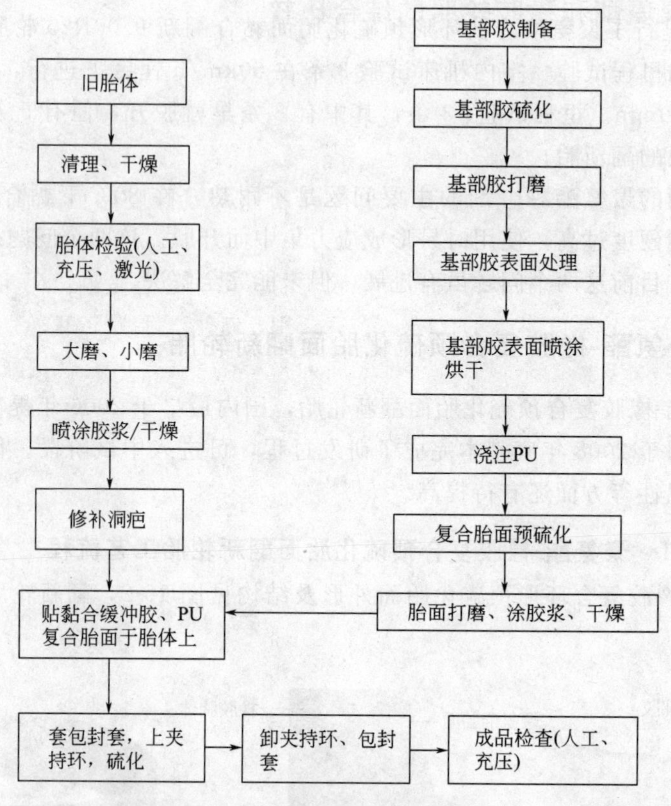

图 16-3　聚氨酯-橡胶复合预硫化胎面翻新轮胎工艺流程图

电 15kW，因此也有可节能的好处。

聚氨酯-橡胶复合预硫化胎面翻新轮胎具有较好的社会效益及经济效益，易于推广。PU 胎面胶半成品与橡胶胎面胶半成品的物理机械性能对比见表 16-3，但未见公布两种翻新胎的使用及室内测试结果。

表 16-3　PU 胎面胶半成品与橡胶胎面胶的半成品的物理机械性能对比表

项　　目	PU 胎面	橡胶胎面
邵尔 A 硬度	80～90	64～70
300%定伸应力/MPa	10～14	8～12
拉伸强度/MPa	≥45	≥18
拉断伸长率/%	≥550	≥450
回弹值/%	≥45	≥35
阿克隆磨耗量/(cm^3/1.61km)	≤0.05	≤0.2
100℃×48h 老化		
拉伸强度/MPa	≥43	≥13
拉断伸长率/ %	≥500	≥330

16.1.4　聚氨酯和橡胶轮胎的综合比较

(1) 滚动阻力　聚氨酯轮胎低于橡胶轮胎45%，节能潜力大。

(2) 减震　聚氨酯轮胎低于橡胶轮胎。因聚氨酯胎面硬度（邵尔A）在83～95而橡胶轮胎胎面硬度（邵尔A）在67～75。

(3) 牵引性能　聚氨酯胎面低于橡胶胎面，因橡胶胎面柔软，对地面抓着力好。

(4) 载重能力　聚氨酯轮胎高于橡胶轮胎一倍，这也是港口码头运输及叉车轮胎周期性使用轮胎温度不高的优势，较适合用于工业轮胎及工程轮胎。

(5) 耐磨性　聚氨酯胎面高于橡胶胎面平均约3～5倍，聚氨酯由于总体韧性好，不会出现小块脱落。如果说聚氨酯价格高出橡胶一倍也是合算的。

(6) 抗切割，抗撕裂　聚氨酯胎面好于橡胶胎面。

(7) 高速运行　聚氨酯轮胎远差于橡胶轮胎。聚氨酯轮胎运行内生热大，质量下降迅速，这是聚氨酯轮胎致命的缺点。一般运行速度在10～13km/h，温度不高于80℃。

(8) 地面痕迹　聚氨酯轮胎不会在地面留下痕迹，橡胶胎面行驶后因炭黑掉落会在地面留下痕迹。

(9) 潮湿状况　聚氨酯轮胎稍差于橡胶轮胎，但聚氨酯轮胎可用刀槽胎面花纹加以克服。

(10) 耐化学性　对各种溶剂聚氨酯轮胎耐受力远好于橡胶轮胎。

(11) 价格　聚氨酯轮胎高于橡胶轮胎25%～50%。

聚氨酯轮胎致命的缺点是轮胎运行升温，聚氨酯质量下降，硬度高。但要提高热稳定性非常复杂，至今收效不大。

16.2　国外几种轮胎翻新工艺

16.2.1　用柔性硫化模法翻新轮胎

用柔性模法翻新载重轮胎是美国AMF公司在20世纪80年代开发的，此后在美国及加拿大只有少数厂使用。虽有一定的优点，关键是柔性（橡胶）模的使用寿命无法与金属模相比，因此难以大范围推广，但仍不失是一种翻胎方法。

16.2.1.1　柔性模法翻新载重轮胎工艺

柔性模法翻新载重轮胎工艺前部分自轮胎检验到胎面缠贴与模型法翻胎是相同的但一般可不用填洞疤，也不贴缓冲胶从而简化了工艺（因缠贴的胎面胶会挤入洞疤内，有了缓冲胶反而有碍胎面胶挤入胎体磨纹内）。而套上柔性模后也是要装上包封套在硫化罐内硫化，因此又与预硫化胎面翻胎有相同之处，也要在轮胎内装入硫化内胎，装上硫化钢圈。硫化罐内压力及抽真空与预硫化胎面翻胎相似，但过程有差异。因此本节主要介绍柔性模的制备及使用、柔性模法翻新轮胎的硫化工艺。

16.2.1.2 柔性模的制备及使用

(1) 柔性模的性能要求 柔性模的物理机械性能要求如下。

① 在200℃以下可长期使用不变硬。

② 在室温时其邵尔硬度在80以上，在硫化温度时应高于胎面胶硬度。

③ 在70℃以下时模具有较慢的回弹性，以便它在恢复正常尺寸前有时间来达到中心准确的位置。

④ 在70℃以上时模具有较快的回弹性。

⑤ 有较小的压缩永久变形。

⑥ 与胎面胶有较小的亲和力，以便脱模。

按以上的要求设计的胶料的具体指标要求如下：拉伸强度3.52～21.5MPa；伸长率20%～500%；300%定伸应力7～145MPa；撕裂强度7～85kN/m；邵尔A硬度50～90。

柔性模是用耐热、耐氧、耐油的丙烯酸酯橡胶制成，其参考配方如下（质量份）：丙烯酸酯橡胶100，高耐磨炭黑65，蜡状烃1.5，防老剂RD3，古马隆树脂14，硬脂酸1，硬脂酸钾3，硫黄0.3。

(2) 橡胶柔性硫化模的硫化机是由外模和内模组成：外模是用一中空可通蒸汽加热，可同时开合的活络模块（如8～10块）组成环形腔光模；内模是有胎面花纹的、可通蒸汽的整体内模的圆环。制橡胶柔性硫化模时，只需将接好头的环形胶坯套在硫化机内模上，内模进入外模内腔后外模合拢，加压硫化即可。

图16-4 翻新轮胎套柔性模机

16.2.1.3 柔性硫化模翻新轮胎

(1) 柔性硫化模具有很好的柔性及伸张性。缠贴好胶的轮胎在一专用的套柔性模机台上（见图16-4）装入柔性模内，在柔性模外套上包封套，再从套柔性模机上取下轮胎，胎腔内装入硫化内胎、垫带及硫化钢圈，压紧包封套。进入硫化罐后，在抽真空、加热及罐内压力共同作用下，胎面胶下被挤入胎体打磨磨纹及洞疤内，上被柔性模挤入胎面花纹。

(2) 柔性模挤压胎面胶的硫化过程见图 16-5。

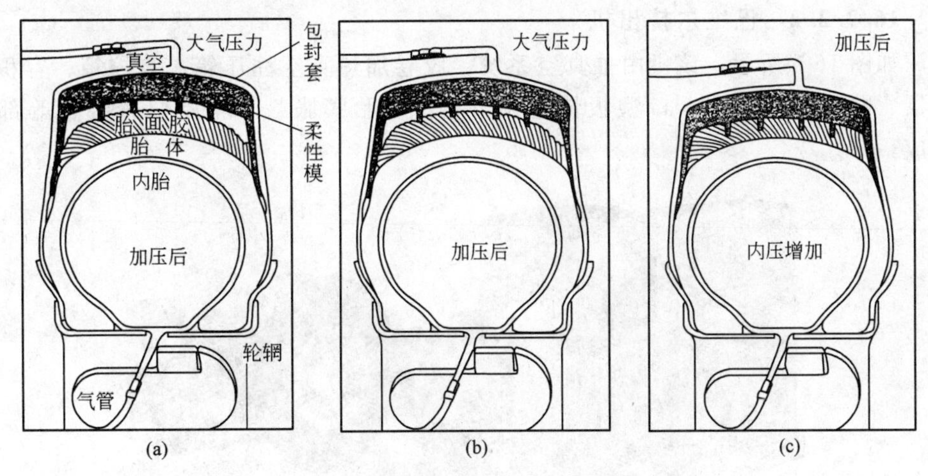

图 16-5 柔性模挤压胎面胶的过程示意图

① 直接蒸汽硫化 硫化罐温度：145～151℃；硫化罐内压力：3.0～3.5kPa；硫化内胎压力：4～4.5kPa；硫化时间：胶料厚度为 17.5mm 时硫化时间为 2.5～3.25h。

② 热空气硫化 硫化罐温度：121～146.9℃；硫化罐内压力：4～4.5kPa；硫化内胎压力：5～5.5kPa。胶料厚度为 17.5mm，硫化温度为 121℃时，硫化时间为 4.45～5.5h；硫化温度 148.9℃时为 2.45～3.5h。

③ 硫化工艺过程 胎体上已缠贴有胎面胶后，将柔性模套上，再套上包封套，装入硫化内胎、垫带及装上硫化钢圈。

向硫化内胎内充压缩空气，使包封套被夹紧，送入硫化罐内加热，罐内升压，包封套抽真空。此时柔性模开始压入胎面胶内并将胶挤压贴于胎体上［见图 16-5(a)、(b)］。

硫化罐升至规定的温度和压力进行硫化，包封套与胎体间维持在真空状态下，直到硫化完毕［见图 16-5(c)］。

16.2.2 用巴维尔挤出机挤出具有胎面花纹的胎面胶热贴的翻胎法

16.2.2.1 巴维尔挤出机挤出胎面翻胎法工艺

巴维尔挤出机挤出胎面翻胎法在工艺上的步骤如下。

① 将打磨及涂有胶浆的胎体安装在高精度的轮辋上，充气后测量出按胎面胶结构设计所需的胎面胶量。

② 将胎面胶打成两个小卷放入巴维尔挤出机加热箱内。

③ 胶料在加热及真空条件下，通过柱塞式油缸将胎面胶通过口型板及胎面花纹口型板挤出翻新胎面胶并压贴于旋转的胎体上，加以修整。

④ 已贴有胎面花纹的翻新轮胎可置于旋转硫化罐内硫化。硫化介质可用直接

蒸汽或热空气。

16.2.2.2 巴维尔挤出机

如图16-6所示，该机由抽真空系统、胶卷加热真空注压箱、自控箱、容积控制器、贴胶前调节器、口型板快速调节器、轮胎膨胀鼓、轮胎修整装置等部件组成。

图16-6 巴维尔挤出机

1—抽真空系统；2—胶卷加热真空注压箱；3—自控箱；4—容积控制器；5—贴胶前调节器；6—口型板快速调节器；7—轮胎修整装置

16.2.3 HAWKINSON硫化环翻胎法

美国HAWKINSON公司1931年就推出一种硫化环翻胎法，其主要用于载重斜交轮胎顶翻新，因斜交载重轮胎在美国现使用已很少，因此用此法翻新轮胎也不多，但因此法具有节能及硫化设备简单的优点，在斜交轮胎使用较多的产品如农用轮胎等方面还是有市场的。

HAWKINSON硫化环及硫化机见图16-7。

图16-7 HAWKINSON硫化环及硫化机

16.2.3.1 HAWKINSON 硫化环翻胎法工作原理

当斜交轮胎断面扩大时，在一定的范围内其直径就会缩小（其间比约为 1∶2），利用这一特性可将已贴胶待翻新硫化的轮胎用扩大轮胎子口的办法，使轮胎直径变小，此时将已贴胶的轮胎装入中空的环形模腔环内，在轮胎内充压和加热下胎面胶挤入模型花纹内硫化，即可完成翻新轮胎过程。

16.2.3.2 HAWKINSON 硫化环翻胎法的操作

经缠贴胎面胶（可不用缓冲胶），待翻新胎子口扩大，胎直径缩小，装入环形模腔环内，后装入硫化内胎、垫带、硫化钢圈，外夹持压环用吊车吊至硫化模支架上。

向硫化内胎充以压缩空气，使待翻新轮胎膨胀，环形模腔环内充以蒸汽加热，即可进行硫化。

16.2.3.3 HAWKINSON 硫化环翻胎法与奔达可预硫化胎面翻胎法对比

（1）硫化时翻新轮胎各部位温度见图 16-8。图 16-8(a) 为奔达可预硫化胎面翻胎法硫化时轮胎各部位温度；图 16-8(b) 为 HAWKINSON 硫化环翻胎法硫化时轮胎各部位温度。可见 HAWKINSON 硫化环翻胎法轮胎胎肩以下基本不被加热。

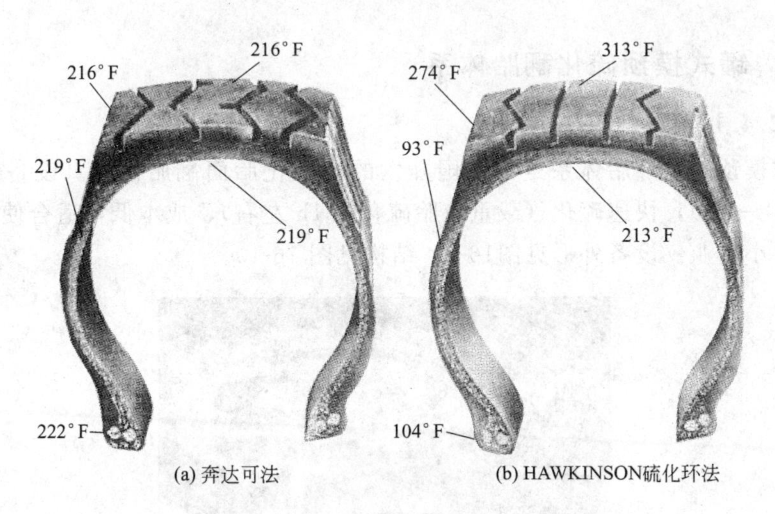

图 16-8 硫化时翻新胎各部位温度 $\left[1℃=\frac{5}{9}(°F-32)\right]$

（2）硫化条件对比见表 16-4。

16.2.3.4 HAWKINSON 翻胎法的优点

轮胎在行驶时温度较低，有较高的耐磨性，但耐磨性也取决于胎面弧度半径。以一条胎面花纹深度为 12.8mm 的轮胎为例，其胎面弧度半径与行驶里程的关系见表16-5。

表 16-4 HAWKINSON 翻胎法与奔达可预硫化胎面翻胎法硫化对比

对比胎体 项目	奔达可预硫化胎面翻胎法	HAWKINSON 翻胎法
	11-22.5 斜交轮胎，胎面深 13.6mm，胎面至磨面厚度 16mm	11-22.5 斜交轮胎，胎面深 12.8mm，胎面至磨面厚度 14.4mm
环境温度	场地 10℃，硫化罐内温度 39℃	场地 10℃，硫化环内和轮胎温度 20℃
启动时间	7.55min 开始升压，到达规定压力时为 8.15min	7.55min 开始升压，到达规定压力时为 7.58min
操作压力	罐内压力 0.6MPa，轮胎内压力 0.82MPa	轮胎内压力 1.1MPa
硫化时间	250min	105min

表 16-5 轮胎胎面弧度半径与行驶里程的关系

胎面弧度半径 R/in	胎面耐磨性下降/%	可能行驶的里程/英里
24	0	80000
22	2.08	78320
20	4.67	76260
18	12.11	70310
16	18.19	65520
14	27.38	58100
12	39.82	48140

注：1英里＝1.609km。

16.2.4 罐式模预硫化翻胎体系

16.2.4.1 罐式模结构

罐式模预硫化翻胎体系是由美国开发的预硫化胎面翻胎体系。设备结构简单（一次硫化一条），快速硫化（载重轮胎硫化在1h左右）、成本低，适合使用蒸汽硫化的中、小企业。设备外形见图16-9，结构见图16-10。

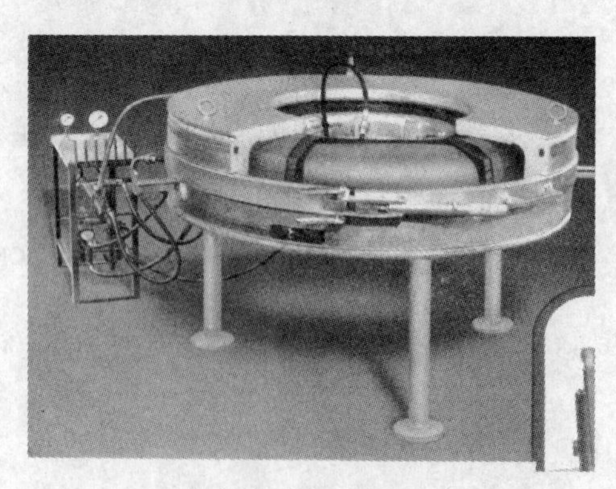

图 16-9 罐式模预硫化翻胎体系外形图

罐式模预硫化翻胎模由上、下光模组成，其间的密封模外圈是靠密封环7及锁环10组成。模侧壁则靠锯齿形的突出与包有包封套的充气轮胎形成封闭腔，在封闭腔内通入蒸汽，有了热和硫化压力即可将预硫化翻胎中的缓冲胶硫化好。

罐式模预硫化翻胎模与翻新轮胎组合硫化情况见图16-10。

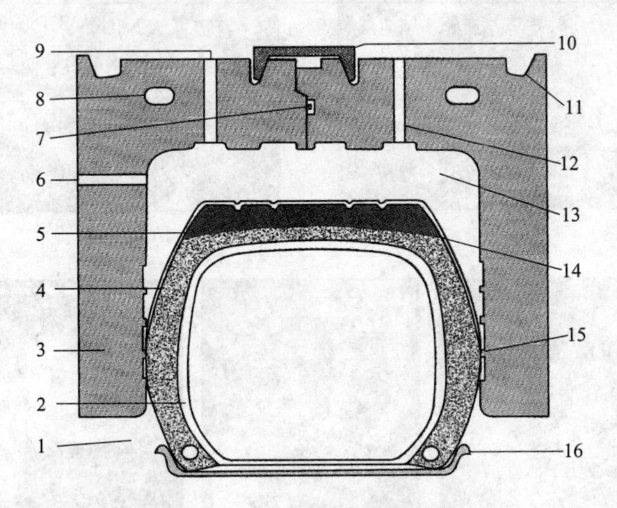

图16-10　罐式模预硫化翻胎模

1，2—往轮胎内胎腔内充0.5～0.65MPa的压缩空气；3—特制的胎侧壁挡板；4—包有包封套的充气轮胎，防止蒸汽与胎面接触；5—预硫化胎面；6—当模型卧放时排水孔；7—密封环；8—预热模型蒸汽孔道；9—硫化模排压孔；10—锁环；11—运输模槽；12—输入蒸汽孔；13—模腔内可充0.3～0.4MPa的蒸汽；14—缓冲胶；15—模侧壁的锯齿形突出；16—快速装卸硫化钢圈

16.2.4.2　罐式模预硫化翻胎工艺及操作

图16-11显示了罐式模预硫化翻胎工艺全过程的操作。

图（a）：装包封套可用耐热的汽车内胎改制。目的是硫化前抽掉胎面和包封套间的空气（包封套只需套到轮胎胎侧中心线下）。

图（b）：装入硫化内胎。

图（c）：装入硫化垫带。

图（d）：在地面或工作台上装上快速装卸式的硫化钢圈下半部、再装上半部，并锁紧。

图（e）：打开放在三角架上的罐式模，吊走上模。

图（f）：将轮胎放入，接好压缩空气管。

图（g）：关闭罐式模，并向硫化内胎内充以0.22MPa的压缩空气。

图（h）：罐式模内的轮胎可立放，经固定后接通蒸汽及抽真空系统。

图（i）：硫化完毕后罐式模内排汽及硫化内胎卸压，取出轮胎。

图（j）：除去包封套。

图（k）：必要时轮胎冷却后应充压检验。

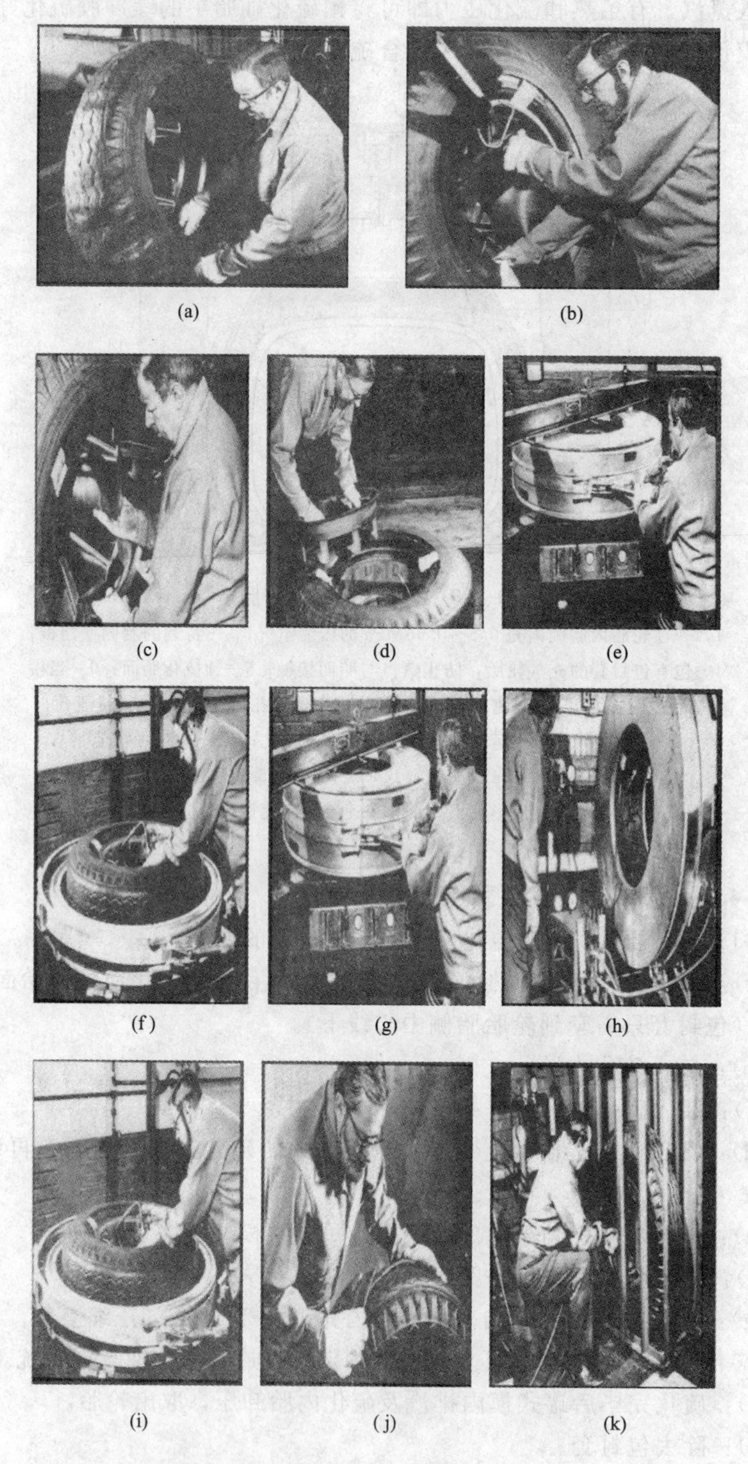

图 16-11　罐式模预硫化翻胎工艺过程

16.2.5 预硫化胎面全翻新法

为提高预硫化胎面翻新轮胎的外观质量，有利用于客车使用，可采用全翻新打磨机打磨胎侧，贴上薄胶片后加上隔板，套上内、外包封套硫化即可。具体配置与工艺操作如下。

(1) 基本配置　内、外包封套，胎侧隔板（可用不粘胶的耐热塑料或不锈钢薄片裁成)、排气芯绳、气阀。

(2) 工艺操作见图 16-12。

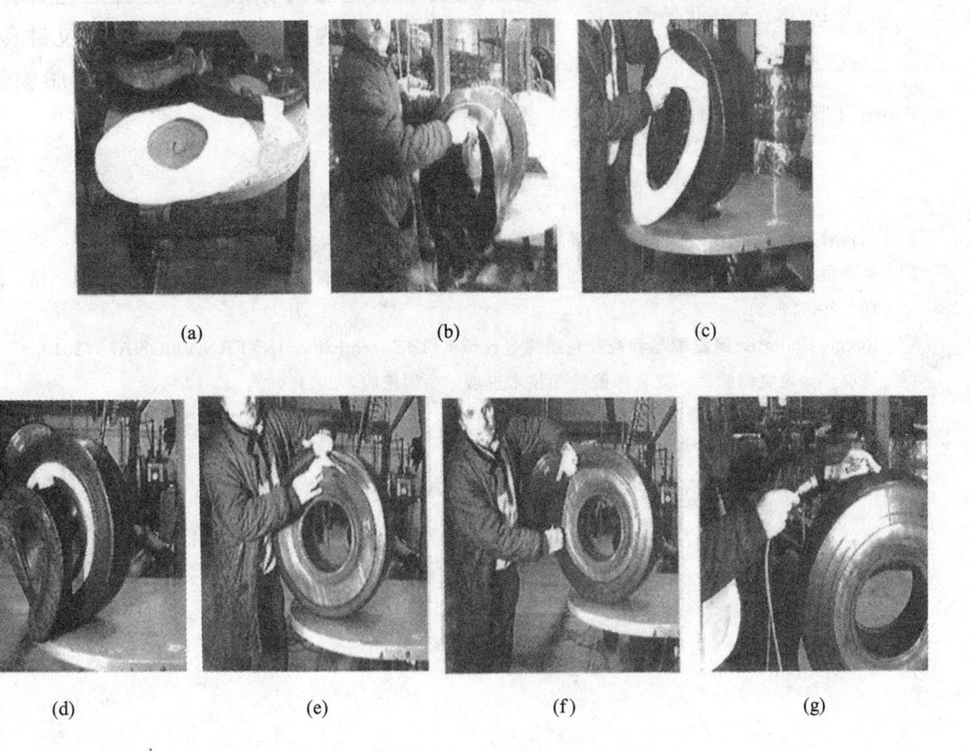

图 16-12　预硫化胎面全翻新工艺操作

① 贴好预硫化胎面后打磨轮胎两侧，涂上胶浆，将薄胶片贴于胎侧，放上隔板，见图 16-12(a)、(b)、(c)。

② 在轮胎上套上外包封套 [见图 16-12(d)]。

③ 注意放置位置必须正确。

④ 在轮胎上装上内包封套 [图 16-12(e)]。

⑤ 内包封套必须装在外包封套上 [图 16-12(f)]。

⑥ 连接真空管及调节阀 [图 16-12(g)]。

⑦ 装罐硫化。

图 16-13　预硫化胎面加胎侧保护线

16.2.6　预硫化胎面加胎侧保护胶翻新法

德国有人在翻新轮胎的预硫化胎面下的胎肩到胎侧上部加一层胎侧保护胶，对城市公交车及垃圾处理车可防止胎侧因撞击路牙等引发的损伤并增加美观效果。加胎侧保护胶的预硫化胎面翻新轮胎见图 16-13。加胎侧保护胶翻新硫化工艺：胎侧保护胶可以预先模制成胶条，然后粘贴到预硫化胎面下，且接头应有翻新轮胎的标志，然后套上包封套与翻新轮胎同时硫化，为防止粘包封套可在包封套内涂隔离剂或贴铝薄膜，胶片规格：80mm（胎侧处）×50mm（胎肩处）×4mm（厚度）。

参　考　文　献

[1]　刘锦春．聚氨酯浇注充气轮胎的研制．轮胎工业，2004，(1). 3-7.

[2]　高孝恒．轮胎翻新用聚氨酯-普通橡胶复合预硫化胎面的制备方法．专利号：CN1915648，公开日期：2007. 2. 21.

[3]　Reggie Collette. 聚氨酯与和橡胶轮胎综合比较．TIRE technology INTERNATIONAL，2010.

[4]　许春华．聚氨酯胎面—复合橡胶轮胎技术进展．中国橡胶，2011（9）：11-12.

[5]　张海．聚氨酯/复合橡胶复合胎面绿色轮胎新技术．中国橡胶 2011（19）：4-5.

[6]　美国翻胎协会提供的资料．

[7]　*PRECURED TYRE RETREADING BEAD TO BEAD* TyreMan（马来西亚期刊）2002（4）.

第17章 修补轮胎

17.1 专用名词术语和定义

(1) 点补修理　未伤及骨架层，虽伤及骨架层但其受损骨架层数少于该处胎体（斜交轮胎）总层数的25%，这类修补无需使用增强补片，只需对损伤处按规范进行填胶处理。

(2) 切割修理　损伤处已穿洞或虽未穿洞但其受损骨架层数已超过该处胎体总层数的25%，这类修补必须使用增强补片及填充胶按规范进行处理。

(3) 伤洞尺寸　切割修理时伤洞按规范修磨好后其骨架层中的洞口最大距离。

(4) 等值伤洞　凡载重轮胎的两洞间距≤70mm，则修补选材时按同一个伤洞对待，此时该等值伤洞的伤口尺寸应为两洞边缘之间最大距离（含两洞间距）。

(5) 钉眼　轮胎上直径小于3mm（轿车轮胎）或小于6mm（载重汽车轮胎、工程机械轮胎）的、被尖锐物刺伤的硬伤洞。

(6) 子午线轮胎胎侧伤洞表示法及说明　伤洞为圆形（见图17-1中“*C*”）；伤洞内垂直子午线轮胎帘线方向长度（见图17-1中“*A*”）；伤洞内沿着子午线轮胎

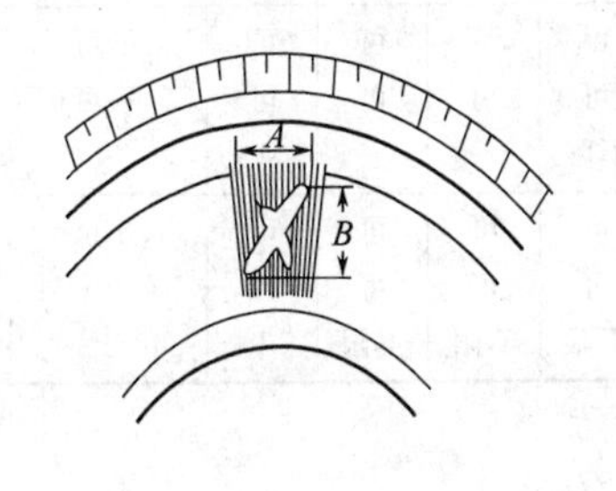

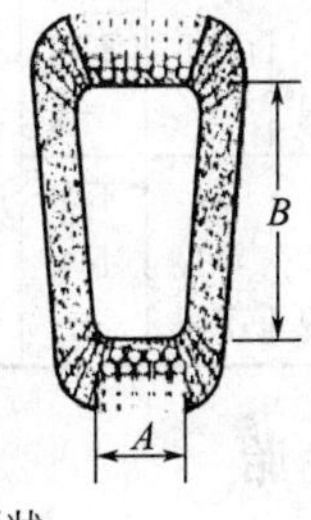

(a) 胎侧打磨前的伤洞及磨后形状

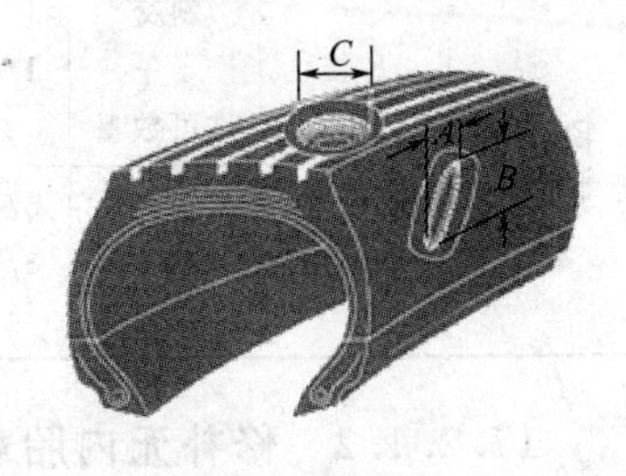

(b) 胎冠损伤

图17-1　子午线轮胎胎侧伤洞表示法

帘线方向长度（见图 17-1 中“*B*”）。

17.2 修补轮胎技术分类、工艺流程、损伤允许范围

17.2.1 各种轮胎修补的基本要求

17.2.1.1 修补可在高速公路使用的载重轮胎损伤限制

修补可在高速公路使用的载重轮胎损伤允许范围，比现执行的国标 GB 7037《翻新载重轮胎》限制较严格，现执行的国标是考虑到要在安全的许可下尽量提高轮胎的翻新率，翻新后如不能保持原新胎的性能（负荷及速度级可降低级别）可降级使用。但有些使用场合如在高速公路使用的客车轮胎不得用降级轮胎。表17-1列出的是美国橡胶协会制定的在高速公路使用的载重轮胎损伤允许极限，供我国修补在高速公路使用客车轮胎参考。

表 17-1 可在高速公路使用的载重轮胎损伤允许范围

一般修补尺寸限制			前轮					后轮				断面
			钉眼/in	表面修补	点修补	加固	断面	钉眼	表面修补	点修补	加固	
载重轮胎	9.00in和以上	斜交	1/4	可	不可	不可	不可	3/8	可	可	可	25%断面
		子午	1/4	可	不可	不可	不可	3/8	可	可	可	25%断面
		许可数量	3	不限	—	—	—	不限	不限	不限	—	4
	9.00in以下	斜交	1/4	可	不可	不可	可	可	可	可	可	25%断面
		子午	1/4	可	不可	不可	可	可	可	可	可	25%断面
		许可数量	3	不限	—	—	—	不限	—	—	—	4
客车轮胎	9.00in和以上	斜交	1/4	可	不可	不可	不可	可	可	可	可	25%断面
		子午	1/4	可	不可	不可	不可	可	可	可	可	25%断面
		许可数量	3	不限	—	—	—	不限	—	—	—	4
	9.00in以下	斜交	1/4	可	不可	不可	不可	可	可	可	可	25%断面
		子午	1/4	可	不可	不可	不可	可	可	可	可	25%断面
		许可数量	3	不限	—	—	—	不限	—	—	—	4
轻型载重轮胎	8层	斜交	1/4	可	不可	不可	不可	可	可	可	可	不可
		子午	1/4	可	不可	不可	不可	可	可	可	可	不可
		许可数量	2	不限	—	—	—	不限	—	—	1	—
	8层以上	斜交	3/8	可	可	不可	不可	可	可	可	可	1in
		子午	3/8	可	可	不可	不可	可	可	可	可	1in
		许可数量	4	不限	不限	—	—	不限	不限	不限	1	1

17.2.1.2 修补无内胎载重轮胎

无内胎载重轮胎的密封层具是有内胎的功能，如损伤使用时，空气会窜入胎体，因此如有损伤应加以修复。在断面修补时密封层也要恢复其密封功能。

17.2.1.3 修补斜交载重轮胎

斜交载重轮胎损伤可用各种方法修补：钉眼、点修补、加强垫或断面修补。钉眼修补最好在轮胎翻新前进行。

（1）轮胎损伤最大尺寸应按图 17-2 测量。

（2）为使修补后轮胎仍可在高速公路上行驶其修补极限应按表 17-1 的规定执行。

（3）胎面下修补如用模型法翻新时，可在翻新时同时硫化。胎面下出现孔洞，修补时应在胎面下加补强垫。

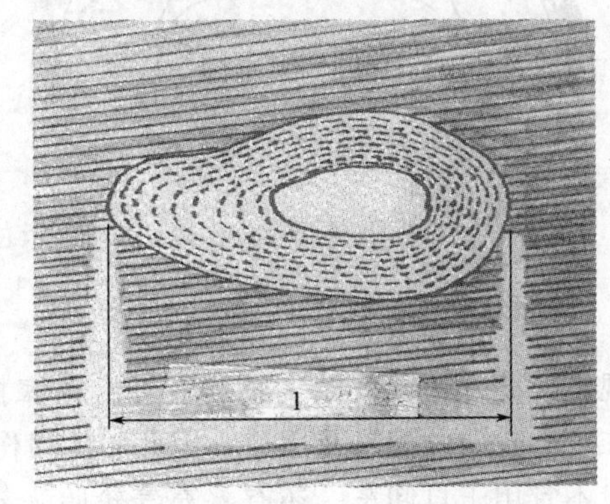

图 17-2　轮胎损伤最大尺寸测量方法

（4）使用胎面胶修补胎面修补处，用模型法翻新时，为防止修补处出现凹坑，硫化前可在补垫处垫一块 2～3 层的胶板（可用废轮胎割制）。

（5）修补胶应使用低温硫化胶，否则要延长翻新硫化时间。

17.2.1.4 修补子午线载重轮胎

按子午线轮胎的结构特点：胎面下有呈一定角度排列的多层钢丝带束层，胎体由钢丝或纤维组成，其修补要求如下。

（1）用于高速公路的翻新胎体，有下列的损伤或缺陷之一应不予翻新：胎面有多处割伤；带束层间脱空；胎圈部分需要修理；胎侧断面破裂横向超过 1in；胎侧帘线虽未破裂但帘线间裂缝宽度超过轮胎断面名义宽度的 50%。

（2）修补子午线载重轮胎损伤允许范围按国标 GB 7037 规定，损伤尺寸测量方法见图 17-2。钉眼修补见轿车轮胎修补。

（3）修补子午线载重轮胎的补强垫，小伤洞可使用纤维垫，损伤洞眼较大时应使用钢丝垫。

（4）由于子午线胎体非常柔软，修补硫化时应防止与使用时的状态不同的扭曲变形。

（5）修补胶的硫化可用点式硫化器或在硫化罐内硫化，防止变形。

（6）胎体帘线有损坏、腐蚀、生锈均应除掉，且均需加补强垫。

（7）切割钢丝应使用 20000r/min 的磨头和金刚砂磨具进行打磨或切割。

（8）使用真空吸尘器或钢丝刷清除修补磨面，露出钢丝部位应立即用胶浆涂布磨面，防止钢丝氧化。

补强垫贴合见图 17-3，胎冠部位损伤贴整个胎冠并加贴带束层补强垫（如图中大胎，而非如图中小胎的贴法）。胎侧损伤加强补垫，应从超过胎冠中心线贴至胎圈部位。

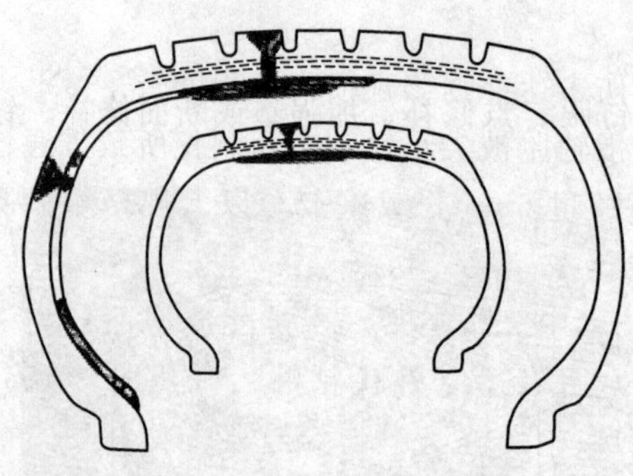

图 17-3　损伤贴补强垫部位要求

(9) 修补无内胎轮胎，在补垫周边用密封胶贴于胎体与补垫之间，并涂以密封胶浆。

(10) 修补胎侧的补强垫的宽度应比伤洞切割边宽 0.5～1in。

17.2.1.5　修补工程轮胎

工程轮胎修补可参照 HG/T 3979—2007《工程机械翻新轮胎》行业标准中有关斜交和子午线胎体损伤允许最大范围的规定。此外还有《充气轮胎修补》国家推荐性标准 GB/T 2186—2007，但因该标准未分轮胎的型号及用途，因此胎体损伤允许最大范围和胶料的质量要求的规定一般不宜用于自卸车。还有《充气轮胎修补》国家推荐性标准 GB/T 2816 中也有对两标准进行比较。

(1) 修补工作条件差的工程轮胎补洞及加垫修补最好均使用热硫化法。

(2) 有密封层的无内胎轮胎加修补补强垫时，要在修补垫范围除去密封层（一般为氯化丁基橡胶），如为斜交轮胎还要切除 1～2 层帘布层，而子午胎则磨去胎体钢丝上的部分胶层（保留钢丝胶 1.0mm 左右的厚度），切忌磨露钢丝。

(3) 成型贴合之前用约 1.6mm 厚的缓冲胶填塞孔洞，全部涂上胶浆贴垫后用胎面胶条封闭垫边与胎体结合部（封口胶），如是无内胎轮胎应使用密封胶贴封口胶。

(4) 使用电热、蒸汽两用局部修补机或气囊式电热局部硫化机可进行热硫化。

17.2.1.6　修补轿车轮胎

按 GB 14646—2007《轿车翻新轮胎》，对轿车轮胎的损伤允许范围是钉眼，只有速度级别 T 级以下的轮胎才可有直径 10mm 的洞孔（按美国橡胶协会制定的规定在高速公路使用的轿车轮胎只可修补 3～6mm 的钉眼）。

17.2.2　修补轮胎技术分类和工艺

修补轮胎工艺技术依据轮胎结构、骨架材料可分为修补子午线轮胎工艺技术和修补斜交轮胎工艺技术两大类。轮胎的规格和用途对修补轮胎的选胎标准和选用补片大小规格、结构也有较大的影响，但并不影响修补轮胎技术分类。

按照轮胎损伤程度不同，每种结构轮胎的修理技术又分为三种。

(1) 补强修理技术　子午线轮胎的胎体帘线或任何工作带束层（保护层除外）发生损坏；斜交轮胎的胎体帘线层损伤超过 1/4 层以上，均须使用补强材料进行修理。

(2) 伤疤修理技术　是指所修理处之损伤未达补强修理损伤的程度。

(3) 钉孔修理技术　其所修理的损伤是指轮胎被尖小锐利东西刺扎所致贯通性伤。伤口最大长度：轻卡车轮胎以下规格不超过 6mm，载重卡车以上规格轮胎不超过 10mm。

在子午线轮胎和斜交轮胎的补强修理技术中又按是否一次硫化成型而分为一次硫化法补胎技术和二次硫化法补胎技术，后者适于补片粘贴后采用自然硫化法，以及在预硫化法翻新轮胎工艺中对大洞口轮胎在大洞口填胶后未粘补片之前洞口处即进行局部硫化，之后洞口处再粘贴补片，随翻新轮胎一起送入硫化模内，进行二次硫化，以防止大洞口发生凹陷质量缺陷。子午线轮胎和斜交轮胎各有不同的补强修理技术方法，但有相同的修补轮胎工艺流程。伤疤修理技术和钉眼修理技术则有两条工艺流程，即一次法和二次法（多用于冷补及大型轮胎有较大损伤时）。

修补轮胎工艺流程见图 17-4。

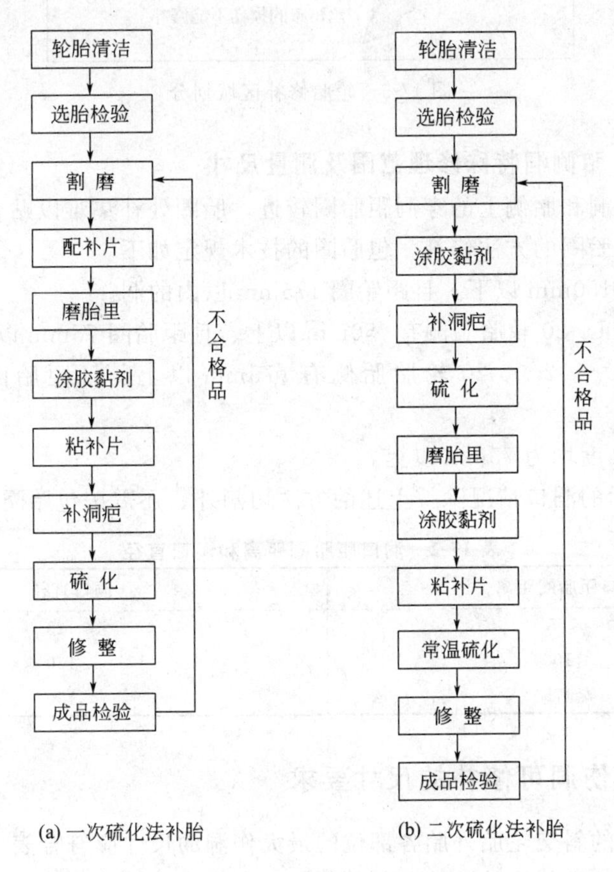

图 17-4　修补轮胎工艺流程

17.2.3 轮胎损伤部位范围及尺寸限定

17.2.3.1 修补轮胎范围及测量尺寸的方法

轮胎区域划分见图 17-5，分为可修补区及不可修补区（国内有的修补点对子口包布磨损采取包子口的办法，用于对低速车及非高速货运车轮胎进行修补）。

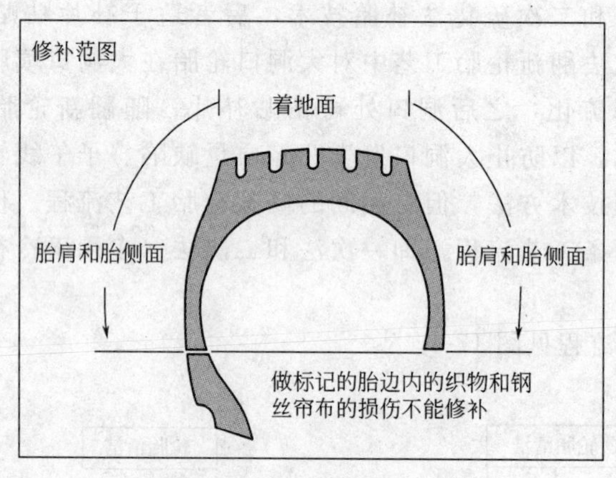

图 17-5 轮胎修补区域划分

17.2.3.2 胎侧洞特殊修理范围及测量尺寸

钢圈上的辗洞和胎侧上的穿洞距胎圈较近，胎圈处补垫难以贴合及黏合牢，要采用偏衬垫及包胎圈的方法修补，包胎圈的技术规定如下。

① 胎侧有 ϕ150mm 以下、且距胎圈 175mm 以内的洞。

② 32×6～900-20 轮胎胎侧有 ϕ50mm 以上、且距胎圈 75mm 以内的洞。

③ 10.00-20～12.00-20 轮胎胎侧有 ϕ75mm 以上、且距胎圈 100mm 以内的洞。

④ 包胎圈高度均为 75mm 以上。

表 17-2 所示的洞口情况除按上述的方法切割外，还需按包胎圈切割。

表 17-2 洞口距胎圈距离和洞口直径 单位：mm

洞口距胎圈距离	洞口直径
≤75	≤125
≤100	≤150
≤175	≤150

17.2.4 轮胎伤洞可修补的尺寸要求

(1) 可修补的斜交轮胎外胎各部位的最大伤洞的尺寸应符合表 17-3 的要求。

(2) 可修补的子午线轮胎外胎各部位的最大伤洞的尺寸应符合表 17-4 的要求。

表 17-3　可修补的斜交轮胎外胎各部位的最大伤洞尺寸

轮胎类别及规格		胎冠部最大伤洞尺寸/mm	胎侧部最大伤洞尺寸/mm	胎圈部伤损距胎圈底部最大距离/mm	胎里部最大伤洞尺寸及要求
轿车轮胎	所有	40	20	40	
轻型载重轮胎	6.00-13～7.50-16	50	25	60	胎里只允许有局部辗线、跳线，层数不超过一层，长度不超过内圆周的1/5
载重汽车轮胎	7.50-20～20/8-22.5	60	30	80	
	8.25-20～20/9-22.5	75	38	80	
	9.00-20～20/10-22.5	85	42	80	
	10.00-20/11-22.5	90	45	100	
	10.00-22/11-22.5	95	48	100	
	11.00-20/12-22.5	95	48	100	
	11.00-22/12-24.5	95	48	100	
	11.00-24	95	48	100	
	12.00-20 及其以上	100	50	100	
工程轮胎	14.00～16.00	125	60	100	
	15.5～25.5			120	
	20/65～30/65			150	
	18.00～21.00 23.5～26.5 35/65	130	65	150	
	24.00～40.00	130	65	150	
	29.5-55/80	150	75	180	
	40/65～65/65	175	85	200	

表 17-4　可修补的子午线轮胎外胎各部位的最大伤洞的尺寸

轮胎类别及规格		胎冠部最大伤洞尺寸/mm	胎侧部最大伤洞尺寸(宽度×长度)/mm	胎圈部伤损距胎圈底部最大距离/mm	胎里部最大伤洞尺寸及要求
轿车轮胎	所有	20	15×15	40	
载重汽车轮胎	6.00R20～7.50R20 7～8.5(无内胎)	25	25×80	70	胎里只允许有局部辗线、跳线，长度不超过内圆周的1/5
	8.25～10.00 9～11(无内胎)	40	40×80	75	
	11.00～14.00 12～18(无内胎)	40	40×80	80	

轮胎类别及规格		胎冠部最大伤洞尺寸/mm	胎侧部最大伤洞尺寸(宽度×长度)/mm	胎圈部伤损距胎圈底部最大距离/mm	胎里部最大伤洞尺寸及要求
工程轮胎	14.00～16.00	90	120×115	100	胎里只允许有局部辗线、跳线，长度不超过内圆周的1/5
	15.5～20.5		120×170	120	
	20/65～30/65		120×225	150	
	18.00～21.00	125	150×90	150	
	23.5～26.5		150×100		
	35/65		150×115		
	24.00～40.00	125	150×100	150	
	29.5～55/80		150×115	180	
	40/65～65/65		150×125	200	
农业轮胎	14.9及其以下	70	70×70	100	
	14.9以上	130	130×130	150	

注：1. 公制系列轮胎规格可将断面宽度换算成英制后套用表列规格。

2. 距离胎圈底部该距离内只允许点补修理。

17.3 轮胎修补工具和设备

17.3.1 轮胎修补工具

(1) 气动低速及高速打磨工具及安装磨头　图17-6为气动低速及高速打磨工具。

轮胎低速打磨机：适用于轮胎修补时伤口打磨

气压 0.6～0.8MPa　规格 4500 r/min

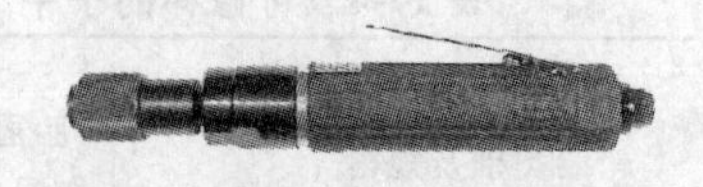

轮胎高速打磨机：适用于轮胎修补时伤口打磨

气压 0.6～0.8MPa　规格 22000 r/min

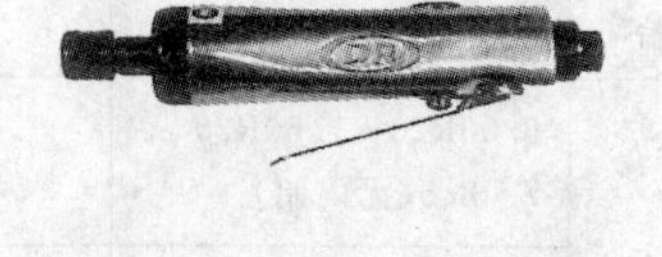

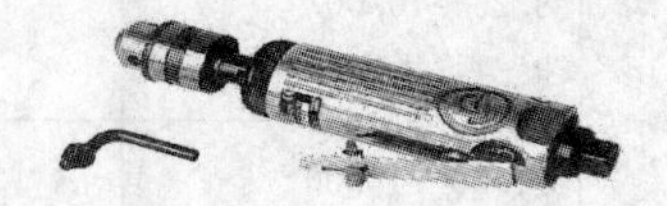

图17-6　气动低速及高速打磨工具

(2) 旋转挖刀及各类磨头　图 17-7 中的 595 4292，595 4326 为旋转弧形橡胶挖刀，595 49 系列的为碳化钢钻头配高速打磨器，可有效处理断裂的钢丝。

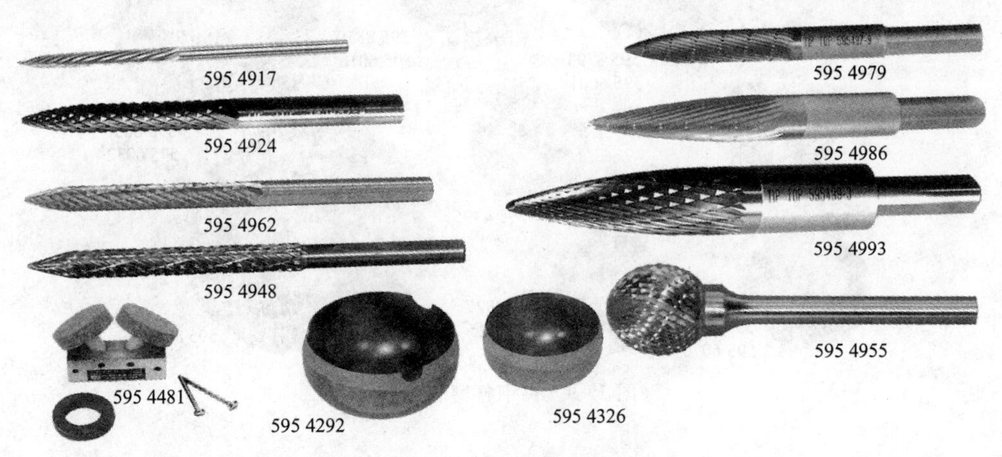

图 17-7　旋转挖刀及各类磨头

(3) 钨钢打磨切割磨头　如图 17-8，分锥形、笔形和球形，用于橡胶损伤部位打磨。

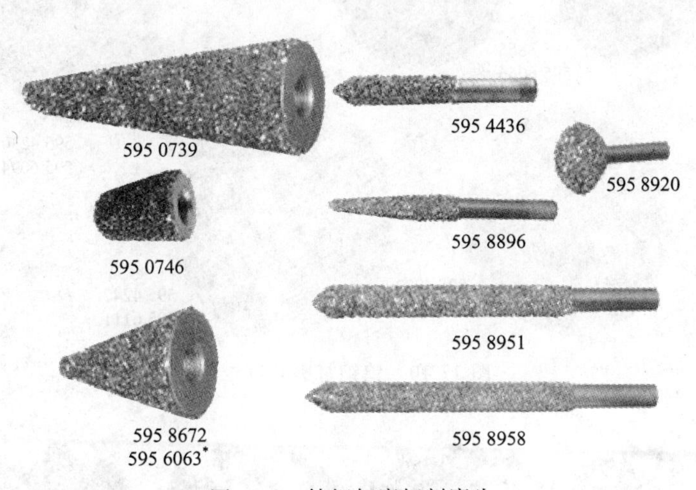

图 17-8　钨钢打磨切割磨头

钨钢打磨轮见图 17-9，用于橡胶打磨，各种磨轮粗度不一样。如 8858 磨轮粗度为 18 目。图 17-10 和图 17-11 也为钨钢打磨轮。

(4) 硬质合金打磨工具　用于非常均匀的橡胶表面打磨，具有发热少、耐用的特点，见图 17-12。

(5) 氧化铝打磨工具　氧化铝打磨工具见图 17-13。

(6) 手提式吸尘器　用于磨面除去胶末及清除轮胎表面尘土，其外形见

图 17-9　钨钢打磨轮（一）

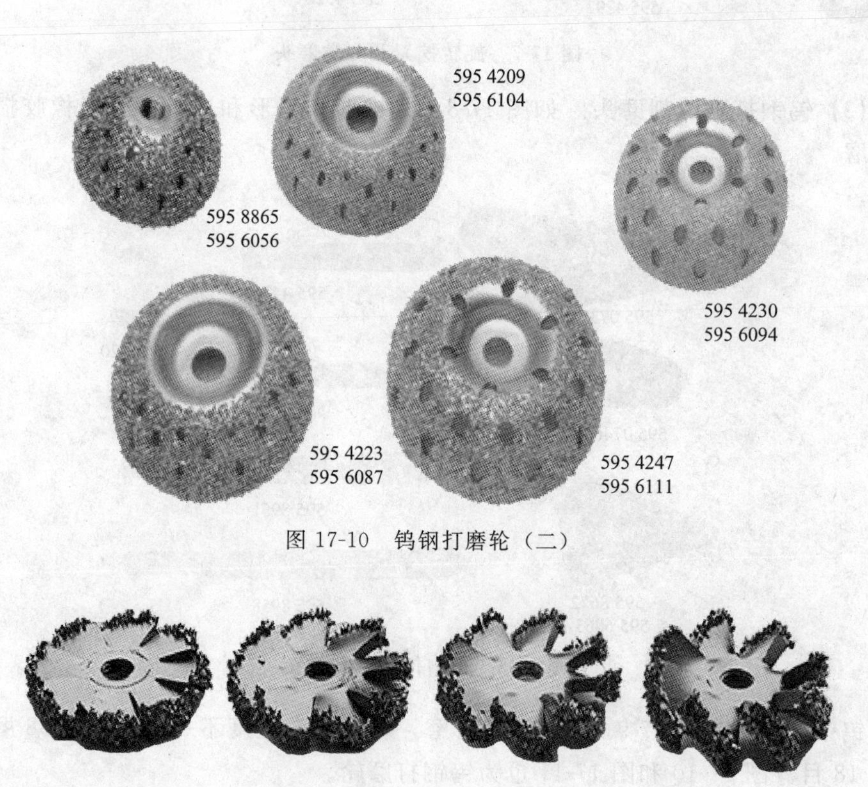

图 17-10　钨钢打磨轮（二）

图 17-11　钨钢打磨轮（三）

图 17-14。

（7）挤胶枪　挤胶枪有风动及电动两种类型，且具有各种规格。其外形见图 17-15。

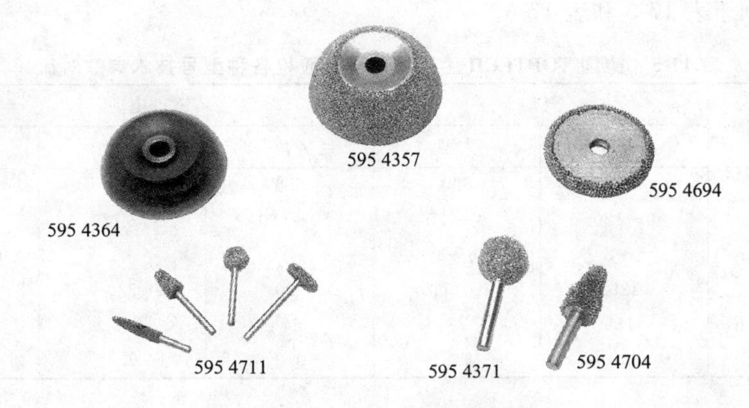

图 17-12　硬质合金打磨工具

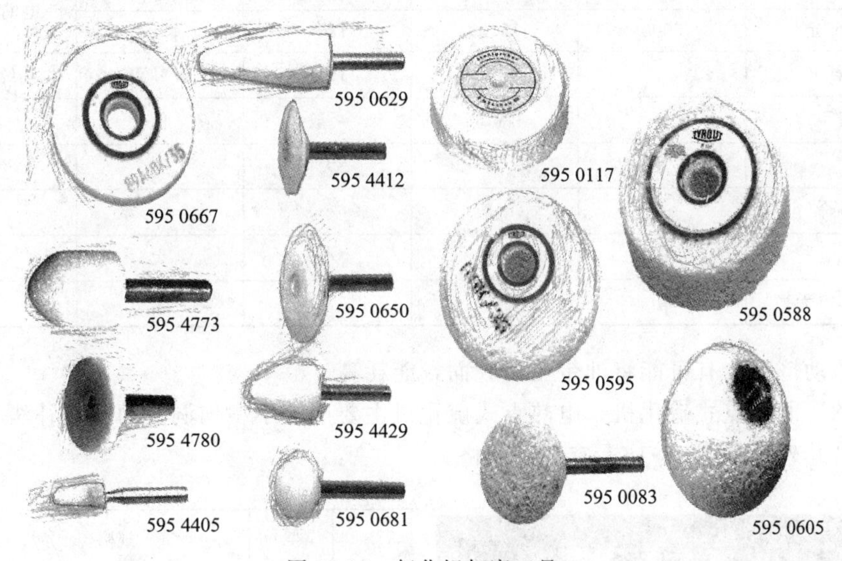

图 17-13　氧化铝打磨工具

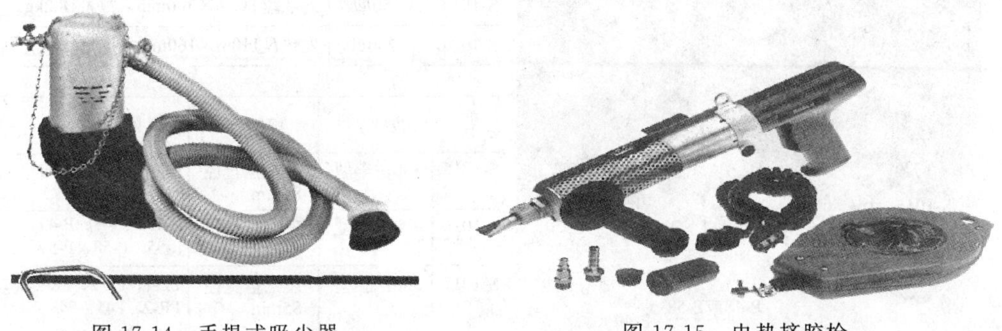

图 17-14　手提式吸尘器　　　　图 17-15　电热挤胶枪

现将德国 TOPTECH 生产的两种挤胶枪的技术参数及在国内的使用性能和性

价比对比列于表 17-5 和表 17-6。

表 17-5 德国 TOPTECH 生产的两种挤胶枪各种型号技术参数对比

技术参数	气动		电动		
	标准型	大型	经济型 T2	T2 型	配件
额定功率/W	350	800	550	1600	加配发热件350W,温控器
操作温度/℃	0～120	0～120	0～120	0～120	
工作压力/bar	6～8	6～8			
电压/V	220	220/110	220	220	
出胶量/(kg/h)	18	28	17	40	
重量/kg	3.8	4.5	3.0	7.0	

表 17-6 国产的两种挤胶枪性价比情况对比（2010 年）

品种	普通气动	高级气动	普通电动	高级电动	电动优点
参考价/元	5000	15000	1200	1980	
耗气/耗电			1kW	0.6kW	电热约 350W
维修费用		特高	一般	低	
噪声	大	大	大	小	
使用寿命	一般	一般	小	大	
扭力	一般	一般	小	大	
对人体有无害	有	有	无	无	

风动挤胶枪有可能将油带至挤胶面，能耗高。

(8) 电热点式硫化机　电热点式硫化机主要用于小型伤洞及两段修补法填胶后硫化，其外形见图 17-16，有多种规格。

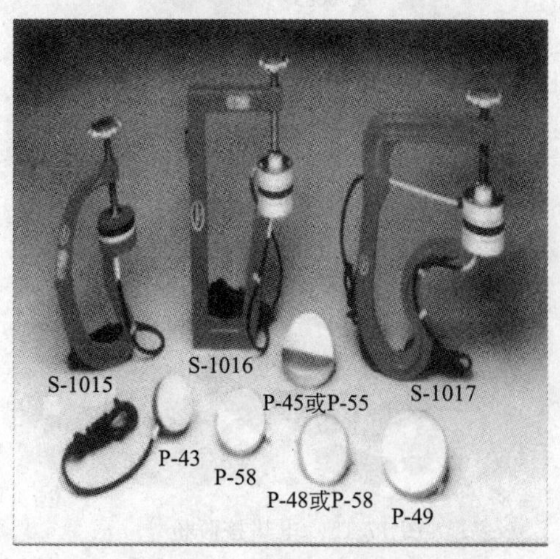

(a) 用于轿车轮胎和轻卡轮胎修补硫化

产品编号	型号	规格
S-1012	100型	发热盘110m×160mm，重量18.2kg
S-1013	150型	发热盘110m×300mm，重量18.2kg
S-1014	200型	发热盘110m×160mm，重量12.3kg

产品编号	型号	规格	附件(模具)
S-1015	300轿车型	发热盘直径85mm	P-45、P-48、P-49
S-1016	400卡车型	发热盘直径85mm	P-45、P-48、P-49、P-55、P-58、P-59
S-1017	500巨胎型	发热盘直径85mm	PL-1、PL-2、PR-1、PR-2、P45、P48 P49、P55、P-58A、P58、PP-1、PB-2

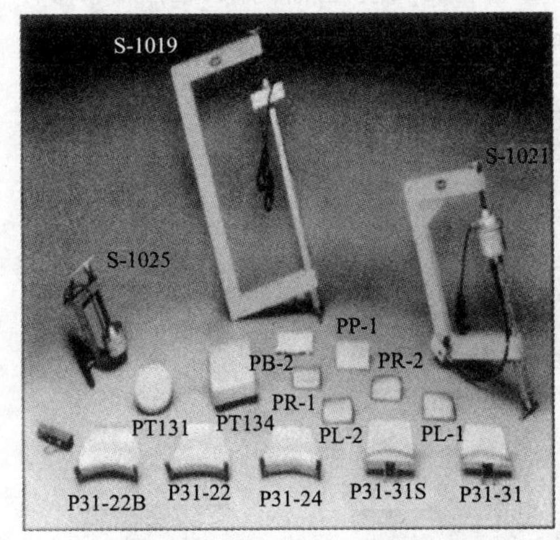

(b) 用于卡车轮胎和工程车轮胎修补硫化

产品编号	型号	规格	附件(模具)
S-1018	1000卡车胎或巨胎	发热盘直径85mm、11.4kg	P-45, P-48, P-49, 58A, 58S, P-58, P-59 PL-1.2, PR-12, PP-1, PB-2
S-1019	GT-2B巨胎	发热盘110mm×170mm 25kg	
S-1021	1400气囊式	发热盘直径100mm、12.7kg	P-59, P-45, P-48, P-49, P-55, P-58, 58A, 58S, PR-1, PB-2
S-1022	NO.LT型	发热盘直径75mm、19kg	P-45, P-48, P-49, P-55, 55A, P-58, 58S, P-59
S-1025	3100趾口型	发热盘直径105mm、10kg	P31-22B, P31-24, P31-31S, P31-31
S-1029	CTV型	发热盘直径150mm、11kg	

图 17-16　电热点式硫化机

电热点式硫化机、硫化轮胎各部位的使用方法见图 17-17。

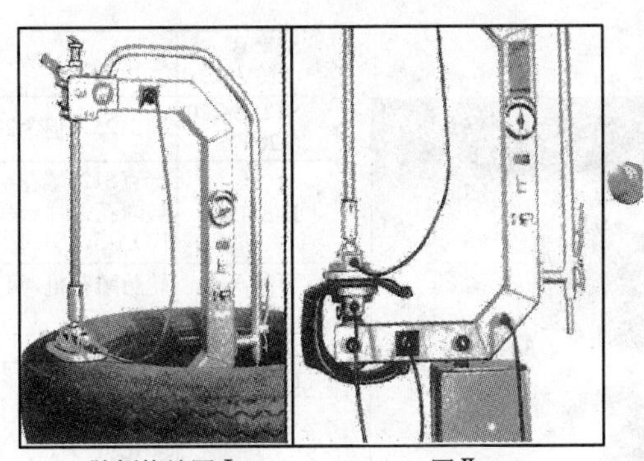

胎侧修补图Ⅰ　　图Ⅱ

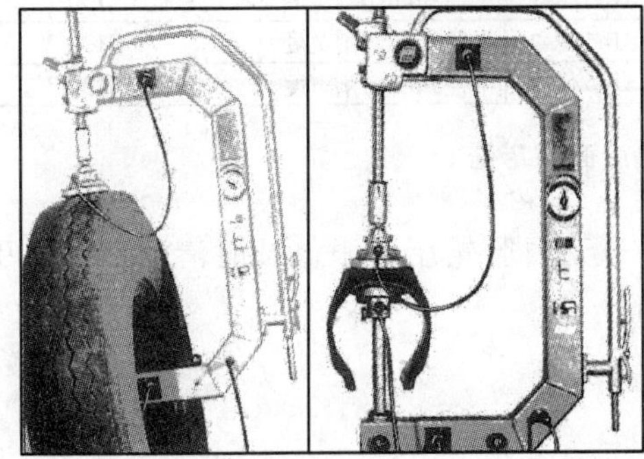

着地面的修补图Ⅲ　　图Ⅳ

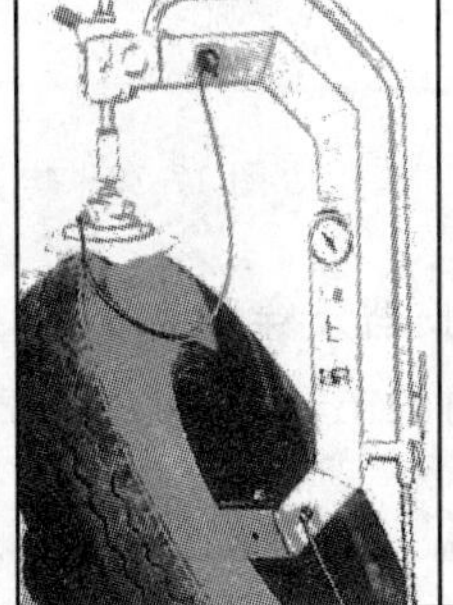

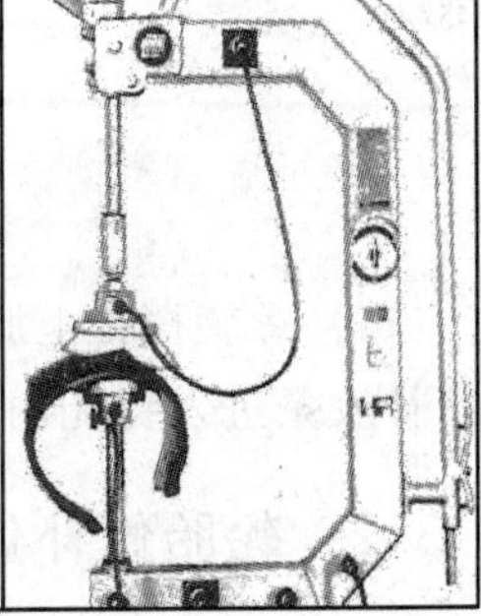

胎肩的修补图Ⅴ　　图Ⅵ

图 17-17　硫化轮胎各部位的使用方法

(9) 气囊式电热局部硫化机　主要用于工程轮胎一次性热修补（修补胶和修补垫），同时热修补较大损伤面的工程轮胎，见图 17-18，有多种规格。

图 17-18　气囊式电热局部硫化机

(10) 电热胎面刻花机　主要用于可再刻胎面花纹及修补胎面硫化后缺花纹处的修补，不同的花纹可换不同的刀具。外形见图 17-19。

S125B (110V)	雕花机，250W，手枪式，可配6个不同宽度	
S125B-220 (220V)	同S125，但为220V电压(不包括电插头)	
HEADS	泰克S125雕花机头，订货时注明订购尺寸。与雕花刀片一起使用，S130标准雕花机头配NO.1-5，S131大雕花机头配NO.6-12	
S145A (110V)	轮胎雕花机，可调温，配有多种宽度的刀片(不包括电插头)	
S145B (220V)	同S145B，但为220V(不包括电插头)	
刀片	泰克S145A，S145B和S145B雕花机刀片	配S125B的雕花机头
S145/R-1	半径2mm切割宽度	S130-1
S145/R-2	半径3mm切割宽度	S130-2
S145/R-3	半径5mm切割宽度	S130-3

图 17-19　电热胎面刻花机

(11) 螺旋探锥上胶器及穿胶条夹　用于无内胎轮胎钉眼修补时清洁钉孔及引导修补胶条进入钉孔内的工具，见图 17-20。

17.3.2　轮胎修补使用的设备

(1) 扩胎机　该机为电动局部扩胎机，见图 17-21。当胎体需内部切割时，应将胎体置于具有升降台的局部扩胎机上，将胎圈扩开并将损伤部位顶起以利操作。

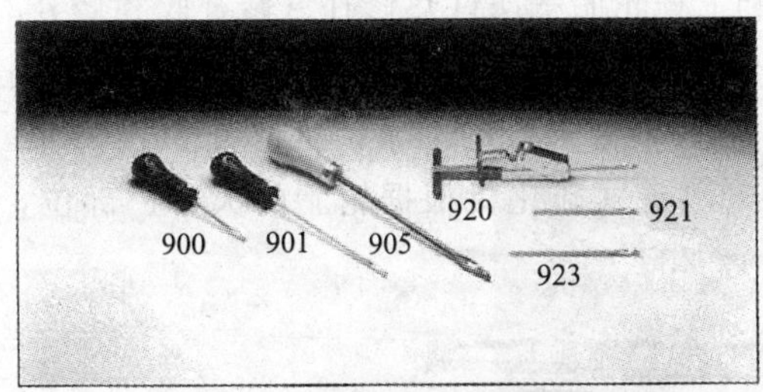

(a) 胶条插送工具

产品编号	说 明
900	胶条插送工具，75mm
901	胶条插送工具, 150mm
905	巨型胶条插送工具，225mm
920	硫化胶条插送工具
921	轿车胎备用针
923	卡车胎备用针

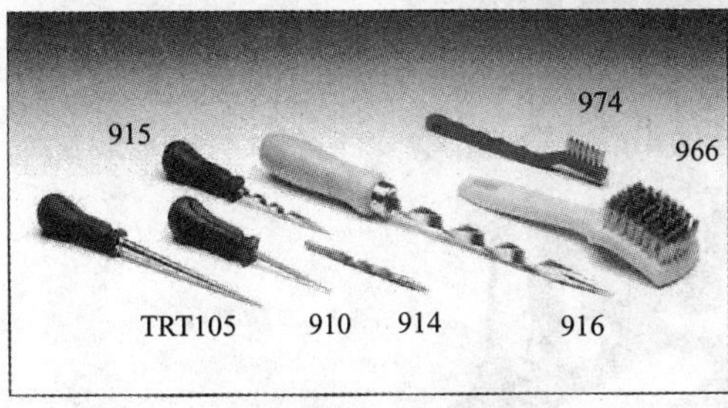

(b) 上胶器与手动工具

产品编号	说 明
910	上胶器
914	螺旋上胶器针
915	螺旋上胶器
916	巨型螺旋上胶器
966	全棉橡胶润滑剂刷
974	钢丝刷
TRT105	轮胎伤口测量工具，有颜色标记，可以快速地测量直径1.5～13mm的伤口

图 17-20 螺旋探锥上胶器及胶条插送工具

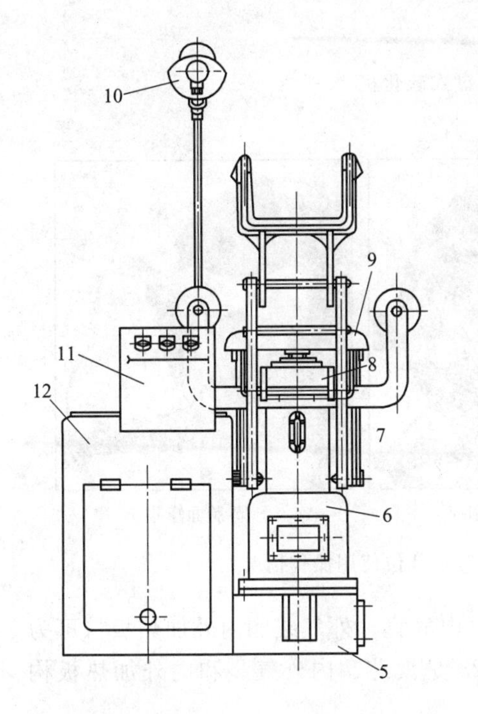

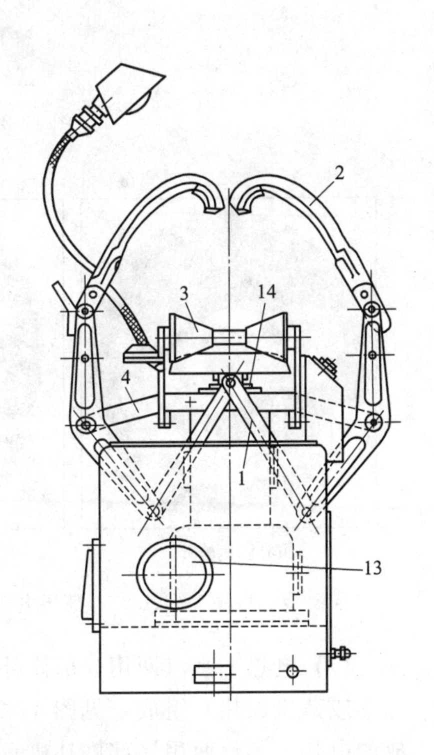

图 17-21 局部电动扩胎机

1—连杆；2—拉钩；3—锥辊；4—支杆；5—机座；6—机体；7—托架；8—压盖；9 一弧形顶板；10—照明灯；11—操纵箱；12—电器箱；13—传动装置；14—中心螺杆

图 17-21 为国产的 FTK-JD 电动局部扩胎机。

(2) 液压电热盘式局部硫化修补机　液压电热盘式硫化机见图 17-22，该机夹持板上有两块可变曲线的硅橡胶电热板，压力来自自带的油泵，可修补 69/85R72 等以下的各种不同类型的工程轮胎。液压电热盘式硫化机根据轮胎的大小、部位，要与其配套附件（模具）配合使用，见图 17-23。

图 17-22　液压电热盘式硫化机

(a) 胎侧修补

(b) 胎肩修补

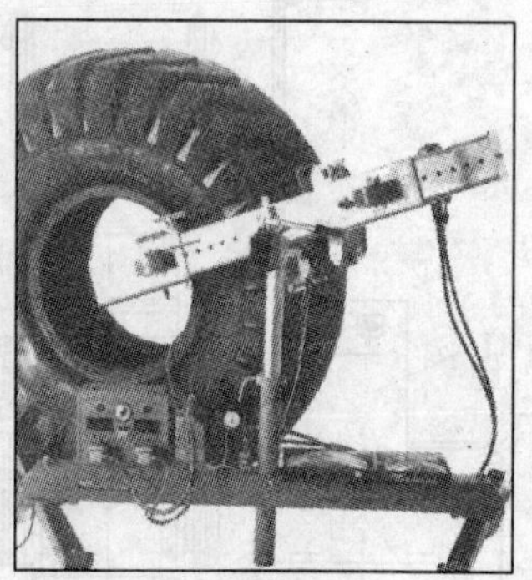

(c) 胎面修补

图 17-23　液压电热盘式硫化机对各部位使用操作情况

(3) 电热、蒸汽两用局部修补机　该机由内气囊、外气袋和内外加热板（可为电热或蒸汽加热）组成，见图 17-24。图 17-25 是模芯、内外气袋和内外加热板构成的电热、蒸汽两用局部修补机示意图。

(4) 大型工程轮胎修补作业台　如图 17-26 所示，可对要修补的轮胎进行打磨、涂胶及填胶工作。

图 17-24　电热、蒸汽两用局部修补机

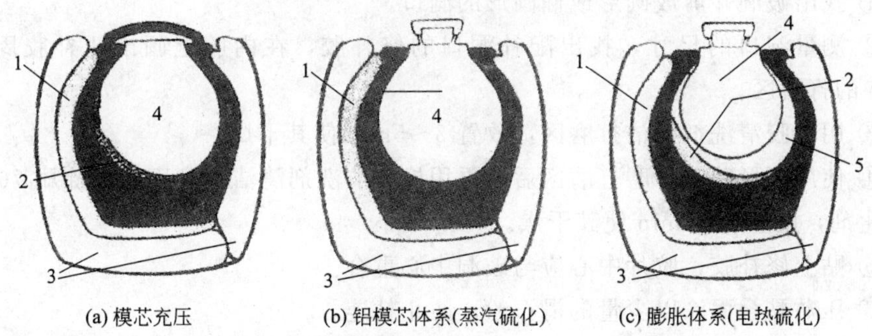

图 17-25　模芯、内外气袋和内外加热橡胶板

1—外加热板；2—内加热板；3—外气袋；4—模芯；5—气袋

图 17-26　大型工程轮胎修补作业台

17.4 轮胎修补材料、衬垫

17.4.1 修理材料及修补加强垫

17.4.1.1 内胎修理

胶补有方形、圆形、椭圆形的，能满足各种内胎伤口修理，一般可采取热补。另有一种既可冷硫化，也可加热硫化的补片（它不需要人为加热，是通过轮胎自转产生温度，催化加速硫化反应）。补片的强度是内胎本身的2倍（补片背面的灰胶是泰克公司的专利产品），灰胶通过化学硫化剂与轮胎橡胶发生化学反应，从而形成一个整体，达到快速、永久、安全的修理。其修理步骤如下。

(1) 破洞修补

① 找出破洞并剪成圆形或椭圆形的洞口。

② 测量洞口的尺寸，找出配补洞口的修补胶，在内胎上画出比补胶周边大15mm的打磨区。

③ 用橡胶清洗剂清洁打磨区，放置3～5min使其干燥。

④ 使用碗形砂轮打磨打磨区后，再用橡胶清洗剂清洁打磨面，并涂刷760# 常温硫化剂，放置3～5min使其干燥。

⑤ 贴上修补胶，胶片中心应与破洞中心重合。

⑥ 压贴黏合面涂以少量的滑石粉，防止粘连。

(2) 更换内胎气门嘴

① 割下胶破或损坏的气门嘴，在距原气门嘴1/4圆周处找一处适合安装气门嘴的地方。

② 在内胎上画出比气门嘴胶座周边大15mm的打磨区，并在打磨区外画出气门嘴导气管位置线，冲出一进出气孔。

③ 用橡胶清洗剂清洁打磨区，放置3～5min使其干燥。

④ 涂刷760# 常温硫化剂，放置3～5min使其干燥。

⑤ 揭开气门嘴胶座上的塑料膜，露出灰色的胶面，稍放置使不粘手。

⑥ 用一小棒引导气门嘴孔于内胎上的小孔对齐后贴合，从中间向两边压合。

⑦ 压贴黏合面涂以少量的滑石粉防止粘连。

17.4.1.2 斜交胎修理加固垫

斜交轮胎补片的设计制作都应立足于轻型、柔韧，其骨架采用薄型高强度聚酯帘线，帘线的排列方向与轮胎骨架帘线排列方向一致。其内部结构由散热层、尼龙帘线层、吸震层、灰胶层组成，应使用专业打磨工具，使用要求见表17-7。

表 17-7 专业打磨工具使用要求

项目	对象	转速/(r/min)
低速打磨机	橡胶、尼龙	2500～5000
高速打磨机	钢丝	20000～25000
低速汽钻	整体塞	500～1200

斜交轮胎处理的伤口最大口径根据轮胎的层级而定，具体修理轮胎允许伤口尺寸根据轮胎修理标准执行。

修补垫应具有良好的弹性，使用方便、简单。通过化学硫化剂使轮胎与加固垫容为一体。产品重量轻，轮胎修复后，影响轮胎平衡性小。

17.4.1.3 子午线轮胎修理纤维加固垫

子午线轮胎纤维补片的设计制作应立足于轻型、柔韧，其骨架采用薄型高强度聚酯帘线，帘线的排列方向与轮胎骨架帘线排列方向一致。可用于修理各种轿车、卡车、工程车、农用车子午线轮胎，其产品内部采用薄型高强度聚酯帘布制作，帘布线两端有黄色封口胶，能有效防止补片断裂。补片表面有一层橡胶散热层，具有良好的散热性，背面是灰胶，可通过化学硫化剂发生化学反应而与轮胎形成一体。产品设计非常柔软，使用后与胎体一起变形，不易折断。

17.4.1.4 自行硫化胶栓

自行硫化胶栓是采用高聚酯/尼龙筋条和高性能橡胶硫化在一起，并在外面附有灰胶制作而成，胶条表面的灰胶能将轮胎和胶条自行硫化在一起，具有永久的气密性、安全性，使用非常方便快捷。有适用于轿车、轻卡轮胎的胎冠、胎肩、胎侧的修理，适用于无内胎卡车轮胎的冠、肩、侧的修理，适用于工程车轮胎修理和只适用于胎冠的修理的多种品种。

17.4.1.5 整体塞

子午线轮胎整体塞适用于各种轿车、卡车轮胎的胎冠、胎肩、胎侧部位的修理，操作简单、方便、快捷、有效。

斜交轮胎整体塞适用于各种斜交轮胎的胎冠、胎肩、胎侧部位 1.5～25mm 的破损的修理，注：加强型适用于 16～18 层级的斜交轮胎；当子午线轮胎或斜交轮胎的伤口破损角度大于 25°时，需使用两片分开整体塞进行修理。

17.4.1.6 常用的化学硫化剂、清洗剂及润滑剂

(1) 化学硫化剂　分为常温硫化剂和高温硫化剂。

(2) 橡胶清洗剂　橡胶专用清洁用品，具有激活橡胶分子、清洁橡胶作用。

(3) 轮胎拆装润滑剂　润滑轮胎趾口，保护趾口在拆装时免受破损，延长轮胎

使用寿命，能使艰难的轮胎拆装变得异常容易，并能防止轮胎趾口与钢圈相互锈结。注意肥皂水有腐蚀轮胎橡胶和锈结钢圈的害处。

(4) 内外胎润滑剂　轮胎在行驶过程中，升温快，易发生内外胎粘边，拆装非常困难，使用一种快速拆装内胎的化学制剂，能有效保护内外胎的橡胶，延缓橡胶的老化、变质。

(5) 轮毂润滑剂　是一种防止轮毂生锈和延长轮毂使用寿命，避免轮胎橡胶与钢圈遇高温粘连不易拆装的化学制剂。

(6) 轮口松动剂　是能有效地拆卸钢圈与趾口锈蚀在一起的轮胎。

(7) 轮口密封胶　是防止趾口与钢圈结合部分漏气最好的密封胶。

(8) 安全密封胶　是防止无内胎轮胎气密层漏气和修理打磨过的部位绝对安全的化学制剂。

(9) 轮胎漆　专门为轮胎厂和翻新厂设计制造的一种旧貌换新颜的产品。

(10) 气动工具润滑油　是保养气动打磨机必备的润滑油，能最大限度地延长打磨机的寿命。

17.4.2 轮胎损伤配修补增强补片的应用

17.4.2.1 一般汽车轮胎及工程轮胎损伤配修补用增强补片

斜交轮胎、子午线载重轮胎、工程机械轮胎及尼龙帘线和钢丝帘线子午线轮胎修补片规格分别见表 17-8～表 17-12。

表 17-8　斜交轮胎损伤与选用修补片规格　　单位：mm

轮胎层数	不同伤洞尺寸所需的补片规格											
	3	6	10	15	20	25	40	50	65	75	100	125
4	ϕ60	ϕ60	ϕ75	ϕ90	100×100	100×100	130×130	165×165	—	—	—	—
6	ϕ60	ϕ60	ϕ75	ϕ90	100×100	100×100	130×130	165×165	240×240	—	—	—
8	ϕ60	ϕ75	ϕ90	100×100	100×100	130×130	130×130	165×165	240×240	—	—	—
10	ϕ60	ϕ75	ϕ90	100×100	100×100	130×130	165×165	240×240	240×240	290×290	340×340	—
12	ϕ60	ϕ75	ϕ90	130×130	130×130	130×130	165×165	240×240	240×240	290×290	340×340	—
14	ϕ60	ϕ75	100×100	130×130	130×130	165×165	240×240	240×240	290×290	290×290	340×340	430×430
16	ϕ60	ϕ75	130×130	165×165	165×165	165×165	240×240	240×240	290×290	290×290	340×340	430×430
18	ϕ60	ϕ75	130×130	165×165	165×165	240×240	240×240	290×290	340×340	340×340	380×380	430×430
20	ϕ60	ϕ75	130×130	240×240	240×240	240×240	290×290	340×340	340×340	380×380	380×380	430×430
22	ϕ60	ϕ75	130×130	240×240	240×240	290×290	340×340	340×340	340×340	380×380	430×430	—
24	ϕ60	ϕ75	130×130	240×240	240×240	290×290	340×340	340×340	340×340	380×380	430×430	—

注：本表仅供在标准条件下行驶时的修理材料参考。

表 17-9　载重汽车子午线轮胎损伤与选用修补片规格　　单位：mm

伤洞尺寸		补片规格		
		轻型载重汽车轮胎	载重汽车轮胎	
			10.00 以下(有内胎) 8～11(无内胎)	11.00 以上(有内胎) 12 以上(无内胎)
胎冠部	ϕ3	45×75	45×75	45×75
	ϕ6	60×110	60×110	60×110
	ϕ10	75×125	75×125	75×125
	ϕ15	75×165	100×125	100×125
	ϕ20	75×165	100×125	125×150
	ϕ25	100×125	125×150	125×150
	ϕ32	—	125×170	125×170
	ϕ40	—	125×170	125×170
	3×3	45×75	45×75	45×75
	6×6	60×110	60×110	60×110
胎侧部 (宽×长)	一根钢丝×40	75×125	75×125	75×125
	一根钢丝×80	75×165	75×165	75×165
	一根钢丝×120	—	75×215	75×215
	一根钢丝×150	—	75×250	75×250
	二根钢丝×20	75×125	75×125	75×163
	二根钢丝×40	75×165	75×165	75×215
	二根钢丝×60	—	75×215	75×250
	二根钢丝×130	—	75×250	75×250
	10×40	75×125	75×250	75×200
	10×60	75×165	75×250	100×200
	10×80	75×250	75×250	125×250
	10×130	—	75×250	125×330
	15×40	75×165	100×200	100×200
	15×70	75×165	100×200	125×250
	15×95	100×200	125×250	125×250
	15×130	—	125×330	125×330
	20×25	75×165	100×200	100×200
	20×65	75×215	100×200	125×250
	20×110	—	125×250	125×330
	20×130	—	125×330	125×330

续表

伤洞尺寸		补片规格		
		轻型载重汽车轮胎	载重汽车轮胎	
			10.00 以下(有内胎) 8～11(无内胎)	11.00 以上(有内胎) 12 以上(无内胎)
胎侧部 (宽×长)	25×50	100×200	125×250	125×330
	25×80	—	125×250	125×330
	25×100	—	125×330	125×330
	32×50	—	125×250	125×330
	32×80	—	125×330	125×330
	32×100	—	125×330	125×330
	40×50	—	125×330	125×330
	40×80	—	125×330	140×405

注：此表列出了带束层的补洞的补片规格和胎侧修补规格，在胎冠伤洞修补时除要用带束层的补洞的补片外还应加胎体修补垫，即要用双垫。

表 17-10　工程机械子午线轮胎的补片规格　　单位：mm

伤洞尺寸		补片规格		
		14.00～16.00 15.5～20.5 20/65～30/65	18.00～21.00 23.5～26.5 35/65	24.00～40.00 29.5～55/80 40/56～65/65
胎冠部	ϕ25	125×250	125×250	125×330
	ϕ40	195×230	195×230	195×230
	ϕ50	260×330	260×330	260×330
	ϕ70	330×420	330×420	330×420
	ϕ90	330×420	330×420	315×560
	ϕ125	—	315×710	315×710
胎侧部 (宽×长)	10×110	125×250	125×250	125×330
	15×65～15×150	125×250～140×405	125×250～140×405	125×250～140×405
	20×50～20×200	125×250～190×500	125×250～190×500	125×330～190×500
	25×125～25×200	140×405～190×500	140×405～190×500	140×405～190×500
	32×100～32×250	140×405～190×500	140×405～190×500	140×405～190×500
	40×90～40×400	140×405～253×635	140×405～190×500	140×405～265×860
	45×165～45×400	190×500～250×510	190×500～265×860	190×500～265×860
	50×175～50×475	190×500～250×510	190×500～265×860	190×500～265×860
	70×200～70×340	250×510	250×510～253×635	250×405～265×860
	80×175～80×315	250×510	250×510～253×635	250×510～265×860
	100×140～100×265	250×510	250×510～253×635	250×510～265×860
	110×125～110×250	250×510	250×510～253×635	250×510～265×860
	120×115～120×225	250×510	250×510～253×635	253×635～265×860
	125×100～125×125	—	315×560～315×710	315×560～315×710
	150×90～150×115	—	315×560	315×560～315×710

注：钢丝帘线的子午线轮胎补垫由国内江苏泰州恒鑫橡胶制品有限公司生产。

表 17-11 钢丝帘线的子午线轮胎补垫

名称	形状	型号	织物层数	规格/mm	修补最大伤洞直径/mm
子午线轮胎补垫	长条形	CT6	1+3	125×70	5～10
子午线轮胎补垫	长条形	CT20～22	1+3	175×80	10～20
子午线轮胎补垫	长条形	CT24～26	1+3	220×70	20～30
子午线轮胎补垫	长条形	CT26	1+3	280×75	1100×1200 专用
子午线轮胎补垫	长条形	CT40	1+3	200×105	30～40
子午线轮胎补垫	长条形	CT42	1+3	260×135	40～50
子午线轮胎补垫	长条形	CT44	1+3	320×130	50～60
子午线轮胎补垫	长条形	CT46	1+3	445×175	60～70
子午线轮胎补垫	长条形	CT60	1+3	600×100	60～100

表 17-12 尼龙帘线的子午线轮胎补垫

名　称	形状	型号	织物层数	规格/mm	修补最大伤洞直径/mm
子午线轮胎补垫	长条形	CT6	3	125×70	5～10
子午线轮胎补垫	长条形	CT20～22	4	175×80	10～20
子午线轮胎补垫	长条形	CT24～26	4	220×70	20～30
子午线轮胎补垫	长条形	CT26	5	280×75	1100×1200 专用
子午线轮胎补垫	长条形	CT40	5	110×135	工程轮胎专用
子午线轮胎补垫	长条形	CT42	5	135×160	工程轮胎专用
子午线轮胎补垫	长条形	CT44	6	135×180	工程轮胎专用
子午线轮胎补垫	长条形	CT46	6	200×105	30～40
子午线轮胎补垫	长条形	CT60	6	260×135	40～50
子午线轮胎补垫	长条形	CT44	6	320×130	50～60
子午线轮胎补垫	长条形	CT46	7	445×175	60～70
子午线轮胎补垫	长条形	CT60	8	600×100	60～100

17.4.2.2 特种材料及异形修补增强补片

近年工程轮胎特种织物帘线修补使用芳纶织物替代钢丝或尼龙取得进展，使修补垫更轻、更柔软，不过因芳纶帘布国内供应较少一时难以推广。

(1) 蝶形胎侧补垫　用于胎侧伤洞修补，对洞口与胎圈的位置是垂直还是平行应加以注意，按图 17-27 所示位置加贴补强垫。

表 17-13 给出了工程轮胎蝶形补垫规格，表 17-14 提出根据轮胎层级、伤洞大小选用补垫的规格。

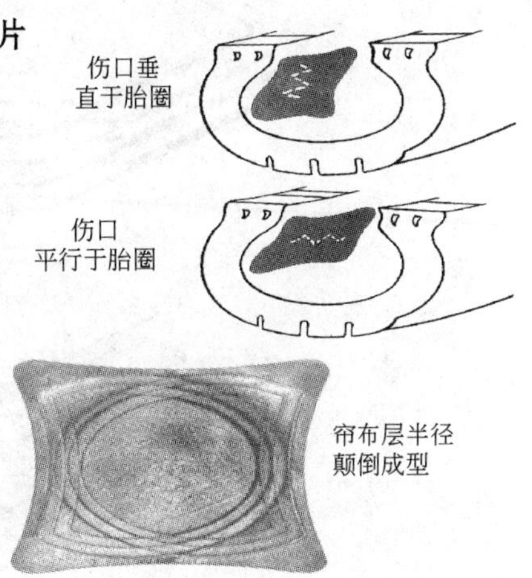

图 17-27 蝶形胎侧补垫

表 17-13　工程轮胎蝶形补垫规格

垫号	垫外尺寸/in	骨架尺寸/in	实际层数
1#	9×12	6×8	6
2#	11×15	7×10	8
3#	11×15	6×9	10
4#	12×17	7×11	10
5#	13×19	8×13	10

表 17-14　根据轮胎层级、伤洞大小选用蝶形补垫的规格

穿洞尺寸/in	轮胎层级/级		
	12～18	20～32	34 及以上
1～3	1	2	2
4	1	2	2
5	2	2	3
6	2	3	3
7		3	4
8		4	4
9		4	5
10		5	5
11			5
12			5

(2) 工程轮胎减翼型十字形补垫　减翼型十字形补垫见图 17-28，垫边缘柔软，易和胎体贴合，强度高，适合工程轮胎较大面积损伤使用。表 17-15 给出了工程轮胎减翼型十字形补垫规格，表 17-16 给出了根据轮胎层级，伤洞大小选用补垫的规格。

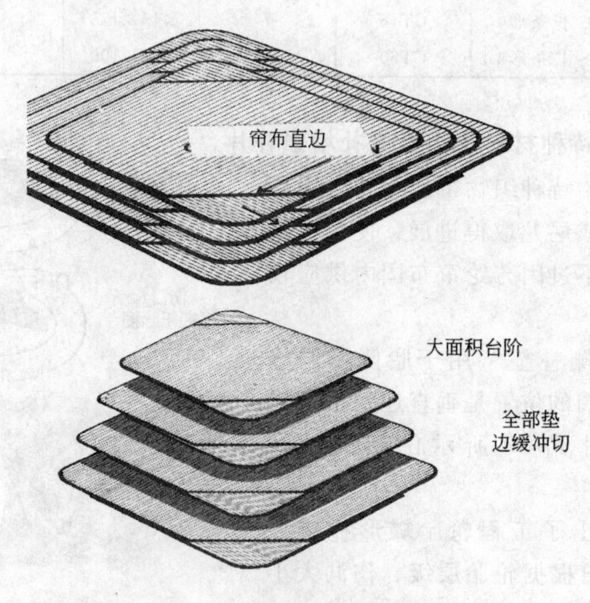

图 17-28　翼型十字形补垫

表 17-15　工程轮胎减翼型十字形补垫规格

减翼型十字形补垫号	垫尺寸/in	层级
OTR4	$6\frac{1}{4}\times6\frac{1}{4}$	6
OTR6	$8\frac{1}{4}\times7\frac{1}{4}$	8
OTR8	$10\frac{1}{4}\times10\frac{1}{4}$	12
OTR10	$12\frac{1}{4}\times12\frac{1}{4}$	18
OTR12	$14\frac{1}{4}\times14\frac{1}{4}$	20
OTR14	$16\frac{1}{4}\times16\frac{1}{4}$	24
OTR16	$18\frac{1}{4}\times18\frac{1}{4}$	28
OTR18	$20\frac{1}{4}\times20\frac{1}{4}$	36
OTR20	$24\frac{1}{4}\times24\frac{1}{4}$	38

表 17-16　根据轮胎层级、伤洞大小选用减翼型十字形补垫的规格

伤洞大小/in	轮胎层或层级								
	2～4	6～8	10～12	14～16	18～20	22～24	26～28	30～36	38 及以上
$\frac{1}{2}$	OTR4	OTR4	OTR4	OTR4	OTR4	OTR6	OTR6	OTR6	OTR6
1	OTR4	OTR4	OTR6	OTR6	OTR6	OTR6	OTR6	OTR6	OTR6
$1\frac{1}{2}$	OTR4	OTR6	OTR6	OTR6	OTR6	OTR6	OTR8	OTR8	OTR8
2	OTR4	OTR6	OTR6	OTR8	OTR6	OTR8	OTR8	OTR8	OTR8
$2\frac{1}{2}$		OTR6	OTR6	OTR8	OTR8	OTR8	OTR10	OTR10	OTR10
3		OTR6	OTR8	OTR10	OTR8	OTR10	OTR10	OTR10	OTR12
4			OTR8	OTR10	OTR10	OTR10	OTR12	OTR12	OTR12
5				OTR10	OTR10	OTR12	OTR12	OTR12	OTR14
6				OTR12	OTR12	OTR12	OTR14	OTR14	OTR16
7					OTR12	OTR14	OTR14	OTR16	OTR16
8						OTR14	OTR16	OTR18	OTR18
9						OTR16	OTR16	OTR18	OTR20
10								OTR20	OTR20
11									OTR20
12									

(3) 农业子午线轮胎的补片规格　农业子午线轮胎因价格较贵应尽量及时修补利用，其补片见表 17-17。

表 17-17　农业子午线轮胎的补片规格　　单位：mm

伤洞尺寸		补片规格	
		14.9 及其以下	14.9 以上
胎冠部	$\phi 10$	60×110	60×110
	$\phi 20$	75×125	75×125
	$\phi 40$	150×195	190×250
	$\phi 70$	190×250	190×250
	$\phi 90$	—	215×290
	$\phi 130$	—	245×340
胎侧部（宽×长）	6×6	60×110	60×110
	10×10～10×40	60×110～75×125	60×110～75×125
	20×20～20×75	75×125～75×165	75×125～150×195
	40×100	150×195	190×250
	50×80	150×195	190×250
	65×75～65×100	150×195	190×250
	70×70	150×195	190×250
	80×80～80×130	—	190×250～215×290
	90×115	—	215×290
	100×100～100×165	—	215×290～245×340
	130×130	—	245×340

17.5　轮胎钉眼修补工艺

17.5.1　修理必备条件和修理前检查

修理必备条件：修理对象足够干燥；齐备的专业工具；非轮胎质量问题；辅助设备（手套、眼镜、照明灯等）；伤口未超标；专业技术的修理工。

修理的要点：损伤出现以下任何一种情况可拒绝修理。

① 有迹象曾在无气或气压不足情况下运行过。

② 胎体层间分离超过可修限度及肩空。

③ 趾口可见明显的损坏或变形。

④ 胎冠或胎侧多处割裂至帘线或钢丝部分。

⑤ 自然侵蚀引起的帘线或钢丝暴露。

⑥ 曾被修理打磨而引起帘线或钢丝暴露。

⑦ 在同一方向上多处损伤至帘线或钢丝。

⑧ 伤口在不可修补区以内（见图 17-5）。

⑨ 轮胎橡胶寿命期限为 6 年，如到期限轮胎的物理机械性能降低，直接影响修补翻新效果。

⑩ 轮胎内有皱折现象的。

⑪ 轮胎严重变形的。

⑫ 轮胎超过修理范围的。

⑬ 轮胎花纹在 1.5mm 以下的。

⑭ 圈裂或者轮胎老化。

⑮ 胎面过度磨损。

17.5.2 轮胎钉眼修补施工方法

直径小于 3mm（轿车轮胎）或小于 6mm（载重汽车轮胎，工程机械轮胎）等被尖锐物刺穿的硬伤洞称钉眼，修补轿车轮胎是塞入胶栓或快速塞并用自硫化胶浆硫化，载重轮胎采用整体塞封堵后用自硫化胶浆硫化。

(1) 补衬垫的方法　轿车轮胎扎伤穿洞直径在 3～6mm 范围内称钉眼，其修补方法包括：清理伤洞、涂胶浆、填胶、补加强垫、硫化。由于轿车轮胎均为无内胎、有一密封层，在不破坏密封层的条件下加贴加强垫是其特点。其修补工艺如下。

① 扎伤穿洞的轮胎修补前应先干燥以除去水分。

② 用蜡笔在轮胎内、外标出损伤部位。

③ 将轮胎放在检查台上检查但轮胎不得处于扭曲状态并用钉眼检查机检查有无钉眼及胎圈变形等缺陷。如有钉眼用一钝的探针以查明钉眼的大小。选用如图 17-7 中的碳化钢磨头配高速打磨器可有效处理孔洞内的断裂的钢丝和污物形成。

④ 用专用的清洗液对钉眼周边密封层清洗，保留湿润状态 15s 后用刮刀除去密封层上的硅油、石墨等污物。

⑤ 用碳化钨磨头或金属刷等轻磨密封层表面（操作者必须佩戴护目镜和面罩）。

⑥ 切割和打磨轮胎胎冠伤洞处，见图 17-29。

⑦ 用真空吸尘器清理轮胎内、外磨面。

⑧ 在打磨面及洞口内涂以较浓的胶浆并使其干燥（为使其快干可用电热吹风器）。

⑨ 热填入低温硫化胶并稍高于周边的表面。

补垫中心对准伤洞中心贴压钉眼补强垫（见图 17-30），务必压实。使用点式硫化机硫化。

钉眼补强垫组成：聚合物保护膜（A）；快速硫化胶（B）；夹胶尼龙增强层（C）。

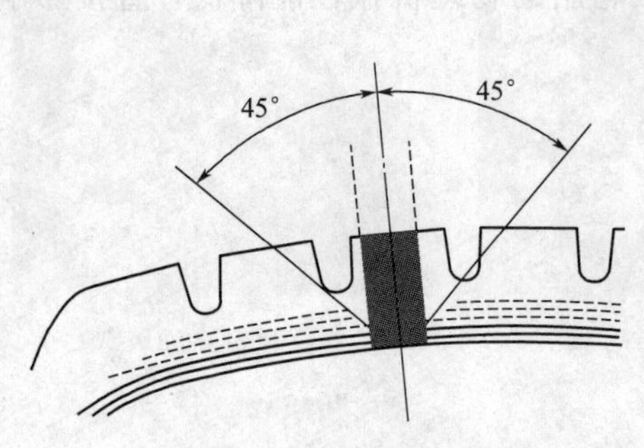

图 17-29　切割轮胎胎冠伤洞

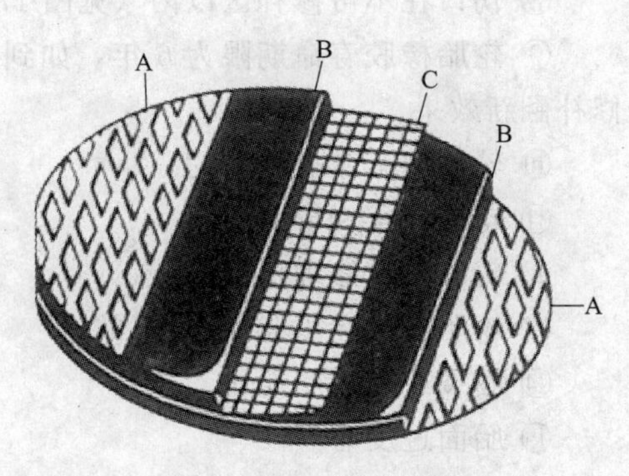

图 17-30　钉眼补强垫

(2) 整体塞（蘑菇垫）修补的方法　对钉眼扎穿的轮胎均可用整体塞（蘑菇垫）修补。整体塞系列列于表 17-18。其中产品编号 270 及 271 用于轿车轮胎修补。补垫在插入杆上涂以胶浆后插入，露出胎面部分切除。

表 17-18　整体塞系列

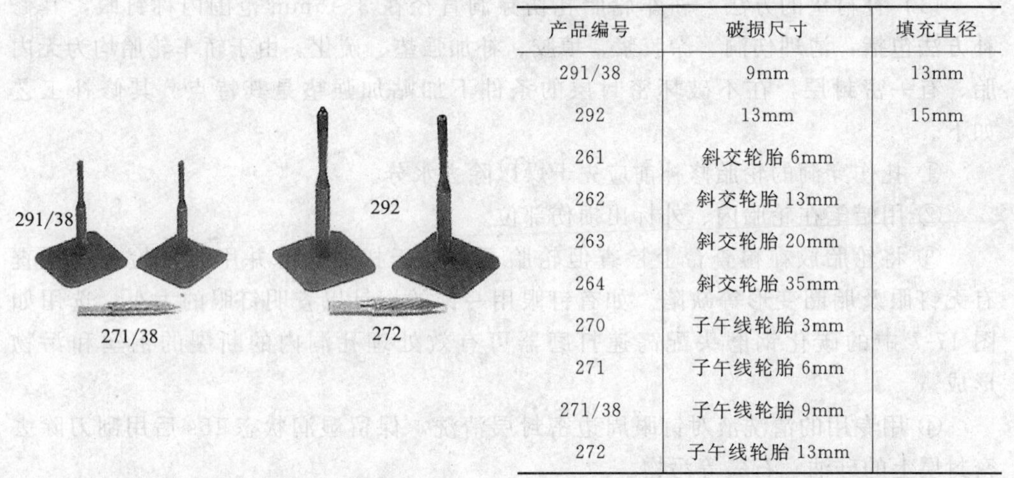

产品编号	破损尺寸	填充直径
291/38	9mm	13mm
292	13mm	15mm
261	斜交轮胎 6mm	
262	斜交轮胎 13mm	
263	斜交轮胎 20mm	
264	斜交轮胎 35mm	
270	子午线轮胎 3mm	
271	子午线轮胎 6mm	
271/38	子午线轮胎 9mm	
272	子午线轮胎 13mm	

① 塞入补胎胶栓快速修补轿车轮胎的方法　塞入补胎胶栓示意图见图 17-31，塞入补胎胶栓及使用的工具见图 17-32，施工方法见图 17-33。

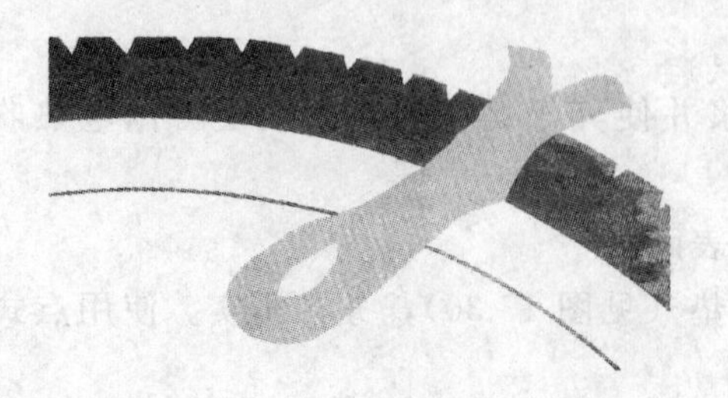

图 17-31　塞入补胎胶栓示意图

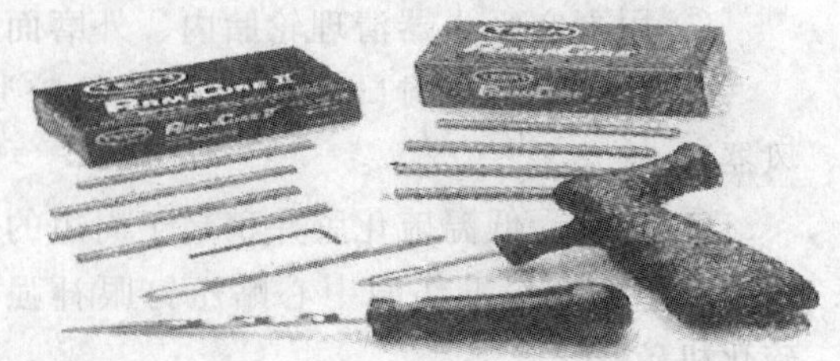

图 17-32　塞入补胎胶栓及工具

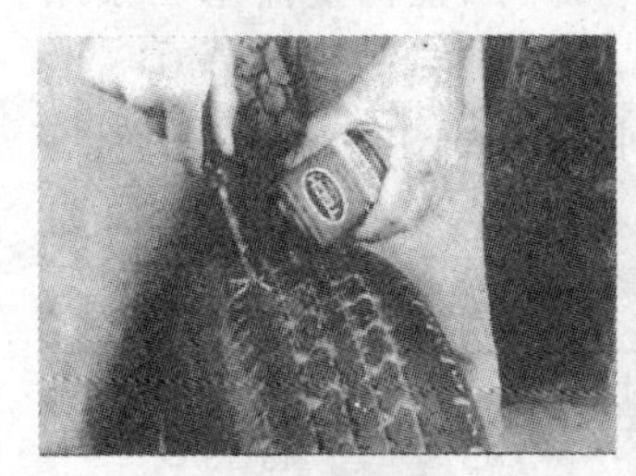

(a) 找出破损，拔出引起破损的物件，用镙旋锥将硫化液送入破口(此动作应重复三次以上)

(b) 将胶栓穿入鹅头夹的眼中，用泰克公司的770硫化剂将胶栓整个浸裹

(c) 以夹针带胶栓插入破损处，然后抽入鹅头夹，与轮胎表面平齐割掉多余部分

图 17-33　施工方法

② 载重轮胎钉眼修补　载重轮胎钉眼多使用整体塞修补工艺。图 17-34 为整体塞及插入轮胎钉眼内示意图，操作如下。

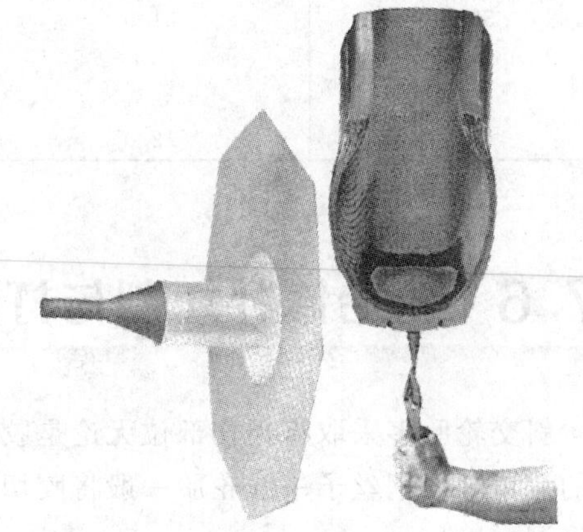

图 17-34　整体塞及插入轮胎钉眼内示意图

a. 找出钉眼位置及探明钉眼走向(是否是斜孔)，如斜度超过 25°要使用两片分开式修补材料（见图 17-35)。

b. 打磨胎里钉眼周边，其面积应大于整体塞外圈 15mm。

c. 在胎里画出的面积内用汽油溶剂清洗，并用刮刀刮净污物。

d. 用低速碳化钨磨头打磨清洗面，从胎冠及胎里方向用低速钻头打磨钉孔 3 次以上。

e. 清除孔内胶末及断钢丝，用刷刷净磨面胶末并用清洗剂清洗磨面。

f. 向钉孔及磨面涂抹化学硫化剂并放置干燥。

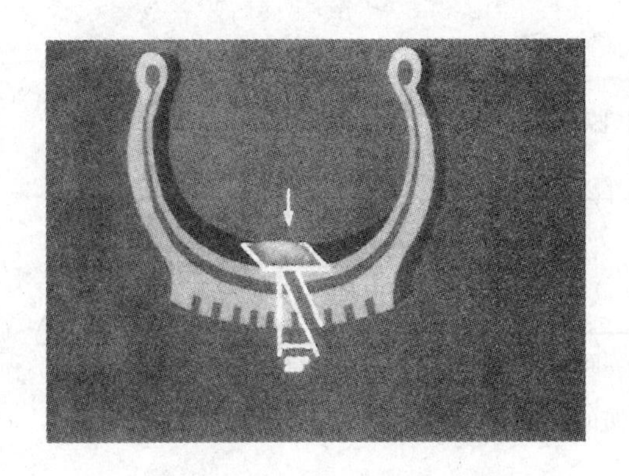

图 17-35　两片分开式修补

图 17-36　整体塞上涂一层密封胶浆

g. 将整体塞由胎里插入轮胎的钉眼中并用力拨拉，再用压辊将整体塞压紧贴合于胎里上。

h. 如是无内胎轮胎在整体塞上应涂一层密闭胶，见图 17-36。

③ 载重轮胎钉眼修补整体塞材料规格见表 17-19。

表 17-19 整体塞的规格 单位：mm

整体塞直径	钻头规格	整体塞尺寸	重量/g
7.9	4.8	63.5	445/15
9.5	7.1	76.2	445/15
12.7	8.7	76.2	445/15
15.9	12.0	101.6	445/8
20.6	15.9	127	890/5
25.4	19.8	152.4	890/5
31.8	24.6	177.8	890/3
31.8	24.6	228.6	1780/3
38.1	31.0	254.0	1513/3
9.5	7.1	76.2	445/10
12.7	8.7	76.2	445/10
15.9	12.0	101.6	445/6

17.6 轮胎修补切割与打磨

斜交轮胎多采取将损伤部位无论是胶还是纤维骨架均切割成具有坡度圆或椭圆形的洞口，而钢丝子午线轮胎一般将胶切成坡形，只将损伤的钢丝磨去并使洞口呈直形洞。

轮胎损伤处残留有损坏的胶、帘线及杂物必须加以清除，为进行修补必须将损伤的部分切割或打磨成一定的形状以削减修补处应力集中及增加修补处与胎体的附着力，而填胶工艺则基本相同，现分述如下。

17.6.1 斜交轮胎修补切割

斜交轮胎修补切割方法有多种，见图 17-37。

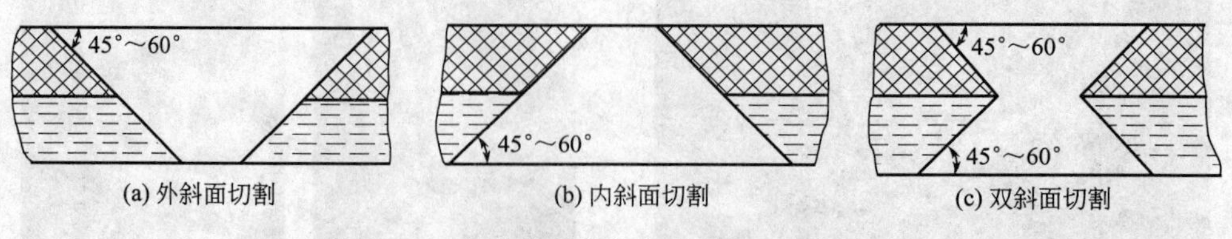

图 17-37 斜交轮胎损伤的几种洞口切割方法

外斜面切割法适用于 ϕ50mm 以下的伤洞，切割面大于骨架层，切割方便合理，被广泛采用。内斜面切割法适用于胎里损伤大于胎面的伤洞，优点是省料、质量好，但需在扩胎机上进行，耗时长。双斜面切割法有利防止开胶，一般用于厚的胎体小洞切割。

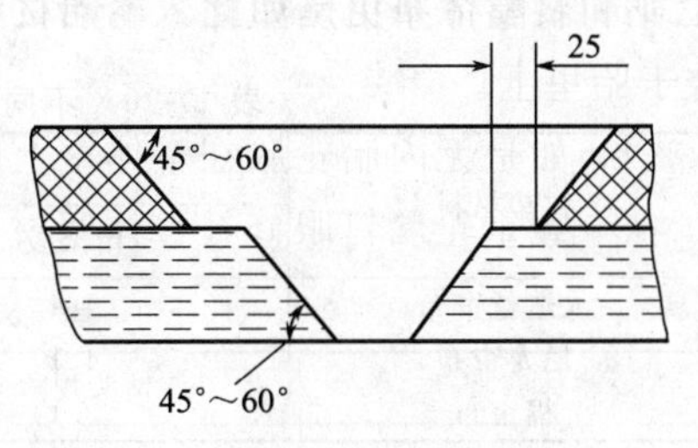

图 17-38　外斜面切割法

图 17-38 是外斜面切割法示意图。因胶面切割面积大可增大新胶在洞口的黏合力。

轮胎爆破后胶层和胎体洞口各异，为避免切割面过大可采取图 17-39 所示的切割法。

图 17-39 显示不正确的切割法和正确的切割法图例，图 17-40 是变位切割法，以减小骨架层的损伤。

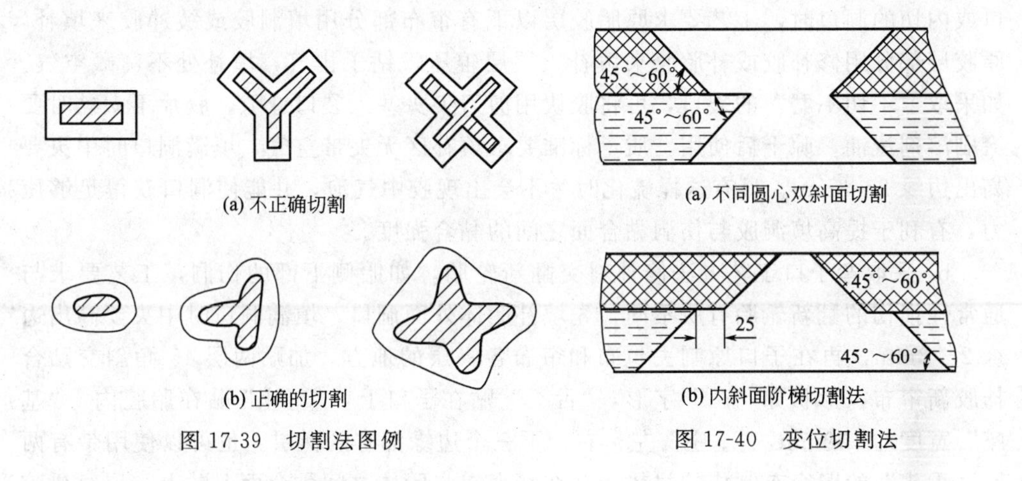

图 17-39　切割法图例

图 17-40　变位切割法

17.6.1.1　斜交轮胎修补切割的要求

切割轮胎一般应遵循以下原则。

(1) 对伤洞处的浮胶，断线露出的有伤损的帘线及进入破口的杂物应全部切除干净，这些是造成修补失败的重要因素。

(2) 切割不得扩大伤口，应按伤口的大小、位置采取不同的切割方式。ϕ50mm 以下的洞口可采取 35°及以下的角度切割；ϕ50mm 以上的在胎冠或胎侧洞口可采取 40°～60°的角度切割（小胎用小角度）；近胎圈部位 75mm 以上的横向洞口可采取 65°切割；75mm 以内的横向洞口应采取包胎圈修补，反包高度应高于 75mm，割后应无棱角以免引发应力集中，造成洞口爆裂。

(3) 如胎面完好，仅胎里有辗线、内裂则采取内切割。

17.6.1.2　斜交轮胎修补小磨

(1) 小磨一般用于轮胎经大磨后及修补切割后未能磨到或打磨不合格的胶面、残胶、断头帘线毛、辗线、跳线，使磨纹合格、平坦，易于喷涂胶浆。

磨胎里时帘布层应留一层薄胶，以保证贴衬垫与修补处的黏合力，现在使用的尼龙和聚酯帘布更是如此。不同材料余胶量与黏合强度的关系见表 17-20。

表 17-20 不同材料余胶量与黏合强度的关系

衬垫材料	黏合强度/(kN/m)		余胶黏合力高于全部磨净的比例/%
	留余胶	全部磨净	
人造丝帘布	4.4	2.6	69
尼龙帘布	4.1	3.1	32
棉帘布	3.1	2.6	19

(2) 伤洞部位填胶修补工艺要求与质量标准

① 翻新轮胎伤洞部位填胶要求与质量标准

a. 通常性损伤的斜交翻新轮胎。如胎面和胎侧上部的伤洞，填补胎体外面洞口或内切的洞口时，工艺要求原胎胶层以下有帘布部分用填洞胶或缓冲胶来填补，原胶层部分用修补胶或补胎胶来填补，层层辊压，钻子排气，填补处不窝藏空气。如采取“不切不磨”的裂口，可将胶块用剪刀尖头塞入裂口缝隙。胶片不太黏时要涂刷溶剂汽油，晾干后使用。质量标准要求填补区无夹带空气，填满洞口时中央要高出边缘 2～3mm。只有这样硫化时才不会出现胶中气泡，并能使洞口获得足够压力，有利于提高填洞胶与伤洞黏合面之间的黏合强度。

b. 采取弯子口工艺方法修补斜交翻新轮胎。如胎侧下部的伤洞，工艺要求与通常性损伤的翻新轮胎有所不同，先填补胎体外面洞口，填满洞口时中央要高出边缘 2～3mm，再在子口原割去包布和帘布各一层的地方，加贴两层 45°角斜交贴合挂胶新帘布，形状如“凸”字形，“舌头”贴在子口上，“基座”贴在胎腔内，“基座”宽度约 100mm，“基座”左、右、下三个边缘都有阶梯层。也可以使用带有两层“舌头”的旧帘布制作的衬垫，并在新帘布与胎体之间黏合面上贴上一层衬垫胶或缓冲胶，最后在子口“舌头”表面上贴补高出原子口平台 2～3mm 修补胶或补胎胶，使硫化后子口上的修补材料结实、平整，以提高黏合面的黏合强度。

c. 胎圈被钢圈磨损掉多层帘布的斜交翻新轮胎。要采用包子口修补工艺方法，在损伤上、左、右 50～70mm 原剥除一层帘布的部位，整片覆盖两层 45°角斜交挂胶、形状如“凸”字形新帘布，“舌头”贴在下胎侧和子口上，“基座”贴在胎腔内，并包贴过趾口以下胎腔 100～150mm，覆盖过外侧原剥除的部位 50mm，包贴过趾口内胎腔部分也要有阶梯层，并在新帘布与胎体之间黏合面贴上一层衬垫胶或缓冲胶。最后在原剥除的部位和子口平台还要加贴修补胶或补胎胶，要求高出原胎侧和原子口平台 2～3mm。

② 修补胎伤洞部位填胶修补工艺要求与质量标准

a. 通常性损伤的斜交胎修补胎。填补胎体外面洞口，工艺要求同常规损伤的翻新轮胎，质量标准要求填满时中央要高出边缘 2～3mm。

b. 采用弯子口修补的斜交胎修补胎。其工艺要求和质量标准参照斜交胎翻新轮胎弯子口工艺方法。

c. 采用包子口修补的斜交轮胎修补胎。对于下胎侧伤洞或爆洞需用扣老皮贴补方法贴胶填洞，贴补帘布参照斜交翻新胎包子口工艺方法处理。配制的老橡皮贴补后整个老皮要高出原胎侧2～3mm。

d. 采用扣老皮修补的斜交胎修补胎。对于较大伤洞或爆洞需贴补老橡皮的（原胎剥取或另从废胎上剥取）则先将胎体或老皮上损伤洞口填平后，分别在黏合面上贴一层厚度1mm缓冲胶。如原胎帘布层剥除一层的，必须加贴上两层45°角斜交挂胶新帘布。如果是大爆洞，应使用相同花纹与成色的废胎，连同缓冲层或帘布层两层一道剥下的老橡皮。

为避免洞口错位和开离，大爆洞应先贴衬垫后填补洞口，再将贴上缓冲胶的老橡皮在胎体扣去老橡皮的地方先试合，观察花纹方向和厚度是否合适，如厚度不足应加胶弥补，套上后用铁锤敲打结实，老橡皮四周空隙由修补胶或补胎胶填充饱满，老橡皮花纹沟和胎侧上要用钻子扎些针孔供排气，贴合后的老橡皮外表应高于原有表面2～3mm。

(3) 伤洞填胶修补操作的基本方法　伤洞填胶后的较大洞口要外贴两层斜交新帘布，两头分别距胎体伤口不小于5cm，幅宽要覆盖洞口，帘布垫两面要有缓冲胶。胎肩或胎冠中大圆洞和近似圆洞，洞壁要包贴一层新帘布，黏合面有一层缓冲胶，下包过洞底1cm，上包过洞口2cm，辊压结实后再填洞。对于中大一字洞，洞口内纵向贴合一层新帘布，黏合面也有一层缓冲胶，两头超出洞口2cm，辊压结实后再填洞。胎冠大片裸露帘线的中央周向缠贴一层挂胶新帘布，幅宽要覆盖到裸露帘线部位，帘布两头分别超出破损部位3cm。帘布长度不够时允许搭接，接头不小于2cm，帘布两面要有一层缓冲胶。肩空裸露帘布层的也周向缠贴一层，限贴于切割面胶层内。以上措施能防止脱胶。具体伤洞填胶修补操作方法如下。

① 薄胶填补操作方法　锥状洞口，洞底小洞口大，填洞胶的胶片用剪刀剪成长三角形，尖头放洞底，逐层扩大对叠面积并辊压结实，最后填满圆锥形洞口。

② 厚胶填补操作方法　填洞胶的胶片用剪刀倾斜剪成长条三角形，使剪面如刀口，辊压时过渡性较好又不留空气。长条三角形的尖头放在洞底，逐层扩大对叠面积并辊压结实，最后填满圆锥形洞口。

③ 挤胶枪填补操作法　预硫化胎面法翻胎企业多采用该法，挤胶枪实际就是胶料冷喂料挤出机的小型化，预制的圆形冷胶条从喂料口螺杆牵入，胶条经电热恒温软化后快速挤压在填补伤洞上，或用扁平的枪口反复刮填锉磨面。

17.6.2　钢丝子午线轮胎修补切割与打磨方法

17.6.2.1　修补钢丝子午线轮胎损伤的胎冠切割与打磨

(1) 修补子午线轮胎损伤切割要求如图17-41所示。胎冠损伤处胎面胶应切成90°角，而钢丝损伤处应不扩大损伤洞和不露钢丝出胶面，胎侧损伤处胎侧胶应切成 90°角，而胎肩切成 60°角。

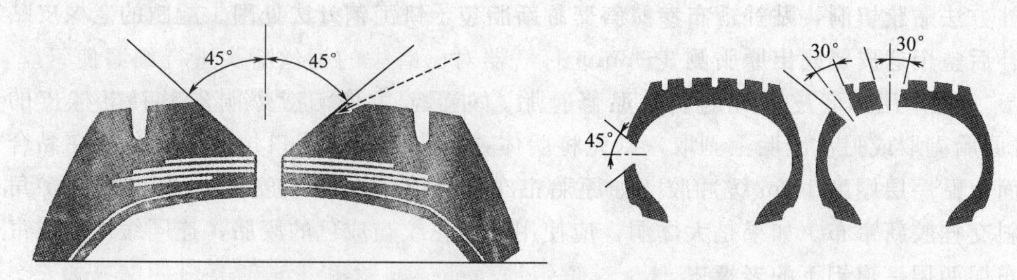

图 17-41　修补子午线轮胎损伤切割要求

具体切割与打磨见图 17-42。

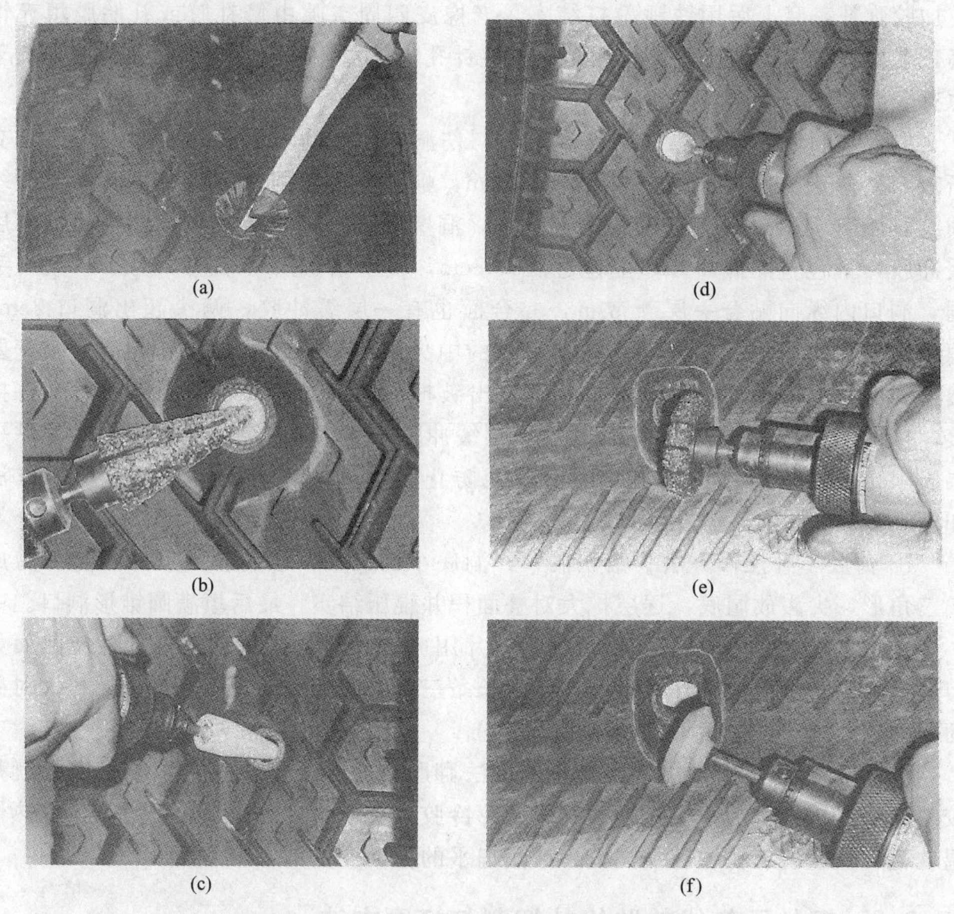

图 17-42　钢丝子午胎伤洞切割与打磨图

(2) 切割与打磨按图 17-42 中 (a)～(f) 的顺序进行。

① 用刀切除受损的橡胶，见图 17-42(a)。

② 使用锥形碳化钨磨头，将受损区橡胶磨成 45°角以上的斜面，打磨粗度为

3#，见图 17-42(b)。

③ 氧化铝磨头及气动高速打磨器打磨断裂、锈蚀钢丝，见图 17-42(c)。

④ 用球形氧化铝磨头及气动高速打磨器对已磨去的钢丝断头进行细磨使钢丝断头不露出胶面，打磨时应防止温度过高（如冒烟），烧坏胶及钢丝表面氧化变色，见图 17-42(d)。

⑤ 用钨钢打磨轮对轮胎损伤部位的胎里打磨出比拟补衬垫周边大 10mm 的磨面，见图 17-42(e)。

⑥ 用氧化铝磨头（蘑菇形）对轮胎损伤部位的胎里补充细磨以便贴补衬垫，见图 17-42(f)。

17.6.2.2 修补钢丝子午线轮胎损伤的胎侧

修补钢丝子午线轮胎损伤的胎侧切割与打磨步骤见图 17-43。

① 用刀切除受损的橡胶，见图 17-43(a)。

② 使用刀具，将损伤区橡胶切成 60°角以上的斜面，见图 17-43(b)。

③ 用侧切割工具清除断裂、锈蚀钢丝，见图 17-43(c)。

④ 用氧化铝磨头将损伤处加工成喇叭状，见图 17-43(d)。

⑤ 用钢丝磨头对轮胎损伤部位的胎里补充细磨以便贴补衬垫，见图 17-43(e)。

⑥ 打磨后形状如图 17-43(f) 中的下图所示（磨面角度在 120°以上）。

⑦ 打磨后应用钢丝刷对磨面刷净，见图 17-43(g)。

17.6.2.3 修补损伤的子午线胎体填胶

修补损伤的胎体填胶的方法子午线轮胎和斜交轮胎是相似的。以子午线轮胎胎侧为例，填洞胶填补步骤及高度见图 17-44。

17.6.2.4 斜交轮胎修补切割方法注意事项

切割角度一般为 35°、40°、45°、60°等，切割角度越大（如 60°），斜面坡度就越小，斜面的柔软性也就越小，黏合力也小，但可减小胎体的损伤面积和节省填胶量。反之切割角度越小（如 30°），斜面坡度越大，斜面的柔软性也越大，黏合力也大，但胎体的损伤面积和填胶量也多。一般多用 45°的切割角度。

切割洞口要考虑以下诸因素。

(1) 修复的洞口补强的张力包括：轮胎的内压乘以洞口面积再加上轮胎负荷压力，弯时的扭力，与地面障碍物的冲击力及轮胎滚动时变形应力和不平衡时产生的冲击力等。胎体的硬度因素和接地因素不同，轮胎在滚动时所产生的额外应力也不同。

(2) 洞口越长其宽度两边受到的应力也越大；洞口小，受到的张力和剪切应力也小。

(3) 补强衬垫越柔软，对胎体硬度因素影响越小，但过于柔软的补垫使洞口随

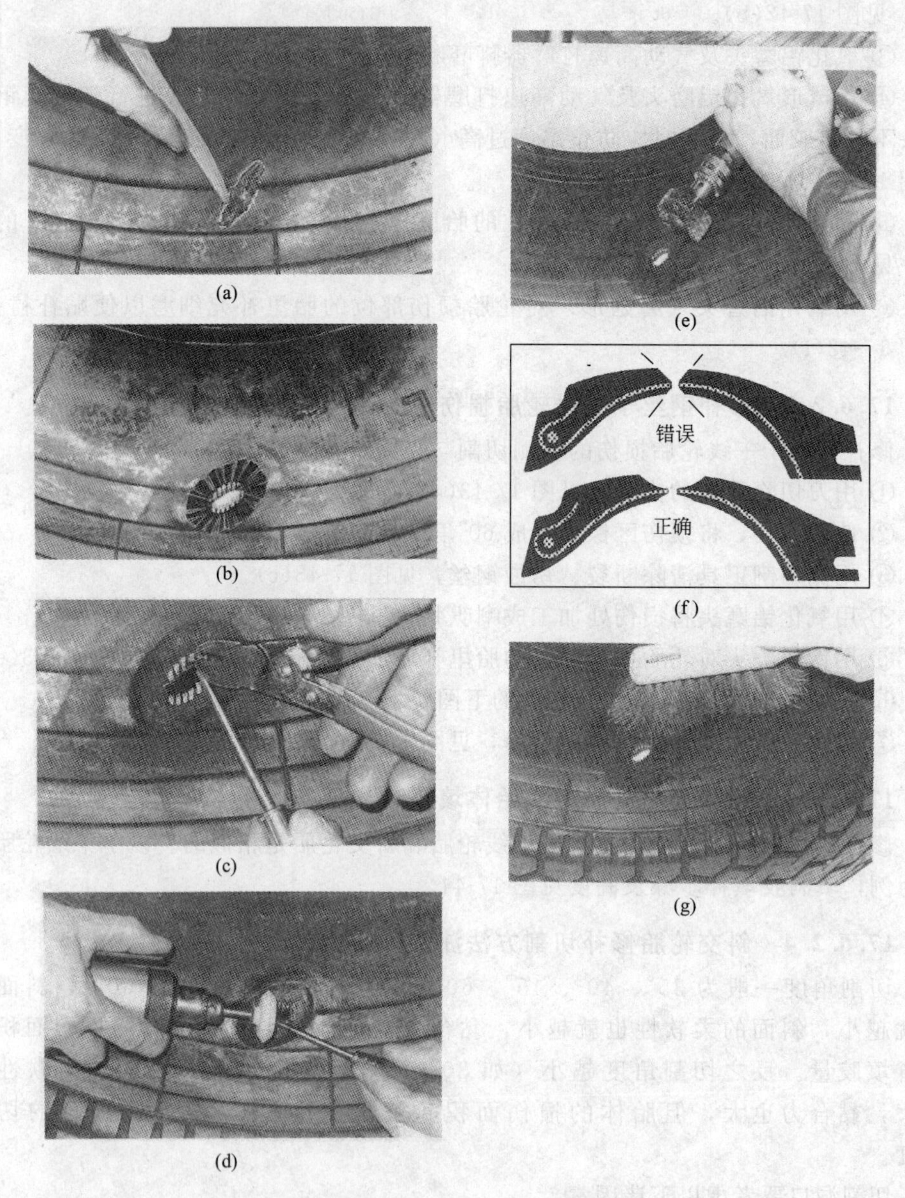

(a)

(b)

(c)

(d)

(e)

(f)

(g)

图 17-43　胎侧切割与打磨的步骤

轮胎变形，变形频率加大产生过热而开脱，引发胎体爆炸。

(4) 补强衬垫过硬，洞口变形小，但会使硬度因素和接地因素与周边的胎体差距加大，引发补垫前后两边开脱或爆炸。

(5) 为使洞口不会爆炸一般多用 45°的切割角度，衬垫的强度要大（按英国 BSAU-144f 规定：载重轮胎应能承受轮胎使用的压力的 2 倍，轿车轮胎承受使用压力的 4 倍），定伸应力要高，弧度应与胎体相一致。洞口胶能随轮胎变形而变形，具有压缩变形小、定伸应力大、生热低、硬度小、弹性和韧性好及黏合性好等特点。

(6) 对浅层损伤如轮胎表面的裂纹、裂口、小点脱空可不需切割，仅用磨头磨成 45°角即可，斜度太大使用时易引发胶边开脱。

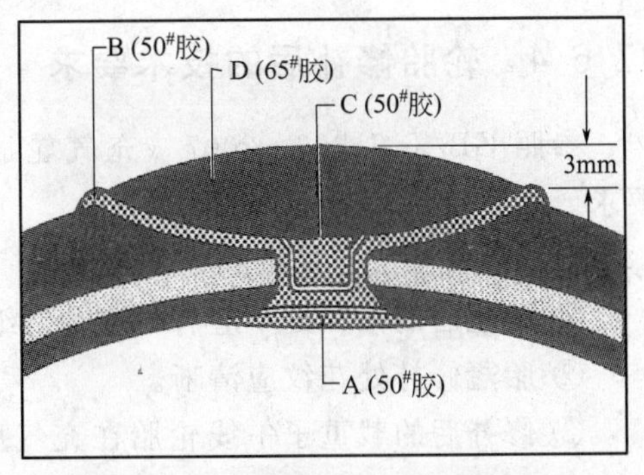

图 17-44　填洞胶填补步骤及高度

17.6.2.5　子午线轮胎修补穿洞性的损伤使用衬垫贴合位置

子午线轮胎修补穿洞性的损伤使用衬垫贴合位置见图 17-45。

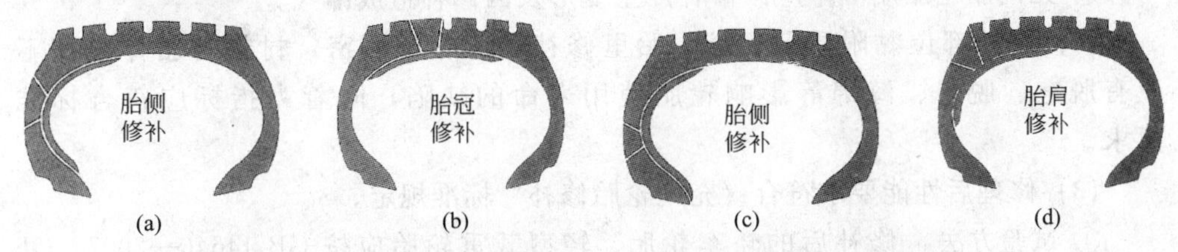

图 17-45　子午线轮胎修补穿洞性的损伤使用衬垫贴合位置

在胎冠伤洞修补时除要用带束层的补洞的补片外还应加胎体修补垫即要用双垫，胎侧修补衬垫位置应自胎冠至轮胎胎圈子口位置。

17.6.3　修补轮胎硫化

修补轮胎硫化所需时间除硫化温度外，主要取决于轮胎剩余胶厚度，因此修补轮胎硫化时间是按轮胎剩余花纹厚度来规定的，见表 17-21。用气囊修补时气囊的内压在 0.4MPa 以上，电热垫片或蒸汽加热温度在 140～145℃。

表 17-21　修补轮胎硫化时间　　时间：min

模具	轮胎规格	剩余花纹	硫化时间	冷却时间	总时间
光板模	9.00-20 或 10～14 层	50%以上	110	30	140
		40%以下	90	30	120
	9.00-20 或 16 层	50%以上	130	30	160
		40%以下	110	30	140
局部硫化模	7.50-16 或 8 层	50%以上	90	30	120
		40%以下	80	30	110
	中型胎 7.50-20～10.00-20， 10～14 层级胎	50%以上	110	30	140
		40%以下	90	30	120
		花纹平或先修后翻	80	30	110
		节头胎 50%以上	175	40	215
		节头胎 40%以下	125	40	165
		胎肩胶贴补过厚	50%以下 120	30	50%以下 150
			50%以上 140	30	50%以上 170

17.6.4 轮胎修补后的技术要求

参照 GB/T 21286—2007《充气轮胎修补》标准中有关轮胎修补后的技术要求。

(1) 修补部位外观质量要求

① 硫化后的修补处不应有气泡，海绵状或老化裂纹等现象。

② 胎冠修补处花纹应清晰。

③ 修补后的载重子午线轮胎在充气后允许原伤口中心存在高度不超过 10mm 的突起（此应限于胎侧）。

④ 胎里修补处应平滑过渡（如是无内胎轮胎应保持原胎的气密性）。

⑤ 无内胎轮胎胎圈不应因修补产生变形及因修补造成漏气。

(2) 修补部位黏附质量要求　胎里修补处应黏合严密，衬垫与胎体之间不应有脱空、脱层、海绵等影响轮胎使用寿命的缺陷，附着力指标应符合标准要求。

(3) 修理后性能要求符合《充气轮胎修补》标准规定。

① 试验方法　修补后的轿车轮胎、轻型载重轮胎应按 GB 14646—2007，GB 7037—2007 标准要求进行高速性能试验及耐久性试验，载重轮胎应按 GB 7037—2007 进行耐久性试验。

② 性能要求

a. 衬垫强度可参照英国翻胎国家标准 BSAU-144C—1988 进行，即轿车轮胎充以使用压力的 4 倍未见损坏，载重轮胎充以使用压力的 2 倍未见损坏。

b. 耐久性试验结果按 GB 7037—2007 标准 4.6.2 条判定。

c. 轻型载重轮胎高速性试验结果按 GB 7037—2007 标准 4.6.3 条判定。

d. 轿车轮胎高速试验结果按 GB 14646—2007 标准 4.6.3 条判定。

17.7 轮胎更换带束层

17.7.1 轮胎修补带束层制备

现介绍 VMI-AZ 公司推出的工程轮胎更换带束层再制造轮胎体系。

首先需要有条钢丝帘线通过锭子架（见图 17-46），钢丝经过整经后，在红外线对钢丝加热下进行压延（见图 17-47），并通过视屏调控尺寸和质量，在压延挂胶的钢丝帘布上再覆一层胶（见图 17-48）。

覆胶后经冷却裁断接头后的钢丝帘布贴于翻新的轮胎上（见图 17-49）。

除去受损的带束后，在胎体上先由热贴挤出机热贴上一层薄的缓冲胶，然后将新的带束层热贴到胎体上。

图 17-46　钢丝帘线锭子架

图 17-47　钢丝加热下进行压延

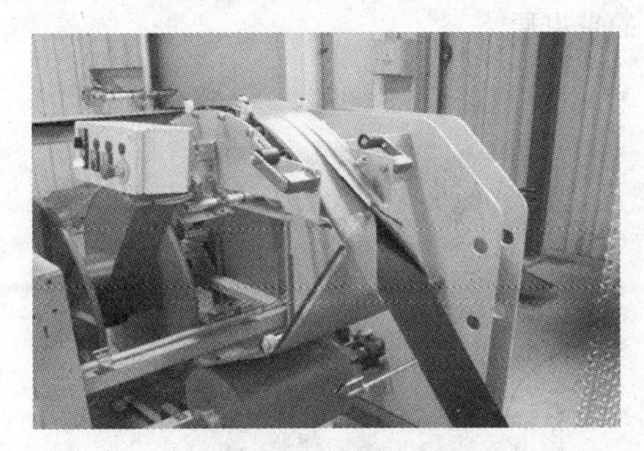

图 17-48　热贴挤出机热贴上一层薄缓冲胶

图 17-49　钢丝帘布贴于翻新的轮胎上

17.7.2　更换带束层人工切割的方法

更换带束层的方法有多种，如人工切除、使用磨胎机上的齿形磨头刀切割、在磨胎机安装切削刀切剥损坏的带束层等。黑龙江昌荣橡胶有限公司生产的割胎体机见图 17-50。

图 17-50　割带束层机

17.7.2.1　采用磨胎机安装切削刀切剥损坏的带束层的操作

(1) 将轮胎装在磨胎机的卡盘上。

(2) 轮胎充气达到约 0.1MPa。

(3) 在磨胎机上的削皮装置上安装切削刀具（见图 17-51）。

(4) 安装平式削皮样板（24in 的）。

(5) 使用手控补充打磨装置打磨轮胎的胎肩，使其充分暴露出带束层边缘。

(6) 在带束层边缘插入切削刀具，见图 17-52。

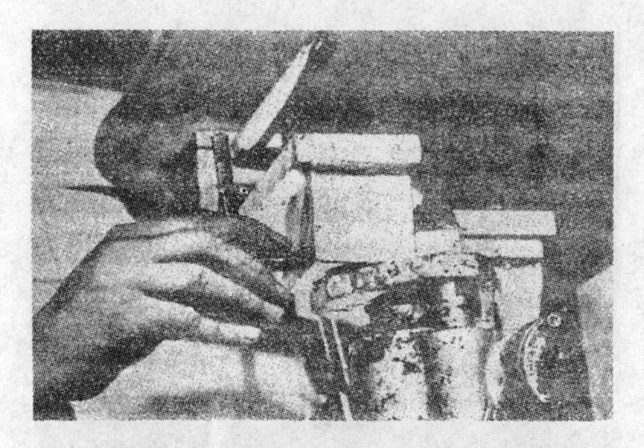

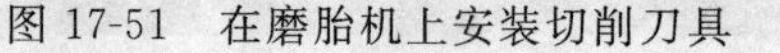

图 17-51　在磨胎机上安装切削刀具

图 17-52　在带束层边缘插入切削刀具

(7) 高速旋转轮胎转动方向应按图 17-53 所示。如不同应改变轮胎旋转方向，切削刀具行走方向应不损伤不需剥离的带束层。

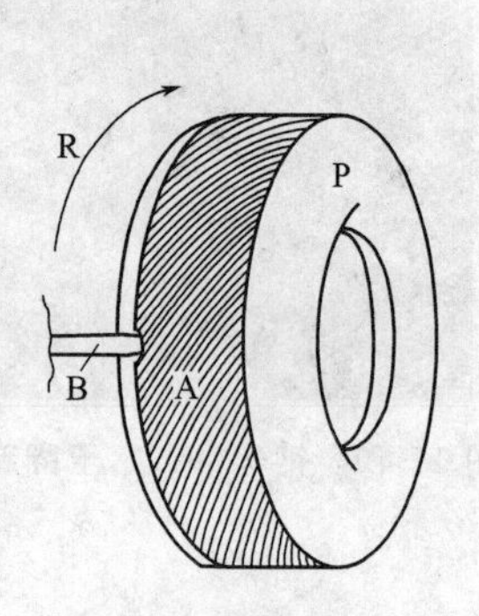

图 17-53　轮胎转动方向

(8) 切削刀具行走到被剥离的带束层中间后应改变轮胎旋转方向（即与原方向相反），为防止轮胎升温过高可向轮胎喷水雾。

(9) 为了完全除去带束层，缩回削皮装置 6～7cm。为分离缓冲层，使用木槌从胎体的一边打下带束层。

17.7.2.2　使用轮胎打磨头磨去带束层

(1) 在打磨机抽尘管上装一收集盒（断开抽尘管）以便收集磨下的碎钢丝。

(2) 磨去胎体上的胎面胶后，转换轮胎的旋转方向，应与磨头的旋转方向相反。

(3) 当带束层边缘与胎体剥开后改变轮胎的旋转方向，使其与磨头的旋转方向相同，继续大磨直至带束层全部除净。为使其有良好的黏合性，留下的带束层上应尽量多附胶，对宽带束层的轮胎从带束层中间开始磨更易除去带束层。

17.8 补强衬垫的结构、制备和应用

17.8.1 补强衬垫的结构

(1) 新型的十字垫（帘布端部为齿形或半圆形） 基本上消除了补强衬垫翘边的现象，十字垫帘布间的夹角改为 70°～80°，成为“菱形”，可提高补垫的负荷能力，可用于斜交轮胎及子午线轮胎的修补。

(2) 由于钢丝子午线轮胎胎侧钢丝呈扇形排列，因此又有钢丝及尼龙扇形垫，经硫化的新帘布补垫已大量使用，对防止胎里内凹有显著效果，并派生出各种类型的修补垫，加大补垫骨架的差级，加宽垫边胶宽度，有利垫与修补轮胎的贴合牢固。

(3) 为解决工程轮胎修补，国外又出现了“减翼型”及用于修补胎侧的“蝶形垫”。

17.8.2 织物帘线垫的结构

(1) 织物帘线十字垫主要用于斜交轮胎冠部损伤的修补，也可用于钢丝子午线轮胎。图 17-54 是两种新型的十字垫，图中 17-54 的第 1、3 层为正方形帘布块，2、4 层为长方形帘布块，其中 1、2 层为同一方向，3、4 层为同一方向。图 17-54 中，在交叉贴合的两层（1、3 层）之间夹入一层经纬交织的平纹挂胶织物，有利于补强面积的增大与补垫负荷能力的提高。

(2) 采用半圆形边缘与锯齿形边缘能有效增大与胎里黏合面积，因此大大增加了垫边的附着力。

(3) 半圆形边缘十字垫的弧高一般为 15～20mm。

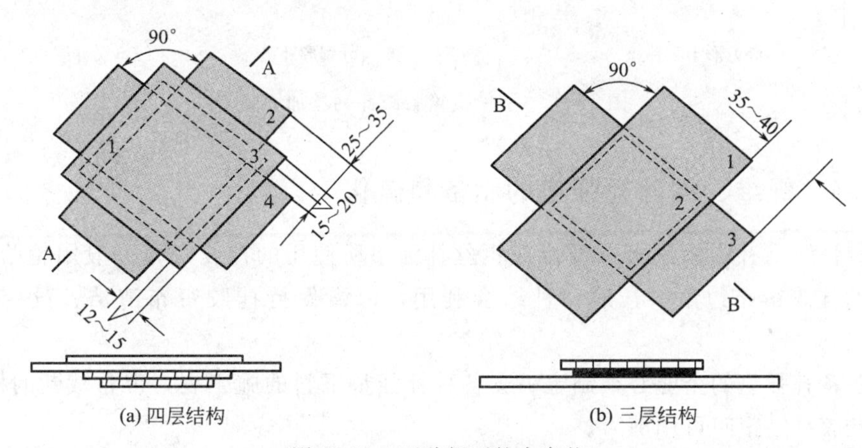

图 17-54 两种新型的十字垫

(4) 斜交轮胎用的织物帘线菱形补垫的结构 将织物帘线十字垫由帘布夹角 90°改为 70°～80°。其合理性在于斜交轮胎胎冠帘线倾斜角多为 52°～53°，两层

帘布间的夹角 α 约为 75°，因此菱形补垫与轮胎帘布间的夹角具有一致性，补强性能好，不易爆破轮胎。负荷大贴合时易于配合胎体弧度，主要用于胎冠伤洞补强。

17.8.3 子午线轮胎修补钢丝加固垫

子午线轮胎修补加固垫有用尼龙或其它纤维为骨架的、用钢丝为骨架的。有骨架材料排成十字形补胎冠，30°左右经向交叉的修补带束层，也有骨架排成扇形的，用以修补胎侧损伤。

子午线轮胎修补十字形钢丝加固垫是用两块挂胶帘布相互交叉 90°贴合而成，层间差级在 20～25mm，贴胶单面厚度在 1.6～2.5mm。单层钢丝排成扇形的加强垫，专用于胎侧修补。贴胶厚度与十字垫相似，不宜过薄以防露钢丝。具体可见图 17-55。

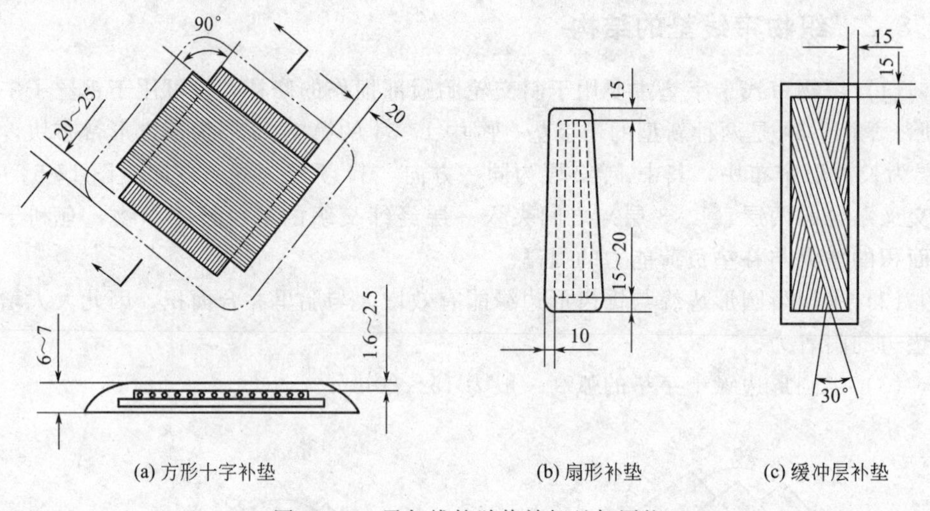

图 17-55 子午线轮胎修补钢丝加固垫

17.8.4 纤维、钢丝补强垫的制备和硫化

(1) 纤维补强垫制备 纤维或钢丝补强垫所使用的挂胶帘布一般用轮胎厂做轮胎的挂胶帘布边角料，是一种综合利用，但需保持挂胶帘布清洁、没变质及平整。

制备补强垫的企业必须制定一套各种补强垫下料的施工表，帘布裁断的样板，裁切挂胶纤维帘布可用剪刀。

在进行纤维（十字或菱形）补强垫施工时应先将最大一层纤维骨架层交叉贴合，然后按规定的长度、宽度、差级逐层贴合。为使贴合牢固、无气泡，贴前可刷胶浆，贴上薄胶片（厚 0.5mm 左右，胶片长、宽应大于骨架层 5mm），干后用压辊从中间向两边辊压、贴压及排气。补垫的最外两面再贴上厚度1～1.5mm，长度、宽度大于骨架层10～20mm的胶片（视补片大小厚薄而定），即可成待硫化的半成品。硫化后还要贴（印）上商标及保护膜，有的还要加贴冷硫化胶片。

(2) 钢丝补强垫制备　钢丝帘布用剪板裁刀或特制剪刀裁切（冷切）以免钢丝上的胶变质。

① 十字形钢丝补强垫及其作业程序

a. 将两块按规定裁好的钢丝帘布交叉贴合后，用厚0.8mm，宽25～30mm的胶片将帘布4个端头包贴封闭。

b. 在钢丝补强垫底面贴一层厚0.8mm的覆盖胶。

c. 在十字垫四端贴四块3mm的端头填胶，四个角填四块厚1.6mm的填角胶，其宽度稍大于钢丝补强层，增强层差级间贴四块厚1.6mm的填平胶 。再在垫的外表贴上厚0.8mm的覆盖胶。

d. 剪裁成多角或圆形进行硫化。

② 扇形钢丝补强垫作业程序　制作过程见图17-56。

a. 先将裁好的钢丝帘布条两端用厚0.8mm厚的胶片包封（似十字垫成型）。

b. 用手从钢丝帘布条一端或钢丝帘布条中间拉宽5～8mm，见图17-56(b)，拉宽后在底面贴一层厚0.8mm厚的胶片，见图17-56(c)，在钢丝帘布条两端头及周边贴一层厚1.6mm的填平胶和填角胶，见图17-56(d)，经修剪边缘而成为扇形

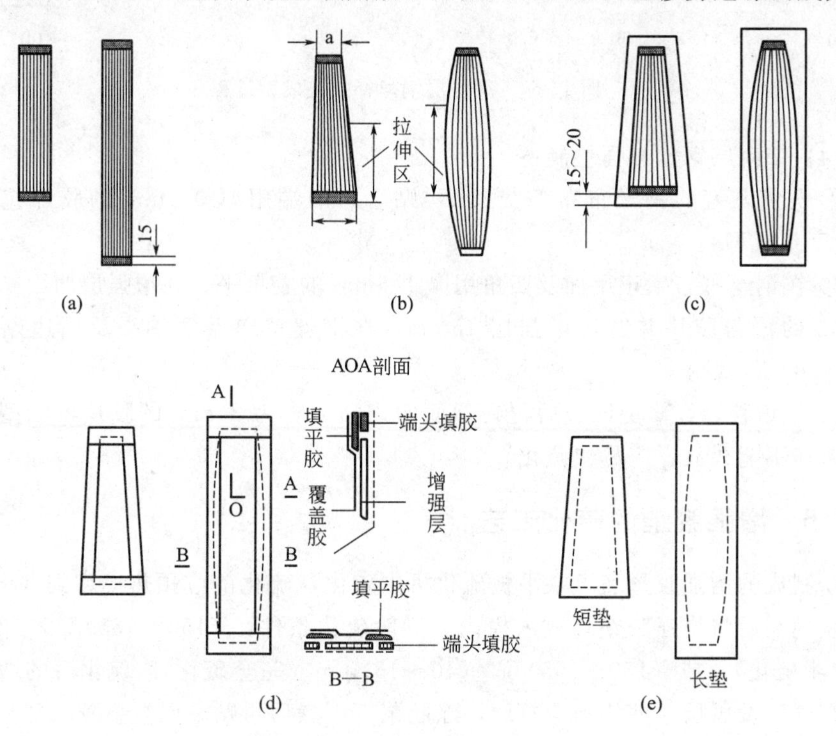

图17-56　扇形钢丝补强垫成型过程

或长方形垫，见图 17-57(e)。

(3) 缓冲层钢丝补强垫制备　缓冲层钢丝补强垫成型过程见图 17-57。

① 挂胶帘布下料后交叉成 30°贴合，贴一层厚 0.8mm 的黏合胶片，将两端封闭，见图 17-58(a)。

② 将增强层正、反两面的四角用厚 1.6mm 的胶填平，见图 17-57(b)。

③ 在增强层的正、反两面贴一层厚 0.8mm 的覆盖胶片，其每边应宽出增强层边缘 15mm，见图 17-57(c)。

④ 修剪四边后，再在顶面四边贴上厚 0.8mm，宽 30mm 的封口胶，见图 17-57(d)。

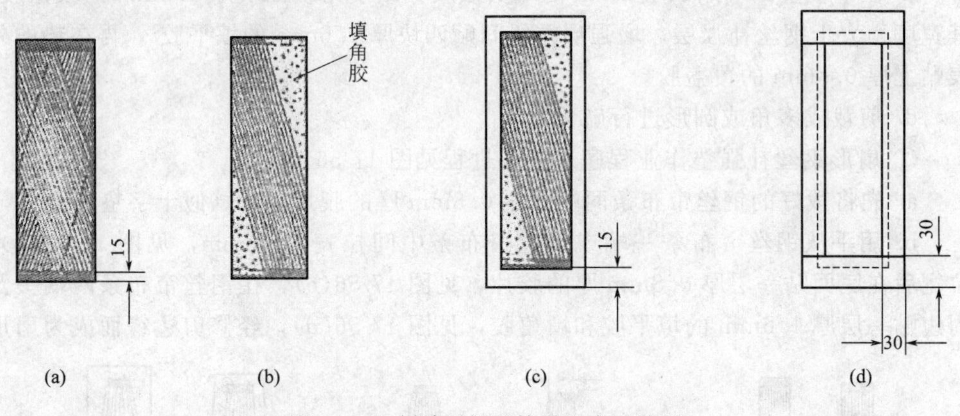

图 17-57　缓冲层钢丝补强垫成型过程

(4) 带束层钢丝补强垫制备

① 先将裁好的钢丝帘布条交叉 30°贴合，两端用厚 0.8mm 的胶片包封端头(似十字垫成型)。

② 在钢丝帘布条正反面及四角用厚 1.6mm 的胶填平，在增强层两面贴一层厚 0.8mm 的覆盖胶片并宽出增强层 15mm，在钢丝帘布条两端头及周边贴一层厚 1.6mm 的填平胶。

③ 填角胶，经修剪四边后再在顶面四边贴上宽为 30mm 的胶片，成型好的增强胶垫坯不能久放，应尽快硫化。

17.8.5　增强胶垫的硫化工艺

新制成的增强胶垫坯可在平板硫化机内硫化，硫化前应预热模型到 80～90℃，喷涂脱模剂后将增强胶垫坯放入模内，一般硫化条件：(150～155)℃×(20～25) min（半硫化），或（150～155)℃×(40～45)min（完全硫化）。硫化后的增强胶垫不能有气泡及脱层。使用前应打磨，涂胶浆，干燥后再贴一层衬垫胶（部分进口的衬垫胶加涂硫化胶浆就可在常温下硫化）。

17.9 修补子午线载重轮胎胎侧操作示范图例

操作示范见图 17-58（热补洞冷补垫法）。

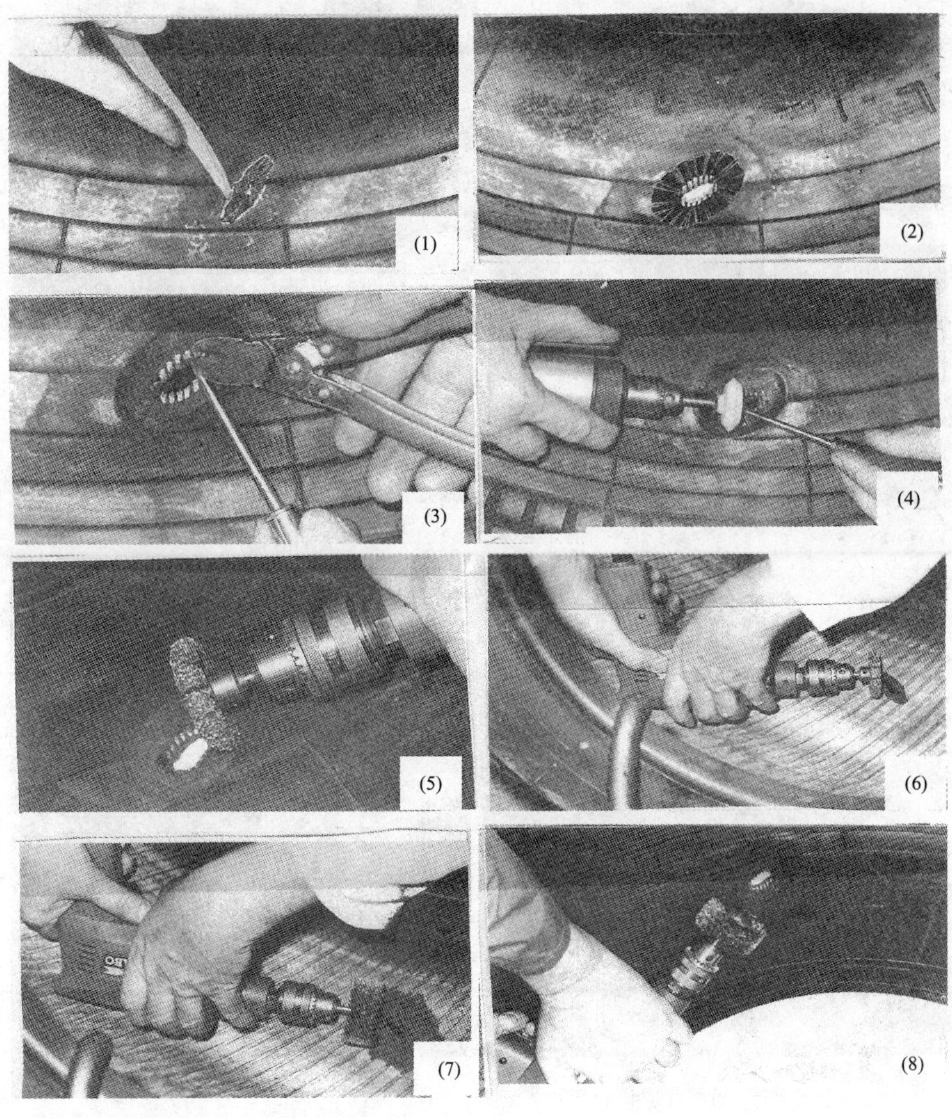

图（1）切割橡胶伤口。

图（2）、（3）剥下松动和损伤的钢丝。

图（4）用分割片和气动打磨器把钢丝帘布内的损伤处加工成喇叭口形状（戴护目镜）。

图（5）再次用打磨环对喇叭口状伤口打毛。

图（6）在轮胎内侧用打磨环把橡胶边缘磨斜，并把伤口磨圆。

图（7）、（8）用圆钢丝磨轮对胎内和胎外伤口边 3cm 左右宽的范围打毛。

图 17-58

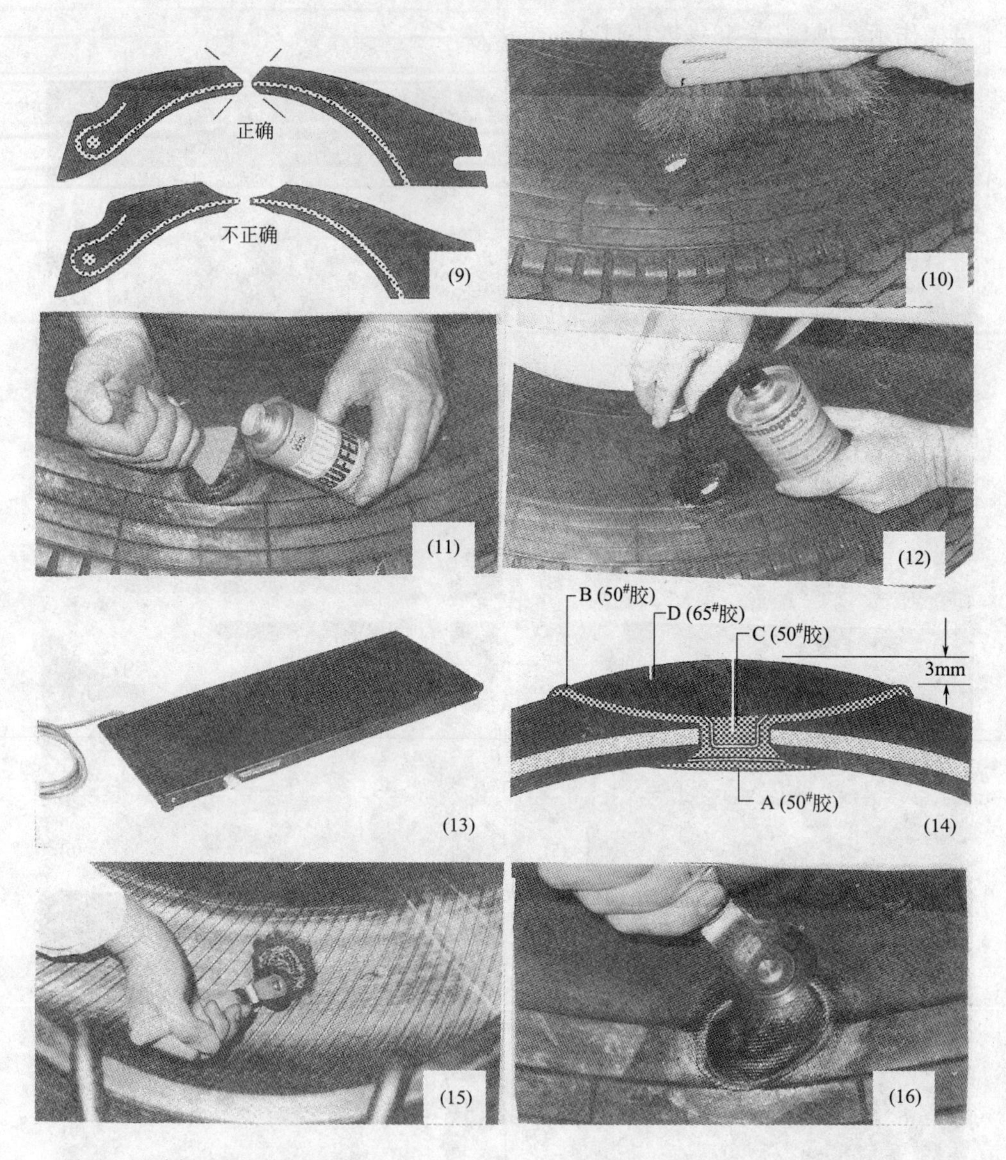

图（9）正确打毛后的喇叭口状伤口。

图（10）用毛刷把伤口的胶屑清除干净，切勿使用含油、含水的压缩空气吹。

图（11）、(12）用热压-溶剂充分涂刷喇叭口状伤口的内外侧。

图（13）用加热板（温度范围 0～100℃）预热将要填入喇叭口状伤口的胶。

图（14）以 A、B、C、D 的顺序把胶条填入喇叭口状伤口内，辊压实并高于周边 3mm。

图（15）在喇叭口状伤口内侧盖上 1～2 层填洞胶（含有增黏剂的胶），用窄型压辊压实。

图（16）在整个伤口盖上一层填洞胶（含有增黏剂的胶），压实，把气泡排净。

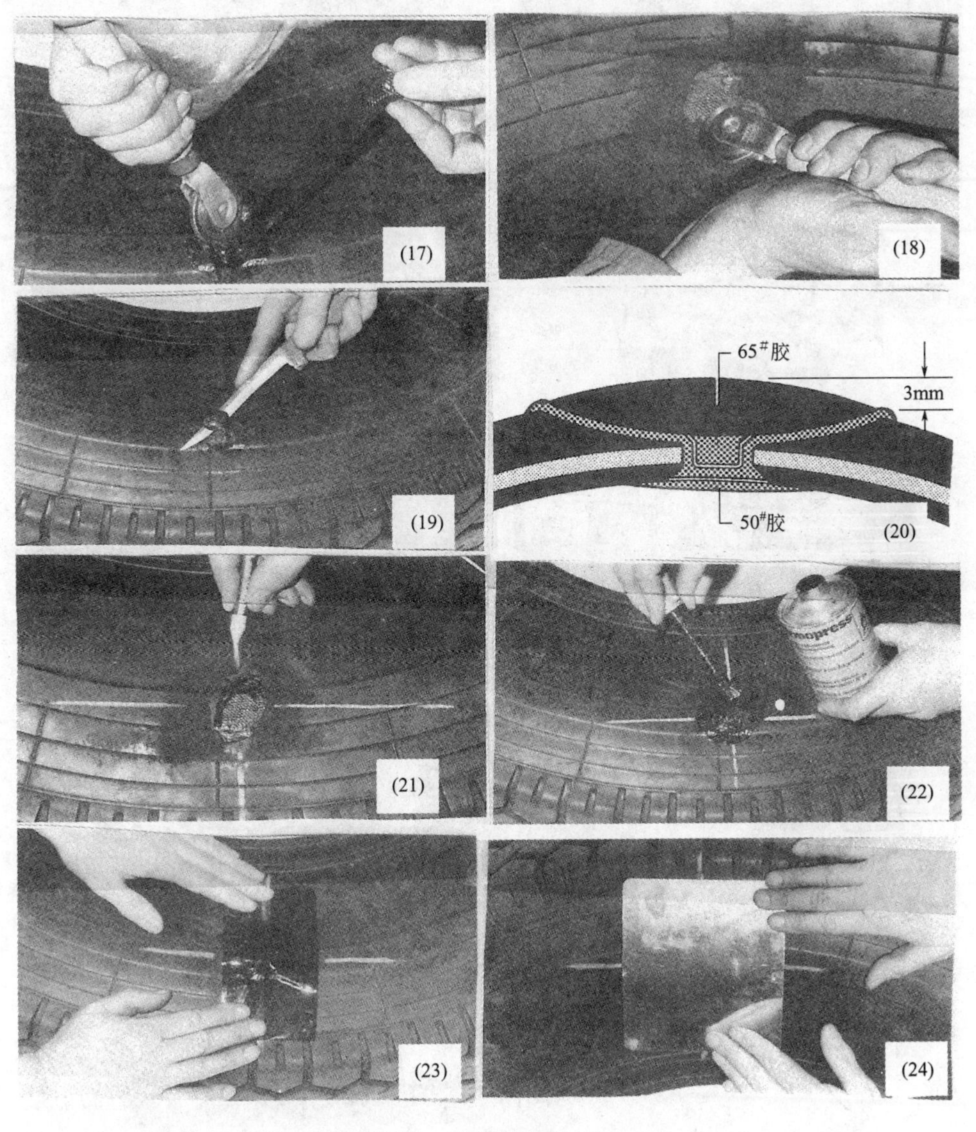

图（17）填入修补胶于洞深的 1/2 并压实，不能窝有空气。

图（18）填满补洞胶仔细辊压实，不能窝有空气。

图（19）将填满洞余胶削去。

图（20）余胶应高于胎身周边不少于 3mm。

图（21）为了便于放置点式硫化机，在补洞划上中心线。

图（22）在补洞胶表面涂一道溶剂。

图（23）在补洞胶内外覆盖一层不会粘连的薄膜。

图（24）在薄膜上再放置 1mm 厚的铝板。

图 17-58

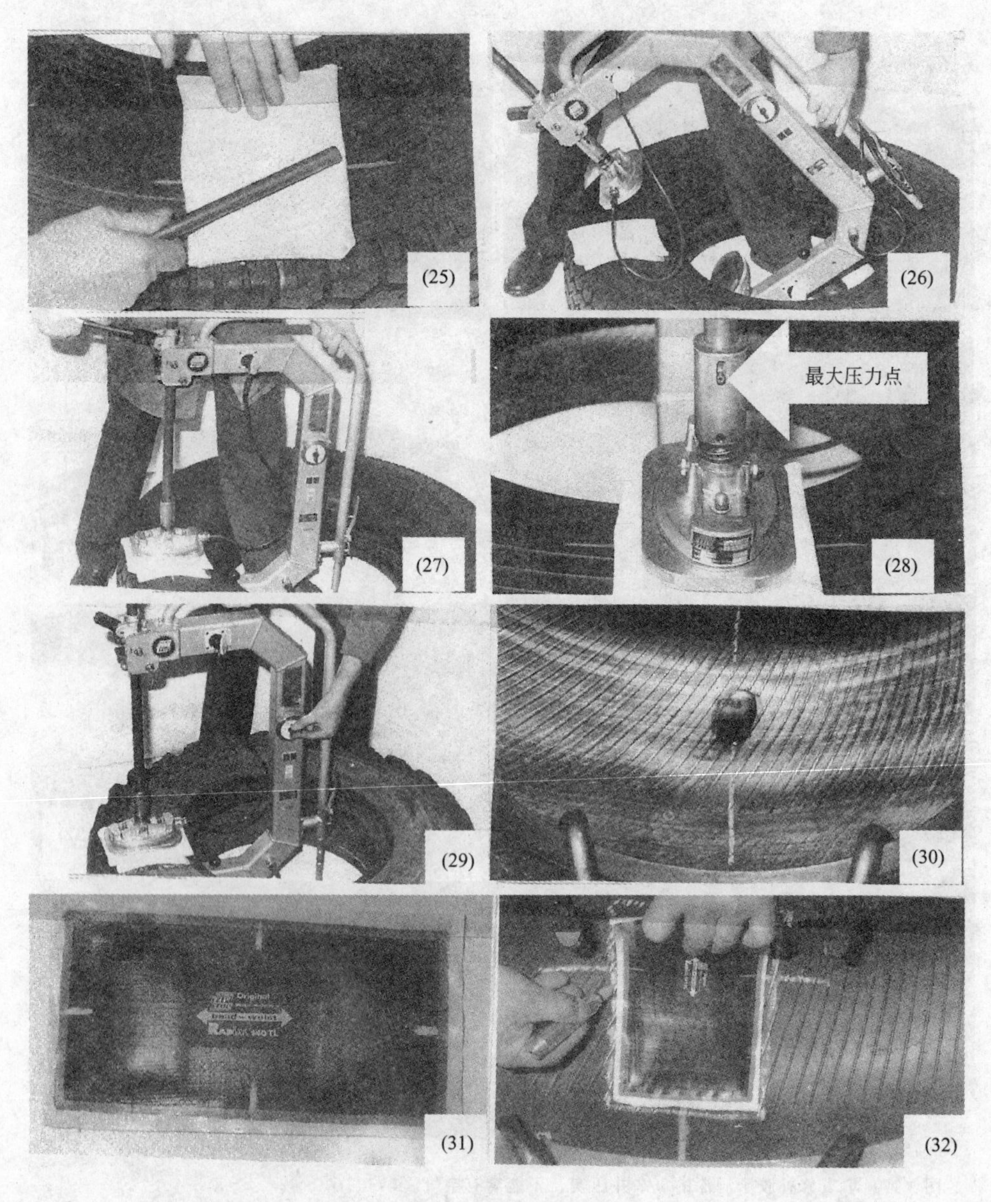

图（25）在薄铝板上放置压力平衡垫并进行拍打使表面平坦。

图（26）在轮胎上放置点式硫化机。

图（27）将点式硫化机固定到轮胎上。

图（28）将点式硫化机压力调至最大压力。

图（29）调节需要的硫化时间（每毫米＝4min），放置压力平衡垫后的硫化时间 60min 以上。

图（30）硫化后卸去点式硫化机。

图（31）将补垫放置于需加垫处。

图（32）画出补垫周边大 1cm 的打磨线。

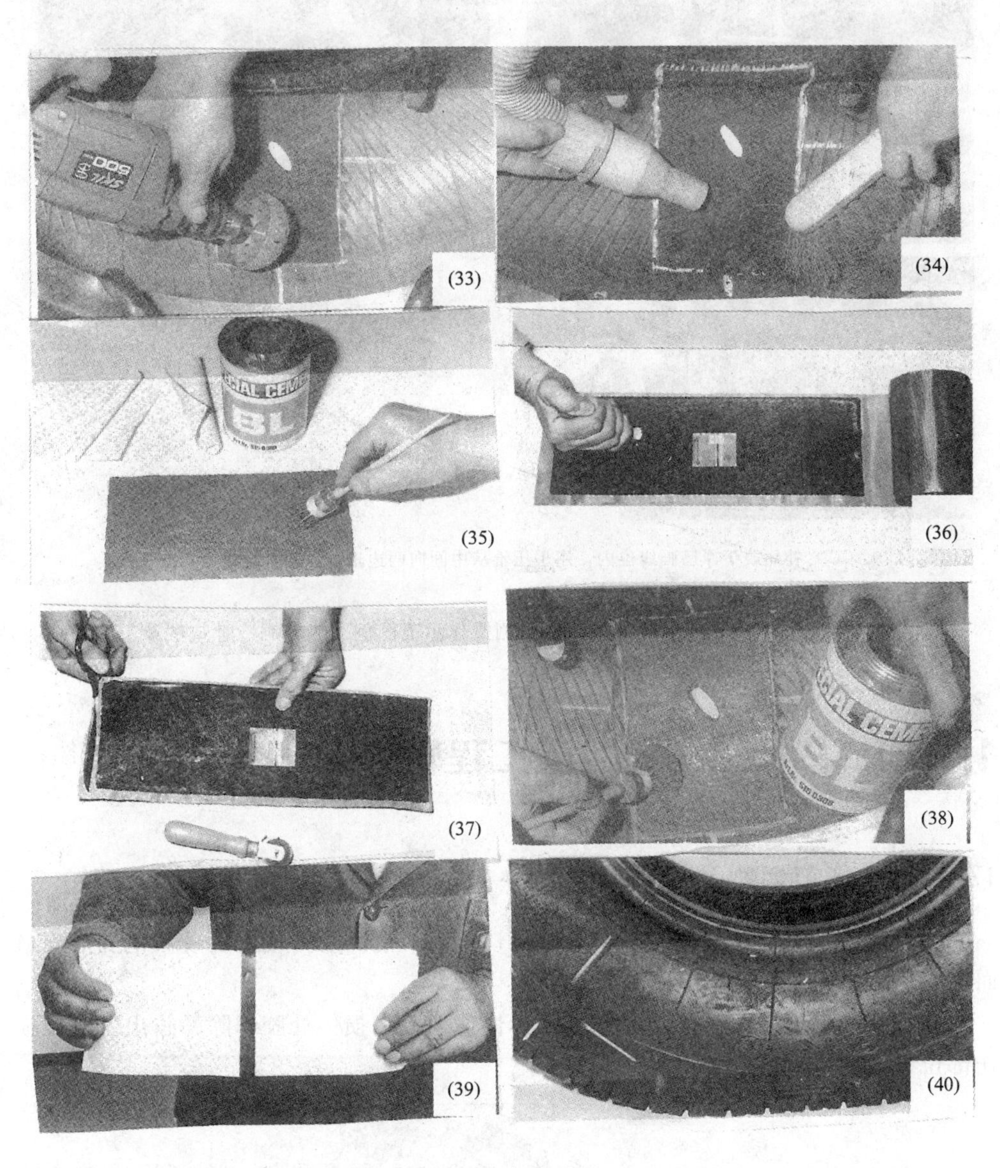

图（33）在打磨线内用磨轮或钢丝轮打磨胎里（如有密封层时应磨去该层或贴专用胶片）。

图（34）用吸尘器或钢丝刷除去磨屑，注意不得用含水、含油的压缩空气吹。

图（35）在补垫上涂以自硫胶浆，放置10～20min干燥。

图（36）、（37）在已涂胶浆的补片贴薄胶片，剪去长于补垫边3～5mm以上的胶片。

图（38）无密封层的轮胎不需贴胶片只需在补垫处直接涂自硫胶浆。

图（39）用白色保护膜覆盖在补垫上。

图（40）在贴补垫前撤去支撑物，为防补垫处变形，轮胎应偏离地面一个角度。

图 17-58

(41)

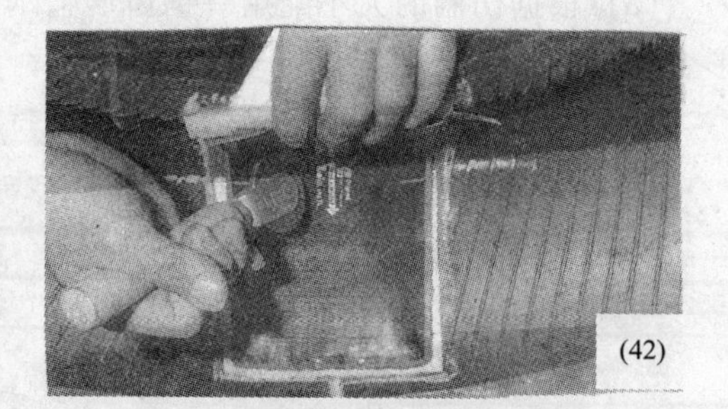
(42)

(43)

图（41）、（42）补片放于原已画线位内，用手压辊从中间向两边辊压，务必排净垫间空气。

图（43）打磨轮胎修补处外侧。

图 17-58　修补子午线载重轮胎胎侧操作示范图例（热补洞冷补垫法）

17.10　修补子午线巨型工程轮胎工艺示例

17.10.1　伤口切割及填胶

（1） 钢丝子午线工程轮胎多数外观伤口不大，然而切开就能发现大范围的伤口而报废。

（2） 发现伤口用杯形切割器或半圆形快速切刀将损伤处胶切除暴露出。骨架损伤部位见图 17-59。

图 17-59　骨架损伤部位

(3) 根据伤洞的大小配用一锯齿形金刚砂轮（图 17-60 为一直径 25mm 的锯齿形金刚砂轮）。

(4) 对伤口打磨，清除损伤的钢丝，特别是带束层的断钢丝。

(5) 在切割打磨时发现有两个相近的伤洞（见图 17-61），为此用氧化铝打磨工具将两个洞磨成一个长洞（见图 17-62），必须将断裂、生锈、松散的钢丝全部磨去，并不得露出胶外。

图 17-60　直径 25mm 的锯齿形金刚砂轮

图 17-61　出现两个相近的伤洞

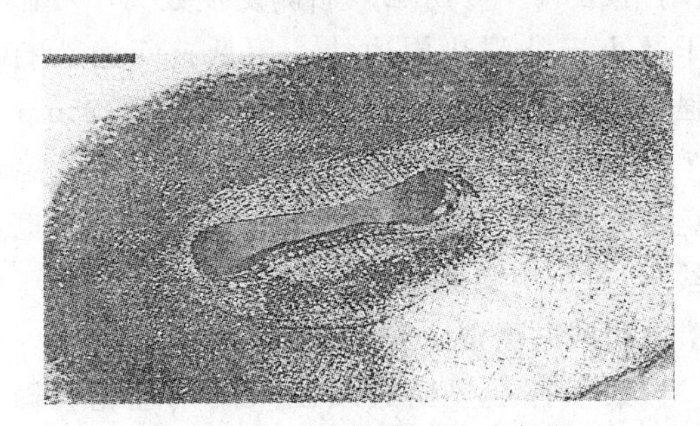

图 17-62　两个洞磨成一个长洞

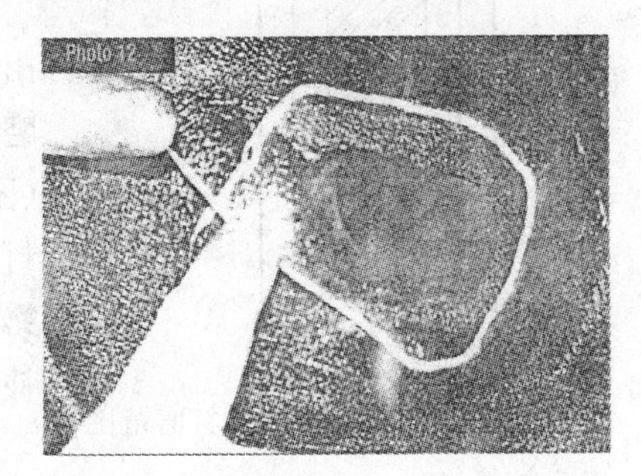

图 17-63　在洞口周边放上排气棉线

(6) 涂两次胶浆并使其干透。

(7) 在洞口周边放上排气棉线，见图 17-63，这是在热补洞硫化时使用，硫化后需将露出补洞外的棉线除去。

(8) 在钢丝周围填入黏合胶再用补胶枪将热胶（82℃）洞口填平压实，并高出周边 3～6mm，见图 17-64。

(9) 将热的平托胶片（0.8～3.2mm 厚）贴在洞口处，见图 17-65。必须将断裂、生锈、松散的钢丝全部磨去，并不得露出胶外。

(10) 使用局部硫化设备（如液压电热盘式硫化机）对修补的填胶洞硫化，胶层厚度应包括：平托胶片＋填胶厚度＋填胶高出厚度。硫化时间按在 150℃下每 3mm 硫化 10min 计（配方时应注意适应此条件）。

图 17-64　挤入修补胶

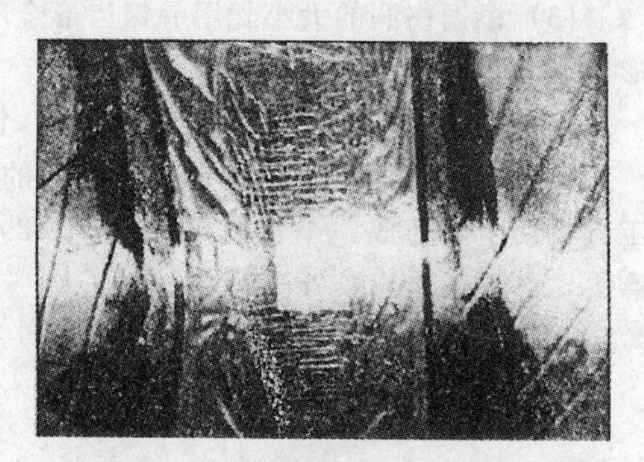

图 17-65　贴一层厚 3.2mm 平托胶片

17.10.2　冷补垫施工

冷补垫施工方法与无内胎载重轮胎并无大的差异，其修补工艺如下。

(1) 在需加衬垫位置按要求配垫的大小（此处以修补胎侧为例）画出垫的位置及打磨范围（一般大于垫周边 25mm），见图17-66（补强垫的大小需按表 17-10 工程机械子午线轮胎的补片规格查得）。

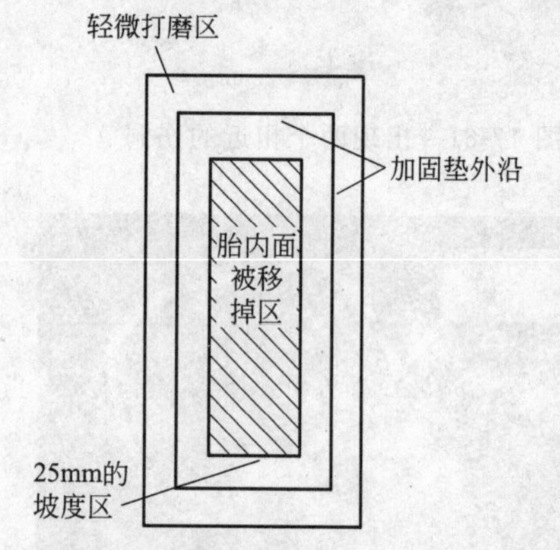

图 17-66　画出垫的位置及打磨范围

(2) 按图 17-66 所示以胎侧受损处为中心画出大于及小于补强垫周边线。用低速粗磨头打磨补强垫内周边线约小于补强垫周边线 25mm（图 17-66 所示的“胎内面被移掉区”），磨去密封层直至胎体钢丝帘线上 1mm 左右处（不得磨露钢丝），再用中粗磨头将补强垫内周边和小于补强垫周边线间磨成一定的坡度。

(3) 大于补强垫周边线区只用钢丝轮轻微打磨，用吸尘器吸净胶末，用橡胶清洗剂清洗磨面，待干后涂以化学自硫胶浆，胶浆干后贴补强垫，垫中心对准轮胎损伤中心，由中心向外用压辊紧压贴合，不能窝有空气。

(4) 在补强垫外周边和轻微打磨区涂一层密封胶浆。

(5) 修补垫施工

a. 在打磨区喷涂清洗液，在尚处于湿的状态下即刻用金属刷或小的碳化钨磨头打磨修补面，磨纹粗度 1～3 级。

b. 用真空吸尘器对磨面除去胶末，涂胶浆两次待干。在损伤的洞内填入经预热至 82℃的胶条或用挤胶枪挤入修补胶。

c. 对填入的胶进行清整、压实，表面打毛，在整个修补打磨区贴一层厚 3.2mm 的胶片（见图 17-66）。在贴胶片的周边贴一层丁基橡胶封边密封胶条，贴修补垫后就可进入硫化罐内硫化。

参 考 文 献

[1] GB/T 21286—2007 充气轮胎修补.
[2] 德国迪普特公司提供的培训资料.
[3] 美国泰克公司提供的培训资料.
[4] 郑云生. 汽车轮胎翻修. 北京：人民交通出版社，1985.
[5] 郑州金象轮胎翻修服务站提供的培训资料.

第18章

硫化水胎、内胎（加重内胎）、胶囊制备及内模设计

18.1 硫化水胎、硫化内胎（加重内胎）、硫化胶囊的规格

模型法翻新轮胎硫化时是在翻新轮胎腔内放置一个可封闭的橡胶囊（目前有硫化水胎、硫化内胎、硫化胶囊），充以有压力的介质如空气、氮气或热介质如蒸汽、过热水。双嘴型水胎、胶囊可使热介质在其内循环加热，因而可对翻新的轮胎进行翻新加修补一次完成。

国内模型法翻新轮胎硫化目前使用轻型水胎、硫化内胎。虽在20世纪80年代后期已研发了自动装囊翻胎活络模硫化机但至今未能推广使用。

从这些产品的断面及外观上看，这四种硫化配件的差异见图18-1。

在产品结构上的差异：丁基橡胶硫化内胎一般比汽车内胎稍厚，气嘴为带牙纹的直管。加重内胎与翻新轮胎用的轻型水胎相近，但轻型水胎子口部位及厚度稍大。硫化胶囊则有多种型号，图18-1(d) 国内称B型胶囊。

18.1.1 水胎规格

翻新轮胎用的水胎与新胎用的水胎在结构上相近，但因使用时变形量较小因此水胎壁较薄（只有新胎水胎的40%～50%），以利传热和装卸，因此又称为轻型水胎。一些翻新轮胎用的水胎规格见表18-1。

18.1.2 加重内胎规格

翻新轮胎用的加重内胎与轻型水胎结构上并无大的差异，只是在断面形状和各部位尺寸上稍有差异（见图18-1），一些翻新轮胎用的加重内胎规格见表18-2。

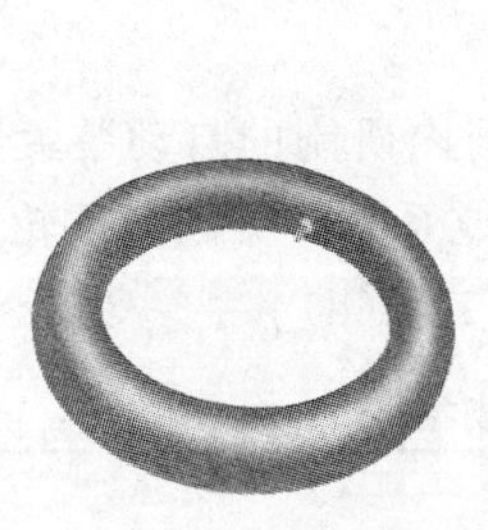

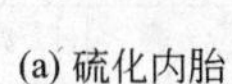

(a) 硫化内胎

(b) 加重内胎

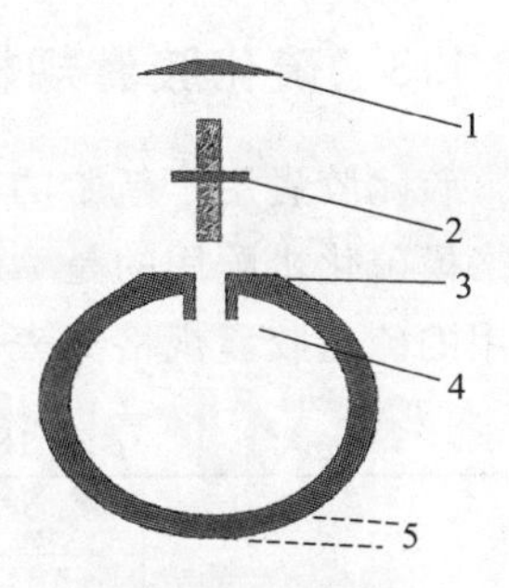

(c) 加重内胎断面图
1—橡胶垫；2—金属阀接嘴；
3—平黏合面；4—接嘴增
强垫；5—胎壁厚

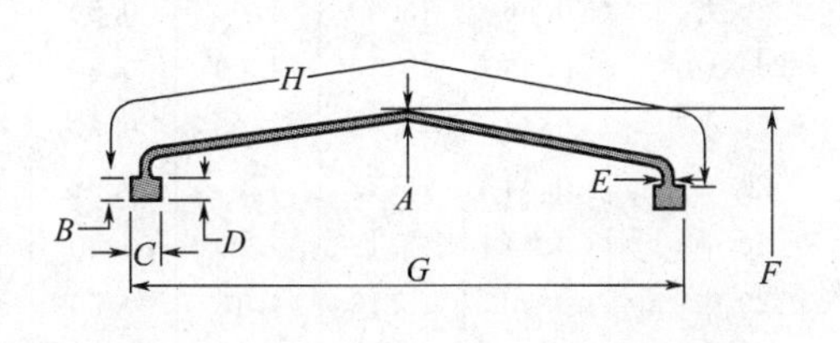

(d) 硫化胶囊外形及断面尺寸

图 18-1　硫化内胎、加重内胎、硫化胶囊外形及断面

表 18-1　一些翻新轮胎用的水胎规格　　单位：mm

水胎规格	外径 D_n	内径 d_n	断面宽 B_n	断面周长 P_n	牙子宽 d_m	壁厚 δ	
						冠部	牙子部
12.00-20	1052	510.5	248	769	85	11-12	18
11.00-20	990	510.5	221	680	80	11-12	18
10.00-20	970	510.5	210	640	70	9-10	16
9.00-20	937	510.5	190	605	64	9-10	16
8.25-20	886	510.5	175	538	60	8-9	14
750-20	859	510.5	153	490	50	8-9	14
32×6	825	510.5	142	425	42	8-9	14
6.50-16	690	406.5	135	397	55	7-8	12
6.00-16	670	401.5	120	375	55	7-8	12

表 18-2　翻新轮胎用的加重内胎规格　　单位：mm

加重内胎规格	外直径 D_n	内直径 d_n	断面宽 B_n	断面周长 P_n	牙子宽 d_m	壁厚 δ	
						冠部	牙子部
12.00-22	1072	567	250	784	112	12	18
12.00-20	1045	550	250	790	110	12	18
10.00-20	962	547	208	666	90	10	14
9.00-20	925	535	197	610	70	10	14
8.25-20	885	522	180	540	62	8	12
750-20	851	530	154	480	50	8	12
32×6	820	535	135	430	44	8	12

18.1.3 硫化胶囊规格

硫化胶囊用于新胎的有多种型号（A，B，AB 等），国内研制的自动装囊翻胎活络模硫化机配用的是 AB 型 9.00R20 硫化胶囊，国内未成系列。美国载重轮胎翻新用的硫化胶囊规格见表 18-3 [各部位尺寸标注代号见图 18-1(d)]。

表 18-3 美国载重轮胎翻新用的硫化胶囊规格 单位：in

胶囊号	规格	各部位尺寸								
		A 壁厚	B 囊口内径	C 囊跟高	D 囊跟宽	E 颈部厚	F 囊外径	G 囊筒高	H 囊筒周长	重量/磅
8376	20/22/22.5	0.44	15.00	1.00	0.50	0.46	22.50	20.88	24.20	28.91
8177	22/225/24.5	0.44	15.00	1.16	0.50	0.46	23.50	23.38	26.64	33.52
2895	20 大	0.66	15.00	1.00	0.50	0.46	23.50	24.75	28.10	41.46
3863	20 X-小	0.44	15.13	1.00	0.50	0.46	20.25	16.00	17.42	19.97
6236	20 小	0.44	15.13	1.00	0.50	0.46	20.58	19.81	21.10	23.58
6226	20 中	0.44	15.13	1.00	0.50	0.46	22.13	24.11	25.83	30.68
4735	20 中	0.44	15.13	1.00	0.50	0.46	22.00	24.00	25.83	30.68
6795	20 中	0.50	15.13	1.13	0.50	0.50	22.50	24.03	25.93	33.67
6796	20 中	0.50	15.13	1.13	0.50	0.50	22.50	27.03	258.93	38.27

注：1 磅＝0.45kg。

18.1.4 硫化内胎规格

美国载重轮胎翻新用的硫化内胎规格见表 18-4。

表 18-4 美国载重轮胎翻新用的硫化内胎规格 单位：in

规格	外径	内径	可用于的轮胎近似规格
540-36	54	36	用于 12.00×20～14.00×24 和大的宽断面测量直径和胎圈到胎圈距离以配适轮胎
480-32	48	32	
466-31	46.75	31	
442-24	44.25	24	11.00R24.5,12R24.5,11.00R20,10.00R22,11.00R22,11.00R24
422-24	42.25	24	10.00R20,11R22.5,275/80R24.5,265/75R24.5,295/80R22.5
402-25	40.25	25	9.00R20,10R22.5,275/80R22.5,295/75R22.5
396-28	39.75	28	10.00R15TR,10.00R15LT
374-21	37.50	21	7.50R20, 8.25R20, 9R22.5, 245/75R22.5, 255/70R22.5, 265/75R22.5,275/65R22.5
353-24	33.375	24	8R19.5, 9R19.5, 750R18, 700R18, 10R17.5, 825R15 TR, 9.00R15TR
320-19	32	19	7.50R16,235/85R16,8.25R15,9.50R16.5,10.0016.5
295-19	29.625	19	195/205/215R14195/205/15,800/875R16.5,225R14

18.2 水胎（含加重内胎）制备

18.2.1 胶料的制备

18.2.1.1 水胎（加重内胎）、胶囊的胶料配方

水胎因使用条件要求耐湿热老化，使用丁基橡胶为好，掺用5%～10%的氯丁橡胶可减轻丁基橡胶的老化发软现象，硫化使用树脂特别是溴化树脂对提高硫化速率和耐老化效果好，如用挤出法生产水胎时，为便利挤出多用软质炭黑如快压出炭黑。

模压法制备胶囊的胶料与水胎近似，但一般要求物理机械性能较高，炭黑要求用结构较高的，胶料配方见表18-5。

表18-5 水胎、胶囊胶料配方　　　　单位：质量份

原材料 \ 配方号	水胎1#	水胎2#	水胎3#	胶囊1#	胶囊2#
丁基橡胶	100	95	100	95	100
氯丁橡胶		5		5	5
丁苯橡胶		5			
氧化锌			5	5	5
半补强炭黑					
快压出炭黑		30			
高耐磨炭黑					
易混炭黑	55		10	45	
通用炭黑N660		30			
氯化亚锡		10	30		
硫化树脂	2.2				
溴化树脂	8.8	10		7.5	10
芳烃油			12		
硬脂酸			13	5	6
凡士林	2		1		1.5
活化剂420	5				
松香	1.5				
活性炭	1.5				
增黏剂A-90	5.5				
中超炭黑			3		
瓦斯炭黑					40
石蜡					10
					1

18.2.1.2 水胎（含加重内胎）胶料炼胶

(1) 开炼机混炼混炼　混炼容量应比天然橡胶少1/4，为使配合剂能较好地分散，要求用两段法混炼，第一段多采用薄通法以利丁基橡胶包辊。具体操作办法：

将一半生胶用冷辊小辊距反复薄通，待包辊后逐步加入余胶，包辊后加入填充剂及油料，混炼初期不能割刀，粉料混入前也很少割刀，以免脱辊（脱辊时应降低前辊温度使重新包辊）。第二段混炼时加入促进剂、硫化剂。具体见实例：以1#配方为例，采用开炼机两段混炼。

① 用16in开炼机第一次混炼　容量30kg，辊筒温度45℃以下，加料：丁基橡胶，辊距1.5～2mm，薄通4次至包辊，时间3min；加1/2炭黑，硬脂酸，辊距7～8mm，自然吃料，拉刀4次，时间7min；加余1/2炭黑，凡士林，辊距7～8mm，自然吃料，拉刀4次，时间7min；薄通，辊距1.5～2mm，拉刀3次，时间2min；捣炼下片，辊距7～8mm，下成5片，时间2min。合计21min。

② 用16in开炼机第二次混炼　容量25kg，辊筒温度45℃以下，丁基橡胶母胶热炼1.5～2mm，破料至包辊，抽余胶，时间1min；加树脂硫化剂，辊距7～8mm，自然吃料，加余胶，拉刀4次，时间5min，加氯化亚锡，420活化剂，自然吃料，加余胶，拉刀4次，时间6min；薄通，辊距1.5～2mm，拉刀6次，时间5min；捣炼下片，辊距7～8mm，下成5片，时间2min。合计19min。

注意事项：用开炼机混炼丁基橡胶时前辊温度应比后辊低10℃左右，因丁基橡胶包冷辊。

(2) 采用密炼机混炼　丁基橡胶更适于密炼机混炼，可采取高填量（比天然橡胶、丁苯橡胶高10%～15%），高压高温（149～177℃）混炼，一般为155℃。采用两段混炼，第一段混炼加除促进剂、硫化剂外的配合剂。排胶温度为165～175℃，下片后应冷却停放后再进行第二段混炼，第二段混炼加树脂硫化剂，混炼排胶温度为85～95℃。

翻胎厂用丁基橡胶量小，密炼机多为翻斗式，混炼压力小，工艺与上述有些差异。具体混炼例子如下。以1#配方为例，混炼第一段采用密炼机，第二段用开炼机，两段混炼。

① 第一段采用密炼机制成母炼胶，用50L密炼机一次投料50kg，排胶温度130℃。

② 丁基橡胶破料上顶栓加压（0.5MPa），1min；炭黑，硬脂酸，凡士林，上顶栓加压（0.5MPa），5min；排料至22in开炼机翻炼下成10片，2min。

③ 第二段用开炼机混炼工艺。混炼胶应停放24h后使用。

18.2.2　水胎（含加重内胎）胶坯挤出法制备

水胎（含加重硫化内胎）贴合与成型方法有三种：胶坯挤出法，胶片卷筒法，胶片贴合法。以水胎胶坯挤出法质量较好，但有些翻胎厂没有挤出机或因轮胎规格多，数量少，难配挤出机头，因此其它两种贴合与成型法也有企业在使用。

18.2.2.1　水胎胶坯筒体挤出

丁基橡胶挤出时因胶内的水汽和空气较难排出，造成气泡和局部海绵，因此最好使用真空挤出机或可变螺距、可变速的冷喂料挤出机，以利排出胶内气体。

热喂料挤出水胎胶坯工艺一般温度条件见表 18-6。

表 18-6 热喂料挤出水胎胶坯工艺温度条件

设备名称	温度范围/℃
热炼机：前辊	60～65
后辊	70～75
挤出机：机身	77～94
机头	90～110
口型	105～127

供料的温度不得超过 85℃，供胶温度和胶量需均匀，丁基橡胶的膨胀率比天然橡胶大30%～36%，但尺寸较稳定，一般停放后纵向收缩约 1%，而横向和厚度变化很小。

18.2.2.2 水胎（含加重内胎）胶坯贴合成型

水胎筒挤出后浸水冷却，停放 4h 以上令其充分收缩和冷却后进行，按施工标准规定长度裁切（见表 18-7），在水胎筒内装入水胎嘴子和胎筒接头。

表 18-7 挤出水胎施工标准 单位：mm

轮胎规格	壁厚(±0.5mm)			断面周长(±0.5mm)	胎筒长度(±5mm)	接头坡度/(°)
	冠部	侧部	牙子			
32×6	9	9	16	385	2060	30
7.50-20	9	9	16	470	2065	30
8.25-20	9	9	16	475	2095	30～40
9.00-20	10	10	18	570	2145	35～40
9.75-18	10	10	18	570	2010	35～40

18.2.2.3 水胎嘴子制备和安装

(1) 水胎嘴子的制造和安装 水胎嘴子设计成锥形，见图 18-2。

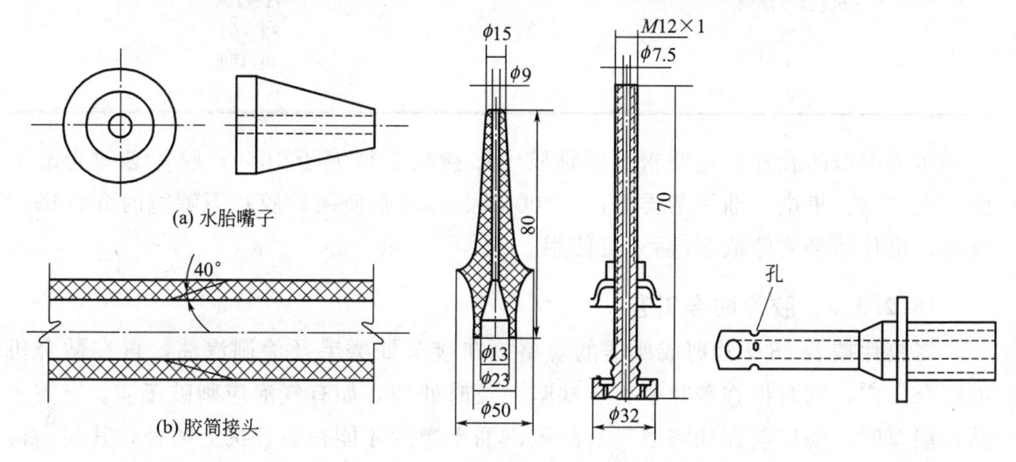

图 18-2 水胎嘴子和胶筒接头 图 18-3 模型单独硫化做成的橡胶水胎嘴子

锥形嘴子可用挤出机挤出胶棒，切取一定长度，穿入铁芯，并将铁芯留在棒内，再切削成锥形并用钢磨轮磨毛表面，安装时在其表面涂以汽油，另在水胎牙子要安装嘴子的部位打孔，将嘴子挤入压实，在硫化前才将铁芯拔出。

(2) 模型单独硫化做成的水胎嘴子见图 18-3。

橡胶嘴子与金属管较易连接，与水胎也可很好地连接而不易泄漏，易修、易换，使用较广。

使用胶嘴时需在胶嘴内插入一铁管接头（见图 18-3 中右图），以便与金属管快接头连接，铁管接头直径比胶嘴直径大 1mm，可防泄漏。

金属嘴子安装简单，其密封可在水（内）胎上加胶或布垫后由压紧螺母来完成。

(3) 水胎胶筒接头　水胎胶筒安装好嘴子后将筒两端切割成对应的凹凸端 40° 的锥体，并用钢丝轮磨毛后对接压实，最好用接压器挤压使接头处向外鼓出，再用压辊压实以防硫化出现裂口。

18.2.3　卷筒法制备水胎、加重内胎

18.2.3.1　胶片制备

由压延机或开炼机挤出按规定要求的无水波纹、杂质、气泡、焦烧的胶片（制备合格的胶片应使用压延机），丁基橡胶要压延出合格的胶片，温度控制是关键，压延机的辊筒温度要求见表 18-8。

表 18-8　压延机的辊筒温度要求

设备名称	温度范围/℃
三辊压延机：上辊	93～110
中辊	70～82
下辊	82～105
四辊压延机：上补偿辊	93～104
上辊	82～93
中辊	82～93
下辊	93～104

压延出型的胶片质量要求：压延胶中回掺胶不得大于 10%；胶片必须光滑平整，无水纹、焦烧、油污杂质等；10.00 以上的轮胎使用的胶片不够宽时允许搭接压实；出片后必须停放 8h 后才可使用。

18.2.3.2　胶片贴合工艺

将胶片按表 18-9 裁剪成所需的规格，在接头处磨毛及涂刷汽油，再在贴合机上贴合压实，同时检查胶片是否有缺陷并及时处理，如有气泡应刺破压实。当需要贴数层厚时，各层胶面均需磨毛，涂胶汽油干燥后才能在贴合机上贴合，其间不得窝藏有空气并按轮胎的硫化水胎（或加重内胎）施工表下料，使胶片的长、宽、厚

达到要求后，要将胶片的长和宽的接头两端均切成30°～40°的搭接坡口。

表 18-9　卷筒法按轮胎规格成型施工标准　　单位：mm

轮胎规格	胎筒					牙子		
	长度	厚度	断面周长	接头坡度/(°)	两气嘴间距	长度	宽度	厚度
13.00-28	2830	12	769	30	1400	2750	260	10
12.00-38	3430	12	769	30	1700	3380	300	10
11.00-38	3430	12	659	30	1700	3380	260	10
11.25-24	3430	12	659	30	1200	3380	250	10
9.00-42	3300	12	553	30	1650	3230	200	9
12.00-22	2156	12	710	30	1064	2108	203	9
12.00-20	2108	12	762	30	1039	2083	203	9
11.00-20	2070	12	680	30	1020	2020	190	9
10.00-20	2057	10	638	25	1016	2030	177	8
9.00-20	2030	10	584	25	1002	2000	177	8
8.25-20	2030	9	526	25	1002	2000	152	8
7.50-20	1980	9	486	20	980	1950	139	7
32×6	2032	9	420	20	1002	2000	125	7
6.50-16	1575	8	393	20	—	1524	100	6
6.00-16	1575	8	380	20	—	1524	100	6

将空心棒置于胶片纵向中心线处，在胶片一边按规定用空心冲孔器冲出气嘴，加贴帆布增强垫及胶片后，将金属气嘴杆插入压实，加贴嘴子垫（图 18-4），并贴上已冲孔的牙子胶。加压垫并旋紧嘴子螺母。

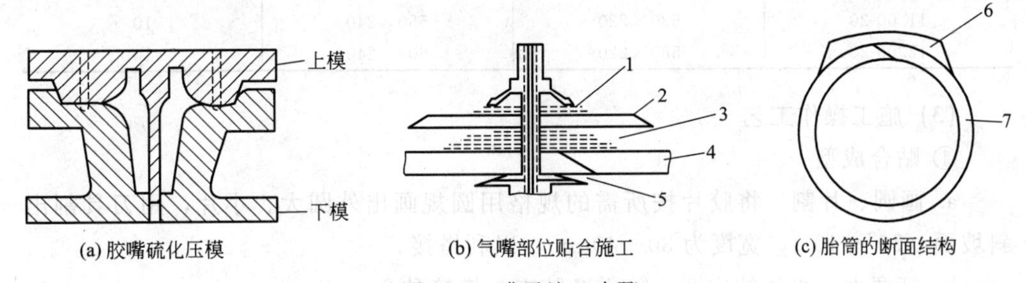

图 18-4　嘴子施工步骤

1,5—胶帆布垫；2,6—牙子胶条；3—椭圆形胶布嘴子垫；4,7—胶筒

卷筒法按轮胎规格成型施工标准见表 18-9。

18.2.4　圆胶片贴合法制备轻型水胎及加重内胎

18.2.4.1　圆胶片贴合法制备加重内胎成型工艺

(1) 成型工艺

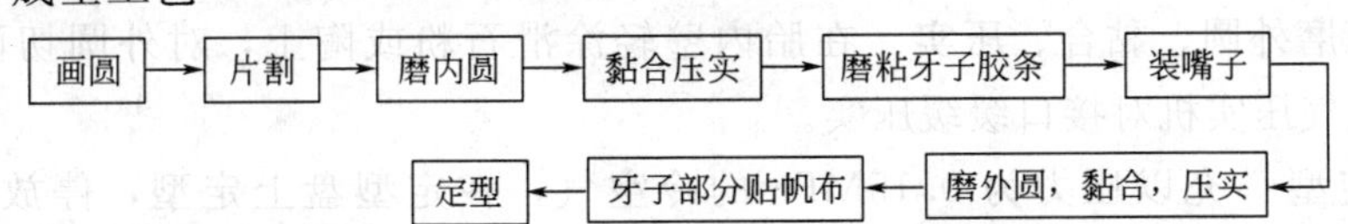

(2) 施工标准尺寸　表 18-10、表 18-11 提供了两种按轮胎规格用贴合法制备

加重内胎施工参考尺寸。

表 18-10　按轮胎规格用贴合法制备加重内胎施工参考尺寸　　单位：mm

规格	外圆部分		牙子部分		胶片厚	重量/(kg/条)
	大片	小片	大片	小片		
10.00-20	1080	1050	434	394	5～6	13±0.5
9.00-20	1020	980	460	420	5～6	10±0.5
8.25-20	980	940	480	440	5～6	9±0.5
7.50-20	960	930	480	440	5～6	8±0.5
7.00-16	800	780	380	340	5～6	6±0.5
6.50-16	750	730	380	340	5～6	5±0.5
32×6	910	880	490	450	10～11(天然胶)	10±0.5

表 18-11　按轮胎规格用贴合法制备加重内胎下料施工参考尺寸　　单位：mm

规　格	小片 $r_1 \times r_2$	大片 $R_1 \times R_2$	厚度
5.50-16	340×160	355×180	7
6.00-16	350×160	370×180	7
6.50-16	360×160	380×180	7
32×6	420×220	440×240	8
7.50-20	455×220	470×240	8
8.25-20	475×220	490×240	9
9.00-20	495×220	515×240	9
10.00-20	515×220	535×240	10
11.00-20	530×220	550×240	10
12.00-20	580×220	600×240	10

(3) 施工操作工艺

① 贴合成型

a. 画圆、片割　将胶片按所需的规格用圆规画出外圆大、小片，用刀具割出斜坡面（30°～40°），宽度为 30～40mm，以利搭接。

b. 打磨大、小片的内圆，除干净胶末，搭接黏合。

c. 压实　用压力为 1.0MPa 的空气压实机对接口缓缓压实。

d. 打磨牙子胶条和内圆里面（宽度 160mm）　打磨好的牙子胶条贴在内圆里面，用空气压实机对贴面压实。

e. 装嘴子　在装嘴子处打磨内圆（ϕ150mm），贴上 5mm 厚的胶片及两层涂胶帆布（涂胶浆丁基加重内胎胶：汽油＝1：8），打孔眼，把已制好的嘴子插入孔内用空气压实机反复压实。

f. 打磨外圆、黏合、压实　在胎内壁轻涂滑石粉或陶土，对外圆切面打磨一周，用空气压实机对接口缓缓压实。

g. 定型　充以压力为 0.15MPa 的冷空气，在定型盘上定型，停放 4h 即可硫化。

② 半成品质量要求　接头平整牢实，无气泡、脱空、起鼓现象；牙子无偏歪不正，不牢现象；定型的半成品断面周长不大于模型相应的尺寸。

③ 硫化工艺　内压为压缩空气，压力在1.0MPa，加热腔内蒸汽压力0.45～0.5MPa，硫化时间5h；胶坯装入模时模温不高于80℃，最好为冷模。

④ 成品标准　表面光滑，无明疤、海绵、砂眼、折皱、空鼓及结合不牢现象；加重内胎的各部位软、硬适当，厚、薄均匀；充入一定的空气后，查看牙子周围及其它部位有无异常；模缝溢胶厚度不超过0.5mm；成品重量误差±0.5mm。

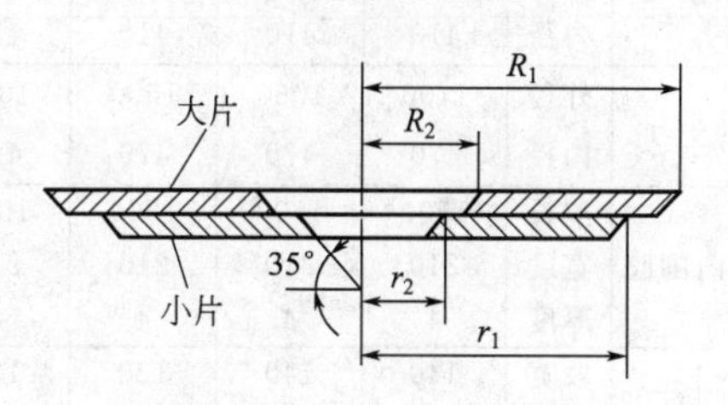

图 18-5　大、小片贴合位置图

图18-5是加重内胎贴合工下料标准图。

图18-6是加重内胎贴合胶片工艺，图18-7是水胎、加重内胎存放于模板上的位置图。

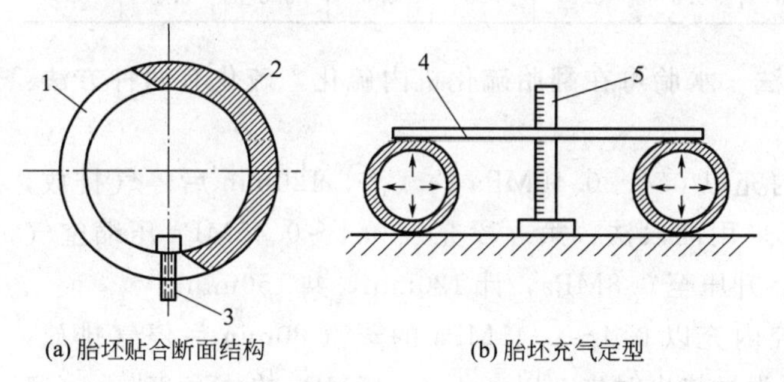

图 18-6　水胎、加重内胎贴合工艺

1—小片；2—大片；3—气嘴；4—标杆；5—标尺

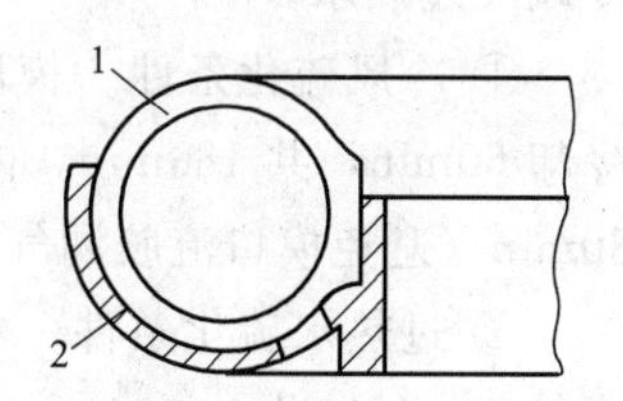

图 18-7　水胎、加重内胎存放模板

1—水胎；2—模板

18.2.4.2　天然橡胶圆胶片加贴帆布制备轻型水胎

用天然橡胶圆胶片加贴帆布制备轻型水胎目前在中，小翻胎厂使用广泛，为此作一简单介绍。

(1) 水胎内模主要尺寸及制备轻型水胎施工尺寸　水胎内模主要尺寸见表18-12，用天然橡胶圆胶片加贴帆布制备轻型水胎施工尺寸见表18-13。

表 18-12　水胎内模主要尺寸　　单位：mm

项目＼规格	11.00-20	10.00-20	9.00-20	8.25-20	7.50-20	7.00-20	7.50-16	7.00-16	6.50-16	6.00-16
内模内直径	988	960	935	880	855	851	730	720	670	558
断面内宽	210	210	180	170	170	154	154	150	136	136
胎圈直径	530	530	530	530	530	530	410	410	410	305
断面内周长	700	658	604	540	500	480	488	474	426	420

表 18-13　用天然橡胶圆胶片加贴帆布制备轻型水胎施工尺寸　单位：mm

项目 \ 规格		11.00-20	10.00-20	9.00-20	8.25-20	7.50-20	7.00-20	7.50-16	7.00-16	6.50-16	6.00-16
水胎片厚度		10	10	10	9	9	8	9	8	8	8
大片	外径	1160	1120	1060	1000	940	910	850	830	800	660
	内径	410	410	410	410	410	410	320	320	320	210
小片	外径	1100	1060	1000	1000	880	850	790	770	740	600
	内径	470	470	470	470	470	470	380	380	380	270
内围胶	周长	1500	1500	1500	1500	1500	1500	1200	1200	1200	1100
	宽度	210	210	210	210	210	140	210	140	140	120
	厚度	4	4	4	4	4	4	4	4	4	4
封口	胶宽	140	140	120	120	120	120	120	120	120	120
	胶厚	2	2	2	2	2	2	2	2	2	2
内围帆布宽		140	140	120	120	120	120	120	120	120	120
牙子封胶	圈径	90	90	90	90	90	90	90	90	90	90
	厚度	2	2	2	2	2	2	2	2	2	2
牙子包胶厚		0.6	0.6	0.6	0.6	0.6	0.6	0.6	0.6	0.6	0.6

(2) 天然橡胶水胎硫化方法　水胎可在翻胎硫化机内硫化，硫化有两种方法：冷风或过热水。

① 冷风硫化条件　模腔内充以 0.4～0.45MPa 的蒸汽，120min 后停气排放，冷却 60min，共 180min。内压采用两段法：第一段充入 0.4～0.45MPa 压缩空气 30min（避免模口流胶漏气）后升压至 0.8MPa，计 120min，共 150min。

② 过热水硫化条件　模腔内充以 0.4～0.45MPa 的蒸汽 80min 后停气排放，冷却 50min，共 130min。内压为过热水时先充以 0.4～0.45MPa 的蒸汽 30min（避免模口流胶漏气），再向水胎内充压力为 1.5MPa 过热水 80min，后充冷却水 20min，共 130min。

18.2.4.3　丁基橡胶水胎（加重内胎）胶坯硫化

丁基橡胶水胎硫化也可用翻胎硫化机光模硫化，但硫化温度要高且时间要长得多，一般 10mm 厚的水胎硫化温度在 180℃下也要 1～2h（视树脂硫化剂品种和用量而定）。

18.3　丁基硫化胶囊制备

18.3.1　丁基硫化胶囊胶料的配方和炼胶

丁基硫化胶囊胶料的配方可参考表 18-14，对用树脂硫化的胶料应进行两段混炼。

18.3.2 丁基硫化胶囊胶料的挤出

丁基硫化胶囊胶料由于膨胀率较高（挤出膨胀系数，天然橡胶：丁基橡胶＝0.781：0.880），因此挤出口型及芯型直径要放大。

热炼胶的温度可在90～95℃，挤出机头预热到60～80℃就不再加热和冷却，挤出胶坯温度在105～110℃。胶囊胶料因是注压模制品，只需制成矩形胶环（挤出胶条切成45°角打毛，涂汽油，干后压力接头），其重量应多于成品5%～10%。亦可由人工贴成矩形胶环，其施工方法见表18-14。

表18-14 由人工贴成矩形胶环施工表

规格	7.50-20	9.00-20	11.00-20
半成品重量/kg	10	15	18.25
胶片规格(长×宽×高)/mm	2500×60×10	2500×60×10	2500×60×10
定型长度/mm	2000	2100	2300
贴合层数/层	6	8	9

18.3.3 丁基硫化胶囊硫化

丁基硫化胶囊硫化是在硫化胶囊硫化机内进行，其硫化工艺条件见表18-15。

表18-15 硫化胶囊硫化工艺条件

轮胎规格	硫化机合模力/10^4N	模型温度/℃	硫化时间/min	
			硫化	操作
155-13	400t	190	30	5
220-508	400t	190	45	8
240-508	400t	190	50	8
260-508	400t	190	60	8
14.00-20	800t	175	100	10
12-38	800t	180	90	10

硫化胶囊硫化机外形及结构示意图见图18-8，国产的硫化胶囊硫化机技术参数见表18-16。

表18-16 国产硫化胶囊硫化机技术特性

特性 \ 型号	国产	
	XVF-500	XVF-1000
最大合模力/×10^4N	500	1000
工作台尺寸/mm	920×930	1500×1680
工作台间距/mm	1800	3000
工作台速度(上/下)/(m/min)	0.61～1.08	1.1～0.46
硫化胶囊最大规格	11.00-24	24.5-32
主活塞行程/mm	1260	2400
上芯模活塞行程/mm	520	912
下芯模活塞行程/mm	680	1120

(a) 10000t硫化机

(b) 1200t注射式硫化机

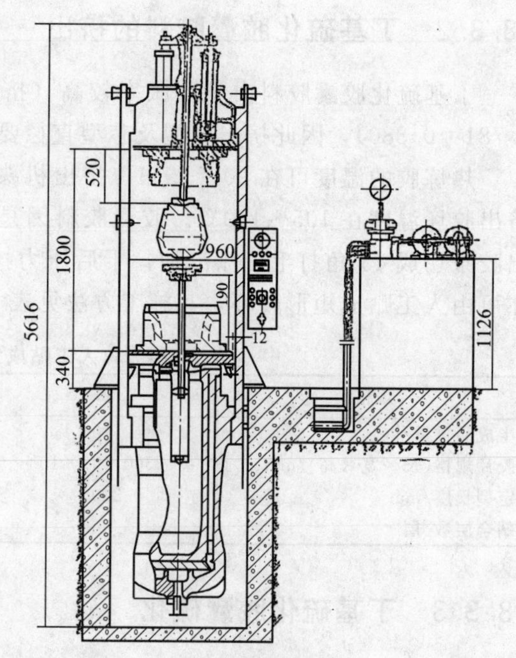

(c) LLA-5000胶囊硫化机

图 18-8　硫化胶囊硫化机外形及结构示意图

18.4　模型法翻新轮胎硫化内模（花纹板）设计

18.4.1　内模设计的要领

绘制内模的内轮廓图，通过对轮胎力学的了解和设计计算，掌握其中的要领。内模内轮廓图、花纹展开图和花纹沟剖面图及部位编号见图 18-9。载重汽车斜交翻胎硫化内模断面内轮廓和花纹尺寸系数或数值见表 18-17，载重汽车斜交翻胎常见规格硫化内模主要尺寸见表 18-18，载重汽车子午翻胎常见规格内模主要尺寸见表 18-19。为了便于了解，各部位尺寸取值大小的利弊按部位编号在表 18-17 下作了说明。设计时只需将轮胎规格名义断面宽英寸转换成毫米，并乘以所列部位的系数，修约得数中的小数后，即是该尺寸。

表 18-17　载重汽车斜交翻胎硫化内模断面内轮廓和花纹尺寸系数或数值

（系数以轮胎公称名义断面宽 mm 作为计算基数）

部位编号	轮胎规格 / 部位名称	小胎 6.00～6.50	中胎 7.00～9.00	大胎-1 10.00	大胎-2 11.00～12.00
1	内模断面宽度	0.99	0.96	0.93	0.90
2	内模胎面宽度	0.81	0.78	0.75	0.72

续表

部位编号	轮胎规格 部位名称	小胎 6.00～6.50	中胎 7.00～9.00	大胎-1 10.00	大胎-2 11.00～12.00
3	内模轮辋宽度	0.68	0.65	0.62	0.59

部位编号	部位名称		
4	内模轮辋直径（胎踵处）	12in	单钢丝 304mm 双钢丝 307mm
		14in	354mm
		15in	单钢丝 380mm 双钢丝 385mm
		16in	406mm
		20in	512mm
5	内模内径测定	样胎大磨后断面宽超过内模宽那部分二进一计入胎坯直径，再加上测量点 2.6～3 个花纹深度值（小值斜交胎横向花纹、子午胎、大值斜交胎纵向花纹）	
6	断面水平轴高	在内模断面高：1/2 处	
7	胎面圆弧高度	0.053	
8	肩下花纹高度	小胎 0.24，中、大-1 胎 0.23，大-2 胎 0.22	
9	肩下内模轮廓	①反弧又反弧 ②反弧接平弧 ③梯形三道 ④斜直切线	
10	胎侧装饰线高	0.06（肩翻）	
11	胎侧装饰线厚	小、中、中大胎 1mm，大胎 1.2mm	
12	装饰线倾斜度	夹角 10°左右	
13	轮缘垂直面高	0.065	
14	子口斜台宽度	0.13	
15	子口斜台斜度	5°	
16	水胎牙子斜度	10°～15°	
17	胎面圆弧半径	实测或计算	
18	肩角圆弧半径	0.03	
19	胎侧圆弧半径	1	
20	侧下圆弧半径	0.4	
21	轮缘反弧半径	0.09	

部位编号	部位名称	
22	胎踵圆弧半径	0.035
23	冠花纹距模口	横向花纹 0.07，纵向花纹 0.057
24	冠花纹走向角度	横向花纹夹角：外曲 35°，内曲 30°
25	测量点花纹深度	0.057，限至 13mm
26	肩角花纹深度	0.074，限至 17mm
27	胎肩花纹节数	横花（50±4）节，纵花（60±4）节
28	胎面花纹沟宽	横花按该部位花纹深度，纵花取花深的 0.7
29	肩角花纹沟宽	横花按该部位花纹深度，限至 24mm
30	花纹足深和宽	花纹足深度 2mm，花纹足宽度可比肩角宽 1/4 左右
31	肩下支撑筋宽	0.04 或取规格字头，如 9.00-20 即为 9mm
32	花纹沟壁斜度	夹角：冠部 20°、肩角 25°、肩下 15°
33	花纹沟底半径	冠部 2mm、肩角 3mm、肩下平底
34	横花底线半径	冠部 1.2mm 左右、肩角 0.11mm、肩下 0.7mm
35	排气孔钻直径	1.8mm，限至 2mm
36	排气孔设置点	肩花旁 5mm 和花纹足下胎侧线正中
37	模口压面宽度	内模胎冠模口宽度 25mm 左右
38	内轮廓粗糙度	1.6μm
39	花纹块算节距	冠中、肩角、胎侧线下沿的直径求周长，除以节数（分数）求节距
40	花纹展开弧长	花纹展开图中胎面、肩下、胎侧线分段标出弧长，分规精确调校 5mm 测量

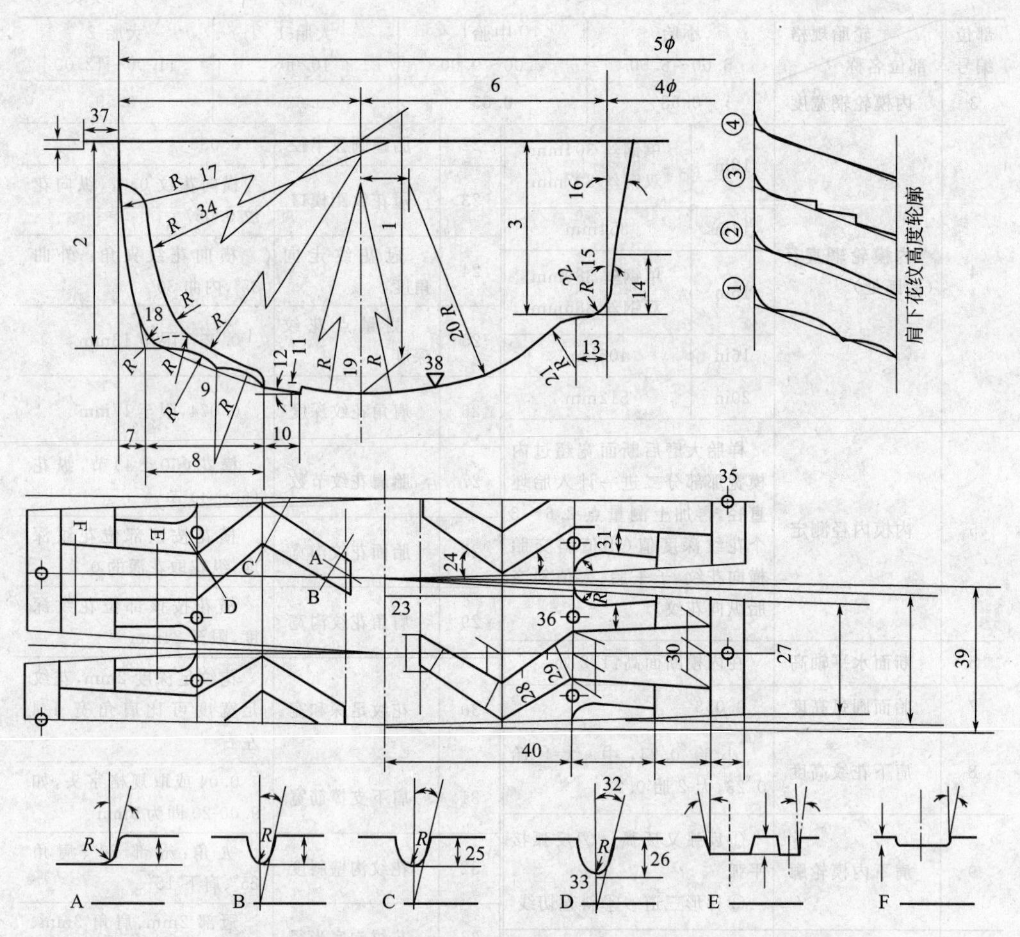

图 18-9 内模内轮廓图、花纹展开图和花纹沟剖面图及部位编号

表 18-18 载重汽车斜交翻胎常见规格硫化内模主要尺寸参照表 单位：mm

轮胎规格	内模内径	断面宽度	胎面宽度	轮辋宽度	胎面弧高	花纹深度
6.50-16	740±6	164/160	134/130	112/108	8/9	9/8
7.00-16	762±6	170/166	140/136	118/114	9/10	10/9
7.00-20	886±6	170/166	140/136	118/114	9/10	10/9
7.50-16	786±6	182/178	148/144	124/120	10/11	11/10
7.50-20	920±6	182/178	148/144	124/120	10/11	11/10
8.25-16	846±6	200/196	162/158	136/132	11/12	12/11
8.25-20	964±6	200/196	162/158	136/132	11/12	12/11
9.00-20	990±6	220/216	178/174	148/144	12/13	13/12
10.00-20	1022±6	236/230	190/184	158/152	13/14	13/12
11.00-20	1054±6	252/246	202/196	166/160	15/16	13/12
12.00-20	1090±6	274/268	218/212	180/174	17/18	13/12

注：表中斜杠：（前）适用横向花纹或顶翻/（后）适用纵向花纹或肩翻；表中内模内径尺寸仅供国产品牌的轮胎参考。

18.4.1.1 设计子午胎内模说明

部位编号1～3参考大胎-1，一个规格的斜交轮胎纵向花纹系数，部位编号6在内模断面高的3/5处，部位编号7系数取0.046，或参照表18-19中数值，胎肩下轮廓反弧。

18.4.1.2 设计斜交胎内模说明

(1) 按部位编号逐项评述取值大与小的利弊，内轮廓只画内模半片剖面图，故只标半数断面宽。按规格名义断面宽（in）：小胎6.00～6.50，中胎7.00～9.00，大-1 10.00，大胎-2 11.00～12.00。轮胎使用后断面变宽，翻胎需加以整形复原，翻胎内模断面宽要比新胎小。通过模内压迫使胎侧直径变大，增加胎面周长，减少充气使用中胎面胶拉伸，有利耐磨、抗扎。另在启模时断面扩大直径缩回，使花纹脱开操作省力。内模纵向花纹或肩翻系数可减少0.02。

(2) 内模胎面宽度 只用半数胎面宽度，翻胎胎面宽要比新胎窄些。胎面宽窄与胶耗、磨耗、滚动阻力和生热量有关，互有得失，胎面稍窄耐磨略有损失但抗肩空，也节省胶料和燃油消耗。中、大型胎尤其需要提高胎体的耐久性。内模纵向花纹或肩翻系数可减少0.02。

(3) 内模轮辋宽度 只标半数尺寸，应适用轮辋宽窄两类型的汽车轮胎。由于轮胎使用后胎侧已伸张，永久变形后线条变长，只有通过缩小轮辋宽度和加大胎侧圆弧半径来增加胎侧线长加以消化，并使胎圈部位有足够的压强，以避免硫化后胎圈弯曲或子口跨度超过胎面宽，影响到外观质量。内模纵向花纹或肩翻系数可减少0.02。

(4) 内模轮辋直径（胎踵处） 也称子口直径，它是翻胎内模断面高的基准线。目前20in系列T型或V型，16in系列F型或E型等均是斜底式轮辋，过去20in平底式均采用508mm，现胎踵处应按照新胎采用512mm，子口斜台5°角倾斜至胎趾（胎趾处约508mm）。翻胎断面高的基准线放在胎踵较妥，不会受到胎圈子口斜台宽窄的影响。16in胎踵处仍为406mm。

(5) 内模内径测定 见表18-18和表18-19。内径选取要注意新胎尺寸发展动向，国内品牌新胎厂优质轻量设计多采取小轮廓尺寸，直径和断面宽控制在国家标准的下限，这类内模利用率很高。确定内径尺寸要十分谨慎，以免造成经济损失。可以从现有内模尺寸使用情况作调剂（内径中大号、中号和小号之间尺寸通常级差为6mm，大胎如不设中号的内径尺寸级差改为9mm），也可以取样胎大磨后测量，或取几条常见的厂牌胎大磨后测量出直径、断面宽，分别取平均值，按表中要求测定内模内径。或按以下方法求出内模内径的尺寸：内模内径尺寸＝大磨后直径（断面宽超过内模断面宽的那一部分尺寸二进一计入直径）＋测量点花纹深度×2＋应留给胎坯与内模间直径差额（小胎3～9mm，中胎、中大胎6～12mm，大胎9～15mm，横向花纹和子午胎取小值，纵向花纹取大值）。

斜交轮胎横向花纹取小值，纵向花纹取大值，以利改造内轮廓；横向花纹冠内平弧，纵向花纹冠内圆弧（蛋形或球形）。前者减薄胎肩胶厚，有利散热、减少肩空，因横向花纹胎面呈板块状能抑制胎冠抛高，有利耐磨。后者能抑制纵向花纹胎冠抛高，促进胎肩直径挺伸，减少冠磨。

(6) 断面水平轴高　该处是内模断面宽最宽点，由于内模缩小了轮辋宽度，必然提高了断面水平轴高度，因此斜交轮胎断面水平轴高度在断面高的 1/2 处（子午胎在 3/5 处），可以减短肩下切线高度，改造翻胎肩部形状，放平胎肩骨架面坡度，变更肩部剪切点。使之接近轮胎接地形状来减少变形，减少了胎肩剪切疲劳和生热，有利翻胎抗肩空或延缓肩空进程。由于舒展了胎冠部胎体，也有利耐磨耗（启模后或翻胎装入汽车标准轮辋充气后，实际使用断面最宽点和屈挠点会往下移）。

(7) 胎面圆弧高度　弧高选取与耐磨性和抗肩空有关，也与抗超载、抗气压不足有关，平弧实际磨面大，胎面压强较均衡、较耐磨，如超载严重轮胎下沉量加大，肩部压强过大，平弧会因肩部胶层加厚后不仅胶耗大又散热差，也容易引发肩空。超载或严重超载弧高可以增加 1～2mm。

(8) 肩下花纹高度　指胎肩下花纹筋高度（长度），它不包含胎侧线。从美观考虑不宜太短，从大磨工艺难度和节胶考虑不宜太长。通常支撑筋高度和肩下花纹沟深度都比新胎短和浅。肩下花纹筋高度，也可作为顶翻胎的肩下切线高度。

(9) 肩下内模轮廓　肩下轮廓必须是机床能够加工的（新工艺“块花铸造拼合法”除外），肩翻胎或全翻胎四种常见的形状中斜直切线除越野和矿区使用外，尽量不采用。反弧或梯形可扩大表露面积，有利散热。增加胎肩硫化压力，提高黏附强度，其形状顺其自然接近轮胎接地形状，消除外吊剥离力，减少变形和疲劳生热。花样美观大方，也节省胶料。

顶翻胎在肩下切线上端，翻胎胎面与原胎黏合面交接点附近的内模轮廓也要采取反弧，反弧高度两倍于胎面厚度（即测量点两个花纹沟的深度），以保证 1/3，至少 1/4 的反弧面能压到原胎胎肩上，使之具有自行调节原胎胎面宽度的功能，不管原胎胎面大小都能适应内模胎面宽度的要求。有利于新老胶逐渐过渡，避免使用中胎面翘边。如果新老胶之间采取卡胶线，使应力高度集中该处，容易引发胎面的黏合面脱开翘边。

(10) 胎侧装饰线高（宽度）　胎侧装饰线可以是单线或双线等多种形式，从美观考虑胎侧装饰线不宜太窄，也无须与新胎等宽，通常搭盖到原胎侧装饰线中部或中上部。高度要从节胶和大磨难度考虑。

全翻胎下胎侧轮缘上方还得有三道防水线凹槽，每道之间以圆周 15～25 等距交错开挖连通凹槽，并开设排气孔，连通凹槽之间的三道防水线凹槽中段也要开一个排气孔。距离防水线上缘 10～20mm 处，以圆周 15～25 等距开一个排气孔。全翻胎胎侧还得有“翻胎”标识和翻胎“规格、厂名或商标”等标识。肩翻胎和顶翻胎的胎肩下也得刻有“厂名或商标”的标识。

(11) 胎侧装饰线厚　胎侧线厚度中大、中、小胎为1mm，大胎1.2mm。如太厚容易出现胎侧线缺胶或残缺不全。

(12) 装饰线倾斜度　斜度大小能影响内模肩下切线坡度，因而不宜过斜，夹角10°左右为妥，放平翻胎肩下骨架层坡面有利抗肩空和延缓肩空进程，也便于制作机加工样板。

(13) 轮缘垂直面高　指未画胎踵圆弧时的胎圈垂直面，通过整形改善磨胎圈情况。

(14) 子口斜台宽度　子口斜台宽度只需为胎圈子口斜台实际宽度3/4，让胎趾部位落入水胎牙子部位斜面，由于胎趾软，在内压作用下紧贴水胎牙子部位斜面，放压后自行脱离开胎圈，容易启模。

(15) 子口斜台斜度　斜底式汽车轮辋的胎圈子口处斜台坡度为5°，整体呈圆锥形状。子口有倾斜面弯子口或包子口修补子口，很平整，无台阶。有斜度硫化后轮胎容易启模，胎趾不反包住子口，胎圈好脱模。

(16) 水胎牙子斜度　内模轮辋底部有两个斜面，子口斜台和水胎牙子斜台，水胎牙子部位斜台为10°～15°，便于进胎和出胎，也便于合模，并避免因水胎未装到位被模口夹破水胎。

(17) 胎面圆弧半径　通常胎面只用一个圆弧半径。也有的冠平弧靠近肩部圆弧。但翻胎不宜有冠反弧，因补垫会影响充气后轮胎圆度的均匀性，增加轮胎的振动和噪声。圆弧半径简易的测定方法是：单弧面的弧线用圆规的圆心在模口线上下调整到冠部模口至肩部角尖两点都能点到为止，确定圆弧半径尺寸并画线。

(18) 胎肩圆弧半径　如无胎肩转角处这个圆弧，胎肩棱角容易崩花掉块，圆弧半径如过大则磨面变小，翻胎初期不耐磨。有这个圆弧也可缓解该处内模应力过于集中。

(19) 胎侧圆弧半径　大的胎侧圆弧半径是为了增大内模胎侧线长，容纳变形变长的胎侧线条，并扩展水平轴以上断面宽度，有利缩短肩下切线高度。放平肩下骨架层坡面有利抗肩空和延缓肩空。圆弧半径的圆心点在断面水平轴。

(20) 侧下圆弧半径　由于轮胎层级提高，使用后期防水线附近仍为平弧，侧下圆弧半径取值不宜太小，小了由于下胎侧加强部厚度大刚度也大，不易弯曲，容易造成防水线附近压强不足，而且还会使胎圈轮缘部位压强不足。因此下胎侧圆弧半径要适当放大。绘图时通过移动圆弧半径圆心点使胎侧弧线和轮缘反弧线都能平顺连接起来。并标出圆心点与水平轴之间的距离尺寸，便于制作机加工样板。

(21) 轮缘反弧半径　从提高汽车轮辋和翻胎胎圈着合面摩擦力考虑，要扩大反弧的着合面，避免汽车轮辋与胎圈着合面过少和摩擦力不足，产生滑移或造成磨损胎圈轮缘包布甚至胎圈露钢丝。

(22) 胎踵圆弧半径　内模轮辋胎踵圆弧基本与标准轮辋相同，使胎圈部位修补平整，也使该处与轮辋有摩擦力。

18.4.2 内模设计与质量、功能、胶耗、外观的关系

内模内轮廓某些部位尺寸选取不当，会出现明显的外观缺陷：轮辋宽度偏大时胎圈部位贴胶压合不到，如果子口直径也偏小还会出现胎圈弯曲和子口修补不平整，或由于进模中心定位不正，硫化后造成轮胎偏心失圆或局部胎段花纹露锉印；顶翻胎面宽度过小时胎冠会内拱，过宽时胎面会“戴帽”；胎侧断面宽度过大时不易启模，纵向花纹沟易开裂，或充气使胎面伸长大，不耐磨；断面水平轴过低时肩下切线过长，生热大，散热差，易发生肩空、肩裂等，都会对翻胎耐久性和安全性产生不利的影响。

内模胎面弧高取值过大，花纹走向角度等设计不当，充气后胎冠高拱磨冠或冠内磨面小、肩部磨面大都会冠磨快，又影响到车辆牵引力，胎面也不耐磨、不耐刺扎；花纹选型不当，花纹沟宽窄、沟壁斜度大小等对抓着力、自洁、抗侧滑、轮胎震动和噪声等都有一定的影响，也会对翻胎耐久性和安全性产生不利的影响。

内模内径取值过大，胎面过宽或弧高偏小，胎面花纹过深或只是胎肩花纹过深，肩翻肩下花纹过长、过深，支撑筋过粗，副花纹过小、过浅、过短，以及肩下采取斜直切线，胎面边沿花纹走向角度过小等，都会增加胶耗，也会对翻胎耐久性和安全性产生不利的影响。

翻胎作为商品同样讲究美观，以便提高产品档次和价位。胎面花纹设计是很费神费工的工作，花纹体现实用与美感的结合，有个性和内涵。在保证所需功能前提下，实现形式多样化。花纹线条或刚劲有力（无弧线），或柔软流畅（无棱角），或刚柔相济（棱弧相间）。花纹还可以做框边来装饰。通过不断推陈出新，不时让用户耳目一新，以促进销售。

18.4.3 内轮廓主要尺寸的选取

18.4.3.1 内轮廓基本尺寸

内轮廓基本尺寸是轮廓框架的主体，由断面宽、胎面宽、轮辋宽、轮辋（胎踵处）直径、内模内径五项数据组成（见表18-17，部位编号1～5）。只需向模具厂提供以上尺寸和花纹形式，就可以加工出比较满意的内模。例如要算出规格10.00-20内模断面宽的尺寸，其计算式如下：

轮胎公称名义断面宽254mm×胎类断面宽系数0.93＝内模断面宽尺寸236.22（修约小数≈236mm）

18.4.3.2 构成内轮廓其它尺寸

以下尺寸构成内轮廓整体框架，是绘制内模内轮廓不可缺少的数据群：断面水平轴高度；胎面圆弧高度；轮缘垂直面高度；肩翻胎肩下花纹支撑筋高度或顶翻胎肩下切线高度；肩翻胎胎侧装饰线高度、厚度和斜度；胎圈子口斜面宽度和斜度；

水胎牙子部位的斜度（见表 18-17 部位编号 6～16)。

18.4.3.3 内轮廓贴面形状

(1) 内轮廓形状主要由以下部位圆弧半径（*R*）的弧线和上述直线或斜直线连接构成：胎面 *R*、肩角 *R*、胎侧 *R*、下胎侧 *R*、轮缘反弧 *R*、胎踵 *R*（见表 18-17 部位编号 17～22)。以上各参数的圆心：胎面 *R* 在模口线、胎侧 *R* 在断面水平轴线、轮缘反弧 *R* 在轮缘垂直面高度线。

(2) 为避免内模与外模配合面出错，如不十分了解配合面几何形状尺寸的，可以不画内模外轮廓，留给模具厂确定，图纸上注明与某种型号硫化机配合。如自己画外轮廓的，要留有内模外径与外模内径之间的间隙量，因为铝合金内模热膨胀系数比铸钢外模大，故内模外径要适当减少。以防热胀后侧部伸张冠部拱曲，剪切应力引起肩部整周开裂。如间隙过大加热后内径仍有间隙，除导热不良外，内压下容易引起径向断裂。新内模安装进外模时，模背平面的贴面要到底，与外模紧贴无间隙。直径平台和两个斜面与外模配合面的间隙量要用塞尺测量，合适才能开机加热，硫化数条后卸下检查，如有明显的黑色压痕，应将压痕锉去。

绘图前先按表 18-18 求出内轮廓各部位尺寸，或参照表 18-19 和表 18-20 的尺寸在图纸上用铅笔标点画线，确定后由绘图笔描线，轮廓为粗线，尺寸标注为细线。比例 1∶1，力求尺寸准确。

表 18-19　载重汽车子午翻胎常见规格硫化内模主要尺寸参照表　　单位：mm

轮胎规格	内模内径	断面宽度	胎面宽度	轮辋宽度	胎面弧高	花纹深度
6.50R16	754+3	166	136	118	6	9
7.00R16	782+3	178	144	124	7	10
7.50R16	796+3	190	158	136	8	11
7.50R20	938+3	190	158	136	8	11
8.25R20	982+3	210	174	148	9	12
9.00R20	1022+3	230	184	158	10	13
10.00R20	1052+3	254	196	166	11	13
11.00R20	1080+3	280	212	180	13	13
12.00R20	1118+3	304	230	194	15	13

注：本表断面宽度基本取自轮胎公称名义断面宽，胎面宽度系调剂后的尺寸，适用顶翻胎面肩下反弧。

表 18-20　整圆硫化机标准配合面直径尺寸　　单位：mm

型号规格	FL-A 740	FL-A 840	FL-A 1010	FL-A 1110	FL-A 1230	FL-A 1600
外模内径	740	840	1010	1110	1230	1600
内模外径	739	839	1008.7	1108.5	1228	1597.5

注：1. 内模外径机加工允许正负公差 0.2mm。

2. FL-A 下轮辋无内顶启胎，FL-B 有内顶，配合面几何尺寸两种型号相同。

文字部分要标明翻胎品种规格、图样尺寸比例、内模材料、加工数量、内轮廓及花纹的光洁度、设计单位和个人、设计完工日期。

参 考 文 献

[1] 阮桂海．丁基橡胶应用工艺．北京：化学工业出版社，1980.

[2] 郑云生．汽车轮胎翻修．北京：人民交通出版社，1987.

第19章 国内外轮胎翻新标准

19.1 国内轮胎翻新相关标准

有关国内翻新轮胎的标准，仅介绍标准号、名称，具体内容及要求请查阅相关标准。

(1) GB 7037—2007《载重汽车翻新轮胎》(强制性国家标准)。

(2) GB 14646—2007《轿车翻新轮胎》(强制性国家标准)。

(3) HG/T 3979—2007《工程机械翻新轮胎》(强制性国家标准)。

(4) GB/T 21286—2007《充气轮胎修补》(推荐性行业标准)。

(5) HG/T 4123—2009《预硫化胎面》(推荐性行业标准)。

(6) HG/T 4124—2009《预硫化缓冲胶》(推荐性行业标准)。

(7)《轮胎翻新行业准入条件》。

(8) SB/T 10655—2012《商用旧轮胎回收选胎规范》。

(9) GB 2758—2012《机动车运行安全技术条件》。

19.2 国外对翻新轮胎使用的一些规定

19.2.1 美国对轮胎翻新的规定

美国未见有统一的翻胎标准，一些州由议会自行立法，如北达科他州规定：

① 轮胎寿命达到 6 年后就不得再翻新；

② 胎体翻新次数为 2 次，对用于低速车、训练用车、拖车的轮胎允许翻新 3 次；

③ 美国运输局要求用于高速公路的翻新轮胎需经批准。

19.2.2 欧盟 NU-ECE 117 轮胎标签法规

欧盟 2011 年 9 月发布 NU-ECE 117 轮胎标签法规，该标准包括翻新轮胎。

据报道目前我国轿车轮胎的滚动阻力值按欧盟标准多在第 1 阶段要求的 E 级和 F 级，属最低级。载重轮胎生产好的企业也有 30%达不到第 1 阶段的最低要求。翻新轮胎尚未考虑及进行此方面的测试。我国有大量的轮胎出口到欧盟，应引起重视。

翻新轮胎如出口欧盟也需执行此标准。此标准的执行引起国际翻胎协会重视，发表了“翻胎业的终结?”社论并提出应对措施。这一法规要求翻新轮胎最迟要在 2017 年实施，为节省篇幅主要介绍商用轮胎对轮胎滚动阻力、湿滑、噪声的限定指标。

(1) UN-ECE117 法规将汽车轮胎分为 3 种类型。

C1：符合欧盟附录 29：法规 30《关于批准汽车和拖车用充气轮胎的统一条款》(相当于我国轿车轮胎)。

C2：符合欧盟附录 53：法规 54《关于批准商用车辆和拖车用充气轮胎的统一条款》，负荷指数低于 121，速度级别高于或等于 N 级的轻型商用轮胎（类似于我国轻型载重轮胎)。

C3：符合欧盟附录 53：法规 54《关于批准商用车辆和拖车用充气轮胎的统一条款》(类似于我国载重轮胎)。C3 又分：C3(a)：负荷指数大于或等于 122；C3(b) 负荷指数低于 121，速度级别低于 M 级。

① 商用轮胎噪声不能超过表 19-1、表 19-2 所列的 dB（A）数值。

表 19-1 C3(a) 商用轮胎车速 80km/h 时噪声不能超过所列的 dB（A）数值

单位：dB（A）

普通轮胎	76
雪泥轮胎①	78
特殊轮胎	79

① 仅适用于 M+S 轮胎。

表 19-2 C3(b) 商用轮胎车速 60km/h 时噪声不能超过所列的 dB（A）数值

单位：dB（A）

普通轮胎	73
雪泥轮胎	74
特殊轮胎	75
拖车轮胎可在表中指标加 2dB(A)	

② 轮胎滚动阻力系数

a. 第 1 阶段 C1、C2、C3 轮胎滚动阻力系数最大值见表 19-3。

表 19-3　第 1 阶段 C1、C2、C3 轮胎滚动阻力系数最大值　单位：N/kN

C1	12.0
C2	10.5
C3	8.0

注：如胎面是雪泥花纹增加 1N/kN。

b. 第 2 阶段 C1、C2、C3 轮胎滚动阻力系数最大值见表 19-4。

表 19-4　第 2 阶段 C1、C2、C3 轮胎滚动阻力系数最大值　单位：N/kN

C1	10.5
C2	9.0
C3	6.5

注：如胎面是雪泥花纹增加 1N/kN。

③ 轮胎的湿滑性、抓着力指标为相对值，但仅限于 C1 类轮胎，其指标见表 19-5。

表 19-5　轮胎湿滑性、抓着力指标

胎面雪泥花纹速度级别 Q 级或 H 级以下(不含 H 级)，最大速度不超过 160km/h	≥0.9
胎面雪泥花纹速度级别 R 级，包括 H 级以上，最大速度可超过 160km/h	≥1.0
普通(公路型)轮胎	≥1.1

(2) 开始执行期限

① 达到第 1 阶段指标期限见表 19-6。

表 19-6　达到第 1 阶段指标期限

轮胎类别	期限
C1、C2	2014 年 11 月 1 日
C3	2016 年 11 月 1 日

② 达到第 2 阶段指标期限见表 19-7。

表 19-7　达到第 2 阶段指标期限

轮胎类别	期限
C1、C2	2018 年 11 月 1 日
C3	2020 年 11 月 1 日

19.2.3　国际翻胎协会及一些跨国公司为应对 R117 法规提出的措施

国际翻胎协会（BIPAVER）认为 UN-ECE R117 法规的一些规定对翻胎业生存是一个重大挑战。为达到此标准的要求，提出四点措施。

(1) 建立拟翻新的新胎档案，对新胎的滚动阻力、湿滑性、噪声、卷标等级、胎体重量、胎面胶的胶料、花纹结构、可使用年限等均应有详细记载。建立可翻新的胎体库，经检验初步认可的胎体按已使用年限（2、4、6 年）分别存放。为确认可翻新性，每条轮胎要在精密的磨胎机上磨去 2mm 后再在较精密的轮胎转鼓试验机上测该条胎体的滚动阻力值。如果超标或接近超标则不宜翻新（胎体检验前应磨去部分胶以求轮胎表面均匀光滑，是因轮胎的滚动阻力大小与轮胎的均匀性及平衡性有密切的关系）。

(2) 准备各种规格的胎面花纹结构（轮胎的湿滑性的好坏，噪声的大小，甚至滚动阻力的大小等很大程度取决于胎面花纹结构），准备不同的胎面花纹深度、厚度、胎面尺寸、重量（重量大，滚动阻力也大）。

(3) 提供适应各种要求的胶料，包括不同滚动阻力、硬度、物理机械性能的胶料。

(4) 在达到 UN-ECE117 规范要求的前提下，按用户要求、原新胎数据使用期档案、胎体转鼓测得的滚动阻力的大小，进行个体化的设计。选配相应的胎面胶料及花纹结构、尺寸、重量等来进行翻新，只有如此才能取得合格的卷标并使用户满意。

19.2.4 欧盟《关于批准商用车辆和拖车用充气轮胎的翻新轮胎的统一规定》（法规 ECE—109）

(1) 范围　本规范适用于在道路上使用的商用车辆和拖车用充气轮胎的翻新轮胎，它不适用于：新私人轿车轮胎和其拖车；速度级别低于或等于 80km/h 的翻新轮胎；原胎没有速度级别和负荷指数的翻新轮胎。

(2) 要求

① 翻新之前

a. 轮胎清洁和干燥之前检查。

b. 每条轮胎在打磨之后应对其内外彻底进行检查以保证适合于翻新。

c. 轮胎损坏的起因是缺气或超载则不能翻新。

d. 轮胎有如下的损伤则不能翻新。

Ⅰ. 通常性的　非修补胶开裂深及胎体；胎体开裂；明显受到油或化学品侵蚀；钢丝圈损坏或断裂；原修补过的轮胎的损坏超过本规范 5.3 节中规定的极限。

Ⅱ. 修补范围超过本规范 5.3 节中规定的极限　在胎体修补之后又发生穿洞或损伤；多处损伤靠得太近；内气密层基本变质；胎圈损坏；胎体露帘线；帘线疏松；带束层脱空；钢丝胎体帘线永久变形或扭曲；胎圈上周向开裂；钢丝帘线或胎圈钢丝被腐蚀。

② 准备

a. 打磨后在贴合新材料之前，每条轮胎应重新仔细检查，以保证可继续翻新。

b. 用于贴合的新材料的整个表面，应在非过热的情况下准备，打磨面上不应有裂纹及织物的松散物。

c. 使用预硫化的材料的部位其贴合区域的轮廓应符合材料制造商的要求。

d. 打磨损伤的部位不能超过修补的极限，见规范中的5.3条款。

e. 打磨斜交轮胎不能超过胎体胎冠部位的缓冲层的外层帘布，胎体第一层帘布层局部损伤除外。

f. 子午线轮胎的带束层局部损伤进行打磨是许可的。大范围的带束层（第一层）损坏或断面损伤允许全部更换，当防护层损坏可重装，或经确认可除去，而不需要翻新。

g. 暴露的钢丝部分，应该用材料制造商规定的适当的材料尽快进行处理。

③ 翻新

a. 翻胎者必须保证，修理材料包括衬垫的制造商和供应商都有以下的责任。

Ⅰ. 如果翻胎者需要，以使用材料的国家语言说明使用和保存的方法。

Ⅱ. 如果翻胎者需要，以使用材料的国家语言说明确定的材料修理损伤部位的极限。

Ⅲ. 保证如果正确使用于胎体修理，骨架加强层的衬垫是适用于使命用途的。

Ⅳ. 保证衬垫能够承受轮胎制造商给出的2倍最大的充气压力。

Ⅴ. 保证任何其它的修理材料是适用的。

b. 翻胎者有责任正确使用修补材料并保证修补的轮胎没有影响轮胎使用寿命的缺陷。

c. 修补子午线轮胎的胎肩或胎侧加强区域使用较强的填充，操作压力及填补胶稍高于周边，但不高于4mm。

d. 无论是胎面和胎侧材料的制造商或供应商都应发布有关材料使用和贮存条件的详细技术说明，如果翻胎者需要，这些信息应该以使用这些材料的国家语言。

e. 翻胎者应该保证，修补材料和修补胶料有制造商及供应商的证明文件，证明适合修补使用。

f. 完成所有修理及成型之后的轮胎要尽快硫化，不能超过材料制造商规定的时间。

g. 轮胎在材料和加工需要的规定温度、压力和时间内完成硫化。模具尺寸应当适合打磨轮胎的规格和新材料的厚度。

h. 打磨后原来材料的平均厚度，翻新后胎面花纹下的新材料的平均厚度规定如下。

Ⅰ. 子午线轮胎

$3 \leqslant (A+B) \leqslant 13$　（最小3.0mm，最大13.0mm）

$A \geqslant 2$　（最小2.0mm）

$B \leqslant 0$　（最小0.0mm）

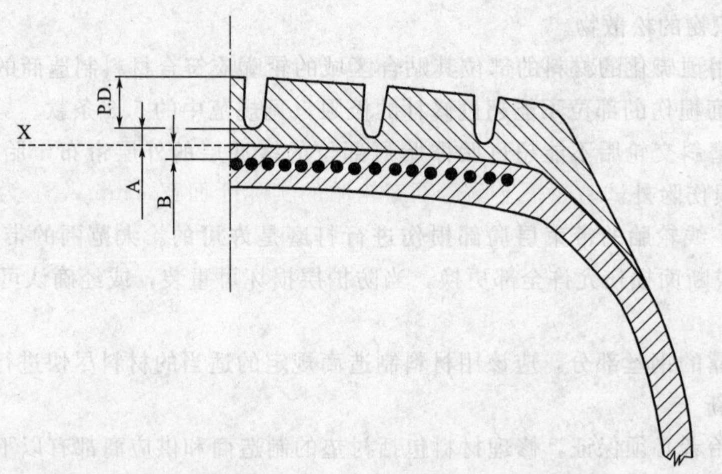

P. D. 为花纹深度；X 为打磨线；A 为胎面花纹下新材料的平均厚度；B 为打磨后带束层上原来的材料平均厚度。

Ⅱ. 斜交轮胎　缓冲层上面原来材料的厚度≥0.8mm；打磨胎体线以上新材料的平均厚度≥2.0mm。

胎面花纹沟基部胶下的原来材料加新材料的总厚度≥2.0mm，并≤13.0mm。

i. 翻新轮胎的使用说明无论速度符号还是负荷指数，都不能高于原来的轮胎，即第一次使用轮胎的速度符号和负荷指数。

④ 检查

a. 硫化后当翻新轮胎还保有一定的硫化温度时检查每条翻新轮胎，以确保无外观缺陷，翻胎期间及以后检查的最小气压为 1.5×10^{5}Pa，当轮胎外观有任何缺陷：如气泡，凹凸不平等则要求特别检查，以确定产生缺陷的原因。

b. 翻胎以前、期间、以后，通过适当的检验方法至少全面检查轮胎的结构有无损伤。

c. 为了进行质量控制，应对一定数量的翻新轮胎进行破坏性及非破坏性的试验，检查的结果要记录在案。

d. 翻新后按本法规附件 6 进行翻新轮胎的尺寸检测，必须按本法规附件 6 或附件 5 的计算程序进行。

按 54 号规范，翻新轮胎的最大外直径允许比新胎的外直径大 1.5%。

⑤ 性能试验

a. 按本法规翻新的轮胎，应当能够符合本法规附件 7 规定的负荷/速度耐久性试验的要求。

b. 经过负荷/速度耐久性试验之后的翻新轮胎，未出现任何胎面脱层，帘线脱层，帘布脱层，掉块，帘线开裂，才可以认为通过了试验。

c. 负荷/速度耐久性试验后 6h，测量翻新轮胎的外直径，与试验前的外直径差值不大于±3.5%。

(3) 规定

① 按本法规翻新的轮胎，其尺寸计算符合下列公式。

a. 断面宽　断面宽用下列公式计算

$$S=S_1+K(A-A_1)$$

式中，S 为在试验轮辋上测得翻新轮胎的实际断面宽，mm；S_1 为测量轮辋上设计断面宽的数值；A 为试验轮辋宽，mm；A_1 为测量轮辋宽，mm；K 为系数，取 0.4。

b. 外直径

翻新轮胎的理论外直径通过下面公式计算：

$$D=d+2H$$

式中，D 为理论外直径；d 为传统名义直径，mm；H 为名义断面高，mm，等于 $S_n \times 0.01R_a$（S_n 为名义断面宽，R_a 为名义高宽比）。

② 翻新轮胎测量方法　翻新轮胎的尺寸按本法规的附件 6 的规定程序测量。

③ 断面宽的规定

a. 实际最大断面宽可以小于计算的断面宽或确定的断面宽。

b. 实际最大断面宽可以超出计算的断面宽或确定的断面宽：子午线轮胎：4%；斜交轮胎和带束斜交轮胎：8%。

c. 另外，如果有特殊的防护带则宽度可按计算值增加 8mm。

④ 外直径规定　翻新轮胎外直径必须不能小于 D_{min} 和大于 D_{max}。

$$D_{min}=d+(2H\times a)$$

$$D_{max}=1.015\times[d+(2H\times b)]$$

$$H=0.5(D-d)$$

系数 $a=0.97$；系数 b 普通子午线轮胎为 1.04，斜交轮胎和带束斜交轮胎为 1.07；特种子午线轮胎为 1.06，特种斜交轮胎和带束斜交轮胎为 1.09。

雪地用轮胎的外直径（最大）不能超出计算值 1%。

19.2.5　美国北达科他州关于翻新轮胎的合同限制法规

此法规虽是地方法规但其对翻胎合同管理、质量要求及理赔规定等非常规范，对我国翻胎界很有参考价值。

(1) 胎体检验　用户交给翻胎承包人的每条轮胎都要在发送地进行检验，选好的胎体要登记造册，将胎体的使用地及使用跟踪卡随同胎体名册副本交给翻胎承包人，包括管理者对翻新轮胎的要求，经各方签订合同后，将胎体交翻胎承包人。管理人员应随时可与翻胎承包人约见，合同中应加一条附加条款：如果翻胎承包人翻胎失败不能满足要求，可取消合同及处理善后事宜。翻胎承包人丢失胎体可采取补偿胎体或按当地市价赔款。

(2) 在翻新轮胎胎侧的标识　按美国联邦汽车安全标准（FMVSS）49CFR 第

574 条规定，标识应使用不可改变的文字，标在胎侧的一面上。

(a) 翻胎者确定的检验标识。

(b) 轮胎的规格。

(c) 轮胎的代码或产品检验商标。

(d) 制造的年、周的编码。

(e) 有 DOT 标识及“R”标识。

(f) 最大冷态下的充气压力。

(g) 负荷极限，翻新轮胎要求不改变原胎的负荷能力。

(h) 规格可选择单胎还是双胎并用的构型，但应标明两种构型的充气压力和负荷极限。

(i) 该批翻新轮胎的总数。

(3) 轮胎检验　翻胎承包人对送翻的胎体在翻新前要再进行检查，按北达科他州 2009 年州参议院通过的 Bill 1797 号议案每条胎体要接受一种最先进的检验设备检验：激光散斑、超声波、电子放电、高压检测或其它的标准检验方法。

如果一条胎体在翻新过程中或翻新后，翻胎承包人需要报废，需将这条胎记录在案。

(4) 终检　按“翻新和修补轮胎工业推荐实施”要求：翻新轮胎至少应采用可见光检查，将翻新的轮胎安装在一个可扩展胎圈的设备上，在适当的光照下对轮胎进行内、外检查。

另外出于安全的考虑，NCDOT（北达科他州的 DOT）轮胎如垃圾车负载很大（约 11.47m^3），应在翻新后进行高压检验。

(5) 保证　所有的翻新轮胎都应提供在工艺及材料方面没有缺陷，在正常条件下使用的要求及寿命。在使用期如该条翻新胎出现早期损坏，翻胎承包人应按胎面花纹磨损余量退还用户所付的费用，其比例如下。

胎面花纹余量	翻胎承包人退返金额
100%～80%	100%
79%～60%	75%
59%～40%	50%
39%～20%	25%
19%～0	0

翻新轮胎合同应包含如果有超过 0.5%的翻新轮胎在使用中出现早期损坏，用户可立即结束合同并按合同的附加条款加以补救解决。

早期损坏可把使用时出现的事故除外：道路的偶然性，正常的磨损和撕裂，不正确的充气，轮辋偏歪，车辆损坏，对轮胎安装不当或因碰撞破坏轮胎，化学腐蚀。

(6) 翻胎用的胶料的规格　所有的橡胶胎面胶的质量在合同中应满足下列要

求，如果检验达不到此指标可终止合同并按合同予以补救调整。

检验指标	最小	最大	典型的
拉伸强度/（psi/MPa）	2350/16.5	2850/18.1	2400/16.85
拉断伸长率/%	450	600	480
300%定伸应力/（psi/MPa）	1250/8.8	1750/12.3	1300/9.1
硬度（邵尔）	61	70	64
相对密度	1.110	1.146	1.125
烃类含量/%	50	60	50
聚丁二烯含量/%	30	40	35
丙酮抽出物/%	22		
炭黑		N200 或较好的	

注意：翻胎用的胶料属翻胎者的产品，其它的顾客及签约不影响翻胎用胶料的销售。胎面胶中不得使用再生胶。

(7) 胎面宽度　翻新轮胎的胎面宽度按工业习惯的最佳情况配置，胎面宽度低于工业习惯的最佳情况将被认为是未履行合同要求而被拒绝。

(8) 翻新或修补轮胎配置使用无论是双胎并用或在串联轴上使用，相同的轮胎直径和胎面花纹是至关重要的，始终是合同的生命线。翻新或修补轮胎配置的直径误差允许值如下。

8.25R20 及其以下：轮胎测量任意两点值无论是新的翻新轮胎还是已用过的翻新轮胎，其间的相差均不大于 1/4in（6mm）。

9.00R20 及其以上：轮胎测量任意两点值无论是新的翻新轮胎还是已用过的翻新轮胎其间的相差均不大于 1/4in（6mm）。

双胎并用（所有规格）轮胎测量任意两点值无论是新的翻新轮胎还是已用过的翻新轮胎其间的相差均不大于 1/4in（6mm）。

(9) 胎面设计　每个胎面设计项目是单独的。设计要求；满足各种款式及胎面花纹深度的要求；要满足对胎面的其它要求；提出的前两条要体现在投标人公布的目录一览表中；是安全的，有预计的使用里程和与新胎类似的耐久特性和胎面深度；是主要用户可接受的。

(10) 定义

a. 钉眼　在胎冠区形成一个很小的穿洞，轿车轮胎不大于 1/4in（6mm），轻型或中型载重胎不大于 3/8in（9mm）。

b. 点修补（子午线轮胎）　仅限于胎体橡胶部分损伤，不伤及胎体的骨架层（允许带束层有小的损伤）。

c. 断面修补　修补比钉眼大及超过实际层数 75%的伤洞（注意：这是北达科他州 IFB 规定的极限）。

(11) 修补

a. 点修补　所有现场修补的费用应包含在投标的翻新轮胎费用中。

承包商现场修补不另行收取任何费用，现场修补是出于安全考虑，国家可在任何时候，以任何方式对轮胎翻新失败进行突击审计。如果承包商未履行这一义务，该合同可能立即终止，并按要求采取补偿的措施，现场修补这一点应列入合同的附加条约中。

北达科他州 DOT 轮胎：从历史统计数据 11R22.5 轮胎现场修补维修的次数 16 次，14.00R24 轮胎现场修补维修的次数为 20 次。

低速轮胎、训练、拖挂车轮胎从历史统计数据轮胎现场修补维修的次数为 5 次。

b. 断面修补　用户仅仅是断面修补，翻新时完成可见的，可检出的断面修补是要收费的。外加断面修补在交付用户之前履行。

c. 钉眼修补　用户仅仅是钉眼修补，翻新时完成可见的，可检出的钉眼是要收费的。所需钉眼修补在交付用户之前将履行。

d. 其它修理　除上列的形式外其它修理是免费的。

(12) 胎体最大的允许年限　胎体生产日期多于 6 年就不能再翻新。如果承包翻新人收到此类胎体应退还用户并通知用户。

(13) 胎体最多允许翻新次数　胎体总的翻新次数为 2 次。对低速车用轮胎，训练车、拖车轮胎可翻新 3 次。这一极限对翻胎承包人来说胎体的完整性更为重要。如果在胎侧没有标明已翻新次数（见本文件中对胎体标志要求），翻胎承包人可以要求用户发一份文件致翻胎用户说明各条胎体的翻新次数。如果用户不提供，翻胎承包人将胎体退还发出的用户。

(14) 胎体上许可最多新钉眼数（子午线轮胎）　钉眼：穿孔性的钉眼可在轮胎打磨前或打磨后修补，在子午线载重轮胎的可修补区内钉眼数量不限，其极限数是修补垫间不能重叠。胎冠处穿洞小于 3/8in（9mm）的钉眼使用钉眼补垫和相宜的填补材料到洞中。对大于 3/8in（9mm）的伤洞和部分生锈的区域需要除去，进行断面修理。胎侧如有穿孔性的钉眼都需用断面修补法修补。

19.2.6　欧盟 REACH（化学品限制）法规

已于 2007 年 6 月 1 日实施，它是防止或减少化学品（包括翻胎用的合成橡胶和各种配合剂）对人体及环境危害的管理方面的一个革命性的预防原则的法规。我国将逐步实施。

该法规核心内容是以一套完整的关于化学品的登记、评估、许可和限制制度来统一控制现有化学品和新化学品的生产、销售和使用。与该法规配套的还有 RoHS 指令，《关于限制多环芳烃（PAHs）的指令》等，我国正在逐步实施。

橡胶行业正在实施限制及禁用的一些有毒或含致癌物的配合剂应寻找开发新的

配合剂或寻找替代物。按欧盟 REACH 环保法规，限制使用的橡胶配合剂如下。

① 散发致癌性的亚硝氨的促进剂，如次磺酰胺类、秋兰姆类、二硫代氨基甲酸盐类、硫黄给予体类。

② 含卤素的橡胶。

③ 含铅或重金属体系。

④ 含多环化合物：芳烃油、松焦油、煤焦油。

橡胶行业已明确提出限制使用的配合剂见本书第 5 章。

19.2.7 巴西规定轮胎翻新企业必须取得资质和产品质量认证许可

巴西政府为规范和整顿轮胎翻新业在 2010 年出台了第 444 号（国家计量，标准化与工业质量）法规，对轮胎翻新企业的资质和产品质量进行认证，企业有两年的整改适应期，在此期间，国内外的翻胎企业主将接受来自政府监督部门的检查和督导。对达到第 444 号法规要求的企业会收到认证证书，允许经营。而达不到第 444 号法规要求将被勒令停止经营，有效期为两年，期满后国内外的翻胎企业一律必须再认证。

参 考 文 献

［1］ 英国翻胎国标 BS AU 144c～144f Retreaded and commercial vehicle tyres. 1988～1997.

［2］ GB/T 4501—2008 载重汽车轮胎性能室内试验方法.

［3］ GB/T 4502—2009 轿车轮胎性能室内试验方法.

［4］ 高孝恒. 翻胎标准//中国橡胶年鉴（2011～2012 年）. 北京：中国商业出版社，2012.

［5］ GB 2758—2012 机动车运行安全技术条件.

第20章

翻新轮胎质量控制

20.1 载重汽车翻新轮胎的成品质量控制

载重汽车翻新轮胎的成品质量是每位用户十分关心的问题，因它关系到人们的生命和财产的安全及效益。然而翻新轮胎的成品质量应是在正确使用条件下来比较的，而影响翻新轮胎的安全、使用寿命和质量的基本因素较多，为此产生了一系列的、室内外的对翻新轮胎成品的测试和评估性的检测，本章主要讲述对翻新轮胎的室内测试和指标要求。

(1) 翻新轮胎使用寿命　翻新轮胎使用寿命与充气压力、负荷、行驶温度、变形量等有密切关系，且是互相关联的。如超载的后果必然会使轮胎行驶时变形量加大，温度升高。反之行驶时轮胎温度高就会使轮胎的性能和安全性下降。充气压力更是轮胎的生命线，特别是钢丝子午线轮胎缺气严重时就无法使用并很快报废。变形量大的轮胎必然行驶时轮胎温度高，骨架材料易疲劳，使用寿命大减。

表 20-1 列出轮胎行驶温度与行驶里程的关系。

表 20-1　轮胎行驶温度与行驶里程的关系

轮胎行驶温度/℃	估计轮胎使用寿命/h	行驶里程/km
80	3600	198000
95	1090	60000
120	130	7150
135	50	2750
149	10	550

(2) 对轮胎安全性的评估　我国高速公路 2011 年底已达 74000km 且每年以约 5000km 的速度递增，随着车速的提高在高速公路上的交通事故也急剧增加，据报道在 2000 年前道路事故中的 46%是因轮胎出了问题引发的，这就对使用的轮胎包括翻新的轮胎能否适应在高速公路上行驶及是否按轮胎的使用要求而使用的问题，

在高速公路上能否有足够的抗湿滑性，遇到较小的障碍物（如石子等）而不损坏，轮胎在高速转弯有无导致无内胎轮胎（特别是轿车轮胎）脱离钢圈的危险等诸多问题。这些问题涉及轮胎的骨架材料的强度，制造的质量和精度及配合的合理性的一个检验。对翻新轮胎而言也是对所选择的胎体和翻新技术是否能通过安全性和耐用性的检验和使用考验。人们为使轮胎达到使用要求和安全要求而制定出一系列的规范和标准。GB 7037—2007《载重汽车翻新轮胎》属强制执行的标准。对翻新的载重轮胎要逐条进行充低压和高压检查、耐久性抽检，强度抽检，轻型载重轮胎还要进行高速性能抽检。而对翻新的轿车轮胎，现执行的 GB 14646—2007《轿车翻新轮胎》属强制执行的标准，要进行充低压检验、耐久性抽检、强度抽检、高速性能抽检、脱圈检验等。

20.1.1 载重汽车翻新轮胎充压检验

载重汽车翻新轮胎充压检验按 GB 7037—2007 中的第 4.3 条规定：翻新后的轮胎，首先应在验胎机上充以 150kPa 的气压进行人工检查，胎体完好，再充以 700kPa 的压缩空气进行检验，以检验翻新轮胎有无缺陷（如果需人到轮胎边观察应在观察前将轮胎充压至 800kPa，停留 1min 无异常后将轮胎气压放至 700kPa 后再近轮胎观察，以防突然爆炸）。

翻修的轮胎充气检验是具有一定危险性的工作，经常有因充气爆胎的事故报道，我国现尚无有关法规。建议按美国职业安全与卫生管理部门（OSHA）制定的 29 CFR1910，177 法规及美国橡胶协会（RMA）制定的有关翻新轮胎充气规定执行。

① 检验压力高于 140kPa，必须在安全笼内进行充气后再检验。

② 怀疑该胎体曾经在缺气或超载的情况下使用，检验压力高于 140kPa 时必须在安全笼内停放 20min 后再检验。

③ 如要充气检验压力为 700kPa 时先要在无人检验的情况下先充到 850kPa 停留 1min，如无异常再将充气压力降到 700kPa 再进行检查。

④ 翻新轮胎不得在载重汽车上充气（应将轮胎卸下在安全笼内进行充气）。

⑤ 充气阀必须使用芯阀。

20.1.2 载重汽车翻新轮胎耐久性试验

载重汽车翻新轮胎耐久性试验，按 GB 7037—2007《载重汽车翻新轮胎》中的第 4.6.2 条规定：轮胎经过耐久性试验以后，轮胎的气压不应低于规定的初始气压，轮胎不应出现（胎面、胎侧、帘布层、气密层、带束层或缓冲层、胎圈）脱层、帘布层裂缝、帘线剥离、帘线断裂、崩花、接头裂开、龟裂、修补衬垫翘边等缺陷。

翻新轮胎耐久性试验按 GB/T 4501—2008《载重汽车轮胎性能室内试验方法》

进行。

(1) 载重汽车翻新轮胎耐久性试验条件

① 载重汽车翻新轮胎耐久性试验充气压力及负荷按 GB/T 2977—2008《载重汽车轮胎规格、尺寸、气压与负荷》标准进行。

② 充气后的轮胎轮辋组合体在 38℃±3℃的温度下至少停放 3h。

③ 试验起步速度到额定速度的时间不大于 5min。

④ 各速度等级的轮胎的耐久性试验条件应符合表 20-2 的规定。

表 20-2 载重汽车轮胎耐久性试验条件

轮胎速度符号	试验转鼓速度①/(km/h)		轮胎最大额定负荷的百分率/%		
	子午线轮胎	斜交轮胎	持续时间		
			7h(第一阶段)	16h(第二阶段)	24h(第三阶段)
单胎最大额定负荷≤15000N					
F	35	35	65	85	100
G	45	35			
J	50	40			
K	55	50			
L	65	55	70	90	105
M	80	65	75②	95②	115
N	90	—			
P	100	—			
Q及以上	120	—			
单胎最大额定负荷≥15000N					
F	35	35	65	85	100
G	40	40			
J	50	50			
K	55	55			
L	65	55			
M	80	65			

① 指直径为 1700mm±17mm 转鼓表面的线速度。

② 第一和第二试验阶段的时间分别为 4h 和 6h。

注：1. 牵引性花纹轮胎按普通轮胎的 85%的试验速度进行试验。

2. 名义断面宽度在 13in 及以上，最高速度为 70km/h 的轮胎，均按 30km/h 试验转鼓速度进行试验。

(2) 载重汽车翻新轮胎耐久性试验步骤

① 校正试验轮胎的充气压力后测量轮胎的主要尺寸。

② 将轮胎轮辋组合体装到耐久性试验机上。

③ 耐久性试验机内保持在38℃±3℃的温度下启动，中间不得停机补压。

④ 各速度等级的轮胎的耐久性试验条件应按表20-2的规定分三个阶段进行。

(3) 载重汽车翻新轮胎耐久性试验结果 轮胎经过耐久性试验以后，应符合GB 7037—2007《载重汽车翻新轮胎》标准中的第4.6.3条的规定。

(4) 载重汽车翻新轮胎耐久性试验机介绍

图20-1是两工位轮胎和车轮高速耐久试验机。

(a) 直线式轴承导轨

(b) 载荷单元防护

(c) 制动系统

图20-1 轮胎耐久性试验机配置情况

设备外形见图20-2和图20-3。

图20-2 轮胎耐久性试验机

图20-3 数控轮胎耐久性试验机

20.1.3 载重汽车翻新轮胎强度试验

载重汽车翻新轮胎强度试验按GB 7037—2007《载重汽车翻新轮胎》中的第4.6.1条规定：在公路上最高速度大于或等于70km/h的载重汽车子午线翻新轮胎，应进行强度试验，其最小破坏能应符合GB/T 6327的规定。

强度试验条件按GB/T 4501—2008《载重汽车轮胎性能室内试验方法》进行。此试验的目的就是检验轮胎在高级公路上抗路面石块刺扎的能力。

(1) 载重汽车翻新轮胎强度试验条件

① 试验轮胎的外观质量应符合 GB 9744 的规定。

② 将试验轮胎装在轮辋上并充以按双胎最大负荷的气压。

③ 充气后的轮胎轮辋组合体在 18～36℃的温度下至少停放 3h。

④ 停放 3h 后再将气压调至②所规定的气压。

(2) 载重汽车翻新轮胎强度试验步骤

① 将试验轮胎装在轮辋上且已充好气，沿轮胎胎面中心线大致等分 5 个区[如有修补点，分区线必须避开修补垫边（包括钉眼）不少于 100mm] 进行试验。

② 压头垂直于胎面并压在胎面中心线花纹块上，避免压在花纹沟中。

③ 测量每个点轮胎破坏前瞬时的压力和压入深度（行程）或触及轮辋瞬时的压力和行程。在转入下一测点前校正气压。

④ 采用自动计算破坏能装置时，当达到最小破坏能后，立即停止压头压入轮胎。

⑤ 如果压头触及轮辋，轮胎未压穿，且未达到最小破坏能值，则此点视为达到最小破坏能。

⑥ 试验过程中，如果无内胎轮胎无法保持充气压力，允许加装内胎。

⑦ 用公式(20-1) 计算各点的破坏能：

$$W = F \times P / 2000 \tag{20-1}$$

式中，W 为破坏能，J；F 为作用力，N；P 为压头行程，mm。

指标如表 20-3、表 20-4 所示。

⑧ 计算出各点的破坏能的算术平均值，作为该条轮胎的破坏能。

表 20-3 载重汽车公制系列轮胎最小破坏能

单胎负荷指数	单胎最大额定负荷对应的气压/kPa	最小破坏能/J	
		轮辋名义直径代号＜13	轮辋名义直径代号≥13
≤121	≤250	136	294
	251～350	203	362
	351～450	271	514
	451～550	—	576
	551～650	—	644
	＜650	—	712
≥121	＜550	972	
	551～650	1412	
	651～750	1695	
	751～850	2090	
	851～950	2203	

表 20-4　载重汽车英制系列轮胎最小破坏能　单位：J

层级(PR)	微型、轻型载重汽车轮胎			载重汽车轮胎		
	≤12	13～14	≥15	≤17	轮辋名义直径>17.5	
					有内胎	无内胎
4	136	192	294	294	—	—
6	203	271	362	362	768	576
8	271	384	514	514	893	734
10	339	514	576	576	1412	972
12	—	—	644	644	1785	1412
14	—	—	712	712	2282	1695
16	—	—	768	768	2599	2090
18	—	—	—	—	2825	2203
20	—	—	—	—	3051	—
22	—	—	—	—	3220	—

(3) 强度检验设备　LTQJ-PLC 轮胎强度静负荷脱圈是台多功能机，见图 20-4。可做载重及轿车轮胎的强度、轮胎的静负荷、无内胎轿车轮胎脱圈试验。

图 20-4　轮胎强度检验设备

20.1.4　轻型载重汽车翻新轮胎高速性能试验

按 GB 7037—2007《载重汽车翻新轮胎》中的第 4.6.3 条规定：轻型载重汽车翻新轮胎要进行高速性能试验，经过高速性能试验以后，轮胎的气压不应低于规定的初始气压，轮胎不应出现（胎面、胎侧、帘布层、气密层、带束层或缓冲层、胎圈）脱层、帘布层裂缝、帘线剥离、帘线断裂、崩花、接头裂开、龟裂、修补衬垫翘边等缺陷。

轮胎上的速度符号代表的速度见表 20-5。

表 20-5　速度符号代表的速度

速度符号	代表的速度/(km/h)	速度符号	代表的速度/(km/h)	速度符号	代表的速度/(km/h)	速度符号	代表的速度/(km/h)
F	80	L	120	Q	160	U	200
G	90	M	130	R	170	H	210
J	100	N	140	S	180	V	240
K	110	P	150	T	190	Z	240

(1) 轻型载重汽车翻新轮胎高速性能试验条件

微型、轻型载重汽车翻新轮胎高速性能试验按 GB/T 4501—2008《载重汽车轮胎性能室内试验方法》进行，试验条件如下。

① 试验轮胎的外观质量应符合 GB 9744 的规定。

② 试验充入单胎最大负荷对应的充气压力。

③ 充气后的轮胎轮辋组合体在38℃±3℃的温度下至少停放3h。

④ 试验起步速度到初始速度的时间应在10min以内。

⑤ 试验条件应符合表20-6的规定。表20-6中，除第1试验阶段外，各变速的时间应在1min内完成。

⑥ 试验过程中保持在38℃±3℃的温度下，不应调整轮胎试验气压，试验负荷应保持恒定。

表20-6 轮胎高速性能试验程序

试验阶段	试验速度/(km/h)	试验时间/min
1	0～初始速度	10
2	初始速度	10
3	初始速度＋10	10
4	初始速度＋20	30

注：初始试验速度＝速度符号对应的速度－20km/h。

(2) 轻型载重汽车翻新轮胎高速性能试验步骤

① 校正试验轮胎的充气压力。

② 将轮胎轮辋组合体装到高速性能试验机上，试验负荷应为单胎最大负荷的90％。

③ 按表20-6的速度规定连续进行试验。

④ 按规定的试验程序完成后停机立即测量轮胎内压，待自然冷却1h后卸下轮胎进行外观检查。

(3) 轻型载重汽车翻新轮胎高速性能试验结果 轮胎经过高速试验以后，应符合《载重汽车翻新轮胎》标准中的第4.6.3条的规定：按此标准规定的条件进行高速性检验后轮胎的气压不能低于规定的初始气压，轮胎外观检查各部位不应有脱层、帘布层裂缝、帘线剥离、帘线断裂、崩花、接头裂开、龟裂以及胎体异常变形等缺陷。

(4) 轿车、轻型载重汽车翻新轮胎高速性能试验机

高速试验所使用的设备见图20-5。

图20-5 轮胎高速性能试验机

主要技术参数：试验机主轮直径3000mm，轮宽325mm，适用轮胎直径450～1000mm，试验机速度范围30～240km/h；试验机负荷范围1000～25000N；试验机功率可达到140kW，侧滑角±12°，内倾角±10°。

汽车翻新轮胎平衡性能检验目前国

内新胎及翻新轮胎均无此项指标。但从我国高速公路和汽车性能及汽车运输要求来看，应增加此项指标。

20.2 轿车翻新轮胎的成品质量控制

按 GB 14646—2007《轿车翻新轮胎》强制执行的国家标准中的第 4.3 条规定对翻新后的轮胎要求进行逐条充压缩空气检查；第 4.6 条安全性能中对翻新的轮胎要抽检：强度试验、耐久性试验、高速性能试验、无内胎轮胎脱圈阻力试验。

现将这些试验的具体要求介绍于下，由于有些试验方法与载重汽车翻新轮胎是相同的，只介绍一些不同之处。

20.2.1 轿车翻新轮胎充压检验

GB 14646—2007《轿车翻新轮胎》中的第 4.3 条规定：轮胎翻新后，首先应在轮胎验胎机上逐条充以 150kPa 的气压进行人工检查。成品无充高压检查要求。

按此条要求只充低压检查是检查胎侧帘线有无问题，因轿车轮胎的使用压力较低，而帘线的安全系数较高，充高压意义不大。

20.2.2 轿车翻新轮胎耐久性试验

GB 14646—2007《轿车翻新轮胎》中的第 4.6.2 条规定：轿车翻新轮胎应进行耐久性试验。试验方法按 GB/T 4502—1998 执行。轿车翻新轮胎耐久性试验与载重翻新轮胎耐久性试验有较大的差异，现分述如下。

(1) 耐久性试验条件 按 GB/T 4502—2009《轿车轮胎性能室内试验方法》进行。

① 试验轮胎的外观质量应符合 GB 9743 的规定。

② 轮胎装于试验轮辋上充以表 20-7 中规定的气压。

表 20-7 轿车翻新轮胎脱圈阻力/强度/耐久性试验充以规定的气压 单位：kPa

T 型临时使用的备用胎	其它子午线轮胎		其它斜交轮胎	
	标准型	增强型	4PR,6PR	8PR
360	180	220	180	220

③ 轮胎在 38℃±3℃的温度下至少存放 3h 以上。

④ 试验转鼓速度：斜交轮胎 T 型临时使用的备用胎为 80km/h，子午线轮胎为 120km/h。试验起步速度到规定速度的时间应在 5min 以内。

⑤ 耐久性试验负荷和试验时间应符合表 20-8 的规定。

表 20-8　耐久性试验负荷和试验时间

试验阶段	试验负荷/9.8N	试验时间/h
1	负荷指数对应的负荷能力×85%	4
2	负荷指数对应的负荷能力×90%	6
3	负荷指数对应的负荷能力×100%	24

(2) 耐久性试验步骤　轿车翻新轮胎耐久性试验步骤与载重汽车翻新轮胎耐久性试验步骤相似。按 GB/T 4502—2009《轿车轮胎性能室内试验方法》进行。

(3) 耐久性试验结果　按 GB 14646—2007《轿车翻新轮胎》中第 4.6.2 条规定：轮胎的气压不应低于规定的初始气压，轮胎不应出现（胎面、胎侧、帘布层、气密层、带束层或缓冲层、胎圈）脱层、帘布层裂缝、帘线剥离、帘线断裂、崩花、接头裂开、龟裂、修补衬垫翘边等缺陷。

20.2.3　轿车翻新轮胎高速性能试验

GB 14646—2007《轿车翻新轮胎》中的第 4.6.3 条规定：轿车翻新轮胎，应进行高速性能试验，试验方法按 GB/T 4502—2009《轿车轮胎性能室内试验方法》执行。

(1) 高速性能试验条件

① 试验轮胎的外观质量应符合 GB 9744 的规定。

② 轮胎装于试验轮辋上，充以表 20-9 中所规定的气压。

表 20-9　轿车翻新轮胎高速性能试验用的充气压力　　单位：kPa

速度符号	斜交轮胎			带束斜交轮胎和子午线轮胎	
	4PR	6PR	8PR	标准型	增强型
L、M、N	230	270	300	240	280
P、Q、R、S	260	300	330	260	300
T、U、H	280	320	350	280	320
V	300	340	370	300	340
W、Y	—		—	320	360

注：T 型临时使用的备用胎试验用的充气压力为 420kPa。

③ 充气后的轮胎轮辋组合体在 38℃±3℃的温度下至少停放 3h。

④ 停放 3h 后再将气压调至②所规定的气压。

⑤ 轿车翻新轮胎高速性能试验用的负荷见表 20-10。

表 20-10　轿车翻新轮胎高速性能试验负荷

速度符号	试验负荷
L、M、N	
P、Q、R、S	负荷指数对应的负荷能力×80%
T、U、H	
V	负荷指数对应的负荷能力×73%
W、Y	负荷指数对应的负荷能力×68%

⑥ 试验起步速度到初始速度的时间应在10min以内。

⑦ 各变速的时间从开始到稳定应在1min内完成。

(2) 高速性能试验步骤

① 按表20-9的充气压力要求充气并校正试验轮胎的充气压力。

② 将轮胎轮辋组合体装到高速性能试验机上，各阶段试验速度及时间程序按表20-11规定的条件试验。

表20-11　轿车翻新轮胎高速性能试验各阶段试验速度及时间程序

试验阶段	试验速度/(km/h)	试验时间/min	试验速度/(km/h)	试验时间/min
	速度符号为L-W的轿车轮胎		速度符号为Y的轿车轮胎	
1	0～初始试验速度	10	0-260	10
2	初始试验速度	10	260	10
3	初始试验速度+10	10	270	10
4	初始试验速度+20	10	280	10
5	初始试验速度+30	10	290	10
6	初始试验速度+40	10		

注：初始试验速度=速度符号对应的速度-40km/h。

③ 试验过程中保持在38℃±3℃的温度下，试验气压、试验负荷应保持恒定。

④ 按规定的试验程序完成后停机立即测量轮胎内压，待自然冷却1h后放掉气压，卸下轮胎进行外观检查。

(3) 高速性能试验结果　GB 14646—2007《轿车翻新轮胎》中的第4.6.3条规定：轮胎的气压不应低于规定的初始气压，轮胎不应出现（胎面、胎侧、帘布层、气密层、带束层或缓冲层、胎圈）脱层、帘布层裂缝、帘线剥离、帘线断裂、崩花、接头裂开、龟裂、修补衬垫翘边等缺陷。

(4) 轿车轮胎高速性能试验机　轿车轮胎高速性能试验机有单工位、2工位、4工位的，也有与耐久性共用一个机台的。其设备外形及主要技术参数见图20-5。

20.2.4　轿车翻新轮胎强度试验

GB 14646—2007《轿车翻新轮胎》中的第4.6.1条规定：轿车翻新轮胎应进行强度试验，试验方法按GB/T 4502执行。

(1) 轿车翻新轮胎强度试验条件

① 试验轮胎的外观质量应符合GB 9743的规定。

② 将试验轮胎装在轮辋上并充以按表20-9规定的气压。

③ 充气后的轮胎轮辋组合体在18～36℃的温度下至少停放3h以上。

(2) 轿车翻新轮胎强度试验步骤

① 将试验轮胎装在轮辋上且已充好气，沿轮胎胎面中心线大致等分 5 个区进行试验。

② 压头垂直于胎面并压在胎面中心线花纹块上，避免压在花纹沟中，压入轮胎的速度为（50±2.5）mm/min。

③ 测量每个点轮胎破坏前瞬时的压力和压入深度（行程）或触及轮辋瞬时的压力和行程。在转入下一测点前校正气压。

④ 如果压头触及轮辋，轮胎未压穿，且未达到最小破坏能值，则此点视为达到最小破坏能。

⑤ 试验过程中，如果无内胎轮胎无法保持充气压力，允许加装内胎。

⑥ 用公式(20-1) 计算各点的破坏能。

(3) 轿车翻新轮胎强度试验判定规则　轮胎各试验点的破坏能值均大于或等于表 20-12 的规定值时，判定“通过试验”，如果有一个试验点的破坏能值小于表 20-12的规定值时则判定“未通过试验”。

表 20-12　轿车翻新轮胎最小破坏能

轮胎断面宽度/mm	子午线轮胎最小破坏能/J		斜交轮胎最小破坏能/J			
	标准型	增强型	尼龙或聚酯		人造丝	
			4,6PR	8PR	4,6PR	8PR
160 以下	220	439	220	439	132	263
160 及其以上	295	585	295	585	177	351

注：T 型备用胎，其负荷指数＜76 的最小破坏能为 220J，负荷指数≥76 的最小破坏能为 295J。

20.2.5　轿车无内胎翻新轮胎脱圈阻力试验

GB 14646—2007《轿车翻新轮胎》中的第 4.6.4 条规定：轿车翻新无内胎轮胎应进行无内胎轮胎脱圈阻力试验。试验方法按 GB/T 4502—2009《轿车轮胎性能室内试验方法》执行。

脱圈阻力试验条件：轮胎、轮辋着合每点（做 4 点）的脱圈阻力值不得小于表 20-13 的要求。无内胎轿车轮胎最小脱圈阻力值见表 20-13。

表 20-13　无内胎轿车轮胎最小脱圈阻力

T 型临时使用的备用胎	其它无内胎轿车轮胎	最小脱圈阻力/N
负荷指数	名义断面宽度 S/mm	
≤75	$S<160$	6670
76～92	$160\leqslant S<205$	6890
≥93	$S\geqslant205$	11120

20.3 为达到翻新轮胎的检测及使用质量要求可采取的措施

国家为加强对轮胎的安全及质量的监管出台了一系列的标准，其中包括翻新的载重轮胎和翻新的轿车轮胎。新出台的室内检测试验方法新胎和翻新胎大多是相同的，但指标按不同负荷能力及速度级别分成多个档次。轮胎翻新后翻新者有权根据胎体的成色、翻新情况在胎侧标识出负荷能力及速度级别作为用户使用和检测的依据。

20.3.1 载重汽车翻新轮胎测试前可采取的措施

(1) 轮胎强度检查技巧性地降低轮胎标识充气压力，以便检测时采用较小的指标要求。

按《载重汽车翻新轮胎》国家标准要求翻新后的轮胎要标识轮胎负荷及充气压力。在该标准中的第4.6.1条规定：最高速度大于或等于70km/h的载重汽车子午线翻新轮胎，应进行强度试验。其最小破坏能应符合GB/T 6327的规定。进行强度试验是必要的。按有关标准其最小破坏能的指标，同（公制）规格的轮胎是按最大负荷对应的气压来确定的，翻新轮胎采用最小破坏能的指标，就需减去对应的最大气压，因而降低了负荷指数（英制轮胎就需减去负荷层级，减少了载重能力）。

为使送检的轮胎合格，简单的办法是将翻新后轮胎的层级标识技巧性地降下来。如标识为公制的轮胎295/80R22.5，如果将标识的轮胎充气压力从充751kPa以上，降为750kPa以下则最小破坏能合格的指标由2090J降为1695J，下降了20%，见GB/T 6327表3，对英制轮胎见GB/T 6327表4。如将9.00R20翻新轮胎由原14层级重新标识为12层级，这样就可减小强度试验的最小破坏能指标，由2282J降为1785J，下降了20%。

(2) 翻新轮胎耐久性检验应严格预选取合格的胎体，酌情标识翻新轮胎的充气压力及负荷。

载重汽车轮胎使用后及翻新后其强度性能总的来说会有所下降，损伤程度会扩大。但由于使用情况复杂，各厂牌的轮胎结构、材料性能翻胎厂也难详细了解，因此只能从宏观调研：新胎经使用后几次翻新以观察轮胎性能特别是损伤情况的变化，从而评估轮胎性能变化的特点和翻新后调整其使用性能指标。

对胎体寿命的估计国外有不少研究与评论。美国翻胎工业顾问委员会(RIGAC)认为第二次翻新的轮胎质量不稳定，不宜用于长途运输，只宜用于短途低速货运。

从新胎使用到3次翻新轮胎损坏的情况（见第4章），翻胎系数为0.68［总的翻胎数量（1，2，3次翻新数量相加）与参加试验的轮胎数量之比]，这一数值与发达的国家相比是较低的。

(3) 载重汽车轮胎使用及翻新后原有缺陷的地方会扩大，应人工检查翻新用的胎体的损伤及脱空情况和漏检的损伤在进行耐久性试验前、后的影响和变化。翻胎质检中心于2009年和2010年对送检的翻新轮胎用激光散斑检查机检查发现有以下一些情况。

① 胎体有小点脱空（直径20mm以下）、气泡，人工难以检出。

② 这些有脱空、气泡的轮胎进行耐久性试验后有扩大之势并出现新的情况。

③ 独立的小点脱空、气泡耐久性试验发展一般较慢，多能通过低速度级别的耐久性试验，见图20-6和图20-7。

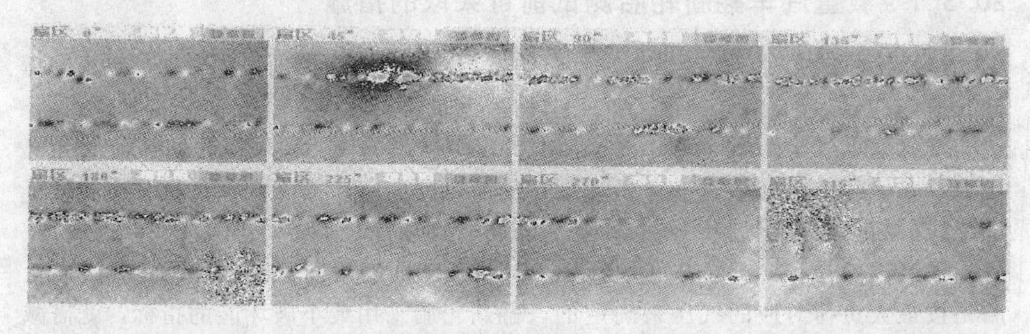

(a) 9.00R20耐久性试验前

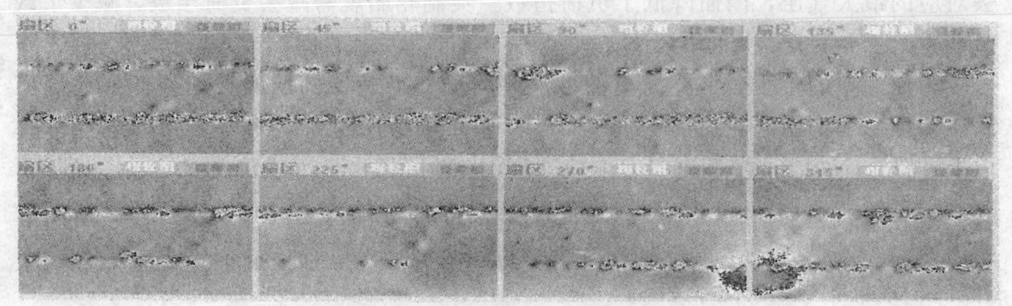

(b) 9.00R20耐久性试验后

图20-6　9.00R20轮胎耐久性试验前后用激光散散斑检查机检查对比情况

目前我国翻胎企业绝大多数无胎体及成品质量检测设备，按GB 7037—2007《载重汽车翻新轮胎》中的4.3.2条规定：应根据胎体翻新轮胎的质量及检验检测情况确定翻新轮胎的速度等级和负荷能力。如不能达到原胎体的要求，应重新标定速度等级和最大负荷能力，翻胎企业应根据胎体及翻新情况执行以免使用时出现问题。

(4) 翻新轮胎进行耐久性检验应注意事项　影响翻新轮胎耐久性能的因素有多种，但有4个因素必须注意。

① 所选胎体必须仔细检查不得漏检、漏补和有较大的脱空点，这在轮胎耐久

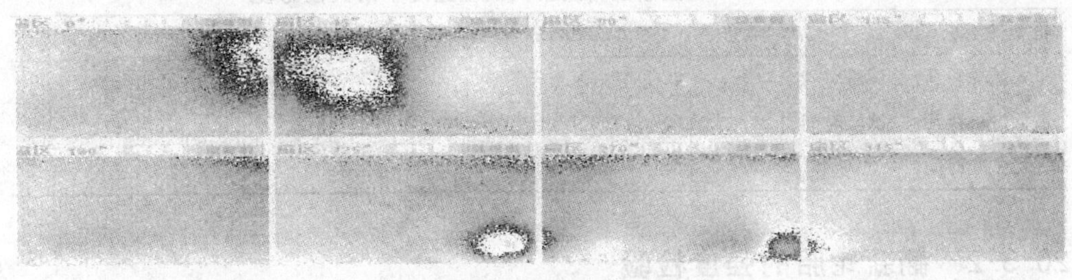

(a) 11.00R22.5耐久性试验前

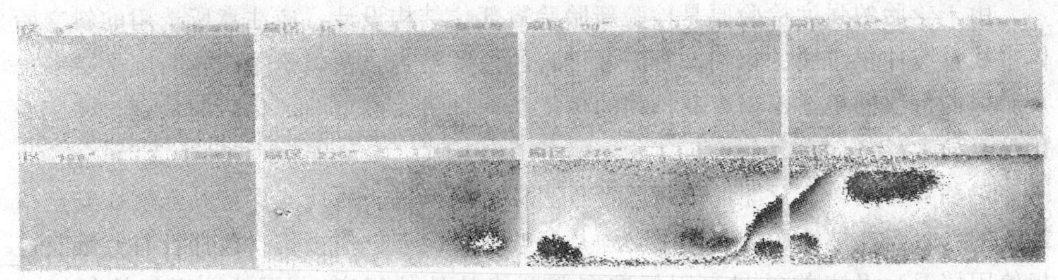

(b) 11.00R22.5耐久性试验后

图 20-7 11.00R22.5 轮胎耐久性试验前后用激光散散斑检查机检查对比情况

性试验时易导致大面积脱空而失败。不得有漏补的钉眼或裂纹，因在进行耐久性检验时易引起内胎炸从而引发试验胎炸坏，或因漏气轮胎压力下降，变形加大，生热高而损毁。所修补的衬垫应不欠硫，不会翘边。因欠硫会在检验时因高温及长时间运行中开脱而引发炸胎，衬垫翘边易引起内胎炸从而引发试验胎炸坏。

② 翻新轮胎的机床寿命及行驶里程在很大的程度上取决于被检验的轮胎的速度、负荷及运行时轮胎的行驶温度。GB/T 4501—1998 及新的翻胎国标 GB 7037—2007 规定翻新轮胎的额定负荷及检验速度是由被检单位确定的（应在翻新胎上标示），因此被检单位可根据情况提出检验时的负荷及检验速度，如不考虑在高速公路上高速行驶时，可申请检验速度为 F 级，或无速度级，F 级试验机转鼓速度只有 35km/h，无速度级为 30km/h（现行标准的转鼓速度为 47km/h），这就很容易过关。表 20-14 是轻型载重轮胎不同试验速度下耐久性运行的时间比较，可见降低试验速度耐久性提高的效果。

③ 翻新轮胎胎面胶配方中不宜使用过多的高生热的配料，要求有较高的耐老化系数，胎面结构及花纹要考虑散热良好。

④ 要控制胎面基部胶厚度，胎面基部胶至胎体骨架间厚度一般不超过 8mm。修补垫不宜过大、过多。

⑤ 翻新后的载重轮胎的径向跳动过大（如 3.0mm 以上）及静不平衡值过大（如超过 8.0kg·cm 以上）的翻新轮胎不宜作为耐久性试验样品。

表 20-14 是轻型载重轮胎不同试验速度下耐久性的比较结果。

表 20-14　轻型载重轮胎不同试验速度下耐久性比较

轮胎气压 350kPa	120km/h	140km/h	80km/h
最大试验负荷/总试验时间	1950N/85h	160/60h	264/85h
最低试验负荷/总试验时间	1400N/44h	110/12h	174/63h
平均试验时间	55.27h	32.3h	74.64h

20.3.2　翻新轮胎的强度检验

由于轮胎的强度检验原是检验新胎胎冠部位结构设计，应注意所选用的斜交胎体帘线及缓冲层帘线的粗细、密度及排列的角度是否合适，子午线轮胎则是带束层及胎体的帘线的粗细、密度及排列的角度是否合适，成型及硫化后的角度、密度变化是否异常。

对翻新轮胎而言只能说是新胎经过正常使用至翻新后还能保持其强度在安全指标范围内。因此被检的翻新轮胎必须是骨架材料没有任何损伤（包括没有钉眼及违规使用情况）及未修补过（因标准有避开修补处的规定）。因此，现行的新标准 GB/T 4501—2008 也不完全适用于翻新轮胎。

在翻新轮胎的强度检验项目没取消之前可采取的措施如下。

① 现行的新标准 GB/T 4501—2008 中公制负荷最小破坏能值取决于最大负荷对应的气压且以阶梯性递增（见表 20-3、表 20-4 载重汽车公制负荷标示最小破坏能）。由于最大负荷对应的气压是一个对应的变值，用户在许可的范围内自行调节不影响使用。如一条 10.00R20 轮胎如果在翻新轮胎上标识气压为 530kPa/20750N（负荷），强度检验值为 972J，如标示气压为 560kPa/21600N（负荷），强度检验值为 1412J。气压仅增 30kPa 而强度却增加了近 50%。

② 使用新胎至翻新时间不超过 5 年的翻新胎。强度检验不适用于修补的轮胎的检测，没有缺气、充高压气及超载使用，意外有伤及骨架（暗伤）碰撞的记录的胎体，且只能用于一翻胎，因使用后钢丝帘线的强度及柔韧性能已有所下降。

英制的轮胎经翻新后将轮胎的层级降下来，如将 9.00-20 的 14、16 层级的轮胎，翻新后重新标明为 12、14 层级，这样强度试验指标就可减少 14%。

20.3.3　翻新的轻型载重轮胎通过高速性能试验应采取的措施

高速性能的好坏很大程度上取决于轮胎的结构设计、施工制造技术及加工精度。对翻新轮胎而言要在胎体选择、胎面结构、胎面胶配方、胎面花纹方面及在翻新工艺精度及装备精度等上采取一些措施。

① 采用低生热的橡胶配方，减小胎面花纹深度，胎面花纹结构要考虑散热性，加大花纹沟宽度等。

② 要控制胎面基部胶厚度，胎面基部胶至胎体骨架间厚度，如载重胎不超过5.6mm。有人测试过当胎面基部胶至胎体骨架间厚度为5.6mm时翻新轮胎的行驶温度为105.6℃（新胎的行驶温度为102℃）。厚度为8mm时轮胎的行驶温度为115.6℃。厚度为10mm时轮胎的行驶温度为117.2℃。

③ 按现行标准可采取降低层级的办法来使其较易通过高速性。如采用新的GB/T 7035标准则可对少数标有速度级别的轻型载重轮胎磨去速度级别的标识，这样在进行高速试验时就只能按无速度级别的轮胎进行检验，也可将有高速度级别的标识改为低速度级别的标识，如将Q级（160km/h）改为K级（110km/h），这也符合高速公路限速的要求。

④ 翻新后的轻型载重轮胎的径向跳动过大（如1.5mm以上）及静不平衡值过大（超过0.5kg.cm）的翻新轮胎也不宜被抽检为高速性能试验样品。

⑤ 供检胎的胎体应选取不需加修补垫，无任何变形，失圆的胎体（用磨胎机上的测量胎直径的标尺测量）。

⑥ 选用同心度高，夹持盘径向跳动小（0.3mm以下）的磨胎机并在装胎时仔细对准磨胎机中心。

⑦ 翻新全钢子午线轮胎选择合格的胎体十分重要，必须是没有变形，特别是胎圈部分无任何损伤，有条件的企业应配以无损检验设备，如X射线检验机。

⑧ 轻型载重轮胎的高速性能与充气压力的大小有密切关系，提高充气压力就能提高高速性能。

⑨ 翻新后的轻型载重轮胎的径向跳动过大（如1.5mm以上）及静不平衡值过大（如超过翻新胎质量的1.5%以上）的也不宜被抽检为高速性能试验样品。

20.3.4 防止翻新胎使用中早期损坏应采取的技术措施

有些翻新轮胎往往在使用初期就因翻新选胎及工艺缺陷而报废，引发事故或用户索赔，大大影响了翻胎企业的质量信誉和效益，也对用户的安全构成不利。综合统计较多发生的包括如下一些方面并相应做了一点分析及建议，见表20-15。

表20-15 防止翻新轮胎使用中早期损坏应采取的技术措施

缺陷现象	产生原因	处理意见
子午线胎体贴胶不牢易炸胎	胎体老化，结构受损	胎体应选3～5年之内的，一般有两个伤洞的就别翻新
子午线轮胎修补胎冠垫炸	胎冠处垫只用了一个胎体补垫，未加带束层垫	胎体补垫上再加带束层垫，4层带束层的伤及第2层就加垫，3层的伤及第1层就应加补垫
修补垫翘边	打磨不足，垫结构有棱角，级差坡度小，封口胶过窄、过薄，贴胶老化等	对翘边原因逐条排查
补垫处洞口胶脱空	洞口胶填胶不足，胶定伸应力高，收缩率大，不柔和，切口坡度小	填胶应高出周边2～3mm，改进配方，切口坡度应在45°～60°

续表

缺陷现象	产生原因	处理意见
胎面接头开脱（预硫化胎面）	胎面太短，接头打磨不好，抽真空管置于接头处，接头钉太少	按所述等查找原因。应防止因对花强拉长胎面（伸长率应在2%以内）
胎面整周开脱、甩落（预硫化胎面）	胎体与缓冲胶黏合处老化，长时间高温行驶胶间附着力下降	选用的胎体生产至翻新不宜超过5年，降低、改善轮胎的生热和散热
缓冲胶脱空	缓冲胶欠硫、缺压，局部海绵状（包封套漏气）	硫化前检查包封套是否漏气
胎面花纹沟裂	基部胶太薄，高温硫化未冷透启模，胶质差，打磨留老胶老化及太厚，胎面花纹太深，混炼不均，过硫，高气压下超载	冷却启模，提高胶的抗撕裂强度，加花纹间筋条
胎侧拉链式爆破（翻新轮胎刚使用）	漏检	应按国标轮胎翻新前充低压人工检查
胎面花纹掉块	路面差，胶质差，掺再生胶或回胶太多，混炼不均，花纹太垂直	花纹应有3°～5°的坡度，提高胶料的抗撕裂强度和质量
胎面花纹块间断性分层	胶中掺焦烧胶过多或混有其它不易硫化的胶，胶太脏，脱模剂用量过多	对分层原因逐条排查
肩裂	胎肩切线太长，胎面胶的硬度较胎肩胶高许多，胎面胶过窄，两胶流动性不一致	调模具缩短胎肩切线，载重轮胎为45～55mm，调低胎面胶的硬度在65以下
胎肩脱胶（间断性翘起）	胎肩副花纹基部胶厚太薄易使缓冲胶过硫，花纹筋的宽度太窄，胎面弧度太平	花纹基部胶厚度应在1～3mm（大胎取大值），花纹筋的宽度取8～12mm
胎里锯齿状折断	翻新前后长期叠放帘布受损	轮胎不宜长期叠放，特别是钢丝胎
胎面花纹沟壁裂口有重皮	硫化时喷隔离剂过多，胶料流动性不好，混炼不均	少用隔离剂，如大量发生要改善配方及炼胶

20.4 翻新的轿车轮胎室内测试项目及为达到指标采取的措施

20.4.1 精选胎体、合理选择室内检测指标

胎体选择考虑到轿车轮胎翻新少，选择余地大，新胎的这些指标安全系数较大，有精选胎体的条件，且只能翻新一次。要求轮胎不需修补，翻新后可不降低负荷指数。但翻新后为安全及易通过检测，比新胎至少速度级别降3级，一般不超过N级（140km/h）。

20.4.2 为达到指标可采取的措施

轿车翻新轮胎国标中要抽检高速性、耐久性、强度、脱圈阻力。翻新后抽检的

检验项目与指标与新胎是相同的，测试耐久性是有可能做到的，高速性还可用降低速度符号级别来达到。而强度就很困难，因新胎原安全系数已很小，翻新轮胎用同一标准及指标显得不合理。翻新的轿车轮胎行驶胎面花纹磨损至 1.6mm 就要求卸下报废（轿车轮胎只许翻新一次）。

（1）耐久性检测 翻新的轿车轮胎检测能否过关很大程度上取决于胎体的选取，其余的为胎面花纹深，无缺气、偏磨、冲击、钉眼等缺陷。

（2）提高翻新轿车轮胎高速性能试验指标的措施 高速性能的好坏很大程度上取决于轮胎的结构设计、施工制造技术及加工精度。对翻新轮胎而言，翻新后标识速度级别一般应不高于 N 级（140km/h）。因高速性能检测是以轮胎上的速度标识为试验速度的。胎面胶使用低生热，滚动阻力小，变形小的配方。

① 设计的胎面花纹散热性好、抗湿滑性强。胎面花纹结构对轮胎的使用性能影响很大，设计时要综合研究。要控制胎面基部胶厚度至胎体骨架间厚度（如一般不超过 3.0mm）。

② 对速度级别较高的轮胎可磨去原速度级别的标识，重新标识速度级别进行检验，如将 S 级（210km/h）改为 N 级（140km/h），这也大于高速公路限速的要求。一般使用中低档轿车的用户不大介意。因高速公路限速在 120km/h。

③ 选用同心度高，夹持盘径向跳动小（0.2mm 以下）的磨胎机并在装胎时仔细对准中心，打磨后要用磨胎机上的测量装置检查，如径向跳动大于 1.5mm 应淘汰。

④ 提高轿车轮胎的充气压力，因轿车轮胎不同充气压力下高速性的差别较大，见表 20-16。

表 20-16 轿车轮胎不同充气压力下高速性的差别

轮胎气压 速度/时间	180kPa	240kPa	300kPa
最高试验速度/总试验时间/[(km/h)/min]	220/86	230/96	250/116
最低试验速度/总试验时间/[(km/h)/min]	190/52	190/57	210/74
平均试验时间/min	63.9	75.5	88.07

（3）翻新的轿车无内轮胎要抽检脱圈阻力需注意事项 要注意淘汰胎圈有异常的胎体。

（4）翻新的轿车轮胎强度检测 选用胎体非常重要：胎体不得有钉眼，出厂到翻新期应在 5 年之内。胎体骨架材料尽量是聚酯帘线的，因其强度、耐久性、高速性指标会比尼龙、人造丝的胎体骨架材料高一些。实际行驶里程据上海大众出租汽车公司等进行试验聚酯帘线的轮胎里程为人造丝轮胎的 112.3%。北京某轮胎有限公司做过对比，见表 20-17。

表 20-17　胎体骨架材料使用聚酯帘线与尼龙帘线的性能对比

性能对比项目	175/70R13 轮胎		205/60R15 轮胎	
	聚酯 1670dtex×2 F105DSP	尼龙 1400dtex×2 F112	聚酯 1670dtex×2 F105DSP	尼龙 1400dtex×2 F112
相对压穿强度/%	158.4	124	194.8	184.1
高速试验通过速度/(km/h)	220	210	250	210
耐久时间/h	200	34	200	34

建议有条件的企业购入平衡试验机，在企业标准中加入不平衡及径向跳动控制指标，指标值可参考欧盟的翻胎标准 ECE 108《翻新汽车车辆及其拖车充气轮胎》中的规定：翻新轮胎径向偏差不超过 1.5mm，在轮辋上测得的翻新轮胎最大不平衡值不大于轮胎质量的 1.5%。

所购的翻胎加工设备的打磨、贴合、硫化加工精度高，径向偏差应很小。翻新轿车轮胎，选择合格的胎体十分重要，必须是没有损伤及变形，特别是胎圈部分无任何损伤，有条件的应配以无损检验设备及激光检测设备。

20.5 工程机械翻新轮胎质量控制

20.5.1 按行业标准对翻新工程机械轮胎进行质量控制

按工程机械翻新轮胎行业标准 HG/T 3979—2007 中的 4.3 条规定：工程机械翻新轮胎质量控制包括以下几点。

① 按 HG/T 2177 标准检查外观质量（此标准用于模型法生产斜交轮胎，不完全适用于翻新轮胎）。

② 对翻新后的轮胎确定是否要改变负荷能力。

③ 对翻新后的轮胎进行解剖取样，做胎面胶的物理机械性能和帘布层（斜交轮胎）间附着力（按 GB/T 519 取样，按 GB/T 532 试验）试验。对翻新轮胎来说，原胎体如果未进行更换，帘布层间可不做黏合强度试验。

按工程机械翻新轮胎标准对工程机械翻新轮胎质量控制是远远不够的，因我国大、巨型钢丝子午线工程轮胎经近 3 年已普遍被采用。HG/T 3979—2007 是以斜交轮胎为基础，且是靠人工观察及简单测量的手段来评定翻新轮胎的质量。

20.5.2 用 TKPH 额定值大小对工程机械轮胎进行质量显示及控制

我国是世界工程机械轮胎第一生产大国，有 30 多家生产厂，其产能远超过世界市场的需求，也在研究提出在动态下可检查的使用寿命质量控制和核查的办法，以使用户及翻胎者可采取合理使用、选择及处置的办法。

国外一些大型工程机械轮胎厂，如米其林、普利司通、固特异、横滨、东洋等采取在销售的轮胎上提供 TKPH 额定值来供用户选择和使用，这大大有利用户及翻胎者决策，对进口我国的工程轮胎也要求提供 TKPH 值，因此国内各大生产厂也在大力开展此项测试以显示其轮胎质量。

(1) TKPH 额定值的测定　TKPH 额定值是决定轮胎使用寿命的一个主要因素，是实际工作中轮胎的升温速率。快速升温的轮胎不仅会引起轮胎各部件性能下降，黏合开脱，而且会导致轮胎严重损坏。因此规定用轮胎在 38℃环境温度下达到最高许用工作温度（临界温度）时负荷及速度（“吨公里”）的乘积来表示。

TKPH 的额定值越大表明轮胎的耐热性越好，使用寿命越长。由于最高许用工作温度与轮胎制造使用的材料、配方、结构设计、制造技术有密切关系，也是由生产厂按能保持轮胎使用的可靠性自行制定的，可显示各厂的轮胎质量水平。如东洋公司生产的工程机械轮胎最高许用工作温度为 120℃，而横滨公司为 115℃。

测定 TKPH 额定值有两种办法。

① 室内机床试验　可在转鼓（鼓直径 3～5m）试验机上进行，在胎面上打孔深至距骨架 2.5mm 以下处，孔径可插入热电偶即可，在 38℃的环境温度下轮胎充以标准压力、加以标准负荷，并在一定的速度下（视轮胎品种规格而定）启动转鼓试验机，每隔一段时间测一次温度，当各点温度达到平衡后，再提高轮胎的转速或增加轮胎的负荷，如此反复直至轮胎温度升到最高许用工作温度为止，此时轮胎的速度和负荷的乘积就是该轮胎的 TKPH 额定值。

② 室外道路试验　室外道路试验有两种：一种在试验场上进行，SAE J1015 标准对在试验场上进行有详细规定，我国尚在建轮胎试验场，暂无法采用。

另一种是在实际工作现场测定 TKPH 额定值，对新胎或翻新胎均可测试。具体办法：预先设定好路线及测试的车辆，在胎面上打孔深至距骨架 2.5mm 以下的轮胎，以恒定的速度行车，空车及载重往返运输，并每隔一段时间测一次温度，当各点温度达到平衡，且升到最高许用工作温度为止，对现场的环境温度用 38℃的温度加以修正，此时轮胎的平均速度和平均负荷的乘积就是该轮胎的 TKPH 额定值。

(2) TKPH 使用值的确定　在实际使用工程机械轮胎时要将 TKPH 使用值换算成 TKPH 额定值并进行计算比对及修正相应的条件因素，只有 TKPH 使用值等于或小于 TKPH 额定值才可确认所选用工程机械轮胎可用。

换算详情可参阅米其林公司的《工程机械轮胎技数据》（第二版），其中有规定及修正 TKPH 使用值的运距修正因数（K_1）和现场的环境温度用 38℃的温度加以修正的因数（K_2）。

20.6 预硫化胎面质量控制

预硫化胎面长期以来就以独立的产品进入国际市场，预硫化胎面质量的好坏不仅影响到翻新轮胎的使用寿命且关系到汽车的节油、环保、安全。因此对预硫化胎面的质量不仅要注意耐磨性，还要关注节油、环保和安全性。

HG/T 4123—2009《预硫化胎面》行业标准中有关质量的要求如下。

(1) 使用的各种原材料禁用（或限用）我国已公告的、对环境及人身有毒害的品种。

(2) 外观应色泽均匀、花纹清晰，不应有圆角、缺胶、明疤、重皮、海绵状、气泡、杂质等。

20.7 预硫化缓冲胶质量控制

2009 年 12 月由工业和信息化部发布 HG/T 4124—2009《预硫化缓冲胶》行业标准，预硫化缓冲胶以独立的产品进入国内外市场已有很长的时间，预硫化缓冲胶质量的对预硫化胎面翻胎是否成功起到关键性的作用，对节能有重要的影响。标准中预硫化缓冲胶分两种：常规预硫化缓冲胶和低温预硫化缓冲胶。

预硫化缓冲胶行业标准中有关质量的要求如下。

(1) 使用的各种原材料禁用（或限用）我国已公告的、对环境及人身有毒害的品种。

(2) 外观应色泽均匀、无喷霜、无杂质，气泡控制在 $100cm^2$ 不多于 3 个。

(3) 将两块长 200mm 以上的预硫化缓冲胶轻压贴合后用手拉，应拉不开。

20.8 翻新轮胎不圆度及不平衡性指标的控制

20.8.1 要求的提出

目前国际上的对载重轮胎质量要求标准中尚未见有动、静平衡及不圆度指标的要求，但国内有的国标出现对此项的要求。

新发布的 GB 7258—2012《机动车运行安全技术条件》中的第 9.2、9.3 条规定：最大设计车速大于 100km/h 的车轮有径向跳动及平衡的指标要求，其有关内容如下：新型的客，货车在高速公路上行驶速度往往高于 100km/h，行驶中因车轮不平衡或径向跳动过大会影响行驶安全及舒适性并降低轮胎使用寿命。因此，对速度大于 100km/h、在高速公路上行驶的轮胎提出限制指标是有必要的。

《机动车运行安全技术条件》中的第 9.2 条提出车轮总成内容：车轮总成的横向摆动量和径向跳动量，总质量小于等于 3500kg 的汽车应小于等于 5mm，其它机动车应小于等于 8mm。最大设计车速大于 100km/h 的车轮动平衡要求应与车型技术要求一致。

20.8.2 轮胎平衡要求及平衡试验

(1) 轮胎平衡有动、静平衡两种，一般轿车和轻型载重轮胎在车辆出厂时有指标要求。而载重汽车装用的轮胎只提出静平衡指标要求。这两个平衡要求差异如下。

① 动平衡　一般又叫做双面平衡，即在轮胎宽度方向上分离成两个或以上平衡面并分别测试其上、下平衡量，静合成不平衡量的大小及形成的角度（变形成的力矩视为一平衡面），其标识点为静平衡合成的轻/重点。目前国内外只对轿车及轻型载重轮胎进行指标控制。轮胎的动不平衡值一般以轮胎的质量，用克来表示。而轮胎的质量优劣则按动不平衡的质量与轮胎的质量比来表示。实际上一条轮胎动不平衡有多处，要评估出该条轮胎的动平衡的均匀性质量对检测出的数据需进行统计分析，较为复杂。

② 静平衡　一般叫作单面平衡，即不计轮胎不平衡在轮胎宽度方向上形成的力矩，仅考虑一个平衡面（视为一薄的圆盘），其打标点为所测该平衡面的静合成轻/重点。目前国内有的企业标准中有对轿车轮胎、轻型载重轮胎、载重轮胎静平衡指标的控制。

静不平衡的计量是克·厘米（g·cm）即偏重点的质量到物体重心间距离的乘积。如一条如 10.00-20 轮胎胎冠下有一修补垫重 160g，垫距轮胎轴心 50cm，则此轮胎的静不平衡 G 值＝160g×50cm，为 8000g·cm。

(2) 轿车、轻型载重轮胎动静指标控制及举例

① 以轿车和轻型载重轮胎在装用于夏利轿车车辆轮胎动平衡指标控制要求为例，见表 20-18。

表 20-18　轿车天津夏利装用的轮胎的规格及指标要求

项目	指标要求
轮胎规格	165/70R13
速度级别	S
动平衡	0.7%(轮胎质量)(单面≥30g,双面≥90g)
均匀性	
径向力波动	140～160kg
侧向力波动	100～120kg
锥度	100～120kg
径向跳动	1.0～1.2mm
侧向跳动	1.2～1.5mm

② 以某厂测试一条 10.00R20 16P 载重轮胎为例。使用静平衡试验机在不同的角度重复测 5 次，测试结果列入表 20-19。

表 20-19　10.00R20 16P 轮胎使用静平衡试验　　单位：g·cm

测量次数	静不平衡值				子组均值 X	子组极差 R
	0°	90°	180°	270°		
1	5700	5800	5300	6000	5700	700
2	4700	5400	5100	5600	5200	900
3	4900	4300	4600	4100	4475	800
4	3700	3400	4100	3600	3700	700
5	6700	7400	6800	7200	7025	700

将测得的指标与企业控制指标对照以确定是否合格。

(3) 原苏联对轿车轮胎、轻型载重轮胎、载重轮胎的径向跳动及静平衡均有指标要求，见表 20-20。

表 20-20　原苏联标准中汽车车轮和轮胎的允许不平衡度及震动值

参　数	轿 车	不同载重量的汽车		
		0.5～1.5t	2～2.5t	4～5t
前轮含轮毂总成静不平衡度/kg·cm	0.25	0.45	0.75	1.0
轮辋着合面的径向跳动值/mm	1.2	1.5	2.0	2.5
轮辋突缘的侧向震动值/mm	1.0	1.3	2.0	2.0
未装轮胎的车轮静不平衡度/kg·cm	0.25	0.5	1.2	2.0
轮胎径向跳动值/mm	1.0	1.5	1.5	2.0
轮胎的静不平衡度/kg·cm	0.85	1.1	4.0	8.0

20.8.3　轮胎不平衡的原因及补救方法

轮胎由于使用的材料、加工、制造时质量及应力不均匀，设备与轮胎的机械加工同心度不重合，不规范的使用，会造成轮胎动、静不平衡及径向跳动不合格。不当的翻新工艺及设备也会导致翻新轮胎不平衡度不合格。本文主要讨论载重翻新轮胎不平衡不合格的问题。

(1) 翻新轮胎不平衡的原因

① 补贴垫过重及不均匀（如一条 10.00R22.5 轮胎在胎冠下贴修补垫，垫距轮胎轴中心约 50cm，静不平衡最大值为 8kg·cm，则补垫允许最大重量约为 160g（翻新高速轮胎应使用高强度的骨架补垫）。

② 贴胎面的胶料及结头处不均匀，胶料贴合时拉、压等（用开炼机出片冷贴时易出现），用模型法翻新最好用缠贴胶条法贴胶。

③ 模型硫化时胎坯贴胶不当流失，与模型配合尺寸不当或胎坯放置不当，合

模、模型有缺陷。

(2) 对达不到平衡要求可采取的一些补救措施

① 静不平在轻点初步测量，初测时可在预硫化翻胎贴合机上进行（打开传动连接），用手盘动轮胎，找到最轻点补偿的最佳值及位置。然后在轻点处（钢丝胎）加标有重量的磁性片即能测出偏重点的质量，以供翻新时加平衡垫（正规检查应在动、静不平衡试验机上进行）。

② 在不平衡点的胎腔内贴平衡垫或涂以常温硫化胶浆。贴平衡垫后用点式硫化机硫化以加固轮胎的不平衡垫的稳固性。

③ 对轿车及轻型翻新轮胎的动不平衡补救则需在动平衡试验机上找到质量偏心综合轻点区，在另一侧配以相应的质量，过去采取配平，消除旋转产生的惯性离心力作用，配平是用金属块固定在轮辋上。现采取在此处涂胶浆以减少动、静不衡值。但使用涂胶浆常温修理对轮胎的不平衡量是有限量的，一般12～18in轮辋的轮胎静不平衡度在1.5～3.2kg·cm。

④ 常温硫化胶浆配方（质量份）：NR 100，陶土15，炭黑N330 10，氧化锌5，氧化镁3，硫黄20，防老剂RD 2，促进剂H 3，TMTD 3，混合溶剂450。

⑤ 涂抹部位　在测出不平衡点左右300mm，宽度小于带束层。

⑥ 具体效果见表20-21。

表20-21　某种规格轮胎涂胶浆的效果　　单位：kg·cm

胶浆质量	上不平衡	下不平衡	静不平衡	力偶不平衡
无	10.6	38.2	46.3	15.8
50g胶浆(净重20g)	12.1	13.3	18.0	5.5
再加50g胶浆(净重38g)	7.5	8.9	10.5	9.4
32℃环境下硫化停放6d后(净重22g)	9.9	12.4	6.8	10.7

20.8.4　翻新轮胎径向跳动（不圆度）的检查

轮胎径向跳动会影响车辆的驾驶性能及舒适性，轮胎磨耗的均匀性，并缩短轮胎的使用寿命，也会加大轮胎的噪声。

要翻新的钢丝子午线轮胎胎体和磨胎机的中心线偏差应小于0.5mm，胎体磨平花纹后，用充气仿形磨胎机加工面上加装的百分表对转动轮胎测出胎体径向跳动，具体操作如下。

选入的胎体已变形或失圆，偏心：可在精度较高的磨胎机（夹持盘径向跳动不大于0.5mm），充以磨胎机允许的压力（一般应控制在150kPa以策安全），将轮胎磨至表面光平后用磨胎机上的百分表，初测其径向跳动值是否异常，如偏大应移至轮胎充压检验机上充以使用压力再测轮胎的径向跳动。对轮胎的径向跳动要求企业可参照标准《机动车运行安全技术条件》表3指标考虑。

按《机动车运行安全技术条件》标准的9.2.2条的指标要求：车轮总成的横向

摆动量和径向跳动量，总质量小于等于 3500kg 的汽车应小于等于 5mm，其它机动车应小于等于 8mm。

20.8.5 翻新轮胎的平衡及径向跳动控制指标的建议

(1) 推荐的指标

① 参照欧盟 ECE-1081999.2.4《关于批准汽车车辆及其拖车用翻新充气轮胎生产的统一规定》，即翻新轮胎的动不平衡不大于轮胎质量的 1.5%，径向跳动不大于 1.5mm。

② 载重轮胎国内外对翻新轮胎尚见有控制动平衡的报道（包括新胎）。因此对翻新的载重轮胎（速度级 L～K 级）只控制其静平衡指标及径向跳动。建议参照表 20-20 中汽车车轮和轮胎的允许不平衡度及震动值。

③《机动车运行安全技术条件》标准中规定的径向跳动指标过大，高速性及耐久性检测恐难以过关。

(2) 提高翻新轮胎的动平衡性措施

① 胎体打磨时轮胎的中心与磨胎机的中心线必须重合（可用机上的标尺校对径向跳动控制在 1mm 以下）。偏磨也需控制在 1mm 左右。

② 胎面贴合需严格对称（用缠贴机贴胎面无接头，设备精度高较易达到要求）。

③ 硫化机模和轮胎、子口板（或胶囊）中心同心及在相应的平面上（可用流失胶边的周向胶边厚薄是否均匀来检查）。

20.9 降低轮胎噪声的一些措施

汽车发出的噪声已成为城市中主要声污染源之一，欧盟 2011 年新的轮胎（含翻新轮胎）标准 ECE R117 中规定载重轮胎行驶发出的噪声不得超过 73dB。

引发轮胎发出噪声的因素是多方面的，国际上现采取的一些措施如下。

20.9.1 选取合适的胎面胶，减小轮胎对路面的冲击

选取合适的胎面胶，据大陆公司研究不同的胎面胶噪声可相差 5dB。

20.9.2 优化胎面设计

(1) 米其林公司在其轮胎花纹中加有“静音肋”，见图 20-8。其沟槽截面 *A*—*A*，*B*—*B*，*C*—*C* 的宽度在周向上恒定。车辆在行驶中静音肋和路面接触的面积保持不变，接地面的胎面应力保持不变，从而使路面对轮胎的有效激励减小。

(2) 改善轮胎振动特性 减小轮胎各部件的应变能，在胎体中增加吸振和吸声结构（如固特异公司在其轮胎胎面胶下及胎肩加有吸振胶料）。

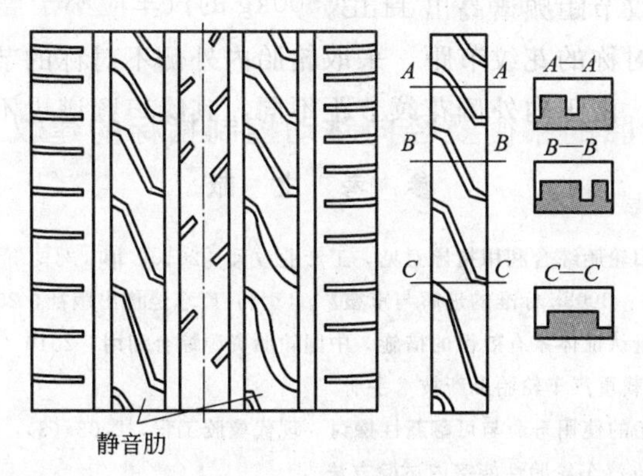

图 20-8　静音肋

(3) 花纹沟内的空气在轮胎行驶中因膨胀和压缩产生泵浦效应发出噪声，可减小横向花纹沟的宽度和长度，从而减少沟内的空气量，降低噪声。如将花纹沟的宽度占花纹节距的15%减为10%，噪声可降低2.7dB。

(4) 降低花纹沟内空气压力，减小空气流速

① 在横向花纹沟设计时应避免两端封闭的横向花纹。

② 胎肩横向花纹沟的出口截面逐渐扩大。

③ 花纹沟内壁采用锯齿设计以减缓空气流速（见图20-9）。

图 20-9　锯齿形花纹沟壁

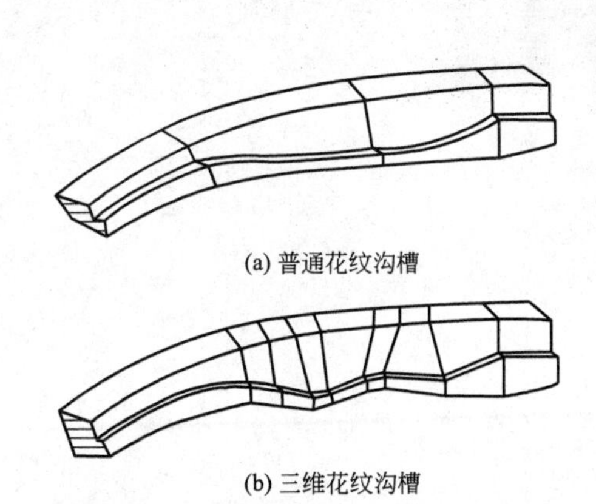

(a) 普通花纹沟槽

(b) 三维花纹沟槽

图 20-10　深度方向上做三维结构

(5) 拓展花纹沟共振噪声频带

① 花纹沟不等长，使共振频率错开。

② 对同类型花纹沟在深度方向上做三维结构（见图20-10）。

③ 在纵向花纹沟内设置隔断，使其接地时腔体的尺寸是变化的。

(6) 花纹节距设计应是多种节距的形式　单一的花纹节距的噪声频谱为脉冲函

数，峰值比3种花纹节距频谱高出11dB。

(7) 设计成不对称的花纹节距　采取轮胎内外侧不对称的节距花纹的轮胎可提高轮胎的操控性能，由于内外侧花纹节距不同，其噪声频谱也不同且峰值也较低。

参 考 文 献

[1] 工业与信息部．废旧轮胎综合利用指导意见．工产业政策［2010］第4号．

[2] 胡苏山．《ISO 9001：2008．标准的理解与审核》．广州：广东经济出版社，2009.

[3] 杨辉．确保企业质量认证体系有效性的措施．中国轮胎资源综合利用，2010（3）：20-23.

[4] 意大利RTS公司．载重汽车轮胎翻新技术手册．

[5] 高孝恒译．汽车轮胎的使用寿命与可翻新性探讨．现代橡胶工程，2003（3）：19-21.

[6] GB/T 4501—2008 重汽车轮胎性能室内试验方法．.

[7] GB/T 4502—2009 轿车轮胎性能室内试验方法．

[8] HG/T 3979—2007 工程机械翻新轮胎．

[9] 程洪伟等．工程机械轮胎TKHP额定值的测定．轮胎工业，2012.（3）：175-178.

[10] HG/T 4123—2009 预硫化胎面．

[11] HG/T 4124—2009 预硫化缓冲胶．

[12] 余萍．轮胎工艺参数对动平衡影响的模拟分析．轮胎工业，2013（1）：52-54.

[13] 陈振艺．载重轮胎不圆度的实验室简单检测．轮胎工业，2013（7）：436-438.

[14] 荣英飞等．轮胎动平衡均匀性检测数据的处理方法．轮胎工业，2012（8）：497-499.

[15] 戚顺青等．载重子午线轮胎动平衡检测原理及应用．轮胎工业，2011（9）：567-570.

[16] 陈国栋等．常温硫化胶浆在不平衡轮胎修复中的应用．橡胶科技市场，2009（21）：25-26.

[17] 荣英飞等．低噪声轮胎的设计理念与技术分析．轮胎工业，2013（3）：131-134.

附　录

附录 1　轮胎速度符号与速度对应关系

附表 1　轮胎速度符号与速度对应关系

速度符号	最高行驶速度/(km/h)	速度符号	最高行驶速度/(km/h)
A_1	5	K	110
A_2	10	L	120
A_3	15	M	130
A_4	20	N	140
A_5	25	P	150
A_6	30	Q	160
A_7	35	R	170
A_8	40	S	180
B	50	T	190
C	60	U	200
D	65	H	210
E	70	V	240
F	80	W	270
G	90	Y	300
J	100		

附录 2　轮胎行驶速度与负荷对应关系

附表 2　轮胎行驶速度与负荷对应关系

速度/(km/h)	负荷变化率/%			
	载重汽车普通断面轮胎		轻型载重汽车普通断面轮胎	
	斜交轮胎	子午线轮胎	斜交轮胎	子午线轮胎
40	+12.5	+15	+15	+17.5
50	+10.0	+12.5	+12.5	+15
60	+7.5	+10	+10	+12.5
70	+5.0	+7.5	+7.5	+10
80	+2.5	+5.0	+5.0	+7.5
90	0	+2.5	+2.5	+5.0
100		0	0	+2.5
110			0	0
120				0

注：轻型载重汽车普通断面斜交轮胎行驶速度为 110km/h，轻型载重汽车普通断面子午轮胎行驶速度为 120km/h，载重汽车普通断面斜交轮胎行驶速度为 9km/h，载重汽车普通断面子午轮胎行驶速度为 100km/h，最大负荷为负荷能力的 100%。轮胎行驶速度低于 40km/h 不再增加负荷。

附录 3　负荷指数和相应负荷能力

附表 3　负荷指数（LI）和相应负荷能力（kg）

LI	kg	LI	kg	LI	kg	LI	kg	LI	kg	LI	kg	LI	kg
0	45	40	140	80	450	120	1400	160	4500	200	14000	240	45000
1	46.2	41	145	81	462	121	1450	161	4625	201	14500	241	46250
2	47.5	42	150	82	475	122	1500	162	4750	202	15000	242	47500
3	48.7	42	155	83	487	123	1550	163	4875	203	15500	243	48750
4	50	44	160	84	500	124	1600	164	5000	204	16000	244	50000
5	51.5	45	165	85	515	125	1650	165	5150	205	16500	245	51500
6	53	46	170	86	530	126	1700	166	5300	206	17000	246	53000
7	54.5	47	175	87	545	127	1750	167	5450	207	17500	247	54500
8	56	48	180	88	560	128	1800	168	5600	208	18000	248	56000
9	58	49	185	89	560	129	1850	169	5800	209	18500	249	58000
10	60	50	190	90	600	130	1900	170	6000	210	19000	250	60000
11	61.5	51	195	91	615	131	1950	171	6150	211	19500	251	61500
12	63	52	200	92	630	132	2000	172	6300	212	20000	252	63000
13	65	53	206	93	650	133	2060	173	650	213	20600	253	65000
14	67	54	212	94	670	134	2120	174	6700	214	21200	254	67000

续表

LI	kg	LI	kg	LI	kg	LI	kg	LI	kg	LI	kg	LI	kg
15	69	55	218	95	690	135	2180	175	6900	215	21800	255	69000
16	71	56	224	96	710	136	2240	176	7100	216	22400	256	71000
17	73	57	230	97	730	137	2300	177	7300	217	23000	257	73000
18	75	58	236	98	750	138	2360	178	7500	218	23600	258	75000
19	77.5	59	243	99	775	139	2430	179	7750	219	24300	259	77500
20	80	60	250	100	800	140	2500	180	8000	220	25000	260	80000
21	82.5	61	257	101	825	141	2575	181	8250	221	25750	261	82500
22	85	62	265	102	850	142	26550	182	8500	222	26500	262	85000
23	87.5	63	272	103	875	143	2725	183	8750	223	27250	263	87500
24	90	64	280	104	900	144	2800	184	9000	224	28000	264	90000
25	92.5	65	290	105	925	145	2900	185	9250	25	29000	265	92500
26	95	66	300	106	950	146	3000	186	9500	226	30000	266	95000
27	97.5	67	307	107	975	147	3075	187	9750	227	30750	267	97500
28	100	68	315	108	1000	148	3150	188	10000	228	31500	268	100000
29	103	69	325	109	1030	149	3250	189	10300	229	32500	269	103000
30	106	70	335	110	1060	150	3350	190	10600	230	33500	270	106000
31	109	71	345	111	1090	151	3450	191	10900	231	34500	271	109000
32	112	72	355	112	1120	152	3550	192	11200	232	35500	272	112000
33	115	73	365	113	1150	153	3650	193	11500	233	36500	273	115000
34	118	74	375	114	1180	154	3750	194	11800	234	37500	274	118000
45	121	75	387	115	1215	155	3875	195	12150	235	38750	275	1215000
36	125	76	400	116	1250	156	4000	196	12500	236	40000	276	125000
37	128	77	412	117	1285	157	4125	197	12850	237	41250	277	128500
38	132	78	425	118	1320	158	4520	198	13200	238	42500	278	132000
39	136	79	437	119	1360	159	4375	199	13600	239	43750	279	136000

附录4　子午线和斜交商用轮胎负荷能力与速度关系

附表4　子午线和斜交商用轮胎负荷能力与速度关系

速度/(km/h)	各种负荷能力/%									
	所有负荷指数				1225/负荷指数		1215/负荷指数			
	速度级				速度级		速度级			
	F	G	J	K	L	M	L	M	N	P6
0	+150	+150	+150	+150	+150	+150	+110	+110	+110	+110
5	+110	+110	+110	+110	+110	+110	+90	+90	+90	+90
10	+80	+80	+80	+80	+80	+80	+75	+75	+75	+75
15	+65	+65	+65	+65	+65	+65	+60	+60	+60	+60
20	+50	+50	+50	+50	+50	+50	+50	+50	+50	+50

续表

速度/(km/h)	各种负荷能力/%									
	所有负荷指数				1225/负荷指数		1215/负荷指数			
	速度级				速度级		速度级			
	F	G	J	K	L	M	L	M	N	P6
25	+35	+35	+35	+35	+35	+35	+42	+42	+42	+42
30	+25	+25	+25	+25	+25	+25	+35	+35	+35	+35
35	+19	+19	+19	+19	+19	+19	+29	+29	+29	+29
40	+15	+15	+15	+15	+15	+15	+25	+25	+25	+25
45	+13	+13	+13	+13	+13	+13	+22	+22	+22	+22
50	+12	+12	+12	+12	+12	+12	+20	+20	+20	+20
55	+11	+11	+11	+11	+11	+11	+17.5	+17.5	+17.5	+17.5
60	+10	+10	+10	+10	+10	+10	+15	+15	+15	+15
65	+7.5	+8.5	+8.5	+8.5	+8.5	+8.5	+13.5	+13.5	+13.5	+13.5
70	+5.0	+7.0	+7.0	+7.0	+7.0	+7.0	+12.5	+12.5	+12.5	+12.5
75	+2.5	+5.5	+5.5	+5.5	+5.5	+5.5	+11	+11	+11	+11
80	0	+4	+4	+4	+4	+4	+10	+10	+10	+10
85	−3	+2	+3	+3	+3	+3	+8.5	+8.5	+8.5	+8.5
90	−6	0	+2	+2	+2	+2	+7.5	+7.5	+7.5	+7.5
95	−10	−2.5	+1	+1	+1	+1	+6.5	+6.5	+6.5	+6.5
100	−15	−5	0	0	0	0	+5.0	+5.0	+5.0	+5.0
105		−8	−2	0	0	0	+3.75	+3.75	+3.75	+3.75
110		−13	−4	0	0	0	+2.5	+2.5	+2.5	+2.5
115			−7	−3	0	0	+1.25	+1.25	+1.25	+1.25
120			−12	−7	0	0	0	0	0	0
125						0	−2.5	0	0	0
130						0	−5.0	0	0	0
135							−7.5	−2.5	0	0
140							−10	−5.0	0	0
145								−7.5	−2.5	0
150								−10	−5.0	0
155									−7.5	−2.5
160									−10	−5.0

注：1. 5/负荷指数是按单胎负荷的资料为依据的。

2. 6/各种负荷量是车速不超过160km/h，Q级轮胎（商用车）是轮胎的最大允许速度。